Sichern

Sind Sie sicher? **Prüfen Sie Ihr neues Fundament** mit den **Testaufgaben**. Vergleichen Sie Ihre Ergebnisse mit den Lösungen im Anhang und schätzen Sie Ihre Leistung selbstständig ein.

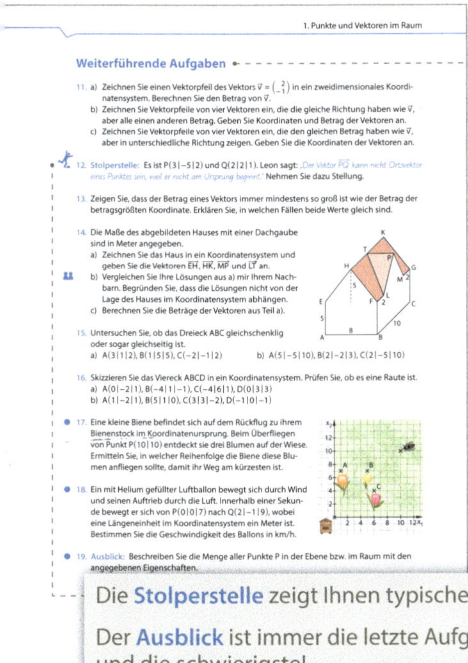
1. Punkte und Vektoren im Raum

Weiterführende Aufgaben

11. a) Zeichnen Sie einen Vektorpfeil des Vektors $\vec{v} = \binom{2}{-1}$ in ein zweidimensionales Koordinatensystem. Berechnen Sie den Betrag von $\vec{v}$.
b) Zeichnen Sie Vektorpfeile von vier Vektoren ein, die die gleiche Richtung haben wie $\vec{v}$, aber alle einen anderen Betrag. Geben Sie Koordinaten und Betrag der Vektoren an.
c) Zeichnen Sie Vektorpfeile von vier Vektoren ein, die den gleichen Betrag haben wie $\vec{v}$, aber in unterschiedliche Richtung zeigen. Geben Sie die Koordinaten der Vektoren an.

12. Stolperstelle: Es ist P(3|−5|2) und Q(2|2|1). Leon sagt: „Der Vektor $\overrightarrow{PQ}$ kann nicht Ortsvektor eines Punktes sein, weil er nicht am Ursprung beginnt." Nehmen Sie dazu Stellung.

13. Zeigen Sie, dass der Betrag eines Vektors immer mindestens so groß ist wie der Betrag der betragsgrößten Koordinate. Erklären Sie, in welchen Fällen beide Werte gleich sind.

14. Die Maße des abgebildeten Hauses mit einer Dachgaube sind in Meter angegeben.
a) Zeichnen Sie das Haus in ein Koordinatensystem und geben Sie die Vektoren $\overrightarrow{EH}$, $\overrightarrow{HK}$, $\overrightarrow{MP}$ und $\overrightarrow{LT}$ an.
b) Vergleichen Sie Ihre Lösungen aus a) mit Ihrem Nachbarn. Begründen Sie, dass die Lösungen nicht von der Lage des Hauses im Koordinatensystem abhängen.
c) Berechnen Sie die Beträge der Vektoren aus Teil a).

15. Untersuchen Sie, ob das Dreieck ABC gleichschenklig oder sogar gleichseitig ist.
a) A(3|1|2), B(1|5|5), C(−2|−1|2) b) A(5|−5|10), B(2|−2|3), C(2|−5|10)

16. Skizzieren Sie das Viereck ABCD in ein Koordinatensystem. Prüfen Sie, ob es eine Raute ist.
a) A(0|−2|1), B(−4|1|−1), C(−4|6|1), D(0|3|3)
b) A(1|−2|1), B(5|1|0), C(3|3|−2), D(−1|0|−1)

17. Eine kleine Biene befindet sich auf dem Rückflug zu ihrem Bienenstock im Koordinatenursprung. Beim Überfliegen von Punkt P(10|10) entdeckt sie drei Blumen auf der Wiese. Ermitteln Sie, in welcher Reihenfolge die Biene diese Blumen anfliegen sollte, damit ihr Weg am kürzesten ist.

18. Ein mit Helium gefüllter Luftballon bewegt sich durch Wind und seinen Auftrieb durch die Luft. Innerhalb einer Sekunde bewegt er sich von P(0|0|7) nach Q(2|−1|9), wobei eine Längeneinheit im Koordinatensystem ein Meter ist. Bestimmen Sie die Geschwindigkeit des Ballons in km/h.

19. Ausblick: Beschreiben Sie die Menge aller Punkte P in der Ebene bzw. im Raum mit den angegebenen Eigenschaften.

Differenziert vertiefen: **Weiterführende Aufgaben** erhöhen das Niveau und vertiefen Ihr Verständnis.

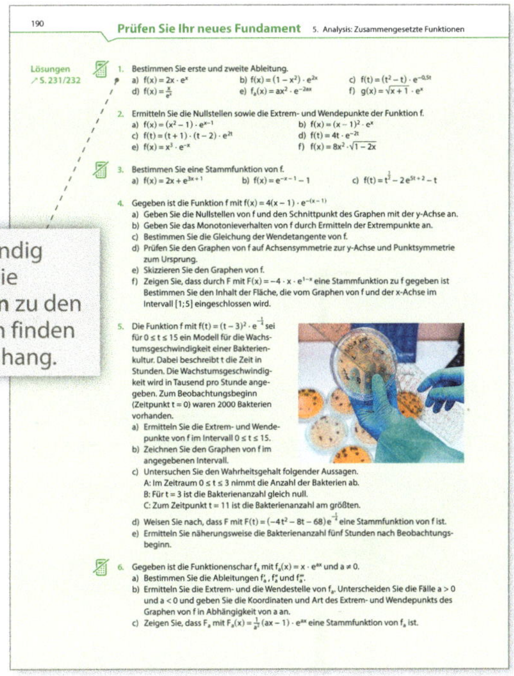
190 Prüfen Sie Ihr neues Fundament 5. Analysis: Zusammengesetzte Funktionen

Lösungen ↗ S. 231/232

1. Bestimmen Sie erste und zweite Ableitung.

2. Ermitteln Sie die Nullstellen sowie die Extrem- und Wendepunkte der Funktion f.

3. Bestimmen Sie eine Stammfunktion von f.

4. Gegeben ist die Funktion f mit $f(x) = 4(x-1)\cdot e^{-(x-1)}$.
a) Geben Sie die Nullstellen von f und den Schnittpunkt des Graphen mit der y-Achse an.
b) Geben Sie das Monotonieverhalten von f durch Ermitteln der Extrempunkte an.
c) Bestimmen Sie die Gleichung der Wendetangente von f.
d) Prüfen Sie den Graphen von f auf Achsensymmetrie zur y-Achse und Punktsymmetrie zum Ursprung.
e) Skizzieren Sie den Graphen von f.
f) Zeigen Sie, dass durch F mit $F(x) = -4\cdot x\cdot e^{1-x}$ eine Stammfunktion zu f gegeben ist. Bestimmen Sie den Inhalt der Fläche, die vom Graphen von f und der x-Achse im Intervall [1; 5] eingeschlossen wird.

5. Die Funktion f mit $f(t) = (t-3)^2\cdot e^{-\frac{t}{3}}$ sei für $0 \le t \le 15$ ein Modell für die Wachstumsgeschwindigkeit einer Bakterienkultur. Dabei beschreibt t die Zeit in Stunden. Die Wachstumsgeschwindigkeit wird in Tausend pro Stunde angegeben. Zum Beobachtungsbeginn (Zeitpunkt t = 0) waren 2000 Bakterien vorhanden.

6. Gegeben ist die Funktionenschar f_a mit $f_a(x) = x\cdot e^{ax}$ und $a \ne 0$.

Selbstständig prüfen: Die **Lösungen** zu den Aufgaben finden Sie im Anhang.

Die **Stolperstelle** zeigt Ihnen typische Fehler.

Der **Ausblick** ist immer die letzte Aufgabe – und die schwierigste!

Schwerere Aufgaben sind mit einem Kreis ● gekennzeichnet.

Zu einigen Aufgaben gibt es Lösungen in der Randspalte. Diese enthalten auch einen zusätzlichen falschen Wert.

Weitere Symbole:

- Aufgabe ohne Hilfsmittel
- CAS Computeralgebrasystem notwendig
- Partner- oder Gruppenarbeit

Wissen kompakt

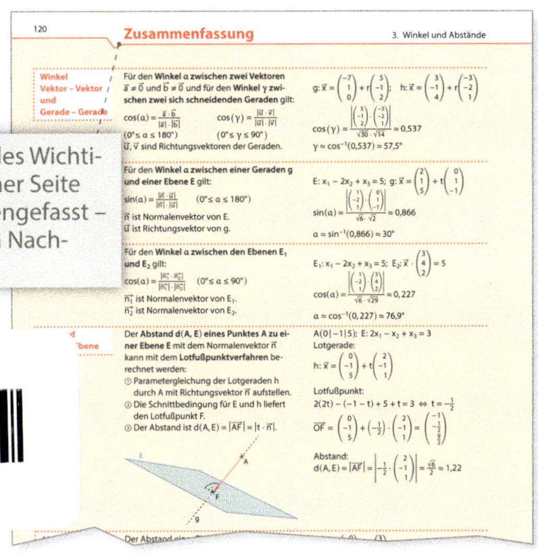
120 Zusammenfassung 3. Winkel und Abstände

Hier ist alles Wichtige auf einer Seite zusammengefasst – ideal zum Nachschlagen.

AF638367

Fundamente

|der Mathematik|

Ausgabe B

Gymnasium • Q3-Q4

Grundkurs

Cornelsen

Inhaltsverzeichnis

Farbig hinterlegte Abschnitte sind auch im Band Q1-Q2 enthalten

Farbig hinterlegte Abschnitte sind auch im Band Q1-Q2 enthalten

Vorwort

Liebe Lehrerin, lieber Lehrer,
hier finden Sie Hinweise zur Nutzung des Lehrwerks und zur Stoffverteilungsplanung.

Stoffverteilung in der Qualifikationsphase

In diesem Band finden Sie neben den Kapiteln zur analytischen Geometrie je ein Kapitel zur Analysis und zur Stochastik, welche auch im Band Q1-Q2 abgedruckt sind. Das Kapitel 4 (Binomialverteilung) wurde dabei um die Lerneinheit zu Prognosen und Kapitel 5 (Zusammengesetzte Funktionen) um drei Lerneinheiten zur Wiederholung der Grundlagen der Analysis ergänzt.

Die analytische Geometrie wird vollständig in Q3 unterrichtet. Die Themenwahl in Q4 richtet sich danach, nach welchem Unterrichtsszenario in Q2 unterrichtet wurde.

Unterrichtsszenario (A)
Wurde die Analysis in Q2 bereits vollständig abgeschlossen, so beginnt Q4 mit der Binomialverteilung (Kapitel 4). Das gedoppelte Kapitel 5 bietet sich anschließend zur Auffrischung der Analysis vor der Abiturprüfung an.

Unterrichtsszenario (B)
Wurde in Q2 bereits mit der Binomialverteilung begonnen, so sollte an diese zu Beginn von Q4 angeknüpft werden. Es empfiehlt sich eine geeignete Auswahl an Aufgaben zur Wiederholung zu treffen und anschließend die neue Lerneinheit zu Prognosen zu unterrichten. Das Thema Zusammengesetzte Funktionen (Kapitel 5) sollte darauffolgend intensiv behandelt werden.

Q1	Q2	Q3	Q4
Differenzialrechnung**	Integralrechnung**	Analytische Geometrie (Kap. 1-3)	**(A)** Binomialverteilung (Kap.4)*
	(A) Zusammengesetzte Funktionen (Kap. 5)*		Prognosen mit Sigma-Regeln (Kap. 4)
	Grundbegriffe der Wahrscheinlichkeitsrechnung**		Wiederholung Analysis (Kap.5)
	(B) Binomialverteilung (Kap.4)*		**(B)** Zusammengesetzte Funktionen (Kap. 5)*
			Abiturvorbereitung (Kap. 6)

*im Band Q1-Q2 und Q3-Q4 enthalten
**nur im Band Q1-Q2 enthalten

3. Kurshalbjahr (Q3)

Kapitel	**Geschätzter Zeitaufwand**
Kap. 1 Punkte und Vektoren im Raum	9 Unterrichtsstunden
Kap. 2 Geraden und Ebenen	27 Unterrichtsstunden
Kap. 3 Winkel und Abstände	9 Unterrichtsstunden

4. Kurshalbjahr (Q4)

Kapitel	**Geschätzter Zeitaufwand**
Kap. 4 Binomialverteilung	15(A)/3(B) Unterrichtsstunden
Kap. 5 Zusammengesetzte Funktionen	3(A)/15(B) Unterrichtsstunden
Kap. 6 Abiturvorbereitung	6 Unterrichtsstunden

1. Punkte und Vektoren im Raum

Beim Klettern muss der Weg nach oben geschickt gewählt werden. Um den Weg im dreidimensionalen Raum beschreiben zu können, eignen sich Vektoren.

Nach diesem Kapitel können Sie …
- Punkte und Vektoren mit dreidimensionalen Koordinaten beschreiben,
- Vektoren addieren und subtrahieren sowie vervielfachen,
- Punkte, Strecken, ebene Flächen und Körper mithilfe von Vektoren beschreiben,
- Längen von Vektoren bestimmen und zwei Vektoren auf Kollinearität überprüfen.

Lösungen ↗ S. 218

Dreiecke und Vierecke

1. Gegeben ist ein rechtwinkliges Dreieck ABC.
Berechnen Sie die Länge der fehlenden Seite.
Runden Sie auf Zehntel Zentimeter.

a) $a = 2{,}1\,cm$; $b = 3{,}9\,cm$; $\gamma = 90°$
b) $a = 2{,}1\,cm$; $b = 3{,}9\,cm$; $\beta = 90°$
c) $a = 5{,}3\,cm$; $c = 2{,}1\,cm$; $\alpha = 90°$
d) $b = 3{,}9\,cm$; $c = 45\,mm$; $\alpha = 90°$

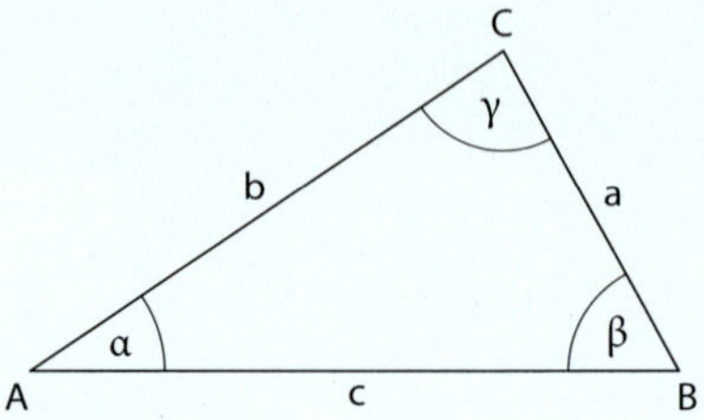

2. Untersuchen Sie, ob das gegebene Dreieck ABC rechtwinklig ist.
Geben Sie gegebenenfalls den Eckpunkt mit dem rechten Winkel an.

a) $a = 5\,cm$; $b = 3\,cm$; $c = 4\,cm$
b) $a = 1{,}2\,m$; $b = 0{,}5\,m$; $c = 1{,}3\,m$
c) $a = 5{,}0\,m$; $b = 7{,}0\,m$; $c = 4{,}5\,m$
d) $a = 8\,cm$; $b = 10\,cm$; $c = 6\,cm$

3. a) Nennen Sie Eigenschaften eines gleichschenkligen und eines gleichseitigen Dreiecks.
b) Berechnen Sie die Höhe eines gleichseitigen Dreiecks mit Seitenlänge $a = 5\,cm$.
c) Begründen Sie, dass ein regelmäßiges Sechseck aus gleichseitigen Dreiecken besteht.

4. Gegeben sind die folgenden Vierecke.

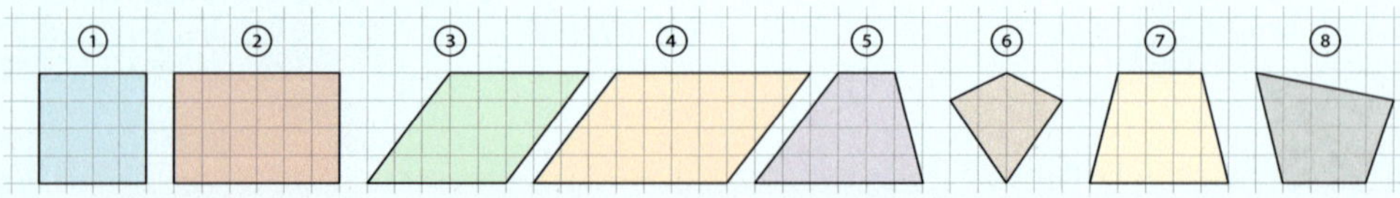

a) Ordnen Sie jedem abgebildeten Viereck eine passende Vierecksart zu. Verwenden Sie dabei jede der folgenden Vierecksarten genau einmal: gleichschenkliges Trapez, Rechteck, allgemeines Viereck, Parallelogramm, Quadrat, Drachenviereck, Trapez, Raute.
b) Definieren Sie die Vierecke ① bis ⑤ anhand der Eigenschaften ihrer Seiten.
c) Skizzieren Sie die Vierecke ① bis ⑦ ins Heft und zeichnen Sie die Diagonalen ein. Nennen Sie Eigenschaften ihrer Diagonalen.
d) Geben Sie an, welche der Vierecke auch Parallelogramme sind.

5. Beurteilen Sie die Aussage.

a) Jedes Parallelogramm ist ein Trapez.
b) Es gibt Rechtecke, in denen die Diagonalen senkrecht aufeinander stehen.
c) Wenn ein Dreieck gleichseitig ist, dann sind die Höhen des Dreiecks gleich lang.
d) Die Diagonalen einer Raute halbieren sich gegenseitig.

Punkte und Figuren im Koordinatensystem

6. Gegeben sind die Punkte $A(3\,|\,1)$, $B(3\,|\,4)$ und $C(1\,|\,2{,}5)$.

a) Zeichnen Sie das Dreieck ABC im Koordinatensystem.
b) Spiegeln Sie das Dreieck ABC an der x-Achse und geben Sie die Koordinaten der Spiegelpunkte A′, B′ und C′ an.
c) Verschieben Sie das Dreieck ABC in negativer x-Richtung um 3 Einheiten und geben Sie die Koordinaten der Bildpunkte A″, B″ und C″ an.

7. Gegeben sind die Punkte $A(3\,|\,1)$, $B(3\,|\,4)$ und $C(1\,|\,2{,}5)$.

a) Berechnen Sie die Längen der Strecken $\overline{AB}$, $\overline{BC}$ und $\overline{AC}$.
b) Geben Sie die Koordinaten der Mittelpunkte der Strecken $\overline{AB}$, $\overline{BC}$ und $\overline{AC}$ an.

Lösungen ↗ S. 218/219

8. Gegeben ist die nebenstehende Figur ABCDEFGHI. Der Halbkreis schneidet die y-Achse im Punkt J.
   a) Geben Sie die Koordinaten all dieser Punkte an.
   b) Ermitteln Sie den Flächeninhalt und den Umfang der Figur.

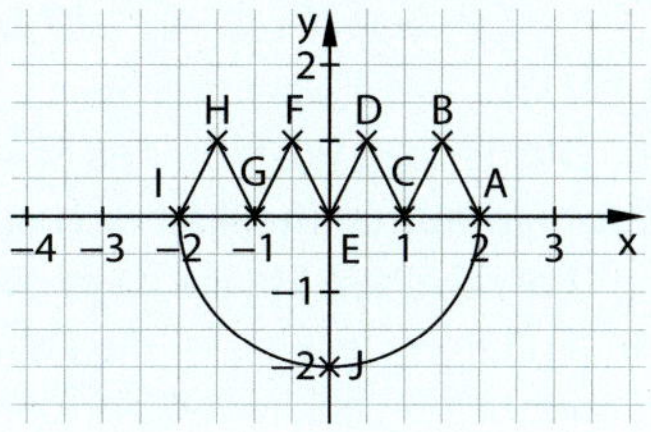

Körper

9. Zeichnen Sie ein Schrägbild des Körpers.
   a) Würfel mit Kantenlänge a = 4 cm
   b) Quader mit den Kantenlängen a = 3 cm, b = 4 cm und c = 6 cm
   c) gerade Pyramide mit quadratischer Grundfläche der Seitenlänge a = 5 cm und Höhe h = 7 cm

10. Berechnen Sie das Volumen und den Oberflächeninhalt des Körpers.

a) 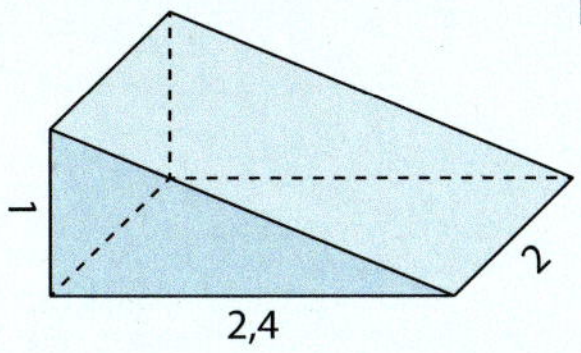

b) 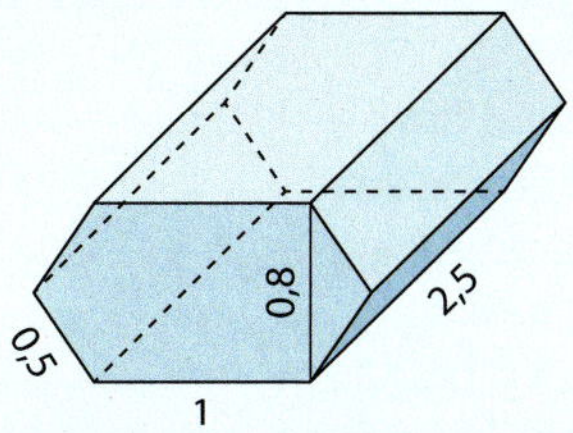

c) 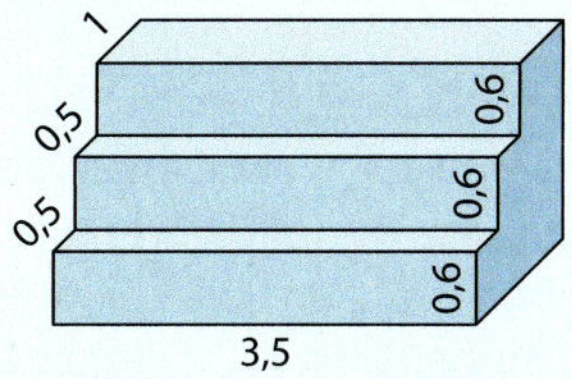

11. Ordnen Sie den gegebenen Körpern jeweils eine Formel zu, mit der das Volumen des betreffenden Körpers berechnet werden kann.

Würfel	Pyramide	Quader
Zylinder	Kegel	Kugel

① $a \cdot b \cdot h$	② $\frac{1}{3} \cdot a \cdot b \cdot h$	③ $\pi \cdot r^2 \cdot h$
④ $a \cdot a \cdot a$	⑤ $\frac{4}{3} \cdot \pi \cdot r^3$	⑥ $\frac{1}{3} \cdot \pi \cdot r^2 \cdot h$

12. Die Skizze zeigt einen Quader und eine quadratische Pyramide. Es gilt a = 4, b = 2 und c = 3.
   a) Berechnen Sie die Länge der Raumdiagonalen $\overline{BH}$ des Quaders.
   b) Berechnen Sie die Länge der Kante $\overline{AS}$ der Pyramide.

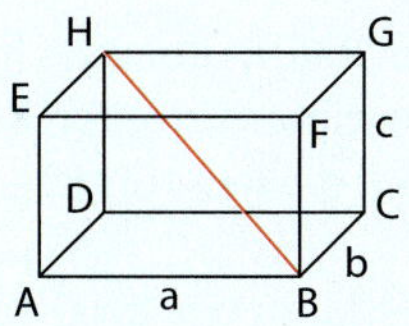

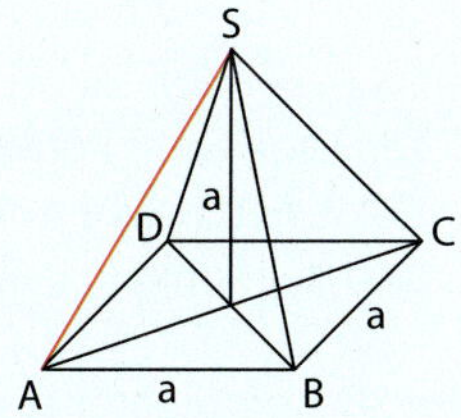

Vermischtes

13. Berechnen Sie. Nutzen Sie das Distributivgesetz, wenn es vorteilhaft ist.
   a) $\frac{3}{10} \cdot (1{,}8 + 1{,}2)$
   b) $\left(\frac{7}{6} - \frac{5}{6}\right) \cdot 0{,}3$
   c) $\frac{1}{3} \cdot \left(\frac{3}{5} + 3\right)$
   d) $10 \cdot \left(0{,}1 + \frac{1}{20}\right)$
   e) $\frac{1}{4} \cdot \left(\frac{8}{5} + 0{,}8\right)$
   f) $(1{,}15 + 0{,}35) \cdot \frac{4}{3}$
   g) $\frac{4}{7} \cdot \frac{3}{5} + \frac{3}{7} \cdot \frac{3}{5}$
   h) $2{,}25 \cdot 1{,}5 - 0{,}75 \cdot 1{,}5$

14. a) Überprüfen Sie mit dem Taschenrechner die Gültigkeit der Gleichung:
   $\sqrt{(3 \cdot 12)^2 + (3 \cdot 5)^2} = 3\sqrt{12^2 + 5^2}$
   b) Zeigen Sie durch Umformungen, dass $\sqrt{(3a)^2 + (3b)^2} = 3\sqrt{a^2 + b^2}$ für $a, b \in \mathbb{R}$ gilt.

1.1 Punkte im Raum

■ Die genaue Position des Balls in dieser Momentaufnahme lässt sich nur erahnen.

a) Beschreiben Sie die Lage des Balls.
b) Erklären Sie, warum die Lage des Balls nicht zweifelsfrei erkennbar ist.
c) Bestimmen Sie, wie viele Zahlenangaben nötig sind, um die momentane Lage genau zu beschreiben. ■

In der Ebene wird ein Punkt mithilfe zweier Koordinatenachsen festgelegt. Der Punkt P(6|3) liegt 6 Einheiten in x_1-Richtung und 3 Einheiten in x_2-Richtung vom Ursprung entfernt.

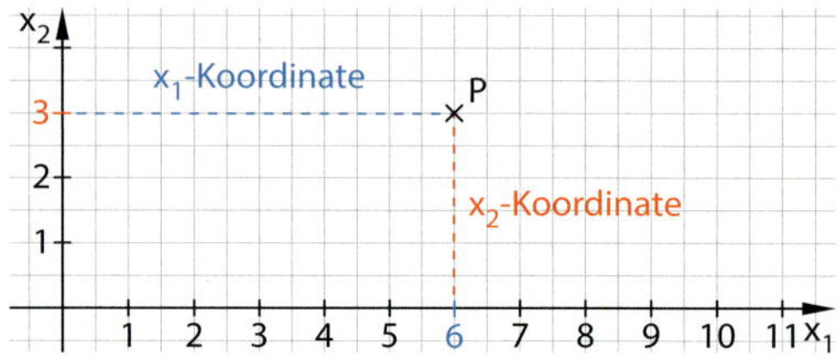

Zur Beschreibung des Raumes wird die bekannte x_1x_2-Ebene durch eine dritte x_3-Achse ergänzt, die im Ursprung senkrecht zur x_1x_2-Ebene verläuft. Der Punkt P(2|4|3) liegt 2 Einheiten in x_1-, 4 Einheiten in x_2- und 3 Einheiten in x_3-Richtung vom Ursprung entfernt.

Man fasst die x_1x_2-Ebene als Grundebene auf und die x_3-Koordinate als Höhe. Die x_1- Achse zeigt dann nach vorne, die x_2-Achse nach rechts und die x_3-Achse nach oben.

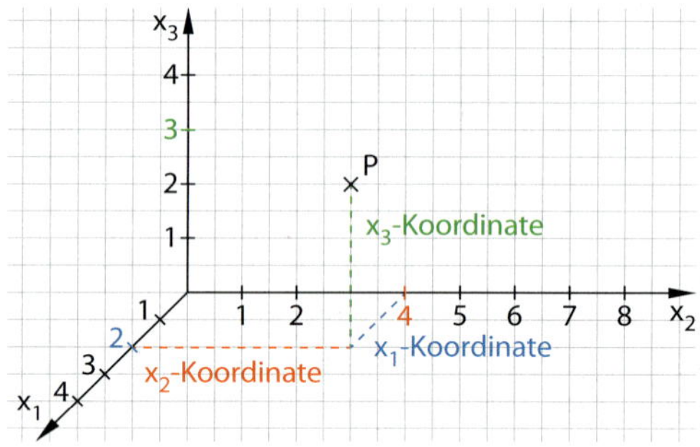

Wie bei einem Schrägbild wird die x_1-Achse diagonal mit verkürzten Einheiten eingezeichnet. Auf Karopapier ist es günstig, als Längeneinheit für die x_2- und die x_3-Achse 1 cm zu wählen und für die x_1-Achse eine Kästchendiagonale.

Wissen: Punkte im Raum
Die Lage eines Punktes im Raum gibt man in der Form $P(x_1|x_2|x_3)$ mit **drei Koordinaten** an. Diese beschreiben im **dreidimensionalen Koordinatensystem** (mit dem **Ursprung** O), wo sich der Punkt in Bezug auf die Richtung der jeweiligen **Koordinatenachse** befindet.

Im 3D-Koordinatensystem spannen je zwei Koordinatenachsen eine **Koordinatenebene** auf. Liegt ein Punkt in einer Koordinatenebene, so ist mindestens eine Koordinate gleich 0:

x_1x_2-Ebene: alle Punkte $P(x_1|x_2|0)$
x_1x_3-Ebene: alle Punkte $P(x_1|0|x_3)$
x_2x_3-Ebene: alle Punkte $P(0|x_2|x_3)$

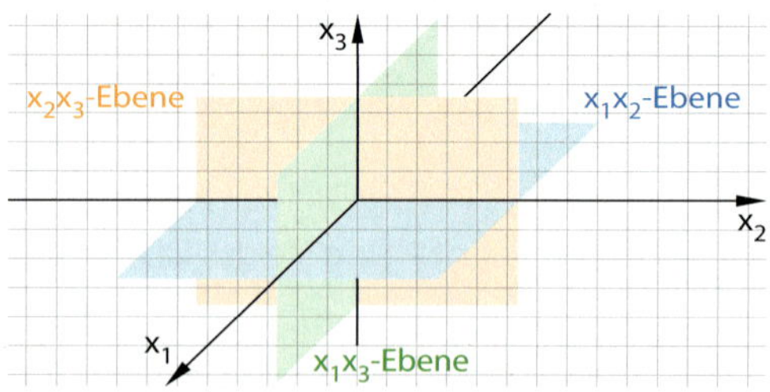

Die ebene Darstellung des Raumes ist mit Verlusten verbunden. Anhand der Skizze lässt sich nicht erkennen, ob die Geraden g und h sich schneiden.

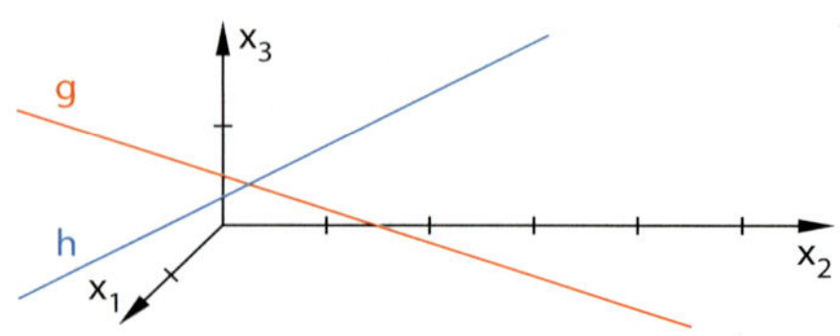

Beispiel: Gegeben sind die Punkte A(3 | 2 | 1), B(−2 | −2,5 | 1,5), C(0 | −2 | −1) und D(0 | 1,5 | 0).
a) Zeichnen Sie ein Koordinatensystem und tragen Sie die Punkte ein.
b) Beschreiben Sie die besondere Lage der Punkte C und D.

Lösung:
a) Zeichnen Sie die waagerechte x_2-Achse und die senkrechte x_3-Achse mit 1 cm = 1 LE. Ergänzen Sie die x_1-Achse als Diagonale durch den Ursprung. Wählen Sie als Längeneinheit eine Kästchendiagonale. Gehen Sie vom Ursprung aus 3 Einheiten nach vorn, 2 Einheiten nach rechts und 1 Einheit nach oben. Tragen Sie dort den Punkt A(3 | 2 | 1) ein. Wiederholen Sie das Vorgehen für die Punkte B, C und D. Bei negativem Vorzeichen einer Koordinate ändert sich die Laufrichtung.

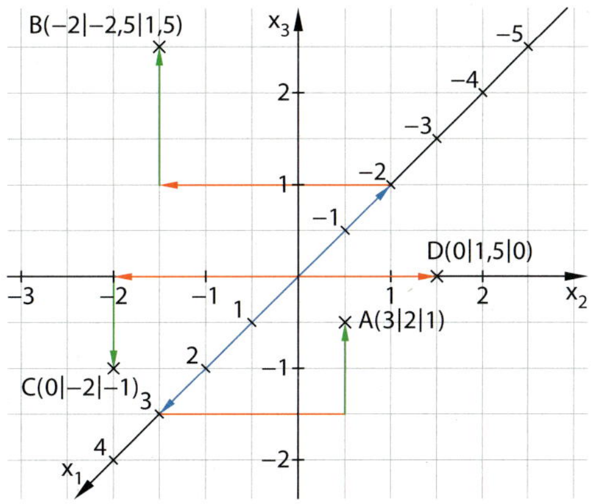

b) C liegt in einer Koordinatenebene, da eine Koordinate 0 ist. D liegt auf einer der Achsen, da zwei Koordinaten 0 sind.
C(0 | −2 | −1) liegt in der x_2x_3-Ebene.
D(0 | 1,5 | 0) liegt auf der x_2-Achse.

Merkhilfe:
Das Vorzeichen einer Koordinate gibt die Richtung an.
Auf der x_1-Achse:
+ → vorn; − → hinten
Auf der x_2-Achse:
+ → rechts; − → links
Auf der x_3-Achse:
+ → oben; − → unten

Basisaufgaben

1. Bestimmen Sie die Koordinaten der Punkte A bis H in der Zeichnung.

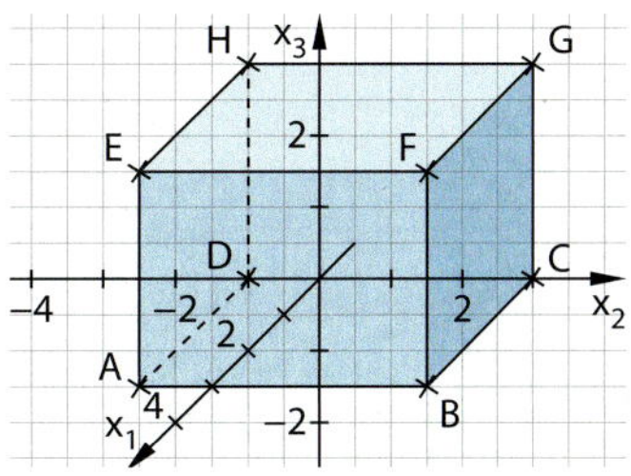

Lösungen zu 1:
(3 | −1 | 0)
(0 | −1 | 0)
(0 | −1 | 3)
(0 | 0 | 0)
(0 | 3 | 3)
(0 | 3 | 0)
(3 | 3 | 0)
(3 | −1 | 3)
(3 | 3 | 3)

2. Zeichnen Sie ein Koordinatensystem und tragen Sie die Punkte ein.
   a) A(2 | 3 | 0), B(−3 | 2 | 1) und C(3 | −1 | 2)
   b) A(3 | 0 | 0), B(0 | 1 | 0) und C(0 | 0 | 2)
   c) A(3 | 0 | −1), B(−1 | 1 | −1), C(−1 | 1 | 3) und D(3 | 0 | 3)

3. Erklären Sie mithilfe der Zeichnung, warum beim Eintragen eines Punktes die Reihenfolge, in der die Koordinaten abgezählt werden, keine Rolle spielt.

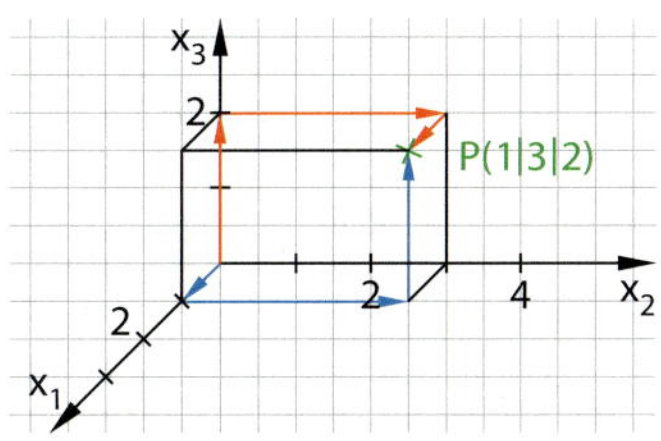

4. Zeichnen Sie die dreiseitige Pyramide mit der Grundfläche A(−1 | −4 | 1), B(3 | 0 | 0), C(−2 | 0 | 0) und der Spitze S(1 | 0 | 5) in ein Koordinatensystem.

5. Die fünf Punkte sind Eckpunkte eines Quaders. Zeichnen Sie den Quader in ein Koordinatensystem ein. Geben Sie die Koordinaten der übrigen drei Ecken an.
   a) A(2 | −1 | −2), B(2 | 3 | −2), C(−2 | 3 | −2), D(−2 | −1 | −2), E(2 | −1 | 3)
   b) A(1 | −1 | 0), C(−2 | 2 | 0), D(−2 | −1 | 0), F(1 | 2 | 2), H(−2 | −1 | 2)
   c) B(3 | 3 | 0), C(0 | 3 | 0), E(3 | 0 | 3), G(0 | 3 | 3), H(0 | 0 | 3)

Hinweis zu 6:
Raumdiagonale eines Quaders

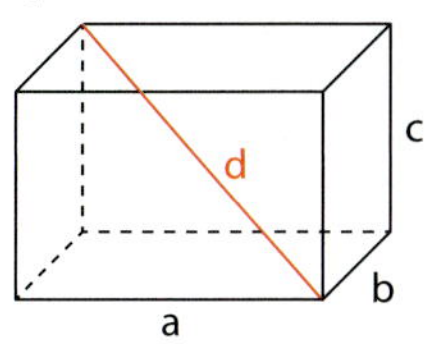

6. Die Punkte A und O(0 | 0 | 0) sind Ecken eines Quaders mit achsenparallelen Kanten. Sie liegen sich auf einer Raumdiagonale gegenüber. Zeichnen Sie den Quader in ein Koordinatensystem und geben Sie die Koordinaten der übrigen Ecken an.
   a) A(2 | 3 | 3) b) A(−3 | 2 | 1) c) A(4 | −3 | −1) d) A(−2 | 2 | −1)

7. Geben Sie an, auf welchen der drei Koordinatenachsen und in welchen der drei Koordinatenebenen die Punkte liegen.

A(0|0|1) B(3|0|−5) C(6|0|0) D(0|−2|0) E(6|6|0) F(0|0|0)

8. Geben Sie die Koordinaten zweier Punkte an, die
a) auf der x_1-Achse liegen,
b) auf der x_3-Achse liegen,
c) in der x_1x_2-Ebene liegen,
d) in der x_1x_3-Ebene liegen,
e) in der x_2x_3-Ebene, aber auf keiner Koordinatenachse liegen.

9. Beschreiben Sie die Lage aller Punkte,
a) deren x_1-Koordinate 0 ist,
b) deren x_2- und x_3-Koordinate 0 sind,
c) die in der x_1x_2-Ebene und x_2x_3-Ebene liegen,
d) deren x_3-Koordinate 2 ist,
e) deren x_1-Koordinate 0 und deren x_2-Koordinate 1 ist.

10. Beim Ablesen von Koordinaten gab es verschiedene Ergebnisse:
Hannah: P(0|1|−2) Ilja: P(−2|0|−3)
Jona: P(4|3|0) Karl: P(2|2|−1)
Übertragen Sie das Koordinatensystem und tragen Sie die vier Punkte der Schüler ein. Beschreiben Sie Ihre Beobachtung und beurteilen Sie die Ergebnisse der Schüler. Formulieren Sie einen Satz über das Ablesen der Koordinaten eines Punktes im dreidimensionalen Koordinatensystem.

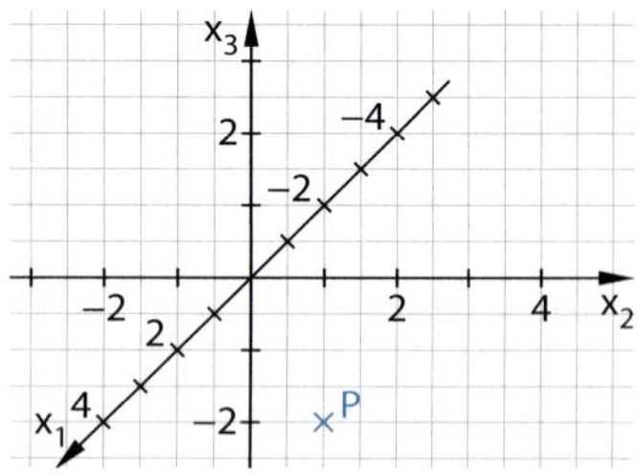

Weiterführende Aufgaben

11. In ein dreidimensionales Koordinatensystem wurde der Punkt A eingezeichnet. Geben Sie die Koordinaten von A unter der folgenden Voraussetzung an.

① A liegt in der x_2x_3-Ebene. ② A liegt in der x_1x_2-Ebene.
③ A hat die x_1-Koordinate −2. ④ A hat die x_3-Koordinate 2.

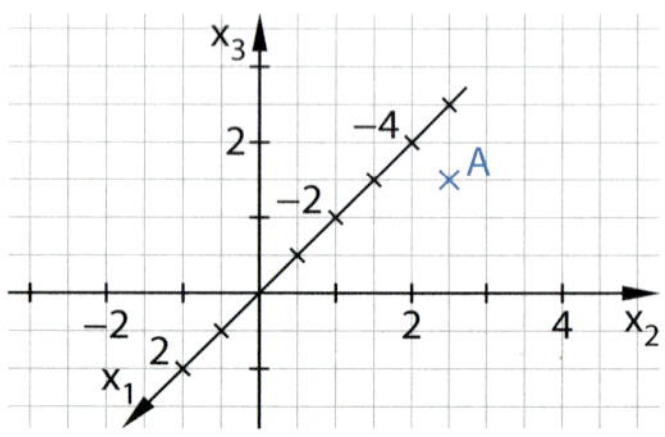

12. Stolperstelle: Tobias stellt fest: *„Wenn ich Punkte wie A(2|1|1) oder B(6|3|3), bei denen x_1 doppelt so groß ist wie x_2 und x_3, in ein Koordinatensystem einzeichnen will, lande ich wieder beim Ursprung. Es gibt also viele Möglichkeiten, Koordinaten für den Ursprung anzugeben."*
Nehmen Sie dazu Stellung.

13. Entscheiden Sie, ob die Aussage wahr oder falsch ist.
a) Alle Punkte mit $x_1 = 3$ und $x_3 = -1$ liegen auf einer Geraden, die parallel zur x_2-Achse ist.
b) Die Punkte P(1|−2|5) und Q(−3|3|1) liegen auf verschiedenen Seiten der x_1x_2-Ebene.
c) Die x_3-Koordinate eines Punktes gibt seinen Abstand zur x_1x_2-Ebene an.

Hinweis zu 13c:
Der Abstand wird längs des Lots vom Punkt auf die Ebene gemessen.

● **14.** Der Punkt B soll genau in der Mitte zwischen den Punkten A und C liegen. Geben Sie die fehlenden Koordinaten an.
a) A(0|2|0), B(●|●|●), C(0|10|0)
b) A(1|1|0), B(4|4|0), C(●|●|●)
c) A(●|●|●), B(5|8|−1), C(0|0|0)
d) A(−2|3|10), B(●|●|●), C(4|5|2)
e) A(7|0|3,5), B(5|6|4), C(●|●|●)
f) A(●|−6|2), B(4|−1|●), C(7|●|3)

15. Gegeben ist eine gerade quadratische Pyramide mit den Ecken der Grundfläche $A(1|0|1)$, $B(1|4|1)$, $C(-3|4|1)$ und D und der Spitze S. Die Höhe der Pyramide ist 3 LE.
Zeichnen Sie die Pyramide in ein Koordinatensystem ein und geben Sie die Koordinaten der übrigen Ecken an. Gibt es mehrere Möglichkeiten?

16. Die um 2550 v. Chr. erbaute Chephrenpyramide ist die zweithöchste aller ägyptischen Pyramiden. Damals wurde die Längeneinheit Königsellen verwendet. Die Pyramide hat eine quadratische Grundfläche mit einer Seitenlänge von 410 Königsellen und ist 275 Königsellen hoch.

a) Geben Sie die fünf Eckpunkte der Pyramide in einem geeigneten Koordinatensystem an.
b) Vergleichen Sie Ihre Ergebnisse mit Ihrem Nachbarn und erklären Sie, warum es verschiedene richtige Ergebnisse geben kann.

Hinweis zu 16:
Gehen Sie davon aus, dass die Pyramide gerade ist. Sie können die Einheit Königselle verwenden oder in Meter umrechnen.
1 Königselle = 52,4 cm

17. Punkte auf Geraden: Gegeben sind die Punkte $A(4|1|0)$, $B(0|1|-1)$ und $C(2|3|0{,}5)$.
a) Zeichnen Sie die Punkte in das übliche Koordinatensystem ein. Entscheiden Sie, ob die Punkte auf einer Geraden liegen.
b) Zeichnen Sie ein Koordinatensystem, das um die x_3-Achse um 90° gedreht wurde und bei dem die x_1-Achse nach rechts und die x_2-Achse nach hinten verläuft. Tragen Sie die Punkte ein und überprüfen Sie Ihre Aussage aus a).
c) Wiederholen Sie das Vorgehen aus a) und b) mit $P(-1|-4|-1)$, $Q(5|5|2)$, $R(2|0{,}5|0{,}5)$.
d) Formulieren Sie eine allgemeine Aussage über die Darstellung im dreidimensionalen Koordinatensystem (Hinweis: P, Q und R liegen tatsächlich auf einer Geraden).

Hinweis zu 17:
Hier bietet sich die Verwendung einer dynamischen Geometriesoftware an.

18. Senkrechte Projektion: Der Punkt B ergibt sich durch eine **senkrechte Projektion** des Punktes A auf die x_1x_2-Ebene. B entspricht dem Schattenpunkt von A auf der x_1x_2-Ebene, wenn das Licht senkrecht von oben auf diese Ebene fällt.

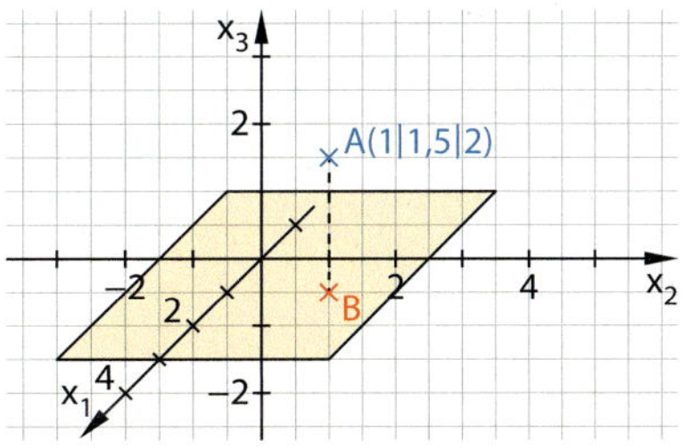

a) Geben Sie die Koordinaten von B an.
b) Die Punkte C und D ergeben sich durch eine Projektion des Punktes A auf die x_1x_3-Ebene bzw. auf die x_2x_3-Ebene. Geben Sie die Koordinaten an.

● **19. Spiegelung an einer Koordinatenebene:** Der Punkt B ergibt sich durch eine **Spiegelung** des Punktes $A(4|-1|3)$ an der x_1x_2-Ebene.
a) Zeichnen Sie Punkt A in ein Koordinatensystem. Ermitteln Sie die Koordinaten von B.
b) Die Punkte C und D ergeben sich durch eine Spiegelung des Punktes A an der x_1x_3- bzw. an der x_2x_3-Ebene. Ermitteln Sie die Koordinaten von C und D.
c) Ermitteln Sie die Koordinaten des Punktes E, der sich ergibt, wenn A nacheinander an der x_1x_2-, der x_1x_3- und der x_2x_3-Ebene gespiegelt wird.

● **20. Ausblick:** Die Lage eines Punktes im Raum kann auch durch seinen Abstand zum Ursprung $r \geq 0$ sowie zwei Winkel $0 \leq \alpha < 180°$ und $0 \leq \beta < 360°$ beschrieben werden. Die Koordinaten $(r|\alpha|\beta)$ beschreiben den Punkt $P(x_1|x_2|x_3)$.
Geben Sie r, α und β für die Punkte $A(1|0|0)$, $B(-2|0|0)$, $C(0|3|0)$, $D(1|1|0)$, $E(1|0|1)$ und $F(0|1|-1)$ an.

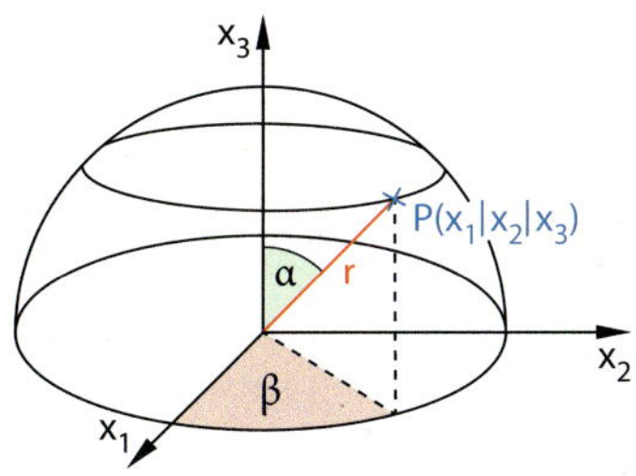

Info:
Diese Koordinaten werden als **Kugelkoordinaten** bezeichnet. Sie werden zum Beispiel bei der Beschreibung von Gravitationsfeldern verwendet.

1.2 Vektoren

■ Auf der Karte sind verschiedene Winde mithilfe von Pfeilen dargestellt.

a) Geben Sie an, welche der Pfeile man als gleich bezeichnen könnte.
Beschreiben Sie, worin sich die übrigen Pfeile unterscheiden.

b) Erläutern Sie, wie sich die dargestellten Winde unterscheiden und wie dies durch die Pfeile verdeutlicht wird. ■

Bei der Verschiebung des Dreiecks ABC zu A'B'C' legen seine Eckpunkte den gleichen **Weg** zurück, nämlich 3 Einheiten in x_1-Richtung und 2 Einheiten in x_2-Richtung. Diese Bewegung kann mit dem **Vektor** $\vec{v} = \begin{pmatrix} 3 \\ 2 \end{pmatrix}$ mit den Koordinaten 3 und 2 beschrieben werden.
Im Koordinatensystem stellen die Verbindungspfeile $\overrightarrow{AA'}$, $\overrightarrow{BB'}$ und $\overrightarrow{CC'}$ alle den gleichen **Vektor** $\vec{v}$ dar, also $\overrightarrow{AA'} = \overrightarrow{BB'} = \overrightarrow{CC'} = \vec{v}$.

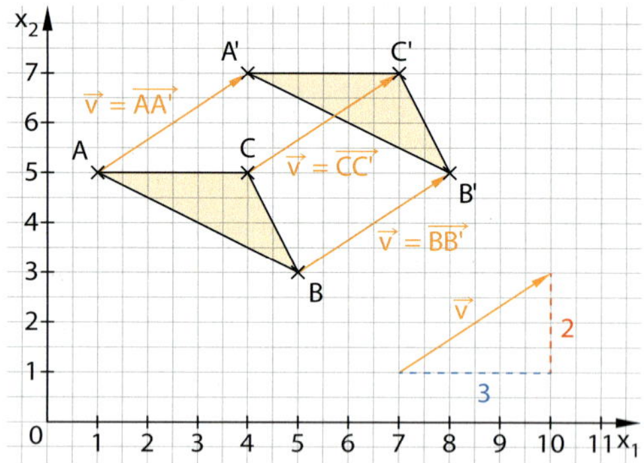

Hinweis:
Die abgebildeten Pfeile sind parallel zueinander, aber haben eine entgegengesetzte Richtung (Orientierung).

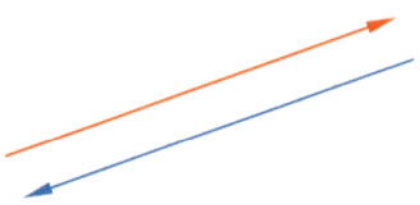

Allgemein werden Vektoren mit Kleinbuchstaben und einem Pfeil darüber bezeichnet und im Koordinatensystem durch **Vektorpfeile** dargestellt. Alle Vektorpfeile mit gleicher **Länge** und gleicher **Richtung** beschreiben denselben Weg und sind damit Darstellungen desselben Vektors. Ein Vektor ist also nicht an einen Ort gebunden. Gleiche Richtung bedeutet, dass die Vektorpfeile **parallel zueinander** sind und die **gleiche Orientierung** (Richtung der Pfeilspitze) haben. Im Raum hat ein Vektor drei Koordinaten, die angeben, wie viel man in x_1-, x_2- und x_3- Richtung geht.

Hinweis:
Ist eine Koordinate eines Vektors negativ, so erfolgt die Verschiebung entgegen der Richtung der zugehörigen Koordinatenachse.

Wissen: Vektoren in der Ebene und im Raum

Ein **zweidimensionaler Vektor** $\vec{v} = \begin{pmatrix} v_1 \\ v_2 \end{pmatrix}$ beschreibt eine **Verschiebung in der Ebene.**

Ein **dreidimensionaler Vektor** $\vec{v} = \begin{pmatrix} v_1 \\ v_2 \\ v_3 \end{pmatrix}$ beschreibt eine **Verschiebung im Raum.**

Geometrisch kann man einen Vektor durch einen **Vektorpfeil** darstellen, der gekennzeichnet ist durch seine **Länge** und **Richtung**.

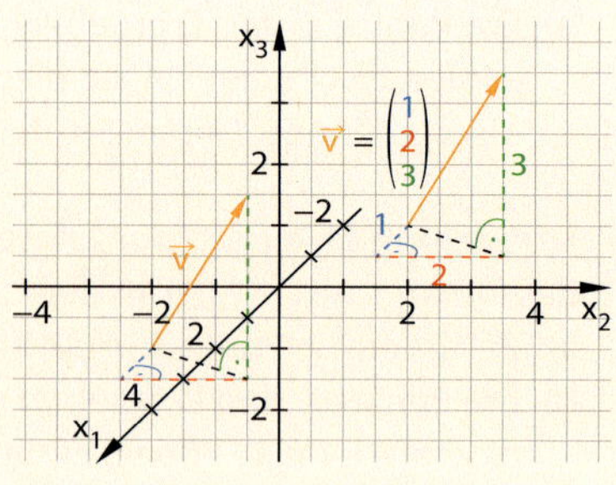

Ein besonderer Vektor ist der **Nullvektor** $\vec{0} = \begin{pmatrix} 0 \\ 0 \end{pmatrix}$ bzw. $\vec{0} = \begin{pmatrix} 0 \\ 0 \\ 0 \end{pmatrix}$. Er hat keine Richtung.

Um den Punkt $P(2|1)$ zum Punkt $Q(7|4)$ zu verschieben, muss man $7 - 2 = 5$ Einheiten in x_1-Richtung und $4 - 1 = 3$ Einheiten in x_2-Richtung gehen.

Der zugehörige Vektor $\begin{pmatrix} 5 \\ 3 \end{pmatrix}$ wird als **Verbindungsvektor** $\overrightarrow{PQ}$ bezeichnet.

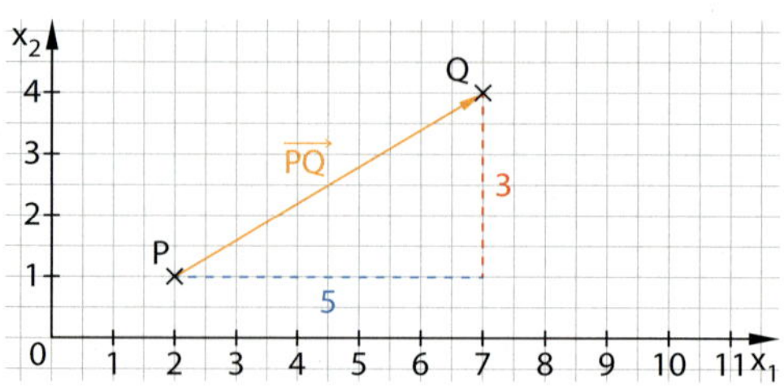

Wissen: Verbindungsvektoren und Ortsvektoren

Für den **Verbindungsvektor** von einem Punkt $P(p_1|p_2|p_3)$ zu einem Punkt $Q(q_1|q_2|q_3)$ gilt:

$$\overrightarrow{PQ} = \begin{pmatrix} q_1 - p_1 \\ q_2 - p_2 \\ q_3 - p_3 \end{pmatrix}$$

Der Verbindungsvektor $\overrightarrow{OP}$ vom Koordinatenursprung O zu einem Punkt $P(p_1|p_2|p_3)$ heißt **Ortsvektor** von P:

$$\overrightarrow{OP} = \begin{pmatrix} p_1 \\ p_2 \\ p_3 \end{pmatrix}$$

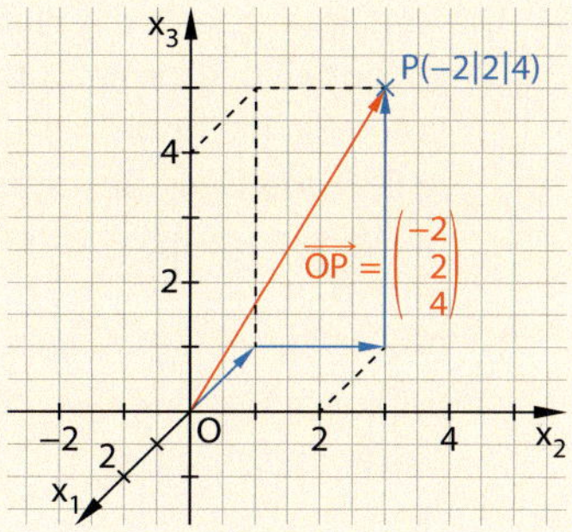

Hinweis:
Im zweidimensionalen Fall gilt entsprechend $\overrightarrow{PQ} = \begin{pmatrix} q_1 - p_1 \\ q_2 - p_2 \end{pmatrix}$ und $\overrightarrow{OP} = \begin{pmatrix} p_1 \\ p_2 \end{pmatrix}$.

Hinweis:
Die Koordinaten des Ortsvektors stimmen mit den Koordinaten des Punktes überein.

Beispiel 1: Die Punkte A, B, C, D, E, F, G und H sind die Ecken eines Quaders im dreidimensionalen Koordinatensystem.

a) Bestimmen Sie die Koordinaten der Punkte A und F und damit den Verbindungsvektor $\overrightarrow{AF}$.

b) Zeigen Sie, dass zwei weitere Ecken des Quaders denselben Verbindungsvektor haben.

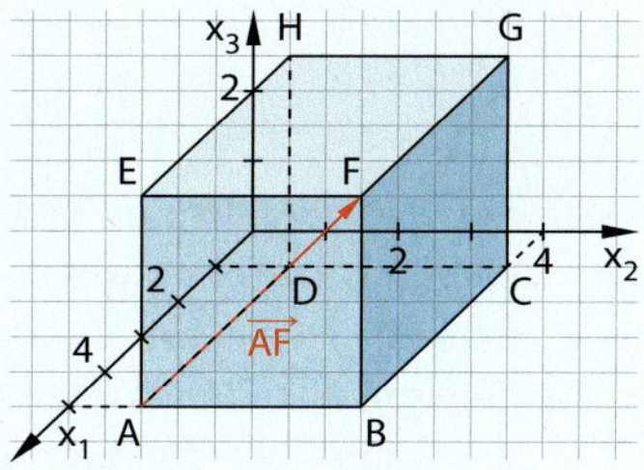

Lösung:

a) Lesen Sie die Koordinaten von A und F aus der Zeichnung ab. Der Vektor $\overrightarrow{AF}$ zeigt von A in Richtung F. Subtrahieren Sie die Koordinaten von A von denen von F.

$A(5|1|0)$, $F(5|4|3)$

$$\overrightarrow{AF} = \begin{pmatrix} 5-5 \\ 4-1 \\ 3-0 \end{pmatrix} = \begin{pmatrix} 0 \\ 3 \\ 3 \end{pmatrix}$$

b) Wählen Sie eine Diagonale, die parallel zu $\overline{AF}$ verläuft, und bestimmen Sie den Verbindungsvektor der Eckpunkte.

$D(1|1|0)$, $G(1|4|3)$ $\quad \overline{DG}$ parallel zu $\overline{AF}$

$$\overrightarrow{DG} = \begin{pmatrix} 1-1 \\ 4-1 \\ 3-0 \end{pmatrix} = \begin{pmatrix} 0 \\ 3 \\ 3 \end{pmatrix} = \overrightarrow{AF}$$

Basisaufgaben

1. Zeichnen Sie zum Vektor drei Vektorpfeile in ein Koordinatensystem. Geben Sie jeweils die Anfangs- und Endpunkte der Pfeile an.

a) $\begin{pmatrix} 1 \\ 2 \end{pmatrix}$ b) $\begin{pmatrix} 0 \\ -1 \end{pmatrix}$ c) $\begin{pmatrix} 2 \\ 0 \end{pmatrix}$ d) $\begin{pmatrix} -1 \\ -3 \end{pmatrix}$

e) $\begin{pmatrix} 1 \\ 0 \\ 0 \end{pmatrix}$ f) $\begin{pmatrix} 1 \\ 0 \\ -1 \end{pmatrix}$ g) $\begin{pmatrix} 1 \\ 3 \\ -2 \end{pmatrix}$ h) $\begin{pmatrix} -2 \\ -1 \\ 3 \end{pmatrix}$

2. Zeichnen Sie die Punkte und den Vektor $\overrightarrow{PQ}$ in ein Koordinatensystem. Berechnen Sie die Koordinaten des Vektors $\overrightarrow{PQ}$ und vergleichen Sie mit der Skizze.

a) $P(0|0)$, $Q(5|-2)$ b) $P(2|3)$, $Q(7|4)$ c) $P(-4|-3|-1)$, $Q(0|4|-2)$

d) $P(-1|4|-2)$, $Q(2|-3|-4)$ e) $P(4|6|5)$, $Q(0|0|0)$ f) $P(7|3|1)$, $Q(7|3|1)$

3. Ergänzen Sie die fehlenden Eckpunkte so, dass die Gleichung stimmt.

a) $\overrightarrow{AB} = \overrightarrow{E\bullet}$ b) $\overrightarrow{AB} = \overrightarrow{\bullet G}$

c) $\overrightarrow{FE} = \overrightarrow{C\bullet}$ d) $\overrightarrow{H\bullet} = \overrightarrow{GC}$

e) $\overrightarrow{EH} = \overrightarrow{A\bullet} = \overrightarrow{\bullet G}$ f) $\overrightarrow{DG} = \overrightarrow{A\bullet}$

g) $\overrightarrow{HF} = \overrightarrow{\bullet\bullet}$ h) $\overrightarrow{\bullet\bullet} = \overrightarrow{AH}$

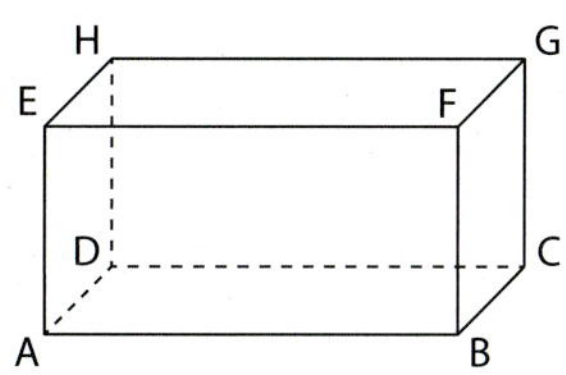

4. Die Zeichnung zeigt ein Prisma im dreidimensionalen Koordinatensystem.

a) Lesen Sie die Koordinaten der Punkte A, B, C und D ab. Bestimmen Sie damit die Verbindungsvektoren $\overrightarrow{AB}$, $\overrightarrow{AC}$, $\overrightarrow{AD}$ und $\overrightarrow{BC}$.

b) Geben Sie zu jedem Verbindungsvektor aus a) zwei weitere Punkte an, die diesen beschreiben.

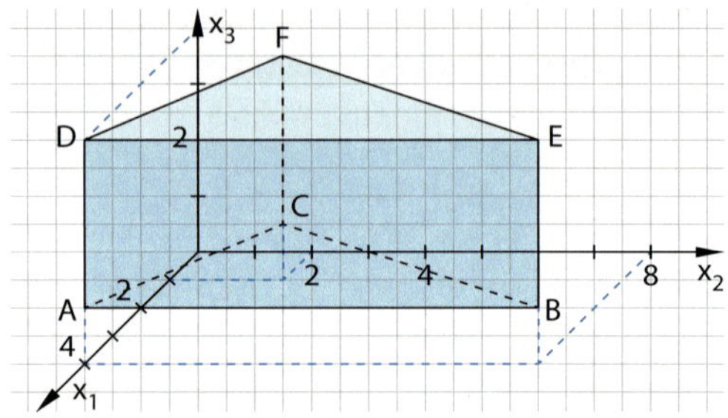

5. Es sei $\overrightarrow{PQ} = \begin{pmatrix} 4 \\ 5 \\ -2 \end{pmatrix}$. Bestimmen Sie die Koordinaten des Punktes P bzw. Q.

a) P(1|1|1) b) P(5|4|7) c) P(0|0|0) d) P(12|−5|−7)
e) P(x|y|z) f) Q(2|3|2) g) Q(−8|7|−3) h) Q(x|y|z)

6. a) Zeichnen Sie die Punkte P(4|1|0) und Q(3|3|4) und den Vektorpfeil von P nach Q in ein Koordinatensystem. Veranschaulichen Sie die Koordinaten von $\overrightarrow{PQ}$ durch Hilfslinien parallel zu den Koordinatenachsen.

b) Zeichnen Sie den Punkt R(2|−1|1) ein und von dort ausgehend den Vektorpfeil von $\overrightarrow{PQ}$. Bestimmen Sie die Koordinaten des Endpunktes S, für den $\overrightarrow{PQ} = \overrightarrow{RS}$ gilt.

c) Tarek meint: *„Der Vektor $\overrightarrow{PQ}$ verbindet nicht nur die Punkte P und Q, sondern auch die Punkte R und S."* Hat er Recht? Begründen Sie.

d) Geben Sie die Koordinaten eines Punktes T an, dessen Ortsvektor gleich $\overrightarrow{PQ}$ ist.

e) Svea meint: *„Während die Koordinaten eines Punktes einen Ort beschreiben, beschreiben die Koordinaten eines Vektors einen Weg."* Nehmen Sie dazu Stellung. Erläutern Sie den Unterschied zwischen einem Punkt und einem Vektor.

Betrag eines Vektors – Abstand zweier Punkte

Der **Betrag** $|\vec{v}|$ eines Vektors $\vec{v}$ bezeichnet die gemeinsame Länge seiner Pfeile.

Aus den Koordinaten eines zweidimensionalen Vektors $\vec{v} = \binom{v_1}{v_2}$ ergeben sich die Kathetenlängen eines rechtwinkligen Dreiecks. Für $|\vec{v}|$ gilt dann nach dem Satz des Pythagoras: $|\vec{v}| = \sqrt{v_1^2 + v_2^2}$

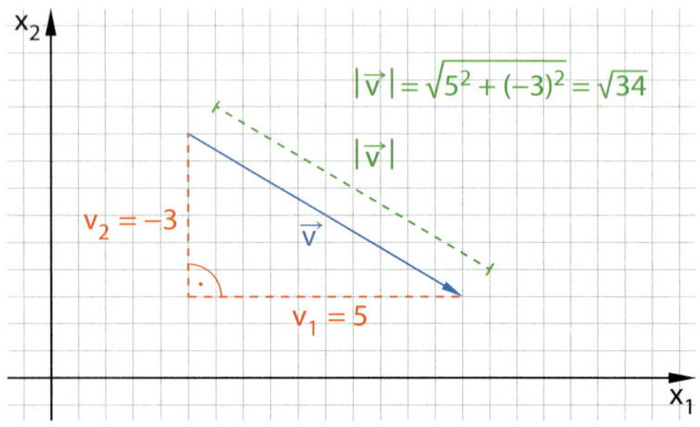

Bei einem dreidimensionalen Vektor $\vec{v} = \begin{pmatrix} v_1 \\ v_2 \\ v_3 \end{pmatrix}$ entspricht ein Pfeil der Raumdiagonale eines Quaders. Um seine Länge zu ermitteln, wird der Satz des Pythagoras zweimal angewendet.

① Flächendiagonale:
$|\vec{v_0}| = \sqrt{v_1^2 + v_2^2}$ mit $\vec{v_0} = \begin{pmatrix} v_1 \\ v_2 \\ 0 \end{pmatrix}$

② Raumdiagonale:
$|\vec{v}| = \sqrt{|\vec{v_0}|^2 + v_3^2} = \sqrt{\left(\sqrt{v_1^2 + v_2^2}\right)^2 + v_3^2}$
$= \sqrt{v_1^2 + v_2^2 + v_3^2}$

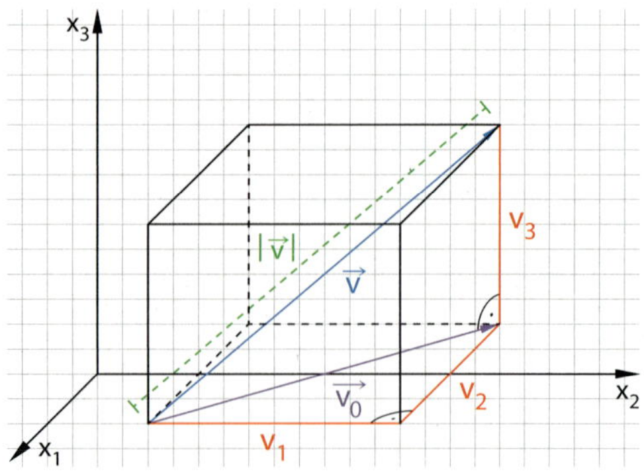

Definition: Betrag eines Vektors in der Ebene oder im Raum

Der **Betrag** $|\vec{v}|$ eines Vektors $\vec{v}$ ist die Länge seiner Vektorpfeile im Koordinatensystem.

Für $\vec{v} = \begin{pmatrix} v_1 \\ v_2 \end{pmatrix}$ gilt: $|\vec{v}| = \sqrt{v_1^2 + v_2^2}$ Für $\vec{v} = \begin{pmatrix} v_1 \\ v_2 \\ v_3 \end{pmatrix}$ gilt: $|\vec{v}| = \sqrt{v_1^2 + v_2^2 + v_3^2}$

Hinweis:
Der Betrag eines Vektors wird auch als **Länge** des Vektors bezeichnet.

Der Nullvektor hat damit den Betrag $|\vec{0}| = \sqrt{0^2 + 0^2} = 0$ bzw. $|\vec{0}| = \sqrt{0^2 + 0^2 + 0^2} = 0$.

Beispiel 2: Betrag eines Vektors im Raum

Berechnen Sie den Betrag des Vektors $\vec{v} = \begin{pmatrix} 3 \\ 0 \\ -2 \end{pmatrix}$.

Lösung:

Berechnen Sie die Quadrate der einzelnen Koordinaten. Addieren Sie diese und ziehen Sie anschließend die Wurzel.

$$|\vec{v}| = \sqrt{3^2 + 0^2 + (-2)^2} = \sqrt{9 + 0 + 4} = \sqrt{13} \approx 3{,}61$$

Der Abstand zweier Punkte P und Q entspricht der Länge der Strecke $\overline{PQ}$ und somit dem Betrag des Verbindungsvektors $\overrightarrow{PQ}$.

Wissen: Abstand zweier Punkte im Raum

Für den **Abstand** zweier Punkte $P(p_1 | p_2 | p_3)$ und $Q(q_1 | q_2 | q_3)$ gilt:

$$|\overrightarrow{PQ}| = \left| \begin{pmatrix} q_1 - p_1 \\ q_2 - p_2 \\ q_3 - p_3 \end{pmatrix} \right| = \sqrt{(q_1 - p_1)^2 + (q_2 - p_2)^2 + (q_3 - p_3)^2}$$

Beispiel 3: Abstand zweier Punkte im Raum

Berechnen Sie den Abstand der Punkte $P(1|-6|-2)$ und $Q(-3|0|4)$.

Lösung:

Bestimmen Sie den Verbindungsvektor $\overrightarrow{PQ}$ und berechnen Sie dessen Betrag.
Die Punkte P und Q haben einen Abstand von etwa 9,38 LE.

$$\overrightarrow{PQ} = \begin{pmatrix} -3 - 1 \\ 0 - (-6) \\ 4 - (-2) \end{pmatrix} = \begin{pmatrix} -4 \\ 6 \\ 6 \end{pmatrix}$$

$$|\overrightarrow{PQ}| = \sqrt{(-4)^2 + 6^2 + 6^2} = \sqrt{88} \approx 9{,}38$$

Basisaufgaben

7. Zeichnen Sie einen Vektorpfeil des Vektors $\vec{v}$ in ein Koordinatensystem (LE: 1 cm) und messen Sie die Länge des Pfeils. Kontrollieren Sie, indem Sie den Betrag des Vektors berechnen.
   a) $\vec{v} = \begin{pmatrix} 0 \\ 4 \end{pmatrix}$ b) $\vec{v} = \begin{pmatrix} -2 \\ 0 \end{pmatrix}$ c) $\vec{v} = \begin{pmatrix} 3 \\ 4 \end{pmatrix}$ d) $\vec{v} = \begin{pmatrix} 3 \\ -4 \end{pmatrix}$ e) $\vec{v} = \begin{pmatrix} 2 \\ -5 \end{pmatrix}$

8. Berechnen Sie den Betrag des Vektors.
   a) $\vec{v} = \begin{pmatrix} 4 \\ 1 \\ 8 \end{pmatrix}$ b) $\vec{v} = \begin{pmatrix} 3 \\ 0 \\ 0 \end{pmatrix}$ c) $\vec{v} = \begin{pmatrix} 2 \\ -2 \\ 0 \end{pmatrix}$ d) $\vec{v} = \begin{pmatrix} 5 \\ -2 \\ -3 \end{pmatrix}$ e) $\vec{v} = \begin{pmatrix} 0 \\ 0 \\ 0 \end{pmatrix}$

Lösungen zu 8:
teilweise gerundet

8 9 0 3 2,83 6,16

9. Berechnen Sie den Abstand der Punkte P und Q.
   a) $P(3|-2|6), Q(0|2|6)$ b) $P(4|1), Q(-2|-2)$
   c) $P(0|5), Q(12|0)$ d) $P(5|-3|1), Q(6|-2|-1)$
   e) $P(3|9|2), Q(0|0|0)$ f) $P(2|13|7), Q(2|13|7)$

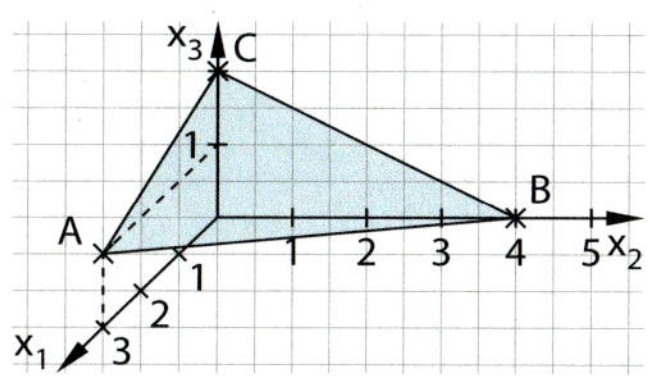

10. Bestimmen Sie die Seitenlängen des abgebildeten Dreiecks ABC.

Weiterführende Aufgaben

11. a) Zeichnen Sie einen Vektorpfeil des Vektors $\vec{v} = \begin{pmatrix} 2 \\ -1 \end{pmatrix}$ in ein zweidimensionales Koordinatensystem. Berechnen Sie den Betrag von $\vec{v}$.
b) Zeichnen Sie Vektorpfeile von vier Vektoren ein, die die gleiche Richtung haben wie $\vec{v}$, aber alle einen anderen Betrag. Geben Sie Koordinaten und Betrag der Vektoren an.
c) Zeichnen Sie Vektorpfeile von vier Vektoren ein, die den gleichen Betrag haben wie $\vec{v}$, aber in unterschiedliche Richtung zeigen. Geben Sie die Koordinaten der Vektoren an.

12. Stolperstelle: Es ist P(3|−5|2) und Q(2|2|1). Leon sagt: *„Der Vektor $\overrightarrow{PQ}$ kann nicht Ortsvektor eines Punktes sein, weil er nicht am Ursprung beginnt."* Nehmen Sie dazu Stellung.

13. Zeigen Sie, dass der Betrag eines Vektors immer mindestens so groß ist wie der Betrag der betragsgrößten Koordinate. Erklären Sie, in welchen Fällen beide Werte gleich sind.

14. Die Maße des abgebildeten Hauses mit einer Dachgaube sind in Meter angegeben.
a) Zeichnen Sie das Haus in ein Koordinatensystem und geben Sie die Vektoren $\overrightarrow{EH}$, $\overrightarrow{HK}$, $\overrightarrow{MP}$ und $\overrightarrow{LT}$ an.
b) Vergleichen Sie Ihre Lösungen aus a) mir Ihrem Nachbarn. Begründen Sie, dass die Lösungen nicht von der Lage des Hauses im Koordinatensystem abhängen.
c) Berechnen Sie die Beträge der Vektoren aus Teil a).

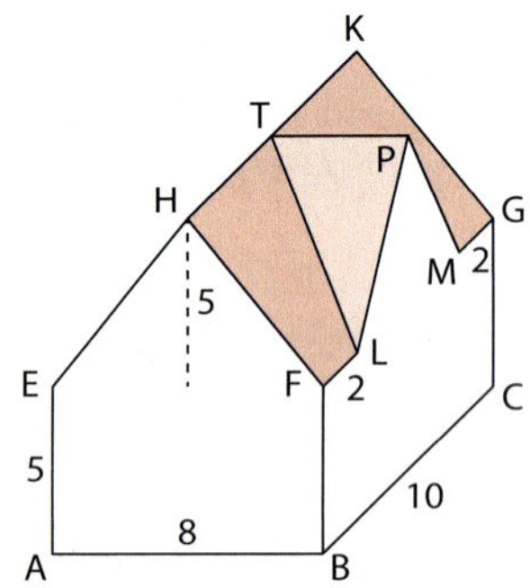

15. Untersuchen Sie, ob das Dreieck ABC gleichschenklig oder sogar gleichseitig ist.
a) A(3|1|2), B(1|5|5), C(−2|−1|2)
b) A(5|−5|10), B(2|−2|3), C(2|−5|10)

16. Skizzieren Sie das Viereck ABCD in ein Koordinatensystem. Prüfen Sie, ob es eine Raute ist.
a) A(0|−2|1), B(−4|1|−1), C(−4|6|1), D(0|3|3)
b) A(1|−2|1), B(5|1|0), C(3|3|−2), D(−1|0|−1)

● **17.** Eine kleine Biene befindet sich auf dem Rückflug zu ihrem Bienenstock im Koordinatenursprung. Beim Überfliegen von Punkt P(10|10) entdeckt sie drei Blumen auf der Wiese. Ermitteln Sie, in welcher Reihenfolge die Biene diese Blumen anfliegen sollte, damit ihr Weg am kürzesten ist.

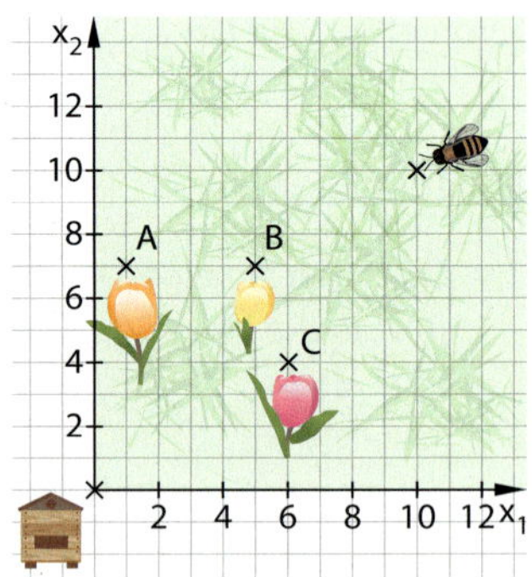

● **18.** Ein mit Helium gefüllter Luftballon bewegt sich durch Wind und seinen Auftrieb durch die Luft. Innerhalb einer Sekunde bewegt er sich von P(0|0|7) nach Q(2|−1|9), wobei eine Längeneinheit im Koordinatensystem ein Meter ist. Bestimmen Sie die Geschwindigkeit des Ballons in km/h.

● **19. Ausblick:** Beschreiben Sie die Menge aller Punkte P in der Ebene bzw. im Raum mit den angegebenen Eigenschaften.

a) $\overrightarrow{OP} = \begin{pmatrix} x_1 \\ x_2 \end{pmatrix}$ mit $x_1 = 2$

b) $\overrightarrow{OP} = \begin{pmatrix} x_1 \\ x_2 \end{pmatrix}$ mit $|\overrightarrow{OP}| = 1$

c) $\overrightarrow{OP} = \begin{pmatrix} x_1 \\ x_2 \end{pmatrix}$ mit $x_1 = x_2$

d) $\overrightarrow{OP} = \begin{pmatrix} x_1 \\ x_2 \\ x_3 \end{pmatrix}$ mit $x_2 = -3$

e) $\overrightarrow{OP} = \begin{pmatrix} x_1 \\ x_2 \\ x_3 \end{pmatrix}$ mit $x_1 = x_3$

f) $\overrightarrow{OP} = \begin{pmatrix} x_1 \\ x_2 \\ x_3 \end{pmatrix}$ mit $|\overrightarrow{OP}| = 2$

1.3 Addition und Subtraktion von Vektoren

■ Das Viereck ABCD ist ein Parallelogramm.

a) Begründen Sie, dass dann gilt: $\overrightarrow{BC} = \overrightarrow{AD}$ und $\overrightarrow{DC} = \overrightarrow{AB}$.

b) Bestimmen Sie die Koordinaten des vierten Punktes C des Parallelogramms.

c) Geben Sie an, wie Sie die Koordinaten von C mithilfe der Ortsvektoren von B und D berechnen. ■

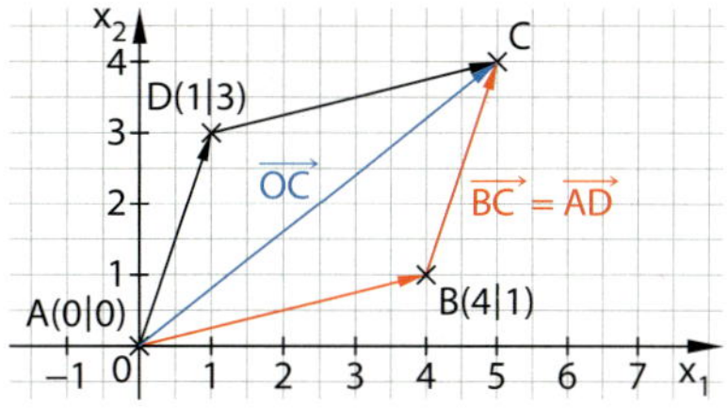

Vektoren kann man addieren. Geht man vom Punkt P aus mit $\vec{a} = \begin{pmatrix} 5 \\ 1 \end{pmatrix}$ zum Punkt Q und von dort mit $\vec{b} = \begin{pmatrix} 2 \\ 3 \end{pmatrix}$ zum Punkt R, dann zeigt der Summenvektor $\vec{a} + \vec{b}$ vom Startpunkt P zum Endpunkt R, es ist $\vec{a} + \vec{b} = \overrightarrow{PR}$ oder $\overrightarrow{PQ} + \overrightarrow{QR} = \overrightarrow{PR}$.
Mit $\vec{a}$ geht man 5 in x_1-Richtung, mit $\vec{b}$ danach 2, also geht man insgesamt 7 in x_1-Richtung. Ebenso geht man insgesamt $1 + 3 = 4$ in x_2-Richtung.
Zu $\overrightarrow{PR}$ gehört also der Vektor $\vec{a} + \vec{b} = \begin{pmatrix} 5+2 \\ 1+3 \end{pmatrix} = \begin{pmatrix} 7 \\ 4 \end{pmatrix}$

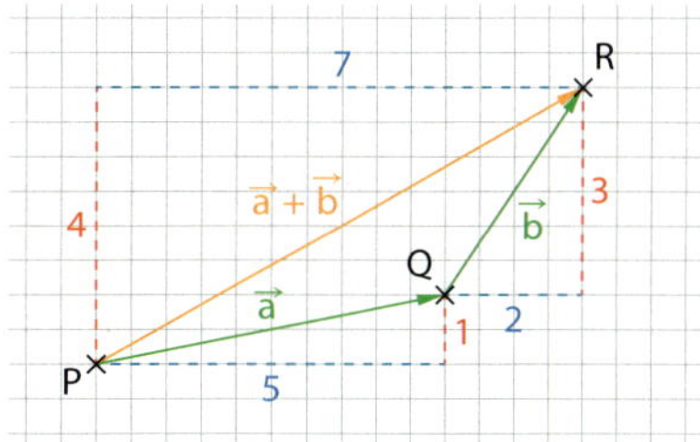

Hinweis:
Man kann sich vorstellen, dass der Summenvektor den zurückgelegten Weg in „Luftlinie" darstellt.

Die Koordinaten des Summenvektors $\vec{a} + \vec{b}$ ergeben sich durch Addition der entsprechenden Koordinaten von $\vec{a}$ und $\vec{b}$. Dies ist auch bei dreidimensionalen Vektoren der Fall.

Wissen: Addition von Vektoren

Vektoren werden koordinatenweise addiert:

$$\begin{pmatrix} a_1 \\ a_2 \end{pmatrix} + \begin{pmatrix} b_1 \\ b_2 \end{pmatrix} = \begin{pmatrix} a_1 + b_1 \\ a_2 + b_2 \end{pmatrix} \qquad \begin{pmatrix} a_1 \\ a_2 \\ a_3 \end{pmatrix} + \begin{pmatrix} b_1 \\ b_2 \\ b_3 \end{pmatrix} = \begin{pmatrix} a_1 + b_1 \\ a_2 + b_2 \\ a_3 + b_3 \end{pmatrix}$$

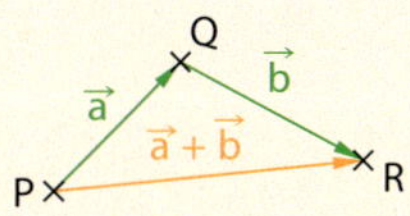

Setzt man an der Pfeilspitze von $\vec{a}$ einen Vektorpfeil von $\vec{b}$ an, so zeigt der Summenvektor $\vec{a} + \vec{b}$ vom Anfang von $\vec{a}$ zur Spitze von $\vec{b}$. Es gilt: $\overrightarrow{PQ} + \overrightarrow{QR} = \overrightarrow{PR}$

Zu jedem Vektor $b = \begin{pmatrix} b_1 \\ b_2 \end{pmatrix}$ ist $-b = \begin{pmatrix} -b_1 \\ -b_2 \end{pmatrix}$ der **Gegenvektor**. Seine Pfeile haben die gleiche Länge wie $\vec{b}$, aber zeigen in die entgegengesetzte Richtung. Es gilt $\vec{b} + (-\vec{b}) = \vec{0}$.
Mit dem Gegenvektor erhält man eine **Subtraktion von Vektoren**: $\vec{a} - \vec{b} = \vec{a} + (-\vec{b})$.
Man rechnet: $\begin{pmatrix} 5 \\ 1 \end{pmatrix} - \begin{pmatrix} 1 \\ 2 \end{pmatrix} = \begin{pmatrix} 5 \\ 1 \end{pmatrix} + \begin{pmatrix} -1 \\ -2 \end{pmatrix} = \begin{pmatrix} 5-1 \\ 1-2 \end{pmatrix} = \begin{pmatrix} 4 \\ -1 \end{pmatrix}$

Hinweis:
Der **Gegenvektor** zu $\vec{v} = \begin{pmatrix} v_1 \\ v_2 \\ v_3 \end{pmatrix}$ ist $-\vec{v} = \begin{pmatrix} -v_1 \\ -v_2 \\ -v_3 \end{pmatrix}$.

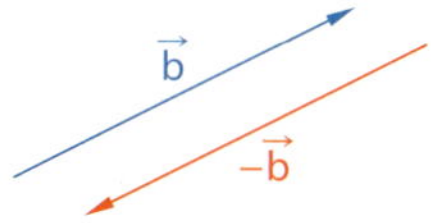

Wissen: Subtraktion von Vektoren

Vektoren werden koordinatenweise subtrahiert:

$$\begin{pmatrix} a_1 \\ a_2 \end{pmatrix} - \begin{pmatrix} b_1 \\ b_2 \end{pmatrix} = \begin{pmatrix} a_1 - b_1 \\ a_2 - b_2 \end{pmatrix} \qquad \begin{pmatrix} a_1 \\ a_2 \\ a_3 \end{pmatrix} - \begin{pmatrix} b_1 \\ b_2 \\ b_3 \end{pmatrix} = \begin{pmatrix} a_1 - b_1 \\ a_2 - b_2 \\ a_3 - b_3 \end{pmatrix}$$

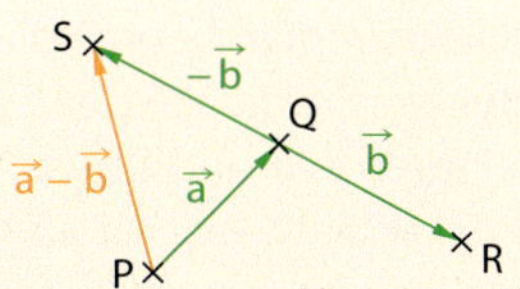

Die Subtraktion eines Vektors entspricht der Addition des Gegenvektors: $\vec{a} - \vec{b} = \vec{a} + (-\vec{b})$

Am Parallelogramm erkennt man, dass für die Addition von Vektoren das Kommutativgesetz gilt: $\vec{a} + \vec{b} = \vec{b} + \vec{a}$.
Dies kann man auch rechnerisch zeigen:

$$\begin{pmatrix} a_1 \\ a_2 \\ a_3 \end{pmatrix} + \begin{pmatrix} b_1 \\ b_2 \\ b_3 \end{pmatrix} = \begin{pmatrix} a_1 + b_1 \\ a_2 + b_2 \\ a_3 + b_3 \end{pmatrix} = \begin{pmatrix} b_1 + a_1 \\ b_2 + a_2 \\ b_3 + a_3 \end{pmatrix} = \begin{pmatrix} b_1 \\ b_2 \\ b_3 \end{pmatrix} + \begin{pmatrix} a_1 \\ a_2 \\ a_3 \end{pmatrix}$$

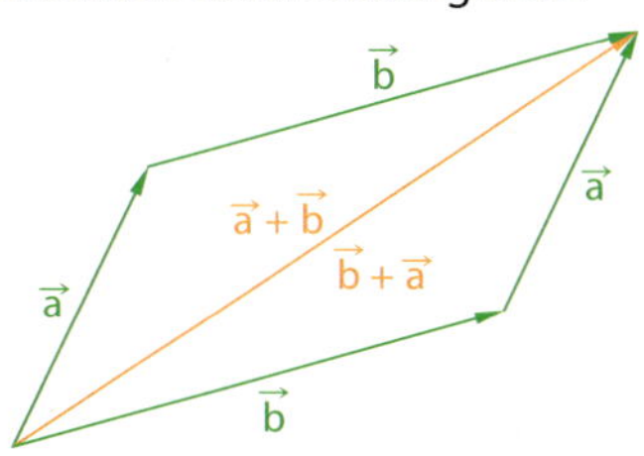

Man führt das Kommutativgesetz für Vektoren also auf jenes für reelle Zahlen zurück. Ähnlich kann man auch bei anderen Rechengesetzen vorgehen.

Hinweis:
$\vec{a} + \vec{0} = \vec{a}$
$\vec{0} + \vec{a} = \vec{a}$
$\vec{a} - \vec{0} = \vec{a}$
$\vec{0} - \vec{a} = -\vec{a}$
$\vec{a} - \vec{a} = \vec{0}$

Wissen: Rechenregeln

Für zwei- oder dreidimensionale Vektoren gelten die folgenden Regeln.

Kommutativgesetz: $\vec{a} + \vec{b} = \vec{b} + \vec{a}$ **Assoziativgesetz:** $(\vec{a} + \vec{b}) + \vec{c} = \vec{a} + (\vec{b} + \vec{c})$

Beispiel 1: Vektoren addieren und subtrahieren

Gegeben sind die Vektoren $\vec{a} = \begin{pmatrix} 2 \\ 4 \\ 2 \end{pmatrix}$, $\vec{b} = \begin{pmatrix} 1 \\ 3 \\ -1 \end{pmatrix}$ und $\vec{c} = \begin{pmatrix} -2 \\ 0 \\ 3 \end{pmatrix}$.

a) Berechnen Sie $\vec{a} - \vec{b}$ und $\vec{a} + \vec{b} - \vec{c}$.
b) Stellen Sie $\vec{a} - \vec{b}$ zeichnerisch dar und vergleichen Sie mit der Rechnung.

Lösung:

a) Subtrahieren Sie die Koordinaten des Vektors $\vec{b}$ von denen des Vektors $\vec{a}$.

$$\vec{a} - \vec{b} = \begin{pmatrix} 2 \\ 4 \\ 2 \end{pmatrix} - \begin{pmatrix} 1 \\ 3 \\ -1 \end{pmatrix} = \begin{pmatrix} 2-1 \\ 4-3 \\ 2-(-1) \end{pmatrix} = \begin{pmatrix} 1 \\ 1 \\ 3 \end{pmatrix}$$

Rechnen Sie auch bei mehreren Vektoren koordinatenweise.

$$\vec{a} + \vec{b} - \vec{c} = \begin{pmatrix} 2+1-(-2) \\ 4+3-0 \\ 2+(-1)-3 \end{pmatrix} = \begin{pmatrix} 5 \\ 7 \\ -2 \end{pmatrix}$$

b) Zeichnen Sie beginnend an der Spitze von $\vec{a}$ einen Vektorpfeil zu $(-\vec{b})$. Der Pfeil vom Anfangspunkt von $\vec{a}$ zur Spitze von $(-\vec{b})$ steht für den Differenzvektor $\vec{a} - \vec{b}$.

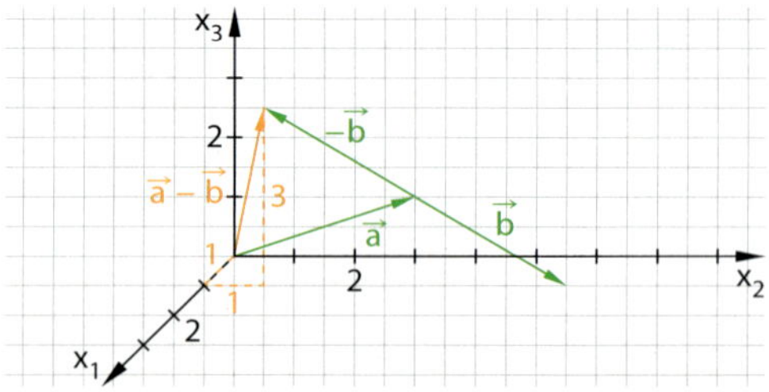

Bei der **Bestimmung eines Verbindungsvektors** $\overrightarrow{AB}$ muss man darauf achten, welcher Ortsvektor von welchem subtrahiert werden muss. Hier hilft die Vorstellung: Um von A nach B zu gelangen, geht man zuerst von A zum Ursprung, also $-\overrightarrow{OA}$ und anschließend vom Ursprung zu B:
$\overrightarrow{AB} = -\overrightarrow{OA} + \overrightarrow{OB} = \overrightarrow{OB} - \overrightarrow{OA}$

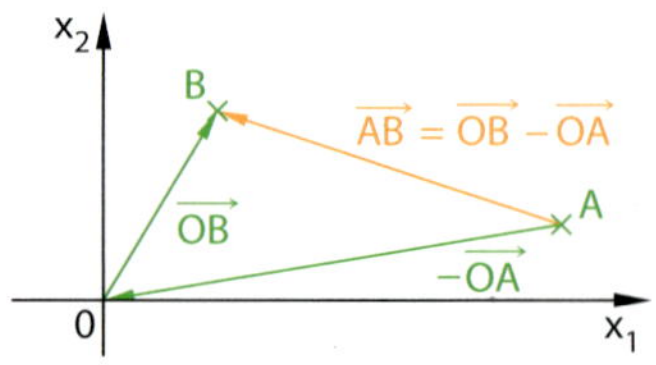

Hinweis:
Beim Bestimmen von Vektoren in geometrischen Figuren hilft die Vorstellung, dass man aus bekannten Vektoren einen **Weg** zusammensetzt. Der gesuchte Vektor ist dann die Summe dieser „Wegabschnitte“.

Beispiel 2: Vektoren in geometrischen Figuren

Die Vektoren $\vec{a}$, $\vec{b}$ und $\vec{c}$ spannen ausgehend vom Punkt A einen sogenannten Spat auf, der von Parallelogrammen begrenzt wird.

a) Drücken Sie die Vektoren $\overrightarrow{AC}$ und $\overrightarrow{HB}$ durch die Vektoren $\vec{a}$, $\vec{b}$ und $\vec{c}$ aus.
b) Drücken Sie $\vec{c} - \vec{b} + \vec{a}$ als Verbindungsvektor zweier Eckpunkte aus.

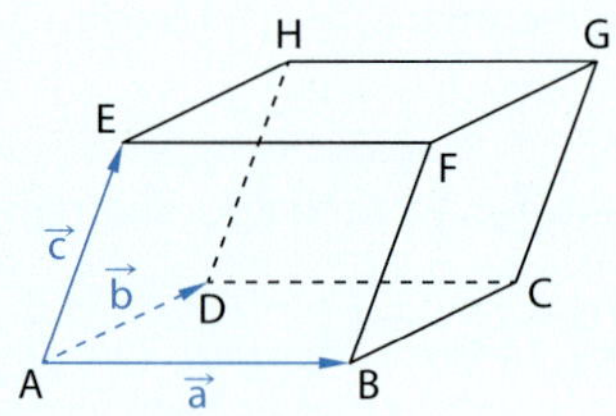

Lösung:

a) Suchen Sie einen Weg von A bis C bzw. von H bis B entlang der Kanten des Spats. Berücksichtigen Sie, dass Sie die gekennzeichneten Pfeile von $\vec{a}$, $\vec{b}$, $\vec{c}$ zu den parallelen Kanten verschieben können.

$\overrightarrow{AC} = \overrightarrow{AB} + \overrightarrow{BC} = \vec{a} + \vec{b}$
$\overrightarrow{HB} = \overrightarrow{HG} + \overrightarrow{GF} + \overrightarrow{FB}$
$= \overrightarrow{HG} - \overrightarrow{FG} - \overrightarrow{BF}$
$= \vec{a} - \vec{b} - \vec{c}$

b) Der einzig geeignete Startpunkt ist D. Gehen Sie von dort aus nacheinander entlang der Vektoren $\vec{c}$, $-\vec{b}$ und $\vec{a}$. So gelangen Sie zu den Punkten H, E und F.

$\vec{c} - \vec{b} + \vec{a} = \overrightarrow{DH} + \overrightarrow{HE} + \overrightarrow{EF}$
$= \overrightarrow{DF}$

Hinweis:
Wenn Sie gegen die Pfeilrichtung gehen, müssen Sie den Vektor subtrahieren.

Basisaufgaben

1. Berechnen Sie.

a) $\begin{pmatrix}2\\3\\6\end{pmatrix}+\begin{pmatrix}-3\\1\\5\end{pmatrix}$ b) $\begin{pmatrix}3{,}7\\4\\-6{,}2\end{pmatrix}+\begin{pmatrix}-1{,}5\\0{,}3\\-12{,}1\end{pmatrix}$ c) $\begin{pmatrix}-4\\-11\\3\end{pmatrix}-\begin{pmatrix}-8\\5\\-10\end{pmatrix}$ d) $\begin{pmatrix}7\\3\\-4\end{pmatrix}-\begin{pmatrix}2\\4\\8\end{pmatrix}+\begin{pmatrix}0\\1\\-2\end{pmatrix}$

Lösungen zu 1:
Koordinaten der Vektoren a)–c)

−1 4 13 2,2 −12 4,3 −18,3 −16 11

2. Ermitteln Sie zeichnerisch und rechnerisch die Vektoren $\vec{a}+\vec{b}$ und $\vec{a}-\vec{b}$.

a) $\vec{a}=\begin{pmatrix}3\\-1\end{pmatrix}, \vec{b}=\begin{pmatrix}2\\3\end{pmatrix}$ b) $\vec{a}=\begin{pmatrix}5\\2\end{pmatrix}, \vec{b}=\begin{pmatrix}-4\\2\end{pmatrix}$ c) $\vec{a}=\begin{pmatrix}2\\-4\end{pmatrix}, \vec{b}=\begin{pmatrix}0\\3\end{pmatrix}$

3. a) Geben Sie den Gegenvektor zu $\vec{v}$ an. ① $\vec{v}=\begin{pmatrix}10\\4\\-6\end{pmatrix}$ ② $\vec{v}=\begin{pmatrix}-2\\-11\\0\end{pmatrix}$

b) Beschreiben Sie, wie sich Länge, Richtung und Orientierung von Vektor und Gegenvektor zueinander verhalten.

4. Der Verbindungsvektor $\overrightarrow{PQ}$ zu $P(2|-3|1)$ und $Q(-4|2|3)$ kann auf verschiedene Arten berechnet werden. Entscheiden Sie, welche Art Sie am besten finden.

a) Berechnen Sie $\overrightarrow{PQ}$ mit der Formel aus dem Wissen von Abschnitt 1.2 auf Seite 13.

b) Berechnen Sie $\overrightarrow{PQ}$ mit der Methode, die unter Beispiel 1 vorgeschlagen wird. Verdeutlichen Sie den Rechenweg durch eine Skizze.

c) Berechnen Sie $\overrightarrow{PQ}$, indem Sie die Gleichung $\begin{pmatrix}2\\-3\\1\end{pmatrix}+\overrightarrow{PQ}=\begin{pmatrix}-4\\2\\3\end{pmatrix}$ lösen. Drücken Sie diese Gleichung in einem Satz aus und veranschaulichen Sie sie an einer Skizze.

5. Bestimmen Sie zu den Punkten $P(6|-3|9)$ und $Q(-1|-2|3)$ die Verbindungsvektoren $\overrightarrow{PQ}$ und $\overrightarrow{QP}$. Geben Sie an, welche Beziehung zwischen $\overrightarrow{PQ}$ und $\overrightarrow{QP}$ besteht.

6. Vereinfachen Sie so, dass das Ergebnis aus einem einzigen Vektor besteht.
Beispiel: $\overrightarrow{CA}-\overrightarrow{BA}=\overrightarrow{CA}+\overrightarrow{AB}=\overrightarrow{CB}$

a) $\overrightarrow{BC}+\overrightarrow{CA}$ b) $\overrightarrow{PQ}-\overrightarrow{RQ}$ c) $\overrightarrow{TS}+\overrightarrow{ST}$ d) $\overrightarrow{DC}+\overrightarrow{CB}+\overrightarrow{BA}$
e) $\overrightarrow{FG}+\overrightarrow{HI}+\overrightarrow{GH}$ f) $-\overrightarrow{PR}+\overrightarrow{ST}+\overrightarrow{PS}$ g) $\overrightarrow{KN}-\overrightarrow{KM}+\overrightarrow{LM}$ h) $\overrightarrow{UV}+\overrightarrow{WU}+\overrightarrow{VW}$

Hinweis zu 6:
Für alle Punkte P gilt: $\overrightarrow{PP}=\vec{0}$ und $-\overrightarrow{PQ}=\overrightarrow{QP}$

7. Führen Sie die Rechnung geometrisch im Heft aus und zeichnen Sie einen Vektorpfeil des Ergebnisvektors. Überprüfen Sie die Koordinaten des Ergebnisvektors rechnerisch.

a) $\vec{a}+\vec{b}$ b) $\vec{b}+\vec{a}$
c) $\vec{a}+\vec{a}-\vec{b}$ d) $(\vec{a}+\vec{b})+\vec{c}$
e) $\vec{a}+(\vec{b}+\vec{c})$ f) $\vec{b}-(\vec{c}+\vec{a})$

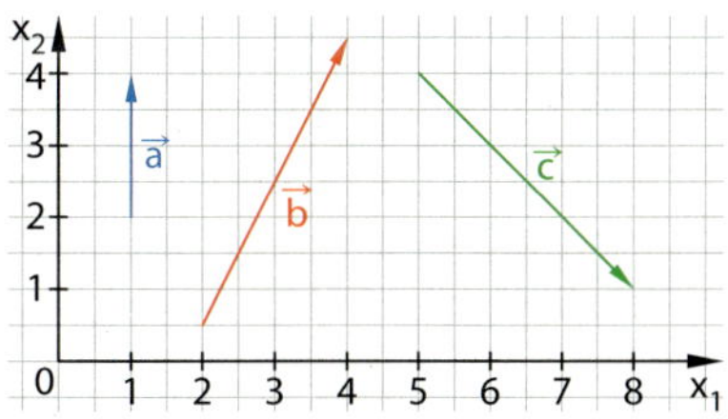

8. Ordnen Sie jeder Rechnung das richtige Ergebnis auf den Kärtchen zu.

a) $\vec{a}+\vec{0}$ b) $\vec{0}+\vec{a}$ c) $\vec{a}-\vec{0}$
d) $\vec{0}-\vec{a}$ e) $\vec{a}+(-\vec{a})$ f) $\vec{a}-\vec{a}$
g) $|\vec{0}|$ h) $|-\vec{a}+\vec{a}|$ i) $\vec{0}-(-\vec{a})$

0 $\vec{a}$ $\vec{0}$ $-\vec{a}$

9. Gegeben ist das regelmäßige Sechseck ABCDEF.

a) Drücken Sie die Summe $\vec{a}+\vec{b}+\vec{a}$ als Verbindungsvektor zweier Eckpunkte aus.

b) Drücken Sie die Vektoren $\overrightarrow{CD}$, $\overrightarrow{DE}$, $\overrightarrow{AC}$, $\overrightarrow{BE}$, $\overrightarrow{CF}$ und $\overrightarrow{AD}$ mithilfe von $\vec{a}$ und $\vec{b}$ aus. Verwenden Sie hierzu auch Summen und Gegenvektoren.

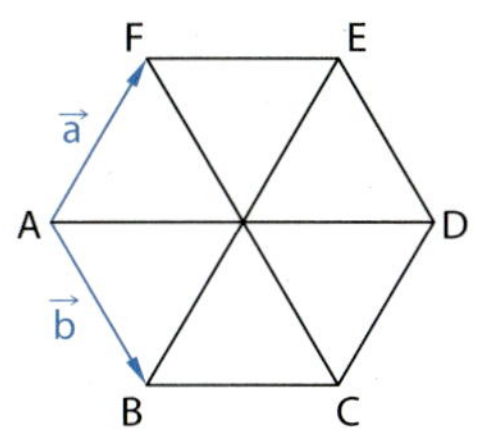

Weiterführende Aufgaben

10. Die Zeichnung zeigt einen aus zwei Würfeln zusammengesetzten Quader.
Drücken Sie die Vektoren $\overrightarrow{OE}$, $\overrightarrow{AC}$, $\overrightarrow{DH}$, $\overrightarrow{EB}$ und $\overrightarrow{BD}$ durch die drei Vektoren $\vec{a}$, $\vec{b}$ und $\vec{c}$ aus. Verwenden Sie hierzu auch Summen und Gegenvektoren.

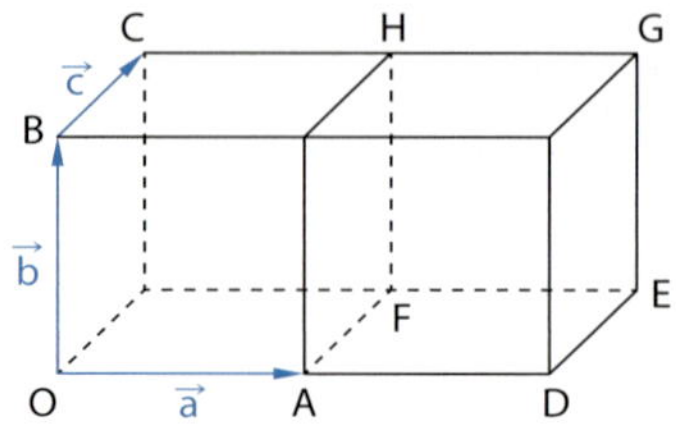

11. Berechnen Sie die Koordinaten des fehlenden Punktes, sodass ABCD ein Parallelogramm ist. Überprüfen Sie durch eine Skizze.
a) A(0|−2|1), B(1|2|4), C(−2|−2|4)
b) A(2|−1|−2), B(1|3|1), D(−1|0|2)

12. Stolperstelle: Nehmen Sie Stellung zu den Aussagen der Schüler. Erläutern Sie Fehler und Fehlvorstellungen.
Lea: *„Wenn $\vec{a}$ den Betrag 3 und $\vec{b}$ den Betrag 4 hat, dann hat $\vec{a}+\vec{b}$ den Betrag 7."*
Tim: *„Nein, $\vec{a}$ + b muss den Betrag 5 haben, wegen des Satzes des Pythagoras."*
Tatjana: *„Man weiß nicht, welchen Betrag $\vec{a}+\vec{b}$ hat, aber er kann nicht größer als 7 sein."*
Niels: *„Und er muss mindestens 1 sein."*

13. Dreiecksungleichung: Für Vektoren gilt die **Dreiecksungleichung**: $|\vec{a}+\vec{b}| \le |\vec{a}| + |\vec{b}|$
a) Überprüfen Sie die Ungleichung mit den Vektoren $\begin{pmatrix}3\\4\\0\end{pmatrix}$ und $\begin{pmatrix}8\\0\\-6\end{pmatrix}$.
b) Begründen Sie die Ungleichung anschaulich.
c) Geben Sie Beispiele für Vektoren $\vec{a}$ und $\vec{b}$ an, für die gilt: $|\vec{a}+\vec{b}| = |\vec{a}| + |\vec{b}|$
Erklären Sie, was $\vec{a}$ und $\vec{b}$ allgemein erfüllen müssen, damit diese Gleichung gilt.

14. Die Vektoren $\vec{a}$, $\vec{b}$ und $\vec{c}$ legen eine quadratische Pyramide fest. Schreiben Sie die Vektoren $\vec{d}$, $\vec{e}$, $\vec{f}$, $\vec{k}$ und $\vec{h}$ als Summen oder Differenzen von $\vec{a}$, $\vec{b}$, $\vec{c}$.

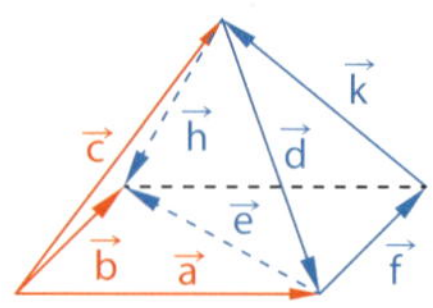

15. Bestimmen Sie den Vektor $\vec{x}$.
a) $\begin{pmatrix}-3\\13\\-7\end{pmatrix} + \vec{x} = \begin{pmatrix}0\\8\\-5\end{pmatrix}$
b) $\begin{pmatrix}4\\-1\\10\end{pmatrix} - \vec{x} = \begin{pmatrix}-2\\-4\\3\end{pmatrix}$
c) $\begin{pmatrix}2\\-15\\8\end{pmatrix} + \begin{pmatrix}9\\3\\-1\end{pmatrix} = \vec{x} - \begin{pmatrix}4\\11\\12\end{pmatrix}$

16. Wenn sich die Diagonalen eines Vierecks halbieren, dann ist es ein Parallelogramm.
a) Beweisen Sie die Aussage mithilfe der Abbildung, indem Sie zeigen, dass gegenüberliegende Seiten durch den gleichen Vektor beschrieben werden.
b) Zeigen Sie, dass die Bedingung $\overrightarrow{AB} = \overrightarrow{DC}$ ebenfalls hinreichend dafür ist, dass ein Viereck ABCD ein Parallelogramm ist.

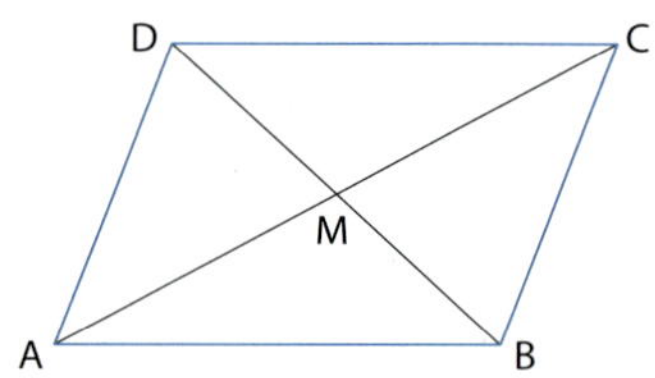

● **17.** Ein Viereck ist genau dann eine Raute, wenn seine Diagonalen sich gegenseitig halbieren und senkrecht aufeinander stehen.
a) Nutzen Sie dies, um zu zeigen, dass die Vektoren
$\vec{e} = \begin{pmatrix}-3\\1\\4\end{pmatrix}$ und $\vec{f} = \begin{pmatrix}1\\-1\\1\end{pmatrix}$ senkrecht aufeinander stehen.
b) Beschreiben Sie allgemein, wie man prüfen kann, ob zwei Vektoren senkrecht aufeinander stehen.

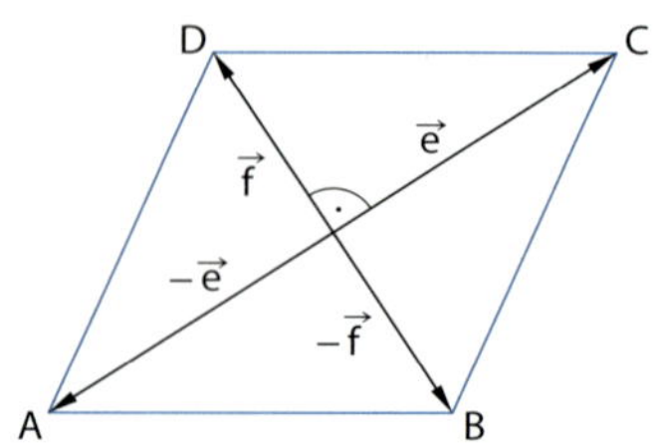

18. Der Körper besteht aus zwei gleich großen Würfeln. Es ist $A(1|2|0)$, $B(-5|5|-2)$, $F(3|8|3)$ und $G(-2|0|6)$.

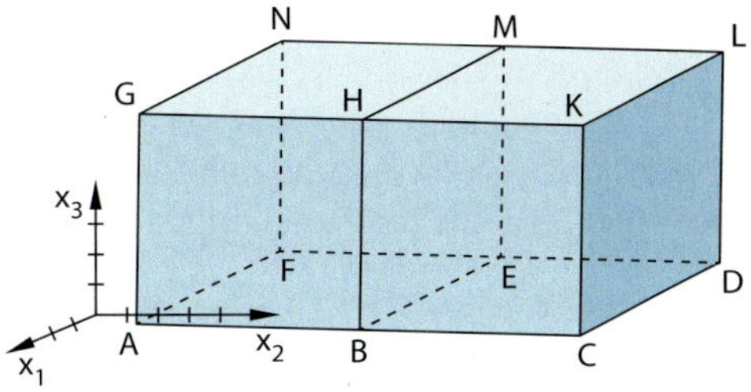

a) Zeigen Sie rechnerisch, dass die Kanten $\overrightarrow{AB}$, $\overrightarrow{AF}$ und $\overrightarrow{AG}$ gleich lang sind.
b) Berechnen Sie die Koordinaten der Punkte C, L und M.
c) Drücken Sie die Vektoren $\overrightarrow{CH}$ und $\overrightarrow{DG}$ durch $\overrightarrow{AB}$, $\overrightarrow{AF}$ und $\overrightarrow{AG}$ aus und berechnen Sie ihre Koordinaten.
d) Prüfen Sie rechnerisch, ob $\overrightarrow{CN}$ doppelt so lang ist wie $\overrightarrow{BN}$.
e) Begründen Sie: $\overrightarrow{FE} + \overrightarrow{ED} + \overrightarrow{DL} = \overrightarrow{AK}$

19. Der Schiffsarzt schlendert über das Deck eines Kreuzfahrtschiffes. Seine Bewegung entspricht den Vektoren $\vec{a} = \begin{pmatrix} 6 \\ 6 \end{pmatrix}$ gefolgt von $\vec{b} = \begin{pmatrix} -6 \\ 6 \end{pmatrix}$.
a) Drücken Sie die Bewegung des Arztes durch einen einzigen Vektor aus.
b) Im gleichen Zeitraum legt das Schiff einen Weg gemäß $\vec{s} = \begin{pmatrix} 30 \\ 30 \end{pmatrix}$ zurück. Berechnen Sie die Positionsänderung des Arztes relativ zum Heimathafen.

● **20.** Eine Kraft wird durch ihren Betrag und ihre Richtung festgelegt. Daher werden Kräfte durch Vektoren dargestellt. Wirken zwei Kräfte auf einen Körper in unterschiedliche Richtungen, so ist die auf den Körper wirkende Gesamtkraft gleich der Summe der einzelnen Kraftvektoren. Ein aufgehängter Meisenknödel erfährt eine Schwerkraft $\vec{F}_G$ von 1 N. Durch einen anhaltenden Wind wird auf ihn eine Kraft $\vec{F}_W$ von 0,28 N in waagerechte Richtung ausgeübt.

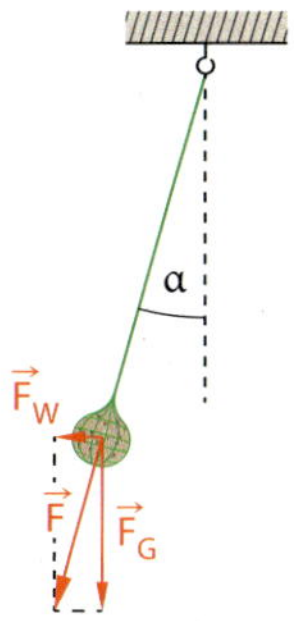

a) Berechnen Sie die Größe der Gesamtkraft $\vec{F}$.
b) Berechnen Sie den Auslenkungswinkel α des Fadens, an dem der Knödel aufgehängt ist.

● **21.** Ein Flugzeug wird so gesteuert, dass es bei Windstille pro Stunde den durch $\vec{v} = \begin{pmatrix} -21 \\ 14 \\ 1{,}5 \end{pmatrix}$ beschriebenen Weg zurücklegen würde. Es bewegt sich in einer konstanten Luftströmung, die durch den Vektor $\vec{w} = \begin{pmatrix} 3 \\ 6 \\ 0 \end{pmatrix}$ ausgedrückt wird.
a) Berechnen Sie den effektiven Weg des Flugzeugs in einer Stunde.
b) Prüfen Sie, ob der Betrag seiner Geschwindigkeit über dem Erdboden durch die Luftströmung vergrößert wird.
c) Bestimmen Sie, wie das Flugzeug gesteuert werden muss, wenn es bei gleicher Luftströmung $\vec{w}$ pro Stunde über dem Erdboden den Weg $\vec{s} = \begin{pmatrix} 6 \\ -3 \\ 0 \end{pmatrix}$ zurücklegen soll.

● **22. Ausblick:** Die Zeichnung veranschaulicht die Addition dreier Vektoren.

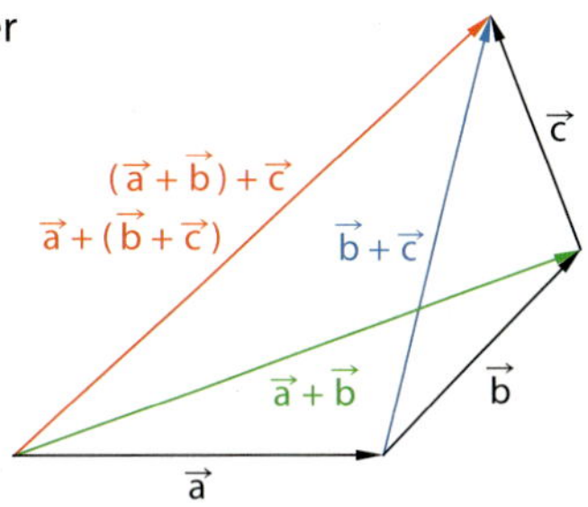

a) Formulieren Sie das Assoziativgesetz mit den Vektoren $\vec{a} = \begin{pmatrix} 2 \\ -1 \\ 3 \end{pmatrix}$, $\vec{b} = \begin{pmatrix} -4 \\ 3 \\ 0 \end{pmatrix}$ und $\vec{c} = \begin{pmatrix} 3 \\ -2 \\ 8 \end{pmatrix}$.
Kontrollieren Sie die Gültigkeit durch eine Rechnung.
b) Erläutern Sie die allgemeine Gültigkeit des Assoziativgesetzes anhand der Zeichnung.
c) Begründen Sie das Gesetz rechnerisch, indem Sie die Vektoren mit allgemeinen Koordinaten schreiben.

1.4 Vielfache von Vektoren

■ Ein Flugzeug hebt beim Start genau am Koordinatenursprung ab und befindet sich nach einer Sekunde am Punkt mit dem Ortsvektor $\overrightarrow{OP} = \begin{pmatrix} 35 \\ -45 \\ 21 \end{pmatrix}$.
Bestimmen Sie, welchen Ortsvektor das Flugzeug bei gleichbleibender Bewegung nach jeweils 2, 3, 5 und 10 Sekunden hat. ■

Die mehrfache Addition desselben Vektors lässt sich (wie bei reellen Zahlen) einfacher durch eine Multiplikation beschreiben.
Für $\vec{a} + \vec{a} + \vec{a}$ schreibt man beispielsweise $3 \cdot \vec{a}$.
Der Vektor $3 \cdot \vec{a}$ hat die dreifache Länge von $\vec{a}$ und die gleiche Richtung.

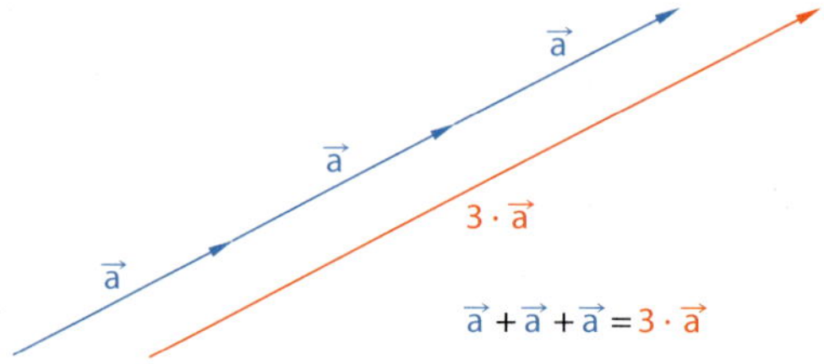

Für $\vec{a} = \begin{pmatrix} a_1 \\ a_2 \\ a_3 \end{pmatrix}$ gilt: $3 \cdot \begin{pmatrix} a_1 \\ a_2 \\ a_3 \end{pmatrix} = \begin{pmatrix} a_1 \\ a_2 \\ a_3 \end{pmatrix} + \begin{pmatrix} a_1 \\ a_2 \\ a_3 \end{pmatrix} + \begin{pmatrix} a_1 \\ a_2 \\ a_3 \end{pmatrix} = \begin{pmatrix} a_1 + a_1 + a_1 \\ a_2 + a_2 + a_2 \\ a_3 + a_3 + a_3 \end{pmatrix} = \begin{pmatrix} 3a_1 \\ 3a_2 \\ 3a_3 \end{pmatrix}$

Hinweis:
Der Malpunkt hat hier zwei verschiedene Bedeutungen:
$r \cdot a_1$: Multiplikation zweier Zahlen.
$r \cdot \vec{a}$: Multiplikation einer Zahl (Skalar) mit einem Vektor. Man spricht auch von **skalarer Multiplikation**.

Wissen: Multiplikation eines Vektors mit einer reellen Zahl
Bei der Multiplikation eines Vektors $\vec{a}$ mit einer reellen Zahl r wird jede Koordinate des Vektors mit der Zahl r multipliziert:
$r \cdot \begin{pmatrix} a_1 \\ a_2 \end{pmatrix} = \begin{pmatrix} r \cdot a_1 \\ r \cdot a_2 \end{pmatrix}$, $\quad r \cdot \begin{pmatrix} a_1 \\ a_2 \\ a_3 \end{pmatrix} = \begin{pmatrix} r \cdot a_1 \\ r \cdot a_2 \\ r \cdot a_3 \end{pmatrix}$

Bei der Multiplikation eines Vektors $\vec{a} \neq \vec{0}$ mit einer Zahl r ergibt sich ein Vektor mit $|r|$-facher Länge. $r \cdot \vec{a}$ hat für $r > 0$ die gleiche Richtung wie $\vec{a}$ und für $r < 0$ die entgegengesetzte Richtung.
In beiden Fällen liegen die Vektorpfeile von $\vec{a}$ und $r \cdot \vec{a}$ parallel zueinander. Man nennt solche Vektoren **kollinear**.

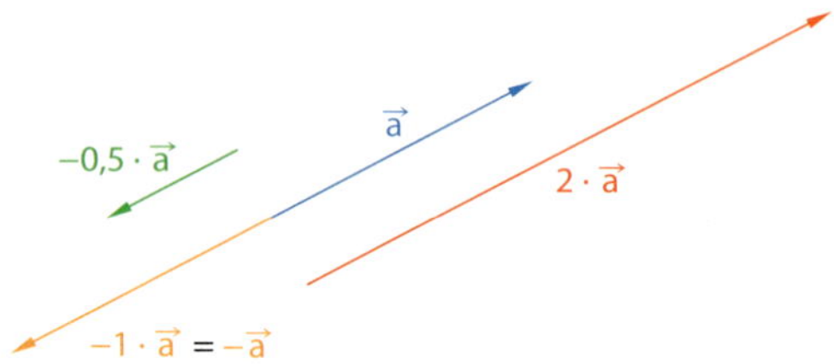

$(-1) \cdot \vec{a}$ ergibt den Gegenvektor $-\vec{a}$.

Definition: Kollineare Vektoren
Zwei Vektoren $\vec{a} \neq \vec{0}$ und $\vec{b} \neq \vec{0}$ heißen **kollinear**, wenn es eine reelle Zahl r gibt mit $\vec{b} = r \cdot \vec{a}$. Die Vektorpfeile kollinearer Vektoren sind parallel zueinander.

Beim Rechnen mit reellen Zahlen gilt unter anderem das Distributivgesetz $a(b + c) = ab + ac$.
Dieses gilt entsprechend auch bei der Multiplikation von Vektoren mit reellen Zahlen:

$$r \cdot \left[\begin{pmatrix} a_1 \\ a_2 \\ a_3 \end{pmatrix} + \begin{pmatrix} b_1 \\ b_2 \\ b_3 \end{pmatrix}\right] = r \cdot \begin{pmatrix} a_1 + b_1 \\ a_2 + b_2 \\ a_3 + b_3 \end{pmatrix} = \begin{pmatrix} r(a_1 + b_1) \\ r(a_2 + b_2) \\ r(a_3 + b_3) \end{pmatrix} = \begin{pmatrix} ra_1 + rb_1 \\ ra_2 + rb_2 \\ ra_3 + rb_3 \end{pmatrix} = \begin{pmatrix} ra_1 \\ ra_2 \\ ra_3 \end{pmatrix} + \begin{pmatrix} rb_1 \\ rb_2 \\ rb_3 \end{pmatrix} = r \cdot \begin{pmatrix} a_1 \\ a_2 \\ a_3 \end{pmatrix} + r \cdot \begin{pmatrix} b_1 \\ b_2 \\ b_3 \end{pmatrix}.$$

Wissen: Rechenregeln
Sind $\vec{a}, \vec{b}$ Vektoren und r, s reelle Zahlen, so gelten die Rechenregeln:
① $(r + s) \cdot \vec{a} = r \cdot \vec{a} + s \cdot \vec{a}$, $\quad r \cdot (\vec{a} + \vec{b}) = r \cdot \vec{a} + r \cdot \vec{b}$ (Distributivgesetze)
② $r \cdot (s \cdot \vec{a}) = s \cdot (r \cdot \vec{a}) = (r \cdot s) \cdot \vec{a}$
③ $1 \cdot \vec{a} = \vec{a}$, $\quad (-1) \cdot \vec{a} = -\vec{a}$, $\quad 0 \cdot \vec{a} = \vec{0}$, $\quad r \cdot \vec{0} = \vec{0}$
④ $|r \cdot \vec{a}| = |r| \cdot |\vec{a}|$

Beispiel 1: Gegeben sind die Vektoren $\vec{a} = \begin{pmatrix} 3 \\ 1{,}5 \\ -6 \end{pmatrix}$, $\vec{b} = \begin{pmatrix} -2 \\ -1 \\ 4 \end{pmatrix}$ und $\vec{c} = \begin{pmatrix} 9 \\ 4{,}5 \\ -9 \end{pmatrix}$.

a) Berechnen Sie $(-2) \cdot \vec{a}$.

b) Prüfen Sie, ob $\vec{b}$ und $\vec{c}$ kollinear zu $\vec{a}$ sind.

Lösung:

a) Multiplizieren Sie jede Koordinate des Vektors mit dem Faktor –2.

$$(-2) \cdot \begin{pmatrix} 3 \\ 1{,}5 \\ -6 \end{pmatrix} = \begin{pmatrix} -2 \cdot 3 \\ -2 \cdot 1{,}5 \\ -2 \cdot (-6) \end{pmatrix} = \begin{pmatrix} -6 \\ -3 \\ 12 \end{pmatrix}$$

b) Setzen Sie den einen Vektor mit dem r-Fachen des anderen Vektors gleich. Sie erhalten dann für jede Koordinate eine Gleichung. Hat jede Gleichung für r dieselbe Lösung, so ist die Vektorgleichung mit diesem Wert lösbar und die Vektoren sind kollinear.
Sind die Lösungen unterschiedlich, so ist die Vektorgleichung nicht lösbar und die Vektoren sind nicht kollinear.

$$\begin{pmatrix} -2 \\ -1 \\ 4 \end{pmatrix} = r \cdot \begin{pmatrix} 3 \\ 1{,}5 \\ -6 \end{pmatrix} \Leftrightarrow \left| \begin{array}{l} -2 = 3r \\ -1 = 1{,}5r \\ 4 = -6r \end{array} \right| \Leftrightarrow \left| \begin{array}{l} -\frac{2}{3} = r \\ -\frac{2}{3} = r \\ -\frac{2}{3} = r \end{array} \right|$$

$$\Leftrightarrow -\frac{2}{3} = r$$

$\vec{a}$ und $\vec{b}$ sind kollinear.

$$\begin{pmatrix} 9 \\ 4{,}5 \\ -9 \end{pmatrix} = r \cdot \begin{pmatrix} 3 \\ 1{,}5 \\ -6 \end{pmatrix} \Leftrightarrow \left| \begin{array}{l} 9 = 3r \\ 4{,}5 = 1{,}5r \\ -9 = -6r \end{array} \right| \Leftrightarrow \left| \begin{array}{l} 3 = r \\ 3 = r \\ 1{,}5 = r \end{array} \right|$$

$\vec{a}$ und $\vec{c}$ sind nicht kollinear.

Basisaufgaben

1. Es ist $\vec{a} = \begin{pmatrix} 2 \\ -1 \end{pmatrix}$. Zeichnen Sie zu jedem der Vektoren $\vec{a}, \ldots, \vec{e}$ einen Vektorpfeil in ein Koordinatensystem. Geben Sie auch die Koordinaten der Vektoren an.

$\vec{a}$ $\quad$ $\vec{b} = 2 \cdot \vec{a}$ $\quad$ $\vec{c} = 1{,}5 \cdot \vec{a}$ $\quad$ $\vec{d} = (-1) \cdot \vec{a}$ $\quad$ $\vec{e} = (-3) \cdot \vec{a}$

2. Berechnen Sie.

a) $5 \cdot \begin{pmatrix} 0 \\ 3 \\ 0 \end{pmatrix}$ $\quad$ b) $(-4) \cdot \begin{pmatrix} 7 \\ -1 \\ 4 \end{pmatrix}$ $\quad$ c) $\frac{1}{4} \cdot \begin{pmatrix} 8 \\ -12 \\ 2 \end{pmatrix}$ $\quad$ d) $0 \cdot \begin{pmatrix} 6 \\ 3{,}4 \\ -14 \end{pmatrix}$ $\quad$ e) $3 \cdot \begin{pmatrix} 1 \\ 4 \\ -1 \end{pmatrix} + 2 \cdot \begin{pmatrix} 0 \\ 3 \\ 4 \end{pmatrix}$

3. Schreiben Sie den Vektor als Produkt aus einer reellen Zahl und einem Vektor mit ganzzahligen Koordinaten.

a) $\begin{pmatrix} 0{,}5 \\ 4 \\ 1{,}5 \end{pmatrix}$ $\quad$ b) $\begin{pmatrix} 2{,}3 \\ 6{,}1 \\ -0{,}6 \end{pmatrix}$ $\quad$ c) $\begin{pmatrix} \frac{1}{6} \\ \frac{7}{3} \\ \frac{2}{3} \end{pmatrix}$ $\quad$ d) $\begin{pmatrix} \frac{1}{4} \\ \frac{1}{6} \end{pmatrix}$ $\quad$ e) $\begin{pmatrix} \frac{2}{5} \\ 0{,}75 \\ -1{,}2 \end{pmatrix}$

Hinweis zu 3:
Beispiel:
$\begin{pmatrix} \frac{2}{3} \\ -4 \\ 0{,}5 \end{pmatrix} = \frac{1}{6} \cdot \begin{pmatrix} 4 \\ -24 \\ 3 \end{pmatrix}$

4. Schreiben Sie den Vektor als Produkt aus einer reellen Zahl und einem Vektor mit ganzzahligen Koordinaten von möglichst kleinem Betrag.

a) $\begin{pmatrix} 26 \\ 13 \\ -39 \end{pmatrix}$ $\quad$ b) $\begin{pmatrix} 15 \\ -10 \\ 45 \end{pmatrix}$ $\quad$ c) $\begin{pmatrix} 8 \\ 12 \\ 20 \end{pmatrix}$ $\quad$ d) $\begin{pmatrix} 36 \\ -24 \\ 48 \end{pmatrix}$ $\quad$ e) $\begin{pmatrix} -18 \\ 0 \\ -63 \end{pmatrix}$

5. Geben Sie an, welcher der Vektoren kollinear zum Vektor $\vec{v} = \begin{pmatrix} 1 \\ 3 \\ -4 \end{pmatrix}$ ist.

$\vec{a} = \begin{pmatrix} 2 \\ -6 \\ 8 \end{pmatrix}$, $\vec{b} = \begin{pmatrix} -1{,}5 \\ -4{,}5 \\ 6 \end{pmatrix}$, $\vec{c} = \begin{pmatrix} -0{,}5 \\ -1{,}5 \\ -2 \end{pmatrix}$, $\vec{d} = \begin{pmatrix} 4 \\ 2 \\ 0 \end{pmatrix} - 2 \cdot \begin{pmatrix} 3 \\ 4 \\ -4 \end{pmatrix}$

6. Prüfen Sie, ob die Vektoren $\vec{a}$ und $\vec{b}$ kollinear sind.

a) $\vec{a} = \begin{pmatrix} 3 \\ 2 \\ 1 \end{pmatrix}$, $\vec{b} = \begin{pmatrix} 6 \\ 4 \\ 2 \end{pmatrix}$ $\quad$ b) $\vec{a} = \begin{pmatrix} 0 \\ 2 \\ 0 \end{pmatrix}$, $\vec{b} = \begin{pmatrix} 4 \\ 0 \\ 0 \end{pmatrix}$ $\quad$ c) $\vec{a} = \begin{pmatrix} 1 \\ 3 \end{pmatrix}$, $\vec{b} = \begin{pmatrix} 2 \\ 4 \end{pmatrix}$

d) $\vec{a} = \begin{pmatrix} 14 \\ 0 \\ 7 \end{pmatrix}$, $\vec{b} = \begin{pmatrix} -10 \\ 0 \\ -5 \end{pmatrix}$ $\quad$ e) $\vec{a} = \begin{pmatrix} 2 \\ -4 \\ -8 \end{pmatrix}$, $\vec{b} = \begin{pmatrix} 5 \\ -10 \\ 20 \end{pmatrix}$ $\quad$ f) $\vec{a} = \begin{pmatrix} \frac{7}{3} \\ \frac{4}{5} \end{pmatrix}$, $\vec{b} = \begin{pmatrix} \frac{7}{4} \\ \frac{3}{5} \end{pmatrix}$

Lösungen zu 7:

20 −5
50
10
0 −8

7. Bestimmen Sie, für welche Werte der Variablen die Vektoren $\vec{a}$ und $\vec{b}$ kollinear sind.

a) $\vec{a} = \begin{pmatrix} -3 \\ 2 \end{pmatrix}, \vec{b} = \begin{pmatrix} 12 \\ a \end{pmatrix}$ b) $\vec{a} = \begin{pmatrix} 125 \\ 75 \\ v \end{pmatrix}, \vec{b} = \begin{pmatrix} u \\ 6 \\ 4 \end{pmatrix}$ c) $\vec{a} = \begin{pmatrix} x \\ -2 \\ 4 \end{pmatrix}, \vec{b} = \begin{pmatrix} 0 \\ y \\ 10 \end{pmatrix}$

8. Führen Sie die Rechnung geometrisch im Heft aus und zeichnen Sie einen Vektorpfeil des Ergebnisvektors. Überprüfen Sie die Koordinaten des Ergebnisvektors rechnerisch.

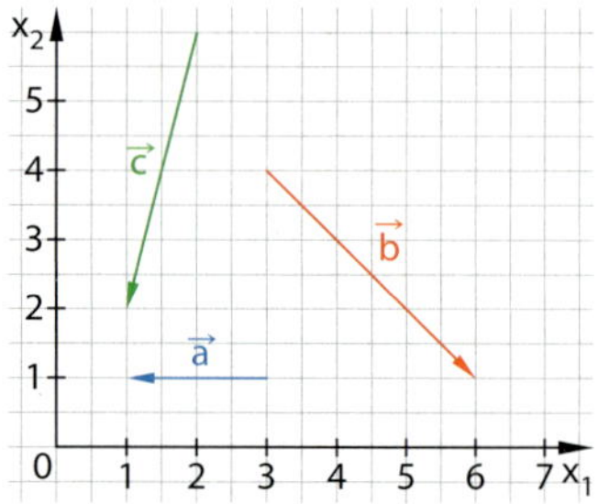

a) $4 \cdot \vec{a}$ b) $3 \cdot \vec{a} + 2 \cdot \vec{b}$

c) $2 \cdot \vec{c} - 3 \cdot \vec{a}$ d) $\frac{1}{2} \cdot \vec{a} + \frac{1}{2} \cdot \vec{b}$

e) $2 \cdot \vec{b} - 3 \cdot \vec{a} - \vec{c}$ f) $2 \cdot \vec{b} - 2 \cdot \vec{c}$

g) $2 \cdot (\vec{b} - \vec{c})$ h) $\vec{c} - 2 \cdot \vec{a} - \vec{b}$

9. Vereinfachen Sie die Terme nach den Rechengesetzen.

a) $5 \cdot \vec{a} - 3 \cdot \vec{a}$ b) $4 \cdot \vec{v} + 2 \cdot \vec{v} - 6 \cdot \vec{u} - \vec{v}$

c) $\vec{a} + \frac{1}{2} \cdot (\vec{b} - \vec{a})$ d) $\vec{c} + \frac{2}{3} \cdot [-\vec{c} + \vec{a} + \frac{1}{2} \cdot (-\vec{a} + \vec{b})]$

e) $\vec{v} - 1 \cdot \vec{v} + 0 \cdot \vec{v}$ f) $3 \cdot (5 \cdot \vec{u} - 2 \cdot \vec{v})$

Linearkombinationen von Vektoren

Der Ortsvektor des **Mittelpunktes M einer Strecke $\overline{AB}$** kann durch die Ortsvektoren von A und B ausgedrückt werden:

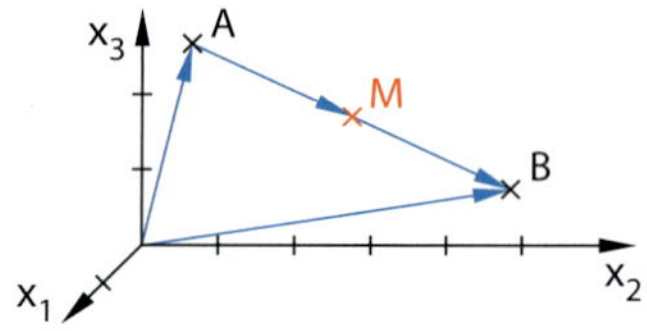

$$\overrightarrow{OM} = \overrightarrow{OA} + \overrightarrow{AM} = \overrightarrow{OA} + \tfrac{1}{2}\overrightarrow{AB} = \overrightarrow{OA} + \tfrac{1}{2}\left(-\overrightarrow{OA} + \overrightarrow{OB}\right)$$
$$= \overrightarrow{OA} - \tfrac{1}{2}\overrightarrow{OA} + \tfrac{1}{2}\overrightarrow{OB} = \tfrac{1}{2}\overrightarrow{OA} + \tfrac{1}{2}\overrightarrow{OB} = \tfrac{1}{2}\left(\overrightarrow{OA} + \overrightarrow{OB}\right)$$

Hinweis:
Der Malpunkt zwischen Zahl und Vektor kann weggelassen werden.

Wird ein Vektor durch andere Vektoren und deren Vielfache ausgedrückt, so nennt man ihn eine **Linearkombination** dieser Vektoren.
In der Abbildung gilt: $\vec{v} = 3\vec{a} + \vec{b} + 2\vec{c}$
$\vec{v}$ ist eine Linearkombination von $\vec{a}, \vec{b}$ und $\vec{c}$.

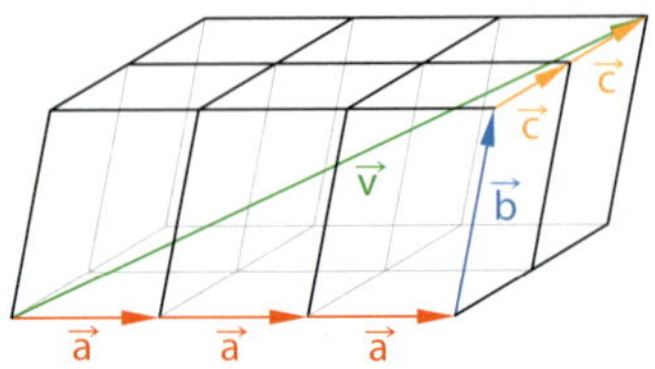

Beispiel 2:
Prüfen Sie, ob $\vec{v}$ Linearkombination von $\vec{a} = \begin{pmatrix} 3 \\ 2 \\ -1 \end{pmatrix}$ und $\vec{b} = \begin{pmatrix} 1 \\ 4 \\ 1 \end{pmatrix}$ ist. a) $\vec{v} = \begin{pmatrix} 3 \\ -8 \\ -5 \end{pmatrix}$ b) $\vec{v} = \begin{pmatrix} 4 \\ 6 \\ 3 \end{pmatrix}$

Lösung:

a) Setzen Sie $\vec{v}$ mit der Summe des r-Fachen von $\vec{a}$ und dem s-Fachen von $\vec{b}$ gleich. Sie erhalten damit für jede Koordinate eine Gleichung. Ist dieses Gleichungssystem lösbar, so ist $\vec{v}$ eine Linearkombination von $\vec{a}$ und $\vec{b}$.

$$r \cdot \begin{pmatrix} 3 \\ 2 \\ -1 \end{pmatrix} + s \cdot \begin{pmatrix} 1 \\ 4 \\ 1 \end{pmatrix} = \begin{pmatrix} 3 \\ -8 \\ -5 \end{pmatrix}$$

$$\left|\begin{aligned} 3r + s &= 3 \\ 2r + 4s &= -8 \\ -r + s &= -5 \end{aligned}\right|$$

Lösung: $r = 2$, $s = -3$

Also gilt: $\vec{v} = 2 \cdot \vec{a} - 3 \cdot \vec{b}$

b) Setzen Sie $\vec{v}$ mit $r \cdot \vec{a} + s \cdot \vec{b}$ gleich und stellen Sie damit ein lineares Gleichungssystem auf. Es ergibt sich ein Widerspruch. Das Gleichungssystem hat keine Lösung.
Somit ist v keine Linearkombination von $\vec{a}$ und $\vec{b}$.

$$r \cdot \begin{pmatrix} 3 \\ 2 \\ -1 \end{pmatrix} + s \cdot \begin{pmatrix} 1 \\ 4 \\ 1 \end{pmatrix} = \begin{pmatrix} 4 \\ 6 \\ 3 \end{pmatrix}$$

$$\left|\begin{aligned} 3r + s &= 4 \\ 2r + 4s &= 6 \\ -r + s &= 3 \end{aligned}\right|$$

Lösung von (I) und (III):
$r = \frac{1}{4}, s = \frac{13}{4}$
Widerspruch in (II): $\frac{27}{2} = 6$
Also keine Darstellung als Linearkombination

Basisaufgaben

10. Berechnen Sie die Koordinaten der angegebenen Linearkombination der Vektoren $\vec{a} = \begin{pmatrix} -1 \\ 4 \end{pmatrix}$ und $\vec{b} = \begin{pmatrix} 2 \\ 3 \end{pmatrix}$. Stellen Sie $\vec{a}$, $\vec{b}$ und den Ergebnisvektor in einem Koordinatensystem dar.

a) $\vec{a} + 4 \cdot \vec{b}$ b) $\frac{1}{2} \cdot \vec{a} + \frac{3}{2} \cdot \vec{b}$ c) $-2 \cdot \vec{a} + 2 \cdot \vec{b}$ d) $2 \cdot \vec{a} - 3 \cdot \vec{b}$

11. Die Vektorpfeile von $\vec{v}$ und $\vec{w}$ verlaufen vom Punkt A aus entlang der Linien des Rasters. Schreiben Sie die folgenden Verbindungsvektoren als Linearkombination der Vektoren $\vec{v}$ und $\vec{w}$.

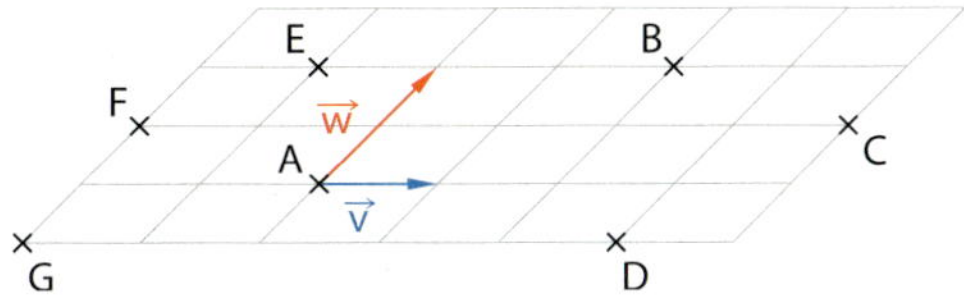

① $\overrightarrow{AB}$ ② $\overrightarrow{AC}$ ③ $\overrightarrow{AD}$ ④ $\overrightarrow{AE}$ ⑤ $\overrightarrow{AF}$ ⑥ $\overrightarrow{AG}$

12. a) Geben Sie folgende Verbindungsvektoren als Linearkombinationen von $\vec{a}$, $\vec{b}$ und $\vec{c}$ an: $\overrightarrow{DF}$; $\overrightarrow{DC}$; $\overrightarrow{DE}$; $\overrightarrow{DI}$; $\overrightarrow{DJ}$; $\overrightarrow{AH}$; $\overrightarrow{HB}$; $\overrightarrow{AJ}$; $\overrightarrow{IB}$; $\overrightarrow{JE}$.

b) Geben Sie einen Verbindungsvektor zwischen zwei Punkten an, der durch die angegebene Linearkombination dargestellt wird.

① $2\vec{a} + 3\vec{b}$ ② $2\vec{a} - 3\vec{b}$
③ $3\vec{b} - 2\vec{a}$ ④ $2\vec{c}$
⑤ $2\vec{b} + 2\vec{c}$ ⑥ $2\vec{a} - 3\vec{b} - \vec{c}$

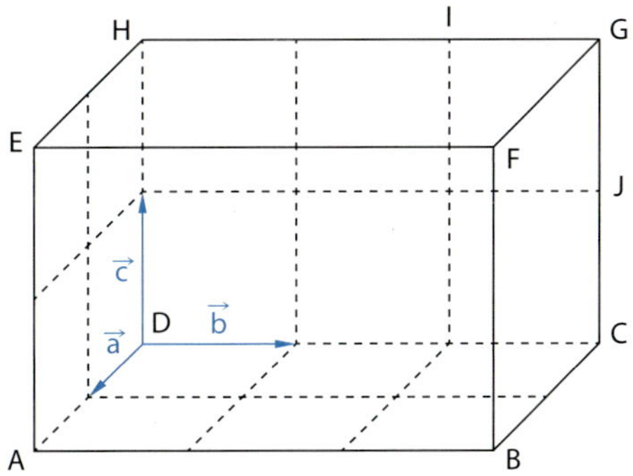

13. Prüfen Sie, ob $\vec{v} = \begin{pmatrix} -9 \\ 8 \end{pmatrix}$ bzw. $\vec{w} = \begin{pmatrix} 14 \\ 0 \end{pmatrix}$ eine Linearkombination der Vektoren $\vec{a}$ und $\vec{b}$ ist.

a) $\vec{a} = \begin{pmatrix} 1 \\ 0 \end{pmatrix}, \vec{b} = \begin{pmatrix} 0 \\ 1 \end{pmatrix}$ b) $\vec{a} = \begin{pmatrix} 3 \\ -5 \end{pmatrix}, \vec{b} = \begin{pmatrix} 6 \\ -10 \end{pmatrix}$ c) $\vec{a} = \begin{pmatrix} 3 \\ 2 \end{pmatrix}, \vec{b} = \begin{pmatrix} 1 \\ -4 \end{pmatrix}$

14. Untersuchen Sie, ob $\vec{v} = \begin{pmatrix} 11 \\ 8 \\ -3 \end{pmatrix}$ bzw. $\vec{w} = \begin{pmatrix} 12 \\ -3 \\ 4 \end{pmatrix}$ eine Linearkombination der angegebenen Vektoren ist.

a) $\vec{a} = \begin{pmatrix} 2 \\ 1 \\ 2 \end{pmatrix}, \vec{b} = \begin{pmatrix} -3 \\ 3 \\ 1 \end{pmatrix}$ b) $\vec{a} = \begin{pmatrix} 3 \\ 1 \\ 2 \end{pmatrix}, \vec{b} = \begin{pmatrix} 0 \\ 7 \\ -2 \end{pmatrix}$ c) $\vec{a} = \begin{pmatrix} 1 \\ 1 \\ 0 \end{pmatrix}, \vec{b} = \begin{pmatrix} 1 \\ -1 \\ 0 \end{pmatrix}, \vec{c} = \begin{pmatrix} 0 \\ 0 \\ 1 \end{pmatrix}$

Weiterführende Aufgaben

15. Gegeben sind die Punkte $A(3\,|\,-7\,|\,2)$, $B(5\,|\,-11\,|\,8)$, $C(5\,|\,1\,|\,-2)$, $D(0\,|\,1\,|\,-7)$ sowie die Vektoren $\vec{u} = \begin{pmatrix} 1 \\ -2 \\ 3 \end{pmatrix}, \vec{v} = \begin{pmatrix} -1 \\ -3 \\ 2 \end{pmatrix}, \vec{w} = \begin{pmatrix} -0{,}5 \\ 1 \\ -1{,}5 \end{pmatrix}$. Prüfen Sie, welche der Vektoren $\overrightarrow{AB}$, $\overrightarrow{AC}$, $\overrightarrow{AD}$, $\overrightarrow{BC}$, $\overrightarrow{BD}$, $\overrightarrow{CD}$, $\vec{u}$, $\vec{v}$ und $\vec{w}$ die gleiche Richtung haben.

16. **Stolperstelle:** Diskutieren Sie die folgenden Aussagen. Korrigieren Sie Fehlvorstellungen.

a) Maja: *„Das Produkt einer Zahl r und eines Vektors $\vec{a}$ hat immer den r-fachen Betrag von $\vec{a}$."*

b) Tom: *„Ein Vektor und sein Gegenvektor sind nicht kollinear, da sie in entgegengesetzte Richtungen zeigen."*

c) Lena: *„Der Vektor $2 \cdot \vec{v}$ ist doppelt so lang wie $\vec{v}$. Also lässt sich jeder Vektor, der doppelt so lang ist wie $\vec{v}$, als Vielfaches $2 \cdot \vec{v}$ oder $(-2) \cdot \vec{v}$ schreiben."*

17. Für den Betrag des Vielfachen eines Vektors gilt: $|r \cdot \vec{a}| = |r| \cdot |\vec{a}|$

a) Überprüfen Sie die Formel rechnerisch an diesen Beispielen:

① $r = 3; \vec{a} = \begin{pmatrix} 4 \\ 0 \end{pmatrix}$ ② $r = 2; \vec{a} = \begin{pmatrix} 3 \\ 6 \\ 2 \end{pmatrix}$ ③ $r = -4; \vec{a} = \begin{pmatrix} -2 \\ 1 \\ 7 \end{pmatrix}$ ④ $r = 0; \vec{a} = \begin{pmatrix} -6 \\ 8 \\ 0 \end{pmatrix}$

b) Nutzen Sie diese Formel, um mit geringem Rechenaufwand $|\vec{v}|$ zu berechnen.

① $\vec{v} = \begin{pmatrix} 27 \\ -18 \\ 9 \end{pmatrix}$ ② $\vec{v} = \begin{pmatrix} 0{,}2 \\ 0{,}1 \\ 0{,}4 \end{pmatrix}$ ③ $\vec{v} = \begin{pmatrix} 33 \\ 11 \\ -55 \end{pmatrix}$ ④ $\vec{v} = \begin{pmatrix} \frac{3}{8} \\ \frac{1}{4} \\ \frac{5}{8} \end{pmatrix}$

Hinweis zu 18:
Zu beliebigem Vektor $\vec{a} \neq \vec{0}$ ist $\vec{e} = \frac{1}{|\vec{a}|}\vec{a}$ ein Einheitsvektor.

18. Einheitsvektor: Einen Vektor mit dem Betrag 1 nennt man **Einheitsvektor**. Geben Sie zum gegebenen Vektor alle kollinearen Einheitsvektoren an.

a) $\vec{a} = \begin{pmatrix} 6 \\ 0 \\ 0 \end{pmatrix}$ b) $\vec{a} = \begin{pmatrix} 0 \\ 1 \\ 1 \end{pmatrix}$ c) $\vec{a} = \begin{pmatrix} 3 \\ 0 \\ -4 \end{pmatrix}$ d) $\vec{a} = \begin{pmatrix} 4 \\ -5 \\ -3 \end{pmatrix}$

Hinweis zu 19:
Die Wahl der Verbindungsvektoren spielt bei der Untersuchung keine Rolle.

19. Punkte auf einer Geraden: Es wird untersucht, ob die Punkte $P(5|1|-2)$, $Q(15|9|6)$ und $R(0|-3|-6)$ auf einer Geraden liegen.

a) Zeigen Sie, dass die Vektoren $\overrightarrow{PQ}$ und $\overrightarrow{PR}$ kollinear sind. Erklären Sie, warum daraus folgt, dass die drei Punkte auf einer Geraden liegen.

b) Prüfen Sie, ob die Punkte $A(6|-7|4)$, $B(7|-13|5)$ und $C(-1|3{,}5|-2)$ auf einer Geraden liegen.

20. Mittelpunkt einer Strecke: Gegeben sind die Punkte $P(0|5|-1)$ und $Q(4|-7|5)$.

a) Berechnen Sie den Mittelpunkt M der Strecke $\overline{PQ}$ mithilfe der beiden Formeln $\overrightarrow{OM} = \overrightarrow{OP} + \frac{1}{2} \cdot \overrightarrow{PQ}$ und $\overrightarrow{OM} = \frac{1}{2} \cdot (\overrightarrow{OP} + \overrightarrow{OQ})$ und vergleichen Sie das Ergebnis.

b) Beschreiben Sie mit Worten, wie die Koordinaten des Mittelpunktes M mit den Koordinaten der Endpunkte P und Q zusammenhängen.

c) Die Diagonalen eines Parallelogramms halbieren sich. Leiten Sie so die Formel $\overrightarrow{OM} = \frac{1}{2} \cdot (\overrightarrow{OP} + \overrightarrow{OQ})$ her.

d) Bestimmen Sie die Koordinaten des Mittelpunktes M der Strecke $\overline{PQ}$.

① $P(2|6)$, $Q(1|8)$ ② $P(-3|5|4)$, $Q(2|-3|4)$
③ $P(18|25|-7)$, $Q(0|-15|17)$

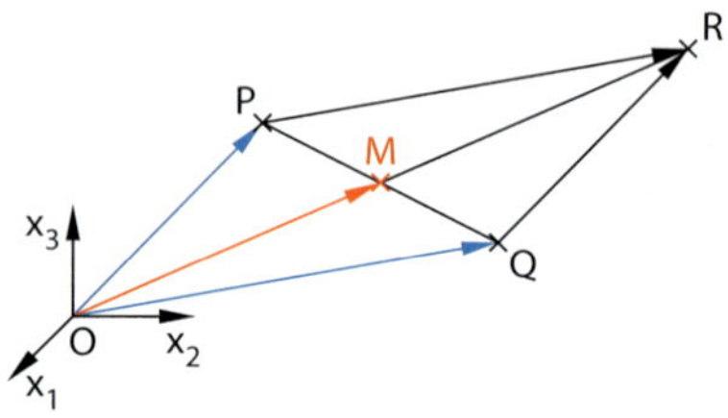

21. Gegeben ist das Viereck $A(4|-4|0)$, $B(2|2|-2)$, $C(0|6|0)$, $D(-4|-2|2)$.

a) Berechnen Sie die Koordinaten der Seitenmitten des Vierecks.

b) Zeigen Sie, dass diese Seitenmitten ein Parallelogramm bilden.

c) Prüfen Sie, ob dieses Parallelogramm eine Raute ist.

22. a) Zeigen Sie, dass $M(3|2|1)$ der Mittelpunkt der Strecke $\overline{AB}$ ist. Berechnen Sie die Koordinaten des Mittelpunktes N der Strecke $\overline{AC}$.

b) Der Schwerpunkt S eines Dreiecks teilt dessen Seitenhalbierenden im Verhältnis 2 : 1. Das heißt: Die Länge der Strecke $\overline{CS}$ beträgt $\frac{2}{3}$ der Länge der Strecke $\overline{CM}$. Die Länge der Strecke $\overline{BS}$ beträgt ebenso $\frac{2}{3}$ der Länge der Strecke $\overline{BN}$. Nutzen Sie dies, um die Koordinaten von S als Punkt der Strecke $\overline{CM}$ zu berechnen. Berechnen Sie S auch als Punkt der Strecke $\overline{BN}$.

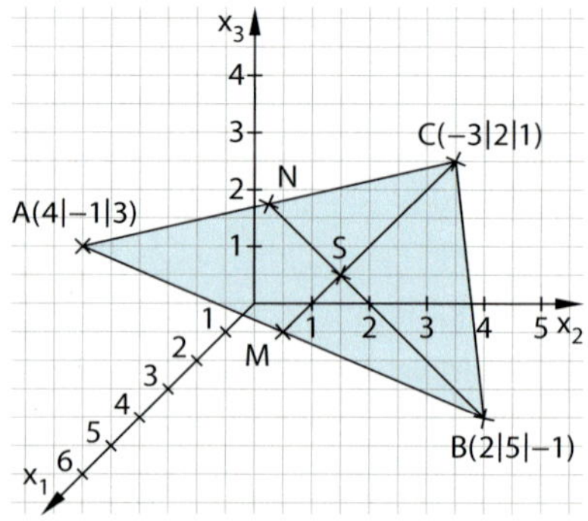

c) Zeigen Sie, dass für den Ortsvektor des Schwerpunktes gilt: $\overrightarrow{OS} = \frac{1}{3} \cdot (\overrightarrow{OA} + \overrightarrow{OB} + \overrightarrow{OC})$

23. a) Zeigen Sie rechnerisch, dass das Dreieck ABC gleichseitig ist.

b) Zeigen Sie, dass $S(1|0|2)$ der Schwerpunkt des Dreiecks ABC ist.

c) Das Dreieck ABC bildet zusammen mit dem Punkt $D(9|8|10)$ einen regelmäßigen Tetraeder, welcher wie in der Skizze zu sehen, einem Würfel einbeschrieben ist. Ermitteln Sie die Koordinaten des Eckpunktes W des in der Abbildung dargestellten Würfels. [Zur Kontrolle: $W(-3|8|10)$]

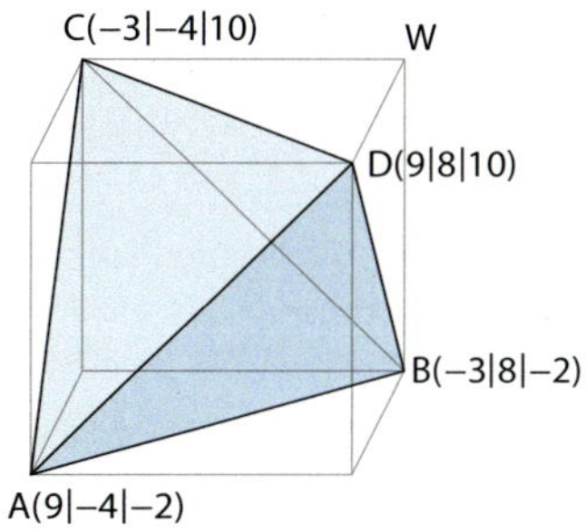

Hinweis zu 23b:
Eine Formel für den Schwerpunkt eines Dreiecks finden Sie in Aufgabe 22c.

d) Geben Sie die Koordinaten der Mittelpunkte M_{AB}, M_{BC}, M_{CD} und M_{DA} der Strecken $\overline{AB}$, $\overline{BC}$, $\overline{CD}$ und $\overline{DA}$ an.

e) Untersuchen Sie, welche speziellen Eigenschaften das Viereck $M_{AB}M_{BC}M_{CD}M_{DA}$ hat.

24. Im Ursprung des Koordinatensystems, am rechten Rand eines Kanals, schwimmt ein Frosch los. Bei stehendem Wasser würde er in 1 Sekunde einen Weg von $\vec{v}$ zurücklegen. Das Wasser fließt pro Sekunde um $\vec{w}$ (Längen in m).

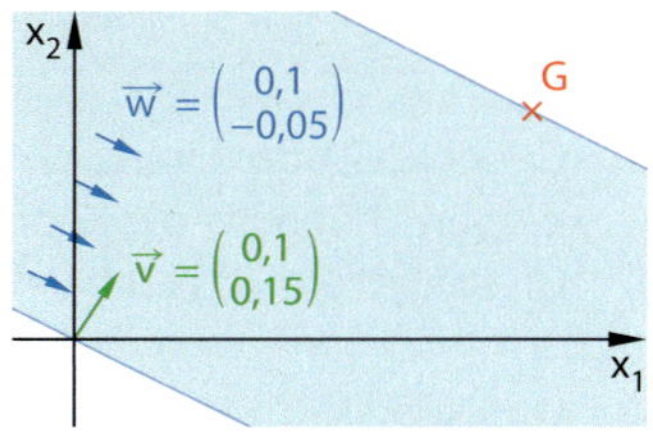

a) Geben Sie den Vektor für den tatsächlichen Weg pro Sekunde an. Bestimmen Sie, wie viele Meter der Frosch in einer Stunde zurücklegt.

b) Wenn der Frosch Tempo und Richtung beibehält, wird er in $G(38|19)$ am anderen Ufer ankommen. Bestimmen Sie, nach wie vielen Sekunden das der Fall sein wird.

25. Die Vektoren $\vec{a}$, $\vec{b}$ und $\vec{c}$ beschreiben eine dreiseitige Pyramide. Die Punkte M_1 und M_2 sind Kantenmittelpunkte. Ferner ist $\overrightarrow{OT} = \frac{1}{3} \cdot \overrightarrow{OM_2}$. Beweisen Sie, dass $\overrightarrow{TM_1}$ nicht parallel zu $\vec{c}$ ist.

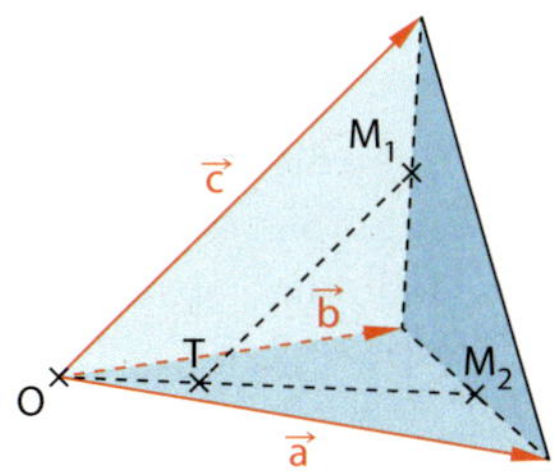

26. Zeigen Sie, dass sich jeder Vektor $\vec{v} = \begin{pmatrix} v_1 \\ v_2 \end{pmatrix}$ als Linearkombination von $\vec{a} = \begin{pmatrix} 2 \\ 1 \end{pmatrix}$ und $\vec{b} = \begin{pmatrix} 1 \\ 0 \end{pmatrix}$ schreiben lässt.
Begründen Sie, dass dies auch für beliebige vom Nullvektor verschiedene Vektoren $\vec{a} = \begin{pmatrix} a_1 \\ a_2 \end{pmatrix}$ und $\vec{b} = \begin{pmatrix} b_1 \\ b_2 \end{pmatrix}$ gilt, wenn $\vec{a}$ und $\vec{b}$ nicht kollinear sind.

27. Ausblick: Man kann mit Vektoren auch in höheren Dimensionen rechnen. Ein Hamburger enthält 20 g Fett, 36 g Kohlenhydrate, 26 g Eiweiß und 428 Kilokalorien (kcal). Man könnte diese Zahlen in einem Vektor zusammenfassen: $\vec{h} = \begin{pmatrix} 20 \\ 36 \\ 26 \\ 428 \end{pmatrix}$.

Eine Portion Pommes Frites enthält 15 g Fett, 38 g Kohlenhydrate, 3 g Eiweiß und 306 kcal, ein Becher Cola 60 g Kohlenhydrate und 240 kcal.

a) Berechnen Sie mithilfe von Addition und Vervielfachung von Vektoren, wie viel Fett/Kohlenhydrate/Eiweiß/Kalorien in drei Hamburgern, einer Portion Pommes und zwei Bechern Cola insgesamt enthalten sind.

b) Ermitteln Sie, wie viele Hamburger, Portionen Pommes und Becher Cola man zu sich nehmen muss, um genau 50 g Fett, 412 g Kohlenhydrate und 32 g Eiweiß zu erhalten. Stellen Sie zuerst eine Gleichung mit Vektoren auf. Berechnen sie auch, wie viele Kilokalorien man dann verzehrt hat.

1.5 Klausur- und Abiturtraining

Aufgaben ohne Hilfsmittel

1. Gegeben sind die Punkte A(1 | 0 | 3), B(−1 | 3 | −4) und C(2 | 6 | 2).
   a) Bestimmen Sie einen Punkt D, sodass A, B, C, D die Ecken eines Parallelogramms bilden. Skizzieren Sie das Parallelogramm in ein Koordinatensystem.
   b) Zeigen Sie, dass A, B und C nicht drei Ecken einer Raute sein können.

2. Gegeben sind die Punkte A(−2 | 5 | 3) und B(−4 | 6 | 0).
   a) Geben Sie einen Vektor $\vec{v}$ an, der denselben Betrag wie der Vektor $\overrightarrow{AB}$ hat, aber zu diesem nicht kollinear ist.
   b) Sei $\vec{w} = \begin{pmatrix} a \\ b \\ 4-b \end{pmatrix}$ für a, b ∈ ℝ. Bestimmen Sie Werte für a und b, sodass $\vec{w}$ kollinear zu $\overrightarrow{AB}$ ist.

3. Gegeben ist das Dreieck ABC mit A(−1 | 0 | 1), B(3 | 8 | −3) und C(−5 | 6 | 5).
   a) Berechnen Sie die Koordinaten der Seitenmitten M_a, M_b und M_c des Dreiecks ABC.
   b) Zeigen Sie, dass der Vektor $\overrightarrow{M_a M_b}$ kollinear zu $\overrightarrow{AB}$ ist und halb so lang wie dieser.

4. Drücken Sie die Vektoren $\vec{h}$, $\vec{k}$, $\vec{m}$ und $\vec{n}$ in der Abbildung mithilfe der Vektoren $\vec{a}$, $\vec{b}$ und $\vec{c}$ aus.

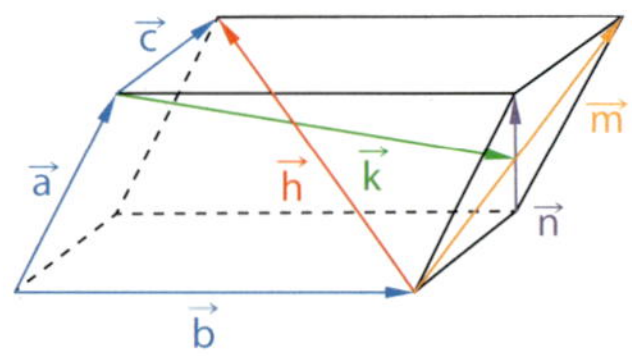

5. Zeichnen Sie die Punkte A(2 | −1 | 0), B(6 | 7 | 4), C_1(−2 | 3 | 4), C_2(2 | 5 | 6), D(0 | 1 | 4) in ein Koordinatensystem.
   a) Prüfen Sie, welches der Vierecke ABC_1D und ABC_2D ein Trapez ist.
   b) Zeigen Sie, dass es sich um ein gleichschenkliges Trapez handelt.
   c) Bestimmen Sie die Koordinaten der Seitenmitten M_a und M_c der beiden parallelen Trapezseiten.

6. Ein Parallelogramm ist ein Rechteck, wenn seine Diagonalen gleich lang sind.
   a) Gegeben sind A(2 | 2 | 5), B(3 | −2 | 8) und D(0 | 0 | 3). Bestimmen Sie einen Punkt C so, dass ABCD ein Parallelogramm ist. Prüfen Sie, ob ABCD sogar ein Rechteck ist.
   b) Gegeben ist das Dreieck A(6 | 7 | −4), B(1 | 6 | −2), C(5 | 0 | 5). Zeigen Sie, dass es bei B einen rechten Winkel hat, indem Sie zuerst einen Punkt D bestimmen, so dass ABCD ein Parallelogramm ist, und dann prüfen, ob dieses Parallelogramm ein Rechteck ist.
   c) Begründen Sie allgemein: Sind Punkte A, B und D gegeben, und gilt $|\overrightarrow{BD}| = |\overrightarrow{AB} + \overrightarrow{AD}|$, so stehen die Strecken $\overline{AD}$ und $\overline{AB}$ senkrecht aufeinander.

7. Die Verhältnisse beim Segeln können in einem zweidimensionalen Koordinatensystem beschrieben werden. Die x_1-Richtung entspreche Osten, die x_2-Richtung Norden. Der Wind laut Wetterbericht kann durch einen Vektor $\vec{w} = \begin{pmatrix} -15 \\ 20 \end{pmatrix}$ dargestellt werden (Angaben in km pro Stunde).

   a) Berechnen Sie die Windgeschwindigkeit.
   b) Die Geschwindigkeit eines Segelboots wird durch den Vektor $\vec{v} = \begin{pmatrix} -20 \\ -10 \end{pmatrix}$ beschrieben. Der scheinbare Wind, den die Insassen wahrnehmen, lässt sich aus $\vec{v}$ und dem Wind $\vec{w}$ bestimmen. Berechnen Sie den Vektor des scheinbaren Windes und seine Geschwindigkeit.

Aufgaben mit Hilfsmitteln

8. Die Skizze zeigt ein Haus mit Walmdach im Grundriss und im Aufriss. Eine Längeneinheit entspricht 1 m.

a) Geben Sie die Koordinaten aller Eckpunkte an und zeichnen Sie das Haus in ein dreidimensionales Koordinatensystem.

b) Zeigen Sie, dass das Dreieck RTS gleichschenklig mit der Basis RT ist. Berechnen Sie den Flächeninhalt dieses Dreiecks.

c) Stellen Sie $\overrightarrow{SV}$ als Linearkombination von $\overrightarrow{TS}$, $\overrightarrow{VU}$ und $\overrightarrow{UT}$ dar. Begründen Sie, dass man $\overrightarrow{SV}$ nicht als Linearkombination von $\overrightarrow{TS}$, $\overrightarrow{TR}$ und $\overrightarrow{SR}$ darstellen kann.

d) Bestimmen Sie die Mittelpunkte der Strecken $\overline{TU}$ und $\overline{SV}$. Berechnen Sie damit und mit dem Ergebnis aus b) den Flächeninhalt der gesamten Dachfläche.

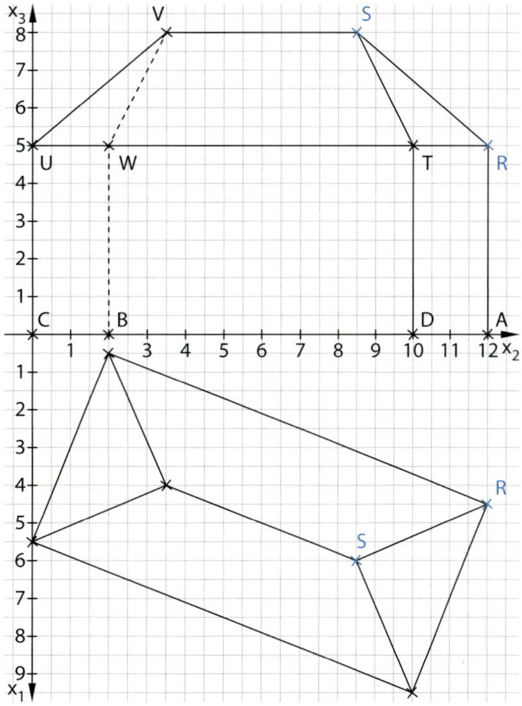

9. An der Mittelmeerküste wird ein unbekanntes Flugobjekt gesichtet, das im Punkt $A(4|10|0)$ aus dem Meer aufsteigt. Es fliegt zunächst 6 Sekunden lang mit konstanter Geschwindigkeit geradlinig bis zur Position $B(-5|7|6)$. Dort vollzieht es einen abrupten Kurswechsel und bewegt sich geradlinig weiter bis zur Position $C(-2|2|8)$. Nach einem weiteren Kurswechsel in Richtung $\vec{v} = \begin{pmatrix} 2 \\ 1 \\ -2 \end{pmatrix}$, taucht es schließlich am Punkt D wieder ins Meer ein. Das Meer befindet sich in der x_1x_2-Ebene. (Alle Angaben in km)

a) Skizzieren Sie die Flugbahn des UFOs in einem geeigneten Koordinatensystem für den Fall $\overrightarrow{CD} = 4\vec{v}$ und lesen Sie die (ganzzahligen) Koordinaten des Eintauchpunktes D ab.

b) Ermitteln Sie rechnerisch die Koordinaten von D und vergleichen Sie sie mit dem Ergebnis aus a). Bestimmen Sie die Länge der Strecke, die das unbekannte Flugobjekt insgesamt zurückgelegt hat.

c) Der Geschwindigkeitsrekord für ein Flugzeug (Turbojet) liegt bei 3529 km/h. Weisen Sie nach, dass das unbekannte Flugobjekt kein Flugzeug sein kann.

d) Auf der Hälfte der Strecke von B nach C verlässt eine schwarze Kugel das UFO und schießt mit einer Geschwindigkeit von 5400 km/h senkrecht nach oben in den Himmel. Bestimmen Sie die Position der Kugel 4 Sekunden, nachdem sie das UFO verlassen hat.

e) Weisen Sie nach, dass die abrupte Kursänderung an der Position B in einem rechten Winkel stattgefunden hat. Bestimmen Sie hierzu einen Punkt E, so dass ABCE ein Parallelogramm ist und zeigen Sie anschließend, dass es sich um ein Rechteck handelt.

Prüfen Sie Ihr neues Fundament

Lösungen
↗ S. 219

1. Bestimmen Sie die Koordinaten der Punkte A, C, D, E, F, G und H in der Zeichnung. Alle Kanten außer $\overline{FG}$ und $\overline{EH}$ sind parallel zu Koordinatenachsen.

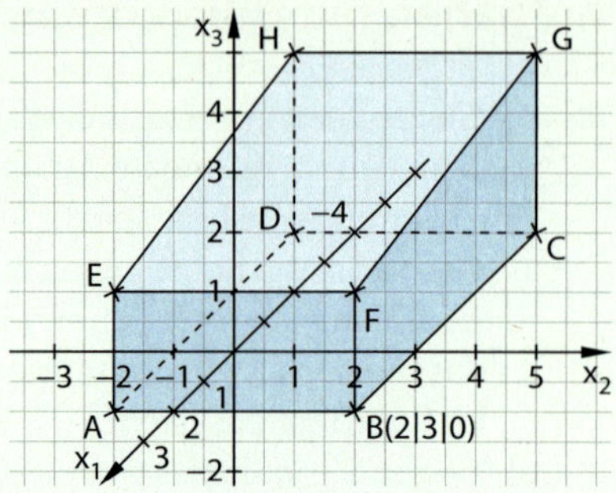

2. Zeichnen Sie ein Koordinatensystem und tragen Sie die Punkte A(3|5|4), B(−2|5|4), C(5|−4|−6) und D(−3|−3|−3) ein.

3. Geben Sie an, auf welchen der drei Koordinatenachsen und in welchen der drei Koordinatenebenen der angegebene Punkt liegt.

A(4|0|0) B(0|−2|0) C(0|0|10) D(0|0|0) E(0|0|−3) F(−7|0|0)

4. Beschreiben Sie die Lage aller Punkte,
a) deren x_2-Koordinate 0 ist,
b) deren x_1- und x_3-Koordinaten 0 sind,
c) die in der x_1x_2- und x_1x_3-Ebene liegen,
d) deren x_1-Koordinate −4 ist.

5. Bestimmen Sie die Koordinaten des Vektors $\overrightarrow{PQ}$.
a) P(1|2); Q(0|0)
b) P(1|2|−2); Q(3|4|5)
c) P(0|0); Q(5|−2)
d) P(1|k|2k); Q(k|2|0)

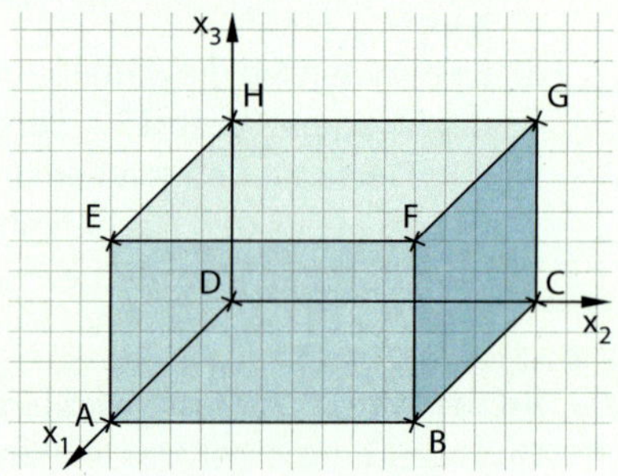

6. Ergänzen Sie die fehlenden Eckpunkte des abgebildeten Quaders im Heft.
a) $\overrightarrow{AE} = \overrightarrow{C\blacksquare}$
b) $\overrightarrow{DH} = \overrightarrow{\blacksquare F}$
c) $\overrightarrow{BG} = \overrightarrow{\blacksquare\blacksquare}$
d) $\overrightarrow{AG} = \overrightarrow{\blacksquare\blacksquare}$

7. Berechnen Sie den Betrag des Vektors.
a) $\vec{v} = \begin{pmatrix} 1 \\ -1 \\ 1 \end{pmatrix}$
b) $\vec{v} = \begin{pmatrix} \sqrt{6} \\ -1 \\ -3 \end{pmatrix}$
c) $\vec{v} = \begin{pmatrix} 2 \\ -\sqrt{2} \\ \frac{1}{2} \end{pmatrix}$
d) $\vec{v} = \begin{pmatrix} -8 \\ 6 \end{pmatrix}$
e) $\vec{v} = \begin{pmatrix} -4 \\ -3 \end{pmatrix}$
f) $\vec{v} = \begin{pmatrix} 1{,}2 \\ -0{,}5 \end{pmatrix}$

8. Berechnen Sie den Abstand der Punkte P und Q.
a) P(−3|2); Q(2|−1)
b) P(1|2|−1); Q(2|3|4)
c) P(0|2|−1); Q(2|0|−4)

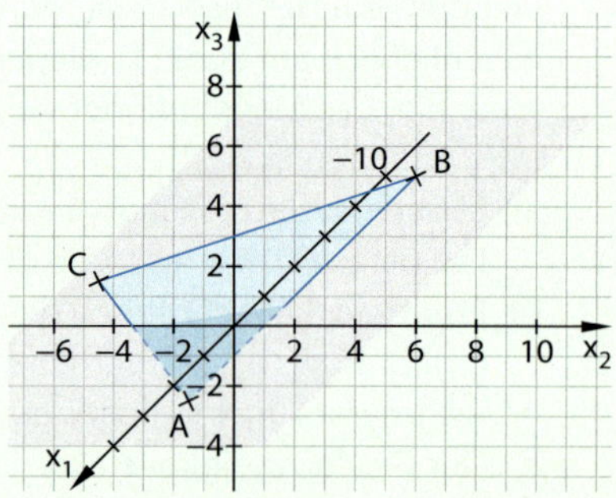

9. Die Punkte A(−1|−2|−3), B(−2|5|4) und C(1|−4|2) bilden das Dreieck ABC.
a) Prüfen Sie für diese Punkte die Gültigkeit der Gleichung $\overrightarrow{AB} + \overrightarrow{BC} = \overrightarrow{AC}$.
b) Berechnen Sie den Umfang des Dreiecks ABC.

10. Berechnen Sie.
a) $\begin{pmatrix} 2 \\ -3 \\ 5 \end{pmatrix} + \begin{pmatrix} -3 \\ 6 \\ -1 \end{pmatrix}$
b) $\begin{pmatrix} 0{,}5 \\ -1{,}2 \\ 0{,}03 \end{pmatrix} + \begin{pmatrix} 1{,}07 \\ -0{,}8 \\ -2 \end{pmatrix}$
c) $\begin{pmatrix} 0 \\ 2 \\ -1 \end{pmatrix} - \begin{pmatrix} -1 \\ 2 \\ -6 \end{pmatrix}$
d) $3 \cdot \begin{pmatrix} -1 \\ 3 \\ 2 \end{pmatrix} + 2 \cdot \begin{pmatrix} 0 \\ 4 \\ -1 \end{pmatrix}$
e) $-4 \cdot \begin{pmatrix} 1 \\ 4 \\ -2 \end{pmatrix} - 3 \cdot \begin{pmatrix} 2 \\ -3 \\ 4 \end{pmatrix}$
f) $-3 \cdot \begin{pmatrix} 1{,}2 \\ -3{,}6 \\ -2{,}1 \end{pmatrix} - 2 \cdot \begin{pmatrix} -1{,}1 \\ 3{,}2 \\ -1{,}7 \end{pmatrix}$

Lösungen
↗ S. 219/220

11. Vereinfachen Sie den Term nach den Rechengesetzen für Vektoren.

a) $2\cdot(\vec{a}+\vec{b}-\vec{c})+3\cdot(\vec{a}-\vec{b}+\vec{c})-4\cdot(\vec{a}+2\vec{b}-3\vec{c})$

b) $t\cdot(\vec{a}+\vec{b}-\vec{c})+(1-t)\cdot(2\vec{a}+3\vec{b}+\vec{c})$

12. Berechnen Sie auf geschickte Weise den Betrag des Vektors, indem Sie zuerst einen gemeinsamen Faktor der Koordinaten bestimmen.

a) $\vec{v}=\begin{pmatrix}49\\-42\\42\end{pmatrix}$ b) $\vec{v}=\begin{pmatrix}-0{,}2\\0{,}2\\0{,}1\end{pmatrix}$ c) $\vec{v}=\begin{pmatrix}24\\-36\\72\end{pmatrix}$ d) $\vec{v}=\begin{pmatrix}\frac{1}{18}\\\frac{2}{9}\\\frac{4}{9}\end{pmatrix}$

13. Geben Sie an, welcher der Vektoren kollinear zum Vektor $\vec{v}=\begin{pmatrix}2\\-1\\5\end{pmatrix}$ ist.

$\vec{a}=\begin{pmatrix}1\\-2\\10\end{pmatrix}$; $\vec{b}=\begin{pmatrix}-4\\2\\-10\end{pmatrix}$; $\vec{c}=\begin{pmatrix}\frac{1}{3}\\-\frac{1}{6}\\\frac{5}{6}\end{pmatrix}$; $\vec{d}=\begin{pmatrix}4\\-2\\0\end{pmatrix}$

14. Die Abbildung zeigt einen regelmäßigen Oktaeder. Der Punkt H ist der Mittelpunkt der Strecke $\overline{AB}$. Geben Sie an, welchen Verbindungsvektor zweier Punkte die Linearkombination von $\vec{a}$, $\vec{b}$ und $\vec{c}$ darstellt.

① $-2\vec{c}$ ② $2\vec{a}+\vec{b}$

③ $\vec{c}+\vec{a}+\frac{1}{2}\vec{b}$ ④ $-\vec{c}-\vec{a}-\frac{1}{2}\vec{b}$

⑤ $\vec{a}+\frac{1}{2}\vec{b}-\vec{c}$ ⑥ $2\vec{a}-\vec{b}$

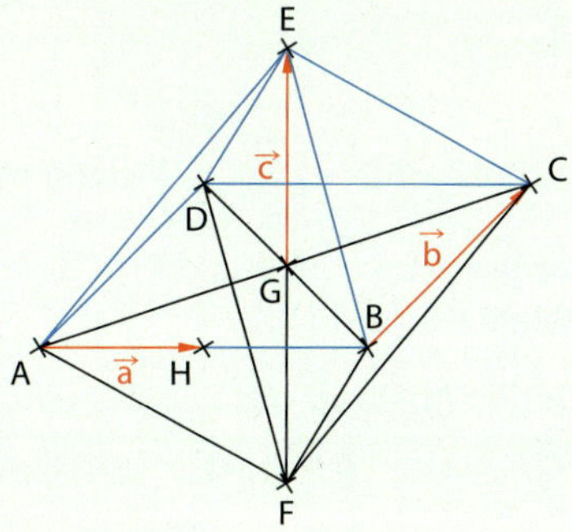

15. Gegeben ist ein Dreieck ABC mit A(1 | 1), B(7 | 2) und C(3 | 5).

a) Beschreiben Sie die Vektoren $\overrightarrow{AB}$, $\overrightarrow{BC}$ und $\overrightarrow{AC}$ als Differenz von Ortsvektoren der Eckpunkte A, B und C.

b) Beschreiben Sie die Ortsvektoren der Mittelpunkte E, F und G der Dreiecksseiten als Linearkombination von Ortsvektoren oder Verbindungsvektoren der Eckpunkte des Dreiecks.

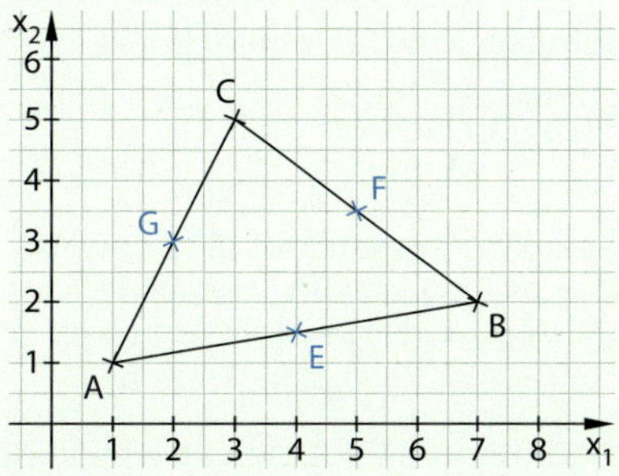

16. Gegeben sind die Punkte A(−1 | −2 | 1), B(7 | 2 | 2) und C(11 | 9 | 6).

a) Bestimmen Sie die Koordinaten des Punktes D so, dass ABCD ein Parallelogramm ist.

b) Prüfen Sie, ob ABCD eine Raute ist.

17. Durch A(−1 | −2 | 1), $\overrightarrow{AB}=\begin{pmatrix}4\\6\\-2\end{pmatrix}$, $\overrightarrow{AD}=\begin{pmatrix}-2\\2\\1\end{pmatrix}$ und $\overrightarrow{DC}=\begin{pmatrix}2\\3\\a\end{pmatrix}$ ist ein Viereck ABCD gegeben.

a) Bestimmen Sie die Variable a so, dass ABCD ein Trapez ist.

b) Geben Sie die Koordinaten aller Eckpunkte an.

18. Eine Fähre legt im Punkt A(−100 | 500) am Ufer eines Flusses ab. Bei stehendem Gewässer würde sie sich pro Minute um den Vektor $\vec{v}=\begin{pmatrix}150\\-100\end{pmatrix}$ bewegen (1 LE = 1 m). Die Fließgeschwindigkeit des Wassers pro Minute ist durch $\vec{w}=\begin{pmatrix}-100\\-50\end{pmatrix}$ gegeben.

a) Geben Sie den Vektor der tatsächlichen Bewegung der Fähre pro Minute an.

b) Berechnen Sie die Geschwindigkeit der Fähre in m/min und km/h.

c) Ermitteln Sie, wie viele Minuten die Fähre zum Punkt B(100 | −100) benötigt.

Zusammenfassung

Punkte im Raum

Die Lage eines Punktes im Raum gibt man in der Form $P(x_1|x_2|x_3)$ mit **drei Koordinaten** an. Diese geben an, wo in Bezug auf die Richtung der jeweiligen **Koordinatenachse** sich der Punkt im **dreidimensionalen Koordinatensystem** befindet.

Punkte $P(4|3|1)$ und $Q(4|-1|1)$ im dreidimensionalen Koordinatensystem

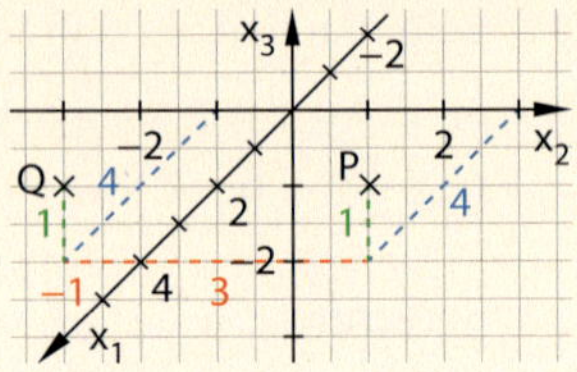

Vektoren

Ein **dreidimensionaler Vektor** $\vec{v} = \begin{pmatrix} v_1 \\ v_2 \\ v_3 \end{pmatrix}$ beschreibt eine **Verschiebung im Raum**. Die zugehörigen **Vektorpfeile** sind durch ihre **Länge** und **Richtung** gekennzeichnet.

Der **Betrag** $|\vec{v}|$ eines Vektors ist die Länge seiner Vektorpfeile im Koordinatensystem.

$|\vec{v}| = \sqrt{v_1^2 + v_2^2 + v_3^2}$

Der Vektor $v = \begin{pmatrix} 2 \\ 4 \\ 2 \end{pmatrix}$ wird durch Pfeile im Koordinatensystem dargestellt.

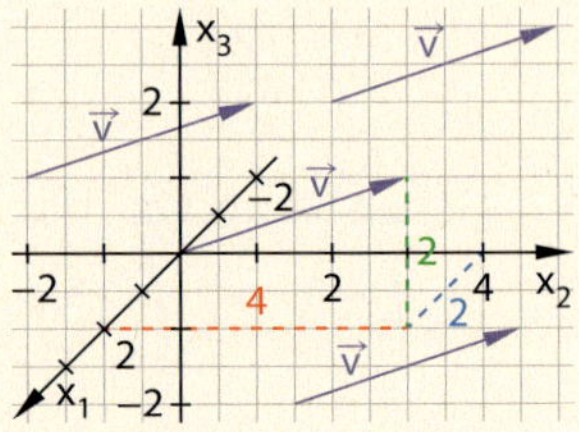

Betrag: $|\vec{v}| = \sqrt{2^2 + 4^2 + 2^2} = \sqrt{24} \approx 4{,}9$

Orts- und Verbindungsvektoren

Der Vektor $\overrightarrow{PQ} = \begin{pmatrix} q_1 - p_1 \\ q_2 - p_2 \\ q_3 - p_3 \end{pmatrix}$ ist der **Verbindungsvektor** vom Punkt $P(p_1|p_2|p_3)$ zum Punkt $Q(q_1|q_2|q_3)$.

Für den **Abstand** von P und Q gilt:

$|\overrightarrow{PQ}| = \sqrt{(q_1 - p_1)^2 + (q_2 - p_2)^2 + (q_3 - p_3)^2}$

Der Verbindungsvektor $\overrightarrow{OP}$ vom Koordinatenursprung O zu einem Punkt $P(p_1|p_2|p_3)$ heißt **Ortsvektor** von P: $\overrightarrow{OP} = \begin{pmatrix} p_1 \\ p_2 \\ p_3 \end{pmatrix}$

$P(2|-1|3)$
$Q(2|4|2)$

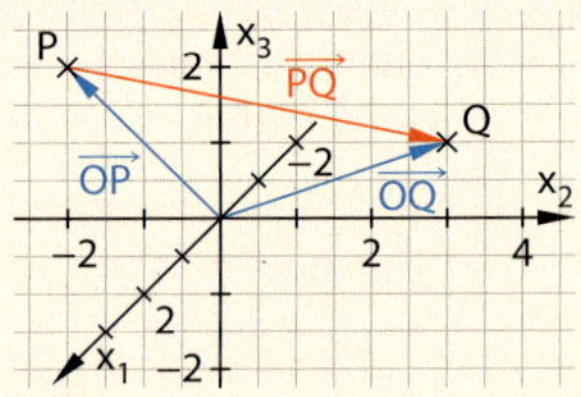

Ortsvektoren:

$\overrightarrow{OP} = \begin{pmatrix} 2 \\ -1 \\ 3 \end{pmatrix}$

$\overrightarrow{OQ} = \begin{pmatrix} 2 \\ 4 \\ 2 \end{pmatrix}$

Verbindungsvektor: $\overrightarrow{PQ} = \begin{pmatrix} 2-2 \\ 4-(-1) \\ 2-3 \end{pmatrix} = \begin{pmatrix} 0 \\ 5 \\ -1 \end{pmatrix}$

Abstand von P und Q:

$|\overrightarrow{PQ}| = \sqrt{0^2 + 5^2 + (-1)^2} = \sqrt{26} \approx 5{,}1$

Addition von Vektoren

Vektoren werden koordinatenweise addiert:

$\vec{a} + \vec{b} = \begin{pmatrix} a_1 \\ a_2 \\ a_3 \end{pmatrix} + \begin{pmatrix} b_1 \\ b_2 \\ b_3 \end{pmatrix} = \begin{pmatrix} a_1 + b_1 \\ a_2 + b_2 \\ a_3 + b_3 \end{pmatrix}$

Geometrisch trägt man an die Pfeilspitze von $\vec{a}$ das Pfeilende von $\vec{b}$ an.

Für drei Punkte P, Q und R gilt: $\overrightarrow{PQ} + \overrightarrow{QR} = \overrightarrow{PR}$

$\vec{a} = \begin{pmatrix} 2 \\ 4 \\ 2 \end{pmatrix}$

$\vec{b} = \begin{pmatrix} -2 \\ 1 \\ -3 \end{pmatrix}$

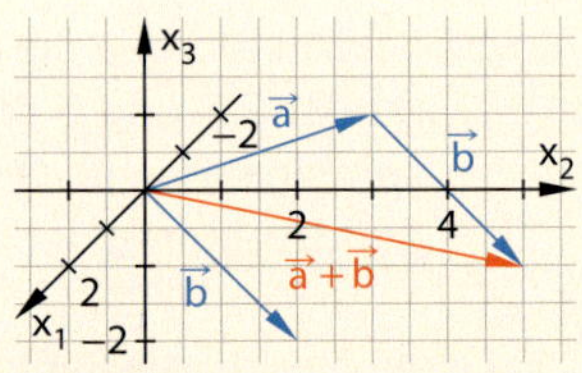

$\vec{a} + \vec{b} = \begin{pmatrix} 2+(-2) \\ 4+1 \\ 2+(-3) \end{pmatrix} = \begin{pmatrix} 0 \\ 5 \\ -1 \end{pmatrix}$

Vielfache von Vektoren

Bei der Multiplikation eines Vektors $\vec{a}$ mit einer reellen Zahl r wird jede Koordinate des Vektors mit der Zahl r multipliziert:

$r \cdot \vec{a} = r \cdot \begin{pmatrix} a_1 \\ a_2 \\ a_3 \end{pmatrix} = \begin{pmatrix} r \cdot a_1 \\ r \cdot a_2 \\ r \cdot a_3 \end{pmatrix}$

$\vec{a} = \begin{pmatrix} 2 \\ 4 \\ 2 \end{pmatrix}$

$(-0{,}5) \cdot \vec{a}$

$= \begin{pmatrix} -0{,}5 \cdot 2 \\ -0{,}5 \cdot 4 \\ -0{,}5 \cdot 2 \end{pmatrix} = \begin{pmatrix} -1 \\ -2 \\ -1 \end{pmatrix}$

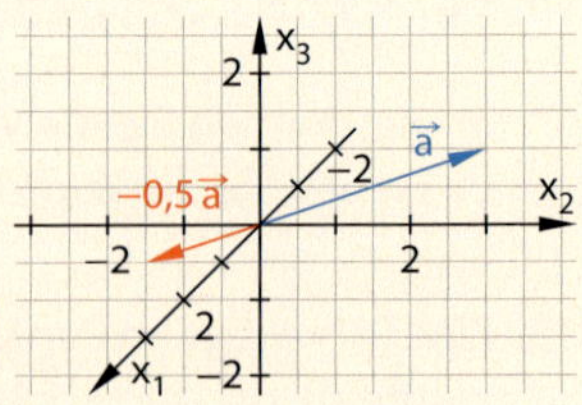

Kollinearität

Zwei Vektoren $\vec{a} \neq \vec{0}$ und $\vec{b} \neq \vec{0}$ heißen **kollinear**, wenn es eine reelle Zahl r gibt mit $\vec{b} = r \cdot \vec{a}$. Die Vektorpfeile kollinearer Vektoren sind **parallel** zueinander.

$\vec{a} = \begin{pmatrix} 1 \\ -2 \\ 3 \end{pmatrix}, \vec{b} = \begin{pmatrix} 2 \\ -4 \\ 6 \end{pmatrix}$ $\qquad \vec{b} = \begin{pmatrix} 2 \cdot 1 \\ 2 \cdot (-2) \\ 2 \cdot 3 \end{pmatrix} = 2 \cdot \vec{a}$

$\vec{a}$ und $\vec{b}$ sind kollinear.

2. Geraden und Ebenen

Basstölpel können Fische aus großer Höhe erspähen und stürzen zur Jagd mit bis zu 100 km/h auf die Wasseroberfläche zu. Ihre Flugbahn verläuft dabei nahezu geradlinig. Zu welcher Zeit sie ihre Beute erreichen, lässt sich gut mit Geraden und Ebenen modellieren.

Nach diesem Kapitel können Sie …
- Geraden und Ebenen mit Parametergleichungen beschreiben,
- Ebenen in Normalen- und Koordinatenform darstellen,
- Lagebeziehungen von Geraden und Ebenen untersuchen,
- Spurpunkte und Spurgeraden bestimmen,
- Skalarprodukte berechnen und geometrisch deuten.

Lösungen ↗S. 220/221

Punkte und Vektoren

1. Bestimmen Sie den Vektor, der vom Punkt A aus zum Punkt B verläuft.
 a) $A(3|2|1)$ $B(6|7|9)$ b) $A(2|1|1)$ $B(7|6|8)$ c) $A(-2|-4|-2)$ $B(7|8|5)$

2. Berechnen Sie den Abstand der Punkte A und B.
 a) $A(2|3)$ $B(5|-1)$ b) $A(0|1|2)$ $B(-1|4|2)$ c) $A(-2|1|-2)$ $B(-6|-5|-7)$

3. Berechnen Sie.
 a) $\begin{pmatrix}3\\2\\-1\end{pmatrix}+\begin{pmatrix}-5\\0\\2\end{pmatrix}$ b) $\frac{1}{4}\cdot\begin{pmatrix}4\\-16\\0\end{pmatrix}$ c) $(-7)\cdot\begin{pmatrix}-11\\-3\\5\end{pmatrix}+(-7)\cdot\begin{pmatrix}9\\3\\-4\end{pmatrix}$

4. Prüfen Sie, ob die Vektoren $\vec{v}$ und $\vec{w}$ kollinear sind.
 a) $\vec{v}=\begin{pmatrix}2\\4\\5\end{pmatrix}; \vec{w}=\begin{pmatrix}4\\8\\10\end{pmatrix}$ b) $\vec{v}=\begin{pmatrix}2\\4\\3\end{pmatrix}; \vec{w}=\begin{pmatrix}6\\12\\6\end{pmatrix}$ c) $\vec{v}=\begin{pmatrix}-9\\-6\\-12\end{pmatrix}; \vec{w}=\begin{pmatrix}3\\2\\4\end{pmatrix}$

5. Betrachten Sie den abgebildeten Quader.
 a) Geben Sie die Koordinaten der Eckpunkte an.
 b) Bestimmen Sie die Vektoren $\overrightarrow{AB}$ und $\overrightarrow{FG}$.
 c) Zeigen Sie, dass die Kanten $\overline{AB}$ und $\overline{EF}$ zueinander parallel verlaufen.

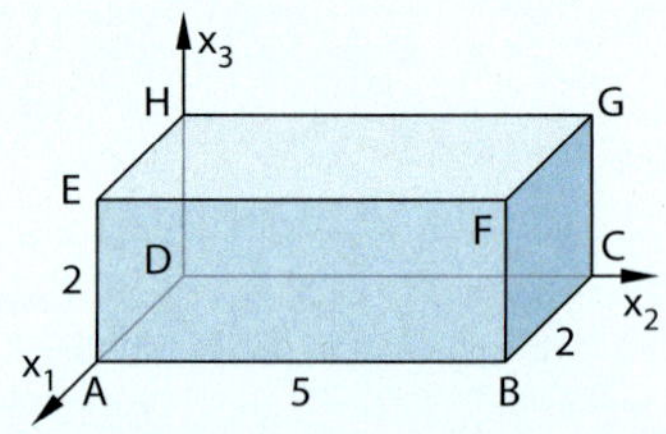

6. Untersuchen Sie, ob der Vektor $\vec{v}$ eine Linearkombination der Vektoren $\vec{a}$ und $\vec{b}$ ist.
 a) $\vec{v}=\begin{pmatrix}5\\-6\\0\end{pmatrix}; \vec{a}=\begin{pmatrix}1\\-2\\2\end{pmatrix}; \vec{b}=\begin{pmatrix}-6\\4\\8\end{pmatrix}$ b) $\vec{v}=\begin{pmatrix}8\\4\\11\end{pmatrix}; \vec{a}=\begin{pmatrix}1\\-2\\4\end{pmatrix}; \vec{b}=\begin{pmatrix}3\\-2\\5\end{pmatrix}$

7. Gegeben sind $\vec{a}=\begin{pmatrix}-1\\3\\5\end{pmatrix}$, $\vec{b}=\begin{pmatrix}3\\2\\0\end{pmatrix}$ und $\vec{c}=\begin{pmatrix}1\\-3\\2\end{pmatrix}$. Bestimmen Sie $\vec{x}$.
 a) $\vec{x}=2\vec{a}$ b) $\vec{x}=3{,}5\vec{b}$ c) $\vec{x}=(-2)\vec{c}$
 d) $3(\vec{x}-2\vec{c})=2\vec{x}+\vec{b}$ e) $-4\vec{x}+2\vec{a}=\vec{0}$ f) $4\vec{x}=\vec{a}-2\vec{c}+\vec{b}$

8. Die Figur ist ein dreiseitiges Prisma.
 a) Geben Sie die Koordinaten der Verbindungsvektoren $\overrightarrow{AB}$, $\overrightarrow{BC}$ und $\overrightarrow{AC}$ an.
 b) Berechnen Sie die Seitenlängen des Dreiecks ABC.
 c) Zeigen Sie: $\overrightarrow{BC}=\overrightarrow{EF}$
 d) Berechnen Sie die Koordinaten von D so, dass ABCD ein Parallelogramm ist.

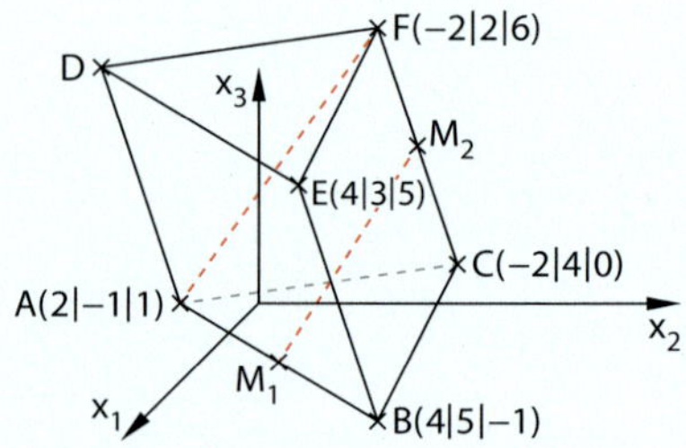

9. M_1 und M_2 sind Seitenmittelpunkte des Prismas aus Aufgabe 8.
 a) Zeigen Sie mithilfe einer Skizze, dass für den Ortsvektor von M_1 gilt:
 $\overrightarrow{OM_1}=\overrightarrow{OA}+\frac{1}{2}\overrightarrow{AB}$
 b) Zeigen Sie durch Umformen, dass gilt:
 $\overrightarrow{OM_1}=\overrightarrow{OA}+\frac{1}{2}\overrightarrow{AB}=\frac{1}{2}(\overrightarrow{OA}+\overrightarrow{OB})$
 c) Berechnen Sie die Koordinaten von M_1 und M_2.
 d) Prüfen Sie rechnerisch, ob $\overline{AF}$ parallel zu $\overline{M_1M_2}$ ist.

10. Die Vektoren $\vec{s} = \begin{pmatrix} -20 \\ 30 \end{pmatrix}$ und $\vec{w} = \begin{pmatrix} 50 \\ 40 \end{pmatrix}$ beschreiben, um wie viel Meter pro Minute Strömung und Wind ein Segelboot bewegen. Ermitteln Sie den Vektor $\vec{v}$ für die Bewegung des Bootes pro Minute und seine Geschwindigkeit in km/h.

Lösungen
↗ **S. 221/222**

11. Geben ist das Dreieck ABC mit $A(2\,|\,-4\,|\,0)$, $B(-5\,|\,2\,|\,3)$ und $C(4\,|\,1\,|\,-1)$.

a) Zeigen Sie, dass das Dreieck gleichschenklig, aber nicht gleichseitig ist.

b) Bestimmen Sie die Koordinaten des Seitenmittelpunktes der Basis von ABC. Berechnen Sie mithilfe dessen den Flächeninhalt des Dreiecks.

12. Beschreiben Sie die Menge aller Punkte $P(x_1\,|\,x_2\,|\,x_3)$ mit der angegebenen Eigenschaft.

① $x_3 = 0$ ② $x_1 = x_2 = 0$ ③ $x_2 = 3$ ④ $x_1 = x_2$

Lineare Gleichungssysteme

13. Lösen Sie das Gleichungssystem. Geben Sie jeweils an, welches Lösungsverfahren besonders geeignet ist (Gleichsetzungs-, Einsetzungs-, Additionsverfahren).

a) $\left|\begin{array}{l} y = -2x + 19 \\ y = x - 2 \end{array}\right|$ b) $\left|\begin{array}{l} y = 3x - 7 \\ 4x + 2y = 16 \end{array}\right|$ c) $\left|\begin{array}{l} 2x + 5y = 2 \\ 6x - 2y = 40 \end{array}\right|$ d) $\left|\begin{array}{l} 2x + 5y = 16 \\ 5x + 7y = 18 \end{array}\right|$

14. Lösen Sie mit dem Additionsverfahren. Nicht alle Aufgaben sind eindeutig lösbar.

a) $\left|\begin{array}{l} 2x - 3y = 14 \\ 4x + 3y = 10 \end{array}\right|$ b) $\left|\begin{array}{l} -x + 6y = 3 \\ 3x - 2y = 7 \end{array}\right|$ c) $\left|\begin{array}{l} \frac{1}{2}x + \frac{3}{4}y = 5 \\ -2x + y = 12 \end{array}\right|$ d) $\left|\begin{array}{l} 27x - 2y = 1 \\ -12x + y = 0 \end{array}\right|$

e) $\left|\begin{array}{l} 4x - 2y = 3 \\ 8x - 4y = 4 \end{array}\right|$ f) $\left|\begin{array}{l} -3x - 2y = -6 \\ 5x + 32y = 8 \end{array}\right|$ g) $\left|\begin{array}{l} \frac{1}{2}x - \frac{3}{4}y = -6 \\ \frac{1}{3}x - \frac{1}{2}y = -4 \end{array}\right|$ h) $\left|\begin{array}{l} 19x - 3y = -23 \\ -7x - 2y = 24 \end{array}\right|$

15. Geben Sie an, ob das lineare Gleichungssystem keine Lösung, genau eine Lösung oder unendlich viele Lösungen hat.

a) $\left|\begin{array}{l} 2x + 2y = -4 \\ 2x + y = 0 \end{array}\right|$ b) $\left|\begin{array}{l} 2x + y = 1 \\ x + 0{,}5y = 0{,}5 \end{array}\right|$ c) $\left|\begin{array}{l} x + y = 1 \\ y = 2 - x \end{array}\right|$

16. Gegeben ist das Gleichungssystem $\left|\begin{array}{l} x + ay = 10 \\ x - y = b \end{array}\right|$.

Ersetzen Sie die Parameter a und b so durch Zahlen, dass das Gleichungssystem

a) keine Lösung, b) unendlich viele Lösungen, c) die Lösung $(5\,|\,-1)$ hat.

Vermischtes

17. Gegeben ist die Funktion f mit der Gleichung $f(x) = mx + 1$.

a) Ermitteln Sie die Steigung m so, dass das Zahlenpaar $(-6\,|\,4)$ zur Funktion f gehört.

b) Geben Sie eine Funktionsgleichung einer Funktion g an, deren Graph parallel zum Graphen der Funktion f durch den Punkt $P(1\,|\,1{,}5)$ verläuft.

18. In der Abbildung wird ein Dreieck auf einem Bleistift balanciert. Wie findet man den Punkt des Dreiecks, um das Dreieck zu balancieren? Erproben Sie es mit einem Pappdreieck.

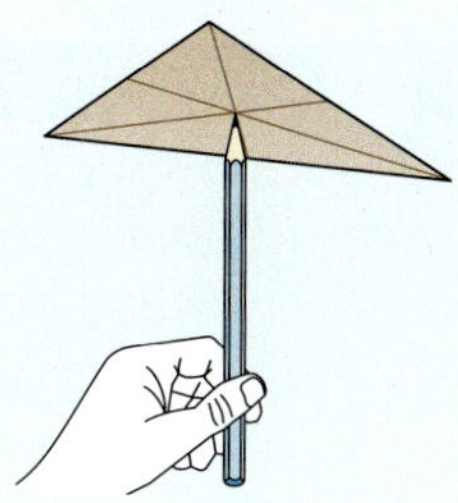

19. Eine 5 cm hohe gerade Pyramide hat eine quadratische Grundfläche (a = 5 cm). Berechnen Sie den Oberflächeninhalt und das Volumen der Pyramide.

2.1 Lineare Gleichungssysteme

■ a) Lösen Sie das folgende lineare Gleichungssystem (LGS) mit dem Additionsverfahren.
b) Zeigen Sie, dass sich aus dem linken LGS das rechte LGS herleiten lässt, ohne dass sich dabei die Lösungsmenge ändert. ■

$$\left|\begin{array}{l} 3x + 4y = 5 \\ 2x - 2y = 8 \end{array}\right|$$

$$\left|\begin{array}{rcl} 2x + 3y + z &=& 10 \\ 2y - z &=& -1 \\ -2y + 2z &=& 4 \end{array}\right| \qquad \left|\begin{array}{rcl} 2x + 3y + z &=& 10 \\ 2y - z &=& -1 \\ z &=& 3 \end{array}\right|$$

Lösungsverfahren

Ein lineares Gleichungssystem mit drei oder mehr Variablen ist leicht lösbar, wenn es in der nebenstehenden Form vorliegt.

$$\left|\begin{array}{rcl} x + y - z &=& -4 \\ 8y + z &=& -11 \\ 2z &=& 10 \end{array}\right|$$

Aus der dritten Gleichung ergibt sich der Wert von $z = 5$. Durch Rückeinsetzen in die zweite Gleichung ergibt sich $y = -2$. Rückeinsetzen von $y = -2$ und $z = 5$ in die erste Gleichung liefert schließlich $x = 3$.

$2z = 10$ also $z = 5$
$8y + 5 = -11$ also $y = -2$
$x - 2 - 5 = -4$ also $x = 3$

Rückeinsetzung in II

Rückeinsetzung in I

Lösungsmenge: $L = \{(3 \mid -2 \mid 5)\}$

Diese Gestalt, bei der jede Gleichung eine Variable weniger hat als die über ihr stehende, wird als **Zeilenstufenform (ZSF)** bezeichnet. Ein beliebiges lineares Gleichungssystem kann mit drei Arten von Umformungen auf Zeilenstufenform gebracht werden, ohne dass sich dabei die Lösungsmenge ändert.

Wissen: Äquivalenzumformungen zur Herstellung einer Zeilenstufenform
Die folgenden Umformungen ändern die Lösungsmenge eines linearen Gleichungssystems nicht.
① Zwei Gleichungen werden vertauscht.
② Eine Gleichung wird mit einer Zahl $c \neq 0$ multipliziert.
③ Eine Gleichung wird durch die Summe/Differenz dieser Gleichung mit einer anderen Gleichung ersetzt.

Weniger Schreibaufwand und mehr Übersichtlichkeit erzielt man, wenn man nur die Koeffizienten (der linken Seiten) und die Konstanten (der rechten Seiten) aufschreibt. Ein solches Schema nennt man **Matrix**. Es ist günstig, oberhalb der Spalten den Variablennamen zu schreiben.

Lineares Gleichungssystem

$$\left|\begin{array}{rcl} x - 3y + 4z &=& -5 \\ 2x + 5y + 2z &=& 27 \\ 4x - y - 2z &=& -19 \end{array}\right|$$

Matrixschreibweise

$$\begin{array}{ccc} x & y & z \end{array}$$
$$\left(\begin{array}{rrr|r} 1 & -3 & 4 & -5 \\ 2 & 5 & 2 & 27 \\ 4 & -1 & -2 & -19 \end{array}\right)$$

Ein CAS kann Gleichungssysteme lösen (Befehl: *linsolve()*) und Matrizen in Zeilenstufenform umformen (Befehl: *ref()*).

Hinweis:
Zu einem LGS gibt es keine eindeutige Zeilenstufenform. Ein CAS erzeugt eine ZSF mit 1en auf der Diagonalen.

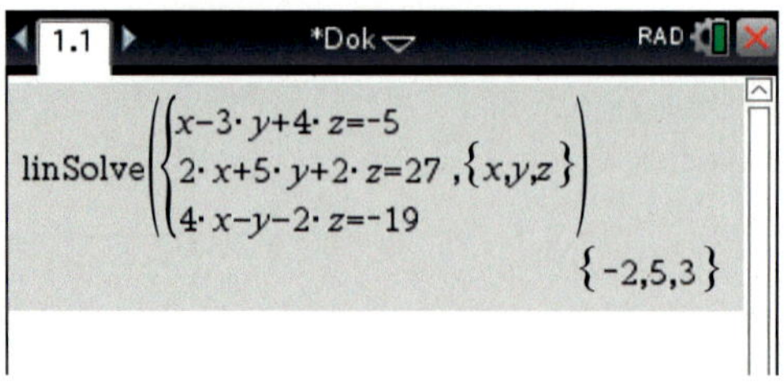

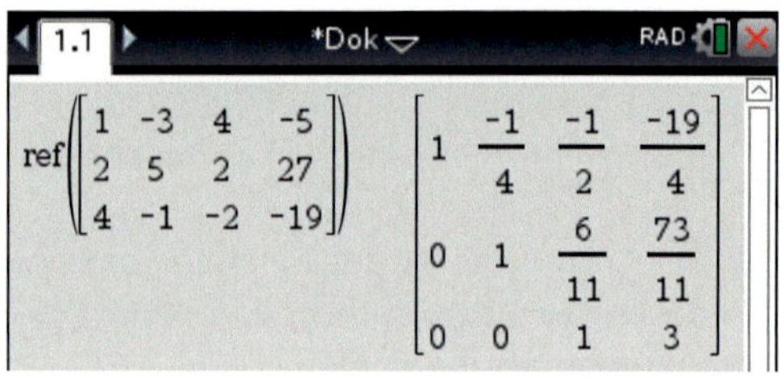

Beispiel 1: Bestimmen Sie die Lösung des linearen Gleichungssystems.

$$\left|\begin{array}{rl} 8y + 3z &= -1 \\ -2x + 6y + 3z &= -3 \\ x + \;\; y - \;\; z &= -4 \end{array}\right|$$

Lösung:

	LGS	Matrix
Sie können das LGS als Matrix schreiben, um Schreibaufwand zu sparen. In der ersten Gleichung kommt die Variable x nicht vor. Tauschen Sie diese mit der dritten Gleichung.	$\left\|\begin{array}{r} 8y + 3z = -1 \\ -2x + 6y + 3z = -3 \\ x + y - z = -4 \end{array}\right\|$	$\begin{matrix} x & y & z & \end{matrix}$ $\left(\begin{array}{rrr\|r} 0 & 8 & 3 & -1 \\ -2 & 6 & 3 & -3 \\ 1 & 1 & -1 & -4 \end{array}\right)$ (Zeile 1 und 3 tauschen)
Addieren Sie das 2-Fache der (neuen) ersten Gleichung zur zweiten Gleichung, um dort das x zu entfernen.	$\left\|\begin{array}{r} x + y - z = -4 \\ -2x + 6y + 3z = -3 \\ 8y + 3z = -1 \end{array}\right\|$	$\left(\begin{array}{rrr\|r} 1 & 1 & -1 & -4 \\ -2 & 6 & 3 & -3 \\ 0 & 8 & 3 & -1 \end{array}\right)$ $\|\cdot 2$ +
Nun wird das y in der dritten Gleichung entfernt. Addieren Sie dazu das (−1)-Fache der zweiten Gleichung zur dritten Gleichung.	$\left\|\begin{array}{r} x + y - z = -4 \\ +8y + z = -11 \\ +8y + 3z = -1 \end{array}\right\|$	$\left(\begin{array}{rrr\|r} 1 & 1 & -1 & -4 \\ 0 & 8 & 1 & -11 \\ 0 & 8 & 3 & -1 \end{array}\right)$ $\|\cdot(-1)$ +
Das lineare Gleichungssystem ist in Zeilenstufenform.	$\left\|\begin{array}{r} x + y - z = -4 \\ +8y + z = -11 \\ 2z = 10 \end{array}\right\|$	$\left(\begin{array}{rrr\|r} 1 & 1 & -1 & -4 \\ 0 & 8 & 1 & -11 \\ 0 & 0 & 2 & 10 \end{array}\right)$

Der Wert für z ergibt sich aus der letzten Zeile. Setzen Sie diesen in die zweite Gleichung ein und lösen Sie nach y auf. Setzen Sie beide Werte in die erste Gleichung ein und lösen Sie nach x auf.

$2z = 10$ also $z = 5$ (einsetzen in II)

$8y + 5 = -11$ also $y = -2$ (einsetzen in I)

$x + (-2) - 5 = -4$ also $x = 3$

Lösungsmenge: $L = \{(3\,|\,-2\,|\,5)\}$

Info:
Dieses Lösungsverfahren für lineare Gleichungssysteme wurde vom deutschen Mathematiker Carl Friedrich Gauß entwickelt. Es wird daher als **Gauß-Algorithmus** oder **Gaußsches Eliminationsverfahren** bezeichnet.

Basisaufgaben

1. Das lineare Gleichungssystem befindet sich in Zeilenstufenform. Bestimmen Sie die Lösung.

a) $\left|\begin{array}{r} 5x - 3y + z = 10 \\ 2y + 5z = 16 \\ -2z = 22 \end{array}\right|$ b) $\left|\begin{array}{r} 3x + 7y - 5z = 15 \\ 8y + 7z = 1 \\ 13z = -13 \end{array}\right|$ c) $\left|\begin{array}{r} x + y + z = 9 \\ y - z = -1 \\ 3z = 9 \end{array}\right|$

d) $\left(\begin{array}{rrr|r} 4 & 5 & 6 & 6 \\ 0 & 3 & 7 & 10 \\ 0 & 0 & 6 & 6 \end{array}\right)$ e) $\left(\begin{array}{rrr|r} 3 & 1 & -1 & 0 \\ 0 & 6 & 2 & 22 \\ 0 & 0 & 3 & 15 \end{array}\right)$ f) $\left(\begin{array}{rrr|r} 1 & 1 & 1 & 21 \\ 0 & 2 & -1 & 6 \\ 0 & 0 & 12 & 96 \end{array}\right)$

Lösungen zu 1:
(25,5 | 35,5 | −11) (−1,25 | 1 | 1) (3 | 2 | 4) (1 | 1 | −1) (1 | 2 | 5) (6 | 7 | 8) (4 | 2 | 3)

2. Bringen Sie das lineare Gleichungssystem in Zeilenstufenform und bestimmen Sie die Lösung.

a) $\left|\begin{array}{r} 4x + 5y - z = -3 \\ 2x + 3y + z = 1 \\ y - z = 1 \end{array}\right|$ b) $\left|\begin{array}{r} -x + y + 2z = 4 \\ 3x - 5y + z = -1 \\ 7z = 21 \end{array}\right|$ c) $\left|\begin{array}{r} 2x - 3y + z = 0 \\ 12y - 11z = 5 \\ 4x + y - z = 20 \end{array}\right|$

d) $\left|\begin{array}{r} 2x + 3y - z = 2 \\ 4x - y + z = 3 \\ 6x + y - 3z = -2 \end{array}\right|$ e) $\left|\begin{array}{r} 3x + y + 2z = 2 \\ 6x - 4y + 4z = -8 \\ 3x + y + 6z = 0 \end{array}\right|$ f) $\left|\begin{array}{r} x + y + z = 0 \\ 2x - y - z = 3 \\ x - 4y - z = 2 \end{array}\right|$

Hinweis zu 2:
Anstelle der Variablen x, y und z werden auch häufig die Bezeichnungen x_1, x_2 und x_3 verwendet.

3. Bestimmen Sie die Lösung des linearen Gleichungssystems.

a) $\left(\begin{array}{rrr|r} 3 & 1 & -2 & -11 \\ -2 & 0 & 3 & 17 \\ 1 & 1 & 0 & 1 \end{array}\right)$ b) $\left(\begin{array}{rrr|r} 5 & -1 & 2 & 5 \\ 0 & 2 & -3 & -7 \\ -4 & 0 & 1 & 3 \end{array}\right)$ c) $\left(\begin{array}{rrr|r} 2 & 6 & 5 & 1 \\ 8 & -12 & 0 & -8 \\ -1 & 1 & 1 & \frac{5}{6} \end{array}\right)$

4. Die Abbildung zeigt drei Rechnungszettel. Ermitteln Sie die Einzelpreise für Wasser, Eistee und Kaffee.

5. Der Graph einer quadratischen Funktion f mit $f(x) = ax^2 + bx + c$ verläuft durch die Punkte $A(-1\,|\,4)$, $B(1\,|\,1)$ und $C(3\,|\,0)$. Stellen Sie ein lineares Gleichungssystem mit den Variablen a, b und c auf. Lösen Sie es und geben Sie die Funktionsgleichung für f an.

CAS **6.** Bestimmen Sie mit einem CAS die Lösung des linearen Gleichungssystems.

a) $\left|\begin{array}{l} -2x + 4y - 6z = 2 \\ 24x + 18y + 30z = 23 \\ 10x - 76y + 138z = -74 \end{array}\right|$

b) $\left(\begin{array}{ccc|c} 1 & -3 & 4 & -5 \\ 2 & 5 & 2 & 27 \\ 4 & -1 & -2 & -19 \end{array}\right)$

c) $\left|\begin{array}{l} x_1 + x_2 + x_3 + 2x_4 = 6 \\ x_1 + x_2 + 2x_3 + x_4 = 7 \\ x_1 - x_2 + x_3 - x_4 = 5 \\ x_1 + x_2 - x_3 - x_4 = -1 \end{array}\right|$

d) $\left(\begin{array}{cccc|c} 2 & 1 & 1 & 1 & 7 \\ 1 & 1 & 2 & 1 & 4 \\ 1 & -1 & -1 & 1 & 5 \\ 1 & 1 & -1 & 1 & 7 \end{array}\right)$

7. Bestimmen Sie die Lösung des linearen Gleichungssystems. Bringen Sie zunächst alle Variablen auf die linke Seite und alle konstanten Summanden auf die rechte Seite.

a) $\left|\begin{array}{l} x + 2z = 17 - y \\ x - 4 = y - z \\ 2x - 2 = 3 + z - y \end{array}\right|$

b) $\left|\begin{array}{l} 3x - 11 = y - z \\ 3y - z = -(x + 9) \\ 2x + z = 8 - y \end{array}\right|$

c) $\left|\begin{array}{l} 2a + c = 11 - 3b \\ a + 12 = c - b \\ \frac{1}{2}b + \frac{1}{3}c = 13 - a \end{array}\right|$

d) $\left|\begin{array}{l} 3x + 3 = 4y - 9z \\ 2x + y = 3z - 5 \\ 3z + 7 = -(4x + y) \end{array}\right|$

Lösungsmengen linearer Gleichungssysteme

An der Zeilenstufenform eines linearen Gleichungssystems lässt sich ablesen, ob es eine eindeutige, gar keine oder unendlich viele Lösungen hat.

Die letzte Zeile ist eine **Widerspruchszeile**, da es für die Gleichung $0x + 0y + 0z = 3$ keine Lösung gibt. Das LGS hat **keine Lösung**.

$\left(\begin{array}{ccc|c} 5 & 2 & 0 & 6 \\ 0 & -2 & 1 & -8 \\ 0 & 0 & 0 & 3 \end{array}\right)$ ← Widerspruchszeile

$L = \{\,\}$

Das LGS enthält keine Widerspruchszeile, also gibt es Lösungen. Die Anzahl der Variablen ist gleich der Anzahl der Gleichungen. Das LGS ist **eindeutig lösbar**.

$\left(\begin{array}{ccc|c} 3 & 1 & 1 & 17 \\ 0 & 2 & 1 & 6 \\ 0 & 0 & 2 & 8 \end{array}\right)$

$L = \{(4\,|\,1\,|\,4)\}$

Das LGS enthält keine Widerspruchszeile, also gibt es Lösungen. Die letzte Zeile ist eine **Nullzeile**, es entfällt eine Gleichung. Es bleiben noch zwei Gleichungen für drei Variablen. Eine Variable (hier z) ist frei wählbar und kann durch einen Parameter t ersetzt werden. Damit erhält man die Lösungsmenge mit **unendlich vielen Lösungen**.

$\left(\begin{array}{ccc|c} 6 & 1 & 2 & 12 \\ 0 & -1 & 4 & 6 \\ 0 & 0 & 0 & 0 \end{array}\right)$ ← Nullzeile

$z = t$ ergibt:
$y = -6 + 4t$
$x = 3 - t$

$L = \{(3 - t\,|\,-6 + 4t\,|\,t);\ t \in \mathbb{R}\}$

Wissen: Lösbarkeit linearer Gleichungssysteme

Ein lineares Gleichungssystem kann keine, genau eine oder unendlich viele Lösungen haben. Die Art der Lösungsmenge erkennt man an der Zeilenstufenform:

- Es gibt eine Widerspruchszeile → keine Lösung
- Keine Widerspruchszeile und die Anzahl der verbliebenen Gleichungen ist gleich der Anzahl der Variablen → eindeutige Lösung
- Keine Widerspruchszeile und mehr Variablen als Gleichungen (ohne Nullzeilen) → unendlich viele Lösungen

Hinweis:
Die Fallunterscheidung der Lösungsmengen ist erst nach Herstellung einer Zeilenstufenform (ZSF) möglich.

Beispiel 2: Bestimmen Sie die Lösungsmenge des linearen Gleichungssystems.

a) $\left|\begin{array}{r} 2x + 3y - 4z = 1 \\ x - y + z = 1 \\ -2x + 2y - 2z = 3 \end{array}\right|$ b) $\left|\begin{array}{r} 2x + 3y - 4z = 1 \\ x + y - z = 1 \\ -3x - 3y + 3z = -3 \end{array}\right|$

Lösung:

a) Übertragen Sie das lineare Gleichungssystem in die Matrixschreibweise und bringen Sie es auf Zeilenstufenform. Die letzte Zeile ergibt einen Widerspruch, also hat das LGS keine Lösung.

$$\begin{array}{c} x\quad y\quad z \\ \left(\begin{array}{rrr|r} 2 & 3 & -4 & 1 \\ 1 & -1 & 1 & 1 \\ -2 & 2 & -2 & 3 \end{array}\right) \end{array} \xrightarrow{\text{ZSF}} \left(\begin{array}{rrr|r} 2 & 3 & -4 & 1 \\ 0 & 5 & -6 & -1 \\ 0 & 0 & 0 & 5 \end{array}\right)$$

$L = \{\}$

Hinweis:
Hilfestellung zur Umformung in die Zeilenstufenform (ZSF) finden Sie in Beispiel 1.

b) Übertragen Sie das lineare Gleichungssystem in die Matrixschreibweise und bringen Sie es auf Zeilenstufenform. Die letzte Zeile ist eine Nullzeile, also hat das LGS unendlich viele Lösungen. Ersetzen Sie eine Variable (hier z) durch einen Parameter (hier t) und bestimmen Sie die allgemeine Lösung.

$$\begin{array}{c} x\quad y\quad z \\ \left(\begin{array}{rrr|r} 2 & 3 & -4 & 1 \\ 1 & 1 & -1 & 1 \\ -3 & -3 & 3 & -3 \end{array}\right) \end{array} \xrightarrow{\text{ZSF}} \left(\begin{array}{rrr|r} 2 & 3 & -4 & 1 \\ 0 & 1 & -2 & -1 \\ 0 & 0 & 0 & 0 \end{array}\right)$$

$z = t$ in Gleichung II einsetzen:
$y - 2t = -1$ also $y = 2t - 1$
$z = t$ und $y = 2t - 1$ in Gleichung I einsetzen:
$2x + 3(2t - 1) - 4t = 1$ also $x = 2 - t$

$L = \{(2 - t \mid 2t - 1 \mid t);\ t \in \mathbb{R}\}$

Ein lineares Gleichungssystem mit weniger Gleichungen als Variablen heißt **unterbestimmt**. Ein unterbestimmtes LGS kann nie eindeutig lösbar sein.
Ein lineares Gleichungssystem mit mehr Gleichungen als Variablen heißt **überbestimmt**. Es kann nur erfüllbar sein, wenn in der Zeilenstufenform mindestens so viele Gleichungen entfallen (Nullzeilen), dass die Anzahl der Gleichungen nicht mehr größer ist als die der Variablen.

Basisaufgaben

8. Das lineare Gleichungssystem befindet sich in Zeilenstufenform. Entscheiden Sie, ob es eine, keine oder unendlich viele Lösungen hat.

a) $\left|\begin{array}{r} 2x - 4y + 3z = 2 \\ 3y + z = 1 \\ 7z = 28 \end{array}\right|$ b) $\left|\begin{array}{r} 2x + 4y + 6z = 6 \\ 2y + 4z = 8 \\ 0 = 0 \end{array}\right|$ c) $\left|\begin{array}{r} x + 2y + 3z = 9 \\ 7y - 4z = 3 \\ 0 = 6 \end{array}\right|$

d) $\left(\begin{array}{rrr|r} 2 & 3 & -4 & 1 \\ 0 & -1 & 1 & 1 \\ 0 & 0 & 0 & 0 \end{array}\right)$ e) $\left(\begin{array}{rrr|r} 3 & -3 & 8 & 7 \\ 0 & 5 & 1 & -2 \\ 0 & 0 & 2 & -4 \end{array}\right)$ f) $\left(\begin{array}{rrr|r} -1 & 3 & 5 & -3 \\ 0 & 1 & 5 & 1 \\ 0 & 0 & 0 & -1 \end{array}\right)$

9. Das lineare Gleichungssystem hat unendlich viele Lösungen. Bestimmen Sie die Lösungsmenge.

a) $\left|\begin{array}{r} x + y - z = 0 \\ 2y + 6z = 4 \end{array}\right|$ b) $\left|\begin{array}{r} 0{,}5x - z = 2 \\ y + 2z = 8 \end{array}\right|$ c) $\left|\begin{array}{r} x - 2y + 3z = -1 \\ y - z = 2 \\ x + y = 5 \end{array}\right|$

10. Gegeben ist eine Lösungsmenge $L = \{(1 - 3t \mid 5 + 2t \mid t); t \in \mathbb{R}\}$ eines linearen Gleichungssystems. Überprüfen Sie, ob das Zahlentripel zur Lösungsmenge gehört.

a) $(4 \mid 3 \mid -1)$ b) $(-5 \mid 8 \mid 2)$ c) $(1 \mid 5 \mid 0)$ d) $(31 \mid -15 \mid -10)$ e) $\left(-1 \middle| 6 \middle| \frac{1}{2}\right)$

11. Bestimmen Sie die Lösungsmenge des linearen Gleichungssystems.

a) $\left| \begin{array}{r} -2x + 3y + z = 2 \\ x - 2y + 2z = -4 \\ -y + 5z = 1 \end{array} \right|$ b) $\left| \begin{array}{r} -2x + 3y + z = 2 \\ x - 2y + 2z = -4 \\ -y + 5z = -6 \end{array} \right|$ c) $\left| \begin{array}{r} 4x - 2z = -8 \\ -x + y = 1 \\ 5x + 2y + 3z = 1 \end{array} \right|$

d) $\left| \begin{array}{r} 2x - 3y + z = 1 \\ x + y - 2z = 2 \\ x + 6y - 7z = 5 \end{array} \right|$ e) $\left| \begin{array}{r} 0{,}2x + 1{,}4y - 0{,}8z = 6 \\ 0{,}8x - 0{,}2y + 0{,}1z = 0 \\ -0{,}2x + 0{,}4y + 0{,}5z = 0 \end{array} \right|$ f) $\left| \begin{array}{r} x + 2y + 3z = 1 \\ x + y + z = 1 \\ 3x + 2y + z = 1 \end{array} \right|$

12. Das lineare Gleichungssystem ist über- oder unterbestimmt. Bestimmen Sie die Lösungsmenge.

a) $\left| \begin{array}{r} x + y = 1 \\ 2x - y = -7 \\ 5x + 2y = -4 \end{array} \right|$ b) $\left| \begin{array}{r} x + y = 1 \\ 2x - y = -7 \\ 5x + 2y = 2 \end{array} \right|$ c) $\left| \begin{array}{r} x + 2y + 3z = 1 \\ x + 3y + 4z = 2 \end{array} \right|$

13. Beschreiben Sie die Lösung des linearen Gleichungssystems (eindeutig, nicht lösbar, Anzahl der frei wählbaren Variablen).

a) $\left(\begin{array}{cccc|c} 3 & 2 & 1 & 0 & 5 \\ 0 & 2 & 2 & 1 & -1 \\ 0 & 0 & 0 & 0 & 0 \end{array} \right)$ b) $\left(\begin{array}{cc|c} 3 & 1 & 5 \\ 0 & 4 & 2 \\ 0 & 0 & 0 \end{array} \right)$ c) $\left(\begin{array}{ccc|c} 1 & 2 & 1 & 4 \\ 0 & 2 & 1 & 1 \\ 0 & 0 & 0 & 1 \end{array} \right)$

d) $\left(\begin{array}{ccc|c} 1 & -1 & 1 & -2 \\ 0 & 2 & 1 & 1 \\ 0 & 0 & 0 & 0 \\ 0 & 2 & 0 & 0 \end{array} \right)$ e) $\left(\begin{array}{ccc|c} 2 & 2 & -2 & 1 \\ 1 & 0 & 0 & 0 \\ 0 & 0 & 0 & 0 \end{array} \right)$ f) $\left(\begin{array}{ccccc|c} 1 & 0 & 0 & 0 & 2 & 4 \\ 0 & 1 & 0 & 5 & 3 & 1 \\ 0 & 0 & 1 & 2 & 1 & 3 \\ 0 & 0 & 0 & 0 & 0 & 0 \end{array} \right)$

Weiterführende Aufgaben

14. Entscheiden Sie, ob die Aussage wahr oder falsch ist. Geben Sie ein Gegenbeispiel an, wenn die Aussage falsch ist.

a) Jedes überbestimmte lineare Gleichungssystem ist unlösbar.
b) Jedes überbestimmte lineare Gleichungssystem ist lösbar.
c) Kein unterbestimmtes lineares Gleichungssystem ist eindeutig lösbar.
d) Jedes unterbestimmte lineare Gleichungssystem hat mindestens eine Lösung.
e) Es gibt kein lineares Gleichungssystem mit drei Gleichungen und drei Variablen, das die eindeutige Lösung $\{(0 \mid 0 \mid 0)\}$ hat.
f) Jedes nicht eindeutig lösbare lineare Gleichungssystem ist unterbestimmt.

15. Stolperstelle: Ein Schüler erhält als Lösung eines linearen Gleichungssystems $\{(1 \mid 1 \mid 1)\}$. Erklären Sie den Fehler und ermitteln Sie die korrekte Lösung.

$$\left(\begin{array}{ccc|c} 1 & -3 & 4 & 2 \\ -1 & 7 & 1 & 7 \\ 0 & 3 & 2 & 4 \end{array} \right) \; II + I \rightarrow \left(\begin{array}{ccc|c} 1 & -3 & 4 & 2 \\ 0 & 4 & 5 & 9 \\ 0 & 3 & 2 & 4 \end{array} \right) \; III + I \rightarrow \left(\begin{array}{ccc|c} 1 & -3 & 4 & 2 \\ 0 & 4 & 5 & 9 \\ 0 & 0 & 6 & 6 \end{array} \right)$$

16. Berechnen Sie die Lösungsmenge des linearen Gleichungssystems.

a) $\left| \begin{array}{r} x + 2y - 4z = -6 \\ 2x + y + 3z = 5 \\ -3x + y + 6z = -2 \end{array} \right|$ b) $\left| \begin{array}{r} x - 2y - z = -2 \\ -3x + 6y + 3z = 6 \\ 2x - 4y + 2z = -4 \end{array} \right|$ c) $\left| \begin{array}{r} x - 2y - 3z + u = 4 \\ 2x + y - z + 2u = -2 \\ 3x - y - 4z + 3u = 3 \end{array} \right|$

17. Reduzierte Zeilenstufenform: Lisa untersucht eine Matrix in Zeilenstufenform. Statt die Lösungsmenge durch Rückeinsetzen zu bestimmen, formt Lisa weiter um und erhält so eine sogenannte **reduzierte Zeilenstufenform.**

$$\left(\begin{array}{ccc|c} 2 & 8 & -4 & 6 \\ 0 & 3 & 6 & 9 \\ 0 & 0 & -2 & 4 \end{array}\right) \overset{?}{\rightarrow} \left(\begin{array}{ccc|c} 1 & 0 & 0 & -29 \\ 0 & 1 & 0 & 7 \\ 0 & 0 & 1 & -2 \end{array}\right)$$

$L = \{(-29 \mid 7 \mid -2)\}$

Aus dieser liest sie die Lösung einfach ab. Beschreiben Sie die besondere Form der Matrix. Erklären Sie, mit welchen Umformungsschritten Lisa auf diese Matrix gekommen ist.

18. Gegeben ist die reduzierte Zeilenstufenform eines linearen Gleichungssystems. Geben Sie die Lösungsmenge an.

a) $\left(\begin{array}{ccc|c} 1 & 0 & 0 & 3 \\ 0 & 1 & 0 & -2 \\ 0 & 0 & 1 & 4 \end{array}\right)$ b) $\left(\begin{array}{ccc|c} 1 & 0 & 1 & -2 \\ 0 & 1 & 2 & 1 \\ 0 & 0 & 0 & 0 \end{array}\right)$ c) $\left(\begin{array}{ccc|c} 1 & 0 & 1 & -2 \\ 0 & 1 & 0 & 1 \\ 0 & 0 & 0 & 3 \end{array}\right)$

Hinweis:
Ist in jeder Zeile einer ZSF die erste Zahl, die keine 0 ist, eine 1 und sind alle darüberliegenden Einträge 0, so spricht man von einer **reduzierten Zeilenstufenform.** Jede Matrix lässt sich in solch eine Form umwandeln.

19. Bringen Sie die Matrix in reduzierte Zeilenstufenform und lesen Sie die Lösung ab.

a) $\left(\begin{array}{ccc|c} 2 & 0 & 0 & 8 \\ 0 & -3 & 0 & 6 \\ 0 & 0 & 4 & -4 \end{array}\right)$ b) $\left(\begin{array}{ccc|c} 1 & 0 & -4 & 6 \\ 0 & 1 & 3 & 9 \\ 0 & 0 & 1 & 4 \end{array}\right)$ c) $\left(\begin{array}{cccc|c} 3 & -6 & 9 & 6 \\ 0 & 1 & 0 & 5 \\ 0 & 0 & 1 & 3 \end{array}\right)$

20. Mit einem CAS wurde ein lineares Gleichungssystem in die reduzierte Zeilenstufenform umgewandelt, sodass die Lösung ablesbar ist. Geben Sie die hierzu notwendigen Umformungen sowie die Zwischenschritte in Matrixform an. Geben Sie auch die Lösungsmenge des zugehörigen linearen Gleichungssystems an.

1.1 *Dok RAD

$$\text{rref}\left(\begin{bmatrix} 1 & 1 & 1 & 7 \\ 1 & 1 & 2 & 15 \\ 3 & 3 & 2 & 13 \end{bmatrix}\right) \qquad \begin{bmatrix} 1 & 1 & 0 & -1 \\ 0 & 0 & 1 & 8 \\ 0 & 0 & 0 & 0 \end{bmatrix}$$

21. Bringen Sie die Matrix in reduzierte Zeilenstufenform und lesen Sie die Lösungsmenge des zugehörigen linearen Gleichungssystems ab.

a) $\left(\begin{array}{ccc|c} 2 & 3 & 4 & 10 \\ 2 & -4 & -10 & -23 \\ 6 & 2 & -2 & -13 \end{array}\right)$ b) $\left(\begin{array}{ccc|c} 4 & 3 & -5 & 10 \\ 1 & 1 & -1 & 3 \\ 2 & 3 & -1 & 8 \end{array}\right)$ c) $\left(\begin{array}{ccc|c} \frac{2}{3} & \frac{1}{4} & -\frac{1}{5} & 11 \\ \frac{5}{6} & -\frac{3}{8} & \frac{1}{3} & 6 \\ \frac{7}{4} & \frac{5}{12} & -\frac{17}{15} & 14 \end{array}\right)$

CAS **22.** Bestimmen Sie mit einem CAS die Lösung des linearen Gleichungssystems.

a) $\left|\begin{array}{l} 193x - 89y + 157z = 789 \\ 59x + 114y + 217z = 438 \\ -75x + 317y + 277z = 87 \\ 13x + 904y + 632z = 386 \end{array}\right|$

b) $\left|\begin{array}{l} 311x_1 + 415x_2 + 116x_3 + 88x_4 = 1018 \\ 405x_1 + 617x_2 - 314x_3 + 71x_4 = 850 \\ 91x_1 - 219x_2 + 803x_3 - 105x_4 = 465 \\ 503x_1 - 419x_2 + 601x_3 + 77x_4 = 839 \end{array}\right|$

23. Auf einer Farm leben 135 Rinder, Hühner und Enten. Zusammen haben sie 420 Beine und 120 Flügel.

a) Stellen Sie ein lineares Gleichungssystem auf und bestimmen Sie die Lösungsmenge.
b) Bestimmen Sie die Anzahl der Rinder und Enten, wenn auf der Farm 22 Hühner leben.
c) Bestimmen Sie die Anzahl der Rinder, Hühner und Enten, wenn es 3-mal so viele Hühner wie Enten gibt.

Hinweis zu 24:
Ersetzen Sie die Symbole durch Variablen und überlegen Sie, wie damit mehrstellige Zahlen (wie z. B. ■◆) ausgedrückt werden können.

24. Ermitteln Sie, welches Symbol für welche Ziffer steht.

a)
| ■◆ + ◆● = 105 |
| ◆● − ■ = 25 |
| ■ + ◆ − ● = 8 |

b)
| ◆◆● − ■● + ■ = 65 |
| ●◆ − ●■ + ◆ = −3 |
| ■● + ●◆■ − ◆● = 755 |

25. Die Tabelle gibt den Nährstoffgehalt von fünf Speisen A, B, C, D und E an.

	A	B	C	D	E
Eiweiß	70%	20%	50%	30%	60%
Kohlenhydrate	30%	70%	30%	30%	30%
Fett	0%	10%	20%	40%	10%

a) Zeigen Sie, dass der Nährstoffgehalt von E nicht durch eine Mischung aus den Speisen B, C und D erreicht werden kann.

b) Zeigen Sie, dass eine Mischung aus den Speisen A, B, C und D den Nährstoffgehalt von E haben kann. Geben Sie alle möglichen Lösungen an und erklären Sie, welche Werte die frei wählbare Variable in diesem Kontext annehmen darf.

c) Geben Sie an, auf welche der Speisen A, B, C und D bei der Herstellung einer Speise mit dem Nährstoffgehalt von E verzichtet werden kann und welche unverzichtbar sind.

26. In der Tabelle ist für vier Düngemischungen A, B, C und D ihre prozentuale Zusammensetzung aus den Substanzen 1, 2, 3 und 4 angegeben.

	A	B	C	D
Substanz 1	20%	40%	30%	10%
Substanz 2	60%	0%	30%	10%
Substanz 3	0%	10%	5%	70%
Substanz 4	20%	50%	35%	10%

a) Eine Firma stellte eine neue Mischung $Z = \frac{1}{2}A + \frac{1}{4}B + \frac{1}{4}C$ her. Bestimmen Sie, wie sich Z prozentual aus den vier Substanzen zusammensetzt.

b) Prüfen Sie, ob Z sich auch mit einem geringeren Anteil von A erzeugen lässt, indem Sie alle Arten, Z aus A, B und C zu mischen, ermitteln.

c) Prüfen Sie, ob Z auch aus A, B und D hergestellt werden kann.

27. Der durchschnittliche Tagesbedarf eines Menschen an Vitamin E beträgt 4 mg. Die Tabelle enthält Angaben zum Vitamin-E- und Eiweißgehalt verschiedener Gemüsesorten.

	Spinat 	Rotkohl 	Paprika 	Pastinake 
Vitamin E (in mg/100g)	1,4	1,7	2,5	0,9
Eiweiß (in g/100g)	2,5	1,4	1,1	1,4

a) Untersuchen Sie, ob man den Tagesbedarf an Vitamin E mit einem 200-g-Smoothie, der aus allen vier Gemüsen besteht, exakt abdecken kann.

b) Isabel möchte mit einem 200-g-Smoothie aus Spinat, Rotkohl und Paprika ihren täglichen Vitamin-E-Bedarf exakt abdecken und dabei 2,97 g Eiweiß zu sich nehmen. Untersuchen Sie, ob diese Bedingungen erfüllbar sind.

Erinnerung:
Ist die Gleichung $\vec{v} = r \cdot \vec{a} + s \cdot \vec{b} + t \cdot \vec{c}$ erfüllt, so ist $\vec{v}$ eine Linearkombination von $\vec{a}$, $\vec{b}$ und $\vec{c}$.

28. Prüfen Sie, ob die Vektoren $\vec{v} = \begin{pmatrix} 5 \\ 1 \\ 1 \end{pmatrix}$ und $\vec{w} = \begin{pmatrix} 3 \\ 1 \\ -2 \end{pmatrix}$ in der Form $\vec{v} = r \cdot \vec{a} + s \cdot \vec{b} + t \cdot \vec{c}$ bzw. $\vec{w} = r \cdot \vec{a} + s \cdot \vec{b} + t \cdot \vec{c}$ mit r, s, t aus $\mathbb{R}$ dargestellt werden können.

a) $\vec{a} = \begin{pmatrix} 1 \\ -1 \\ 0 \end{pmatrix}, \vec{b} = \begin{pmatrix} -2 \\ 0 \\ 1 \end{pmatrix}, \vec{c} = \begin{pmatrix} -1 \\ 1 \\ 2 \end{pmatrix}$

b) $\vec{a} = \begin{pmatrix} 1 \\ -1 \\ 0 \end{pmatrix}, \vec{b} = \begin{pmatrix} -2 \\ 0 \\ 1 \end{pmatrix}, \vec{c} = \begin{pmatrix} 1 \\ 3 \\ -2 \end{pmatrix}$

29. Lösen Sie das Rätsel mithilfe eines linearen Gleichungssystems.
Großmutter, Mutter und Tochter sind zusammen 140 Jahre alt. Die Mutter ist um 28 Jahre älter als ihre Tochter, aber um 36 Jahre jünger als die Großmutter. Wie alt sind die drei?

30. Eine chemische Reaktionsgleichung ist eine Kurzschreibweise für eine chemische Reaktion.

a) Finden Sie möglichst kleine natürliche Zahlen für die Variablen x_1, x_2, x_3 und x_4.

① Verbrennung von Erdgas (Methan): $x_1\,CH_4 + x_2\,O_2 \rightarrow x_3\,H_2O + x_4\,CO_2$

② Verbrennung von Oktan (Benzinbestandteil): $x_1\,C_8H_{18} + x_2\,O_2 \rightarrow x_3\,CO_2 + x_4\,H_2O$

③ Reaktion von Schwefelsäure mit Aluminiumhydroxid:
$x_1\,H_2SO_4 + x_2\,Al(OH)_3 \rightarrow x_3\,H_2O + x_4\,Al_2(SO_4)_3$

④ Kupfer in konzentrierter Salpetersäure:
$x_1\,Cu + x_2\,HNO_3 \rightarrow x_3\,NO + x_1\,Cu(NO_3)_2 + x_4\,H_2O$

⑤ Herstellung kleiner Mengen von Chlor mit Salzsäure und Kaliumpermanganat:
$x_1\,HCl + x_2\,KMnO_4 \rightarrow x_3\,Cl_2 + x_2\,MnCl_2 + x_2\,KCl + x_4\,H_2O$

b) Begründen Sie, weshalb es sinnvoll ist, dass in der Lösung dieser linearen Gleichungssysteme immer eine Variable frei wählbar ist.

31. Lineare Gleichungssysteme mit Parametern:

a) Gegeben ist ein lineares Gleichungssystem in Matrixform. Untersuchen Sie die Lösbarkeit in Abhängigkeit von c.

$$\left(\begin{array}{ccc|c} 3 & 0 & 2c+3 & 5 \\ 1 & 1 & 2 & 2 \\ 1 & 0 & c+1 & 2 \end{array}\right)$$

b) Gegeben ist ein lineares Gleichungssystem in Matrixform. Zeigen Sie, dass es für c = 1 genau eine, für c = 0 keine und für c = 2 unendlich viele Lösungen hat.

$$\left(\begin{array}{ccc|c} 4 & 2c+4 & 2c-4 & 16 \\ 1 & 2 & 0 & 4 \\ 1 & c+1 & -1 & 6 \end{array}\right)$$

32. Bestimmen Sie eine ganzrationale Funktion dritten Grades, deren Graph die geforderten Eigenschaften hat. Skizzieren Sie den Verlauf des Graphen.

a) Der Graph verläuft durch den Punkt $P(1\,|\,3)$ und $x = 3$ ist Wendestelle von f. Die zugehörige Wendetangente hat die Gleichung $y = -\frac{3}{2}x + \frac{11}{2}$.

b) Der Graph besitzt den Hochpunkt $H(1\,|\,0{,}5)$ und den Wendepunkt $W(2\,|\,0)$.

c) Der Graph verläuft durch den Punkt $P(2\,|\,1)$, hat im Punkt $B(1\,|\,0)$ eine Tangente mit der Gleichung $y = \frac{1}{2}x - \frac{1}{2}$ und besitzt im Ursprung die Steigung $-1{,}5$

Hinweis zu 32–35:
Eine Wiederholung zur Rekonstruktion von Funktionstermen finden Sie ab Seite 161.

33. Der Graph einer ganzrationalen Funktion 3. Grades geht durch den Punkt $P(2\,|\,-3)$ und hat den Wendepunkt $W(4\,|\,y_w)$ mit der zugehörigen Wendetangente $t(x) = -3x + 11$. Bestimmen Sie eine passende Funktionsgleichung.

34. Gesucht sind alle ganzrationalen Funktionen vierten Grades, deren Graph auf der y-Achse einen Extrempunkt hat und die x-Achse im Punkt $(1\,|\,0)$ mit der Steigung 2 und im Punkt $(-1\,|\,0)$ mit der Steigung -2 schneidet.
Stellen Sie das lineare Gleichungssystem auf und lösen Sie es. Zeigen Sie dabei, dass es entgegen dem ersten Anschein unterbestimmt ist.

35. Ausblick: Um ein Dorf soll eine Straße gebaut werden. Die Straßenstücke s_1 und s_2 sind gegeben durch $s_1(x) = 7{,}4x - 7{,}4$ und $s_2(x) = -x + 5$. Von P nach Q sollen sie über eine Umgehungsstraße verbunden werden.

a) Ermitteln Sie eine ganzrationale Funktion f_1 dritten Grades, deren Graph in P und Q knickfrei an s_1 bzw. s_2 anschließt.

b) Zeigen Sie, dass in etwa auch der Graph von f_2 mit $f_2(x) = (x-1)e^{3-x}$ eine geeignete Trasse für die Umgehung liefert.

c) Ordnen Sie die Graphen in der Abbildung begründet den Funktionen f_1 und f_2 zu.

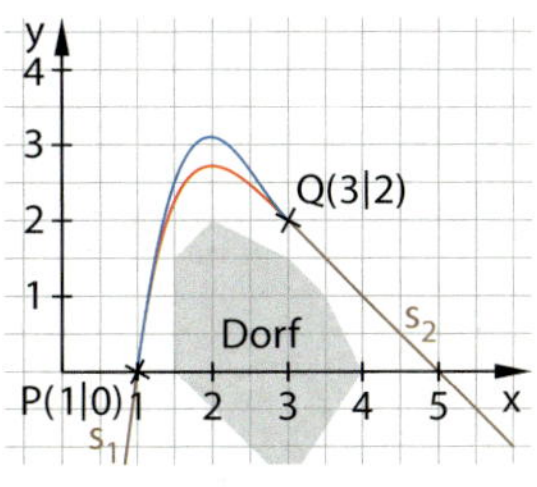

Erinnerung:
Die Graphen zweier Funktionen f und g gehen an einer Stelle x_0 knickfrei ineinander über, wenn $f(x_0) = g(x_0)$ und $f'(x_0) = g'(x_0)$ gilt.

2.2 Parametergleichung einer Geraden

■ Ein Flugzeug befindet sich beim Landeanflug zum Zeitpunkt t = 0 (Zeit in Minuten) über dem Punkt A(6 | 5). Von oben betrachtet bewegt es sich pro Minute um den Vektor $\vec{u} = \begin{pmatrix} -4 \\ -3 \end{pmatrix}$. Eine LE entspricht 2 km.
Berechnen Sie die Position des Flugzeugs für t = 1, t = 2, t = 0,5 und t = −1. Stellen Sie die Situation in einem Koordinatensystem dar. ■

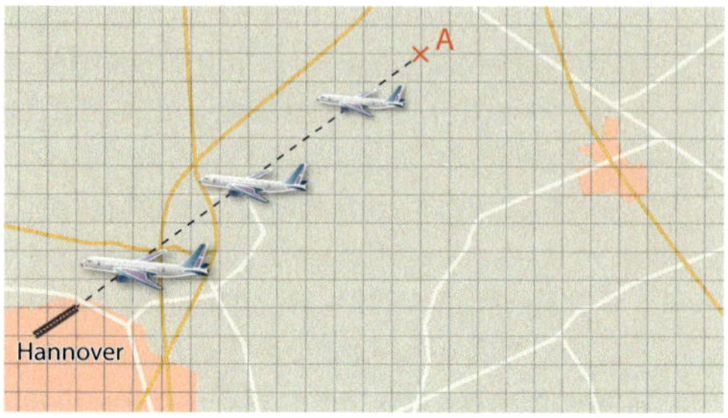

Erinnerung:
Bei der Geradengleichung y = mx + b ist mit (0 | b) ein Punkt der Geraden und durch den Steigungsfaktor m eine Richtung gegeben.

Eine Gerade ist durch einen Punkt und ihre Richtung festgelegt. Trägt man am Punkt A(1 | 2 | 3) Vielfache des Vektors $\vec{u} = \begin{pmatrix} 2 \\ 4 \\ 2 \end{pmatrix}$ ab, so erhält man alle Punkte $X(x_1 | x_2 | x_3)$ der Geraden g durch A, deren Richtung durch $\vec{u}$ festgelegt ist:

$$\begin{pmatrix} x_1 \\ x_2 \\ x_3 \end{pmatrix} = \begin{pmatrix} 1 \\ 2 \\ 3 \end{pmatrix} + r\begin{pmatrix} 2 \\ 4 \\ 2 \end{pmatrix}, r \in \mathbb{R}$$

Die Koordinaten der Geradenpunkte werden durch den Parameter r bestimmt.

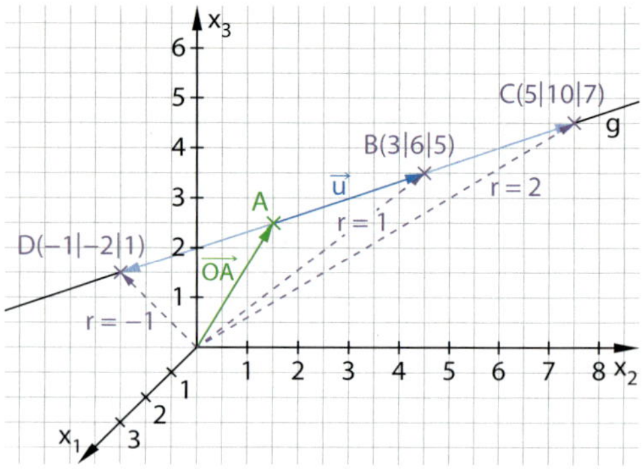

Merkhilfe:
Gehe vom Ursprung O aus zum Punkt A der Geraden und von dort aus weiter mit $r \cdot \vec{u}$ in Richtung der Geraden.

Wissen: Parametergleichung einer Geraden
Ist A ein Punkt einer Geraden g und ist $\vec{u}$ ein Vektor in Richtung der Geraden, dann lässt sich die Gerade beschreiben durch die **Parametergleichung**

$$\vec{x} = \vec{OA} + r \cdot \vec{u} \; (r \in \mathbb{R}).$$

Der **Stützvektor** $\vec{OA}$ ist der Ortsvektor des **Stützpunktes A.**
$\vec{u}$ ist ein **Richtungsvektor** der Geraden.
Für jeden Wert des **Parameters** r erhält man den Ortsvektor $\vec{x}$ des entsprechenden Punktes X der Geraden.

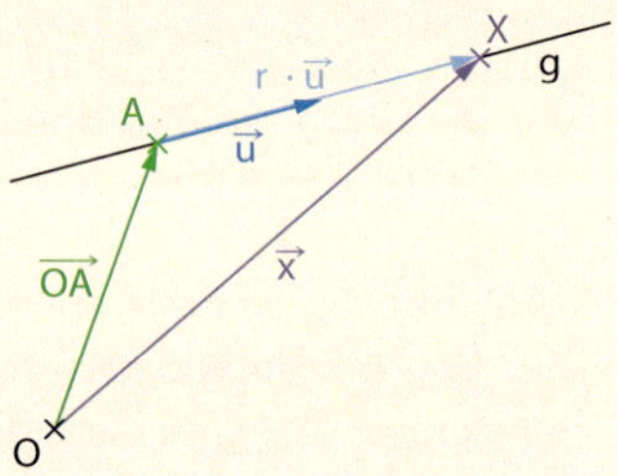

Die Parametergleichung einer Geraden ist nicht eindeutig bestimmt. Jeder Punkt der Geraden kann als Stützpunkt und jeder Vektor in Richtung der Geraden kann als Richtungsvektor gewählt werden.

Beispiel 1: Gerade durch zwei Punkte
Geben Sie eine Parametergleichung der Geraden an, die durch die Punkte B(1 | 1 | 3) und D(−1 | 5 | 1) verläuft.

Lösung:
Wählen Sie einen der beiden Punkte als Stützpunkt.

Stützvektor: $\vec{OB} = \begin{pmatrix} 1 \\ 1 \\ 3 \end{pmatrix}$

Als Richtungsvektor eignet sich der Vektor, der vom Stützpunkt B aus zum zweiten Geradenpunkt D verläuft.

Richtungsvektor: $\vec{BD} = \begin{pmatrix} -1-1 \\ 5-1 \\ 1-3 \end{pmatrix} = \begin{pmatrix} -2 \\ 4 \\ -2 \end{pmatrix}$

Das ergibt die Gleichung der Geraden.

Geradengleichung: $g_{BD}: \vec{x} = \begin{pmatrix} 1 \\ 1 \\ 3 \end{pmatrix} + r\begin{pmatrix} -2 \\ 4 \\ -2 \end{pmatrix}$

Hinweis:
In der Vektorrechnung wird die Gerade BD auch mit g_{BD} bezeichnet.

Beispiel 2: Punktprobe

Prüfen Sie, ob der Punkt auf der Geraden g: $\vec{x} = \begin{pmatrix} 2 \\ -1 \\ 4 \end{pmatrix} + r\begin{pmatrix} 1 \\ -2 \\ 1 \end{pmatrix}$ liegt.

a) B(1|1|3) b) C(4|−1|6)

Lösung:

a) B liegt auf g, wenn $\overrightarrow{OB}$ Ortsvektor eines Geradenpunktes ist: $\overrightarrow{OB} = \overrightarrow{OA} + r \cdot \vec{u}$

$$\begin{pmatrix} 1 \\ 1 \\ 3 \end{pmatrix} = \begin{pmatrix} 2 \\ -1 \\ 4 \end{pmatrix} + r\begin{pmatrix} 1 \\ -2 \\ 1 \end{pmatrix} = \begin{pmatrix} 2+r \\ -1-2r \\ 4+r \end{pmatrix}$$

Es ergibt sich ein lineares Gleichungssystem aus drei Gleichungen für r. In allen drei Gleichungen ergibt sich derselbe Wert r = −1.

$1 = 2 + r \quad \Leftrightarrow r = -1$
$1 = -1 - 2r \quad \Leftrightarrow r = -1$
$3 = 4 + r \quad \Leftrightarrow r = -1$

B liegt auf g.

b) Einsetzen von $\overrightarrow{OC}$ in die Geradengleichung ergibt ein Gleichungssystem mit drei Gleichungen für r. Lösen Sie die drei einzelnen Gleichungen. Es ergibt sich kein einheitlicher Wert für r; das LGS ist nicht lösbar.

$$\begin{pmatrix} 4 \\ -1 \\ 6 \end{pmatrix} = \begin{pmatrix} 2 \\ -1 \\ 4 \end{pmatrix} + r\begin{pmatrix} 1 \\ -2 \\ 1 \end{pmatrix} = \begin{pmatrix} 2+r \\ -1-2r \\ 4+r \end{pmatrix}$$

$4 = 2 + r \quad \Leftrightarrow r = 2$
$-1 = -1 - 2r \quad \Leftrightarrow r = 0$
$6 = 4 + r \quad \Leftrightarrow r = 2$

C liegt nicht auf g.

Basisaufgaben

1. Geben Sie die Koordinaten von vier Punkten an, die auf der Geraden g liegen.

a) g: $\vec{x} = \begin{pmatrix} -6 \\ -1 \end{pmatrix} + r\begin{pmatrix} 3 \\ -2 \end{pmatrix}$ b) g: $\vec{x} = \begin{pmatrix} 0 \\ 2 \\ -3 \end{pmatrix} + r\begin{pmatrix} 2 \\ -1 \\ 3 \end{pmatrix}$

2. Zeichnen Sie in ein Koordinatensystem diejenigen Punkte, die sich ergeben, wenn Sie in die Geradengleichung für r die Werte 0, 1, 2, 3, 4, 5 einsetzen.

a) g: $\vec{x} = \begin{pmatrix} -6 \\ -1 \end{pmatrix} + r\begin{pmatrix} 3 \\ 1 \end{pmatrix}$ b) g: $\vec{x} = \begin{pmatrix} 4 \\ -1 \\ 6 \end{pmatrix} + r\begin{pmatrix} -1 \\ 1 \\ -2 \end{pmatrix}$

3. Geben Sie zur Geraden g: $\vec{x} = \begin{pmatrix} -2 \\ 4 \\ 7 \end{pmatrix} + r\begin{pmatrix} 2 \\ -4 \\ -6 \end{pmatrix}$ eine weitere Parametergleichung mit einem anderen Stützvektor und einem anderen Richtungsvektor an.

4. Geben Sie eine Parametergleichung der Geraden an, die durch die Punkte A und B geht. Vergleichen Sie Ihre Gleichung mit der Ihres Nachbarn oder Ihrer Nachbarin.

a) A(3|−4|1) B(−6|8|−2) b) A(8|−1|1) B(−4|−3|5)
c) A(2|1|3) B(0|0|0) d) A(0|2|5) B(0|2|−1)

5. Prüfen Sie, ob die Punkte P und Q auf der Geraden g liegen.

a) P(−1|−8) Q(2|−2) g: $\vec{x} = \begin{pmatrix} 2 \\ -5 \end{pmatrix} + r\begin{pmatrix} 3 \\ 3 \end{pmatrix}$

b) P(8|3|6) Q(7|−1|−6) g: $\vec{x} = \begin{pmatrix} 7 \\ 2 \\ 3 \end{pmatrix} + s\begin{pmatrix} 0 \\ 1 \\ 3 \end{pmatrix}$

c) P(−3|10|5) Q(3|4|−1) g: $\vec{x} = \begin{pmatrix} 3 \\ 4 \\ -1 \end{pmatrix} + t\begin{pmatrix} -1 \\ 1 \\ 1 \end{pmatrix}$

d) P(1|6|2) Q(0|0|7) g: $\vec{x} = \begin{pmatrix} 0 \\ 2 \\ 3 \end{pmatrix} + r\begin{pmatrix} 0 \\ 3 \\ -6 \end{pmatrix}$

6. Die Gerade durch die Punkte A und B mit dem Stützpunkt A und dem Richtungsvektor $\overrightarrow{AB}$ hat die Gleichung $\vec{x} = \overrightarrow{OA} + r \cdot \overrightarrow{AB}$. Geben Sie an, für welche Werte des Parameters r man die Ortsvektoren der folgenden Punkte auf der Geraden erhält. Verdeutlichen Sie die Lage der Punkte durch eine Skizze.

a) Punkt A
b) Punkt B
c) Punkte zwischen A und B
d) Mittelpunkt von A und B
e) Punkte, die von A aus gesehen hinter B liegen
f) Punkte, die von B aus gesehen hinter A liegen

7. Darstellung einer Strecke: Eine Strecke $\overline{AB}$ lässt sich durch die Gleichung $\vec{x} = \overrightarrow{OA} + r \cdot \overrightarrow{AB}$ mit $0 \le r \le 1$ beschreiben.

a) Erläutern Sie die Parametergleichung der Strecke anhand einer Skizze. Geben Sie an, welcher Unterschied zu einer Parametergleichung der Geraden AB besteht.
b) Bestimmen Sie zu den Punkten $A(-5\,|\,-8\,|\,11)$ und $B(7\,|\,0\,|\,7)$ die Parametergleichung der Strecke $\overline{AB}$.
c) Bestimmen Sie die Koordinaten von drei Punkten der Strecke $\overrightarrow{AB}$ aus b).

8. Gegeben ist die Strecke $\overline{PQ}$ mit $P(-2\,|\,1\,|\,7)$ und $Q(1\,|\,-8\,|\,13)$.

a) Geben Sie eine Parametergleichung der Strecke an.
b) Überprüfen Sie, welche der Punkte $A(-5\,|\,10\,|\,1)$, $B(0\,|\,-5\,|\,11)$, $C(2\,|\,-11\,|\,15)$ und $D(-1\,|\,4\,|\,9)$ auf der Strecke liegen.

9. Die Punkte A, B, C, D und E aus der Abbildung bilden eine Pyramide.
Geben Sie eine Parameterform für die Gerade oder Strecke an.

a) Gerade g durch C und D
b) Gerade h durch A und C
c) Strecke $\overline{BC}$
d) Strecke $\overline{BE}$

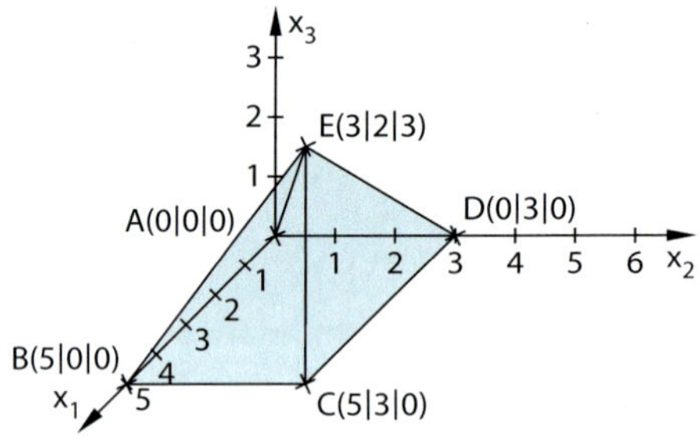

10. Ein Flugzeug befindet sich zum Zeitpunkt $t = 0$ im Punkt $A(10\,|\,-12\,|\,1{,}8)$ und zum Zeitpunkt $t = 1$ im Punkt $B(7\,|\,-7\,|\,1{,}9)$ (t in Minuten, Längeneinheit 2 km).

a) Geben Sie eine Gleichung der (in den ersten 20 Minuten geradlinigen) Flugbahn an.
b) Im Punkt $P(-11\,|\,23\,|\,2{,}5)$ schwebt ein Luftballon. Prüfen Sie, ob er sich in der Flugbahn befindet.

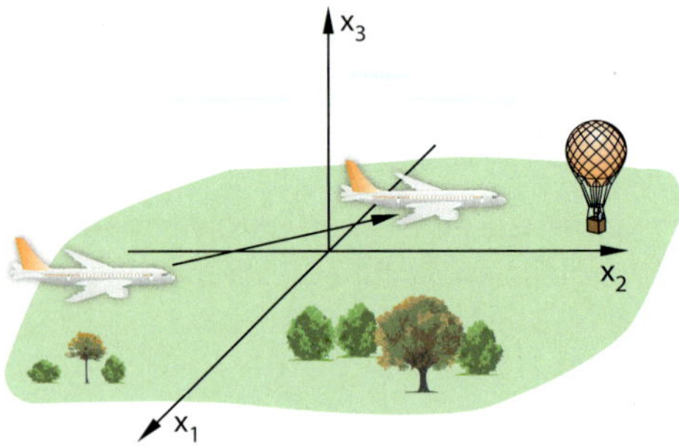

11. Die Punkte $A(-1\,|\,0\,|\,1)$, $B(3\,|\,8\,|\,-3)$ und $C(-5\,|\,6\,|\,5)$ bilden ein Dreieck.

a) Geben Sie Parameterformen zu den (blauen) Seitenhalbierenden des Dreiecks an.
b) Geben Sie Parametergleichungen zu den (roten) Mittelparallelen an.
c) Geben Sie einen inneren Punkt der Strecke $\overline{M_c M_a}$ an.

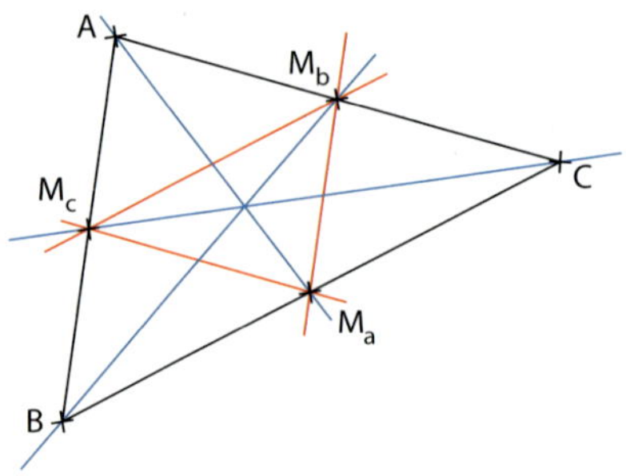

Lage von Geraden im Koordinatensystem – Spurpunkte

Die Schnittpunkte einer Geraden mit den Koordinatenebenen heißen **Spurpunkte.** Sie helfen oft, die Lage einer Geraden im dreidimensionalen Koordinatensystem zu verdeutlichen.

Beispiel 3:

a) Bestimmen Sie die Spurpunkte der Geraden g: $\vec{x} = \begin{pmatrix} -2 \\ -4 \\ 4 \end{pmatrix} + r\begin{pmatrix} 2 \\ 2 \\ -1 \end{pmatrix}$.

b) Zeichnen Sie die Gerade g mithilfe der Spurpunkte in ein Koordinatensystem.

Lösung:

a) Der Spurpunkt S_{12} ist der Schnittpunkt von g mit der x_1x_2-Ebene.
Es gilt: $x_3 = 0$, also $4 - r = 0 \Leftrightarrow r = 4$

$$\overrightarrow{OS_{12}} = \begin{pmatrix} -2 \\ -4 \\ 4 \end{pmatrix} + 4 \cdot \begin{pmatrix} 2 \\ 2 \\ -1 \end{pmatrix} = \begin{pmatrix} -2+8 \\ -4+8 \\ 4-4 \end{pmatrix} = \begin{pmatrix} 6 \\ 4 \\ 0 \end{pmatrix}$$

$S_{12}(6|4|0)$

S_{13}: $x_2 = 0$, also $-4 + 2r = 0 \Leftrightarrow r = 2$

$$\overrightarrow{OS_{13}} = \begin{pmatrix} -2 \\ -4 \\ 4 \end{pmatrix} + 2 \cdot \begin{pmatrix} 2 \\ 2 \\ -1 \end{pmatrix} = \begin{pmatrix} -2+4 \\ -4+4 \\ 4-2 \end{pmatrix} = \begin{pmatrix} 2 \\ 0 \\ 2 \end{pmatrix}$$

$S_{13}(2|0|2)$

S_{23}: $x_1 = 0$, also $-2 + 2r = 0 \Leftrightarrow r = 1$

$$\overrightarrow{OS_{23}} = \begin{pmatrix} -2 \\ -4 \\ 4 \end{pmatrix} + 1 \cdot \begin{pmatrix} 2 \\ 2 \\ -1 \end{pmatrix} = \begin{pmatrix} -2+2 \\ -4+2 \\ 4-1 \end{pmatrix} = \begin{pmatrix} 0 \\ -2 \\ 3 \end{pmatrix}$$

$S_{23}(0|-2|3)$

b)

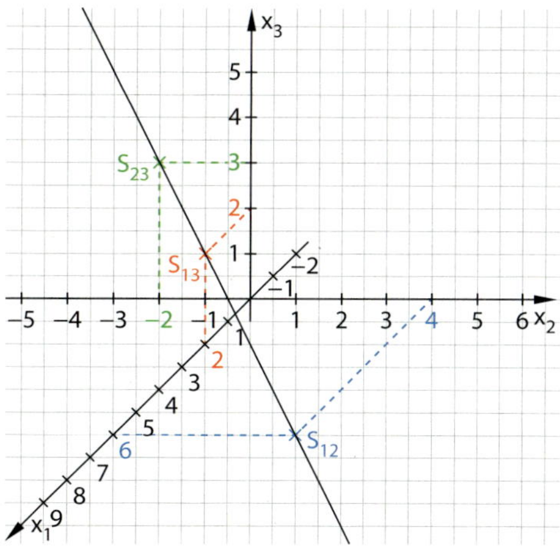

Erinnerung:
Die x_1x_2-Ebene ist eine Koordinatenebene. Sie besteht aus allen Punkten, deren x_3-Koordinate gleich 0 ist.

Hinweis:
Nicht jede Gerade hat drei Spurpunkte. Solche Fälle werden in Aufgabe 19 behandelt.

Basisaufgaben

12. Die Zeichnung zeigt die Gerade g und ihre Spurpunkte S_{12}, S_{13} und S_{23}.

a) Lesen Sie die Koordinaten der Spurpunkte ab.

b) Stellen Sie mithilfe der Spurpunkte S_{12} und S_{13} eine Parametergleichung von g auf.

c) Berechnen Sie mithilfe der Gleichung aus b) die Koordinaten des Spurpunktes S_{23}.

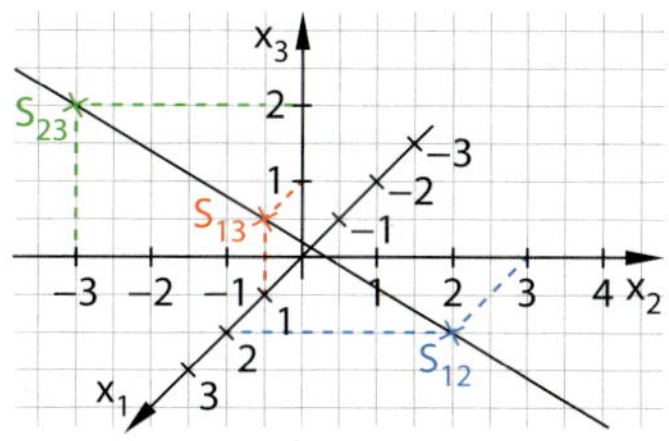

13. Bestimmen Sie die Spurpunkte der Geraden und skizzieren Sie die Gerade.

a) g: $\vec{x} = \begin{pmatrix} 2 \\ 1 \\ 2 \end{pmatrix} + r\begin{pmatrix} -1 \\ -1 \\ 2 \end{pmatrix}$ b) g: $\vec{x} = \begin{pmatrix} -4 \\ 3 \\ -3 \end{pmatrix} + r\begin{pmatrix} -2 \\ 1 \\ -2 \end{pmatrix}$ c) g: $\vec{x} = \begin{pmatrix} 1 \\ 2 \\ 2 \end{pmatrix} + r\begin{pmatrix} 2 \\ -4 \\ -2 \end{pmatrix}$

d) h verläuft durch $A(2|8|9)$ und $B(-1|2|4{,}5)$.

e) k verläuft parallel zu h durch $P(3|6|6)$.

14. Schattenwurf: Im Punkt $P(-2|2{,}5|0)$ der x_1x_2-Ebene steht ein Stab mit der Spitze $S(-2|2{,}5|3)$. Die Sonnenstrahlen fallen in Richtung $\vec{v} = \begin{pmatrix} 2 \\ -0{,}5 \\ -1 \end{pmatrix}$ ein.
Berechnen Sie den Schattenpunkt S' von S in der x_1x_2-Ebene. Skizzieren Sie den Stab und seinen Schatten in einem Koordinatensystem.

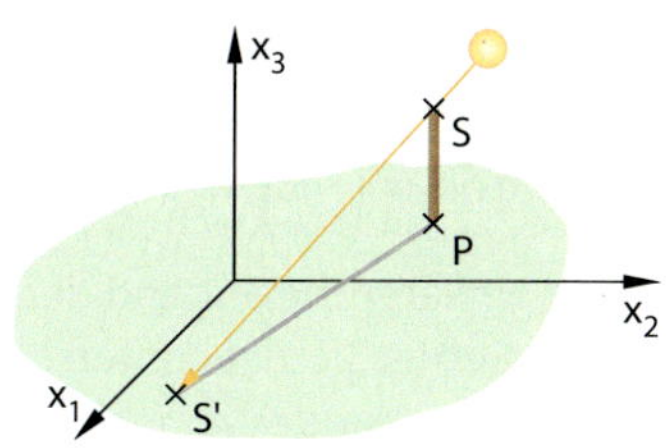

Weiterführende Aufgaben

Hinweis zu 15:
Stellen Sie eine Gleichung auf für die Gerade durch zwei der angegebenen Punkte. Prüfen Sie, ob der dritte Punkt auf dieser Geraden liegt.

15. Prüfen Sie, ob die drei Punkte auf einer Geraden liegen.
a) $A(-2|1|7), B(-3|5|5), C(1|-11|13)$ b) $A(14|0|2), B(-2|3|8), C(-10|1{,}5|11)$

16. Stolperstelle: Mia und Moritz untersuchen die Gerade $g: \vec{x} = \begin{pmatrix} 0 \\ 2 \\ 0 \end{pmatrix} + r\begin{pmatrix} 0 \\ 1 \\ -2 \end{pmatrix}$.

Mia verdoppelt den Richtungsvektor und behauptet, dass die Gleichung $\vec{x} = \begin{pmatrix} 0 \\ 2 \\ 0 \end{pmatrix} + r\begin{pmatrix} 0 \\ 2 \\ -4 \end{pmatrix}$ ebenfalls die Gerade g beschreibt.

Moritz verdoppelt den Stützvektor und meint, dass auch die Gleichung $\vec{x} = \begin{pmatrix} 0 \\ 4 \\ 0 \end{pmatrix} + r\begin{pmatrix} 0 \\ 1 \\ -2 \end{pmatrix}$ zur Geraden g gehört.
Überprüfen Sie die beiden Aussagen. Begründen Sie sie oder widerlegen Sie sie mit einem Gegenbeispiel.

Hinweis:
Haben eine Gerade und eine Koordinatenebene keine gemeinsamen Punkte, so verläuft die Gerade (echt) parallel zu dieser Ebene.

17. Beschreiben Sie die besondere Lage der Geraden im Koordinatensystem.
a) $g: \vec{x} = \begin{pmatrix} -2 \\ 0 \\ 0 \end{pmatrix} + r\begin{pmatrix} 0 \\ 2 \\ 2 \end{pmatrix}$ b) $g: \vec{x} = \begin{pmatrix} 0 \\ 0 \\ 3 \end{pmatrix} + r\begin{pmatrix} 0 \\ 1 \\ 0 \end{pmatrix}$
c) $g: \vec{x} = \begin{pmatrix} 2 \\ 2 \\ 2 \end{pmatrix} + r\begin{pmatrix} 1 \\ 1 \\ 1 \end{pmatrix}$ d) $g: \vec{x} = r\begin{pmatrix} 0 \\ 0 \\ 1 \end{pmatrix}$
e) $g: \vec{x} = r\begin{pmatrix} 5 \\ 0 \\ -3 \end{pmatrix}$ f) $g: \vec{x} = \begin{pmatrix} 0 \\ 2 \\ 0 \end{pmatrix} + r\begin{pmatrix} 0 \\ -3 \\ 5 \end{pmatrix}$

Hinweis:
Zwei Geraden sind parallel zueinander, wenn ihre Richtungsvektoren parallel verlaufen (kollinear sind).

18. Geben Sie eine Parametergleichung für die Gerade mit den angegebenen Eigenschaften an.
a) g verläuft durch $A(2|-2|3)$ und ist parallel zur x_1-Achse.
b) h verläuft durch den Ursprung und hat den Richtungsvektor $\vec{v} = \begin{pmatrix} 2 \\ 5 \\ 3 \end{pmatrix}$.
c) k verläuft durch $B(-2|7|-1)$ und ist parallel zu h.
d) l ist die x_2-Achse.
e) m liegt in der x_1x_2-Ebene und in der x_1x_3-Ebene.
f) n schneidet die x_3-Achse an der Stelle $x_3 = -2$, liegt in der x_2x_3-Ebene und verläuft parallel zur x_1x_2-Ebene.
g) p verläuft parallel zur x_3-Achse und liegt nicht in der x_2x_3-Ebene.

19. Sonderfälle für Spurpunkte:
a) Lesen Sie die Koordinaten der Spurpunkte S_{12} und S_{13} der Geraden h ab und geben Sie eine Parametergleichung für h an.
b) Beschreiben Sie die besondere Lage der Geraden h im Koordinatensystem und geben Sie an, weshalb h nur zwei Spurpunkte hat.
c) Berechnen Sie die Spurpunkte der Geraden g_1 bis g_4.

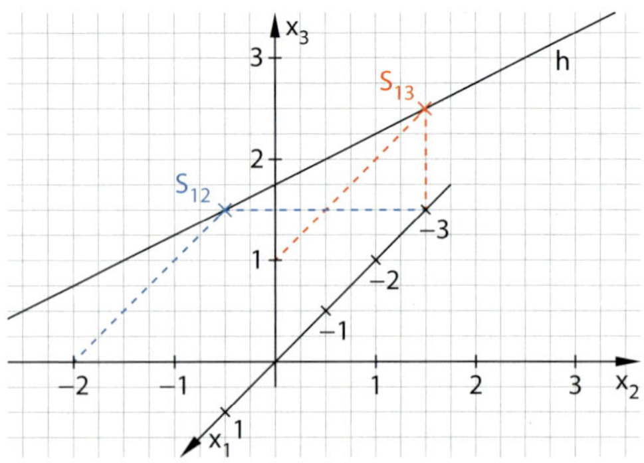

$g_1: \vec{x} = \begin{pmatrix} 2 \\ -4 \\ 6 \end{pmatrix} + r\begin{pmatrix} -1 \\ 2 \\ -3 \end{pmatrix}$ $g_2: \vec{x} = \begin{pmatrix} 6 \\ -8 \\ -1 \end{pmatrix} + r\begin{pmatrix} -3 \\ 8 \\ 1 \end{pmatrix}$ $g_3: \vec{x} = \begin{pmatrix} 4 \\ 6 \\ 4 \end{pmatrix} + r\begin{pmatrix} 0 \\ 3 \\ 2 \end{pmatrix}$ $g_4: \vec{x} = \begin{pmatrix} 2 \\ 1 \\ 0 \end{pmatrix} + r\begin{pmatrix} 0 \\ 0 \\ 1 \end{pmatrix}$

d) Erklären Sie anhand der Ergebnisse aus c) die besondere Lage von g_1 bis g_4.
e) Geben Sie zwei unterschiedliche Möglichkeiten dafür an, dass eine Gerade genau zwei voneinander verschiedene Spurpunkte hat.

20. Die Grundfläche der abgebildeten Pyramide ist ein Parallelogramm. Die Punkte B, S und M haben die Koordinaten B(0 | 8 | 0), S(−2 | 3 | 6) und M(−3 | 4,5 | 3). Der Punkt M ist der Mittelpunkt der Kante $\overline{CS}$.

a) Geben Sie Parametergleichungen für die Geraden g_{SB}, g_{SC} und g_{CB} an.

b) Es sei A(0 | 0 | 0). Zeigen Sie, dass F(−2 | 3 | 0) auf der Geraden g_{BD} und senkrecht unterhalb von S liegt.

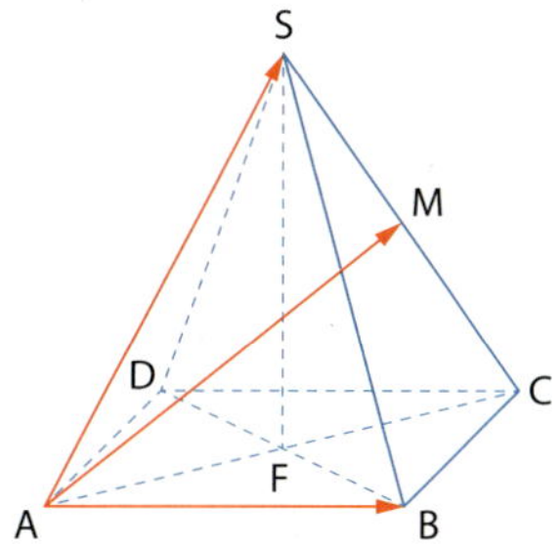

21. Die Punkte A(2 | −1 | 0), B(2 | 5 | −1) und C(−2 | 3 | 1) bilden die Grundseite einer dreiseitigen Pyramide mit Spitze T(0 | 1 | 6).

a) Zeichnen Sie die Pyramide in ein Koordinatensystem und zeigen Sie, dass der Ursprung (entgegen dem Anschein) nicht auf g_{AC} liegt. Geben Sie die Gleichung einer Ursprungsgeraden an, welche in der Zeichnung mit g_{AC} zusammenfällt.

b) Geben Sie eine Gleichung von g_{AB} sowie die Koordinaten zweier von A und B verschiedener Punkte auf g_{AB} an.

c) Zeigen Sie, dass $P\left(2 \middle| 2 \middle| -\frac{1}{2}\right)$ auf g_{AB} liegt. Geben Sie an, welcher besondere Punkt auf g_{AB} P ist.

d) Die Seitenhalbierende g_c des Grunddreiecks ABC verläuft durch C und durch den Mittelpunkt M der Strecke $\overline{AB}$. Auf dieser Seitenhalbierenden liegt der Schwerpunkt S des Dreiecks ABC, und zwar so, dass gilt: $\overrightarrow{CS} = \frac{2}{3}\overrightarrow{CM}$. Geben Sie die Koordinaten von S an und prüfen Sie, ob T, S und Q(2 | 5 | −12) auf einer Geraden liegen.

22. An der Zwischenwand wurden mehrere Punkte markiert. Die Wand soll so durchbohrt werden, dass der Punkt Z vom Punkt T aus zu sehen ist. Alle Angaben sind in Meter.

a) Geben Sie an, welcher der markierten Punkte A bis D als Bohrstelle gewählt werden sollte.

b) Lösen Sie Teil a) mithilfe der Strahlensätze. Recherchieren Sie diese im Internet oder schlagen Sie in einer Formelsammlung nach.

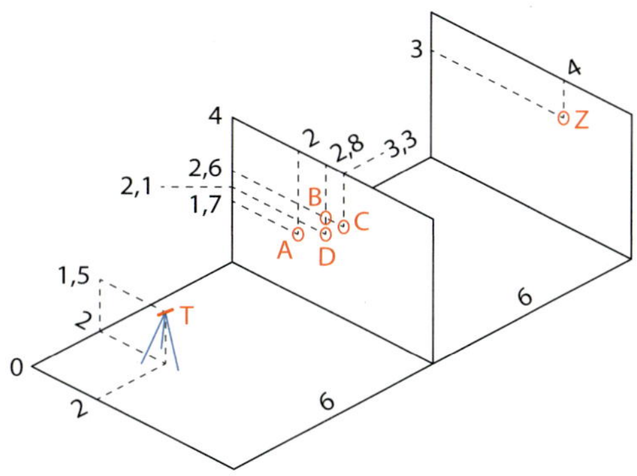

23. Ein quaderförmiger Bungalow wird von der Sonne im Punkt S(−1 | −2 | 4) beschienen und wirft einen Schatten auf den Boden (x_1x_2-Ebene).

a) Berechnen Sie die Koordinaten der Schattenpunkte von F, G und H.

b) Zeichnen Sie den Bungalow und seinen vollständigen Schatten in ein Koordinatensystem.

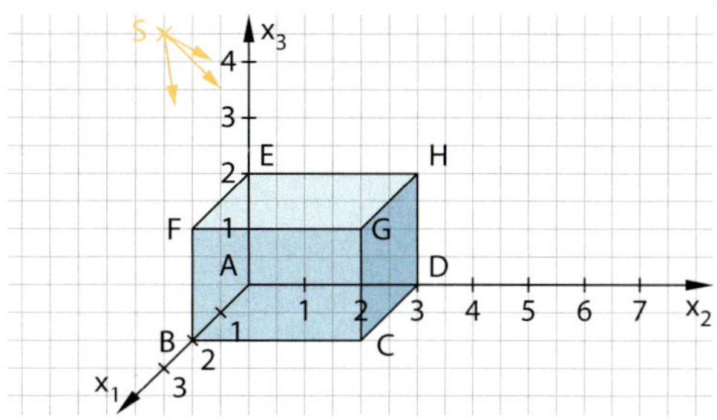

24. Die Punkte A(−7 | 3 | −8), B(−3 | 5 | 2) und C(−1 | 6 | 7) liegen auf einer Geraden.

a) Bestimmen Sie, welcher der drei Punkte zwischen den beiden anderen liegt. Begründen Sie Ihr Vorgehen.

b) Stina sagt: *„Ich kann das ohne Rechnung. Ich schaue mir nur die erste Koordinate an."* Erläutern Sie, was Stina meint.

25. Zwei Jollensegler streben dem Hafen zu, an dem noch eine Anlegestelle im Punkt H(400 | −150) frei ist. Einer der Segler befindet sich im Punkt A_0 (−50 | 75). Sein Kurs wird durch $\begin{pmatrix} 100 \\ -50 \end{pmatrix}$ gegeben (zurückgelegter Weg in Meter nach einer Minute). Der zweite Segler befindet sich in B_0(−200 | −350). Zwei Minuten später befindet er sich im Punkt B_2(−50 | −300).

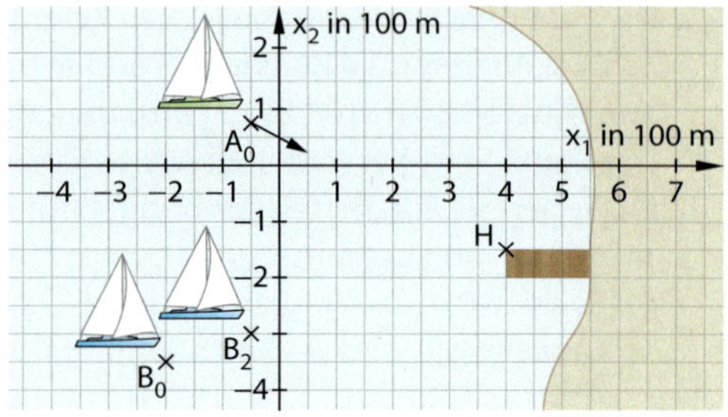

a) Zeigen Sie, dass sich beide Segler auf richtigem Kurs zum Anlegepunkt H befinden.

b) Prüfen Sie, welcher Segler den Anlegeplatz als erster erreicht.

26. Kurz nach dem Start geht ein Flugzeug im Punkt P(1,5 | 9 | 0,5) in eine geradlinige Flugbahn über, wobei sein in einer Minute zurückgelegter Weg dem Vektor $\vec{v} = \begin{pmatrix} -1 \\ 5 \\ 0{,}2 \end{pmatrix}$ entspricht.

Eine Längeneinheit beträgt 1 km, x_3 gibt die Flughöhe über dem flachen Erdboden an.

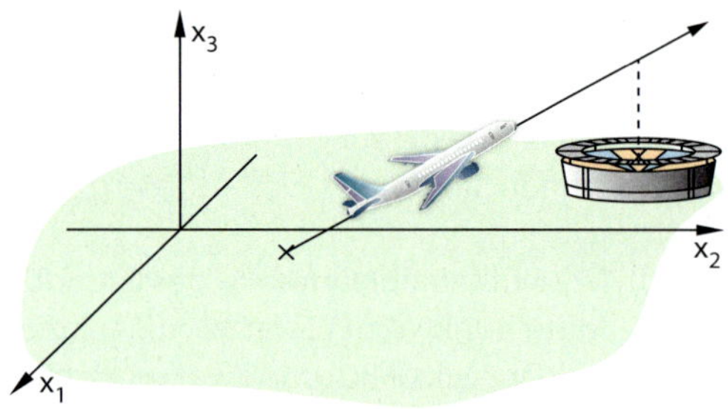

a) Nach 4 Minuten erreicht das Flugzeug den Rand einer nahegelegenen Großstadt. Berechnen Sie seine Flughöhe zu diesem Zeitpunkt.

b) Bei einer Flughöhe von 2500 m ändert der Pilot die Flugrichtung. Berechnen Sie die Koordinaten des Punktes, in dem sich das Flugzeug zu diesem Zeitpunkt befindet. Geben Sie an, welche Zeit vergangen ist, seit sich das Flugzeug im Punkt P befand.

c) Der Punkt A(−4,5 | 39 | 0,1) entspricht dem Anstoßpunkt eines Fußballstadions. Ermitteln Sie, in welcher Höhe das Flugzeug dieses Stadion überfliegt.

● **27.** Es ist Flugschau auf dem Sportflugplatz. Ein Fesselballon wird im Punkt B(280 | 600 | 0) losgelassen (1 LE = 1 m). Der Ballon steigt genau senkrecht hoch, es ist windstill. Er steigt pro Sekunde um 5 m. Zur gleichen Zeit befindet sich ein Flugzeug im Punkt F(0 | −1350 | 650). Es fliegt mit einer Geschwindigkeit von 40 m/s parallel zur x_2-Achse in positive x_2-Richtung. Der Sicherheitsabstand zwischen Ballon und Flugzeug sollte jederzeit 500 m betragen.

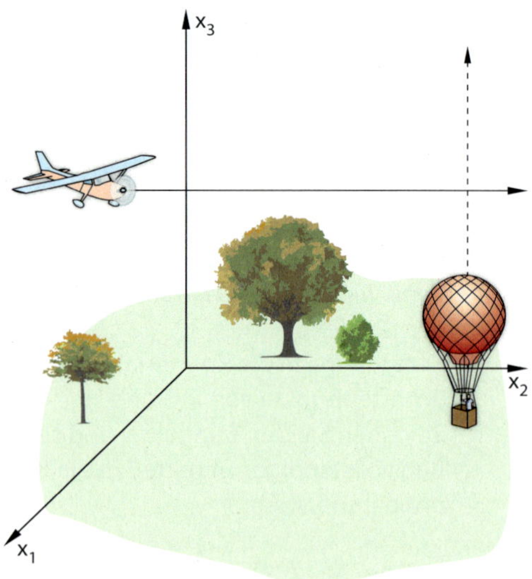

a) Zeigen Sie, dass für jeden Zeitpunkt t (in s) der Abstand beider Flugobjekte gegeben ist durch $\overrightarrow{FB_t} = \begin{pmatrix} 280 \\ 1950 - 40t \\ -650 + 5t \end{pmatrix}$.

b) Ermitteln Sie den minimalen Abstand der beiden Flugobjekte. Entscheiden Sie, ob der Pilot reagieren muss.

c) Bestimmen Sie den Zeitpunkt, in dem der Sicherheitsabstand zwischen Flugzeug und Ballon zum ersten Mal unterschritten wird.

28. Der rote Quader wurde in ein Koordinatensystem gezeichnet, um ein zentralperspektivisches Bild von ihm zu erhalten. Die x_2x_3-Ebene ist die Bildfläche.
Der Quader soll so gezeichnet werden, wie er vom Punkt Z aus gesehen auf dieser Bildfläche erscheint.
Für den Eckpunkt A des Quaders ist sein Bildpunkt A′ gleich dem Spurpunkt der Geraden ZA in der x_2x_3-Ebene.

a) Ermitteln Sie die Bildpunkte aller sichtbaren Quaderecken.

b) Zeichnen Sie mithilfe eines zweidimensionalen Achsenkreuzes ein perspektivisches Bild des Quaders.

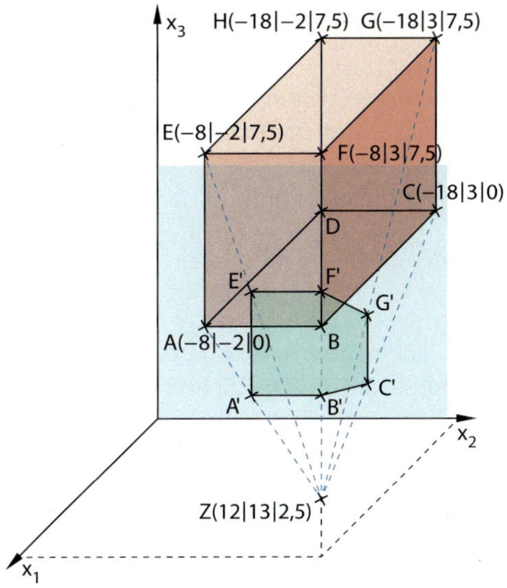

29. Geraden im ebenen Koordinatensystem werden auch durch Gleichungen der Form $y = mx + b$ charakterisiert. Werden die Achsen mit x_1- bzw. x_2-Achse bezeichnet, so wird daraus $x_2 = mx_1 + b$.

a) Skizzieren Sie in ein Koordinatensystem die Gerade g: $x_2 = 2x_1 - 3$. Erklären Sie an diesem Beispiel die Bedeutung von m und b.

b) Gewinnen Sie aus m und b einen Richtungs- und einen Stützvektor und schreiben Sie eine Parametergleichung von g auf.

c) Stellen Sie zu den Geraden h: $x_2 = -\frac{1}{2}x_1 + 1$, j: $x_2 = -x_1$ sowie k: $x_2 = 4$ Parametergleichungen auf. Überprüfen Sie Ihre Ergebnisse durch eine Skizze im Koordinatensystem.

● **30.** Gibt es auch für eine Gerade im Raum eine Koordinatengleichung? Wenn ja, dann müsste sie in etwa aussehen wie $x_3 = 2x_1 + \frac{1}{2}x_2 - 1$. Mit einer solchen Gleichung wird jedem Zahlenpaar $(x_1 | x_2)$ ein x_3-Wert zugeordnet. Begründen Sie, weshalb durch diese Gleichung keine Gerade beschrieben wird.

● **31.** Untersucht wird die Gerade g: $\vec{x} = \begin{pmatrix} 2 \\ 4 \\ 2 \end{pmatrix} + r\begin{pmatrix} 1 \\ 1 \\ -1 \end{pmatrix}$.

a) Bestimmen Sie die Spurpunkte von g.

b) Die Gerade h entsteht, indem man die Gerade g an der x_1x_2-Ebene spiegelt. Stellen Sie eine Parametergleichung von h auf.

Hinweis zu 31b:
Beim Spiegeln einer Geraden an einer Ebene wird jeder Punkt der Geraden an der Ebene gespiegelt.

● **32. Ausblick:** Die Lösung des linearen Gleichungssystems enthält eine frei wählbare Variable

$$\begin{aligned} x + y + z &= 7 \\ 3x + y + 7z &= 11 \\ 2x + y + 4z &= 9 \end{aligned}$$

a) Bestimmen Sie die Lösungsmenge des Gleichungssystems.

b) Geben Sie vier verschiedene Lösungen des LGS an. Diese kann man als Koordinaten von Punkten im Raum auffassen.
Zeichnen Sie diese vier Punkte in ein Koordinatensystem. Was beobachten Sie?

c) Schreiben Sie die Lösungsmenge des linearen Gleichungssystems in Form einer Parametergleichung einer Geraden g.

d) Zeigen Sie, dass auch alle Punkte der Geraden h: $\vec{x} = \begin{pmatrix} -1 \\ 7 \\ 1 \end{pmatrix} + r\begin{pmatrix} 6 \\ -4 \\ -2 \end{pmatrix}$ Lösung sind.

e) Mia meint: *„Die Geraden g und h sind gleich."* Nehmen Sie dazu Stellung.

2.3 Lagebeziehungen zwischen Geraden

■ Beschreiben Sie mithilfe zweier Stifte, wie zwei Geraden im Raum zueinander liegen können.
Welcher dieser Fälle kommt bei zwei Geraden in einer Ebene nicht vor? ■

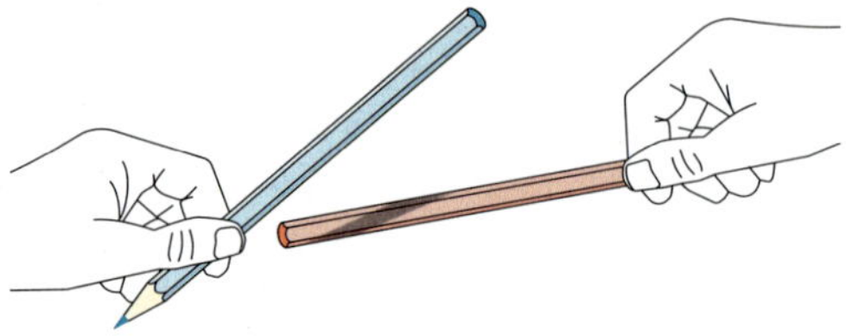

Zwei Geraden im Raum haben zueinander eine von vier möglichen Lagebeziehungen:
Sie können genau einen **Schnittpunkt** haben. Nicht-parallele Geraden ohne gemeinsamen Punkt heißen **windschief** zueinander. Parallele Geraden nennt man **echt parallel**, wenn sie keinen gemeinsamen Punkt haben, anderenfalls sind sie **identisch**.

g und h schneiden sich.

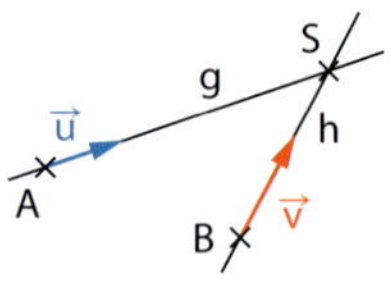

$\vec{u}$ und $\vec{v}$ nicht kollinear; ein gemeinsamer Punkt S

g und h sind windschief.

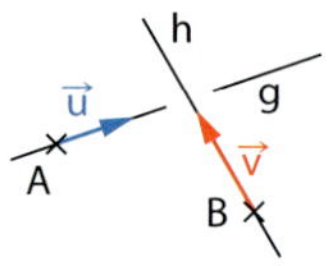

$\vec{u}$ und $\vec{v}$ nicht kollinear; kein gemeinsamer Punkt

g und h sind echt parallel zueinander.

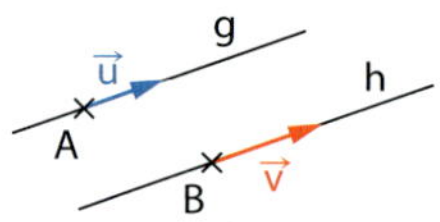

$\vec{u}$ und $\vec{v}$ kollinear; kein gemeinsamer Punkt

g und h sind identisch.

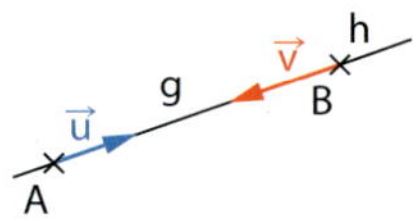

$\vec{u}$ und $\vec{v}$ kollinear; alle Punkte gemeinsam

Ein möglicher gemeinsamer Punkt muss beide Geradengleichungen erfüllen. Daraus ergibt sich ein lineares Gleichungssystem. Die Lagebeziehung der Geraden ergibt sich aus der Art der Lösungsmenge.

Beispiel 1: Schnittpunkt

Zeigen Sie, dass sich die Geraden g und h schneiden. Berechnen Sie die Koordinaten des Schnittpunktes. $g\colon \vec{x} = \begin{pmatrix} 1 \\ 2 \\ -1 \end{pmatrix} + r\begin{pmatrix} 2 \\ -1 \\ 3 \end{pmatrix}$ $\qquad h\colon \vec{x} = \begin{pmatrix} 3 \\ 6 \\ 6 \end{pmatrix} + s\begin{pmatrix} -2 \\ 6 \\ 1 \end{pmatrix}$

Lösung:

Durch Gleichsetzen der Geradengleichungen erhalten Sie die Schnittbedingung.

Geradengleichungen gleichsetzen:

$$\begin{pmatrix} 1 \\ 2 \\ -1 \end{pmatrix} + r\begin{pmatrix} 2 \\ -1 \\ 3 \end{pmatrix} = \begin{pmatrix} 3 \\ 6 \\ 6 \end{pmatrix} + s\begin{pmatrix} -2 \\ 6 \\ 1 \end{pmatrix}$$

Die Schnittbedingung entspricht einem linearen Gleichungssystem mit drei Gleichungen und zwei Variablen. Stellen Sie das LGS um und bringen Sie es auf Zeilenstufenform.

$$\left|\begin{matrix} 1 + 2r = 3 - 2s \\ 2 - r = 6 + 6s \\ -1 + 3r = 6 + s \end{matrix}\right| \xrightarrow{\text{umstellen}} \left|\begin{matrix} 2r + 2s = 2 \\ -r - 6s = 4 \\ 3r - s = 7 \end{matrix}\right|$$

$$\left(\begin{array}{rr|r} 2 & 2 & 2 \\ -1 & -6 & 4 \\ 3 & -1 & 7 \end{array}\right) \xrightarrow{\text{ZSF}} \left(\begin{array}{rr|r} 1 & 1 & 1 \\ 0 & -1 & 1 \\ 0 & 0 & 0 \end{array}\right) \qquad r = 2;\ s = -1$$

Das LGS ist eindeutig lösbar, also schneiden sich die Geraden.

Setzen Sie r = 2 in die Gleichung von g ein (oder s = −1 in die Gleichung von h) und berechnen Sie so die Koordinaten des Schnittpunktes S.

Schnittpunkt berechnen:

$$\overrightarrow{OS} = \begin{pmatrix} 1 \\ 2 \\ -1 \end{pmatrix} + 2 \cdot \begin{pmatrix} 2 \\ -1 \\ 3 \end{pmatrix} = \begin{pmatrix} 5 \\ 0 \\ 5 \end{pmatrix}$$

Schnittpunkt: S(5 | 0 | 5)

Beispiel 2: Lagebeziehung

Ermitteln Sie die gegenseitige Lage der Geraden $g\colon \vec{x} = \begin{pmatrix} 1 \\ 2 \\ -1 \end{pmatrix} + r\begin{pmatrix} 2 \\ -1 \\ 3 \end{pmatrix}$ und h.

a) $h\colon \vec{x} = \begin{pmatrix} 3 \\ 6 \\ 6 \end{pmatrix} + s\begin{pmatrix} -4 \\ 2 \\ -6 \end{pmatrix}$ b) $h\colon \vec{x} = \begin{pmatrix} 3 \\ 6 \\ 6 \end{pmatrix} + s\begin{pmatrix} 1 \\ -3 \\ 0 \end{pmatrix}$ c) $h\colon \vec{x} = \begin{pmatrix} -1 \\ 3 \\ -4 \end{pmatrix} + s\begin{pmatrix} 1 \\ -0{,}5 \\ 1{,}5 \end{pmatrix}$

Lösung:

a) Setzen Sie die beiden Geradengleichungen gleich.
Formen Sie die Gleichung in ein LGS um und bringen Sie es auf Zeilenstufenform. Die zweite Zeile ist eine Widerspruchszeile, also hat das LGS keine Lösung.

$$\begin{pmatrix} 1 \\ 2 \\ -1 \end{pmatrix} + r\begin{pmatrix} 2 \\ -1 \\ 3 \end{pmatrix} = \begin{pmatrix} 3 \\ 6 \\ 6 \end{pmatrix} + s\begin{pmatrix} -4 \\ 2 \\ -6 \end{pmatrix}$$

$$\left(\begin{array}{cc|c} 2 & 4 & 2 \\ -1 & -2 & 4 \\ 3 & 6 & 7 \end{array}\right) \xrightarrow{\text{ZSF}} \left(\begin{array}{cc|c} 2 & 4 & 2 \\ 0 & 0 & 5 \\ 0 & 0 & 0 \end{array}\right)$$

keine Lösung, also kein gemeinsamer Punkt

Die Geraden sind windschief oder echt parallel. Überprüfen Sie, ob die Richtungsvektoren kollinear sind.
Hier ist das der Fall, also sind die Geraden echt parallel zueinander.

$\begin{pmatrix} -4 \\ 2 \\ -6 \end{pmatrix} = -2 \cdot \begin{pmatrix} 2 \\ -1 \\ 3 \end{pmatrix}$, also Vielfache

g ist echt parallel zu h.

b) Die Schnittbedingung führt zu einem Gleichungssystem, dessen Matrix in Stufenform umgewandelt wird.
Die letzte Zeile ist eine Widerspruchszeile, also hat das LGS keine Lösung.

$$\begin{pmatrix} 1 \\ 2 \\ -1 \end{pmatrix} + r\begin{pmatrix} 2 \\ -1 \\ 3 \end{pmatrix} = \begin{pmatrix} 3 \\ 6 \\ 6 \end{pmatrix} + s\begin{pmatrix} 1 \\ -3 \\ 0 \end{pmatrix}$$

$$\left(\begin{array}{cc|c} 2 & -1 & 2 \\ -1 & 3 & 4 \\ 3 & 0 & 7 \end{array}\right) \xrightarrow{\text{ZSF}} \left(\begin{array}{cc|c} 2 & -1 & 2 \\ 0 & 1 & 2 \\ 0 & 0 & \frac{1}{3} \end{array}\right)$$

keine Lösung, also kein gemeinsamer Punkt

Da die Richtungsvektoren nicht kollinear sind, sind die Geraden windschief zueinander.

$$\begin{pmatrix} 1 \\ -3 \\ 0 \end{pmatrix} = k \cdot \begin{pmatrix} 2 \\ -1 \\ 3 \end{pmatrix} \text{ ergibt } \begin{array}{rcl} 1 = 2k & \Leftrightarrow & k = 0{,}5 \\ -3 = -k & \Leftrightarrow & k = 3 \\ 0 = 3k & \Leftrightarrow & k = 0 \end{array}$$

Widerspruch, also keine Vielfachen
g und h sind windschief.

c) Die Schnittbedingung führt zu einem Gleichungssystem. In dessen Stufenform ist die Zahl der Nichtnullzeilen kleiner als die Zahl der Variablen. Also hat das LGS unendlich viele Lösungen.
Jeder Punkt von g ist auch ein Punkt von h. Also sind die Geraden identisch.

$$\begin{pmatrix} 1 \\ 2 \\ -1 \end{pmatrix} + r\begin{pmatrix} 2 \\ -1 \\ 3 \end{pmatrix} = \begin{pmatrix} -1 \\ 3 \\ -4 \end{pmatrix} + s\begin{pmatrix} 1 \\ -0{,}5 \\ 1{,}5 \end{pmatrix}$$

$$\left(\begin{array}{cc|c} 2 & -1 & -2 \\ -1 & 0{,}5 & 1 \\ 3 & -1{,}5 & -3 \end{array}\right) \xrightarrow{\text{ZSF}} \left(\begin{array}{cc|c} 2 & -1 & -2 \\ 0 & 0 & 0 \\ 0 & 0 & 0 \end{array}\right)$$

unendlich viele Lösungen
g und h sind identisch.

Hinweis:
Ein anderes Schema zur Untersuchung der Lagebeziehung zweier Geraden wird in Aufgabe 3 und 4 behandelt.

Basisaufgaben

1. Weisen Sie nach, dass sich die beiden Geraden schneiden. Berechnen Sie die Koordinaten des Schnittpunktes.

a) $g\colon \vec{x} = \begin{pmatrix} 1 \\ 0 \\ 2 \end{pmatrix} + r\begin{pmatrix} 2 \\ 1 \\ 0 \end{pmatrix}$ $h\colon \vec{x} = \begin{pmatrix} 3 \\ 8 \\ -5 \end{pmatrix} + s\begin{pmatrix} 0 \\ 1 \\ -1 \end{pmatrix}$

b) $g\colon \vec{x} = \begin{pmatrix} -1 \\ 4 \\ 0 \end{pmatrix} + r\begin{pmatrix} 1 \\ -1 \\ 1 \end{pmatrix}$ $h\colon \vec{x} = \begin{pmatrix} -7 \\ 6 \\ -5 \end{pmatrix} + s\begin{pmatrix} 4 \\ 0 \\ 3 \end{pmatrix}$

c) $g\colon \vec{x} = \begin{pmatrix} 4 \\ 1 \\ 4 \end{pmatrix} + r\begin{pmatrix} -1 \\ 2 \\ 2 \end{pmatrix}$ $h\colon \vec{x} = \begin{pmatrix} -1 \\ -1 \\ 0 \end{pmatrix} + s\begin{pmatrix} 3 \\ 0 \\ 1 \end{pmatrix}$

Lösungen zu 1:

(−1 | 3 | 5)

(−3 | 6 | −2)

(3 | 1 | 2) (5 | −1 | 2)

2. Die Geraden g und h haben keinen Punkt gemeinsam. Prüfen Sie, ob sie echt parallel oder windschief zueinander sind.

a) $g: \vec{x} = \begin{pmatrix} 2 \\ -3 \\ 1 \end{pmatrix} + r\begin{pmatrix} 8 \\ -4 \\ 2 \end{pmatrix}$ $\quad h: \vec{x} = \begin{pmatrix} -2 \\ -2 \\ 0 \end{pmatrix} + s\begin{pmatrix} -4 \\ 2 \\ 1 \end{pmatrix}$

b) $g: \vec{x} = \begin{pmatrix} 2 \\ -3 \\ 1 \end{pmatrix} + r\begin{pmatrix} 8 \\ -4 \\ 2 \end{pmatrix}$ $\quad h: \vec{x} = \begin{pmatrix} -2 \\ -1 \\ 6 \end{pmatrix} + s\begin{pmatrix} -4 \\ 2 \\ -1 \end{pmatrix}$

c) $g: \vec{x} = \begin{pmatrix} 0 \\ 2 \\ -5 \end{pmatrix} + r\begin{pmatrix} 2 \\ -4 \\ 1 \end{pmatrix}$ $\quad h: \vec{x} = \begin{pmatrix} -1 \\ 0 \\ 1 \end{pmatrix} + s\begin{pmatrix} -1 \\ -1 \\ 2 \end{pmatrix}$

3. Samira untersucht die Lage der Geraden g und h. Sie behauptet: *„Ich muss nicht immer eine Schnittbedingung aufstellen. An den Geradengleichungen erkenne ich, ob die Richtungsvektoren Vielfache voneinander sind. Wenn ja, sind die Geraden echt parallel oder identisch. Dann muss ich nur prüfen, ob der Stützvektor von g auch auf h liegt."*
Nehmen Sie Stellung zu Samiras Behauptung. Prüfen Sie möglichst ohne Schnittbedingung die gegenseitige Lage von g und h.

a) $g: \vec{x} = \begin{pmatrix} 1 \\ 0 \\ -5 \end{pmatrix} + r\begin{pmatrix} 2 \\ -4 \\ 2 \end{pmatrix}$ $\quad h: \vec{x} = \begin{pmatrix} 3 \\ -4 \\ -5 \end{pmatrix} + s\begin{pmatrix} 1 \\ -2 \\ 1 \end{pmatrix}$

b) $g: \vec{x} = \begin{pmatrix} 2 \\ 8 \\ 0 \end{pmatrix} + r\begin{pmatrix} -15 \\ 9 \\ 21 \end{pmatrix}$ $\quad h: \vec{x} = \begin{pmatrix} 7 \\ -1 \\ 7 \end{pmatrix} + s\begin{pmatrix} 5 \\ -9 \\ 7 \end{pmatrix}$

c) $g: \vec{x} = \begin{pmatrix} -5 \\ 0 \\ 0 \end{pmatrix} + r\begin{pmatrix} 2 \\ 3 \\ -4 \end{pmatrix}$ $\quad h: \vec{x} = \begin{pmatrix} 0 \\ 7{,}5 \\ 10 \end{pmatrix} + s\begin{pmatrix} -1 \\ -1{,}5 \\ 2 \end{pmatrix}$

4. Aufgabe 3 führt zu einem anderen Vorgehen bei der Überprüfung der gegenseitigen Lage zweier Geraden. Vervollständigen Sie das Diagramm in Ihrem Heft und erläutern Sie es.

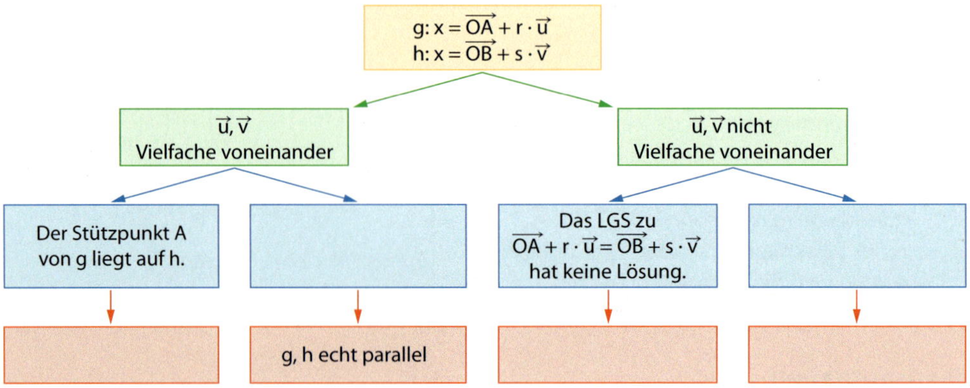

5. Ermitteln Sie die gegenseitige Lage der Geraden g und h. Berechnen Sie gegebenenfalls ihren Schnittpunkt. Es gilt $g: \vec{x} = \begin{pmatrix} 3 \\ -2 \\ 4 \end{pmatrix} + r\begin{pmatrix} 6 \\ 2 \\ -4 \end{pmatrix}$.

a) $h: \vec{x} = \begin{pmatrix} 1 \\ 4 \\ 2 \end{pmatrix} + s\begin{pmatrix} -3 \\ -1 \\ 2 \end{pmatrix}$

b) $h: \vec{x} = \begin{pmatrix} 0 \\ -3 \\ 3 \end{pmatrix} + s\begin{pmatrix} 2 \\ 1 \\ -2 \end{pmatrix}$

c) $h: \vec{x} = \begin{pmatrix} -3 \\ -4 \\ 8 \end{pmatrix} + s\begin{pmatrix} 1{,}5 \\ 0{,}5 \\ -1 \end{pmatrix}$

d) $h: \vec{x} = \begin{pmatrix} 3 \\ -2 \\ 4 \end{pmatrix} + s\begin{pmatrix} 1 \\ 0 \\ 1 \end{pmatrix}$

e) h ist die x_1-Achse.

f) h geht durch $A(0|3|3)$ und $B(-3|2|5)$.

6. Hier wurde das LGS zur Schnittbedingung mit einem CAS gelöst. Erläutern Sie, was sich anhand des Screenshots über die gegenseitige Lage der beiden Geraden aussagen lässt.

a) 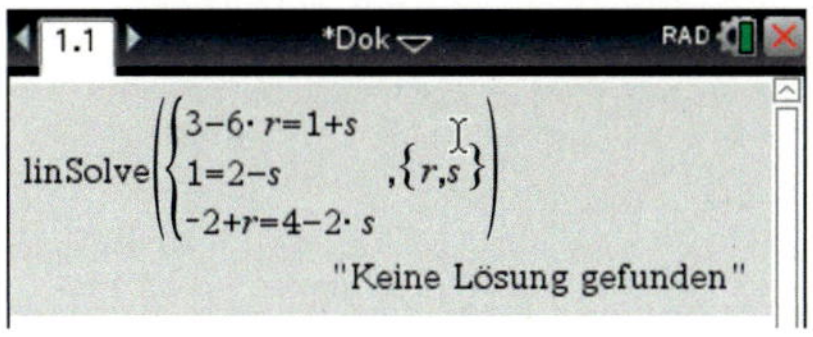

b) 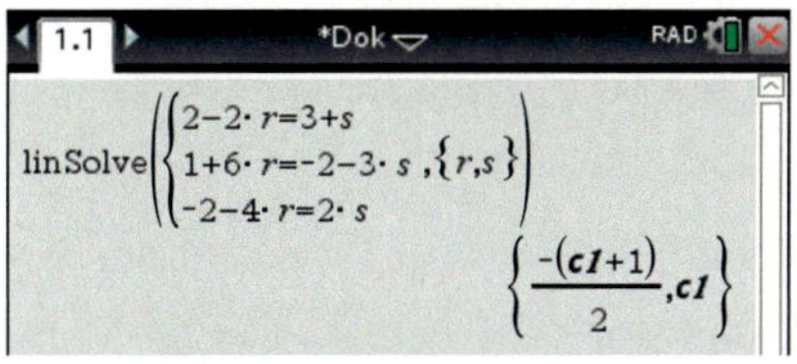

c) 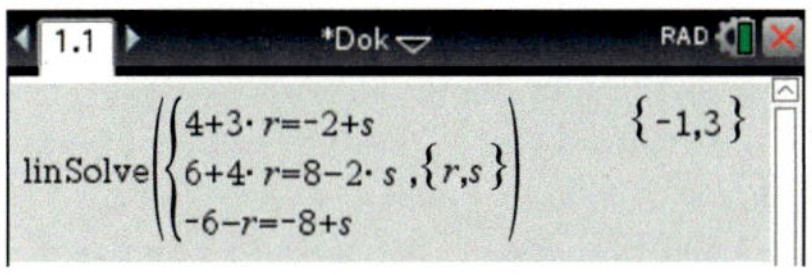

d) 

e) 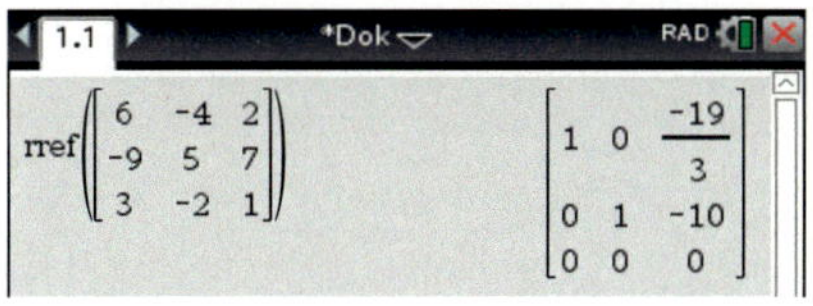

f) 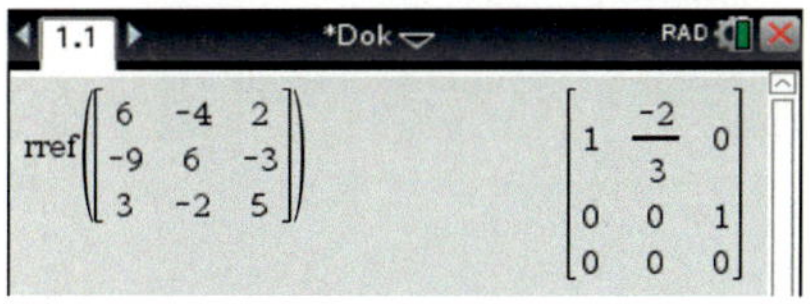

Hinweis:
Der Befehl *linSolve()* löst ein LGS, der Befehl *rref()* überführt eine Matrix in reduzierte ZSF.

CAS **7.** Ermitteln Sie die gegenseitige Lage beider Geraden mit einem CAS und berechnen Sie gegebenenfalls ihren Schnittpunkt.

a) $g: \vec{x} = \begin{pmatrix} 2{,}1 \\ -0{,}3 \\ 4 \end{pmatrix} + r\begin{pmatrix} 1{,}2 \\ -0{,}8 \\ 5{,}6 \end{pmatrix}$ $\quad h: \vec{x} = \begin{pmatrix} 3{,}7 \\ -5 \\ 1{,}1 \end{pmatrix} + s\begin{pmatrix} -0{,}9 \\ 0{,}6 \\ -4{,}2 \end{pmatrix}$

b) $g: \vec{x} = \begin{pmatrix} 4{,}6 \\ 2{,}2 \\ -3{,}7 \end{pmatrix} + r\begin{pmatrix} 5{,}6 \\ 0{,}8 \\ 2 \end{pmatrix}$ $\quad h: \vec{x} = \begin{pmatrix} 0{,}8 \\ 2 \\ 0 \end{pmatrix} + s\begin{pmatrix} -1{,}2 \\ 0 \\ 2{,}1 \end{pmatrix}$

c) $g: \vec{x} = \begin{pmatrix} 2{,}7 \\ 0 \\ 1 \end{pmatrix} + r\begin{pmatrix} -1{,}2 \\ 0{,}4 \\ 1{,}6 \end{pmatrix}$ $\quad h: \vec{x} = \begin{pmatrix} 0{,}3 \\ 0{,}8 \\ 4{,}2 \end{pmatrix} + s\begin{pmatrix} 30 \\ -10 \\ -40 \end{pmatrix}$

d) $g: \vec{x} = \begin{pmatrix} 2 \\ 0{,}4 \\ 0 \end{pmatrix} + r\begin{pmatrix} 1{,}2 \\ 0 \\ 2{,}6 \end{pmatrix}$ $\quad h: \vec{x} = \begin{pmatrix} -8{,}4 \\ 0{,}1 \\ -20{,}5 \end{pmatrix} + s\begin{pmatrix} 9{,}8 \\ 2{,}1 \\ 7 \end{pmatrix}$

8. Gegeben sind die Geraden g, h und k in der Ebene.

$g: \vec{x} = \begin{pmatrix} 7 \\ 4 \end{pmatrix} + r\begin{pmatrix} 2 \\ -1 \end{pmatrix}$ $\quad h: \vec{x} = \begin{pmatrix} -2 \\ 1 \end{pmatrix} + s\begin{pmatrix} 1 \\ 1 \end{pmatrix}$ $\quad k: \vec{x} = \begin{pmatrix} 3 \\ 0 \end{pmatrix} + t\begin{pmatrix} -4 \\ 2 \end{pmatrix}$

a) Stellen Sie die drei Geraden in einem Koordinatensystem dar.
b) Berechnen Sie den Schnittpunkt von g und h.
c) Zeigen Sie rechnerisch, dass g und k parallel zueinander sind.
d) Erläutern Sie allgemein, wie man die Lage zweier Geraden in der Ebene ermitteln kann und welche Fälle dabei auftreten können.

9. a) Zeichnen Sie die Geraden g und h mithilfe ihrer Stütz- und Richtungsvektoren in ein Koordinatensystem.

$g: \vec{x} = \begin{pmatrix} 1 \\ 3 \\ 3 \end{pmatrix} + r\begin{pmatrix} 1 \\ 2 \\ -1 \end{pmatrix}$ $\quad h: \vec{x} = \begin{pmatrix} 2 \\ -1 \\ 0 \end{pmatrix} + s\begin{pmatrix} -1 \\ 1 \\ 2 \end{pmatrix}$ $\quad k: \vec{x} = \begin{pmatrix} 1 \\ 0 \\ 0 \end{pmatrix} + t\begin{pmatrix} -1 \\ 1 \\ 0 \end{pmatrix}$

b) Ermitteln Sie anhand der Zeichnung, für welches r und s sich eventuell ein Schnittpunkt von g und h ergibt.
c) Bestätigen Sie Ihr Ergebnis aus b) rechnerisch. Berechnen Sie den Schnittpunkt.
d) Lesen Sie entsprechend für g und k geeignete Werte für r und t aus der Zeichnung ab und überprüfen Sie das Ergebnis rechnerisch.

Hinweis zu 10:
Beachten Sie, dass die Gleichungen für AB und CD in der Schnittbedingung unterschiedliche Parameter haben müssen.

10. Bestimmen Sie die gegenseitige Lage der Geraden AB und CD. Berechnen Sie gegebenenfalls die Koordinaten des Schnittpunktes.

a) $A(-5|1|8)$, $B(-1|1|6)$, $C(-5|7|2)$, $D(7|-2|5)$

b) $A(1|4|-1)$, $B(3|0|3)$, $C(5|1|0)$, $D(4|3|-2)$

11. Solange es nur die Leitungen $\overline{DC}$, $\overline{FE}$ und $\overline{HG}$ gab, war alles in Ordnung. Als eine Leitung von A nach B gezogen wurde, gab es einen Knall und der Strom fiel aus.

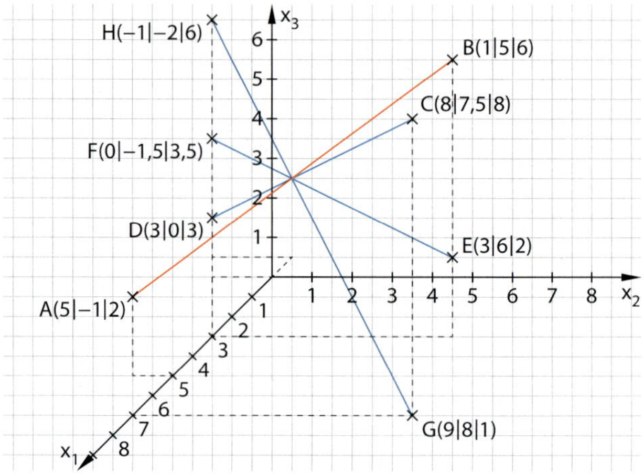

Ermitteln Sie, mit welcher der Leitungen die neue Leitung $\overline{AB}$ in Kontakt kam.

12. Gegeben ist die Gerade $g: \vec{x} = \begin{pmatrix} 2 \\ 3 \\ -1 \end{pmatrix} + r\begin{pmatrix} 5 \\ 0 \\ -2 \end{pmatrix}$.

Geben Sie eine Parametergleichung einer Geraden h an, die

a) den Punkt $P(-8|3|3)$ enthält und parallel zu g ist,

b) parallel, aber nicht identisch zu g ist,

c) genau einen Schnittpunkt mit g hat,

d) windschief zu g ist.

Weiterführende Aufgaben

13. Beurteilen Sie die Aussage. Veranschaulichen Sie die Situation mit Stiften.

a) Wenn die Geraden g und h parallel zueinander sind und die Gerade k windschief zu g ist, dann können h und k nicht parallel zueinander sein.

b) Wenn die Geraden g und h sich schneiden und ebenso die Geraden g und k, dann können h und k nicht windschief sein.

c) Wenn im dreidimensionalen Koordinatensystem zwei Geraden parallel aussehen, dann sind sie auch in Wirklichkeit parallel.

14. Ermitteln Sie den Schnittpunkt der Geraden g und h, ohne ein lineares Gleichungssystem aufzustellen. Beschreiben Sie Ihr Vorgehen.

a) $g: \vec{x} = \begin{pmatrix} 3 \\ 3 \\ 3 \end{pmatrix} + r\begin{pmatrix} 1 \\ 1 \\ 1 \end{pmatrix}$ $h: \vec{x} = \begin{pmatrix} -8 \\ 0 \\ 0 \end{pmatrix} + s\begin{pmatrix} 5 \\ 0 \\ 0 \end{pmatrix}$ b) $g: \vec{x} = r\begin{pmatrix} -1 \\ 5 \\ 3 \end{pmatrix}$ $h: \vec{x} = \begin{pmatrix} 8 \\ 2 \\ 2 \end{pmatrix} + s\begin{pmatrix} 4 \\ 1 \\ 1 \end{pmatrix}$

15. Begründen Sie, dass die beiden Geraden windschief zueinander sind.

$g: \vec{x} = \begin{pmatrix} 3 \\ 0 \\ 0 \end{pmatrix} + r\begin{pmatrix} 0 \\ 1 \\ 0 \end{pmatrix}$ $h: \vec{x} = \begin{pmatrix} -2 \\ 2 \\ 0 \end{pmatrix} + s\begin{pmatrix} 0 \\ 4 \\ -2 \end{pmatrix}$

16. Stolperstelle: Gegeben sind die Geraden g: $\vec{x} = \begin{pmatrix} 2 \\ 6 \\ -1 \end{pmatrix} + r\begin{pmatrix} 5 \\ 0 \\ -2 \end{pmatrix}$ und h: $\vec{x} = s\begin{pmatrix} 1 \\ 3 \\ 9 \end{pmatrix}$.

Die Gerade k verläuft durch die Punkte A(−7 | 7 | 5) und B(−1 | 8 | 5). Überprüfen Sie die Rechnung, erläutern Sie die Fehler und korrigieren Sie diese.

a) Lage von g und h:

Schnittbedingung: $\begin{pmatrix} 2 \\ 6 \\ -1 \end{pmatrix} + r\begin{pmatrix} 5 \\ 0 \\ -2 \end{pmatrix} = s\begin{pmatrix} 1 \\ 3 \\ 9 \end{pmatrix}$

An der mittleren Gleichung 6 = 3s erkennt man, dass s = 2 sein muss.
Aus 2 + 5r = 2 · 1 erhält man r = 0.
Also schneiden sich die Geraden im Punkt S mit

$\overrightarrow{OS} = \begin{pmatrix} 2 \\ 6 \\ -1 \end{pmatrix} + 0 \cdot \begin{pmatrix} 5 \\ 0 \\ -2 \end{pmatrix} = \begin{pmatrix} 2 \\ 6 \\ -1 \end{pmatrix}$.

b) Lage von g und k:

k: $\vec{x} = \begin{pmatrix} -7 \\ 7 \\ 5 \end{pmatrix} + r\begin{pmatrix} 6 \\ 1 \\ 0 \end{pmatrix}$

$\begin{pmatrix} 2 \\ 6 \\ -1 \end{pmatrix} + r\begin{pmatrix} 5 \\ 0 \\ -2 \end{pmatrix} = \begin{pmatrix} -7 \\ 7 \\ 5 \end{pmatrix} + r\begin{pmatrix} 6 \\ 1 \\ 0 \end{pmatrix}$

$\begin{pmatrix} 9 \\ -1 \\ -6 \end{pmatrix} = r\begin{pmatrix} 1 \\ 1 \\ 2 \end{pmatrix} \quad \begin{cases} r = 9 \\ r = -1 \\ r = -3 \end{cases}$

Das LGS hat keine Lösung.
Die Geraden sind windschief oder parallel zueinander.

17. Die drei Geraden g_1, g_2 und g_3 schließen ein Dreieck ein. Berechnen Sie die Koordinaten seiner Eckpunkte und die Längen seiner Seiten.

$g_1: \vec{x} = \begin{pmatrix} 3 \\ -3 \\ 2 \end{pmatrix} + r\begin{pmatrix} 2 \\ 1 \\ -3 \end{pmatrix} \qquad g_2: \vec{x} = \begin{pmatrix} 2 \\ 1 \\ -1 \end{pmatrix} + s\begin{pmatrix} 1 \\ -4 \\ 3 \end{pmatrix} \qquad g_3: \vec{x} = \begin{pmatrix} 1 \\ 2 \\ -1 \end{pmatrix} + t\begin{pmatrix} 1 \\ -1 \\ 0 \end{pmatrix}$

18. Gegeben sind die Höhen h_1 bzw. h_2 der Dreiecke ABC_1 und ABC_2:
A(1 | −3 | 3), B(−2 | 3 | −3), C_1(−3 | 2 | 1), C_2(3 | 2 | −5),

$h_1: \vec{x} = \begin{pmatrix} -3 \\ 2 \\ 1 \end{pmatrix} + r\begin{pmatrix} -2 \\ 1 \\ 2 \end{pmatrix} \qquad h_2: \vec{x} = \begin{pmatrix} 3 \\ 2 \\ -5 \end{pmatrix} + s\begin{pmatrix} -2 \\ 1 \\ 0 \end{pmatrix}$

Berechnen Sie die Schnittpunkte H_1 und H_2 von h_1 bzw. h_2 mit der Grundgeraden AB. Prüfen Sie jeweils, ob der Höhenschnittpunkt innerhalb der Strecke $\overline{AB}$ liegt. Prüfen Sie anschließend Ihr Ergebnis anhand einer Skizze im Koordinatensystem.

19. Die Punkte L(−4 | 0 | −1), M(−2 | 5 | 1), N(1 | 8 | 3) und P(2 | 6 | 3) sind die Eckpunkte eines Vierecks.

a) Zeigen Sie, dass LMNP ein Trapez ist, das nicht gleichschenklig ist.
b) Berechnen Sie die Koordinaten des Diagonalenschnittpunktes von LMNP.
c) Berechnen Sie die Koordinaten des Schnittpunktes der nicht parallelen Seiten.

20. Schwerpunkt eines Dreiecks: Gegeben ist ein Dreieck mit den Eckpunkten A(0 | 0), B(8 | −2) und C(6 | 2). Die Seitenhalbierende s_c ist die Gerade durch C und den Mittelpunkt M_c der Strecke $\overline{AB}$.

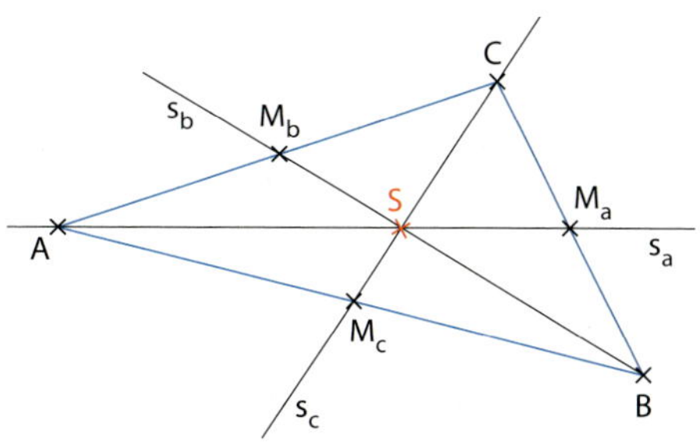

a) Stellen Sie Parametergleichungen für die drei Seitenhalbierenden auf. Zeigen Sie, dass sich die Seitenhalbierenden in einem Punkt S schneiden.
b) Der Punkt S teilt die Strecken $\overline{AM_a}$, $\overline{BM_b}$ und $\overline{CM_c}$ in je zwei Teile. Bestimmen Sie das Verhältnis der beiden Teilstrecken zueinander.
c) Lösen Sie Teil a) und b) für das Dreieck im Raum mit den Eckpunkten A(3 | −1 | −2), B(3 | 5 | 0) und C(−3 | 5 | 2).

21. Bei einem Tetraeder mit den Eckpunkten $A(4|0|-4)$, $B(4|4|-4)$, $C(-2|2|-4)$ und der Spitze $O(0|0|0)$ sind N_a, N_b und N_c die Mittelpunkte der Kanten zur Spitze. M_a, M_b und M_c sind Mittelpunkte der Seiten des Grunddreiecks ABC. g_a bezeichnet die Gerade durch die Punkte M_a und N_a. Entsprechend sind auch die Geraden g_b und g_c festgelegt.

a) Zeigen Sie, dass sich die Geraden g_a, g_b und g_c in einem Punkt S schneiden.

b) Zeigen Sie, dass für diesen Punkt S gilt: $\overrightarrow{OS} = \frac{1}{4}\left(\overrightarrow{OA} + \overrightarrow{OB} + \overrightarrow{OC}\right)$

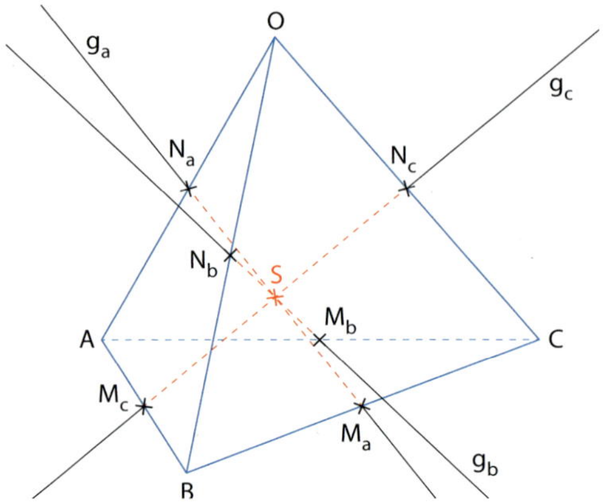

22. Die Pyramide befindet sich im Bau. Momentan ist der Stumpf 3 m hoch. Die zukünftige Spitze der Pyramide ist der Schnittpunkt der Geraden durch die Seitenkanten.

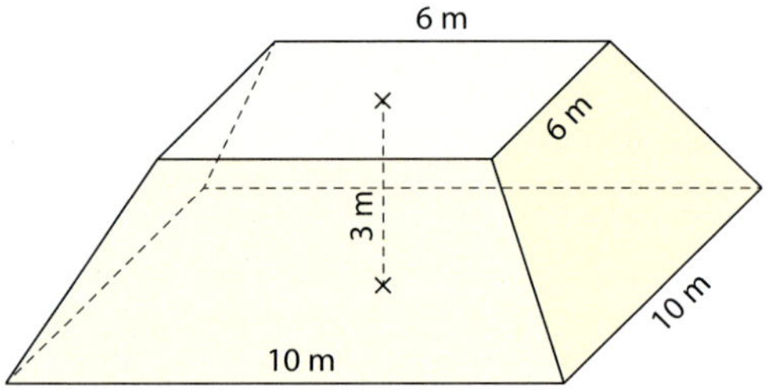

a) Passen Sie die Pyramide in ein Koordinatensystem ein und berechnen Sie die Koordinaten der Spitze.

b) Berechnen Sie das Volumen der fertiggestellten Pyramide.

c) Berechnen Sie das Volumen des Pyramidenstumpfs.

Hinweis zu 23:
Ein Viereck ist eben, wenn sich seine Diagonalen schneiden.

DGS **23. Ebene Vierecke im Raum:** Vier Punkte im Raum bilden ein Viereck. Dieses muss aber nicht eben sein. Aus einem ebenen Viereck erhalten Sie ein nicht ebenes Viereck, indem Sie es längs einer Diagonalen knicken.

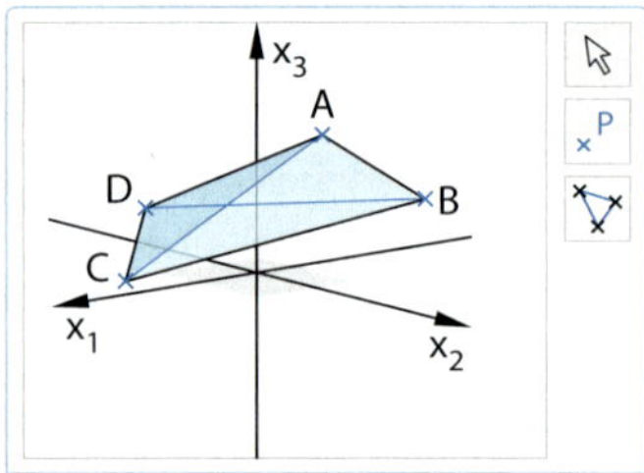

a) Überprüfen Sie rechnerisch, ob das Viereck ABCD eben ist.

① $A(4|-2|0)$, $B(4|4|-1)$, $C(0|3|-2)$, $D(-4|0|-2)$

② $A(3|0|0)$, $B(5|4|-1)$, $C(1|5|-1)$, $D(-2|1|0)$

b) Zeichnen Sie die Vierecke aus a) mit einer dynamischen Geometriesoftware und überprüfen Sie Ihre Ergebnisse.

c) Ergänzen Sie einen Punkt C zu $A(1|-3|2)$, $B(6|4|0)$ und $D(-2|4|1)$, sodass das Viereck ABCD eben wird. Beschreiben Sie Ihr Vorgehen.

● d) Ergänzen Sie einen Punkt C zu A, B und D aus Teil c), sodass das Viereck ABCD nicht eben wird. Beschreiben Sie Ihr Vorgehen.

24. Die Terrasse liegt in der x_1x_2-Ebene. In den Punkten $A(-10|-22|26)$ und $D(-14|-10|24)$ der Hauswand soll ein Sonnensegel befestigt werden, dessen äußere Eckpunkte bei Straffung des Segels $B(20|32|23)$ und $C(19|35|22{,}5)$ sind (1 Längeneinheit entspricht 1 dm).

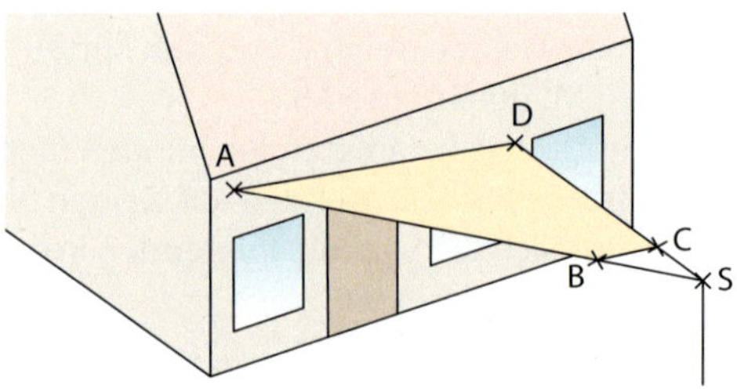

a) Zeigen Sie, dass das Segel die Form eines Trapezes hat. Prüfen Sie, ob das Trapez gleichschenklig ist.

b) Das Segel wird an einer Stange mit Spitze S befestigt. Berechnen Sie, wie hoch die Stange sein muss und in welchem Punkt der x_1x_2-Ebene sie aufgestellt werden muss.

25. Untersuchen Sie, für welchen Wert der Variablen k sich die beiden Geraden schneiden.

a) $g: \vec{x} = \begin{pmatrix} 1 \\ -2 \\ 3 \end{pmatrix} + r\begin{pmatrix} -4 \\ 1 \\ 2 \end{pmatrix}$ $\quad h: \vec{x} = \begin{pmatrix} 2-k \\ k-9 \\ 4-k \end{pmatrix} + s\begin{pmatrix} 3 \\ -2 \\ -3 \end{pmatrix}$

b) $g: \vec{x} = \begin{pmatrix} 5 \\ 0 \\ 1 \end{pmatrix} + r\begin{pmatrix} 3 \\ 7 \\ 2 \end{pmatrix}$ $\quad h: \vec{x} = \begin{pmatrix} 7+3k \\ 2k \\ 9-4k \end{pmatrix} + s\begin{pmatrix} 2 \\ 4 \\ -1 \end{pmatrix}$

26. Die Positionen von zwei Flugzeugen zur Zeit t lassen sich in einem geeigneten Koordinatensystem durch die Gleichungen

$g_1: \vec{x} = \begin{pmatrix} 11{,}4 \\ -2{,}28 \\ 0{,}66 \end{pmatrix} + t\begin{pmatrix} -0{,}45 \\ 0{,}36 \\ 0{,}03 \end{pmatrix}$ und

$g_2: \vec{x} = \begin{pmatrix} 0{,}1 \\ 9 \\ 1{,}4 \end{pmatrix} + t\begin{pmatrix} 0{,}32 \\ -0{,}48 \\ -0{,}02 \end{pmatrix}$ beschreiben

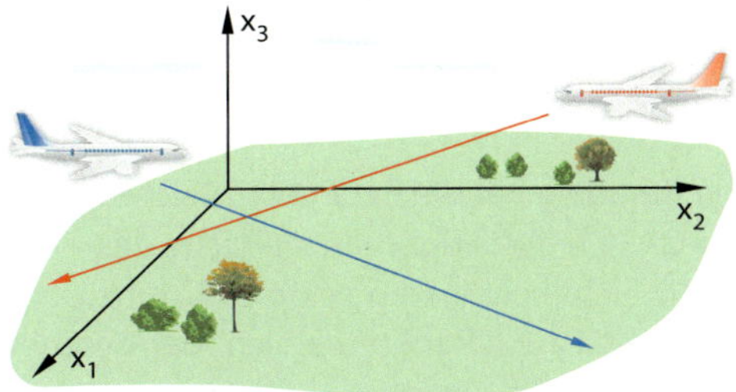

(Längeneinheit 1 km, Zeiteinheit 10 s).

a) Berechnen Sie, in welchen Punkten sich die Flugzeuge nach 10, nach 50 und nach 140 Sekunden befinden und wie weit sie jeweils voneinander entfernt sind.

b) Prüfen Sie, ob die Flugbahnen sich kreuzen.

c) Prüfen Sie, ob es zu einer Kollision kommt.

27. Ein Boot der Küstenwache im Hafen K(1,5 | 0) erhält die Nachricht, dass soeben in E(2 | 7) ein Schmugglerboot in Richtung des Inselhafens B(12 | 3) gestartet ist. Das Wetter erlaubt nur eine Sicht von 1000 Metern. Nach Einschätzung des vermutlichen Kurses und der Geschwindigkeit des Schmugglerboots entschließt sich der Kapitän, mit einer Geschwindigkeit zu fahren, welche in 5 Minuten dem Weg $\begin{pmatrix} 2 \\ 1 \end{pmatrix}$ entspricht. Das Schmugglerschiff legt in 5 Minuten den Weg $\begin{pmatrix} 2{,}5 \\ -1 \end{pmatrix}$ zurück.

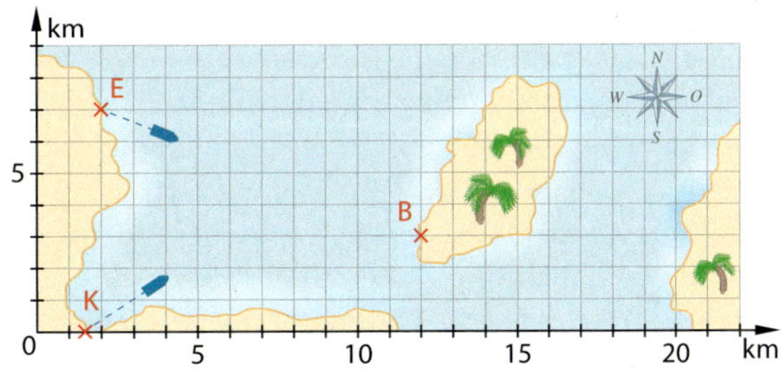

a) Berechnen Sie die Koordinaten des Schnittpunktes der beiden Schiffskurse.

b) Überprüfen Sie, ob die Küstenwache das Schmugglerboot wird sehen können.

28. Ausblick: Soll der Schnittpunkt zweier Seitenhalbierenden eines beliebigen Dreiecks berechnet werden, kann man ein schiefes Koordinatensystem einführen, dessen Ursprung der Punkt A des Dreiecks ist und dessen Achsen durch die (eventuell ungleich langen) Seitenvektoren $\vec{u} = \overrightarrow{AB} = \begin{pmatrix} 1 \\ 0 \end{pmatrix}$ und $\vec{v} = \overrightarrow{AC} = \begin{pmatrix} 0 \\ 1 \end{pmatrix}$ festgelegt werden. Der Punkt D hat in diesem System die Koordinaten (2 | −1).

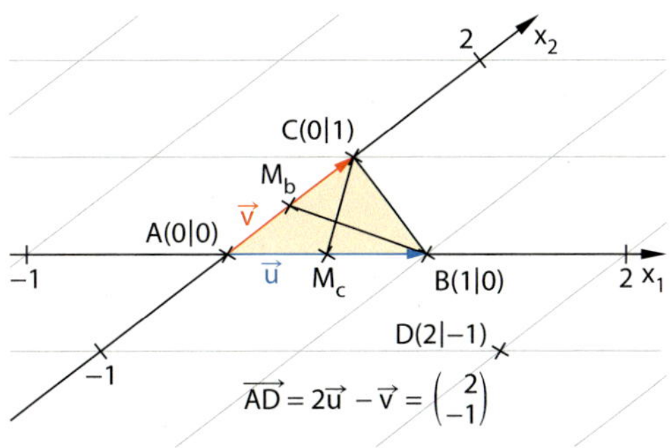

a) Geben Sie in diesem Koordinatensystem die Koordinaten der Seitenmittelpunkte M_c und M_b an und berechnen Sie den Schnittpunkt der beiden Seitenhalbierenden.

b) Im üblichen Koordinatensystem sind die Eckpunkte A(1 | 1), B(4 | 1) und C(3 | 2). Geben Sie die Koordinaten des Schnittpunktes aus a) im üblichen Koordinatensystem an.

2.4 Parametergleichung einer Ebene

■ Nutzen Sie die Geraden

$g: \vec{x} = \begin{pmatrix} -1 \\ 0{,}5 \\ 1 \end{pmatrix} + r \begin{pmatrix} 0 \\ 2 \\ 1 \end{pmatrix}$ und $h: \vec{x} = \begin{pmatrix} -1 \\ 0{,}5 \\ 1 \end{pmatrix} + s \begin{pmatrix} 1 \\ 2{,}5 \\ 0 \end{pmatrix}$,

um die Koordinaten des Punktes K zu berechnen. Geben Sie an, welche Punkte sich prinzipiell mithilfe von g und h bestimmen lassen. ■

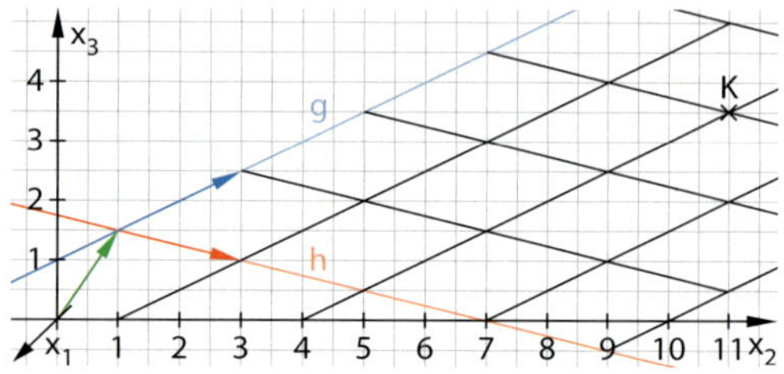

Die Gerade g hat die Parametergleichung $\vec{x} = \overrightarrow{OA} + r \cdot \overrightarrow{AB}$. Fügt man Vielfache des zu $\overrightarrow{AB}$ nicht kollinearen Vektors $\overrightarrow{AC}$ hinzu, so lassen sich auch Punkte „seitlich" der Geraden g erreichen. So gilt etwa

$$\overrightarrow{OP} = \overrightarrow{OA} + 3 \cdot \overrightarrow{AB} + (-1) \cdot \overrightarrow{AC}.$$

Daher wird durch die Punkte A, B und C, die nicht auf einer Geraden liegen, eine **Ebene** im Raum festgelegt. Eine Parametergleichung der Ebene ist $\vec{x} = \overrightarrow{OA} + r \cdot \overrightarrow{AB} + s \cdot \overrightarrow{AC}$.

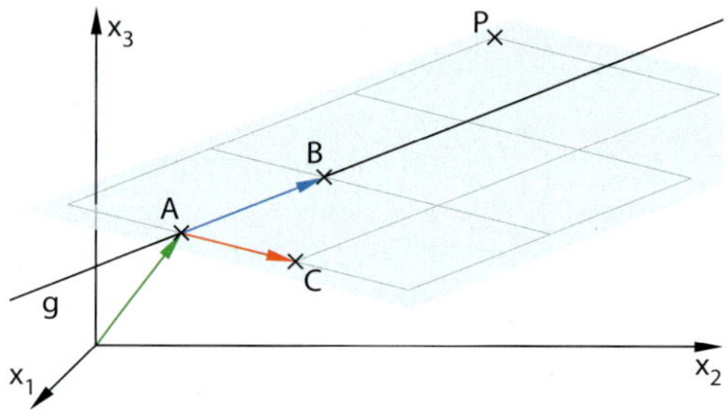

Hinweis:
Üblich ist auch die Bezeichnung **Parameterform der Ebene**.

Wissen: Parametergleichung einer Ebene

Ist A ein Punkt einer Ebene E und sind $\vec{u}$ und $\vec{v}$ zwei nicht kollineare Vektoren in Richtung der Ebene, dann lässt sich die Ebene beschreiben durch die Parametergleichung

$$\vec{x} = \overrightarrow{OA} + r \cdot \vec{u} + s \cdot \vec{v} \; (r, s \in \mathbb{R}).$$

Der **Stützvektor** $\overrightarrow{OA}$ ist der Ortsvektor des **Stützpunktes** A.
$\vec{u}$ und $\vec{v}$ sind **Richtungsvektoren** der Ebene.
Für jedes Wertepaar der **Parameter** r und s erhält man den Ortsvektor $\vec{x}$ eines Punktes X der Ebene.

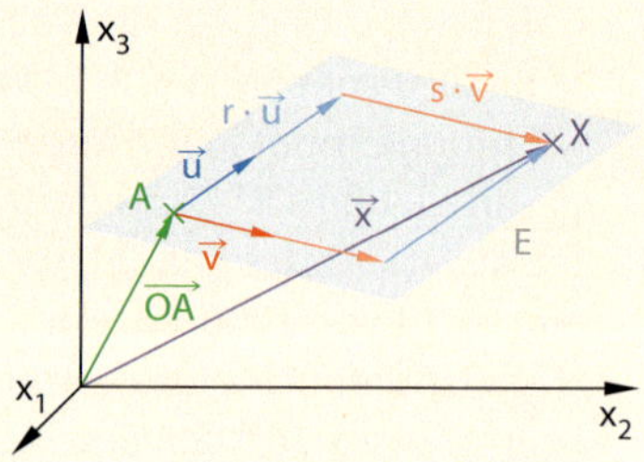

Die Parametergleichung einer Ebene ist nicht eindeutig bestimmt. Als Stützpunkt kann man jeden Punkt der Ebene wählen und als Richtungsvektoren zwei beliebige nicht kollineare Vektoren, deren Vektorpfeile sich in die Ebene legen lassen.

Beispiel 1: Ebene durch drei Punkte

Prüfen Sie, ob die Punkte A(1|−5|1), B(3|1|0) und C(0|4|−8) eine Ebene aufspannen. Falls ja, geben Sie eine Parametergleichung der Ebene an.

Lösung:

Bilden Sie die beiden Richtungsvektoren $\overrightarrow{AB}$ und $\overrightarrow{AC}$ und prüfen Sie, ob diese kollinear sind.

$$\overrightarrow{AB} = \begin{pmatrix} 3-1 \\ 1+5 \\ 0-1 \end{pmatrix} = \begin{pmatrix} 2 \\ 6 \\ -1 \end{pmatrix} \quad \overrightarrow{AC} = \begin{pmatrix} 0-1 \\ 4+5 \\ -8-1 \end{pmatrix} = \begin{pmatrix} -1 \\ 9 \\ -9 \end{pmatrix}$$

Sind $\overrightarrow{AB}$ und $\overrightarrow{AC}$ nicht kollinear, so legen die Punkte A, B und C eine Ebene fest.

$\overrightarrow{AC}$ ist kein Vielfaches von $\overrightarrow{AB}$, also sind die beiden Vektoren nicht kollinear.

Wählen Sie zum Beispiel als Stützpunkt den Punkt A und $\overrightarrow{AB}$ und $\overrightarrow{AC}$ als Richtungsvektoren. Stellen Sie damit die Parametergleichung der Ebene auf.

$$E: \vec{x} = \overrightarrow{OA} + r \cdot \overrightarrow{AB} + s \cdot \overrightarrow{AC} = \begin{pmatrix} 1 \\ -5 \\ 1 \end{pmatrix} + r \begin{pmatrix} 2 \\ 6 \\ -1 \end{pmatrix} + s \begin{pmatrix} -1 \\ 9 \\ -9 \end{pmatrix}$$

Beispiel 2: Punktprobe

Prüfen Sie, ob der Punkt in der Ebene E: $\vec{x} = \begin{pmatrix} 2 \\ 0 \\ -5 \end{pmatrix} + r\begin{pmatrix} -1 \\ 2 \\ 1 \end{pmatrix} + s\begin{pmatrix} 3 \\ -1 \\ -1 \end{pmatrix}$ liegt.

a) $P(-4|7|-1)$ b) $Q(-4|5|-3)$

Lösung:

a) P liegt in E, wenn $\overrightarrow{OP}$ Ortsvektor eines Ebenenpunktes ist:
$\overrightarrow{OP} = \overrightarrow{OA} + r \cdot \vec{u} + s \cdot \vec{v}$
Es ergibt sich ein lineares Gleichungssystem aus drei Gleichungen für r und s.
Bringen Sie das LGS auf Zeilenstufenform und prüfen Sie, ob es lösbar ist.

$$\begin{pmatrix} -4 \\ 7 \\ -1 \end{pmatrix} = \begin{pmatrix} 2 \\ 0 \\ -5 \end{pmatrix} + r\begin{pmatrix} -1 \\ 2 \\ 1 \end{pmatrix} + s\begin{pmatrix} 3 \\ -1 \\ -1 \end{pmatrix}$$

$$\left(\begin{array}{cc|c} -1 & 3 & -6 \\ 2 & -1 & 7 \\ 1 & -1 & 4 \end{array}\right) \xrightarrow{\text{ZSF}} \left(\begin{array}{cc|c} -1 & 3 & -6 \\ 0 & 5 & -5 \\ 0 & 0 & 0 \end{array}\right)$$

Das LGS ist lösbar, P liegt in E.

Zur Probe kann man r und s berechnen und in die Ebenengleichung einsetzen

Probe mit $r = 3$ und $s = -1$:

$$\begin{pmatrix} -4 \\ 7 \\ -1 \end{pmatrix} = \begin{pmatrix} 2 \\ 0 \\ -5 \end{pmatrix} + 3 \cdot \begin{pmatrix} -1 \\ 2 \\ 1 \end{pmatrix} + (-1) \cdot \begin{pmatrix} 3 \\ -1 \\ -1 \end{pmatrix}$$

b) Einsetzen von $\overrightarrow{OQ}$ in die Ebenengleichung ergibt ein Gleichungssystem mit drei Gleichungen für r und s.
Bringen Sie das LGS auf Zeilenstufenform und prüfen Sie, ob es lösbar ist.
Die letzte Zeile ist eine Widerspruchszeile, also hat das LGS keine Lösung.

$$\begin{pmatrix} -4 \\ 5 \\ -3 \end{pmatrix} = \begin{pmatrix} 2 \\ 0 \\ -5 \end{pmatrix} + r\begin{pmatrix} -1 \\ 2 \\ 1 \end{pmatrix} + s\begin{pmatrix} 3 \\ -1 \\ -1 \end{pmatrix}$$

$$\left(\begin{array}{cc|c} -1 & 3 & -6 \\ 2 & -1 & 5 \\ 1 & -1 & 2 \end{array}\right) \xrightarrow{\text{ZSF}} \left(\begin{array}{cc|c} -1 & 3 & -6 \\ 0 & 5 & -7 \\ 0 & 0 & -5 \end{array}\right)$$

Das LGS ist nicht lösbar, Q liegt nicht in E.

Basisaufgaben

1. Berechnen Sie die Koordinaten des Punktes der Ebene E: $\vec{x} = \begin{pmatrix} -3 \\ 2 \\ 1 \end{pmatrix} + r\begin{pmatrix} 2 \\ 3 \\ 2 \end{pmatrix} + s\begin{pmatrix} -2 \\ 2 \\ -2 \end{pmatrix}$, der durch r und s festgelegt ist. Zeichnen Sie den Punkt in ein Koordinatensystem.
a) $r = 1; s = 3$ b) $r = 3; s = 1$ c) $r = 4; s = -1$ d) $r = 1; s = 0$
e) $r = 0; s = 1$ f) $r = -1; s = 2$ g) $r = 2; s = 1{,}5$ h) $r = 1{,}5; s = -1{,}5$

2. Prüfen Sie, ob die Punkte A, B und C eine Ebene aufspannen. Falls ja, geben Sie eine Parametergleichung der Ebene an.
a) $A(2|-4|1)$; $B(1|7|-3)$; $C(-4|2|1)$ b) $A(4|0|0)$; $B(0|5|0)$; $C(0|0|6)$
c) $A(4|6|8)$; $B(-3|6|0)$; $C(-1|2|0)$ d) $A(3|-2|4)$; $B(7|-4|-2)$; $C(9|-5|-5)$

3. Begründen Sie, warum die Parametergleichung $\vec{x} = \overrightarrow{OA} + r \cdot \vec{u} + s \cdot \vec{v}$ keine Ebene beschreibt, wenn die Richtungsvektoren $\vec{u}$ und $\vec{v}$ kollinear sind. Was wird durch die Parametergleichung in diesem Fall beschrieben?

4. Geben Sie zur Ebene E: $\vec{x} = \begin{pmatrix} -3 \\ 0 \\ 1 \end{pmatrix} + r\begin{pmatrix} 0{,}5 \\ -1 \\ 0{,}25 \end{pmatrix} + s\begin{pmatrix} \frac{2}{3} \\ \frac{1}{3} \\ -2 \end{pmatrix}$ eine weitere Parametergleichung an, sodass
a) der Stützvektor auf den Punkt gerichtet ist, den man für $r = 4$ und $s = 3$ erhält,
b) die Richtungsvektoren ganzzahlige Koordinaten haben,
c) kein Richtungsvektor zu $\vec{v} = \begin{pmatrix} \frac{2}{3} \\ \frac{1}{3} \\ -2 \end{pmatrix}$ kollinear ist,
d) der Stützvektor die x_3-Koordinate 0 hat.

5. Prüfen Sie, ob die angegebenen Punkte in der Ebene E liegen.

a) P(−4 | 6 | 7), Q(−4 | 1 | −2) $\quad E: \vec{x} = \begin{pmatrix} -2 \\ 5 \\ 1 \end{pmatrix} + r\begin{pmatrix} -2 \\ 0 \\ 3 \end{pmatrix} + s\begin{pmatrix} 1 \\ 1 \\ 0 \end{pmatrix}$

b) P(1 | 0 | −8), Q(6 | 10 | −1) $\quad E: \vec{x} = \begin{pmatrix} 1 \\ 7 \\ -9 \end{pmatrix} + r\begin{pmatrix} 4 \\ 2 \\ 6 \end{pmatrix} + s\begin{pmatrix} -1 \\ 3 \\ -2 \end{pmatrix}$

c) P(13 | 5 | −10), E enthält die Punkte A(2 | 1 | 3), B(−5 | 0 | 6) und C(−1 | 3 | −4).

6. Die Ebene E wird vom Punkt $D_4(1 | -1 | 3)$ aus durch die beiden Richtungsvektoren $\vec{u} = \begin{pmatrix} -3 \\ 1{,}5 \\ -3 \end{pmatrix}$ und $\vec{v} = \begin{pmatrix} -6 \\ 2 \\ -2 \end{pmatrix}$ aufgespannt.

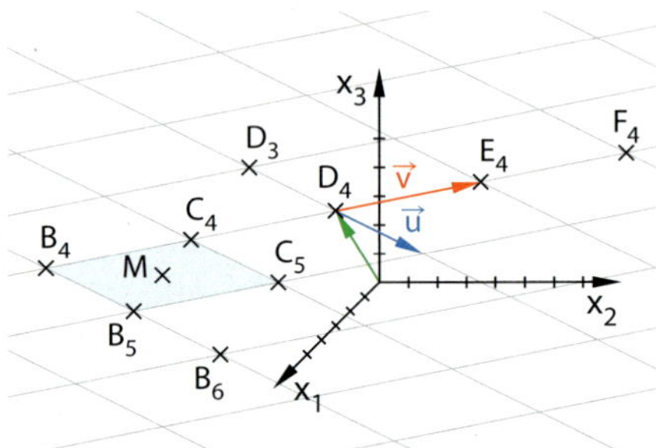

a) Bestimmen Sie die Koordinaten der Punkte E_4, D_3, C_5, B_5 und B_6.

b) Der Punkt M ist der Mittelpunkt des Parallelogramms $B_5C_5C_4B_4$. Berechnen Sie die Koordinaten von M.

c) Prüfen Sie, ob die Punkte P(−11 | 4 | −5), Q(−2 | 1,5 | −4), R(−5 | 1,5 | −1), S(−4 | −2,5 | 6) und T(−12 | 3,5 | −2) in E liegen. Wenn ja, beschreiben Sie ihre Lage im Parallelogrammgitter.

7. Die Dachfläche ABCD soll mit Solarpaneelen ausgelegt werden. Zum Einsatz kommt ein vollautomatischer Hebekran, in den nur die rechte obere Ecke jedes Paneels einprogrammiert werden muss. In dem dazu gewählten Koordinatensystem hat der Punkt P die Koordinaten P(8 | 7 | 11). Die Ausmaße und die Ausrichtung jedes Paneels auf dem Dach ist gegeben durch die Vektoren $\vec{u} = \begin{pmatrix} -2 \\ 1 \\ 0 \end{pmatrix}$ und $\vec{v} = \begin{pmatrix} -2 \\ -4 \\ 2 \end{pmatrix}$.

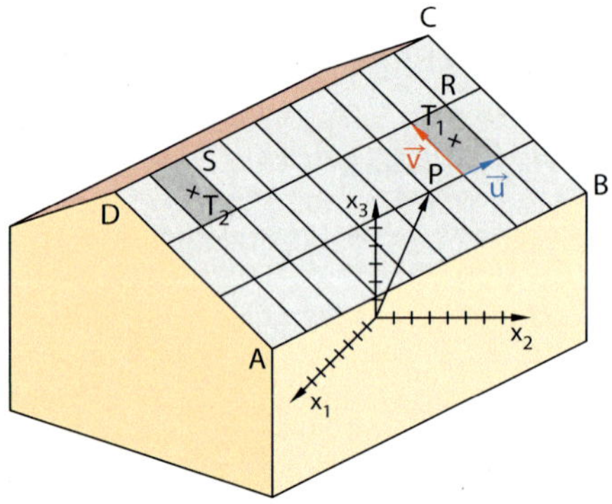

a) Geben Sie eine Gleichung der Ebene an, in der die Dachfläche ABCD enthalten ist.

b) Ermitteln Sie die Koordinaten der Punkte R, S, T_1 und T_2, wobei T_1 und T_2 die Mittelpunkte der dunkelgrauen Paneele sind.

c) Prüfen Sie, ob die Punkte K(10 | 1 | 13) und L(2 | 15 | 9) in der Fläche ABCD liegen.

d) Geben Sie an, für welche Werte für r und s in $\vec{x} = \overrightarrow{OP} + r \cdot \vec{u} + s \cdot \vec{v}$ man Punkte der Dachfläche ABCD erhält.

Hinweis zu 8:
Zwei Ebenen mit gleichen Richtungsvektoren sind parallel zueinander.

8. Bestimmen Sie eine Parametergleichung der Ebene E mit den angegebenen Eigenschaften.

a) E ist die x_1x_3-Koordinatenebene.

b) E enthält den Punkt P(2 | −3 | 5) und ist parallel zur x_1x_3-Koordinatenebene.

c) E enthält den Punkt P(1 | −1 | 4) und ist parallel zur Ebene
$E_0: \vec{x} = \begin{pmatrix} -3 \\ 0 \\ 5 \end{pmatrix} + r\begin{pmatrix} 3 \\ -1 \\ -5 \end{pmatrix} + s\begin{pmatrix} 6 \\ -8 \\ 1 \end{pmatrix}$.

d) Die Geraden $g: \vec{x} = \begin{pmatrix} -5 \\ 4 \\ -1 \end{pmatrix} + r\begin{pmatrix} 1 \\ 1 \\ 0 \end{pmatrix}$ und $h: \vec{x} = \begin{pmatrix} -5 \\ 4 \\ -1 \end{pmatrix} + r\begin{pmatrix} -3 \\ 0 \\ 5 \end{pmatrix}$ liegen in E.

Weiterführende Aufgaben

9. Beschreiben Sie die besondere Lage der Ebene E bezüglich der Koordinatenebenen und des Koordinatenursprungs.

a) E: $\vec{x} = \begin{pmatrix} 0 \\ 0 \\ 2 \end{pmatrix} + r\begin{pmatrix} 0 \\ 1 \\ 0 \end{pmatrix} + s\begin{pmatrix} 1 \\ 0 \\ 0 \end{pmatrix}$

b) E: $\vec{x} = r\begin{pmatrix} 1 \\ -5 \\ 2 \end{pmatrix} + s\begin{pmatrix} -6 \\ 3 \\ 7 \end{pmatrix}$

c) E: $\vec{x} = \begin{pmatrix} 5 \\ 3 \\ 7 \end{pmatrix} + r\begin{pmatrix} 0 \\ 2 \\ 2 \end{pmatrix} + s\begin{pmatrix} 0 \\ 0 \\ 1 \end{pmatrix}$

d) E: $\vec{x} = \begin{pmatrix} 3 \\ 0 \\ 0 \end{pmatrix} + r\begin{pmatrix} 0 \\ 6 \\ 0 \end{pmatrix} + s\begin{pmatrix} -3 \\ 0 \\ 5 \end{pmatrix}$

10. Eine Ebene E enthält die Gerade g: $\vec{x} = \begin{pmatrix} 6 \\ 0 \\ 0 \end{pmatrix} + k\begin{pmatrix} -2 \\ 0 \\ 1 \end{pmatrix}$ und den Punkt $P(0|5|0)$.

a) Zeigen Sie, dass der Punkt $A(4|0|1)$ in E liegt.

b) Begründen Sie, dass die Gerade h: $\vec{x} = \begin{pmatrix} 4 \\ 0 \\ 1 \end{pmatrix} + k\begin{pmatrix} -2 \\ 0 \\ 1 \end{pmatrix}$ in E liegt.

c) Geben Sie die Gleichung einer weiteren Geraden an, die durch A geht und in E liegt.

11. Die Ebene durch die Punkte A, B und C mit dem Stützpunkt A und den nicht kollinearen Richtungsvektoren $\overrightarrow{AB}$ und $\overrightarrow{AC}$ hat die Gleichung $\vec{x} = \overrightarrow{OA} + r \cdot \overrightarrow{AB} + s \cdot \overrightarrow{AC}$.
Geben Sie an, für welche Werte der Parameter r und s man die Ortsvektoren der angegebenen Punkte erhält.

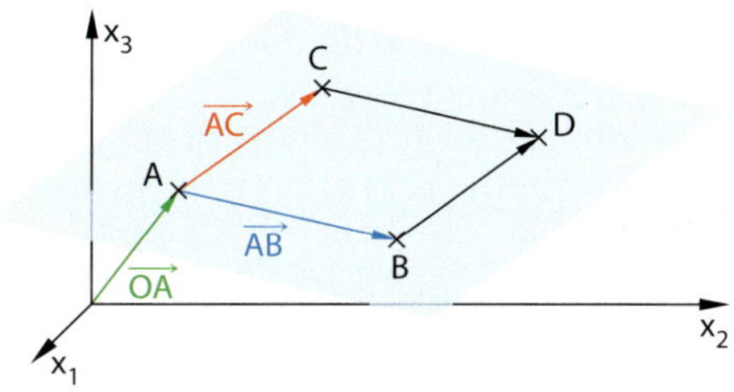

a) Punkt A

b) Punkte B und C

c) Punkte auf der Strecke $\overline{AB}$

d) Punkte auf der Strecke $\overline{AC}$

e) Punkt D des Parallelogramms ABDC

f) Punkte auf der Strecke $\overline{BD}$

g) Punkte auf der Strecke $\overline{CD}$

h) Mittelpunkt der Strecke $\overline{AD}$

i) Punkte im Inneren des Parallelogramms ABDC

12. Stolperstelle: Die Ebene E enthält den Punkt $A(16|-4|0)$ und wird durch die Vektoren $\vec{u} = \begin{pmatrix} 56 \\ 28 \\ -14 \end{pmatrix}$ und $\vec{v} = \begin{pmatrix} 27 \\ 18 \\ 27 \end{pmatrix}$ aufgespannt. Korrigieren und erläutern Sie den Fehler.

a) Lara: *„Vereinfacht ist auch $\vec{x} = \begin{pmatrix} 4 \\ -1 \\ 0 \end{pmatrix} + k\begin{pmatrix} 4 \\ 2 \\ -1 \end{pmatrix} + s\begin{pmatrix} 3 \\ 2 \\ 3 \end{pmatrix}$ eine Gleichung für E."*

b) Dennis: *„Der Punkt P mit $\overrightarrow{OP} = \begin{pmatrix} 16 \\ -4 \\ 0 \end{pmatrix} + 2 \cdot \begin{pmatrix} 4 \\ 2 \\ -1 \end{pmatrix} + 3 \cdot \begin{pmatrix} 3 \\ 2 \\ 3 \end{pmatrix}$ liegt nicht in dem Parallelogramm, das von A aus durch $\vec{u}$ und $\vec{v}$ aufgespannt wird."*

13. Prüfen Sie, ob die Punkte $A(3|5|6)$, $B(1|0{,}5|2{,}5)$ und $C(-1|2|1)$ in dem Parallelogramm liegen, welches vom Punkt $P(-1|-2|1)$ aus durch die Vektoren $\vec{u} = \begin{pmatrix} 3 \\ 4{,}5 \\ 3 \end{pmatrix}$ und $\vec{v} = \begin{pmatrix} 2 \\ 2 \\ 1 \end{pmatrix}$ aufgespannt wird. Begründen Sie Ihre Antwort mit einer Skizze.

14. Eine Ebene lässt sich durch drei Punkte A, B und C, die nicht auf einer Geraden liegen, festlegen. Nennen Sie weitere Möglichkeiten, eine Ebene durch Punkte und/oder Geraden zu beschreiben. Geben Sie zu jeder Möglichkeit ein Beispiel in Form einer Parametergleichung und einer Skizze an.

15. Ermitteln Sie, ob es eine eindeutige Ebene gibt, in der die Gerade g und der Punkt P liegen. Falls ja, geben Sie eine Parametergleichung der Ebene an.

a) $g: \vec{x} = \begin{pmatrix} -2 \\ 3 \\ 7 \end{pmatrix} + r \begin{pmatrix} 15 \\ -5 \\ 10 \end{pmatrix}$ $P(-8|5|3)$ b) $g: \vec{x} = \begin{pmatrix} 1 \\ 0 \\ -5 \end{pmatrix} + r \begin{pmatrix} 3 \\ -2 \\ 4 \end{pmatrix}$ $P(7|-4|-1)$

16. Prüfen Sie, ob es eine Ebene gibt, in der die Geraden g und h liegen. Falls ja, geben Sie eine Parametergleichung der Ebene an.

a) $g: \vec{x} = \begin{pmatrix} 5 \\ 2 \\ -6 \end{pmatrix} + r \begin{pmatrix} -2 \\ 5 \\ 1 \end{pmatrix}$ $h: \vec{x} = \begin{pmatrix} -1 \\ -16 \\ 0 \end{pmatrix} + s \begin{pmatrix} -4 \\ -1 \\ 3 \end{pmatrix}$

b) $g: \vec{x} = \begin{pmatrix} 0 \\ 1 \\ 0 \end{pmatrix} + r \begin{pmatrix} 2 \\ 0 \\ -1 \end{pmatrix}$ $h: \vec{x} = \begin{pmatrix} 0 \\ 0 \\ 5 \end{pmatrix} + s \begin{pmatrix} 1 \\ -1 \\ 0 \end{pmatrix}$

c) $g: \vec{x} = \begin{pmatrix} 2 \\ -1 \\ 0 \end{pmatrix} + r \begin{pmatrix} -2 \\ 0 \\ 1 \end{pmatrix}$ $h: \vec{x} = \begin{pmatrix} 1 \\ 0 \\ 4 \end{pmatrix} + s \begin{pmatrix} 4 \\ 0 \\ -2 \end{pmatrix}$

d) $g: \vec{x} = \begin{pmatrix} 2 \\ 1 \\ 1 \end{pmatrix} + r \begin{pmatrix} -0{,}5 \\ 2 \\ 1 \end{pmatrix}$ $h: \vec{x} = \begin{pmatrix} 5 \\ -11 \\ -5 \end{pmatrix} + s \begin{pmatrix} 1 \\ -4 \\ -2 \end{pmatrix}$

17. Bestimmen Sie, ob die Punkte A, B, C und D in einer gemeinsamen Ebene liegen. Erläutern Sie Ihre Vorgehensweise.

a) $A(5|-7|9)$, $B(3|-7|10)$, $C(6|-4|13)$, $D(4|-4|14)$

b) $A(3|-1|0)$, $B(4|-1|1)$, $C(5|0|0)$, $D(7|1|3)$

18. Die Skizze zeigt ein Hausdach.

a) Zeigen Sie, dass die Vierecke ABCD, ABEF und DCEF Parallelogramme sind.

b) Ermitteln Sie, in welchem dieser Parallelogramme der Punkt $P(1|4|1)$ liegt.

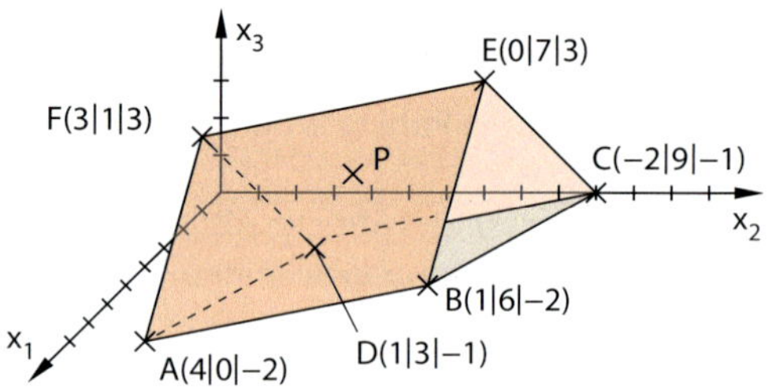

19. Ermitteln Sie die Koordinaten der Eckpunkte sowie des Schnittpunktes der Diagonalen des Parallelogramms, welches durch die Gleichung $E: \vec{x} = \begin{pmatrix} -2 \\ 0 \\ 3 \end{pmatrix} + r \begin{pmatrix} -1 \\ 3 \\ 1 \end{pmatrix} + s \begin{pmatrix} 5 \\ 2 \\ 0 \end{pmatrix}$ mit $0 \le r, s \le 4$ gegeben ist.

20. Nehmen Sie Stellung zu der Aussage und begründen Sie sie anschaulich.
Wenn ein Richtungsvektor einer Ebene parallel zur x_3-Achse ist, dann haben die Ebene und die x_3-Achse keine gemeinsamen Punkte.

21. Die Abbildung zeigt einen Carport (2 LE entsprechen 1 m). Wegen eines Baums ist die Rückwand schmaler als die Einfahrtswand. Der Boden des Carports liegt in der x_1x_2-Ebene. Damit das Dach ein Gefälle hat, sind die Stützen unterschiedlich lang.
Berechnen Sie, wie lang die Stütze unter dem Punkt B sein muss, damit das Dach auch hier aufliegt.

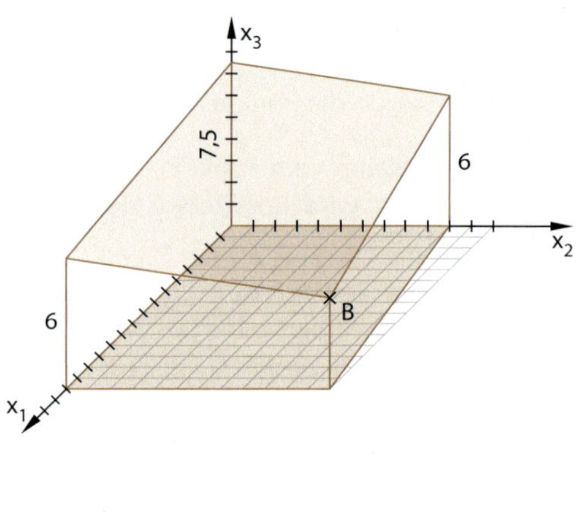

22. Gegeben sind die Punkte $A(3|0|-3)$, $B(3|5|-3)$ und $D(-1|0|0)$.

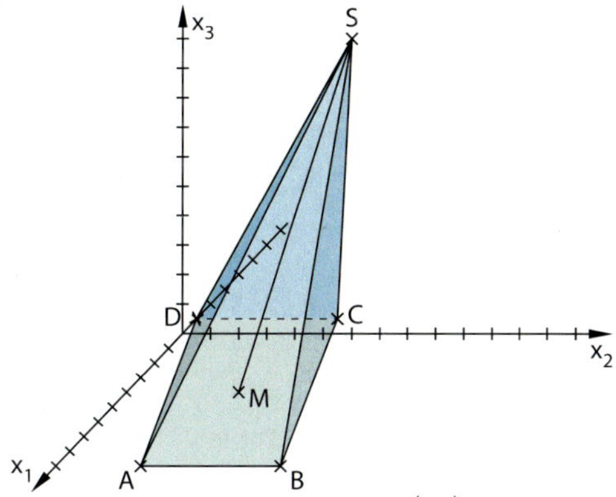

a) Berechnen Sie die Koordinaten des Punktes C, sodass ABCD ein Parallelogramm ist.

b) Zeigen Sie, dass das Parallelogramm sogar ein Quadrat ist, indem Sie die Längen der Seiten miteinander vergleichen und auch die Längen der Diagonalen.

c) Berechnen Sie die Koordinaten des Mittelpunktes M des Quadrats ABCD. Zeigen Sie, dass M auf der Geraden h liegt, welche durch $S(-7|2{,}5|6{,}5)$ verläuft und den Richtungsvektor $\vec{v} = \begin{pmatrix} -1 \\ 0 \\ 1 \end{pmatrix}$ hat.

d) Zeigen Sie, dass der Punkt S von den vier Eckpunkten des Quadrats gleich weit entfernt ist. Geben Sie an, welche Bedeutung dann die Strecke $\overline{MS}$ für die Pyramide mit Grundfläche ABCD und Spitze S hat.

e) Berechnen Sie das Volumen der Pyramide.

23. Spurpunkte: Die Schnittpunkte einer Ebene mit den Koordinatenachsen heißen Spurpunkte. Mit ihnen lässt sich die Lage einer Ebene im Koordinatensystem verdeutlichen. Es sei

$$E: \vec{x} = \begin{pmatrix} x_1 \\ x_2 \\ x_3 \end{pmatrix} = \begin{pmatrix} 1 \\ -2 \\ 2 \end{pmatrix} + r\begin{pmatrix} 0 \\ 8 \\ -2 \end{pmatrix} + s\begin{pmatrix} -3 \\ 14 \\ -2 \end{pmatrix}$$

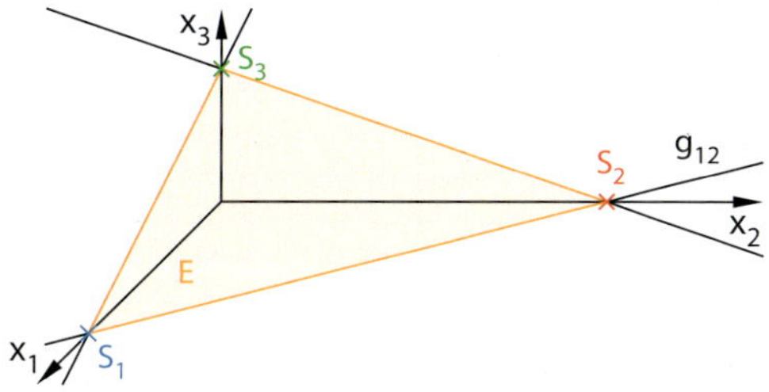

a) Zeigen Sie, dass $S_1(4|0|0)$ der Spurpunkt von E mit der x_1-Achse ist. Erklären Sie, weshalb zwei der Koordinaten dieses Punktes 0 sind.

b) Berechnen Sie, für welche Werte der Parameter r und s man $x_1 = 0$ und $x_3 = 0$ erhält. Dazu müssen Sie ein 2×2-LGS lösen. Beschreiben Sie, welche Punkte Sie durch die ermittelten Parameterwerte angeben können.

c) Bestimmen Sie den Spurpunkt S_3 der Ebene E mit der x_3-Achse.

d) Stellen Sie E mithilfe der Spurpunkte in einem Koordinatensystem dar.

24. Ausblick: Es seien A, B und C drei beliebige Punkte, die nicht auf einer Geraden liegen, und $\vec{b}$ und $\vec{c}$ Vektoren wie in der Abbildung festgelegt. Für einen Punkt Q im von den Vektoren $\vec{b}$ und $\vec{c}$ von A aus aufgespannten Parallelogramm gilt $\overrightarrow{OQ} = \overrightarrow{OA} + r \cdot \vec{b} + s \cdot \vec{c}$ mit $0 \leq r \leq 1$ und $0 \leq s \leq 1$. In dieser Aufgabe sollen Sie ein Kriterium dafür entwickeln, dass ein gegebener Punkt P im Dreieck ABC liegt.

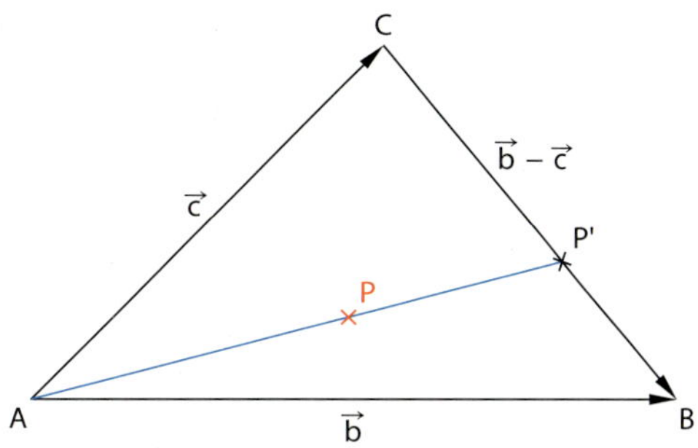

a) Zeigen Sie: Der Punkt P' liegt genau dann auf der Strecke $\overline{CB}$, wenn die Gleichung $\overrightarrow{OP'} = \overrightarrow{OA} + r \cdot \vec{b} + s \cdot \vec{c}$ mit $0 \leq r, s$ und $r + s = 1$ gilt. Setzen Sie dazu $s = 1 - r$ im Ausdruck für $\overrightarrow{OP'}$ und vereinfachen Sie den Ausdruck.

b) Zu jedem Punkt P im Dreieck ABC gibt es einen Punkt P' auf der Strecke $\overline{CB}$, sodass gilt $\overrightarrow{AP} = k \cdot \overrightarrow{AP'}$ mit $0 \leq k \leq 1$. Nutzen Sie das Ergebnis aus Teil a), um herauszufinden, für welche r, s ein Punkt P mit $\overrightarrow{OP} = \overrightarrow{OA} + r \cdot \vec{b} + s \cdot \vec{c}$ im Dreieck ABC liegt.

2.5 Skalarprodukt und orthogonale Vektoren

■ Zum Vektor $\vec{v} = \binom{2}{2}$ wird ein Vektor gesucht, dessen Pfeile senkrecht auf denen von $\vec{v}$ stehen.

a) Schätzen Sie mithilfe der Zeichnung, welcher der Vektoren $\vec{a}$, $\vec{b}$ und $\vec{c}$ dies erfüllt.

b) Für die Summe der Koordinatenprodukte von $\vec{a}$ und $\vec{v}$ gilt: $(-2) \cdot 2 + 1 \cdot 2 = -2$. Berechnen Sie diese für $\vec{b}$ und $\vec{v}$ sowie $\vec{c}$ und $\vec{v}$. Beschreiben Sie Ihre Beobachtung. ■

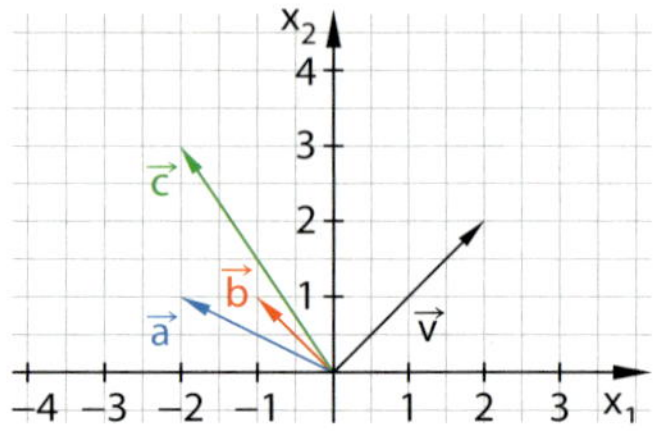

Orthogonale Vektoren

Zwei Vektoren nennt man zueinander **orthogonal** (senkrecht), wenn ihre Vektorpfeile zueinander senkrecht sind.

Nach dem Satz des Pythagoras sind die Vektoren $\vec{a}$ und $\vec{b}$ genau dann zueinander orthogonal, wenn gilt:

$$|\vec{a}|^2 + |\vec{b}|^2 = |\vec{a} - \vec{b}|^2$$

Mit $\vec{a} = \binom{a_1}{a_2}$ und $\vec{b} = \binom{b_1}{b_2}$ und $\vec{a} - \vec{b} = \binom{a_1 - b_1}{a_2 - b_2}$ lässt sich die Gleichung umformen:

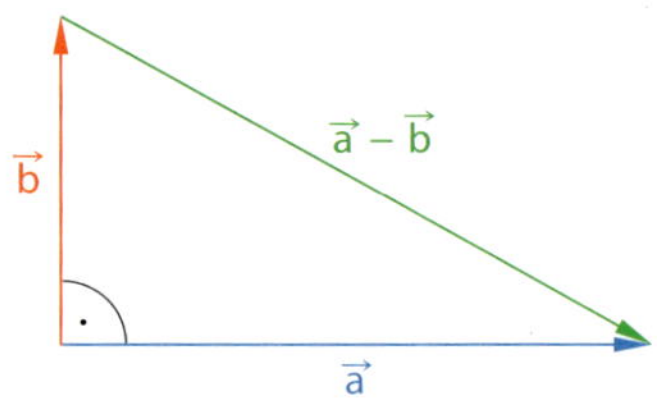

Erinnerung:
Wegen $|\vec{a}| = \sqrt{a_1^2 + a_2^2}$ ist $|\vec{a}|^2 = a_1^2 + a_2^2$.

$$\left(a_1^2 + a_2^2\right) + \left(b_1^2 + b_2^2\right) = (a_1 - b_1)^2 + (a_2 - b_2)^2 \qquad | \text{ 2. binomische Formel}$$
$$a_1^2 + a_2^2 + b_1^2 + b_2^2 = a_1^2 - 2a_1b_1 + b_1^2 + a_2^2 - 2a_2b_2 + b_2^2 \qquad | -\left(a_1^2 + a_2^2 + b_1^2 + b_2^2\right) \qquad | : (-2)$$
$$0 = a_1b_1 + a_2b_2$$

Der Ausdruck $a_1b_1 + a_2b_2$ entscheidet also darüber, ob die Vektoren $\vec{a}$ und $\vec{b}$ zueinander orthogonal sind. Das gilt auch für den entsprechenden Ausdruck für Vektoren im Raum.

Hinweis:
Für Vektoren in der Ebene gilt:
$\vec{a} \cdot \vec{b} = \binom{a_1}{a_2} \cdot \binom{b_1}{b_2} = a_1b_1 + a_2b_2$

Definition: Skalarprodukt zweier Vektoren

Für die Vektoren $\vec{a}$ und $\vec{b}$ heißt $\vec{a} \cdot \vec{b} = \begin{pmatrix} a_1 \\ a_2 \\ a_3 \end{pmatrix} \cdot \begin{pmatrix} b_1 \\ b_2 \\ b_3 \end{pmatrix} = a_1b_1 + a_2b_2 + a_3b_3$ das **Skalarprodukt** von $\vec{a}$ und $\vec{b}$.

Das Ergebnis eines Skalarprodukts ist eine reelle Zahl (ein Skalar) und kein Vektor. Mithilfe des Skalarprodukts lassen sich Vektoren einfach auf Orthogonalität prüfen:

Hinweis:
$a_1b_1 + a_2b_2 + a_3b_3$ ist eigentlich eine Summe. Man spricht dennoch vom Skalarprodukt, da z. B. gilt:
$\vec{a} \cdot (\vec{b} + \vec{c}) = \vec{a} \cdot \vec{b} + \vec{a} \cdot \vec{c}$

Satz: Orthogonale Vektoren

Zwei Vektoren $\vec{a} \neq \vec{0}$ und $\vec{b} \neq \vec{0}$ sind genau dann zueinander orthogonal (senkrecht), wenn ihr Skalarprodukt null ist, also $\vec{a} \cdot \vec{b} = 0$ gilt.

Beispiel 1: Orthogonalität prüfen

Prüfen Sie, ob der Vektor $\vec{a} = \begin{pmatrix} 7 \\ -3 \\ 5 \end{pmatrix}$ orthogonal zu $\vec{b} = \begin{pmatrix} 2 \\ 8 \\ 2 \end{pmatrix}$ oder $\vec{c} = \begin{pmatrix} -1 \\ 5 \\ 4 \end{pmatrix}$ ist.

Lösung:

Berechnen Sie die Skalarprodukte $\vec{a} \cdot \vec{b}$ und $\vec{a} \cdot \vec{c}$. Bilden Sie dazu die Produkte a_1b_1, a_2b_2, a_3b_3 (bzw. a_1c_1, a_2c_2, a_3c_3) und addieren Sie diese.
Ist das Skalarprodukt null, so sind die Vektoren orthogonal zueinander.

$$\vec{a} \cdot \vec{b} = \begin{pmatrix} 7 \\ -3 \\ 5 \end{pmatrix} \cdot \begin{pmatrix} 2 \\ 8 \\ 2 \end{pmatrix} = 7 \cdot 2 - 3 \cdot 8 + 5 \cdot 2 = 0$$

$$\vec{a} \cdot \vec{c} = \begin{pmatrix} 7 \\ -3 \\ 5 \end{pmatrix} \cdot \begin{pmatrix} -1 \\ 5 \\ 4 \end{pmatrix} = -7 - 15 + 20 = -2 \neq 0$$

$\vec{a}$ ist orthogonal zu $\vec{b}$, aber nicht zu $\vec{c}$.

Beispiel 2: Orthogonalen Vektor aufstellen

Bestimmen Sie einen Vektor $\vec{n}$, der zu $\vec{a} = \begin{pmatrix} 3 \\ -6 \\ 2 \end{pmatrix}$ und zu $\vec{b} = \begin{pmatrix} -3 \\ 4 \\ 1 \end{pmatrix}$ orthogonal ist.

Lösung:

Damit $\vec{n}$ orthogonal zu $\vec{a}$ und zu $\vec{b}$ ist, muss $\vec{n} \cdot \vec{a} = 0$ und $\vec{n} \cdot \vec{b} = 0$ gelten.

$\vec{n} \cdot \vec{a} = 0 \quad 3 \cdot n_1 - 6 \cdot n_2 + 2 \cdot n_3 = 0$

$\vec{n} \cdot \vec{b} = 0 \quad -3 \cdot n_1 + 4 \cdot n_2 + 1 \cdot n_3 = 0$

Stellen Sie mit diesen Gleichungen ein LGS auf und bilden Sie die Zeilenstufenform.

$$\left(\begin{array}{ccc|c} 3 & -6 & 2 & 0 \\ -3 & 4 & 1 & 0 \end{array}\right) \xrightarrow{\text{ZSF}} \left(\begin{array}{ccc|c} 3 & -6 & 2 & 0 \\ 0 & -2 & 3 & 0 \end{array}\right)$$

Wählen Sie eine Variable (hier n_3) als t und stellen Sie den allgemeinen Lösungsvektor $\vec{n_t}$ auf. Ersetzen Sie dort den Faktor t so durch einen Wert, dass der Vektor möglichst bruchfrei wird. So ergibt sich eine konkrete Lösung.

$n_3 = t$ frei wählbar: $n_2 = \frac{3}{2}t \quad n_1 = \frac{7}{3}t$

$$\vec{n_t} = \begin{pmatrix} \frac{7}{3}t \\ \frac{3}{2}t \\ t \end{pmatrix} = t \begin{pmatrix} \frac{7}{3} \\ \frac{3}{2} \\ 1 \end{pmatrix}$$

Mit $t = 6$ ergibt sich $\vec{n} = \begin{pmatrix} 14 \\ 9 \\ 6 \end{pmatrix}$.

Da dieser Rechenweg fehleranfällig ist, sollten Sie immer eine **Probe** machen.

$\vec{n} \cdot \vec{a} = 42 - 54 + 12 = 0$

$\vec{n} \cdot \vec{b} = -42 + 36 + 6 = 0$

Hinweis:
Da nur gefordert wird, dass $\vec{n}$ zu $\vec{a}$ und $\vec{b}$ orthogonal ist, ist die Länge von $\vec{n}$ nicht festgelegt. Dies drückt der Faktor t aus.

Basisaufgaben

1. Berechnen Sie.

a) $\begin{pmatrix} 2 \\ -1 \\ 7 \end{pmatrix} \cdot \begin{pmatrix} -3 \\ -5 \\ 1 \end{pmatrix}$ b) $\begin{pmatrix} 6 \\ 2 \\ 3 \end{pmatrix} \cdot \begin{pmatrix} 1 \\ 0 \\ -2 \end{pmatrix}$ c) $\begin{pmatrix} 1 \\ 1 \\ 1 \end{pmatrix} \cdot \begin{pmatrix} 3 \\ -7 \\ 8 \end{pmatrix}$

d) $\begin{pmatrix} 2 \\ 5 \end{pmatrix} \cdot \begin{pmatrix} 4 \\ -1 \end{pmatrix}$ e) $\begin{pmatrix} 3 \\ -1 \\ 4 \end{pmatrix} \cdot \left(\begin{pmatrix} -2 \\ 5 \\ 1 \end{pmatrix} + \begin{pmatrix} 6 \\ 0 \\ 5 \end{pmatrix} \right)$ f) $\begin{pmatrix} 3 \\ -1 \\ 4 \end{pmatrix} \cdot \begin{pmatrix} -2 \\ 5 \\ 1 \end{pmatrix} + \begin{pmatrix} 3 \\ -1 \\ 4 \end{pmatrix} \cdot \begin{pmatrix} 6 \\ 0 \\ 5 \end{pmatrix}$

2. Prüfen Sie, ob die Vektoren $\vec{a}$ und $\vec{b}$ zueinander orthogonal sind.

a) $\vec{a} = \begin{pmatrix} 2 \\ 0 \\ 0 \end{pmatrix}$ $\vec{b} = \begin{pmatrix} 0 \\ 3 \\ 5 \end{pmatrix}$ b) $\vec{a} = \begin{pmatrix} 2 \\ 3 \\ -9 \end{pmatrix}$ $\vec{b} = \begin{pmatrix} 5 \\ 1 \\ 1 \end{pmatrix}$ c) $\vec{a} = \begin{pmatrix} 1 \\ 1 \\ 7 \end{pmatrix}$ $\vec{b} = \begin{pmatrix} -3 \\ -4 \\ 1 \end{pmatrix}$

d) $\vec{a} = \begin{pmatrix} 0 \\ 9 \\ 17 \end{pmatrix}$ $\vec{b} = \begin{pmatrix} 21 \\ 17 \\ -9 \end{pmatrix}$ e) $\vec{a} = \begin{pmatrix} 13 \\ 1 \\ -6 \end{pmatrix}$ $\vec{b} = \begin{pmatrix} -2 \\ 1 \\ -3 \end{pmatrix}$ f) $\vec{a} = \begin{pmatrix} -4 \\ 9 \\ -3 \end{pmatrix}$ $\vec{b} = \begin{pmatrix} 3 \\ 7 \\ 17 \end{pmatrix}$

3. Zeichnen Sie je einen Vektorpfeil von $\vec{a}$ und $\vec{b}$ in ein Koordinatensystem und schätzen Sie, ob die Pfeile senkrecht sind. Kontrollieren Sie rechnerisch.

a) $\vec{a} = \begin{pmatrix} -1 \\ -2 \end{pmatrix}$ $\vec{b} = \begin{pmatrix} 5 \\ -2 \end{pmatrix}$ b) $\vec{a} = \begin{pmatrix} 2 \\ 3 \end{pmatrix}$ $\vec{b} = \begin{pmatrix} 1{,}5 \\ -1 \end{pmatrix}$ c) $\vec{a} = \begin{pmatrix} -1 \\ -2 \end{pmatrix}$ $\vec{b} = \begin{pmatrix} 4 \\ -2 \end{pmatrix}$

4. Gegeben sind die Vektoren $\vec{a} = \begin{pmatrix} 0 \\ 7 \\ 5 \end{pmatrix}$, $\vec{b} = \begin{pmatrix} -7 \\ 0 \\ 2 \end{pmatrix}$ und $\vec{c} = \begin{pmatrix} 5 \\ 2 \\ 0 \end{pmatrix}$ sowie $\vec{v} = \begin{pmatrix} 2 \\ -5 \\ 7 \end{pmatrix}$ und $\vec{w} = \begin{pmatrix} 6 \\ 3 \\ -8 \end{pmatrix}$.

a) Zeigen Sie, dass $\vec{a}$, $\vec{b}$ und $\vec{c}$ orthogonal zu $\vec{v}$ sind.

b) Vergleichen Sie die Koordinaten von $\vec{a}$, $\vec{b}$ und $\vec{c}$ mit denen von $\vec{v}$ und beschreiben Sie Besonderheiten. Geben Sie auf die gleiche Weise drei orthogonale Vektoren zu $\vec{w}$ an.

Hinweis zu 4b:
Hier muss kein LGS aufgestellt werden.

5. Bestimmen Sie einen zu $\vec{a}$ und $\vec{b}$ orthogonalen Vektor.

a) $\vec{a} = \begin{pmatrix} 5 \\ 0 \\ 0 \end{pmatrix}$ $\vec{b} = \begin{pmatrix} 0 \\ 2 \\ 0 \end{pmatrix}$ b) $\vec{a} = \begin{pmatrix} 2 \\ 1 \\ 0 \end{pmatrix}$ $\vec{b} = \begin{pmatrix} 0 \\ 0 \\ 4 \end{pmatrix}$ c) $\vec{a} = \begin{pmatrix} 3 \\ 0 \\ 1 \end{pmatrix}$ $\vec{b} = \begin{pmatrix} 2 \\ 4 \\ 2 \end{pmatrix}$

d) $\vec{a} = \begin{pmatrix} 1 \\ -1 \\ 4 \end{pmatrix}$ $\vec{b} = \begin{pmatrix} -1 \\ 2 \\ 1 \end{pmatrix}$ e) $\vec{a} = \begin{pmatrix} 2 \\ 6 \\ 4 \end{pmatrix}$ $\vec{b} = \begin{pmatrix} -1 \\ 5 \\ 2 \end{pmatrix}$ f) $\vec{a} = \begin{pmatrix} 3 \\ 5 \\ -1 \end{pmatrix}$ $\vec{b} = \begin{pmatrix} -2 \\ 1 \\ 0 \end{pmatrix}$

Hinweis zu 5:
Nicht in jeder Teilaufgabe muss ein LGS aufgestellt werden.

Orthogonalität bei Geraden und Ebenen

Da die Richtung einer Geraden durch ihren Richtungsvektor festgelegt ist, kann man anhand der Richtungsvektoren entscheiden, ob zwei Geraden orthogonal zueinander sind.

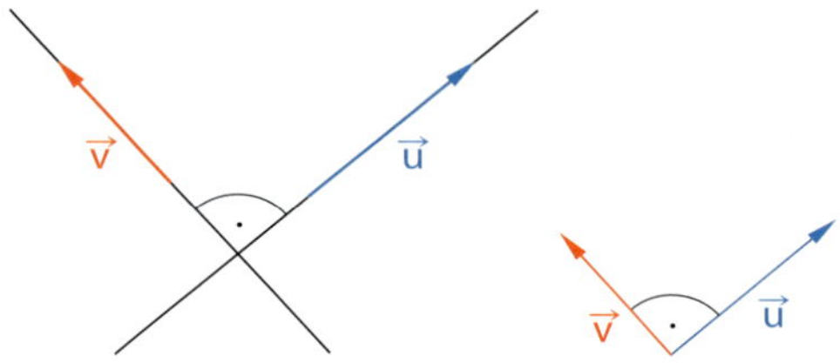

Definition: Orthogonale Geraden
Zwei Geraden verlaufen genau dann zueinander orthogonal, wenn ihre Richtungsvektoren zueinander orthogonal sind.

Nach dieser Definition können zwei Geraden auch dann orthogonal zueinander sein, wenn sie windschief zueinander sind. Ein Beispiel dafür sind die Geraden g und h entlang der Kanten des abgebildeten Würfels.

Die Gerade g ist auch orthogonal zu der Ebene E, in der die Grundfläche des Würfels liegt, da g zu allen Geraden in E orthogonal ist. Insbesondere ist der Richtungsvektor von g orthogonal zu den Richtungsvektoren von E.

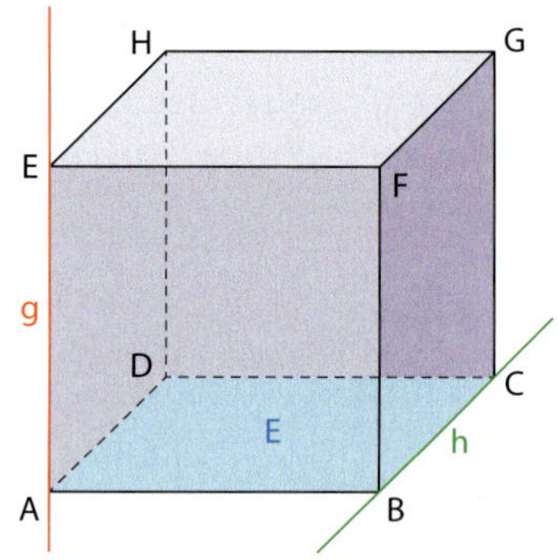

Definition: Gerade orthogonal zu einer Ebene
Eine Gerade verläuft genau dann orthogonal zu einer Ebene, wenn der Richtungsvektor der Geraden zu beiden Richtungsvektoren der Ebene orthogonal ist.

Beispiel 3: Gegeben ist die Gerade g: $\vec{x} = \begin{pmatrix} -7 \\ 8 \\ 8 \end{pmatrix} + r\begin{pmatrix} 4 \\ 5 \\ 1 \end{pmatrix}$. Prüfen Sie, ob die Gerade g orthogonal verläuft

a) zur Geraden h: $\vec{x} = \begin{pmatrix} 2 \\ -1 \\ 0 \end{pmatrix} + s\begin{pmatrix} 2 \\ 0 \\ -8 \end{pmatrix}$,

b) zur Ebene E: $\vec{x} = \begin{pmatrix} 4 \\ 0 \\ 1 \end{pmatrix} + s\begin{pmatrix} 1 \\ -1 \\ 1 \end{pmatrix} + t\begin{pmatrix} -2 \\ -1 \\ 8 \end{pmatrix}$.

Lösung:

a) Prüfen Sie mithilfe des Skalarprodukts, ob die Richtungsvektoren zueinander orthogonal sind. Wenn ja, verlaufen auch die Geraden orthogonal.

$$\begin{pmatrix} 4 \\ 5 \\ 1 \end{pmatrix} \cdot \begin{pmatrix} 2 \\ 0 \\ -8 \end{pmatrix} = 8 + 0 - 8 = 0$$

Die Geraden g und h verlaufen orthogonal zueinander.

b) Prüfen Sie mithilfe des Skalarprodukts, ob der Richtungsvektor der Geraden zu den Richtungsvektoren der Ebene orthogonal ist. Nur wenn beide Skalarprodukte null sind, dann ist die Gerade orthogonal zur Ebene.

$$\begin{pmatrix} 4 \\ 5 \\ 1 \end{pmatrix} \cdot \begin{pmatrix} 1 \\ -1 \\ 1 \end{pmatrix} = 4 - 5 + 1 = 0$$

$$\begin{pmatrix} 4 \\ 5 \\ 1 \end{pmatrix} \cdot \begin{pmatrix} -2 \\ -1 \\ 8 \end{pmatrix} = -8 - 5 + 8 = -5$$

Die Gerade g verläuft nicht orthogonal zur Ebene E.

Basisaufgaben

6. Prüfen Sie, ob die Geraden g und h zueinander orthogonal verlaufen.

a) $g: \vec{x} = \begin{pmatrix} 2 \\ -1 \\ 5 \end{pmatrix} + r\begin{pmatrix} 3 \\ 4 \\ -1 \end{pmatrix}$ $\quad h: \vec{x} = \begin{pmatrix} 5 \\ 0 \\ -2 \end{pmatrix} + s\begin{pmatrix} 1 \\ 1 \\ 5 \end{pmatrix}$

b) $g: \vec{x} = \begin{pmatrix} 3 \\ 1 \\ 0 \end{pmatrix} + r\begin{pmatrix} 4 \\ 5 \\ -2 \end{pmatrix}$ $\quad h: \vec{x} = \begin{pmatrix} -1 \\ 2 \\ 3 \end{pmatrix} + s\begin{pmatrix} 2 \\ 2 \\ 9 \end{pmatrix}$

c) $g: \vec{x} = \begin{pmatrix} 1 \\ 0 \\ 0 \end{pmatrix} + r\begin{pmatrix} 13 \\ -2 \\ 4 \end{pmatrix}$ $\quad h: \vec{x} = \begin{pmatrix} 0 \\ 0 \\ 3 \end{pmatrix} + s\begin{pmatrix} -2 \\ -1 \\ 6 \end{pmatrix}$

d) $g: \vec{x} = \begin{pmatrix} 4 \\ 5 \\ 4 \end{pmatrix} + r\begin{pmatrix} 2 \\ 3 \\ 1 \end{pmatrix}$ $\quad h: \vec{x} = \begin{pmatrix} -2 \\ 1 \\ 1 \end{pmatrix} + s\begin{pmatrix} 2 \\ -4 \\ 3 \end{pmatrix}$

7. Betrachten Sie die 12 Geraden, die sich durch Verlängerungen der 12 Kanten des abgebildeten Würfels ergeben. Geben Sie an, welche dieser Geraden

a) zu AB orthogonal verlaufen und AB schneiden,
b) zu AB orthogonal verlaufen und AB nicht schneiden,
c) zur Ebene durch die Punkte A, E und H orthogonal verlaufen.

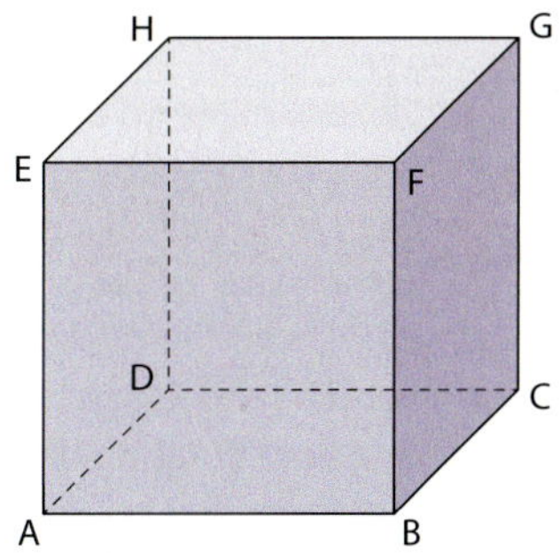

8. Zeigen Sie, dass sich die Geraden g und h schneiden. Prüfen Sie, ob g und h orthogonal zueinander verlaufen.

a) $g: \vec{x} = \begin{pmatrix} 3 \\ 1 \\ 4 \end{pmatrix} + r\begin{pmatrix} 2 \\ -7 \\ 5 \end{pmatrix}$ $\quad h: \vec{x} = \begin{pmatrix} 5 \\ -6 \\ 9 \end{pmatrix} + s\begin{pmatrix} 1 \\ 1 \\ 1 \end{pmatrix}$

b) $g: \vec{x} = \begin{pmatrix} 3 \\ 0 \\ 1 \end{pmatrix} + r\begin{pmatrix} -3 \\ 1 \\ -1 \end{pmatrix}$ $\quad h: \vec{x} = \begin{pmatrix} 0 \\ 1 \\ 0 \end{pmatrix} + s\begin{pmatrix} 1 \\ 2 \\ 2 \end{pmatrix}$

9. Prüfen Sie, ob die Gerade g orthogonal zur Ebene E verläuft.

a) $g: \vec{x} = \begin{pmatrix} 2 \\ 1 \\ 1 \end{pmatrix} + k\begin{pmatrix} 3 \\ -1 \\ 4 \end{pmatrix}$ $\quad E: \vec{x} = \begin{pmatrix} -1 \\ 1 \\ 1 \end{pmatrix} + r\begin{pmatrix} 3 \\ 5 \\ -1 \end{pmatrix} + s\begin{pmatrix} 1 \\ 0 \\ -2 \end{pmatrix}$

b) $g: \vec{x} = \begin{pmatrix} 3 \\ 4 \\ -5 \end{pmatrix} + k\begin{pmatrix} 5 \\ -6 \\ 2 \end{pmatrix}$ $\quad E: \vec{x} = \begin{pmatrix} 1 \\ 0 \\ 3 \end{pmatrix} + r\begin{pmatrix} 2 \\ 2 \\ 1 \end{pmatrix} + s\begin{pmatrix} 6 \\ 4 \\ -3 \end{pmatrix}$

c) $g: \vec{x} = \begin{pmatrix} 3 \\ -6 \\ 1 \end{pmatrix} + k\begin{pmatrix} 3 \\ 0 \\ 5 \end{pmatrix}$ $\quad E: \vec{x} = \begin{pmatrix} 2 \\ 1 \\ 1 \end{pmatrix} + r\begin{pmatrix} 5 \\ 1 \\ 3 \end{pmatrix} + s\begin{pmatrix} 1 \\ 2 \\ -1 \end{pmatrix}$

10. Bestimmen Sie die Parameterform einer Geraden h, die die Gerade g senkrecht schneidet.

a) $g: \vec{x} = \begin{pmatrix} 4 \\ 1 \\ 1 \end{pmatrix} + k\begin{pmatrix} 3 \\ 0 \\ 4 \end{pmatrix}$ $\quad$ b) $g: \vec{x} = \begin{pmatrix} 2 \\ 7 \\ -2 \end{pmatrix} + k\begin{pmatrix} 5 \\ 1 \\ -3 \end{pmatrix}$ $\quad$ c) $g: \vec{x} = \begin{pmatrix} -5 \\ 0 \\ 2 \end{pmatrix} + k\begin{pmatrix} 2 \\ -1 \\ 2 \end{pmatrix}$

11. a) Bestimmen Sie die Parametergleichungen dreier zueinander nicht paralleler Geraden, die senkrecht zur x_1-Achse verlaufen und diese in P(3 | 0 | 0) schneiden. Vergleichen Sie die Ergebnisse mit Ihrem Nachbarn.

b) Die Gerade g geht durch den Ursprung und den Punkt Q(0 | 3 | 3). Bestimmen Sie eine Parametergleichung einer Ebene durch den Punkt Q, die senkrecht zu g verläuft.

Weiterführende Aufgaben

12. Für das Skalarprodukt eines Vektors $\vec{a}$ mit sich selbst gilt: $\vec{a} \cdot \vec{a} = |\vec{a}|^2$
a) Überprüfen Sie die Formel an zwei selbst gewählten Beispielen.
b) Zeigen Sie allgemein, dass die Formel für jeden dreidimensionalen Vektor gilt.
c) Begründen Sie, dass für den Betrag eines Vektors $\vec{a}$ gilt: $|\vec{a}| = \sqrt{\vec{a} \cdot \vec{a}}$

13. Prüfen Sie, ob die Aussage richtig ist, und begründen Sie mithilfe einer Skizze.
a) Wenn in der Ebene ein Vektor $\vec{a}$ orthogonal zu einem Vektor $\vec{b}$ ist und $\vec{b}$ orthogonal zu $\vec{c}$, dann sind die Vektoren $\vec{a}$ und $\vec{c}$ kollinear.
b) Wenn im Raum ein Vektor $\vec{a}$ orthogonal zu einem Vektor $\vec{b}$ ist und $\vec{b}$ orthogonal zu $\vec{c}$, dann sind die Vektoren $\vec{a}$ und $\vec{c}$ kollinear. (Prüfen Sie dies an einem Würfel.)
c) Wenn im Raum ein Vektor $\vec{a}$ orthogonal zu einem Vektor $\vec{b}$ ist und die Vektoren $\vec{a}$ und $\vec{c}$ kollinear sind, dann sind die Vektoren $\vec{b}$ und $\vec{c}$ orthogonal zueinander.

14. a) Skizzieren Sie im zweidimensionalen Koordinatensystem das Dreieck ABC mit $A(-2|-1)$, $B(4|-3)$, $C(4|2)$.
b) Geben Sie die Gleichung einer Geraden h_c an, welche durch den Punkt C verläuft und orthogonal zu $\overrightarrow{AB}$ ist.
c) Berechnen Sie die Koordinaten des Schnittpunktes H von h_c und AB.
d) Berechnen Sie den Flächeninhalt des Dreiecks mithilfe von $|\overrightarrow{AB}|$ und $|\overrightarrow{CH}|$. Erläutern Sie Ihre Rechnung an der Skizze.
e) Ermitteln Sie ebenso den Flächeninhalt des Dreiecks ABC mit $A(0|-3)$, $B(6|0)$, $C(-1|4)$.

15. Stolperstelle: Michael möchte die Höhe des Dreiecks ABC bestimmen. Er überlegt sich ein Vorgehen, beginnt zu rechnen und kommt aber auf kein Ergebnis. Erläutern Sie seinen Rechenweg und finden Sie heraus, weshalb dieser Weg scheitert.

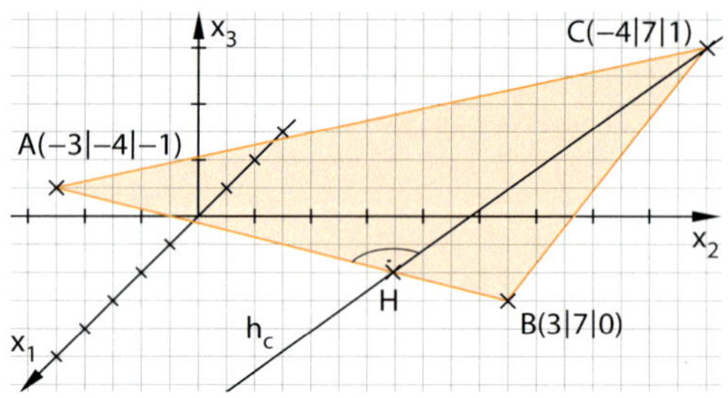

① AB: $\vec{x} = \begin{pmatrix} -3 \\ -4 \\ -1 \end{pmatrix} + r\begin{pmatrix} 6 \\ 11 \\ 1 \end{pmatrix}$

② $\vec{v} = \begin{pmatrix} 1 \\ 0 \\ -6 \end{pmatrix}$, da $\begin{pmatrix} 1 \\ 0 \\ -6 \end{pmatrix} \cdot \begin{pmatrix} 6 \\ 11 \\ 1 \end{pmatrix} = 0$, also ③ h_c: $\vec{x} = \begin{pmatrix} -4 \\ 7 \\ 1 \end{pmatrix} + s\begin{pmatrix} 1 \\ 0 \\ -6 \end{pmatrix}$

Der Fußpunkt H der Höhe ist der Schnittpunkt von h_c mit AB: ④ $\begin{pmatrix} -3 \\ -4 \\ -1 \end{pmatrix} + r\begin{pmatrix} 6 \\ 11 \\ 1 \end{pmatrix} = \begin{pmatrix} -4 \\ 7 \\ 1 \end{pmatrix} + s\begin{pmatrix} 1 \\ 0 \\ 6 \end{pmatrix}$

Das LGS hat keine Lösung, also gibt es keinen Schnittpunkt.

16. Rechengesetze des Skalarprodukts:
a) Claudia sagt, dass die Vektoren $\vec{u} = \begin{pmatrix} 14 \\ 21 \\ -28 \end{pmatrix}$ und $\vec{v} = \begin{pmatrix} 7 \\ -2 \\ 2 \end{pmatrix}$ zueinander orthogonal sind, denn es gilt $\begin{pmatrix} 2 \\ 3 \\ -4 \end{pmatrix} \cdot \begin{pmatrix} 7 \\ -2 \\ 2 \end{pmatrix} = 14 - 6 - 8 = 0$. Erklären Sie ihren Rechenvorteil.
b) Bestätigen Sie am Beispiel $\vec{a} = \begin{pmatrix} 2 \\ 3 \\ -4 \end{pmatrix}$, $\vec{b} = \begin{pmatrix} 3 \\ 2 \\ -1 \end{pmatrix}$ und $r = 7$ die Gültigkeit des Gesetzes $(r \cdot \vec{a}) \cdot \vec{b} = r \cdot (\vec{a} \cdot \vec{b})$.
c) Erläutern Sie, inwiefern in Aufgabe 1 das Distributivgesetz überprüft wird.

17. Ermitteln Sie einen Vektor, der zum Vektor $\vec{a}$ orthogonal ist und die Länge b hat.

a) $\vec{a} = \begin{pmatrix} 2 \\ 1 \\ 2 \end{pmatrix}$ $b = \sqrt{5}$ b) $\vec{a} = \begin{pmatrix} 12 \\ -3 \\ 4 \end{pmatrix}$ $b = 5$ c) $\vec{a} = \begin{pmatrix} 3 \\ -6 \\ 2 \end{pmatrix}$ $b = 3 \cdot \sqrt{5}$

18. Untersuchen Sie, ob das Dreieck ABC rechtwinklig ist.
a) A(3 | 0 | 3), B(−2 | 6 | 2), C(−1 | 2 | 6) b) A(−1 | 1 | 4), B(1 | 7 | 2), C(−3 | 9 | 4)

19. Prüfen Sie, ob das Viereck ABCD ein Rechteck, eine Raute oder ein Quadrat ist.
a) A(4 | −2 | 1), B(1 | 0 | 1), C(1 | 0 | 5), D(4 | −2 | 5)
b) A(1 | −3 | 4), B(3 | −4 | 10), C(−3 | −2 | 11), D(−5 | −1 | 5)
c) A(−3 | −2 | 1), B(2 | −2 | 1), C(2 | −5 | 5), D(−3 | −5 | 5)
d) A(5 | 0 | −1), B(9 | −3 | 1), C(11 | 3 | 4), D(9 | 6 | 0)

20. Zeigen Sie, dass die Diagonalen des Vierecks ABCD mit A(−5 | 0 | −6), B(2 | 5 | −2), C(5 | 5 | 4) und D(−3 | −5 | 8) gleich lang sind und senkrecht aufeinander stehen. Entscheiden Sie, ob ABCD ein Quadrat ist.

● **21.** Gegeben sind die Punkte A(4 | −6 | −1), B(0 | 6 | −5) und D(0 | −4 | 9).
a) Zeigen Sie, dass die Vektoren $\overrightarrow{AB}$ und $\overrightarrow{AD}$ von A aus ein Rechteck aufspannen und dass P(−1 | 4 | 1) ein innerer Punkt dieses Rechtecks ist.
b) Die geradlinige Flugbahn eines Balls ist gegeben durch g: $\vec{x} = \begin{pmatrix} 31 \\ 18 \\ 11 \end{pmatrix} + r\begin{pmatrix} -16 \\ -7 \\ -5 \end{pmatrix}$.
Zeigen Sie, dass der Ball im Punkt P auf die durch die Punkte A, B und D festgelegte rechteckige Wand trifft.
c) Der Ball fliegt ohne Spin. Zeigen Sie, dass er von der Wand wieder in Richtung des Spielers zurückfliegen wird.

● **22.** Eine Pyramide hat die rechteckige Grundfläche ABCD mit A(3 | 1 | −1), B(−3 | 4 | 2), D(4 | −1 | 3).
a) Zeigen Sie: $\overrightarrow{AB}$ und $\overrightarrow{AD}$ stehen senkrecht aufeinander. Berechnen Sie Punkt C des Rechtecks ABCD.
b) Zeigen Sie, dass der Punkt P(−0,5 | 2 | 3) im Rechteck ABCD liegt, aber nicht dessen Mittelpunkt ist.
c) Ermitteln Sie eine Gleichung der Geraden g, welche durch den Punkt P senkrecht zur Ebene E_{ABD} verläuft.
d) Zeigen Sie, dass die Spitze S(5,5 | 11 | 6) der Pyramide auf der Geraden g liegt.
e) Berechnen Sie das Volumen der Pyramide.

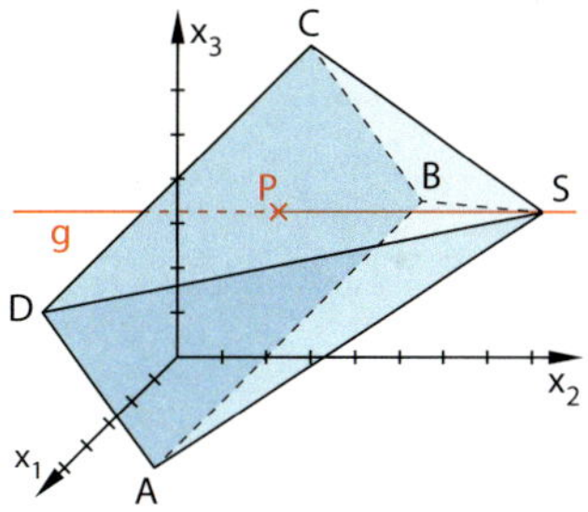

Hinweis zu 22c:
E_{ABD} bezeichnet die Ebene durch die Punkte A, B und D.

● **23. Ausblick: Lotfußpunktverfahren**
Gesucht ist der Abstand des Punktes P(6 | 4 | 8) von der Geraden g: $\vec{x} = \begin{pmatrix} 2 \\ -1 \\ 1 \end{pmatrix} + t\begin{pmatrix} -4 \\ 6 \\ 2 \end{pmatrix}$. Dazu wird ein Punkt Q auf g so lange verschoben, bis die Strecke $\overline{PQ}$ senkrecht auf g steht. Es ist also $\overrightarrow{OQ_t} = \begin{pmatrix} 2 \\ -1 \\ 1 \end{pmatrix} + t\begin{pmatrix} -4 \\ 6 \\ 2 \end{pmatrix}$.

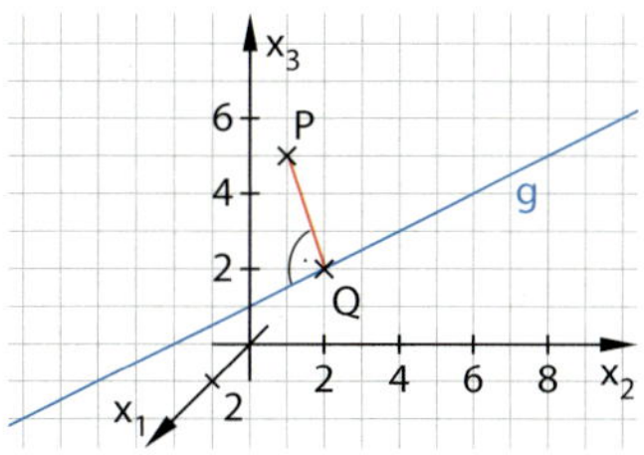

a) Bestimmen Sie $\overrightarrow{PQ_t}$ für t = 0 (t = 1; t = 2) und prüfen Sie, ob er senkrecht auf g steht.
b) Berechnen Sie das Skalarprodukt von $\overrightarrow{PQ_t}$ und dem Richtungsvektor von g für allgemeines t. Setzen Sie das Skalarprodukt gleich null und bestimmen Sie, für welches t der Vektor $\overrightarrow{PQ_t}$ senkrecht auf g steht. Bestimmen Sie für dieses t den Wert von $|\overrightarrow{PQ_t}|$ und begründen Sie, dass der Wert der Abstand von P zu g ist.
c) Bestimmen Sie den Abstand des Punktes P(10 | 11 | 8) von der Geraden g: $\vec{x} = \begin{pmatrix} 7 \\ -6 \\ 5 \end{pmatrix} + r\begin{pmatrix} 2 \\ -3 \\ 1 \end{pmatrix}$.
d) Im Dreieck ABC mit A(2 | 0 | 3), B(11 | −12 | 9), C(−1 | −6 | 10) entspricht die Länge der Höhe h_c dem Abstand des Punktes C von der Geraden g_{AB} durch die Ecken A und B. Berechnen Sie den Flächeninhalt des Dreiecks.

2.6 Vektorprodukt

■ Gegeben sind die Vektoren $\vec{a} = \begin{pmatrix} 2 \\ 1 \\ -5 \end{pmatrix}$ und $\vec{b} = \begin{pmatrix} -3 \\ 4 \\ -2 \end{pmatrix}$.

a) Bestimmen Sie mithilfe eines Gleichungssystems alle Vektoren $\vec{n_t}$, die orthogonal zu $\vec{a}$ und zu $\vec{b}$ sind.

b) Zeigen Sie, dass der Vektor $\vec{n}$ eine spezielle Lösung aus a) ist. Beschreiben Sie, wie sich der Vektor $\vec{n}$ aus dem abgebildeten Schema ergibt. Was macht $\vec{n}$ besonders? ■

$$\vec{n} = \begin{pmatrix} -2 - (-20) \\ 15 - (-4) \\ 8 - (-3) \end{pmatrix}$$

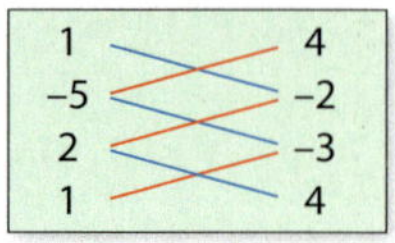

Ein Vektor $\vec{n}$, der zu den beiden nicht kollinearen Vektoren $\vec{a}$ und $\vec{b}$ orthogonal sein soll, muss zwei Bedingungen erfüllen: $\vec{a} \cdot \vec{n} = 0$ und $\vec{b} \cdot \vec{n} = 0$
Da das zugehörige LGS unterbestimmt ist, hat es unendlich viele Lösungen. Die Länge von $\vec{n}$ ist somit nicht festgelegt. Mit dem rechts hergeleiteten Schema zur Bestimmung von $\vec{n}$ wird eine neue Verknüpfung zwischen zwei Vektoren definiert, das sogenannte Vektorprodukt.

$$\vec{a} = \begin{pmatrix} a_1 \\ a_2 \\ a_3 \end{pmatrix}, \vec{b} = \begin{pmatrix} b_1 \\ b_2 \\ b_3 \end{pmatrix}, \vec{n} = \begin{pmatrix} n_1 \\ n_2 \\ n_3 \end{pmatrix}$$

$$\begin{vmatrix} a_1n_1 + a_2n_2 + a_3n_3 = 0 \\ b_1n_1 + b_2n_2 + b_3n_3 = 0 \end{vmatrix} \quad \begin{matrix} |\cdot(-b_1) \\ |\cdot a_1 \end{matrix} \; +$$

$$\begin{vmatrix} a_1n_1 + a_2n_2 + a_3n_3 = 0 \\ (a_1b_2 - a_2b_1)n_2 + (a_1b_3 - a_3b_1)n_3 = 0 \end{vmatrix}$$

Gleichung II ist erfüllt für:
$n_2 = a_3b_1 - a_1b_3$ und $n_3 = a_1b_2 - a_2b_1$
Einsetzen in Gleichung I ergibt für $a_1 \neq 0$:
$n_1 = a_2b_3 - a_3b_2$

Hinweis:
Eine andere Bezeichnung für das Vektorprodukt ist **Kreuzprodukt**. Diese findet sich beispielsweise im CAS.

Definition: Das Vektorprodukt

$\vec{a} \times \vec{b} = \begin{pmatrix} a_1 \\ a_2 \\ a_3 \end{pmatrix} \times \begin{pmatrix} b_1 \\ b_2 \\ b_3 \end{pmatrix} = \begin{pmatrix} a_2b_3 - a_3b_2 \\ a_3b_1 - a_1b_3 \\ a_1b_2 - a_2b_1 \end{pmatrix}$ heißt **Vektorprodukt** von $\vec{a}$ und $\vec{b}$.

Satz: Eigenschaft des Vektorprodukts

Sind $\vec{a} \neq \vec{0}$ und $\vec{b} \neq \vec{0}$ nicht kollinear, so ist der Vektor $\vec{a} \times \vec{b}$ orthogonal zu $\vec{a}$ und zu $\vec{b}$.

Beispiel 1: Ermitteln Sie einen Vektor mit ganzzahligen Koordinaten von möglichst kleinem Betrag, der zu $\vec{a} = \begin{pmatrix} 3 \\ 2 \\ -4 \end{pmatrix}$ und zu $\vec{b} = \begin{pmatrix} 1 \\ -2 \\ 2 \end{pmatrix}$ orthogonal ist. Machen Sie die Probe.

Lösung:
Berechnen Sie das Vektorprodukt mithilfe der Definition. Der Ergebnisvektor hat ganzzahlige Koordinaten und ist orthogonal zu $\vec{a}$ und $\vec{b}$. „Kürzen" Sie seine Koordinaten so weit wie möglich.
Überprüfen Sie zur Probe, ob die Skalarprodukte von $\vec{a}$ und $\vec{b}$ mit $\vec{n}$ jeweils 0 ergeben.

$$\begin{pmatrix} 3 \\ 2 \\ -4 \end{pmatrix} \times \begin{pmatrix} 1 \\ -2 \\ 2 \end{pmatrix} = \begin{pmatrix} 2 \cdot 2 - (-4) \cdot (-2) \\ (-4) \cdot 1 - 3 \cdot 2 \\ 3 \cdot (-2) - 2 \cdot 1 \end{pmatrix} = \begin{pmatrix} -4 \\ -10 \\ -8 \end{pmatrix}$$

$$\vec{n} = \begin{pmatrix} 2 \\ 5 \\ 4 \end{pmatrix}$$

$$\begin{pmatrix} 3 \\ 2 \\ -4 \end{pmatrix} \cdot \begin{pmatrix} 2 \\ 5 \\ 4 \end{pmatrix} = 0 \qquad \begin{pmatrix} 1 \\ -2 \\ 2 \end{pmatrix} \cdot \begin{pmatrix} 2 \\ 5 \\ 4 \end{pmatrix} = 0$$

Hinweis:
Bei der Berechnung des Vektorprodukts können schnell Fehler passieren. Daher sollten Sie stets eine Probe machen.

Basisaufgaben

1. Berechnen Sie das Vektorprodukt von $\vec{a}$ und $\vec{b}$.

a) $\vec{a} = \begin{pmatrix} 2 \\ -1 \\ 3 \end{pmatrix}$ $\vec{b} = \begin{pmatrix} 1 \\ 4 \\ -1 \end{pmatrix}$ b) $\vec{a} = \begin{pmatrix} 3 \\ -2 \\ 1 \end{pmatrix}$ $\vec{b} = \begin{pmatrix} -6 \\ 4 \\ -2 \end{pmatrix}$ c) $\vec{a} = \begin{pmatrix} 0 \\ 3 \\ -2 \end{pmatrix}$ $\vec{b} = \begin{pmatrix} 2 \\ 5 \\ 4 \end{pmatrix}$

2. Ermitteln Sie mithilfe des Vektorprodukts einen zu $\vec{a}$ und $\vec{b}$ orthogonalen Vektor mit möglichst kleinen ganzzahligen Koordinaten. Machen Sie die Probe.

a) $\vec{a} = \begin{pmatrix} 4 \\ -6 \\ 3 \end{pmatrix}$ $\vec{b} = \begin{pmatrix} 2 \\ 4 \\ -1 \end{pmatrix}$ b) $\vec{a} = \begin{pmatrix} 4 \\ -7 \\ 5 \end{pmatrix}$ $\vec{b} = \begin{pmatrix} 8 \\ 3 \\ 3 \end{pmatrix}$ c) $\vec{a} = \begin{pmatrix} -3 \\ -1 \\ 5 \end{pmatrix}$ $\vec{b} = \begin{pmatrix} 1 \\ 7 \\ -3 \end{pmatrix}$

CAS **3.** Berechnen Sie das Vektorprodukt von $\vec{a}$ und $\vec{b}$ mit einem CAS.

a) $\vec{a} = \begin{pmatrix} 3 \\ -1 \\ -3 \end{pmatrix}$ $\vec{b} = \begin{pmatrix} 4 \\ 2 \\ 1 \end{pmatrix}$ b) $\vec{a} = \begin{pmatrix} 0 \\ -1 \\ 5 \end{pmatrix}$ $\vec{b} = \begin{pmatrix} 9 \\ 13 \\ 28 \end{pmatrix}$ c) $\vec{a} = \begin{pmatrix} 8 \\ 19 \\ -1 \end{pmatrix}$ $\vec{b} = \begin{pmatrix} 16 \\ 11 \\ 7 \end{pmatrix}$

4. Berechnen Sie das Vektorprodukt von $\vec{a}$ und $\vec{b}$ und erklären Sie das Ergebnis.

a) $\vec{a} = \begin{pmatrix} 3 \\ 1 \\ 0 \end{pmatrix}$ $\vec{b} = \begin{pmatrix} 1 \\ -2 \\ 0 \end{pmatrix}$ b) $\vec{a} = \begin{pmatrix} 4 \\ 0 \\ 0 \end{pmatrix}$ $\vec{b} = \begin{pmatrix} 0 \\ 0 \\ 3 \end{pmatrix}$ c) $\vec{a} = \begin{pmatrix} 3 \\ 1 \\ -1 \end{pmatrix}$ $\vec{b} = \begin{pmatrix} -6 \\ -2 \\ 2 \end{pmatrix}$

Weiterführende Aufgaben

5. Zeigen Sie, dass die Vektoren $\vec{a}$ und $\vec{b}$ ein Quadrat aufspannen.
Bestimmen Sie einen Vektor $\vec{c}$ so, dass $\vec{a}$, $\vec{b}$ und $\vec{c}$ einen Quader mit dem angegebenen Volumen V aufspannen. Beschreiben Sie die Form des sich ergebenden Quaders.

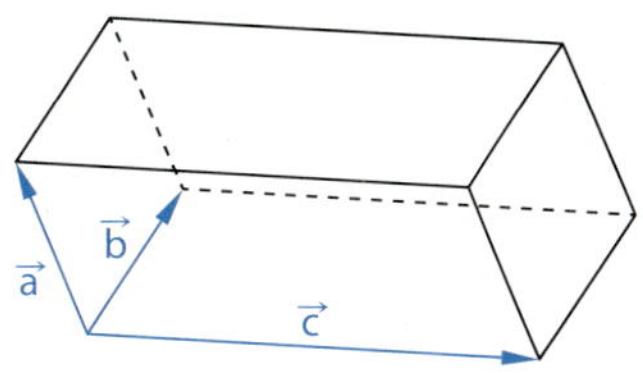

a) $\vec{a} = \begin{pmatrix} 3 \\ 8 \\ 5 \end{pmatrix}; \vec{b} = \begin{pmatrix} 9 \\ -4 \\ 1 \end{pmatrix}; V = 686$ b) $\vec{a} = \begin{pmatrix} 8 \\ 4 \\ 1 \end{pmatrix}; \vec{b} = \begin{pmatrix} -4 \\ 7 \\ 4 \end{pmatrix}; V = 729$

6. **Stolperstelle:** Beschreiben Sie die Fehler, die bei der Berechnung des Vektorprodukts gemacht wurden, und korrigieren Sie diese.

$$\begin{pmatrix} -2 \\ 3 \\ 5 \end{pmatrix} \times \begin{pmatrix} 1 \\ 4 \\ -6 \end{pmatrix} = \begin{pmatrix} 5 \cdot 4 - 3 \cdot (-6) \\ 5 \cdot 1 + 2 \cdot 6 \\ (-2) \cdot 1 - 3 \cdot 4 \end{pmatrix} = \begin{pmatrix} 38 \\ 17 \\ -14 \end{pmatrix}$$

7. Zeigen Sie allgemein, dass der Vektor $\vec{a} \times \vec{b}$ orthogonal zu $\vec{a}$ und $\vec{b}$ ist.

8. **Weitere Eigenschaften des Vektorprodukts:** Für $\vec{a} \neq \vec{0}$ und $\vec{b} \neq \vec{0}$ gelten:
① $\vec{a} \times \vec{b} = -\vec{b} \times \vec{a}$ ② $(r\vec{a}) \times \vec{b} = \vec{a} \times (r\vec{b}) = r(\vec{a} \times \vec{b})$
③ $\vec{a} \times \vec{b} = \vec{0}$, falls $\vec{a}$ und $\vec{b}$ kollinear sind.

a) Zeigen Sie, dass ① für $\vec{a} = \begin{pmatrix} 3 \\ -1 \\ -3 \end{pmatrix}, \vec{b} = \begin{pmatrix} -1 \\ 2 \\ 3 \end{pmatrix}$ und allgemein für $\vec{a} = \begin{pmatrix} a_1 \\ a_2 \\ a_3 \end{pmatrix}, \vec{b} = \begin{pmatrix} b_1 \\ b_2 \\ b_3 \end{pmatrix}$ gilt.

b) Bestätigen Sie Eigenschaft ② anhand der zwei Beispiele
$r = 2, \vec{a} = \begin{pmatrix} 3 \\ -5 \\ 1 \end{pmatrix}, \vec{b} = \begin{pmatrix} 1 \\ 2 \\ -1 \end{pmatrix}$ und $r = -3, \vec{a} = \begin{pmatrix} 2 \\ 2 \\ -1 \end{pmatrix}, \vec{b} = \begin{pmatrix} -1 \\ 4 \\ 2 \end{pmatrix}$.

● c) Beweisen Sie Eigenschaft ③.

Hinweis zu 8:
Eigenschaft ① bedeutet, dass das Vektorprodukt antikommutativ ist.

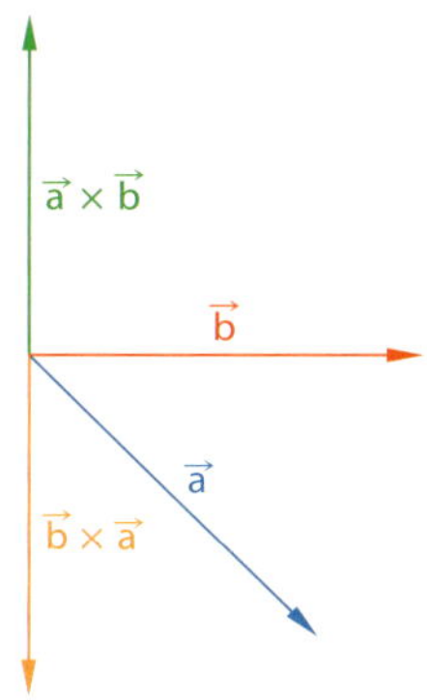

● **9.** **Ausblick:** Zwei orthogonale Vektoren $\vec{a}$ und $\vec{b}$ spannen ein Rechteck auf.

a) Zeigen Sie: Aus $(\vec{a} \cdot \vec{b})^2 = 0$ folgt die Gleichung
$a_1^2 b_1^2 + a_2^2 b_2^2 + a_3^2 b_3^2$
$= -2(a_1 a_2 b_1 b_2 + a_1 a_3 b_1 b_3 + a_2 a_3 b_2 b_3)$.

b) Berechnen Sie $|\vec{a} \times \vec{b}|^2$ und $|\vec{a}|^2 \cdot |\vec{b}|^2$.

c) Zeigen Sie, dass $|\vec{a} \times \vec{b}|^2 = |\vec{a}|^2 \cdot |\vec{b}|^2$ gilt. Folgern Sie daraus, dass $|\vec{a} \times \vec{b}|$ dem Flächeninhalt des Rechtecks entspricht.

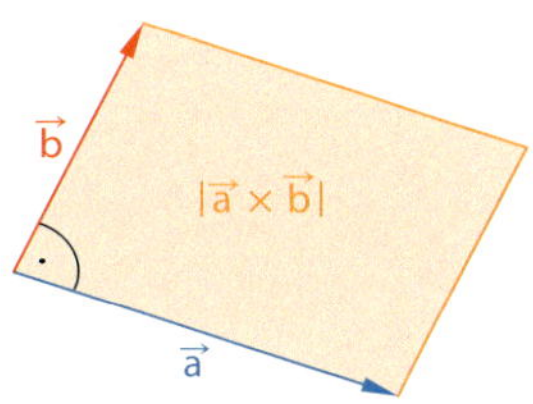

2.7 Normalen- und Koordinatengleichung

■ Die Gerade g ist senkrecht zu den Ebenen E_1, E_2 und E_3.

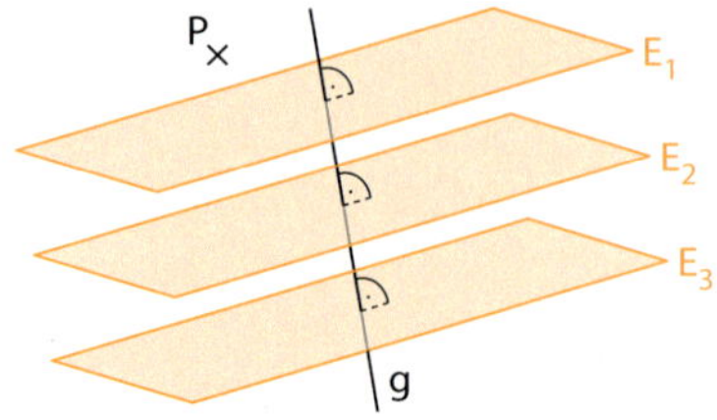

a) Beschreiben Sie, was sich daraus für die Lage der Ebenen zueinander ergibt.
b) Geben Sie an, wie viele Ebenen es gibt, die durch den Punkt P und senkrecht zur Geraden g verlaufen.
c) Es sei $E_1\colon \vec{x} = \begin{pmatrix} 3 \\ -2 \\ 1 \end{pmatrix} + r\begin{pmatrix} 2 \\ -3 \\ 0 \end{pmatrix} + s\begin{pmatrix} 1 \\ 2 \\ 1 \end{pmatrix}$. Ermitteln Sie einen Richtungsvektor der Geraden g. ■

Bei der Parametergleichung wird die Lage einer Ebene durch einen Stützvektor und *zwei* Richtungsvektoren beschrieben. Es genügen jedoch bereits ein Stützvektor und ein zur Ebene orthogonaler Vektor, um die Lage der Ebene festzulegen.
Ein zur Ebene orthogonaler Vektor heißt **Normalenvektor der Ebene**.

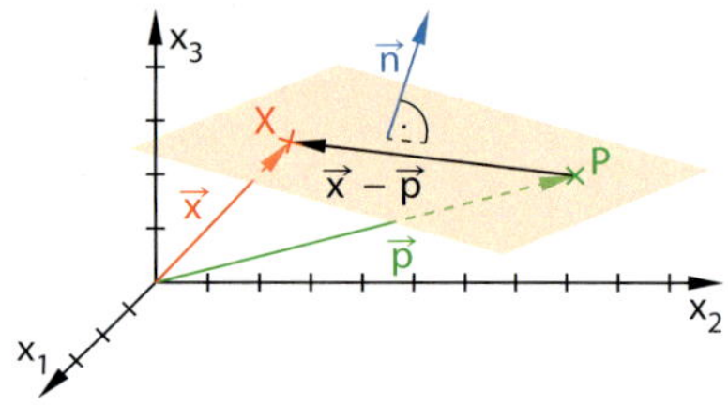

Hinweis:
Die Parametergleichung beschreibt einen Weg zu den Punkten der Ebene. Die Normalen- und die Koordinatengleichung formulieren eine Bedingung dafür, dass ein Punkt in der Ebene liegt.

Wissen: Normalen- und Koordinatengleichung
Eine Ebene E lässt sich durch einen Normalenvektor $\vec{n}$ und einen Stützvektor $\vec{p}$ beschreiben. Jeder Ortsvektor $\vec{x}$ von E erfüllt die Gleichung $(\vec{x} - \vec{p}) \cdot \vec{n} = 0$ (**Normalengleichung** von E) und deren ausmultiplizierte Form $ax_1 + bx_2 + cx_3 = e$ (**Koordinatengleichung** von E). Dabei sind a, b, c die Koordinaten von $\vec{n}$ und e ist das Skalarprodukt von $\vec{n}$ mit dem Stützvektor von E.

Beispiel 1: Die Ebene E enthält den Punkt P(2|−4|1) und ist orthogonal zu $\vec{n} = \begin{pmatrix} 5 \\ -2 \\ 1 \end{pmatrix}$.
a) Geben Sie eine Normalen- und eine Koordinatengleichung von E an.
b) Prüfen Sie, ob die Punkte A(3|4|−2) und B(3|1|6) in E liegen.

Lösung:

a) Stellen Sie die Normalengleichung mit den gegebenen Vektoren auf. Multiplizieren Sie die Normalengleichung aus und stellen Sie diese so um, dass auf der rechten Seite das Skalarprodukt von $\overrightarrow{OP}$ und $\vec{n}$ steht.

Normalengleichung:
$$\left(\begin{pmatrix} x_1 \\ x_2 \\ x_3 \end{pmatrix} - \begin{pmatrix} 2 \\ -4 \\ 1 \end{pmatrix}\right) \cdot \begin{pmatrix} 5 \\ -2 \\ 1 \end{pmatrix} = 0$$

Koordinatengleichung:
$5x_1 - 2x_2 + x_3 - (10 + 8 + 1) = 0 \quad | +19$
$5x_1 - 2x_2 + x_3 = 19$

b) Setzen Sie die Koordinaten von A und B in die Koordinatengleichung ein und prüfen Sie, ob die Gleichung erfüllt ist.

Punktprobe:
A: $5 \cdot 3 - 2 \cdot 4 - 2 = 5 \neq 19$; A liegt nicht auf E.
B: $5 \cdot 3 - 2 \cdot 1 + 6 = 19$; B liegt auf E.

Basisaufgaben

1. Die Ebene E enthält den Punkt P und verläuft orthogonal zum Vektor $\vec{n}$.
Geben Sie eine Normalen- und eine Koordinatengleichung von E an.

a) P(−2|1|4) $\vec{n} = \begin{pmatrix} 2 \\ 4 \\ 3 \end{pmatrix}$ b) P(2|0|1) $\vec{n} = \begin{pmatrix} 0 \\ 3 \\ 5 \end{pmatrix}$ c) P(0|0|0) $\vec{n} = \begin{pmatrix} 1 \\ -1 \\ 0 \end{pmatrix}$

2. Prüfen Sie, ob die Punkte A und B in der Ebene E liegen.

a) E: $\vec{x} \cdot \begin{pmatrix} 3 \\ 1 \\ -6 \end{pmatrix} = 5$; A(1 | 1 | 1); B(2 | 5 | 1) b) E: $x_1 + x_2 - 4x_3 = 7$; A(5 | 6 | 1); B(7 | 0 | 0)

3. Bestimmen Sie die fehlende Koordinate so, dass der Punkt in E: $-4x_1 + 2x_2 - x_3 = 8$ liegt.

a) $A(x_1 | 1 | 2)$ b) $B(x_1 | 0 | 0)$ c) $C(x_1 | 8 | 4)$ d) $D(-3 | x_2 | 1)$ e) $E(2 | 3 | x_3)$

4. Geben Sie drei Punkte an, die in der Ebene E: $5x_1 - x_2 + 2x_3 = 6$ liegen.

5. Geben Sie eine Koordinatengleichung der Ebene E an.

a) E: $\left(\vec{x} - \begin{pmatrix} 3 \\ -1 \\ 2 \end{pmatrix}\right) \cdot \begin{pmatrix} 6 \\ 1 \\ -2 \end{pmatrix} = 0$ b) E: $\vec{x} \cdot \begin{pmatrix} 0 \\ 1 \\ 0 \end{pmatrix} = 8$ c) E: $\vec{x} \cdot \begin{pmatrix} -1 \\ 5 \\ 8 \end{pmatrix} = \begin{pmatrix} 6 \\ 1 \\ 9 \end{pmatrix} \cdot \begin{pmatrix} -1 \\ 5 \\ 8 \end{pmatrix}$

Hinweis zu 5c:
Hier ist die Normalengleichung in der Form $\vec{x} \cdot \vec{n} = \vec{p} \cdot \vec{n}$ gegeben.

6. Geben Sie eine Normalen- und eine Koordinatengleichung der Ebene durch den Punkt A(−2 | 0 | 6) an, welche orthogonal zur Geraden g verläuft.

a) g: $\vec{x} = \begin{pmatrix} 2 \\ -5 \\ 1 \end{pmatrix} + r\begin{pmatrix} 4 \\ 3 \\ 1 \end{pmatrix}$ b) g ist die x_3-Achse. c) g: $\vec{x} = r\begin{pmatrix} -2 \\ 3 \\ 1 \end{pmatrix}$ d) g: $\vec{x} = r\begin{pmatrix} -4 \\ 6 \\ 2 \end{pmatrix}$

Zwischen Ebenendarstellungen wechseln

Beispiel 2: Parametergleichung gegeben

Ermitteln Sie eine Koordinatengleichung der Ebene E: $\vec{x} = \begin{pmatrix} -2 \\ 4 \\ 1 \end{pmatrix} + r\begin{pmatrix} 3 \\ 0 \\ 1 \end{pmatrix} + s\begin{pmatrix} 3 \\ -2 \\ 2 \end{pmatrix}$.

Lösung:

Berechnen Sie das Vektorprodukt der Richtungsvektoren. Das Ergebnis ist ein Normalenvektor $\vec{n}$ der Ebene E.

Normalenvektor:

$\vec{n} = \begin{pmatrix} 3 \\ 0 \\ 1 \end{pmatrix} \times \begin{pmatrix} 3 \\ -2 \\ 2 \end{pmatrix} = \begin{pmatrix} 0-(-2) \\ 3-6 \\ -6-0 \end{pmatrix} = \begin{pmatrix} 2 \\ -3 \\ -6 \end{pmatrix}$

Berechnen Sie das Skalarprodukt des Stützvektors mit $\vec{n}$. Dieses steht auf der rechten Seite der Koordinatengleichung. Auf der linken Seite stehen die Koordinaten des Normalenvektors.

Rechte Seite:

$\begin{pmatrix} -2 \\ 4 \\ 1 \end{pmatrix} \cdot \begin{pmatrix} 2 \\ -3 \\ -6 \end{pmatrix} = -4 - 12 - 6 = -22$

Koordinatengleichung:

$2x_1 - 3x_2 - 6x_3 = -22$

Beispiel 3: Koordinatengleichung gegeben

Ermitteln Sie eine Parametergleichung zur Ebene E: $3x_1 + 4x_2 - x_3 = 9$.

Lösung:

Bestimmen Sie durch Probieren einen Stützpunkt, der die Koordinatengleichung erfüllt.

Stützpunkt:

$x_1 = 0$ und $x_2 = 0 \Rightarrow x_3 = -9$

P(0 | 0 | −9)

Lesen Sie aus der Koordinatengleichung den Normalenvektor $\vec{n} = \begin{pmatrix} 3 \\ 4 \\ -1 \end{pmatrix}$ ab.

Bestimmen Sie zwei nicht kollineare Vektoren, die orthogonal zu $\vec{n}$ sind.

Schreiben Sie die Parametergleichung auf.

Richtungsvektoren:

$\begin{pmatrix} 4 \\ -3 \\ 0 \end{pmatrix} \cdot \begin{pmatrix} 3 \\ 4 \\ -1 \end{pmatrix} = 0$ und $\begin{pmatrix} 0 \\ 1 \\ 4 \end{pmatrix} \cdot \begin{pmatrix} 3 \\ 4 \\ -1 \end{pmatrix} = 0$

Parametergleichung:

E: $\vec{x} = \begin{pmatrix} 0 \\ 0 \\ -9 \end{pmatrix} + r\begin{pmatrix} 4 \\ -3 \\ 0 \end{pmatrix} + s\begin{pmatrix} 0 \\ 1 \\ 4 \end{pmatrix}$

Hinweis:
Um einfach einen Stützvektor zu ermitteln, wurde $x_1 = x_2 = 0$ gesetzt.
Als Richtungsvektoren wurden $\begin{pmatrix} n_2 \\ -n_1 \\ 0 \end{pmatrix}$ und $\begin{pmatrix} 0 \\ -n_3 \\ n_2 \end{pmatrix}$ gewählt.

Basisaufgaben

Hinweis:
Gewöhnen Sie sich an, zur Probe den Normalenvektor mit beiden Richtungsvektoren zu multiplizieren. Das vermeidet frühe Fehler bei langen Aufgaben.

7. Ermitteln Sie eine Koordinatengleichung zur Ebene E.

a) $E: \vec{x} = \begin{pmatrix} -3 \\ 1 \\ 0 \end{pmatrix} + r\begin{pmatrix} 1 \\ -1 \\ 2 \end{pmatrix} + s\begin{pmatrix} 8 \\ 2 \\ 1 \end{pmatrix}$ b) $E: \vec{x} = \begin{pmatrix} 5 \\ 3 \\ 1 \end{pmatrix} + r\begin{pmatrix} 1 \\ 1 \\ -1 \end{pmatrix} + s\begin{pmatrix} -4 \\ -2 \\ 1 \end{pmatrix}$

c) $E: \vec{x} = \begin{pmatrix} 2 \\ 1 \\ 5 \end{pmatrix} + r\begin{pmatrix} -3 \\ 0 \\ 2 \end{pmatrix} + s\begin{pmatrix} 1 \\ -1 \\ 2 \end{pmatrix}$ d) $E: \vec{x} = \begin{pmatrix} 5 \\ 4 \\ 6 \end{pmatrix} + r\begin{pmatrix} -3 \\ 5 \\ 0 \end{pmatrix} + s\begin{pmatrix} 1 \\ 1 \\ 0 \end{pmatrix}$

e) $E: \vec{x} = \begin{pmatrix} 8 \\ 1 \\ 12 \end{pmatrix} + r\begin{pmatrix} 4 \\ 1 \\ 0 \end{pmatrix} + s\begin{pmatrix} 2 \\ 0 \\ 6 \end{pmatrix}$ f) $E: \vec{x} = \begin{pmatrix} 6 \\ -6 \\ 1 \end{pmatrix} + r\begin{pmatrix} 1 \\ -2 \\ 1 \end{pmatrix} + s\begin{pmatrix} 4 \\ 4 \\ 1 \end{pmatrix}$

8. Bestimmen Sie zur Ebene E eine Parametergleichung.
a) $E: 3x_1 + 2x_2 + x_3 = 8$ b) $E: x_1 + x_2 = 0$ c) $E: x_3 = 2$ d) $E: 6x_1 + 4x_2 + 2x_3 = 10$

9. Auf den Karten sind zwei Methoden zur Ermittlung einer Koordinatengleichung derjenigen Ebene beschrieben, die durch die drei Punkte A, B und C geht.

① **Mithilfe der Parameterform:**
Zunächst wird eine Parametergleichung mit Stützvektor $\overrightarrow{OA}$ und Richtungsvektoren $\overrightarrow{AB}$ und $\overrightarrow{AC}$ aufgestellt. Der Vektor $\vec{n} = \overrightarrow{AB} \times \overrightarrow{AC}$ ist ein Normalenvektor. Eine mögliche Koordinatengleichung ist $\vec{x} \cdot \vec{n} = \overrightarrow{OA} \cdot \vec{n}$

② **Mithilfe eines Gleichungssystems:**
Die Koordinaten der drei Punkte werden für x_1, x_2, x_3 in die Gleichung $ax_1 + bx_2 + cx_3 = d$ eingesetzt. Es ergibt sich ein unterbestimmtes lineares Gleichungssystem. Eine Lösung liefert mögliche Werte für a, b, c und d.

a) Bestimmen Sie mit beiden Verfahren eine Koordinatengleichung für die Ebene durch die Punkte $A(1|3|-2)$, $B(2|7|-4)$ und $C(4|-6|-1)$. Vergleichen Sie den Aufwand.
b) Bestimmen Sie mit dem Verfahren Ihrer Wahl die Koordinatengleichung einer Ebene durch $A(-2|4|2)$, $B(-1|6|5)$ und $C(1|7|1)$.

Hinweis zu 10:
Zwei Ebenen sind parallel zueinander, wenn ihre Normalenvektoren kollinear sind. Weitere Lagebeziehungen zwischen Ebenen werden im Abschnitt 2.9 thematisiert.

10. Gegeben sind vier Ebenen durch ihre Koordinatengleichungen.

$E_1: 2x_1 + x_2 - x_3 = 7$ $E_2: -3x_1 + 6x_2 - 9x_3 = 4$ $E_3: x_1 - 2x_2 + 3x_3 = 2$ $E_4: 2x_2 + x_3 = 6$

a) Geben Sie jeweils eine Normalengleichung an.
b) Prüfen Sie, welche der Ebenen parallel zueinander sind.

11. Die Ebene E_2 enthält den Punkt $A(3|-1|6)$ und verläuft parallel zur Ebene E_1 mit $E_1: x_1 - 3x_2 + 4x_3 = 1$. Geben Sie eine Normalen- und eine Koordinatengleichung zu E_2 an.

12. Gegeben ist die Ebene $E_1: -2x_1 + 2x_2 + x_3 = 7$.
a) Bestimmen Sie eine Parametergleichung von E.
b) Prüfen Sie anhand der Koordinatengleichung und mithilfe der Parametergleichung von E, ob die Punkte $A(3|1|3)$ und $B(-2|2|-1)$ in E liegen.
c) Vergleichen Sie den Aufwand der Methoden in b).

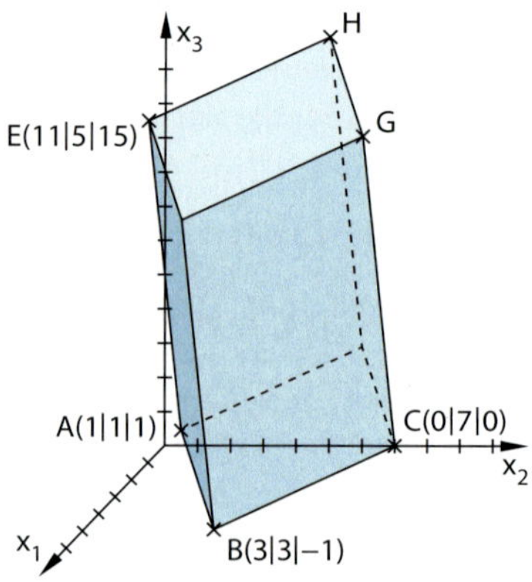

13. a) Zeigen Sie, dass der von den Vektoren $\overrightarrow{AB}$, $\overrightarrow{BC}$ und $\overrightarrow{AE}$ aufgespannte Körper ein Quader ist.
b) Ermitteln Sie je eine Koordinatengleichung von E_{ABE} und von E_{CGH}.
c) Ermitteln Sie eine Koordinatengleichung von E_{ACE}.

Ebenen im Koordinatensystem – Spurpunkte und Spurgeraden

Die Schnittpunkte einer Ebene mit den Koordinatenachsen heißen **Spurpunkte** der Ebene. Es sind die Punkte der Ebene, bei denen jeweils zwei Koordinaten den Wert null haben. Schneidet eine Ebene die Koordinatenachsen in genau drei Punkten, dann bilden diese ein Dreieck, welches die Lage der Ebene veranschaulicht.

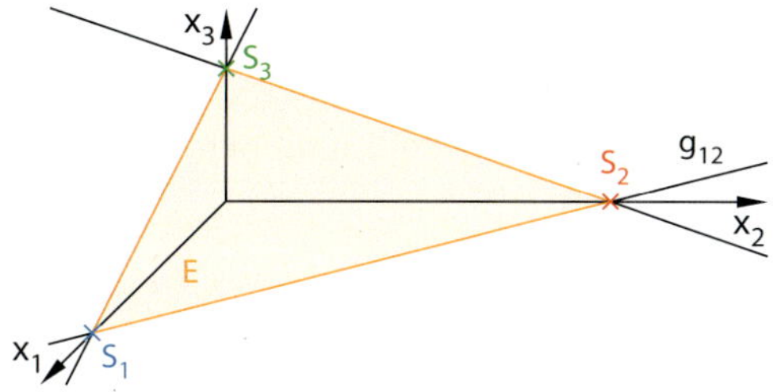

Hinweis:
Nicht jede Ebene hat drei Spurpunkte.
Hat eine Koordinatenachse mit einer Ebene keinen Punkt gemeinsam, dann verläuft sie echt parallel zu dieser Ebene.

Eine Gerade, die alle gemeinsamen Punkte einer Ebene und einer Koordinatenebene enthält, heißt **Spurgerade**. Die Spurgerade g_{12} enthält alle Punkte, welche die Ebene mit der x_1x_2-Ebene gemeinsam hat. Existieren die Spurpunkte S_1 und S_2, so liegen sie auf g_{12}.

Beispiel 4: Gegeben ist die Ebene E: $3x_1 + 2x_2 + 6x_3 = 12$.
a) Bestimmen Sie die Spurpunkte und skizzieren Sie die Ebene in ein Koordinatensystem.
b) Geben Sie eine Gleichung der Spurgeraden g_{12} an.

Lösung:
a) Setzen Sie jeweils zwei Koordinaten gleich null und lösen Sie die Gleichung nach der verbleibenden Variablen auf. So ergibt sich die fehlende Koordinate des entsprechenden Spurpunktes.

Spurpunkt S_1 auf der x_1-Achse:
$x_2 = x_3 = 0$ ergibt $3x_1 = 12 \Rightarrow x_1 = 4$, $S_1(4\,|\,0\,|\,0)$
Spurpunkt S_2 auf der x_2-Achse:
$x_1 = x_3 = 0$ ergibt $2x_2 = 12 \Rightarrow x_2 = 6$, $S_2(0\,|\,6\,|\,0)$
Ebenso erhält man $S_3(0\,|\,0\,|\,2)$

Zeichnen Sie ein Koordinatensystem und tragen Sie die Spurpunkte ein. Verbinden Sie die Spurpunkte zu einem Dreieck und Sie erhalten eine gute Vorstellung von der Lage der Ebene im Koordinatensystem.

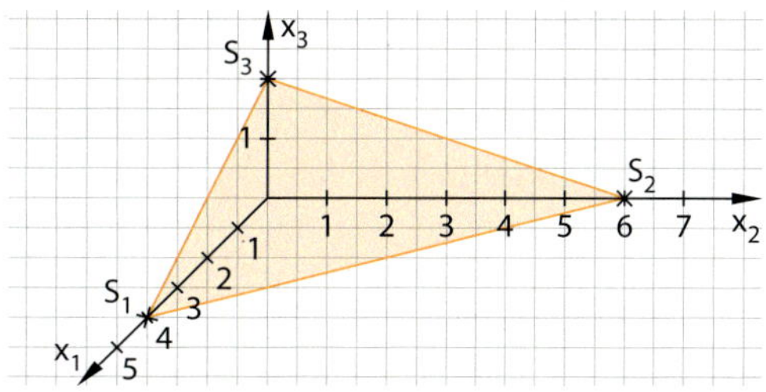

b) Stellen Sie eine Gleichung der Geraden durch S_1 und S_2 auf.

$$g_{12}: \vec{x} = \begin{pmatrix} 4 \\ 0 \\ 0 \end{pmatrix} + r\begin{pmatrix} -4 \\ 6 \\ 0 \end{pmatrix}$$

Basisaufgaben

14. Lesen Sie die Koordinaten der Spurpunkte ab. Geben Sie eine Parametergleichung und eine Koordinatengleichung der Ebene an.

a)

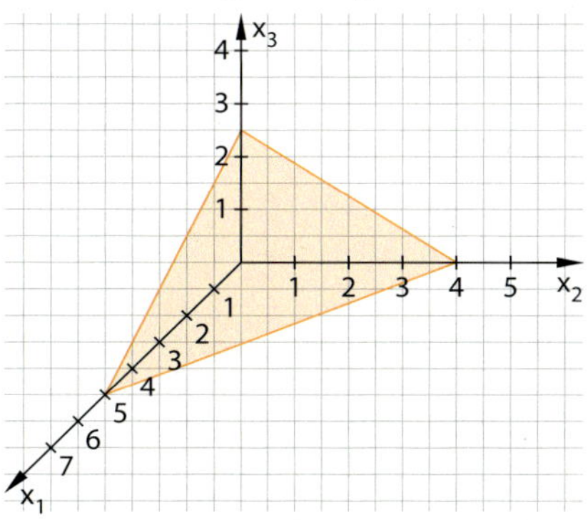

b)

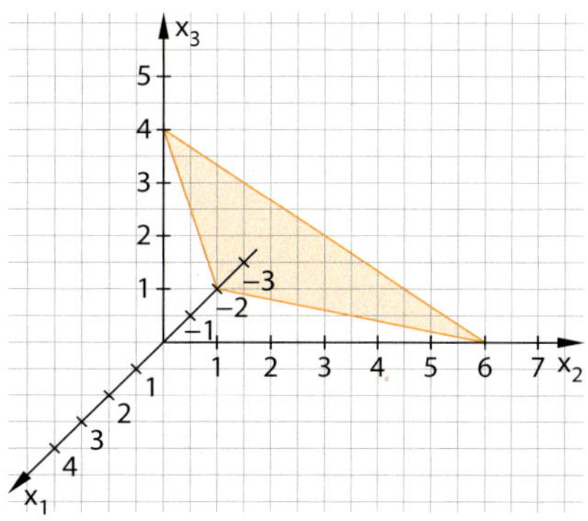

15. Ermitteln Sie die Spurpunkte der Ebene E und skizzieren Sie damit die Ebene in ein Koordinatensystem.

a) E: $x_1 + 2x_2 + 5x_3 = 10$ b) E: $6x_1 + 3x_2 + 2x_3 = 6$ c) E: $4x_1 - 2x_2 + 2x_3 = 8$

16. Bestimmen Sie die Spurpunkte der Ebene E und je eine Parametergleichung der Spurgeraden.

a) E: $2x_1 - 3x_2 + x_3 = 9$ b) E verläuft durch A(10|5|−6), B(−6|1|6) und C(3|2|0).

c) E: $\left(\vec{x} - \begin{pmatrix} 1 \\ 2 \\ 3 \end{pmatrix}\right) \cdot \begin{pmatrix} -4 \\ 1 \\ 2 \end{pmatrix} = 0$ d) E: $\vec{x} = \begin{pmatrix} 6 \\ 5 \\ 3 \end{pmatrix} + r\begin{pmatrix} 4 \\ 1 \\ 3 \end{pmatrix} + s\begin{pmatrix} 6 \\ 1 \\ 6 \end{pmatrix}$

17. Beschreiben Sie die besondere Lage der Ebene im Koordinatensystem. Geben Sie jeweils an, welche Konsequenz diese Lage für die Anzahl der Spurpunkte und Spurgeraden hat.

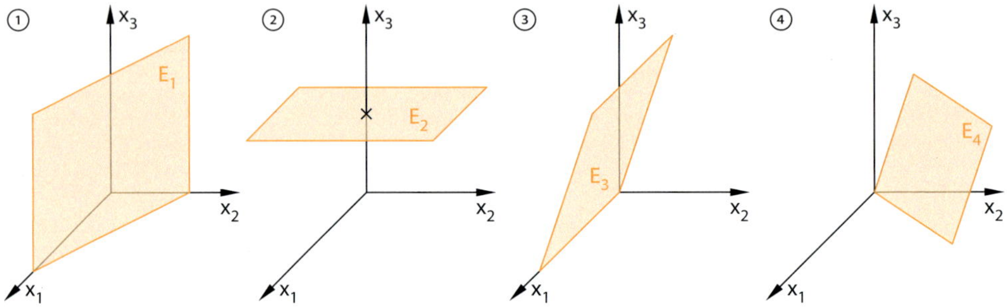

18. Beschreiben Sie die besondere Lage der Ebene E im Koordinatensystem. Geben Sie an, was sich über die Spurpunkte der Ebene aussagen lässt.

a) E: $x_1 - 2x_2 = 4$ b) E: $x_2 = 6$ c) E: $4x_1 + 3x_2 - x_3 = 0$ d) E: $3x_2 - x_3 = 0$

19. **Achsenabschnittsgleichung:** Gegeben ist die Ebene E durch E: $4x_1 - 6x_2 + 3x_3 = 12$.

a) Skizzieren Sie die Ebene anhand ihrer Spurpunkte in ein Koordinatensystem.

b) Dividieren Sie beide Seiten der Koordinatengleichung durch 12. Erklären Sie, weshalb die neue Gleichung **Achsenabschnittsgleichung** von E heißt.

c) Bestimmen Sie mithilfe der zugehörigen Achsenabschnittsgleichung die Spurpunkte der Ebenen E_1: $x_1 + 2x_2 - 8x_3 = -8$ und E_2: $12x_1 - x_2 + 3x_3 = 6$.

Weiterführende Aufgaben

20. Entscheiden Sie begründet, ob die Aussage wahr oder falsch ist.

a) Zwei zueinander parallele Ebenen haben den gleichen Normalenvektor.

b) Zwei Ebenen mit gleichem Normalenvektor sind parallel.

c) Eine Multiplikation beider Seiten der Koordinatengleichung einer Ebene E mit einer Zahl ungleich null bewirkt eine Parallelverschiebung von E.

d) Eine Vergrößerung der rechten Seite der Koordinatengleichung einer Ebene E bewirkt eine Parallelverschiebung von E.

e) Wenn für Punkte A, B, C, D und einen Vektor $\vec{v} \neq 0$ gilt $\overrightarrow{OA} \cdot \vec{v} = \overrightarrow{OB} \cdot \vec{v} = \overrightarrow{OC} \cdot \vec{v} = \overrightarrow{OD} \cdot \vec{v}$, dann liegen A, B, C und D auf einer Ebene mit Normalenvektor $\vec{v}$.

21. Berechnen Sie das Skalarprodukt von $\vec{v} = \begin{pmatrix} 2 \\ -1 \\ 4 \end{pmatrix}$ mit den Ortsvektoren zu A(1|−2|1), B(5|−2|−2), C(6|0|−1), D(0|−4|1), E(2|0|1), F(3|−2|0) und G(2|−4|2). Deuten Sie das Ergebnis geometrisch.

22. Gegeben sind die Ebene E: $-2x_1 - x_2 + 4x_3 = 6$ und der Vektor $\vec{v} = \begin{pmatrix} 4 \\ 2 \\ -8 \end{pmatrix}$.

a) Zeigen Sie, dass die Punkte P(4 | −2 | 3) und Q(−2 | 2 | 1) auf E liegen und dass $\vec{v}$ zu E orthogonal ist.

b) Stellen Sie mithilfe von P und $\vec{v}$ eine Koordinatengleichung für E auf. Vergleichen Sie diese mit der ursprünglichen Gleichung für E.

c) Stellen Sie mithilfe von Q und $\vec{v}$ eine Koordinatengleichung für E auf.

23. Zeichnen Sie die Ebenen anhand ihrer Spurpunkte. Erklären Sie das Ergebnis.

E_1: $2x_1 + 3x_2 + 2x_3 = 6$ E_2: $2x_1 + 3x_2 + 2x_3 = 12$ E_3: $4x_1 + 6x_2 + 4x_3 = 12$

24. Stolperstelle: Laura sagt: *„Wenn ich bei E: $4x_1 + 8x_2 - 6x_3 = 9$ den Normalenvektor halbiere, steht er immer noch senkrecht auf E. Deshalb ist $2x_1 + 4x_2 - 3x_3 = 9$ auch eine Gleichung für E."*
Nehmen Sie dazu Stellung und korrigieren Sie die zweite Gleichung.

25. Eine Architektin plant einen Versammlungsraum mit fünfeckigem Grundriss. Das Dach besteht aus zwei Dreiecken und einem Viereck.

a) Geben Sie die Koordinaten der Punkte B', C', D', E und F an.

b) Ermitteln Sie eine Koordinatengleichung der Ebene durch B', C' und E'.

● c) Bestimmen Sie die Koordinaten des Punktes A' und die Länge der Kante AA'.

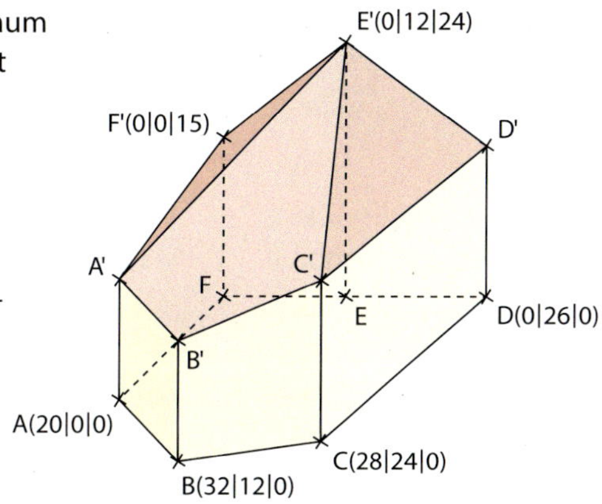

26. Prüfen Sie, ob die Ebenen E_1 und E_2 identisch sind.

E_1: $x_1 + 2x_2 - x_3 = 3$

E_2: $\vec{x} = \begin{pmatrix} -3 \\ 1 \\ 2 \end{pmatrix} + r\begin{pmatrix} 4 \\ -1 \\ 2 \end{pmatrix} + s\begin{pmatrix} -2 \\ 3 \\ 4 \end{pmatrix}$

● **27.** Gegeben ist die Gerade g: $\vec{x} = \overrightarrow{OP} + k\begin{pmatrix} 1 \\ 2 \\ 1 \end{pmatrix}$ mit P(1 | 1 | 1).

a) Ermitteln Sie eine Gleichung der Ebene E_1 durch P senkrecht zu g.

b) Berechnen Sie die Spurpunkte von E_1 und skizzieren Sie E_1 in ein Koordinatensystem.

c) Die drei Spurpunkte bilden mit dem Ursprung eine dreiseitige Pyramide. Berechnen Sie ihr Volumen.

d) Zeigen Sie, dass E_2 mit E_2: $\vec{x} = \begin{pmatrix} 2 \\ 3 \\ 2 \end{pmatrix} + r\begin{pmatrix} -3 \\ 1 \\ 1 \end{pmatrix} + s\begin{pmatrix} -1 \\ 1 \\ -1 \end{pmatrix}$ parallel zu E_1 ist.

e) Zeigen Sie, dass der Stützpunkt Q(2 | 3 | 2) von E_2 auf g liegt. Berechnen Sie den Abstand der Ebenen E_1 und E_2.

f) Berechnen Sie die Spurpunkte von E_2 und das Volumen der von diesen Spurpunkten und dem Ursprung gebildeten Pyramide.

● **28. Ausblick: Normalengleichung einer Geraden im $\mathbb{R}^2$**

a) Skizzieren Sie die Gerade g: $\vec{x} = \begin{pmatrix} 3 \\ 2 \end{pmatrix} + t\begin{pmatrix} 1 \\ 2 \end{pmatrix}$ in ein Koordinatensystem.

b) Multiplizieren Sie beide Seiten der Parametergleichung von g mit einem zu g orthogonalen Vektor. Sie erhalten eine Normalengleichung der Geraden.

c) Lösen Sie die Gleichung nach x_2 auf und überprüfen Sie das Ergebnis an der Skizze.

2.8 Lagebeziehungen zwischen Ebene und Gerade

■ Beschreiben Sie mit einem Stift und einem Blatt Papier, wie eine Ebene E und eine Gerade g zueinander liegen können.
Vergleichen Sie die Fälle mit den Lagebeziehungen zwischen zwei Geraden. Beschreiben Sie Gemeinsamkeiten und Unterschiede. ■

Die Lagebeziehung zwischen E und g kann durch die Anzahl der gemeinsamen Punkte und durch die gegenseitige Lage von Normalen- und Richtungsvektoren charakterisiert werden.

E und g schneiden sich in einem Punkt S.

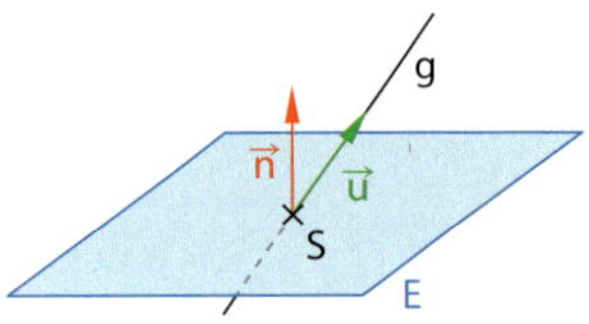

ein gemeinsamer Punkt S;
$\vec{n}$ und $\vec{u}$ nicht orthogonal

E und g sind echt parallel zueinander.

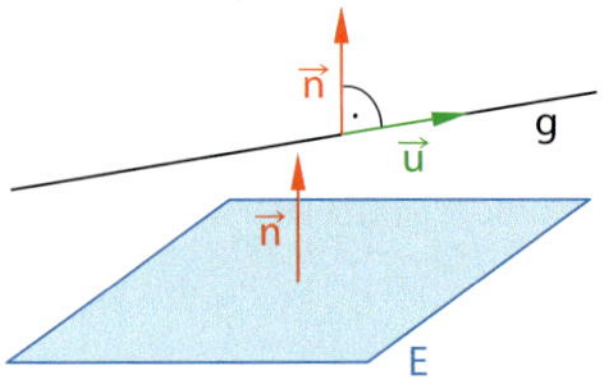

kein gemeinsamer Punkt;
$\vec{n}$ und $\vec{u}$ orthogonal

g liegt in E.

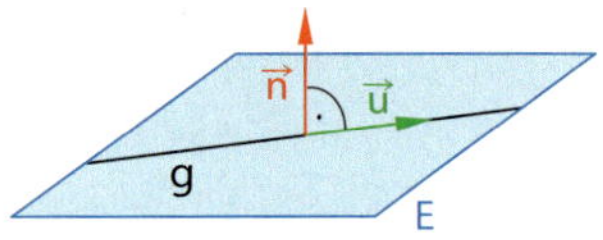

alle Punkte von g in E;
$\vec{n}$ und $\vec{u}$ orthogonal

Ein gemeinsamer Punkt muss sowohl die Ebenen- als auch die Geradengleichung erfüllen.

Ebene in Koordinatenform

Beispiel 1: Ermitteln Sie die gegenseitige Lage der Geraden g und der Ebene E mit
E: $x_1 - 4x_2 + 3x_3 = 12$.

a) g: $\vec{x} = \begin{pmatrix} 2 \\ -1 \\ -2 \end{pmatrix} + t\begin{pmatrix} -2 \\ 1 \\ -2 \end{pmatrix}$ b) g: $\vec{x} = \begin{pmatrix} 3 \\ 2 \\ -1 \end{pmatrix} + t\begin{pmatrix} 1 \\ 1 \\ 1 \end{pmatrix}$ c) g: $\vec{x} = \begin{pmatrix} 2 \\ -1 \\ 2 \end{pmatrix} + t\begin{pmatrix} -2 \\ 1 \\ 2 \end{pmatrix}$

Lösung:

a) Setzen Sie die Koordinaten von g in die Gleichung von E ein.
Die Gleichung ist eindeutig lösbar. Also schneidet g die Ebene in einem Punkt S.
Einsetzen von t = −1 in die Geradengleichung liefert die Koordinaten von S.

Koordinaten von g in E einsetzen:
$(2 - 2t) - 4(-1 + t) + 3(-2 - 2t) = 12$
$-12t = 12 \Leftrightarrow t = -1$

Schnittpunkt berechnen:
$\overrightarrow{OS} = \begin{pmatrix} 2 \\ -1 \\ -2 \end{pmatrix} + (-1) \cdot \begin{pmatrix} -2 \\ 1 \\ -2 \end{pmatrix} = \begin{pmatrix} 4 \\ -2 \\ 0 \end{pmatrix}$

g schneidet E im Punkt $S(4\,|\,-2\,|\,0)$.

b) Setzen Sie die Koordinaten von g in die Gleichung von E ein. Die Gleichung hat keine Lösung. Also gibt es keine gemeinsamen Punkte von g und E.

Koordinaten von g in E einsetzen:
$(3 + t) - 4(2 + t) + 3(-1 + t) = 12$
$-8 = 12$ (keine Lösung)

g ist parallel zu E.

c) Sie erhalten eine Gleichung, die allgemeingültig ist. Also sind alle Punkte von g auch Punkte von E.

Koordinaten von g in E einsetzen:
$(2 - 2t) - 4(-1 + t) + 3(2 + 2t) = 12$
$12 = 12$ (gilt allgemein)

g liegt in E.

Basisaufgaben

1. Berechnen Sie den Schnittpunkt der Geraden g: $\vec{x} = \begin{pmatrix} 4 \\ 0 \\ -1 \end{pmatrix} + t\begin{pmatrix} 3 \\ -2 \\ 5 \end{pmatrix}$ mit der Ebene E.

a) E: $2x_1 - x_2 + x_3 = 33$ b) E: $-x_1 + 2x_3 = 1$ c) E: $-4x_1 + 4x_2 + 2x_3 = 2$

2. Ermitteln Sie die gegenseitige Lage der Ebene E und der Geraden g. Berechnen Sie gegebenenfalls den Schnittpunkt.

a) E: $4x_1 + 2x_2 - x_3 = 15$
g: $\vec{x} = \begin{pmatrix} -8 \\ 4 \\ 1 \end{pmatrix} + t\begin{pmatrix} 3 \\ -1 \\ 10 \end{pmatrix}$

b) E: $x_1 - 5x_2 + 3x_3 = 13$
g: $\vec{x} = \begin{pmatrix} 3 \\ 1 \\ -3 \end{pmatrix} + t\begin{pmatrix} -2 \\ 1 \\ 1 \end{pmatrix}$

c) E: $4x_1 - 2x_2 + 3x_3 = 3$
g: $\vec{x} = \begin{pmatrix} 0 \\ 6 \\ 5 \end{pmatrix} + t\begin{pmatrix} -1 \\ 1 \\ 2 \end{pmatrix}$

3. Zeigen Sie anhand des Normalenvektors von E, dass g parallel zu E oder mit E identisch ist. Unterscheiden Sie zwischen diesen beiden Fällen, indem Sie prüfen, ob der Stützpunkt von g in E liegt.

a) E: $x_1 - 2x_2 + 3x_3 = 9$
g: $\vec{x} = \begin{pmatrix} -5 \\ -7 \\ 0 \end{pmatrix} + t\begin{pmatrix} 1 \\ 2 \\ 1 \end{pmatrix}$

b) E: $3x_1 + 5x_2 - 2x_3 = 13$
g: $\vec{x} = \begin{pmatrix} 3 \\ 7 \\ 1 \end{pmatrix} + t\begin{pmatrix} -3 \\ 1 \\ -2 \end{pmatrix}$

c) E: $-x_2 + 9x_3 = 8$
g: $\vec{x} = \begin{pmatrix} 13 \\ 1 \\ 1 \end{pmatrix} + t\begin{pmatrix} 6 \\ 9 \\ 1 \end{pmatrix}$

4. Berechnen Sie jeweils die Schnittpunkte der Ebene E: $-4x_1 + 2x_2 + 5x_3 = 20$ mit den Geraden g_1: $\vec{x} = t\begin{pmatrix} 1 \\ 0 \\ 0 \end{pmatrix}$, g_2: $\vec{x} = t\begin{pmatrix} 0 \\ 1 \\ 0 \end{pmatrix}$ und g_3: $\vec{x} = t\begin{pmatrix} 0 \\ 0 \\ 1 \end{pmatrix}$. Erklären Sie die Bedeutung dieser Punkte.

5. Ermitteln Sie die gegenseitige Lage der Ebene E und der Geraden g: $\vec{x} = \begin{pmatrix} 4 \\ -1 \\ 3 \end{pmatrix} + t\begin{pmatrix} -2 \\ 3 \\ 1 \end{pmatrix}$.

a) E: $x_1 = 2$ b) E: $x_1 = 0$ c) E: $3x_1 + 2x_2 = 0$ d) E: $x_1 + x_2 - x_3 = 0$

Ebene in Parameterform

Beispiel 2: Ermitteln Sie die gegenseitige Lage der Ebene

E: $\vec{x} = \begin{pmatrix} 3 \\ 1 \\ -4 \end{pmatrix} + r\begin{pmatrix} 1 \\ -3 \\ -1 \end{pmatrix} + s\begin{pmatrix} 2 \\ 4 \\ 0 \end{pmatrix}$ und der Geraden g: $\vec{x} = \begin{pmatrix} 2 \\ 0 \\ -2 \end{pmatrix} + t\begin{pmatrix} -3 \\ 1 \\ 2 \end{pmatrix}$.

Berechnen Sie gegebenenfalls die Koordinaten des Schnittpunktes.

Lösung:

Setzen Sie die Parametergleichungen von E und g gleich. Formen Sie die Gleichung in ein lineares Gleichungssystem mit drei Gleichungen und drei Variablen um.

Parametergleichungen gleichsetzen:

$$\begin{pmatrix} 3 \\ 1 \\ -4 \end{pmatrix} + r\begin{pmatrix} 1 \\ -3 \\ -1 \end{pmatrix} + s\begin{pmatrix} 2 \\ 4 \\ 0 \end{pmatrix} = \begin{pmatrix} 2 \\ 0 \\ -2 \end{pmatrix} + t\begin{pmatrix} -3 \\ 1 \\ 2 \end{pmatrix}$$

$$r\begin{pmatrix} 1 \\ -3 \\ -1 \end{pmatrix} + s\begin{pmatrix} 2 \\ 4 \\ 0 \end{pmatrix} + t\begin{pmatrix} 3 \\ -1 \\ -2 \end{pmatrix} = \begin{pmatrix} -1 \\ -1 \\ 2 \end{pmatrix}$$

Schreiben Sie das LGS als Matrix und bringen Sie diese auf Zeilenstufenform. An der Zeilenstufenform erkennt man, dass das LGS eindeutig lösbar ist. Also schneiden sich g und E in einem Punkt S.

Lineares Gleichungssystem lösen:

$$\left(\begin{array}{rrr|r} 1 & 2 & 3 & -1 \\ -3 & 4 & -1 & -1 \\ -1 & 0 & -2 & 2 \end{array}\right) \xrightarrow{\text{ZSF}} \left(\begin{array}{rrr|r} 1 & 2 & 3 & -1 \\ 0 & 10 & 8 & -4 \\ 0 & 0 & 3 & -9 \end{array}\right) \quad \begin{array}{l} r = 4 \\ s = 2 \\ t = -3 \end{array}$$

Die Koordinaten des Schnittpunktes S erhalten Sie durch Einsetzen von $t = -3$ in die Gleichung von g (oder von $r = 4$ und $s = 2$ in die Gleichung von E).

Schnittpunkt berechnen:

$$\overrightarrow{OS} = \begin{pmatrix} 2 \\ 0 \\ -2 \end{pmatrix} + (-3) \cdot \begin{pmatrix} -3 \\ 1 \\ 2 \end{pmatrix} = \begin{pmatrix} 11 \\ -3 \\ -8 \end{pmatrix}$$

g schneidet E im Punkt $S(11|-3|-8)$.

Hinweis:
Die Fälle, dass g parallel zu E ist oder in E liegt, werden ab Aufgabe 7 thematisiert.

Basisaufgaben

6. Berechnen Sie die Koordinaten des Schnittpunktes der Geraden mit der Ebene.

a) $E: \vec{x} = \begin{pmatrix} 2 \\ -8 \\ 1 \end{pmatrix} + r\begin{pmatrix} 3 \\ -2 \\ 0 \end{pmatrix} + s\begin{pmatrix} 1 \\ -1 \\ 4 \end{pmatrix}$ $\quad g: \vec{x} = \begin{pmatrix} 10 \\ 1 \\ 9 \end{pmatrix} + t\begin{pmatrix} 4 \\ 5 \\ -2 \end{pmatrix}$

b) $E: \vec{x} = \begin{pmatrix} -1 \\ 3 \\ 1 \end{pmatrix} + r\begin{pmatrix} 1 \\ -1 \\ 2 \end{pmatrix} + s\begin{pmatrix} 4 \\ -5 \\ 7 \end{pmatrix}$ $\quad g: \vec{x} = \begin{pmatrix} -6 \\ 9 \\ -4 \end{pmatrix} + t\begin{pmatrix} 3 \\ 0 \\ -3 \end{pmatrix}$

c) $E: \vec{x} = \begin{pmatrix} -5 \\ 2 \\ 4 \end{pmatrix} + r\begin{pmatrix} 1 \\ -2 \\ 3 \end{pmatrix} + s\begin{pmatrix} 4 \\ 0 \\ -7 \end{pmatrix}$ $\quad g: \vec{x} = \begin{pmatrix} -1 \\ 3 \\ 4 \end{pmatrix} + t\begin{pmatrix} 2 \\ -6 \\ -8 \end{pmatrix}$

7. Die Matrix in Zeilenstufenform ergibt sich aus der Schnittbedingung zwischen einer Geraden g und einer Ebene E. Beschreiben Sie die gegenseitige Lage von E und g.

a) $\left(\begin{array}{ccc|c} 1 & 3 & -1 & 2 \\ 0 & 2 & 3 & -4 \\ 0 & 0 & 0 & 1 \end{array}\right)$ b) $\left(\begin{array}{ccc|c} 2 & 5 & -1 & 2 \\ 0 & 4 & 1 & 8 \\ 0 & 0 & 2 & 3 \end{array}\right)$ c) $\left(\begin{array}{ccc|c} 1 & 0 & 3 & 2 \\ 0 & 1 & 0 & 9 \\ 0 & 0 & 1 & 1 \end{array}\right)$ d) $\left(\begin{array}{ccc|c} -2 & 4 & 5 & -1 \\ 0 & 1 & 3 & 9 \\ 0 & 0 & 0 & 0 \end{array}\right)$

8. Ermitteln Sie die gegenseitige Lage der Ebene $E: \vec{x} = \begin{pmatrix} 4 \\ -8 \\ 1 \end{pmatrix} + r\begin{pmatrix} 2 \\ -4 \\ -2 \end{pmatrix} + s\begin{pmatrix} 1 \\ -1 \\ -4 \end{pmatrix}$ und der Geraden g. Berechnen Sie gegebenenfalls deren Schnittpunkt.

a) $g: \vec{x} = \begin{pmatrix} 1 \\ -2 \\ 1 \end{pmatrix} + t\begin{pmatrix} 1 \\ -3 \\ 2 \end{pmatrix}$

b) $g: \vec{x} = \begin{pmatrix} 6 \\ 4 \\ -1 \end{pmatrix} + t\begin{pmatrix} -1 \\ -4 \\ 3 \end{pmatrix}$

c) $g: \vec{x} = \begin{pmatrix} 4 \\ 1 \\ -3 \end{pmatrix} + t\begin{pmatrix} -1 \\ 2 \\ 1 \end{pmatrix}$

d) $g: \vec{x} = \begin{pmatrix} 5 \\ -9 \\ -3 \end{pmatrix} + t\begin{pmatrix} 0 \\ -1 \\ 3 \end{pmatrix}$

e) g ist die x_3-Achse.

f) g geht durch $A(6|-9|-10)$ und $B(0|-2|11)$.

9. Die Schnittbedingung einer Ebene mit einer Geraden wurde mit einem CAS bearbeitet. Interpretieren Sie das Ergebnis in Bezug auf die Lagebeziehung.

a) 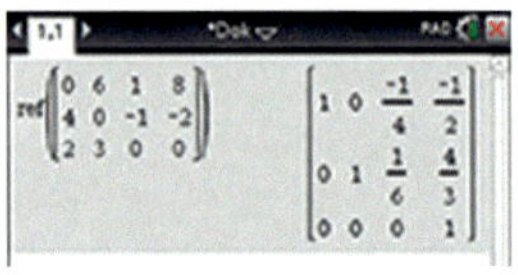

b) 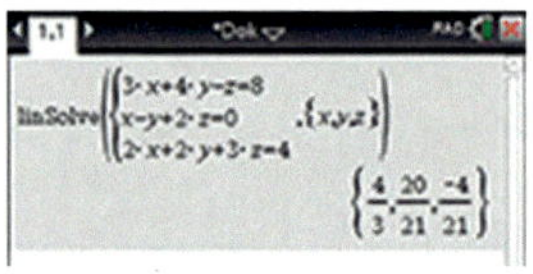

c) 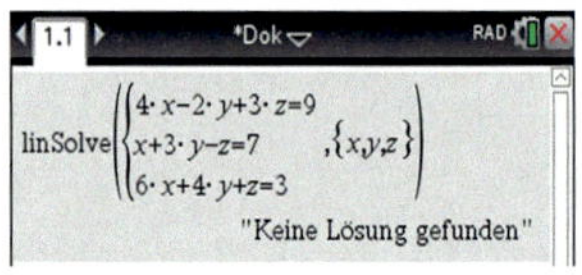

CAS **10.** Ermitteln Sie die gegenseitige Lage der Geraden g_1, g_2, g_3 und der Ebenen E_1, E_2 mit einem CAS. Berechnen Sie gegebenenfalls deren Schnittpunkt.

$g_1: \vec{x} = \begin{pmatrix} -55 \\ -94 \\ -436 \end{pmatrix} + t\begin{pmatrix} 13 \\ 4 \\ 72 \end{pmatrix}$

$g_2: \vec{x} = \begin{pmatrix} 194 \\ -32 \\ 230 \end{pmatrix} + t\begin{pmatrix} 79 \\ -3 \\ 111 \end{pmatrix}$

$E_1: \vec{x} = \begin{pmatrix} 94 \\ -38 \\ 80 \end{pmatrix} + r\begin{pmatrix} 50 \\ 3 \\ 75 \end{pmatrix} + s\begin{pmatrix} 58 \\ -12 \\ 72 \end{pmatrix}$

$g_3: \vec{x} = \begin{pmatrix} -9 \\ 30 \\ 52 \end{pmatrix} + t\begin{pmatrix} -8 \\ 15 \\ 3 \end{pmatrix}$

$E_2: \vec{x} = \begin{pmatrix} -1 \\ 15 \\ -55 \end{pmatrix} + r\begin{pmatrix} -29 \\ 26 \\ -66 \end{pmatrix} + s\begin{pmatrix} -45 \\ 56 \\ -60 \end{pmatrix}$

11. Bei der Untersuchung der Lagebeziehung einer Ebene E und einer Geraden g führt die Schnittbedingung $\begin{pmatrix} 3 \\ -1 \\ 0 \end{pmatrix} + r\begin{pmatrix} 1 \\ -2 \\ 1 \end{pmatrix} + s\begin{pmatrix} 2 \\ 1 \\ -3 \end{pmatrix} = \begin{pmatrix} 5 \\ -5 \\ 2 \end{pmatrix} + t\begin{pmatrix} -1 \\ -8 \\ 9 \end{pmatrix}$ zur Lösung $s = -2t$, $r = 2 + 3t$.

a) Geben Sie an, was sich daraus für die gegenseitige Lagebeziehung von E und g ergibt.

b) Setzen Sie die Lösungen für r und s in die Gleichung ein und überprüfen Sie, ob beide Seiten der Schnittbedingung gleich werden.

Weiterführende Aufgaben

12. Die Entscheidungsregeln bei der Untersuchung der Lagebeziehung zwischen einer Geraden und einer Ebene lassen sich schematisch darstellen. Hier wird der Fall mit einer Ebene in Parameterform beschrieben.

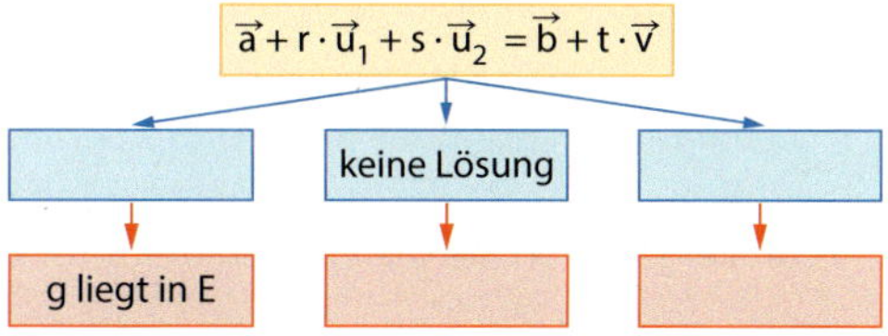

a) Übertragen Sie das Schema und vervollständigen Sie es.
b) Beschreiben Sie für jeden Fall die Zeilenstufenform der Matrix des zugehörigen LGS.
c) Erstellen Sie ein solches Schema für eine Ebene in Koordinatenform.

13. Gegeben sind die Ebene E_{ABC} durch die Punkte $A(5|-2|1)$, $B(9|2|-1)$, $C(11|4|5)$ und die Gerade g_{KL} durch die Punkte $K(14|-3|6)$ und $L(16|4|8)$.
a) Berechnen Sie den Schnittpunkt S von E_{ABC} und g_{KL}.
b) Prüfen Sie, ob S im von A aus durch $\overrightarrow{AB}$ und $\overrightarrow{AC}$ aufgespannten Parallelogramm liegt und ob S auf der Strecke $\overline{KL}$ liegt.

14. Gegeben sind $g\colon \vec{x} = \begin{pmatrix} 23 \\ -2 \\ 6 \end{pmatrix} + t\begin{pmatrix} 5 \\ -3 \\ 1 \end{pmatrix}$ und $E\colon \vec{x} = \begin{pmatrix} -7 \\ 2 \\ 1 \end{pmatrix} + r\begin{pmatrix} 1 \\ 2 \\ 1 \end{pmatrix} + s\begin{pmatrix} -7 \\ -2 \\ 2 \end{pmatrix}$.
a) Berechnen Sie den Schnittpunkt von g und E mithilfe der Parametergleichung von E.
b) Ermitteln Sie eine Koordinatengleichung von E und berechnen Sie den Schnittpunkt.
c) Vergleichen Sie den Rechenaufwand der beiden Berechnungen.
d) Beurteilen Sie beide Verfahren in Hinblick auf die Fragestellungen in Aufgabe 13b).

15. Seien g eine Gerade und E eine Ebene. Prüfen Sie, ob die Aussage wahr oder falsch ist.
a) Wenn der Richtungsvektor von g orthogonal zum Normalenvektor von E ist, dann schneidet g die Ebene E.
b) Wenn der Richtungsvektor von g orthogonal zu den Richtungsvektoren von E ist, dann schneidet g die Ebene E.
c) Wenn g die Ebene E schneidet, dann ist der Richtungsvektor von g orthogonal zu den Richtungsvektoren von E.
d) Wenn g parallel zu E ist, dann ist der Richtungsvektor von g orthogonal zum Normalenvektor von E.

16. Stolperstelle Hannes bestimmt den Schnittpunkt von $g\colon \vec{x} = \begin{pmatrix} 2 \\ 1 \\ 3 \end{pmatrix} + t\begin{pmatrix} 1 \\ -2 \\ 1 \end{pmatrix}$ und $E\colon \vec{x} = \begin{pmatrix} -1 \\ -1 \\ -2 \end{pmatrix} + r\begin{pmatrix} -1 \\ 1 \\ 1 \end{pmatrix} + s\begin{pmatrix} 1 \\ 1 \\ 7 \end{pmatrix}$

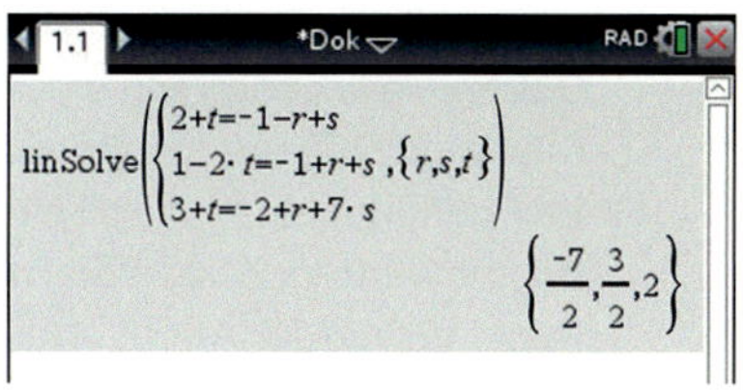

mit einem CAS und schreibt:
„Der Schnittpunkt ist S(−3,5|1,5|2).“ Nehmen Sie Stellung und korrigieren Sie.

17. Aus einer punktförmigen Lichtquelle in $L(10|1|0)$ scheint Licht auf den abgebildeten Würfel der Kantenlänge 3. Es entsteht ein Schatten auf der zur x_2x_3-Ebene parallelen Ebene E durch $P(-4|0|0)$. Berechnen Sie die Koordinaten der Schattenpunkte. Skizzieren Sie den Schatten in ein Koordinatensystem.

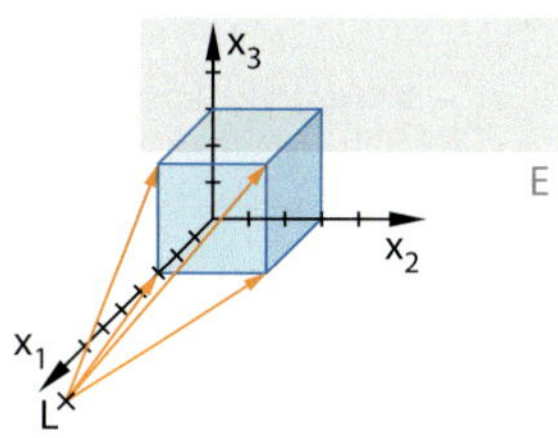

18. Vom Punkt L(13 | −11 | 12) fällt Licht durch den Schlitz mit den Endpunkten A(1 | −3 | 6) und B(3 | −1 | 6). Auf der gegenüberliegenden und von den Punkten E(−8 | 0 | 0), F(0 | 8 | 0) und S(0 | 0 | 12) aufgespannten Zeltwand entsteht das Bild $\overline{CD}$ des Schlitzes.

a) Berechnen Sie die Koordinaten von C und D.

b) Vergleichen Sie die Längen der Strecken $\overline{AB}$ und $\overline{CD}$.

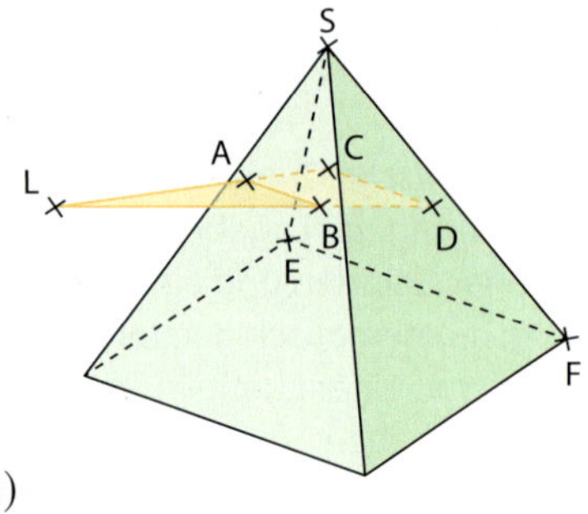

19. Gegeben sind die Punkte A(2 | 1 | 0), B(8 | 5 | 2), C(2 | 14 | 5) und die Gerade g: $\vec{x} = \begin{pmatrix} 3 \\ 19 \\ -23 \end{pmatrix} + t\begin{pmatrix} -1 \\ -5 \\ 13 \end{pmatrix}$.

a) Geben Sie die Koordinaten eines Punktes D an, sodass ABCD ein Parallelogramm ist. Zeigen Sie, dass der Punkt N(1 | 9 | 3) im Parallelogramm ABCD liegt.

b) Zeigen Sie, dass g auf der Ebene E_{ABC} senkrecht steht, und berechnen Sie den Schnittpunkt von g und E_{ABC}.

c) Geben Sie eine Parametergleichung der Ebene E an, welche die Gerade g und den Punkt B enthält. Zeigen Sie, dass D(−4 | 10 | 2) nicht in E liegt.

20. Die Punkte A(0 | 0 | 0), B(0 | 6 | 0), C(−4 | 2 | 0) und D(−3 | −4 | 5) bilden mit den Punkten E und F ein schiefes Prisma. Der Punkt N(−2 | 3,5 | 0) befindet sich auf dem Boden des Prismas. Von N aus wird parallel zur x_3-Achse durch den Körper gebohrt.

a) Schätzen Sie, aus welcher Seitenwand des Prismas die Bohrung austritt.

b) Überprüfen Sie Ihre Vermutung rechnerisch.

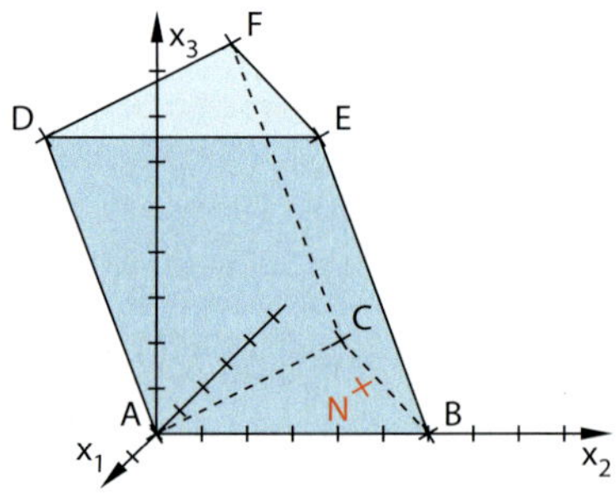

21. Gegeben sind P(8 | 7 | 11), E(12 | −15 | 11) und $\vec{u} = \begin{pmatrix} -2 \\ 1 \\ 0 \end{pmatrix}$, $\vec{v} = \begin{pmatrix} -2 \\ -4 \\ 2 \end{pmatrix}$. Die Dachvierecke ABCD und EDCF sind Parallelogramme. (1 LE = 1 m)

a) Zeigen Sie, dass die Dachvierecke ABCD und EDCF Rechtecke sind.

b) Die Dachfläche ABCD ist mit 27 gleich großen Paneelen vollständig bedeckt. Geben Sie an, wie viele dieser Paneele man auf EDCF unterbringen kann.

c) Im Punkt R(10 | 1 | 13) soll ein Mast angebracht werden. Zeigen Sie, dass dieser Punkt im Viereck ABCD, aber nicht im Inneren eines Paneels liegt.

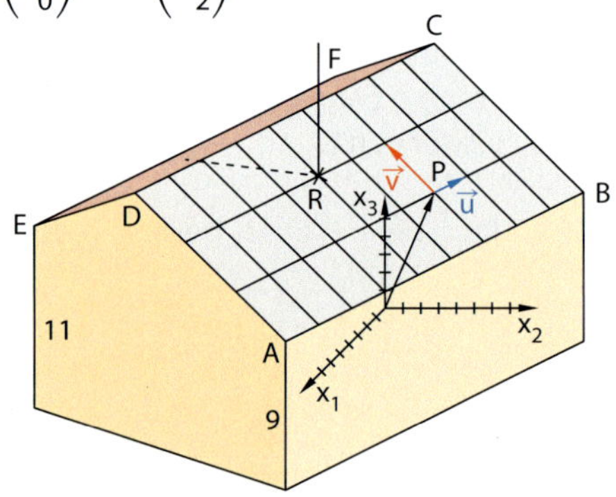

d) Der Mast soll mit einem Drahtseil verbunden werden. Das Seil wird vom Punkt R durch den Dachboden gespannt und verläuft auf der Geraden g: $\vec{x} = \begin{pmatrix} 10 \\ 1 \\ 13 \end{pmatrix} + t\begin{pmatrix} -2 \\ -9 \\ 0 \end{pmatrix}$.

Berechnen Sie, in welchem Punkt S der Dachfläche EDCF das Seil befestigt wird.

e) Der Mast ist 8 m lang. Entlang des Vektors $\vec{s} = \begin{pmatrix} 0 \\ 1 \\ -2 \end{pmatrix}$ fallen Sonnenstrahlen ein.

Berechnen Sie die Länge des Schattens, den der Mast auf die Dachfläche ABCD wirft.

22. Das Dreieck ABC mit $A(-1|2|-2)$, $B(-3|4|-4)$ und $C(-5|6|0)$ ist die Grundseite einer dreiseitigen Pyramide mit Spitze $S(1|10|-2)$. Der Fußpunkt der durch S verlaufenden Pyramidenhöhe sei H. Berechnen Sie die Koordinaten von H und die Höhe der Pyramide.

23. Gegeben sind die Punkte $A(5|1|-0{,}1)$, $B(2|10|0{,}1)$ und $D(-4|-2|-0{,}1)$.

a) Bestimmen Sie den Punkt C so, dass ABCD ein Parallelogramm ist. Zeigen Sie, dass dieses Parallelogramm sogar ein Rechteck ist.

b) Das Rechteck ABCD beschreibt die Landebahn eines Sportflugplatzes. Ein Flugzeug nähert sich auf einer geradlinigen Flugbahn dem Flugplatz. Zum Zeitpunkt t befindet es sich im durch $\vec{x_t} = \begin{pmatrix} -1 \\ -46 \\ 5 \end{pmatrix} + t\begin{pmatrix} 0 \\ 10 \\ -1 \end{pmatrix}$ gegebenen Punkt. (1 LE = 100 m; 1 ZE = 1 min) Bestimmen Sie, in welchem Punkt das Flugzeug die Ebene E_{ABC} erreicht, wenn sich die Flugbahn nicht ändert. Zeigen Sie, dass dieser Punkt der Mittelpunkt der Landebahn ist.

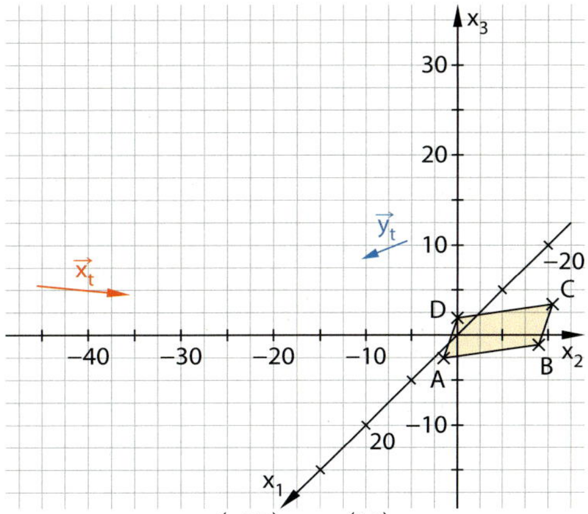

c) Ein zweites Flugzeug befindet sich zur Zeit t im Punkt $\vec{y_t} = \begin{pmatrix} -21 \\ -16 \\ 0 \end{pmatrix} + t\begin{pmatrix} 10 \\ 0 \\ 1 \end{pmatrix}$. Zeigen Sie, dass sich beide Flugbahnen schneiden.

d) Berechnen Sie den Zeitpunkt, an dem der Abstand beider Flugzeuge minimal ist.

● **24. Senkrechte Projektion auf eine Ebene:** Gegeben sind die Ebene $E: x_1 - x_2 + 2x_3 = 6$ und der Punkt $P(3|-5|5)$. Der Punkt P soll senkrecht auf die Ebene E projiziert werden.

a) Stellen Sie die Ebene anhand ihrer Spurpunkte im Koordinatensystem dar. Zeichnen Sie auch den Punkt P ein.

b) Ermitteln Sie eine Gleichung der Geraden, die durch P und senkrecht zu E verläuft. Der Schnittpunkt P′ dieser Geraden mit der Ebene E ist die senkrechte Projektion von P in die Ebene E. Berechnen Sie die Koordinaten von P′.

● **25. Spiegelung an einer Ebene:** Der Punkt $P(-2|-5{,}5|2)$ soll an der Ebene $E: x_1 + 2x_2 - x_3 = 3$ gespiegelt werden.

a) Berechnen Sie die Koordinaten des Spiegelpunktes P′.

b) Stellen Sie die Ebene E anhand ihrer Spurpunkte in einem Koordinatensystem dar und zeichnen Sie die Gerade PP′ ein.

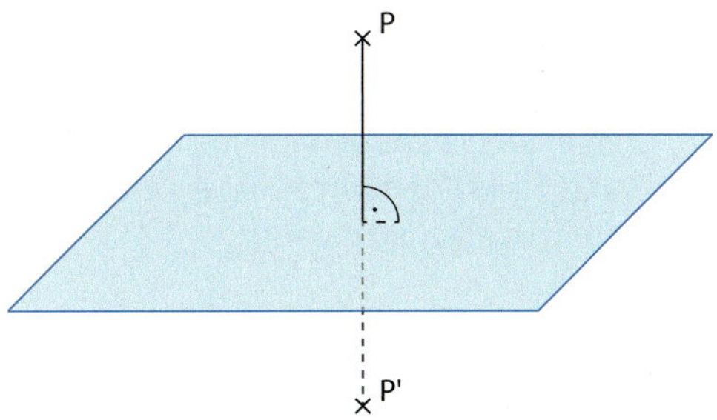

● **26. Ausblick: Geradenscharen**

Gegeben sind der Punkt P, die Gerade g und die **Geradenschar** h_a.

$P(-1|3|2)$ $\quad g: \vec{x} = \begin{pmatrix} 5 \\ -2 \\ 4 \end{pmatrix} + s\begin{pmatrix} 1 \\ -2 \\ 1 \end{pmatrix}$ $\quad h_a: \vec{x} = \begin{pmatrix} -1 \\ 3 \\ 2 \end{pmatrix} + t\begin{pmatrix} 1+2a \\ 1+a \\ 1 \end{pmatrix}; a \in \mathbb{R}$

a) Zeigen Sie, dass alle Geraden der Schar h_a in derjenigen Ebene liegen, die senkrecht zu g durch P verläuft.

b) Berechnen Sie alle möglichen Werte für a so, dass h_a die Gerade g schneidet.

2.9 Lagebeziehungen zwischen Ebenen

■ Zeigen Sie mithilfe zweier Papierblätter, wie zwei Ebenen zueinander liegen können. Verwenden Sie Stifte als Normalenvektoren. Erläutern Sie, wie die Lagebeziehung der Blätter mit der Lagebeziehung der Stifte zusammenhängt. ■

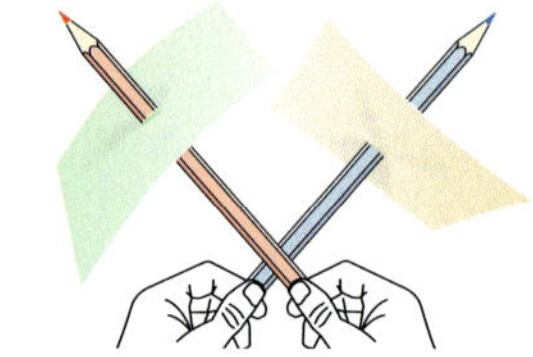

Wenn zwei Ebenen sich schneiden, so entsteht eine Schnittgerade. Die Schnittbedingung hat nie eine eindeutige Lösung. Zur Lageuntersuchung werden Normalenvektoren verglichen und gemeinsame Punkte bestimmt. Ein gemeinsamer Punkt muss beide Ebenengleichungen erfüllen.

Hinweis:
Wie bei Geraden haben zwei echt parallele Ebenen keine gemeinsamen Punkte.
Zwei Ebenen können nicht windschief zueinander verlaufen.

E_1 und E_2 schneiden sich in einer Geraden g.

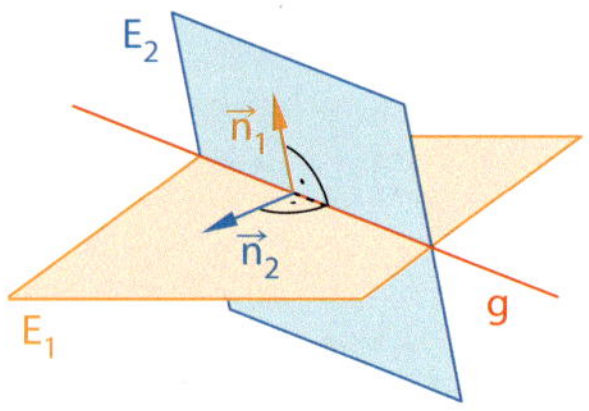

Schnittgerade;
$\vec{n_1}$ und $\vec{n_2}$ nicht kollinear

E_1 und E_2 sind echt parallel zueinander.

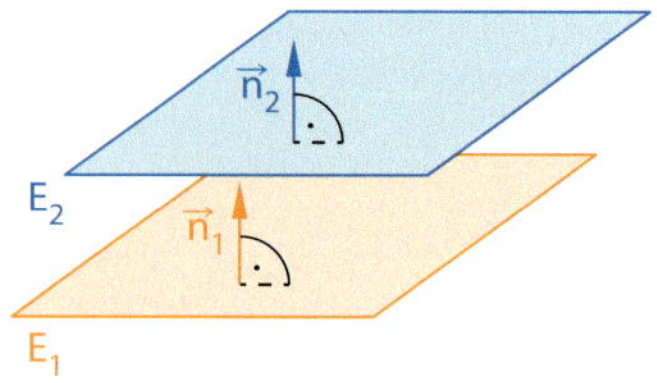

keine gemeinsamen Punkte;
$\vec{n_1}$ und $\vec{n_2}$ kollinear

E_1 und E_2 sind identisch.

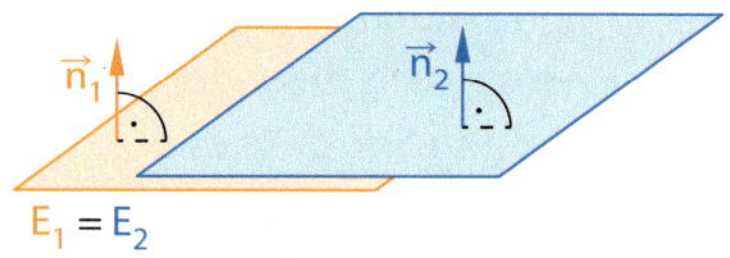

alle Punkte gemeinsam;
$\vec{n_1}$ und $\vec{n_2}$ kollinear

Beide Ebenen in Koordinatenform

Beispiel 1: Ermitteln Sie die gegenseitige Lage von E_1: $-2x_1 + x_2 - 5x_3 = 15$ und E_2.
a) E_2: $3x_1 + 7x_2 - x_3 = 37$ b) E_2: $-6x_1 + 3x_2 - 15x_3 = 45$ c) E_2: $4x_1 - 2x_2 + 10x_3 = 7$

Lösung:

a) Die beiden Koordinatengleichungen bilden ein LGS. Bringen Sie es in Zeilenstufenform. Eine Variable ist frei wählbar. Also schneiden sich die Ebenen in einer Geraden.
Schreiben Sie die allgemeine Lösung als Vektor und ermitteln Sie so eine Gleichung der Schnittgeraden.

Gleichungssystem aufstellen:

$$\left(\begin{array}{ccc|c} -2 & 1 & -5 & 15 \\ 3 & 7 & -1 & 37 \end{array}\right) \xrightarrow{\text{ZSF}} \left(\begin{array}{ccc|c} -2 & 1 & -5 & 15 \\ 0 & 1 & -1 & 7 \end{array}\right)$$

eine Variable frei wählbar
$L = \{(-4 - 2t \mid 7 + t \mid t); t \in \mathbb{R}\}$

Schnittgerade bestimmen:

$$g: \begin{pmatrix} x_1 \\ x_2 \\ x_3 \end{pmatrix} = \begin{pmatrix} -4 - 2t \\ 7 + t \\ t \end{pmatrix} = \begin{pmatrix} -4 \\ 7 \\ 0 \end{pmatrix} + t \cdot \begin{pmatrix} -2 \\ 1 \\ 1 \end{pmatrix}$$

Hinweis:
Im Fall identischer Ebenen sieht man, dass die Gleichungen Vielfache voneinander sind. Bei parallelen Ebenen gilt dies für die linken Seiten der Gleichungen, aber nicht für die ganzen Gleichungen.

b) Stellen Sie mit den Koordinatengleichungen ein LGS auf. Beim Umformen entsteht eine Nullzeile. Also sind zwei Variablen frei wählbar, d. h., die Ebenen sind identisch.

Gleichungssystem aufstellen:

$$\left(\begin{array}{ccc|c} -2 & 1 & -5 & 15 \\ -6 & 3 & -15 & 45 \end{array}\right) \xrightarrow{\text{ZSF}} \left(\begin{array}{ccc|c} -2 & 1 & -5 & 15 \\ 0 & 0 & 0 & 0 \end{array}\right)$$

zwei Variablen frei wählbar
E_1 und E_2 sind identisch.

c) Bringen Sie das LGS der beiden Koordinatengleichungen in Zeilenstufenform. Es entsteht eine Widerspruchszeile. Also haben E_1 und E_2 keine gemeinsamen Punkte.

Gleichungssystem aufstellen:

$$\left(\begin{array}{ccc|c} -2 & 1 & -5 & 15 \\ 4 & -2 & 10 & 7 \end{array}\right) \xrightarrow{\text{ZSF}} \left(\begin{array}{ccc|c} -2 & 1 & -5 & 15 \\ 0 & 0 & 0 & 37 \end{array}\right)$$

keine Lösung
E_1 und E_2 sind echt parallel zueinander.

Basisaufgaben

1. Entscheiden Sie, ohne ein lineares Gleichungssystem zu lösen, wie die Ebenen E_1 und E_2 zueinander liegen. Sie brauchen keine Schnittgerade zu berechnen.

a) $E_1: \begin{pmatrix} 5 \\ -2 \\ 7 \end{pmatrix} \cdot \vec{x} = 18$ $\quad E_2: \begin{pmatrix} 3 \\ 4 \\ 1 \end{pmatrix} \cdot \vec{x} = 18$

b) $E_1: \begin{pmatrix} 4 \\ -2 \\ -6 \end{pmatrix} \cdot \vec{x} = 14$ $\quad E_2: -2x_1 + x_2 + 3x_3 = 9$

c) $E_1: \begin{pmatrix} 3 \\ 1 \\ -4 \end{pmatrix} \cdot \vec{x} = 7$ $\quad E_2: \begin{pmatrix} 6 \\ 2 \\ -8 \end{pmatrix} \cdot \vec{x} = 14$

d) $E_1: -2x_1 + 2x_2 + x_3 = 3$ $\quad E_2: -2x_1 - x_2 - x_3 = 3$

Hinweis zu 1 und 2:
Hier werden Normalengleichungen in der Form $\vec{n} \cdot \vec{x} = d$ angegeben. Dabei ist $\vec{n}$ ein Normalenvektor und d das Skalarprodukt eines beliebigen Ortsvektors der Ebene mit $\vec{n}$.

2. Ermitteln Sie die gegenseitige Lage der Ebenen E und F. Falls eine Schnittgerade vorliegt, beschreiben Sie diese mithilfe einer Gleichung.

a) $E: 3x_1 - 2x_2 + 4x_3 = 7$ $\quad F: 6x_1 - 4x_2 + 8x_3 = 8$

b) $E: 8x_1 + 6x_2 - 5x_3 = 8$ $\quad F: 2x_1 + 4x_2 - x_3 = 14$

c) $E: \begin{pmatrix} 1 \\ 0 \\ -2 \end{pmatrix} \cdot \vec{x} = 3$ $\quad F: \begin{pmatrix} 1 \\ 6 \\ -1 \end{pmatrix} \cdot \vec{x} = 2$

d) $E: \begin{pmatrix} 1 \\ 0 \\ 3 \end{pmatrix} \cdot \vec{x} = 5$ $\quad F: \begin{pmatrix} 3 \\ 0 \\ 9 \end{pmatrix} \cdot \vec{x} = 15$

e) $E: x_3 = 0$ $\quad F: 4x_1 - x_2 - 2x_3 = 4$

f) $E: 2x_1 - 3x_2 + 5x_3 = 1$ $\quad F: -2x_1 + 3x_2 - 5x_3 = -1$

3. Hier wurde das LGS aus den Koordinatengleichungen zweier Ebenen mit einem CAS gelöst. Geben Sie die gegenseitige Lage an und berechnen Sie gegebenenfalls die Schnittgerade.

a)
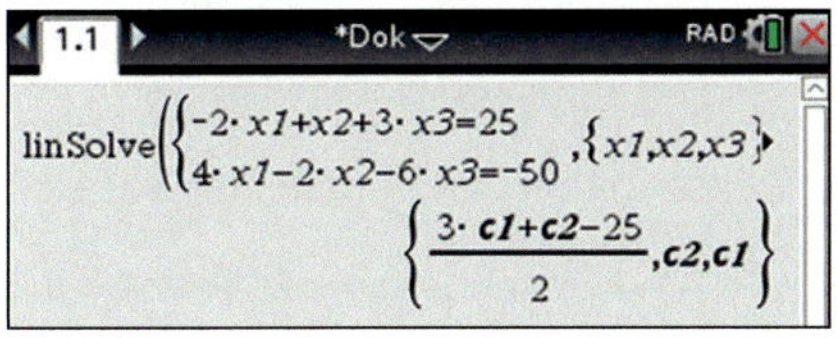

b)
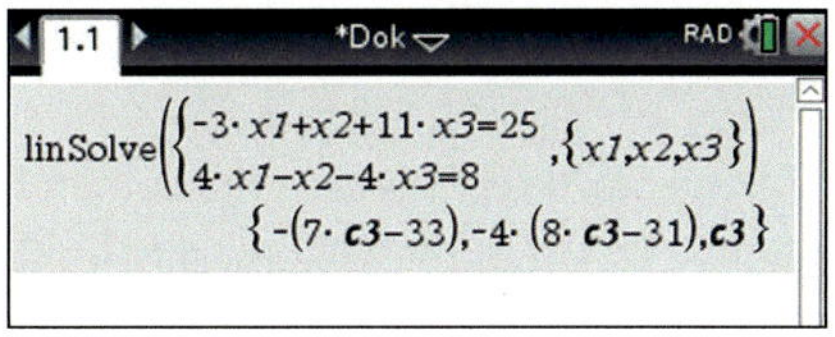

Eine Ebene in Parameterform, die andere in Koordinatenform

Beispiel 2: Ermitteln Sie die gegenseitige Lage von $E_1: \vec{x} = \begin{pmatrix} 3 \\ 1 \\ -4 \end{pmatrix} + r\begin{pmatrix} 1 \\ -3 \\ -1 \end{pmatrix} + s\begin{pmatrix} 2 \\ 4 \\ 0 \end{pmatrix}$ und E_2.

a) $E_2: -2x_1 + x_2 - 5x_3 = 15$ $\quad$ b) $E_2: 3x_1 + 7x_2 - x_3 = 37$

Lösung:

a) Setzen Sie die Koordinaten von E_1 in die Koordinatengleichung von E_2 ein. Es ergibt sich eine Gleichung mit zwei Parametern. Beim Zusammenfassen verschwinden die Variablen und es ergibt sich eine Gleichung, die für alle r und s erfüllt ist. Also sind alle Punkte von E_1 auch gemeinsame Punkte.

Koordinaten von E_1:
$x_1 = 3 + r + 2s; \; x_2 = 1 - 3r + 4s; \; x_3 = -4 - r$
Einsetzen in E_2:
$$-2(3 + r + 2s) + (1 - 3r + 4s) - 5(-4 - r) = 15$$
$$-6 - 2r - 4s + 1 - 3r + 4s + 20 + 5r = 15$$
$$15 = 15 \text{ (gilt allgemein)}$$
E_1 und E_2 sind identisch.

Hinweis:
Ergibt sich beim Umformen der Gleichung ein Widerspruch, so sind die Ebenen echt parallel.

b) Setzen Sie die Koordinaten von E_1 in die Koordinatengleichung von E_2 ein. Lösen Sie die Gleichung nach r auf. Beim Umstellen bleiben die Variablen erhalten. Setzen Sie $r = -1 + 2s$ in die Parametergleichung von E_1 ein und bestimmen Sie so die Gleichung der Schnittgeraden g.

Koordinaten von E_1 in E_2 einsetzen:
$3(3 + r + 2s) + 7(1 - 3r + 4s) - (-4 - r) = 37$
$r = -1 + 2s$ $\qquad$ E_1 und E_2 schneiden sich.
Schnittgerade bestimmen:
$$g: \vec{x} = \begin{pmatrix} 3 \\ 1 \\ -4 \end{pmatrix} + (-1 + 2s) \cdot \begin{pmatrix} 1 \\ -3 \\ -1 \end{pmatrix} + s \cdot \begin{pmatrix} 2 \\ 4 \\ 0 \end{pmatrix}$$
$$= \begin{pmatrix} 2 \\ 4 \\ -3 \end{pmatrix} + s \cdot \begin{pmatrix} 4 \\ -2 \\ -2 \end{pmatrix}$$

Basisaufgaben

4. Berechnen Sie die Schnittgerade von $E_1: \vec{x} = \begin{pmatrix} 4 \\ 2 \\ -1 \end{pmatrix} + r\begin{pmatrix} 2 \\ 1 \\ 4 \end{pmatrix} + s\begin{pmatrix} -3 \\ 0 \\ 2 \end{pmatrix}$ und E_2.

a) $E_2: x_1 + 2x_2 + x_3 = 5$ b) $E_2: 2x_1 - 4x_2 + 3x_3 = 9$ c) $E_2: -4x_2 + 2x_3 = 2$

5. Ermitteln Sie die gegenseitige Lage der Ebenen E_1 und E_2. Geben Sie gegebenenfalls eine Gleichung der Schnittgeraden an.

a) $E_1: \vec{x} = \begin{pmatrix} 2 \\ -2 \\ 1 \end{pmatrix} + r\begin{pmatrix} 1 \\ -3 \\ 2 \end{pmatrix} + s\begin{pmatrix} 1 \\ -1 \\ 3 \end{pmatrix}$ $E_2: -3x_1 + x_2 + 2x_3 = 2$

b) $E_1: \vec{x} = \begin{pmatrix} 2 \\ 0 \\ 1 \end{pmatrix} + r\begin{pmatrix} 1 \\ -3 \\ 0 \end{pmatrix} + s\begin{pmatrix} 1 \\ -1 \\ 2 \end{pmatrix}$ $E_2: \begin{pmatrix} 3 \\ 1 \\ -1 \end{pmatrix} \cdot \vec{x} = 5$

c) $E_1: \vec{x} = \begin{pmatrix} 1 \\ -3 \\ 4 \end{pmatrix} + r\begin{pmatrix} 4 \\ 1 \\ -2 \end{pmatrix} + s\begin{pmatrix} 1 \\ 0 \\ 2 \end{pmatrix}$ $E_2: 2x_1 - 10x_2 - x_3 = 5$

d) $E_1: \vec{x} = \begin{pmatrix} -2 \\ 8 \\ 2 \end{pmatrix} + r\begin{pmatrix} 1 \\ 1 \\ 1 \end{pmatrix} + s\begin{pmatrix} 1 \\ 3 \\ 0 \end{pmatrix}$ $E_2: \begin{pmatrix} -3 \\ 1 \\ 2 \end{pmatrix} \cdot \vec{x} = \begin{pmatrix} -3 \\ 1 \\ 2 \end{pmatrix} \cdot \begin{pmatrix} 1 \\ 1 \\ 2 \end{pmatrix}$

e) E_1 verläuft durch $A(5|6|7)$, $B(4|6|2)$ und $C(5|4|8)$. $E_2: -5x_1 - 4x_2 + 7x_3 = 15$

f) E_1 verläuft durch $A(-2|4|3)$, $B(1|2|4)$ und $C(0|5|5)$. $E_2: -5x_1 - 4x_2 + 7x_3 = 1$

6. Zeigen Sie, dass E_1 und E_2 denselben Normalenvektor haben. Geben Sie an, was sich daraus für die gegenseitige Lage beider Ebenen ergibt.

$E_1: \vec{x} = \begin{pmatrix} -2 \\ 5 \\ 6 \end{pmatrix} + r\begin{pmatrix} 1 \\ 3 \\ 4 \end{pmatrix} + s\begin{pmatrix} 4 \\ -1 \\ 3 \end{pmatrix}$ $E_2: -x_1 - x_2 + x_3 = 2$

Beide Ebenen in Parameterform

Beispiel 3: Ermitteln Sie die gegenseitige Lage der Ebenen

$E_1: \vec{x} = \begin{pmatrix} 3 \\ 1 \\ -4 \end{pmatrix} + r\begin{pmatrix} 1 \\ -3 \\ -1 \end{pmatrix} + s\begin{pmatrix} 2 \\ 4 \\ 0 \end{pmatrix}$ und $E_2: \vec{x} = \begin{pmatrix} 8 \\ 2 \\ 1 \end{pmatrix} + k\begin{pmatrix} 3 \\ -1 \\ 2 \end{pmatrix} + l\begin{pmatrix} 4 \\ -1 \\ 5 \end{pmatrix}$.

Lösung:

Hinweis:
Ergibt sich beim Umformen eine Widerspruchszeile, so sind die Ebenen echt parallel.
Sind zwei Variablen frei wählbar, so sind die Ebenen identisch.

Setzen Sie die Ebenengleichungen gleich und erzeugen Sie so ein lineares Gleichungssystem.

Parametergleichungen gleichsetzen:

$$\begin{pmatrix} 3 \\ 1 \\ -4 \end{pmatrix} + r\begin{pmatrix} 1 \\ -3 \\ -1 \end{pmatrix} + s\begin{pmatrix} 2 \\ 4 \\ 0 \end{pmatrix} = \begin{pmatrix} 8 \\ 2 \\ 1 \end{pmatrix} + k\begin{pmatrix} 3 \\ -1 \\ 2 \end{pmatrix} + l\begin{pmatrix} 4 \\ -1 \\ 5 \end{pmatrix}$$

Bringen Sie das LGS in Zeilenstufenform. Die Lösung enthält eine frei wählbare Variable. Somit schneiden sich E_1 und E_2 in einer Geraden.

Lineares Gleichungssystem lösen:

$$\left(\begin{array}{cccc|c} 1 & 2 & -3 & -4 & 5 \\ -3 & 4 & 1 & 1 & 1 \\ -1 & 0 & -2 & -5 & 5 \end{array}\right) \xrightarrow{\text{ZSF}} \left(\begin{array}{cccc|c} 1 & 2 & -3 & -4 & 5 \\ 0 & 10 & -8 & 11 & 16 \\ 0 & 0 & 1 & 2 & -2 \end{array}\right)$$

Eine Variable ist frei wählbar.

$k = -2l - 2$; $s = -\frac{1}{2}l$; $r = -l - 1$

Setzen Sie $k = -2l - 2$ in die Gleichung von E_2 ein und bestimmen Sie so die Gleichung der Schnittgeraden g.
Das Einsetzen von $r = -l - 1$ und $s = -\frac{1}{2}l$ in E_1 ist aufwändiger, liefert aber ebenfalls die Gleichung von g.

Schnittgerade bestimmen:

$$g: \vec{x} = \begin{pmatrix} 8 \\ 2 \\ 1 \end{pmatrix} + (-2l - 2) \cdot \begin{pmatrix} 3 \\ -1 \\ 2 \end{pmatrix} + l \cdot \begin{pmatrix} 4 \\ -1 \\ 5 \end{pmatrix}$$

$$= \begin{pmatrix} 2 \\ 4 \\ -3 \end{pmatrix} + l \cdot \begin{pmatrix} -2 \\ 1 \\ 1 \end{pmatrix}$$

Basisaufgaben

7. Berechnen Sie die Schnittgerade von $E_1\colon \vec{x} = \begin{pmatrix} 3 \\ 0 \\ -2 \end{pmatrix} + r\begin{pmatrix} 1 \\ -1 \\ 4 \end{pmatrix} + s\begin{pmatrix} 3 \\ 5 \\ 2 \end{pmatrix}$ und E_2.

a) $E_2\colon \vec{x} = \begin{pmatrix} 2 \\ 5 \\ 0 \end{pmatrix} + k\begin{pmatrix} -3 \\ -1 \\ 4 \end{pmatrix} + l\begin{pmatrix} 4 \\ 2 \\ 3 \end{pmatrix}$
b) $E_2\colon \vec{x} = \begin{pmatrix} 8 \\ 14 \\ -8 \end{pmatrix} + k\begin{pmatrix} 1 \\ 4 \\ 0 \end{pmatrix} + l\begin{pmatrix} -4 \\ -5 \\ 2 \end{pmatrix}$

8. Das lineare Gleichungssystem zur Schnittbedingung zweier Ebenen wurde mit einem CAS gelöst. Interpretieren Sie das Ergebnis in Bezug auf die Lagebeziehung.

a)
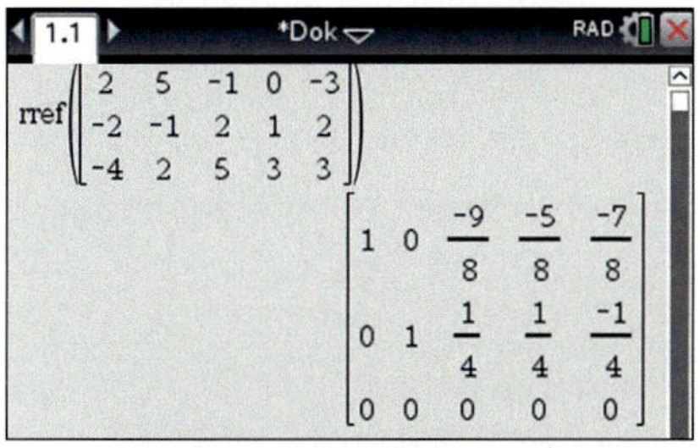

b)
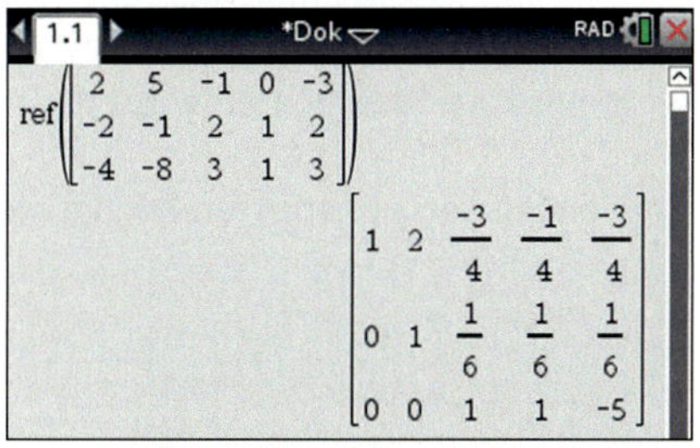

c)
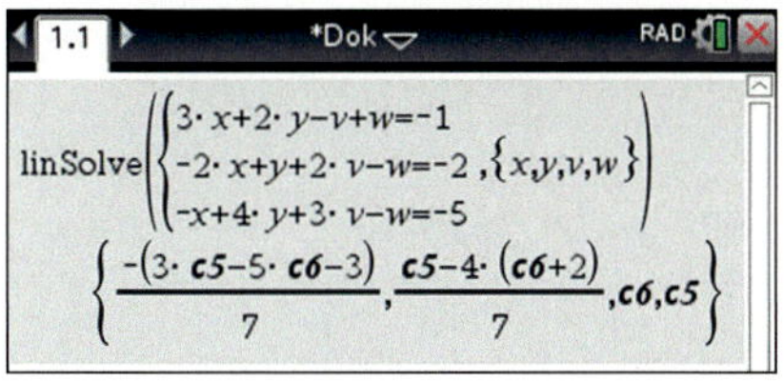

d)
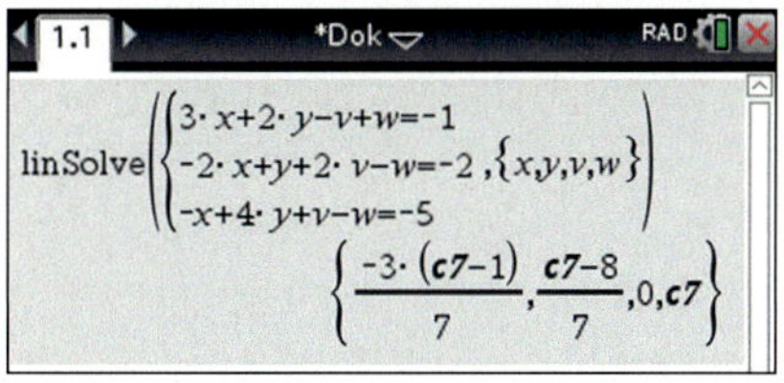

9. Ermitteln Sie die gegenseitige Lage der Ebenen E_1 und E_2. Geben Sie gegebenenfalls eine Gleichung der Schnittgeraden an.

a) $E_1\colon \vec{x} = \begin{pmatrix} 2 \\ 5 \\ 3 \end{pmatrix} + r\begin{pmatrix} 1 \\ 0 \\ 1 \end{pmatrix} + s\begin{pmatrix} 0 \\ 1 \\ 0 \end{pmatrix}$ $\quad E_2\colon \vec{x} = \begin{pmatrix} 4 \\ 0 \\ 0 \end{pmatrix} + k\begin{pmatrix} 1 \\ 1 \\ 1 \end{pmatrix} + l\begin{pmatrix} 1 \\ 3 \\ 1 \end{pmatrix}$

b) $E_1\colon \vec{x} = \begin{pmatrix} 2 \\ 1 \\ 3 \end{pmatrix} + r\begin{pmatrix} 2 \\ 0 \\ 1 \end{pmatrix} + s\begin{pmatrix} 0 \\ -1 \\ -2 \end{pmatrix}$ $\quad E_2\colon \vec{x} = k\begin{pmatrix} 2 \\ 1 \\ 3 \end{pmatrix} + l\begin{pmatrix} -2 \\ 2 \\ 3 \end{pmatrix}$

c) $E_1\colon \vec{x} = \begin{pmatrix} 2 \\ 2 \\ 2 \end{pmatrix} + r\begin{pmatrix} 2 \\ 0 \\ 5 \end{pmatrix} + s\begin{pmatrix} 1 \\ 2 \\ -3 \end{pmatrix}$ $\quad E_2\colon \vec{x} = \begin{pmatrix} 5 \\ 6 \\ 1 \end{pmatrix} + k\begin{pmatrix} 1 \\ 1 \\ 1 \end{pmatrix} + l\begin{pmatrix} 1 \\ 0 \\ 0 \end{pmatrix}$

d) $E_1\colon \vec{x} = \begin{pmatrix} 4 \\ 4 \\ 4 \end{pmatrix} + r\begin{pmatrix} 2 \\ 1 \\ 0 \end{pmatrix} + s\begin{pmatrix} -1 \\ 0 \\ 3 \end{pmatrix}$ $\quad E_2\colon \vec{x} = \begin{pmatrix} 2 \\ 0 \\ 2 \end{pmatrix} + k\begin{pmatrix} 1 \\ 1 \\ 3 \end{pmatrix} + l\begin{pmatrix} 5 \\ 2 \\ -3 \end{pmatrix}$

e) $E_1\colon \vec{x} = \begin{pmatrix} 3 \\ 1 \\ -4 \end{pmatrix} + r\begin{pmatrix} 1 \\ -3 \\ -1 \end{pmatrix} + s\begin{pmatrix} 2 \\ 4 \\ 0 \end{pmatrix}$ $\quad E_2\colon \vec{x} = \begin{pmatrix} 8 \\ 2 \\ 1 \end{pmatrix} + k\begin{pmatrix} 3 \\ 1 \\ -1 \end{pmatrix} + l\begin{pmatrix} 0 \\ 5 \\ 1 \end{pmatrix}$

10. Gegeben sind $E_1\colon \vec{x} = \begin{pmatrix} 5 \\ 3 \\ 2 \end{pmatrix} + r\begin{pmatrix} 1 \\ 2 \\ 5 \end{pmatrix} + s\begin{pmatrix} 0 \\ -1 \\ 1 \end{pmatrix}$ und $E_2\colon \vec{x} = \begin{pmatrix} -2 \\ 4 \\ 0 \end{pmatrix} + k\begin{pmatrix} 3 \\ 2 \\ 3 \end{pmatrix} + l\begin{pmatrix} 2 \\ 1 \\ 5 \end{pmatrix}$.

a) Berechnen Sie die Schnittgerade mithilfe der Parametergleichungen.
b) Wandeln Sie eine der Parametergleichungen in eine Koordinatengleichung um. Berechnen Sie anschließend erneut die Schnittgerade.
c) Vergleichen Sie den Rechenaufwand beider Vorgehensweisen.

11. Die Ebenen $E_1\colon -x_1 + x_3 = 3$ und $E_2\colon 4x_1 - 3x_2 + 2x_3 = 9$ schneiden sich. Berechnen Sie die Schnittgerade auf zwei Arten und vergleichen Sie den Aufwand.

① Lösen Sie das LGS aus den beiden Koordinatengleichungen.
② Wandeln Sie eine der Koordinatengleichungen in eine Parametergleichung um und setzen Sie deren Koordinaten in die andere Koordinatengleichung ein.

Weiterführende Aufgaben

12. Die Entscheidungsregeln bei der Untersuchung der Lagebeziehung zweier Ebenen können mithilfe eines Schemas dargestellt werden.

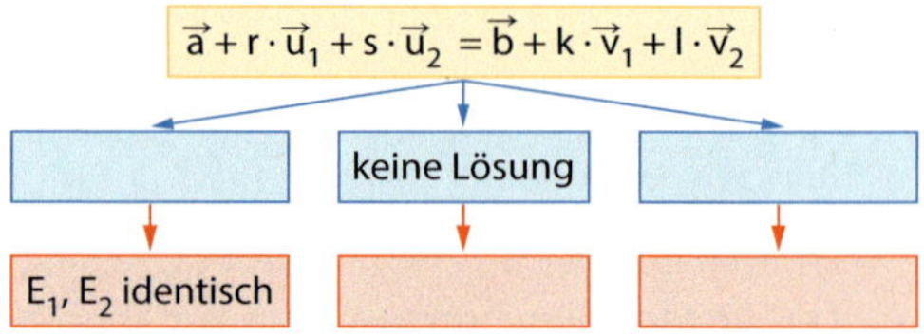

a) Vervollständigen Sie das Schema für zwei Ebenen in Parameterform.
b) Erstellen Sie ein ähnliches Schema für den Fall Parameterform/Koordinatenform.
c) Erstellen Sie für zwei Ebenen in Koordinatenform ein Schema, in dem zuerst die Normalenvektoren betrachtet werden.

13. Wählen Sie den günstigsten Rechenweg zur Bestimmung der gegenseitigen Lage.

a) $E_1: \vec{x} = \begin{pmatrix} 5 \\ 3 \\ 2 \end{pmatrix} + r \begin{pmatrix} 1 \\ 2 \\ 0 \end{pmatrix} + s \begin{pmatrix} 0 \\ 2 \\ 1 \end{pmatrix}$ $\quad$ $E_2: \vec{x} = \begin{pmatrix} -2 \\ 3 \\ 4 \end{pmatrix} + k \begin{pmatrix} -3 \\ 1 \\ 6 \end{pmatrix} + l \begin{pmatrix} 2 \\ 1 \\ 1 \end{pmatrix}$

b) $E_1: \vec{x} = \begin{pmatrix} 1 \\ 1 \\ 4 \end{pmatrix} + r \begin{pmatrix} -1 \\ 0 \\ 1 \end{pmatrix} + s \begin{pmatrix} 0 \\ 1 \\ 1 \end{pmatrix}$ $\quad$ E_2: Ebene durch $A(-1\,|\,14\,|\,-5)$, $B(2\,|\,-7\,|\,7)$ und $C(1\,|\,9\,|\,-4)$

c) $E_1: \vec{x} = \begin{pmatrix} 1 \\ 3 \\ 6 \end{pmatrix} + r \begin{pmatrix} 3 \\ 2 \\ 2 \end{pmatrix} + s \begin{pmatrix} 1 \\ -2 \\ 2 \end{pmatrix}$ $\quad$ E_2: Ebene durch $P(-3\,|\,1\,|\,3)$, senkrecht zu $g: \vec{x} = \begin{pmatrix} -2 \\ 3 \\ 4 \end{pmatrix} + k \begin{pmatrix} 2 \\ -1 \\ 2 \end{pmatrix}$

14. Seien E_1 und E_2 zwei Ebenen. Entscheiden Sie, ob die Aussage wahr oder falsch ist.
a) Wenn der Normalenvektor von E_1 zu beiden Richtungsvektoren von E_2 orthogonal ist, dann haben E_1 und E_2 keine gemeinsamen Punkte.
b) Wenn der Normalenvektor von E_1 kollinear zu einem Richtungsvektor von E_2 ist, dann haben E_1 und E_2 keine gemeinsamen Punkte.
c) Zwei Ebenen können genau einen gemeinsamen Punkt haben.
d) Drei Ebenen können genau einen gemeinsamen Punkt haben.
e) Der Richtungsvektor der Schnittgeraden zweier Ebenen E_1 und E_2 ist orthogonal zum Normalenvektor von E_1 und zum Normalenvektor von E_2.

15. Stolperstelle: Bei der Ermittlung der Lagebeziehung von E_1: $2x_1 + 3x_2 - x_3 = 5$ und E_2: $-x_1 + x_2 - 4x_3 = 3$ wählt Mateo den Ansatz: *$2x_1 + 3x_2 - x_3 - 5 = -x_1 + x_2 + 4x_3 - 3$*
Beurteilen Sie diesen Ansatz.

16. Der abgebildete Körper hat die Eckpunkte $A(-5\,|\,-5\,|\,0)$, $A'(-3{,}5\,|\,-2\,|\,6)$, $B(1\,|\,7\,|\,0)$, $C(-5\,|\,7\,|\,0)$ und $C'(-3{,}5\,|\,4\,|\,6)$. Die fehlenden Koordinaten des Punktes $B'(x_1\,|\,x_2\,|\,4)$ sollen ermittelt werden. Berechnen Sie dazu die Schnittgerade von $E_{BCC'}$ und $E_{AA'B}$.

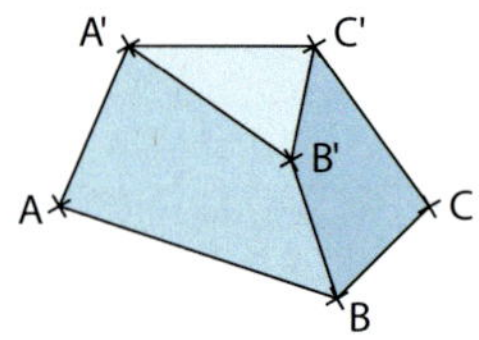

● **17.** Die Gleichungen eines linearen Gleichungssystems mit drei Variablen können als Koordinatengleichungen von Ebenen aufgefasst werden.
Geben Sie an, welche zwei Gleichungssysteme je zwei sich schneidende Ebenen beschreiben. Welche Lagebeziehung haben die Ebenen aus dem dritten LGS?

① $\left| \begin{array}{r} x_1 + 3x_2 - x_3 = 5 \\ -2x_1 - 6x_2 + x_3 = 9 \end{array} \right|$ $\quad$ ② $\left| \begin{array}{r} -2x_1 + 4x_2 + x_3 = 3 \\ 6x_1 - 12x_2 - 3x_3 = 2 \end{array} \right|$ $\quad$ ③ $\left| \begin{array}{r} -x_1 + 2x_2 \quad = 0 \\ x_3 = 5 \end{array} \right|$

18. Gegeben sind die Punkte $A(-3|2|-1)$, $B(-5|1|-2)$, $C(4|2|-1)$ sowie die Ebene
$E_1: \begin{pmatrix} 3 \\ -1 \\ 2 \end{pmatrix} \cdot \vec{x} = 8.$

a) g sei die Gerade durch A und B. Untersuchen Sie die Lagebeziehung von g und E_1.

b) Bestimmen Sie eine Gleichung der Ebene E_2, die die Gerade g und den Punkt C enthält. Begründen Sie, dass E_2 parallel zur x_1-Achse verläuft.

c) Berechnen Sie die Schnittgerade von E_1 und E_2.

19. Gegeben sind die Ebenen $E_1: \begin{pmatrix} 2 \\ 1 \\ -1 \end{pmatrix} \cdot \vec{x} = 7$ und $E_2: \begin{pmatrix} 3 \\ -1 \\ -4 \end{pmatrix} \cdot \vec{x} = 13$

a) Begründen Sie, dass E_1 und E_2 nicht parallel sind, und berechnen Sie die Schnittgerade von E_1 und E_2.

b) Die Ebenen E_3 und E_4 enthalten den Punkt $P(1|1|1)$, außerdem ist E_3 zu E_1 und E_4 zu E_2 parallel. Geben Sie zu E_3 und E_4 jeweils eine Normalengleichung an.

c) Geben Sie mithilfe der bisherigen Ergebnisse eine Gleichung der Schnittgerade von E_3 und E_4 an.

20. Die Seitenflächen einer V-förmigen Rinne liegen in den Ebenen E_1 und E_2. Die Ebene E_1 ist durch die Punkte $A(-3|9|8)$, $B(12|-1|-3)$ und $C(6|1|-1)$ festgelegt. Die Ebene E_2 hat die Gleichung $E_2: 2x_1 + 3x_2 + 3x_3 = 12$.

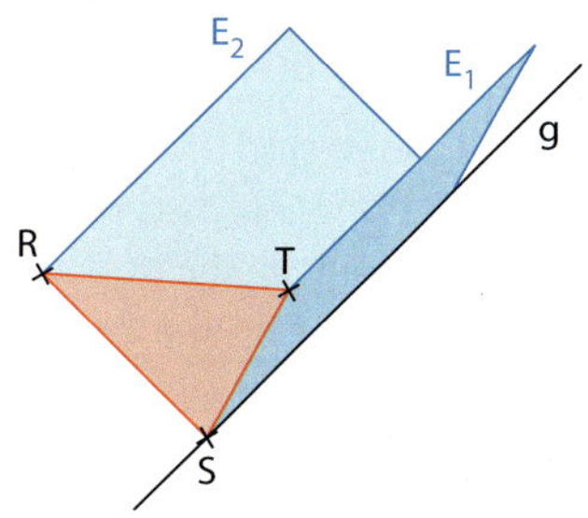

a) Ermitteln Sie eine Gleichung der Geraden g, in der die beiden Seitenflächen zusammenstoßen.

b) Die Rinne wird senkrecht durch ein Dreieck RST mit $S(3|2|0)$ abgeschlossen. Dieses Dreieck liegt in der Ebene E_3. Geben Sie eine Gleichung von E_3 an.

c) Die Kante AT verläuft parallel zu g. Berechnen Sie die Koordinaten von T und die Länge der Strecke $\overline{TS}$.

d) Die Gerade h, welche durch S und R verläuft, ist den Ebenen E_2 und E_3 gemeinsam. Berechnen Sie eine Parametergleichung von h.

e) Bestimmen Sie die Koordinaten von R. Nutzen Sie dazu, dass R auf h liegt und dass die Kanten $\overline{ST}$ und $\overline{SR}$ gleich lang sind. Außerdem ist die x_3-Koordinate von R positiv.

21. Lagebeziehungen zwischen drei Ebenen: Mit einer Tischplatte und zwei Blättern Papier lassen sich die möglichen Lagebeziehungen zwischen drei Ebenen veranschaulichen. Die Lagebeziehungen können anhand von Normalenvektoren $\vec{n_1}, \vec{n_2}, \vec{n_3}$ sowie der gemeinsamen Schnittmenge S der drei Ebenen charakterisiert werden. Beschreiben Sie acht verschiedene Lagebeziehungen zwischen drei Ebenen. Treffen Sie jeweils Aussagen über die Normalenvektoren und die Schnittmenge der drei Ebenen.

● **22. Ausblick: Ebenenscharen**

Gegeben sind die Ebene E, die **Ebenenschar** E_a und die Gerade g.

$E: \vec{x} = \begin{pmatrix} 2 \\ 1 \\ 1 \end{pmatrix} + k\begin{pmatrix} -2 \\ 0 \\ 1 \end{pmatrix} + l\begin{pmatrix} 1 \\ 1 \\ 0 \end{pmatrix}$ $\quad E_a: \vec{x} = \begin{pmatrix} 1 \\ 0 \\ 4 \end{pmatrix} + r\begin{pmatrix} -1 \\ 1 \\ 1 \end{pmatrix} + s\begin{pmatrix} 0 \\ 2 \\ a \end{pmatrix}$ $\quad g: \vec{x} = \begin{pmatrix} 2 \\ 1 \\ 1 \end{pmatrix} + t\begin{pmatrix} 1 \\ -1 \\ 2 \end{pmatrix}$

a) Ermitteln Sie, für welche Werte $a \in \mathbb{R}$ die Ebenen E und E_a sich schneiden, parallel oder identisch sind. Gibt es einen Fall, der nie vorkommt?

b) Ermitteln Sie eine Gleichung der Schnittgeraden von E und E_{-2}.

c) Nach a) ist E_1 parallel zu E. Zeigen Sie, dass g auf E und auf E_1 senkrecht steht.

d) Berechnen Sie die Schnittpunkte von g mit E und E_1 und ermitteln Sie so den Abstand beider Ebenen.

2.10 Klausur- und Abiturtraining

Aufgaben ohne Hilfsmittel

1. Gegeben ist die Gerade $g: \vec{x} = \begin{pmatrix} -1 \\ 4 \\ 9 \end{pmatrix} + r\begin{pmatrix} 2 \\ -3 \\ 6 \end{pmatrix}$ und der Punkt $P(-5\,|\,10\,|\,-3)$.

a) Zeigen Sie, dass P auf g liegt.

b) Geben Sie zwei nicht kollineare Vektoren an, welche zum Richtungsvektor von g orthogonal sind.

c) E sei die Ebene, welche durch P und senkrecht zu g verläuft. Geben Sie eine Parametergleichung von E an.

2. Gegeben sind die Geraden $g_1: \vec{x} = \begin{pmatrix} -2 \\ 1 \\ 0 \end{pmatrix} + r\begin{pmatrix} 1 \\ -1 \\ 1 \end{pmatrix}$ und $g_2: \vec{x} = \begin{pmatrix} 4 \\ 0 \\ 1 \end{pmatrix} + s\begin{pmatrix} 1 \\ 2 \\ 0 \end{pmatrix}$.

Die Gerade g_3 verläuft parallel zu g_1 durch $P(4\,|\,4\,|\,2)$.

a) Zeigen Sie, dass g_1 und g_2 windschief zueinander sind.

b) Geben Sie eine Gleichung zu g_3 an.

c) Geben Sie eine Gleichung der Ebene E_1 an, welche g_2 und den Punkt P enthält.

d) Geben Sie eine Gleichung der Ebene E_2 an, welche g_1 und g_3 enthält.

3. Gegeben sind die Punkte $A(5\,|\,0\,|\,0)$, $B(4\,|\,-3\,|\,2)$, $D(6\,|\,1\,|\,1)$, $P(0\,|\,9\,|\,6)$ und $Q(9\,|\,-6\,|\,3)$.

a) Zeigen Sie, dass die Punkte A, B und D nicht auf einer Geraden liegen.

b) Geben Sie die Koordinaten des Mittelpunktes der Strecke $\overline{AB}$ an.

c) Geben Sie eine Parametergleichung der Ebene E durch die Punkte A, B und D an.

d) Berechnen Sie den Schnittpunkt S von E mit der Geraden durch P und Q.

e) Prüfen Sie, ob S im Parallelogramm liegt, welches von A aus durch $\overrightarrow{AB}$ und $\overrightarrow{AD}$ aufgespannt wird.

f) Prüfen Sie, ob es sich bei dem durch $\overrightarrow{AB}$ und $\overrightarrow{AD}$ aufgespannten Parallelogramm um ein Rechteck oder eine Raute handelt.

4. Die Gerade g verläuft durch $A(3\,|\,-5\,|\,5)$ und $B(2\,|\,-3{,}5\,|\,3)$.

a) Prüfen Sie, ob $P(1\,|\,-2\,|\,1)$ auf der Strecke $\overline{AB}$ liegt.

b) E sei die Ebene, welche durch P senkrecht zu g verläuft. Geben Sie eine Koordinatengleichung und eine Parametergleichung von E an.

c) Skizzieren Sie E mithilfe seiner Spurpunkte in ein Koordinatensystem. Tragen Sie A, B, P und die Gerade g_{AB} in die Skizze ein.

d) E_2 sei die Ebene durch den Ursprung und die Punkte P und $Q(1\,|\,6\,|\,-2)$. Geben Sie eine Parametergleichung von E_2 an und berechnen Sie die Schnittgerade h von E und E_2

e) Begründen Sie, dass h parallel zur x_1x_2-Ebene verläuft.

5. Gegeben seien die Punkte $A(2\,|\,4\,|\,-1)$, $B(4\,|\,3\,|\,2)$ und $R_k(-4\,|\,k\,|\,-3-k)$.

a) Bestimmen Sie k so, dass R_k auf der Geraden g durch A und B liegt.

b) Geben Sie die besondere Lage der Ebene $E: x_2 + 3x_3 = 1$ im Koordinatensystem an.

c) Ermitteln Sie die gegenseitige Lage von E und g.

d) Die Ebene F ist gegeben durch $F: \left(\vec{x} - \begin{pmatrix} -17 \\ 1 \\ 0 \end{pmatrix}\right) \cdot \begin{pmatrix} 0 \\ 2 \\ 6 \end{pmatrix} = 0$.

Begründen Sie, dass F mit der Ebene E identisch ist.

Aufgaben mit Hilfsmittel

6. Gegeben sind die Ebene E: $\vec{x} = \begin{pmatrix} 3 \\ 2 \\ 3 \end{pmatrix} + r\begin{pmatrix} 1 \\ -2 \\ 1 \end{pmatrix} + s\begin{pmatrix} -1 \\ 0 \\ 2 \end{pmatrix}$ und die Gerade g: $\vec{x} = \begin{pmatrix} 0 \\ 8 \\ 0 \end{pmatrix} + t\begin{pmatrix} 1 \\ -2 \\ 1 \end{pmatrix}$.

a) Berechnen Sie die Spurpunkte S_1, S_2 und S_3 von E und stellen Sie die Ebene anhand der Spurpunkte in einem Koordinatensystem dar.

b) Begründen Sie, dass die Gerade g in der Ebene E liegt und alle Punkte dieser Ebene enthält, deren x_1- und x_3-Koordinate gleich sind.

c) Ermitteln Sie, für welche Werte von t die Geradenpunkte von g im Dreieck $S_1S_2S_3$ liegen.

d) A und B sind die Mittelpunkte von $\overline{S_1S_3}$ bzw. $\overline{S_2S_3}$, ferner ist $C(-3\,|\,0\,|\,6)$ gegeben. Bestimmen Sie den Punkt D so, dass ABCD ein Parallelogramm ist. Zeigen Sie, dass es sich sogar um eine Raute handelt.
Tragen Sie in Ihre Zeichnung die Pyramide mit Grundfläche ABCD und Spitze S_3 ein.

e) Berechnen Sie den Flächeninhalt der Raute ABCD und das Volumen der Pyramide.

f) Bestimmen Sie die Koordinaten eines Punktes P der Ebene E, dessen drei Koordinaten gleich sind.

g) Die Ursprungsgerade h verläuft durch den Punkt P. Geben Sie die besondere Eigenschaft aller Punkte dieser Geraden an. Begründen Sie, dass nicht jede beliebige Ebene einen Punkt mit drei gleichen Koordinaten enthält.

7. Ein Flugzeug befindet sich im Landeanflug auf den Flughafen Köln-Bonn. In einem Koordinatensystem, bei dem der Flughafen sich in der x_1x_2-Ebene befindet, beträgt seine Position um 10:05 Uhr $P(-7\,|\,-2\,|\,1{,}5)$ und um 10:06 Uhr $Q(-3{,}5\,|\,1\,|\,1{,}25)$. (1 LE = 1 km)

a) Bestimmen Sie, wo sich das Flugzeug bei gleichbleibender Geschwindigkeit und konstantem Kurs um 10:07 Uhr und um 10:08 Uhr befindet.

b) Ermitteln Sie, zu welcher Uhrzeit und an welchem Punkt das Flugzeug auf der Landebahn aufsetzt.

c) Die Spitzen der Türme des Kölner Doms haben die Koordinaten $(7\,|\,10\,|\,0{,}16)$. Entscheiden Sie, ob sich der Kurs des Flugzeugs eignet, um den Dom gefahrlos zu überfliegen. Bewerten Sie die Aussicht, die sich den Fluggästen auf den Dom bietet.

d) Berechnen Sie die Geschwindigkeit des Flugzeuges.

e) Auf den Rheinwiesen im Punkt $W(9{,}25\,|\,13\,|\,0)$ lassen Kinder um 10:03 Uhr einen Luftballon steigen. Er wird vom Wind etwas abgetrieben und steigt pro Minute um den Vektor $\begin{pmatrix} 0{,}25 \\ 0 \\ 0{,}05 \end{pmatrix}$. Prüfen Sie, ob der Luftballon die Flugbahn des Flugzeugs kreuzt und ob er mit dem Flugzeug kollidiert.

f) Ermitteln Sie den Zeitpunkt, an dem der Abstand zwischen dem Flugzeug und dem Ballon am kleinsten ist.

g) Eine Ebene E enthält den Punkt $W(-1\,|\,-9\,|\,0)$ und beschreibt zum Zeitpunkt $t = 0$ den Rand einer Schlechtwetterfront. Der Vektor $\begin{pmatrix} -0{,}6 \\ 0{,}7 \\ 0 \end{pmatrix}$ beschreibt die Bewegung des Unwetters in einer Minute. Geben Sie eine Gleichung der Ebene E an und untersuchen Sie die gegenseitige Lage von E und der Flugbahn des Flugzeugs

Prüfen Sie Ihr neues Fundament

Lösungen
↗ S. 222/223

1. Bringen Sie das LGS auf die ZSF und geben Sie die Lösungsmenge an.

a) $\left|\begin{array}{l} x_1 - 2x_2 + x_3 = 4 \\ 2x_1 + x_2 - x_3 = 7 \\ -3x_1 - x_2 + 4x_3 = -5 \end{array}\right|$ b) $\left|\begin{array}{l} 2x_1 - 4x_2 + x_3 - 6x_4 = 1 \\ 6x_1 - 4x_2 - 5x_3 + 2x_4 = -1 \\ -2x_1 + 2x_2 + x_3 + x_4 = 2 \end{array}\right|$ c) $\left|\begin{array}{l} 2x_1 + 4x_2 + 6x_3 = 2 \\ 2x_1 + 2x_2 + 9x_3 = 3 \\ 4x_1 + 10x_2 + 9x_3 = 3 \\ 4x_1 + 6x_2 + 15x_3 = 5 \end{array}\right|$

2. Es liegen drei unterschiedliche Mischungen M_1, M_2, M_3 aus den Substanzen A, B und C vor.

	M1	M2	M3
A	40 %	30 %	26 %
B	60 %	20 %	4 %
C	0 %	50 %	70 %

a) Ermitteln Sie alle Möglichkeiten, aus M_1, M_2 und M_3 eine Mischung mit 39 % von A, 56 % von B und 5 % von C zu erzeugen.
b) Prüfen Sie, ob man dabei auf M_2 oder M_3 verzichten kann.

3. Die Gleichung der Geraden h ist gegeben durch $\vec{x} = \begin{pmatrix} 2 \\ 1 \\ 1 \end{pmatrix} + r\begin{pmatrix} 1 \\ 1 \\ 0 \end{pmatrix}$.

a) Geben Sie die Koordinaten zweier Punkte an, die auf h liegen.
b) Untersuchen Sie, ob die Punkte $P(0|-1|1)$ und $Q(3|3|-1)$ auf h liegen.
c) Berechnen Sie die Koordinaten der Spurpunkte von h.
d) Beschreiben Sie die besondere Lage von h bezüglich der Koordinatenebenen.

4. Gegeben sind die Punkte $A(-2|1|0)$ und $B(3|4|5)$.

a) Geben Sie eine Parametergleichung der Strecke $\overline{AB}$ an.
b) Ermitteln Sie die Länge der Strecke $\overline{AB}$.
c) Bestimmen Sie die Koordinaten des Mittelpunktes M der Strecke $\overline{AB}$.

5. Ermitteln Sie die gegenseitige Lage der Geraden g: $\vec{x} = \begin{pmatrix} 1 \\ -2 \\ 4 \end{pmatrix} + r\begin{pmatrix} 3 \\ 1 \\ 0 \end{pmatrix}$ und h.

Berechnen Sie gegebenenfalls den Schnittpunkt von g und h.

a) h: $\vec{x} = \begin{pmatrix} 8 \\ 1 \\ 2 \end{pmatrix} + s\begin{pmatrix} 1 \\ 1 \\ -2 \end{pmatrix}$ b) h: $\vec{x} = \begin{pmatrix} -1 \\ 6 \\ 5 \end{pmatrix} + s\begin{pmatrix} 1 \\ 1 \\ 1 \end{pmatrix}$ c) h: $\vec{x} = \begin{pmatrix} 2 \\ 0 \\ 4 \end{pmatrix} + s\begin{pmatrix} -6 \\ -2 \\ 0 \end{pmatrix}$

6. Gegeben ist der Vektor $\vec{a} = \begin{pmatrix} 4 \\ 2 \\ 1 \end{pmatrix}$.

a) Bestimmen Sie einen Vektor $\vec{b}$, sodass $\vec{a}$ und $\vec{b}$ senkrecht zueinander sind.
b) Ermitteln Sie einen dritten Vektor $\vec{c}$, der sowohl zu $\vec{a}$ als auch zu $\vec{b}$ orthogonal ist.

7. Die Punkte $P_t(-t|3+t|3)$ mit $t \in \mathbb{R}$ liegen auf einer Geraden g.

a) Geben Sie eine Parametergleichung für die Gerade g an und beschreiben Sie die Lage dieser Geraden im Koordinatensystem.
b) Geben Sie je eine Parametergleichung einer Geraden h an, die
① parallel, aber nicht identisch zu g ist, ② genau einen Schnittpunkt mit g hat,
③ windschief zu g ist.

8. a) Begründen Sie, dass $P(-1|0|0)$, $Q(0|3|0)$ und $R(0|0|2)$ eine Ebene E festlegen.
b) Beurteilen Sie, ob die folgenden Parametergleichungen zu E gehören ($s, t \in \mathbb{R}$).

① $\vec{x} = \begin{pmatrix} -1 \\ 0 \\ 0 \end{pmatrix} + s\begin{pmatrix} 1 \\ 3 \\ 0 \end{pmatrix} + t\begin{pmatrix} 1 \\ 0 \\ 2 \end{pmatrix}$

② $\vec{x} = \begin{pmatrix} -2 \\ 0 \\ -4 \end{pmatrix} + s\begin{pmatrix} 1 \\ 0 \\ 2 \end{pmatrix} + t\begin{pmatrix} 0 \\ -3 \\ 2 \end{pmatrix}$

c) Geben Sie eine weitere Parametergleichung für E an.
d) Geben Sie eine Normalen- und eine Koordinatengleichung für E an.

Lösungen
↗ **S. 223**

9. Ermitteln Sie die gegenseitige Lage der Ebene E und der Geraden g. Berechnen Sie gegebenenfalls den Schnittpunkt.

a) $E\colon x_1 + x_2 - x_3 = 0$
$g\colon \vec{x} = \begin{pmatrix} 1 \\ 4 \\ -1 \end{pmatrix} + t\begin{pmatrix} 1 \\ 1 \\ -1 \end{pmatrix}$

b) $E\colon x_1 + x_2 - x_3 = 0$
$g\colon \vec{x} = \begin{pmatrix} 1 \\ 1 \\ 1 \end{pmatrix} + t\begin{pmatrix} 1 \\ 1 \\ 2 \end{pmatrix}$

c) $E\colon x_1 + x_2 - x_3 = 0$
$g\colon \vec{x} = \begin{pmatrix} 1 \\ 1 \\ 2 \end{pmatrix} + t\begin{pmatrix} 1 \\ 1 \\ 2 \end{pmatrix}$

10. Ermitteln Sie die gegenseitige Lage der Ebene E und der Geraden g. Berechnen Sie gegebenenfalls den Schnittpunkt.

$E\colon \vec{x} = \begin{pmatrix} 1 \\ 0 \\ 1 \end{pmatrix} + r\begin{pmatrix} 1 \\ 1 \\ 0 \end{pmatrix} + s\begin{pmatrix} 0 \\ 1 \\ 1 \end{pmatrix}$

a) $g\colon \vec{x} = \begin{pmatrix} 1 \\ 2 \\ 3 \end{pmatrix} + t\begin{pmatrix} 1 \\ 1 \\ 1 \end{pmatrix}$

b) $g\colon \vec{x} = \begin{pmatrix} 1 \\ 2 \\ 3 \end{pmatrix} + t\begin{pmatrix} 2 \\ 2 \\ 0 \end{pmatrix}$

c) g ist die x_1-Achse

d) g geht durch $A(4|0|0)$ und $B(0|0|4)$.

11. Untersuchen Sie die gegenseitige Lage der Ebenen $E_1\colon x_1 + x_2 - x_3 = 0$ und E_2. Geben Sie gegebenenfalls eine Gleichung der Schnittgeraden an.

a) $E_2\colon x_1 + x_2 - x_3 = 1$

b) $E_2\colon x_1 + x_2 - x_3 = x_1$

c) $E_2\colon \left(\vec{x} - \begin{pmatrix} 1 \\ 1 \\ 2 \end{pmatrix}\right) \cdot \begin{pmatrix} 1 \\ 1 \\ -1 \end{pmatrix} = 0$

d) $E_2\colon \vec{x} \cdot \begin{pmatrix} 2 \\ -1 \\ 1 \end{pmatrix} = 3$

e) $E_2\colon \vec{x} = \begin{pmatrix} 1 \\ -1 \\ -1 \end{pmatrix} + r\begin{pmatrix} 2 \\ -1 \\ 1 \end{pmatrix} + s\begin{pmatrix} 1 \\ 3 \\ 4 \end{pmatrix}$

f) $E_2\colon \vec{x} = \begin{pmatrix} -4 \\ -1 \\ 7 \end{pmatrix} + r\begin{pmatrix} 2 \\ 1 \\ -3 \end{pmatrix} + s\begin{pmatrix} -3 \\ -1 \\ 5 \end{pmatrix}$

g) Geben Sie eine Parametergleichung für E_1 an und lösen Sie dann e) und f) durch Gleichsetzen zweier Parameterformen.

12. Untersuchen Sie die gegenseitige Lage der Ebenen E_1 und E_2. Geben Sie gegebenenfalls eine Gleichung der Schnittgeraden an.

$E_1\colon \vec{x} = \begin{pmatrix} 0 \\ 1 \\ 0 \end{pmatrix} + r\begin{pmatrix} 1 \\ 0 \\ 0 \end{pmatrix} + s\begin{pmatrix} 0 \\ 0 \\ 1 \end{pmatrix}$

a) $E_2\colon \vec{x} = \begin{pmatrix} 1 \\ 0 \\ 0 \end{pmatrix} + k\begin{pmatrix} 1 \\ 1 \\ 0 \end{pmatrix} + l\begin{pmatrix} 0 \\ 1 \\ 1 \end{pmatrix}$

b) $E_2\colon \vec{x} = \begin{pmatrix} 1 \\ 0 \\ 1 \end{pmatrix} + k\begin{pmatrix} 1 \\ 0 \\ -1 \end{pmatrix} + l\begin{pmatrix} 1 \\ 0 \\ 1 \end{pmatrix}$

c) E_2 enthält den Punkt $P(1|-3|0)$ und steht senkrecht $g\colon \vec{x} = \begin{pmatrix} 9 \\ 4 \\ -7 \end{pmatrix} + t\begin{pmatrix} -4 \\ 1 \\ 2 \end{pmatrix}$.

13. Ein quadratisches Sonnensegel ist 2 m parallel über dem ebenen Boden angebracht. Vereinfachend wird angenommen, dass das Sonnensegel eine ebene Fläche bildet. Die Eckpunkte des Sonnensegels seien $A(0|-2|2)$, $B(2|-2|2)$, $C(2|0|2)$ und $D(0|0|2)$.
Die parallelen Sonnenstrahlen haben die Richtung $\begin{pmatrix} -6 \\ 4 \\ -2 \end{pmatrix}$.

a) Ermitteln Sie die Koordinaten der Schattenpunkte A′, B′, C′ und D′ auf dem Erdboden.

b) Beschreiben Sie die Gestalt des Schattens des Sonnensegels.

c) Ermitteln Sie den Inhalt der Schattenfläche.

Zusammenfassung

Parametergleichung einer Geraden

Parametergleichung:
g: $\vec{x} = \overrightarrow{OA} + r \cdot \vec{u} \quad (r \in \mathbb{R})$

$\overrightarrow{OA}$ ist ein **Stützvektor** der Geraden und $\vec{u}$ ein **Richtungsvektor**.

Die Gerade g enthält die Punkte B(1 | 1 | 3) und D(−1 | 5 | 1).

Stützvektor: $\overrightarrow{OB}$ Richtungsvektor: $\overrightarrow{BD}$

Geradengleichung: $g_{BD}: \vec{x} = \begin{pmatrix} 1 \\ 1 \\ 3 \end{pmatrix} + r \begin{pmatrix} -2 \\ 4 \\ -2 \end{pmatrix}$

Skalarprodukt und orthogonale Vektoren

Für Vektoren $\vec{a}$ und $\vec{b}$ heißt

$$\vec{a} \cdot \vec{b} = \begin{pmatrix} a_1 \\ a_2 \\ a_3 \end{pmatrix} \cdot \begin{pmatrix} b_1 \\ b_2 \\ b_3 \end{pmatrix} = a_1b_1 + a_2b_2 + a_3b_3$$

das **Skalarprodukt** von $\vec{a}$ und $\vec{b}$.

Zwei Vektoren $\vec{a} \neq \vec{0}$ und $\vec{b} \neq \vec{0}$ sind genau dann zueinander **orthogonal** (senkrecht), wenn ihr Skalarprodukt null ist.

Gegeben: $\vec{a} = \begin{pmatrix} 7 \\ -3 \\ 5 \end{pmatrix}$ und $\vec{b} = \begin{pmatrix} 2 \\ 8 \\ 2 \end{pmatrix}$

$$\vec{a} \cdot \vec{b} = \begin{pmatrix} 7 \\ -3 \\ 5 \end{pmatrix} \cdot \begin{pmatrix} 2 \\ 8 \\ 2 \end{pmatrix} = 14 - 24 + 10 = 0$$

$\vec{a}$ ist orthogonal zu $\vec{b}$.

Vektorprodukt

$$\vec{a} \times \vec{b} = \begin{pmatrix} a_1 \\ a_2 \\ a_3 \end{pmatrix} \times \begin{pmatrix} b_1 \\ b_2 \\ b_3 \end{pmatrix} = \begin{pmatrix} a_2b_3 - a_3b_2 \\ a_3b_1 - a_1b_3 \\ a_1b_2 - a_2b_1 \end{pmatrix}$$ heißt

Vektorprodukt von $\vec{a}$ und $\vec{b}$.
Sind $\vec{a} \neq \vec{0}$ und $\vec{b} \neq \vec{0}$ nicht kollinear, so ist der Vektor $\vec{a} \times \vec{b}$ orthogonal zu $\vec{a}$ und zu $\vec{b}$.

$$\begin{pmatrix} 3 \\ 2 \\ -4 \end{pmatrix} \times \begin{pmatrix} 1 \\ -2 \\ 2 \end{pmatrix} = \begin{pmatrix} 2 \cdot 2 - (-4) \cdot (-2) \\ (-4) \cdot 1 - 3 \cdot 2 \\ 3 \cdot (-2) - 2 \cdot 1 \end{pmatrix} = \begin{pmatrix} -4 \\ -10 \\ -8 \end{pmatrix}$$

$$\begin{pmatrix} 3 \\ 2 \\ -4 \end{pmatrix} \cdot \begin{pmatrix} -4 \\ -10 \\ -8 \end{pmatrix} = 0 \text{ und } \begin{pmatrix} 1 \\ -2 \\ 2 \end{pmatrix} \cdot \begin{pmatrix} -4 \\ -10 \\ -8 \end{pmatrix} = 0$$

Ebenengleichungen

Parametergleichung:
E: $\vec{x} = \overrightarrow{OA} + r \cdot \vec{u} + s \cdot \vec{v} \quad (r, s \in \mathbb{R})$

$\overrightarrow{OA}$ ist ein **Stützvektor** der Ebene; $\vec{u}$ und $\vec{v}$ sind nicht kollineare **Richtungsvektoren**.

Normalengleichung:
E: $(\vec{x} - \overrightarrow{OA}) \cdot \vec{n} = 0$

$\overrightarrow{OA}$ ist ein **Stützvektor** der Ebene; $\vec{n}$ ist ein **Normalenvektor** von E, d.h. orthogonal zu den Richtungsvektoren von E.

Koordinatengleichung:
E: $ax_1 + bx_2 + cx_3 = e$
a, b, c sind die Koordinaten von $\vec{n}$ und e ist das Skalarprodukt von $\vec{n}$ mit einem beliebigen Stützvektor von E.

Die Ebene E enthält die Punkte A(1 | −5 | 1), B(3 | 1 | 0) und C(0 | 4 | −8).
$\overrightarrow{AB}$ und $\overrightarrow{AC}$ sind nicht kollinear.

Parametergleichung:

$$E: \vec{x} = \begin{pmatrix} 1 \\ -5 \\ 1 \end{pmatrix} + r \begin{pmatrix} 2 \\ 6 \\ -1 \end{pmatrix} + s \begin{pmatrix} -1 \\ 9 \\ -9 \end{pmatrix}$$

Normalenvektor: $\vec{n} = \begin{pmatrix} 2 \\ 6 \\ -1 \end{pmatrix} \times \begin{pmatrix} -1 \\ 9 \\ 9 \end{pmatrix} = \begin{pmatrix} -45 \\ 19 \\ 24 \end{pmatrix}$

Normalengleichung:

$$E: \left(\vec{x} - \begin{pmatrix} 1 \\ -5 \\ 1 \end{pmatrix} \right) \cdot \begin{pmatrix} -45 \\ 19 \\ 24 \end{pmatrix} = 0$$

Koordinatengleichung:
E: $-45x_1 + 19x_2 + 24x_3 = -116$

Lagebeziehungen

Ausschlaggebend für die Lagebeziehung sind die Richtungs- bzw. Normalenvektoren.

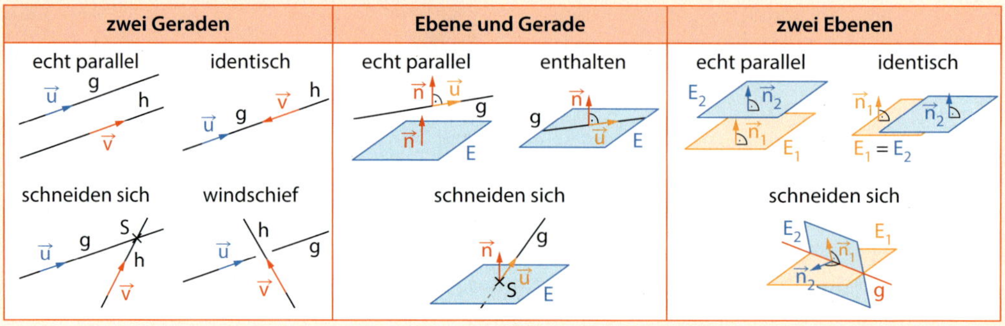

3. Winkel und Abstände

Für den Brandschutz ist der Abstand von verschiedenen Objekten zueinander entscheidend. Möchte man zum Beispiel Leuchtstoffröhren in einer Bibliothek einbauen, so muss ein Mindestabstand der sich erhitzenden Röhren zu den leicht entflammbaren Büchern in den Bücherregalen an jedem Punkt der Röhre und zu jedem Regal gewährleistet sein.

Nach diesem Kapitel können Sie …
- Winkel zwischen Vektoren, Strecken, Geraden und Ebenen in der Ebene und im Raum bestimmen,
- das Lotfußpunktverfahren zur Bestimmung von Abständen im Raum anwenden.

Lösungen
↗ S. 224

Sinus und Kosinus

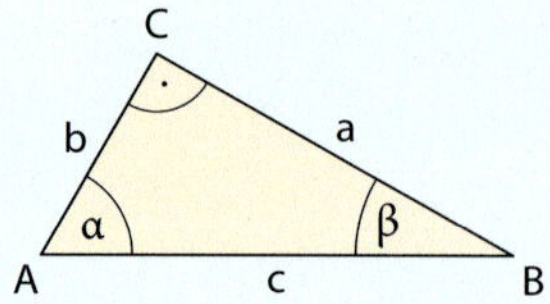

1. Gegeben ist ein rechtwinkliges Dreieck ABC.

a) Stellen Sie Gleichungen für $\sin(\alpha)$ und $\sin(\beta)$ sowie für $\cos(\alpha)$ und $\cos(\beta)$ auf.

b) Es gilt $\alpha = 35°$ und $c = 5\,\text{cm}$. Berechnen Sie mit dem Sinus die Längen von a und b.

c) Es gilt $\alpha = 60°$ und $b = 3\,\text{cm}$. Berechnen Sie mit dem Kosinus die Längen von a und c.

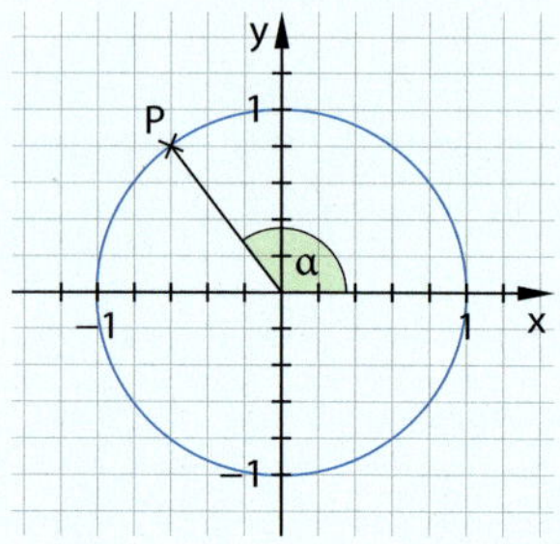

2. Die Zeichnung zeigt einen Einheitskreis, in dem ein Winkel α im Ursprung abgetragen wurde.

a) Erklären Sie, wie die Werte $\sin(\alpha)$ und $\cos(\alpha)$ damit ermittelt werden können. Lesen Sie die Werte näherungsweise ab.

b) Beschreiben Sie, wie die Lage des Punktes P das Vorzeichen der Werte $\sin(\alpha)$ und $\cos(\alpha)$ bestimmt. Geben Sie für alle vier Quadranten die Vorzeichen von $\sin(\alpha)$ und $\cos(\alpha)$ an.

3. Geben Sie ohne Rechnung die Vorzeichen von $\sin(\alpha)$ und $\cos(\alpha)$ an.

a) $\alpha = 205°$ b) $\alpha = 67°$ c) $\alpha = 290°$ d) $\alpha = 103°$

4. Betrachten Sie die Graphen der Funktionen f und g mit $f(x) = \sin(x)$ und $g(x) = \cos(x)$ im Intervall $[0; 2\pi]$.

a) Geben Sie alle Nullstellen und Extrempunkte von f und g an.

b) Geben Sie die Teilintervalle an, in denen die Graphen monoton fallen bzw. steigen.

c) Skizzieren Sie die Graphen auf dem Intervall $[0; 2\pi]$.

Satz des Pythagoras

5. Zeichnen Sie eine Planfigur und berechnen Sie die dritte Seitenlänge des Dreiecks.

a) $a = 8\,\text{cm}$, $b = 15\,\text{cm}$, $\gamma = 90°$

b) $a = 1{,}3\,\text{m}$, $b = 1{,}2\,\text{m}$, $\alpha = 90°$

c) $b = 60\,\text{mm}$, $c = 4{,}8\,\text{cm}$, $\beta = 90°$

6. Entscheiden Sie, ob das Dreieck mit den Seiten a, b und c rechtwinklig ist. Wenn ja, geben Sie die Hypotenuse und den rechten Winkel an.

a) $a = 2{,}9\,\text{cm}$, $b = 2{,}1\,\text{cm}$, $c = 2{,}0\,\text{cm}$

b) $a = 4{,}8\,\text{cm}$, $b = 2{,}0\,\text{cm}$, $c = 1{,}5\,\text{cm}$

c) $a = 80\,\text{dm}$, $b = 10\,\text{m}$, $c = 6\,\text{m}$

7. Berechnen Sie die Längen der rot markierten Strecken.

a) Prisma

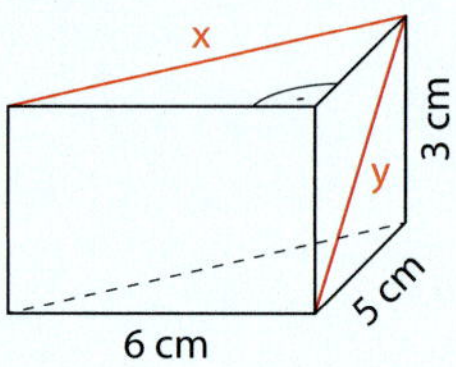

b) Zylinder

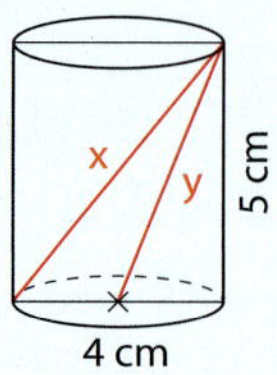

c) Prisma

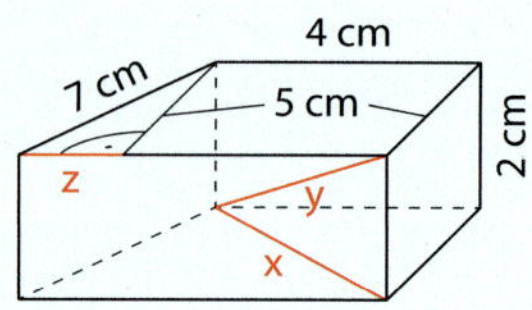

Flächen- und Volumenberechnungen

Lösungen ↗ S. 224/225

8. Berechnen Sie den Flächeninhalt der Figur. Entnehmen Sie die erforderlichen Daten der Zeichnung.

a) 

b) 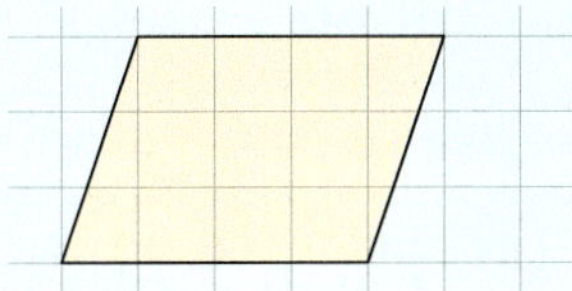

c) 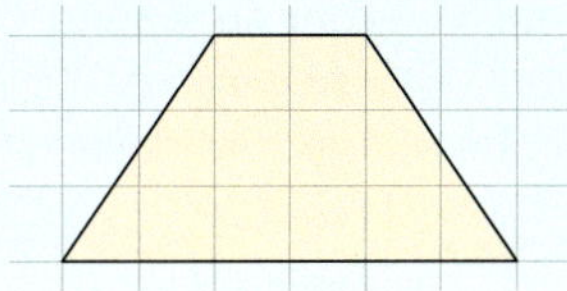

9. Berechnen Sie das Volumen und den Oberflächeninhalt des Körpers.

a) 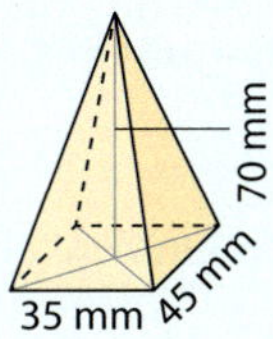

b) 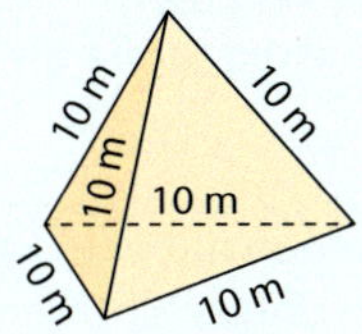

c) 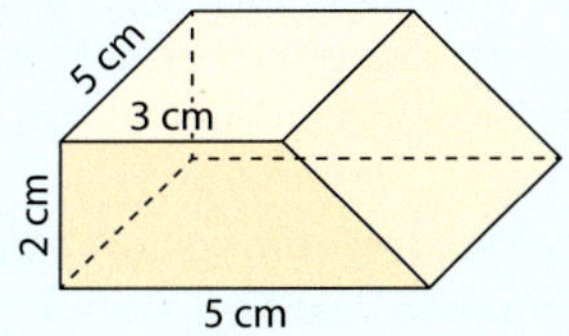

10. Berechnen Sie das Volumen und den Oberflächeninhalt des Körpers (Angaben in mm).

a) 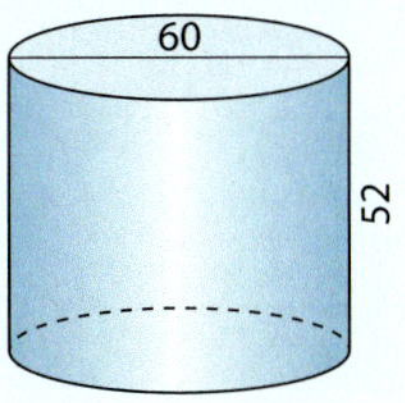

b) 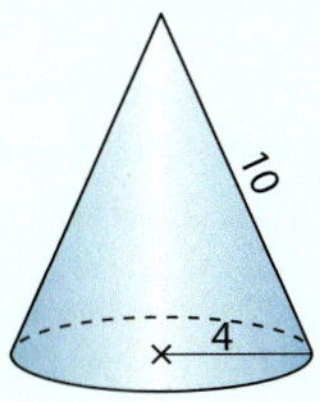

c) 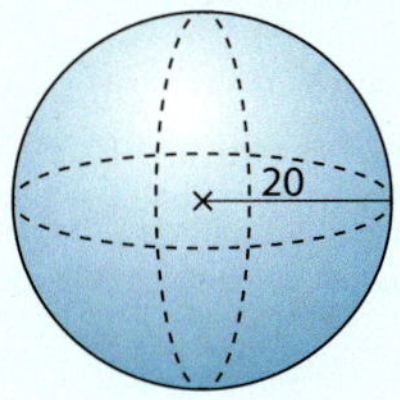

11. Berechnen Sie das Volumen und den Oberflächeninhalt des Körpers (Angaben in mm).

a) 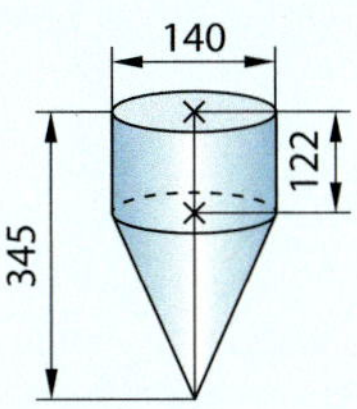

b) 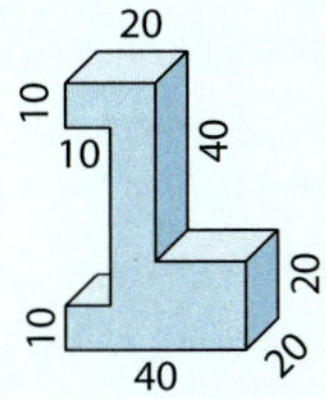

c) 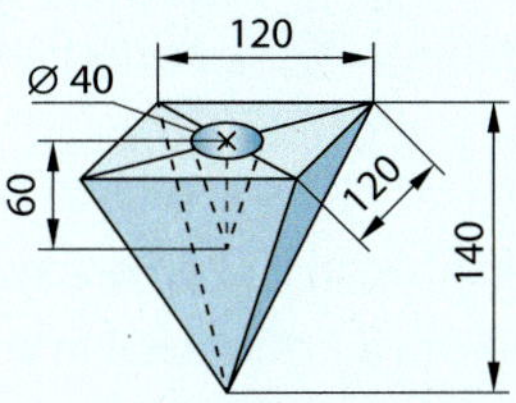

12. Die Abbildung zeigt die schematische Darstellung eines Zementsilos.

a) Ermitteln Sie, wie viele Tonnen Zement mit einer spezifischen Dichte $\rho = 1{,}9\,\frac{g}{cm^3}$ das Silo maximal fasst.

b) Das Silo soll von außen angestrichen werden. Die vier Standfüße werden dabei ausgelassen. Ein Liter Farbe reicht für $4\,m^2$. Berechnen Sie, wie viele Liter Farbe für den Anstrich benötigt werden.

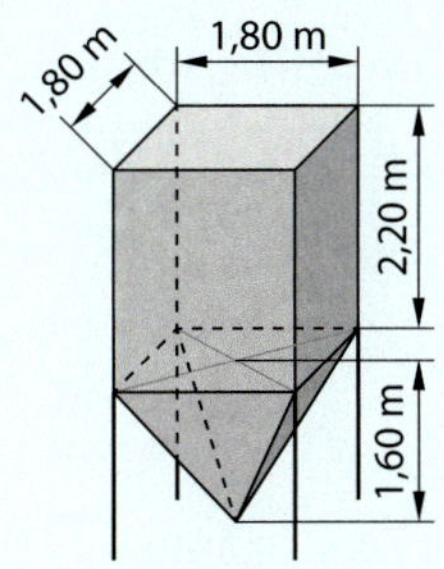

13. Zeigen Sie, dass das Viereck ABCD mit A(−1 | −2 | 1), B(1 | 4 | 1), C(−5 | 6 | 4) und D(−7 | 0 | 4) ein Rechteck ist. Berechnen Sie seinen Flächeninhalt.

14. Gegeben ist das Dreieck ABC mit A(5 | 6 | −1), B(1 | 8 | −1) und C(1 | 3 | 4).

a) Weisen Sie nach, dass das Dreieck gleichschenklig, aber nicht gleichseitig ist.

b) Berechnen Sie Flächeninhalt des Dreiecks mithilfe des Satzes des Pythagoras.

3.1 Winkel zwischen Vektoren und Geraden

■ Im zweidimensionalen Koordinatensystem sei α der Winkel zwischen den Vektoren $\vec{a}$ und $\vec{b}$ aus der Abbildung. Die x_2-Koordinate von $\vec{a}$ ist also gleich 0.

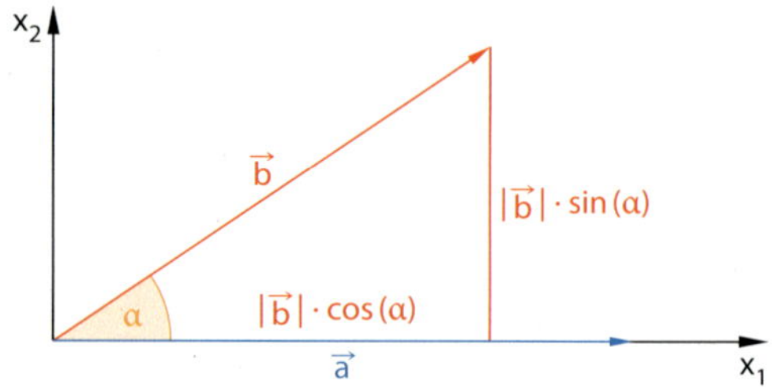

a) Begründen Sie, dass $\vec{b} = \begin{pmatrix} |\vec{b}|\cos(\alpha) \\ |\vec{b}|\sin(\alpha) \end{pmatrix}$ und $\vec{a} = \begin{pmatrix} |\vec{a}| \\ 0 \end{pmatrix}$ gilt, und berechnen Sie das Skalarprodukt $\vec{a} \cdot \vec{b}$.

b) Es sei α der Winkel zwischen $\vec{a} = \begin{pmatrix} 6 \\ 0 \end{pmatrix}$ und $\vec{b} = \begin{pmatrix} 2 \\ 3 \end{pmatrix}$. Berechnen Sie $\cos(\alpha)$ mithilfe der in a) gewonnenen Formel für $\vec{a} \cdot \vec{b}$. Geben Sie die Größe dieses Winkels an. Überprüfen Sie Ihr Ergebnis an einer Skizze. ■

Neben der Prüfung auf Orthogonalität können mit dem Skalarprodukt allgemein Winkel zwischen Vektoren, Geraden und Strecken untersucht werden.

Winkel zwischen zwei Vektoren

Hinweis:
Im Gegensatz zur Einstiegsaufgabe sind $\vec{a}$ und $\vec{b}$ hier zwei beliebige Vektoren im Raum oder in der Ebene.

Stellt man die Vektorpfeile von zwei Vektoren $\vec{a}$ und $\vec{b}$ von einem gemeinsamen Punkt ausgehend dar, entstehen zwei Winkel. Den kleineren Winkel a bezeichnet man als den **Winkel zwischen den Vektoren** $\vec{a}$ und $\vec{b}$.

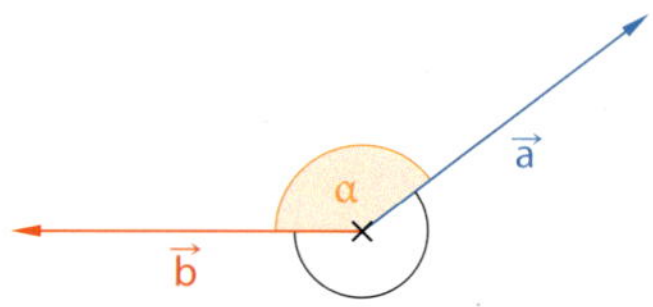

Für kollineare Vektoren $\vec{a}$ und $\vec{b}$, welche in die gleiche Richtung zeigen, ist $\vec{b} = r \cdot \vec{a}$ mit $r > 0$ und es gilt: $|\vec{b}| = |r \cdot \vec{a}| = r \cdot |\vec{a}|$
Es folgt: $\vec{a} \cdot \vec{b} = \vec{a} \cdot (r \cdot \vec{a}) = r \cdot (\vec{a} \cdot \vec{a}) = r \cdot |\vec{a}|^2 = |\vec{a}| \cdot (r \cdot |\vec{a}|) = |\vec{a}| \cdot |\vec{b}|$

Ist der Winkel α zwischen zwei Vektoren $\vec{a}$ und $\vec{b}$ kleiner als 90°, so kann man $\vec{b}$ in einen zu $\vec{a}$ parallelen Vektor $\vec{b_p}$ und einen zu $\vec{a}$ orthogonalen Vektor $\vec{b_o}$ zerlegen: $\vec{b} = \vec{b_p} + \vec{b_o}$

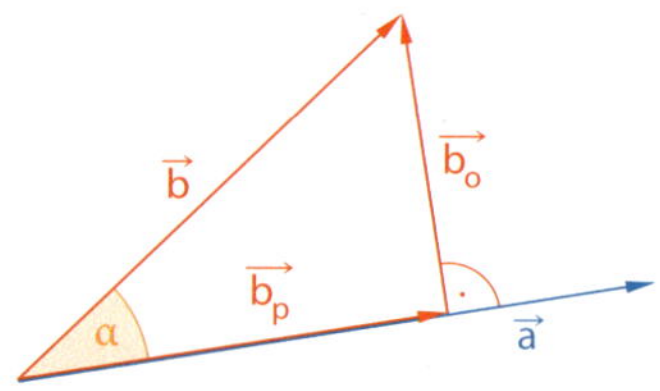

Es folgt:

$$\begin{aligned}
\vec{a} \cdot \vec{b} &= \vec{a} \cdot \left(\vec{b_p} + \vec{b_o}\right) && |\ \text{Distributivgesetz} \\
&= \vec{a} \cdot \vec{b_p} + \vec{a} \cdot \vec{b_o} && |\ \vec{a} \cdot \vec{b_o} = 0, \text{ da orthogonal} \\
&= \vec{a} \cdot \vec{b_p} && |\ \vec{a} \text{ und } \vec{b_p} \text{ zeigen in die gleiche Richtung.} \\
&= |\vec{a}| \cdot |\vec{b_p}| && |\ \cos(\alpha) = \frac{|\vec{b_p}|}{|\vec{b}|}, \text{ also } |\vec{b_p}| = |\vec{b}| \cdot \cos(\alpha) \\
&= |\vec{a}| \cdot |\vec{b}| \cdot \cos(\alpha)
\end{aligned}$$

Man kann in ähnlicher Weise zeigen, dass diese Formel für das Skalarprodukt zweier Vektoren auch für die Fälle $\alpha = 0°$, $\alpha = 90°$, $\alpha = 180°$ und für $90° < \alpha < 180°$ gilt.

Hinweis:
Beachten Sie, dass der Malpunkt verschiedene Bedeutungen hat, je nachdem ob die Faktoren reelle Zahlen oder Vektoren sind.

Wissen: Winkel zwischen zwei Vektoren
Für den Winkel α zwischen zwei Vektoren $\vec{a} \neq \vec{0}$ und $\vec{b} \neq \vec{0}$ gilt:

$\vec{a} \cdot \vec{b} = |\vec{a}| \cdot |\vec{b}| \cdot \cos(\alpha)$ bzw. $\cos(\alpha) = \frac{\vec{a} \cdot \vec{b}}{|\vec{a}| \cdot |\vec{b}|}$ $(0° \leq \alpha \leq 180°)$

Beispiel 1: Berechnen Sie den Winkel zwischen $\vec{a} = \begin{pmatrix} -2 \\ 6 \\ 4 \end{pmatrix}$ und $\vec{b} = \begin{pmatrix} 3 \\ 1 \\ -1 \end{pmatrix}$.

Lösung:

In der Formel für $\cos(\alpha)$ steht im Zähler das Skalarprodukt von $\vec{a}$ und $\vec{b}$. Das Produkt der Beträge im Nenner ist das Produkt zweier Wurzeln.

Berechnen Sie mit dem Taschenrechner einen Näherungswert für $\cos(\alpha)$.

Mit der Taste $\cos^{-1}$ erhalten Sie den Wert des Winkels zwischen $\vec{a}$ und $\vec{b}$.

$$\cos(\alpha) = \frac{\vec{a} \cdot \vec{b}}{|\vec{a}| \cdot |\vec{b}|} = \frac{\begin{pmatrix} -2 \\ 6 \\ 4 \end{pmatrix} \cdot \begin{pmatrix} 3 \\ 1 \\ -1 \end{pmatrix}}{\sqrt{(-2)^2 + 6^2 + 4^2} \cdot \sqrt{3^2 + 1^2 + (-1)^2}}$$

$$= \frac{-6 + 6 - 4}{\sqrt{56} \cdot \sqrt{11}}$$

$$= \frac{-4}{\sqrt{56} \cdot \sqrt{11}} \approx -0{,}161$$

$$\alpha \approx \cos^{-1}(-0{,}161) \approx 99{,}3°$$

Hinweis:
Achten Sie darauf, dass das Winkelmaß Ihres Taschenrechners auf DEG (Grad) eingestellt ist.

Basisaufgaben

1. Berechnen Sie das Skalarprodukt der Vektoren $\vec{a}$ und $\vec{b}$ und den Winkel zwischen ihnen.

a) $\vec{a} = \begin{pmatrix} 2 \\ 4 \\ 1 \end{pmatrix}$ $\quad \vec{b} = \begin{pmatrix} 1 \\ 3 \\ 0 \end{pmatrix}$

b) $\vec{a} = \begin{pmatrix} -4 \\ 7 \\ -2 \end{pmatrix}$ $\quad \vec{b} = \begin{pmatrix} 1 \\ -6 \\ -3 \end{pmatrix}$

c) $\vec{a} = \begin{pmatrix} 3 \\ 6 \\ 5 \end{pmatrix}$ $\quad \vec{b} = \begin{pmatrix} -2 \\ -4 \\ -7 \end{pmatrix}$

d) $\vec{a} = \begin{pmatrix} 4 \\ 0 \\ -8 \end{pmatrix}$ $\quad \vec{b} = \begin{pmatrix} 1 \\ 1 \\ 1 \end{pmatrix}$

2. Zeichnen Sie je einen Vektorpfeil von $\vec{a}$ und $\vec{b}$ von einem gemeinsamen Punkt ausgehend in ein zweidimensionales Koordinatensystem. Schätzen und messen Sie den Winkel zwischen den Pfeilen. Kontrollieren Sie rechnerisch.

a) $\vec{a} = \begin{pmatrix} 6 \\ 1 \end{pmatrix}; \vec{b} = \begin{pmatrix} 3 \\ 5 \end{pmatrix}$ b) $\vec{a} = \begin{pmatrix} 6 \\ 0 \end{pmatrix}; \vec{b} = \begin{pmatrix} 4 \\ 6 \end{pmatrix}$ c) $\vec{a} = \begin{pmatrix} 5 \\ 2 \end{pmatrix}; \vec{b} = \begin{pmatrix} -3 \\ 4 \end{pmatrix}$ d) $\vec{a} = \begin{pmatrix} 5 \\ 2 \end{pmatrix}; \vec{b} = \begin{pmatrix} 2 \\ -5 \end{pmatrix}$

3. a) Berechnen Sie den Winkel zwischen den Vektoren $\vec{a} = \begin{pmatrix} -4 \\ 0 \\ -3 \end{pmatrix}$ und $\vec{b} = \begin{pmatrix} 2 \\ 4 \\ 1 \end{pmatrix}$.

b) Überlegen Sie anhand einer Skizze, wie groß der Winkel zwischen den folgenden Vektoren ist. Kontrollieren Sie durch eine Rechnung.

① $2\vec{a}$ und $2\vec{b}$ ② $\vec{a}$ und $-\vec{b}$ ③ $-\vec{a}$ und $\vec{b}$ ④ $-\vec{a}$ und $-\vec{b}$

4. a) Begründen Sie: Ist das Skalarprodukt zweier Vektoren größer als 0, so ist der Winkel zwischen ihnen ein spitzer Winkel. Ist das Skalarprodukt kleiner als 0, so ist der Winkel zwischen den Vektoren ein stumpfer Winkel.

b) Sandra meint: *„Je größer der Winkel zwischen zwei Vektoren gleicher Länge ist, desto kleiner ist ihr Skalarprodukt.“* Entscheiden Sie begründet, ob Sandra recht hat.

Erinnerung:
$\cos(\alpha)$ am Einheitskreis:

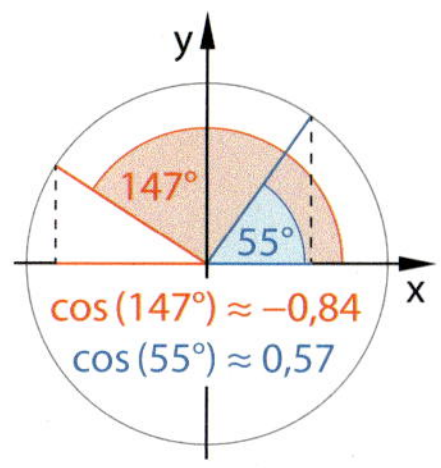

5. Geben Sie anhand des Skalarprodukts an, ob der Winkel zwischen $\vec{a}$ und $\vec{b}$ spitz oder stumpf ist.

a) $\vec{a} = \begin{pmatrix} 2 \\ -3 \\ 4 \end{pmatrix}$ $\quad \vec{b} = \begin{pmatrix} 1 \\ -6 \\ -2 \end{pmatrix}$

b) $\vec{a} = \begin{pmatrix} -3 \\ 4 \\ 1 \end{pmatrix}$ $\quad \vec{b} = \begin{pmatrix} 5 \\ 2 \\ 1 \end{pmatrix}$

6. Geben Sie die Koordinaten zweier dreidimensionaler Vektoren $\vec{a}$ und $\vec{b}$ an, für die gilt:

a) $\vec{a} \cdot \vec{b} = |\vec{a}| \cdot |\vec{b}|$

b) $\vec{a} \cdot \vec{b} = -|\vec{a}| \cdot |\vec{b}|$

7. Formulieren Sie einen Satz über das Skalarprodukt $\vec{a} \cdot \vec{b}$, wenn $\vec{a}$ und $\vec{b}$ kollinear sind. Unterscheiden Sie dabei die Fälle $\alpha = 0°$ und $\alpha = 180°$.

Winkel zwischen zwei Geraden

Als Winkel γ zwischen zwei sich schneidenden Geraden bezeichnet man den kleineren Winkel an der Geradenkreuzung.
Bei jeder Orientierung der Richtungsvektoren $\vec{u}$ und $\vec{v}$ gilt $\cos(\gamma) = |\cos(\alpha)|$.

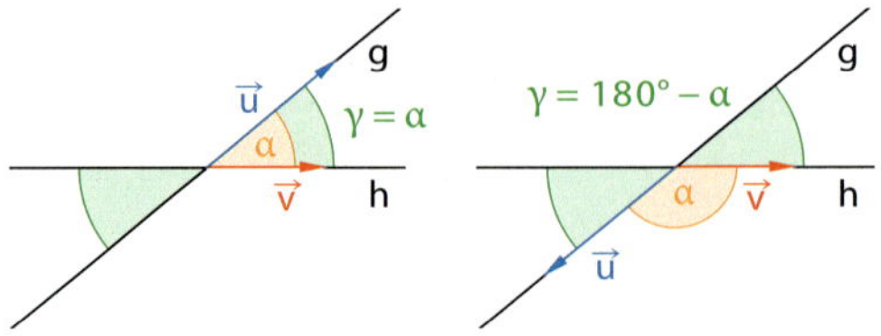

Also gilt für den Winkel zwischen den Geraden: $\cos(\gamma) = \frac{|\vec{u} \cdot \vec{v}|}{|\vec{u}| \cdot |\vec{v}|}$

Beispiel 2: Bestimmen Sie den Winkel zwischen den sich schneidenden Geraden
$g: \vec{x} = \begin{pmatrix} -7 \\ 1 \\ 0 \end{pmatrix} + r\begin{pmatrix} 5 \\ -1 \\ 2 \end{pmatrix}$ und $h: \vec{x} = \begin{pmatrix} 3 \\ -1 \\ 4 \end{pmatrix} + s\begin{pmatrix} -3 \\ -2 \\ 1 \end{pmatrix}$.

Lösung:

Setzen Sie die Richtungsvektoren in die obige Formel ein. Achten Sie darauf, im Zähler den Betrag zu nehmen.

$$\cos(\gamma) = \frac{\left|\begin{pmatrix} 5 \\ -1 \\ 2 \end{pmatrix} \cdot \begin{pmatrix} -3 \\ -2 \\ 1 \end{pmatrix}\right|}{\sqrt{30} \cdot \sqrt{14}} = \frac{|-11|}{\sqrt{30} \cdot \sqrt{14}} \approx 0{,}537$$

Wenden Sie $\cos^{-1}$ auf das Ergebnis an.

$$\gamma \approx \cos^{-1}(0{,}537) \approx 57{,}5°$$

Basisaufgaben

Lösungen zu 8:

128,72°
90°
75,04°
62°
180°

8. Bestimmen Sie den Winkel zwischen den sich schneidenden Geraden g und h.

a) $g: \vec{x} = \begin{pmatrix} 4 \\ -7 \\ -1 \end{pmatrix} + r\begin{pmatrix} 3 \\ 0 \\ -1 \end{pmatrix}$ $\quad h: \vec{x} = \begin{pmatrix} 5 \\ -9 \\ -8 \end{pmatrix} + s\begin{pmatrix} 1 \\ -2 \\ 1 \end{pmatrix}$

b) $g: \vec{x} = \begin{pmatrix} -1 \\ 7 \\ 1 \end{pmatrix} + r\begin{pmatrix} 8 \\ 1 \\ -2 \end{pmatrix}$ $\quad h: \vec{x} = \begin{pmatrix} -9 \\ 6 \\ 3 \end{pmatrix} + s\begin{pmatrix} -1 \\ 1 \\ 1 \end{pmatrix}$

c) $g: \vec{x} = \begin{pmatrix} -2 \\ 0 \\ 3 \end{pmatrix} + r\begin{pmatrix} 7 \\ -2 \\ 3 \end{pmatrix}$ $\quad h: \vec{x} = \begin{pmatrix} 0 \\ 4 \\ 1 \end{pmatrix} + s\begin{pmatrix} 1 \\ 2 \\ -1 \end{pmatrix}$

d) $g: \vec{x} = \begin{pmatrix} 4{,}2 \\ 1 \\ -0{,}3 \end{pmatrix} + r\begin{pmatrix} 2{,}1 \\ -3{,}1 \\ 1{,}6 \end{pmatrix}$ $\quad h: \vec{x} = \begin{pmatrix} 4{,}2 \\ 1 \\ -0{,}3 \end{pmatrix} + s\begin{pmatrix} -6{,}3 \\ 9{,}3 \\ -4{,}8 \end{pmatrix}$

9. Bestimmen Sie den Schnittpunkt und den Schnittwinkel der Geraden g und h.

a) $g: \vec{x} = \begin{pmatrix} 1 \\ -3 \\ -3 \end{pmatrix} + r\begin{pmatrix} 2 \\ 1 \\ -1 \end{pmatrix}$ $\quad h: \vec{x} = \begin{pmatrix} 0 \\ 0 \\ -8 \end{pmatrix} + s\begin{pmatrix} 3 \\ -2 \\ 4 \end{pmatrix}$

b) $g: \vec{x} = \begin{pmatrix} 1 \\ 0 \\ -2 \end{pmatrix} + r\begin{pmatrix} 1 \\ 3 \\ 0 \end{pmatrix}$ $\quad h: \vec{x} = \begin{pmatrix} 3 \\ 2 \\ 1 \end{pmatrix} + s\begin{pmatrix} 1 \\ -1 \\ 3 \end{pmatrix}$

10. Berechnen Sie die Seitenlängen und die Größen der Innenwinkel des Dreiecks ABC.

a) $A(2|-1)$, $B(-5|0)$, $C(-1|3)$ $\qquad$ b) $A(5|-1|-3)$, $B(1|3|4)$, $C(5|-1|2)$

11. Es sei g die Flugbahn eines Flugzeugs beim Landeanflug und g′ die Landebahn des Flugzeugs in der x_1x_2-Ebene:

$g: \vec{x} = \begin{pmatrix} 20 \\ -40 \\ 30 \end{pmatrix} + t\begin{pmatrix} 50 \\ 10 \\ -3 \end{pmatrix}$ $\qquad g': \vec{x} = \begin{pmatrix} 20 \\ -40 \\ 0 \end{pmatrix} + s\begin{pmatrix} 50 \\ 10 \\ 0 \end{pmatrix}$

Berechnen Sie, mit welchem Winkel das Flugzeug auf die in der x_1x_2-Ebene liegende Landebahn auftreffen wird.

Weiterführende Aufgaben

12. α sei der Winkel zwischen $\vec{a}$ und $\vec{b}$. Prüfen Sie die Aussage.

a) Wenn $\vec{a} \cdot \vec{b} = |\vec{a}| \cdot |\vec{b}|$ für $\vec{a} \neq 0$ und $\vec{b} \neq 0$ gilt, dann sind $\vec{a}$ und $\vec{b}$ kollinear.

b) Wenn $\alpha > 90°$ ist, dann ist das Skalarprodukt $\vec{a} \cdot \vec{b}$ negativ.

c) Wenn $\vec{a}$ und $\vec{b}$ beide den Betrag 1 haben, so ist ihr Skalarprodukt gleich $\cos(\alpha)$.

d) Wenn $\vec{a} \cdot \vec{b} = \vec{a} \cdot \vec{c}$ für $\vec{a} \neq \vec{0}$ gilt, dann muss $\vec{b} = \vec{c}$ sein.

e) Es gilt $\vec{a} \cdot \vec{b} = \vec{b} \cdot \vec{a}$.

13. Stolperstelle: Mike berechnet zwei Innenwinkel des Dreiecks ABC mit $A(-2\,|\,1\,|\,3)$, $B(-5\,|\,5\,|\,4)$ und $C(3\,|\,2\,|\,1)$:

$$\cos(\alpha) = \frac{\overrightarrow{AB} \cdot \overrightarrow{AC}}{|\overrightarrow{AB}| \cdot |\overrightarrow{AC}|} = \frac{\begin{pmatrix}-3\\4\\1\end{pmatrix} \cdot \begin{pmatrix}5\\1\\-2\end{pmatrix}}{\sqrt{26} \cdot \sqrt{30}} \approx -0{,}47 \qquad \cos(\beta) = \frac{\overrightarrow{AB} \cdot \overrightarrow{BC}}{|\overrightarrow{AB}| \cdot |\overrightarrow{BC}|} = \frac{\begin{pmatrix}-3\\4\\1\end{pmatrix} \cdot \begin{pmatrix}8\\-3\\-3\end{pmatrix}}{\sqrt{26} \cdot \sqrt{82}} \approx -0{,}84$$

$$\alpha \approx 118° \qquad \beta \approx 147°$$

Erläutern Sie, warum Mikes Ergebnis nicht stimmen kann. Finden Sie den Fehler in seiner Rechnung und korrigieren Sie ihn.

14. Die Abbildung zeigt ein Haus mit einem Walmdach. Dabei ist M ist der Mittelpunkt der Strecke $\overline{AB}$.

a) Berechnen Sie die eingezeichneten Neigungswinkel der Dachflächen.

b) Es sei $S_a(0\,|\,-1\,|\,5 + a)$. Bestimmen Sie $a > 0$ so, dass der Winkel zwischen $\overrightarrow{MS_a}$ und $\overrightarrow{BC}$ 60° beträgt.

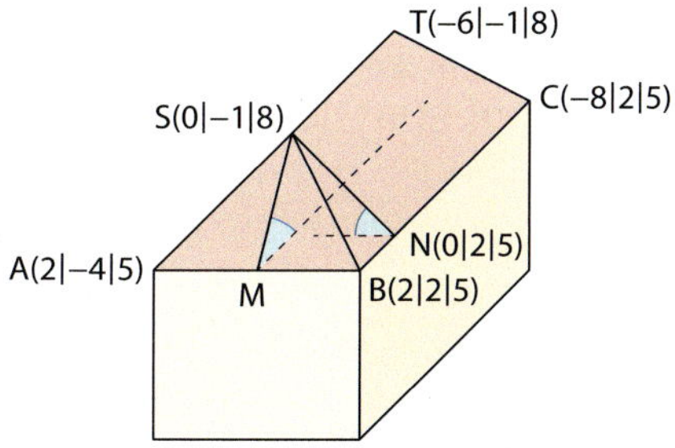

15. Zeigen Sie, dass die Vektoren $\vec{a}$, $\vec{b}$ und $\vec{c}$ einen Würfel aufspannen. Ermitteln Sie die Größen der Winkel, die von je zwei Raumdiagonalen des Würfels eingeschlossen werden.

a) $\vec{a} = \begin{pmatrix}4\\3\\0\end{pmatrix}, \vec{b} = \begin{pmatrix}-3\\4\\0\end{pmatrix}, \vec{c} = \begin{pmatrix}0\\0\\5\end{pmatrix}$

b) $\vec{a} = \begin{pmatrix}2\\-14\\5\end{pmatrix}, \vec{b} = \begin{pmatrix}11\\-2\\-10\end{pmatrix}, \vec{c} = \begin{pmatrix}-10\\-5\\-10\end{pmatrix}$

16. Ein Parallelepiped ist ein Körper mit 6 Parallelogrammen als Seitenflächen, bei dem gegenüberliegende Flächen zueinander kongruent sind. Die Vektoren $\overrightarrow{AB} = \begin{pmatrix}7\\24\\0\end{pmatrix}$, $\overrightarrow{AD} = \begin{pmatrix}-20\\12\\9\end{pmatrix}$ und $\overrightarrow{AE} = \begin{pmatrix}-12\\-15\\16\end{pmatrix}$ spannen vom Punkt $A(0\,|\,0\,|\,0)$ aus ein solches Parallelepiped auf.

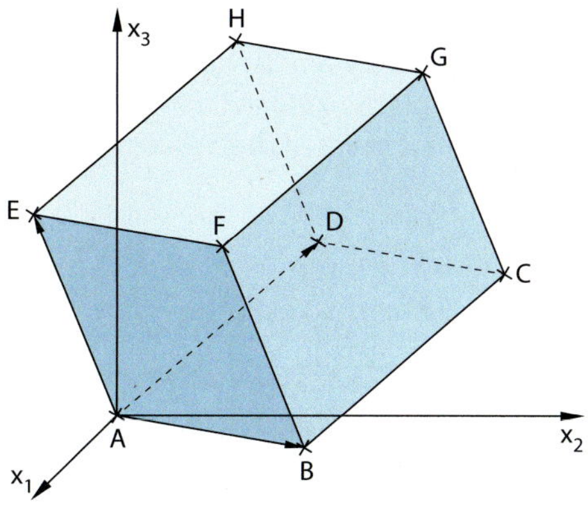

a) Geben Sie die Koordinaten aller Eckpunkte des Körpers an.

b) Zeigen Sie, dass alle Seitenflächen sogar Rauten sind.

c) Berechnen Sie die Innenwinkel jeder Raute und weisen Sie so nach, dass die Figur entgegen dem Anschein kein Würfel ist.

d) Zeigen Sie, dass die Raumdiagonalen $\overline{AG}$, $\overline{BH}$ und $\overline{CE}$ sich in einem Punkt schneiden. Vergleichen Sie den Winkel zwischen $\overline{AG}$ und $\overline{BH}$ mit dem zwischen $\overline{AG}$ und $\overline{CE}$.

17. Gegeben ist das Viereck mit den Eckpunkten $A(2|-1|0)$, $B(0|0|0)$, $C(-2|1|-1)$, $D(-2|2|4)$.
a) Zeigen Sie, dass das Viereck nicht eben ist.
b) Prüfen Sie, ob die Summe der Innenwinkel dieses Vierecks 360° beträgt.
c) Kann bei einem Dreieck im Raum die Summe der Innenwinkel von 180° abweichen? Begründen Sie Ihre Antwort.

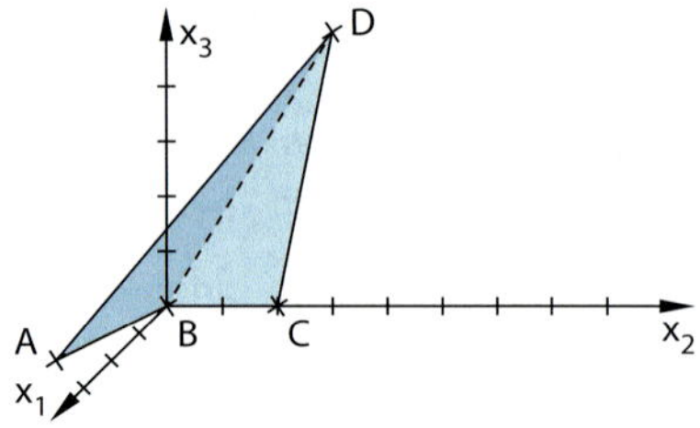

18. Gegeben ist das Dreieck ABC mit $A(4|-1|-3)$, $B(-2|5|-3)$ und $C(-2|-1|3)$.
a) Berechnen Sie den Winkel α bei A.
b) Zeigen Sie, dass das Dreieck gleichschenklig ist.
c) Zeigen Sie, dass die Gerade $s_c\colon \vec{x} = \begin{pmatrix} -2 \\ 5 \\ -3 \end{pmatrix} + t\begin{pmatrix} 1 \\ -2 \\ 1 \end{pmatrix}$ eine Seitenhalbierende des Dreiecks ist. Zeigen Sie auch, dass s_c zur Strecke $\overline{AC}$ orthogonal ist.
d) Berechnen Sie den Flächeninhalt des Dreiecks ABC.

19. In Formelsammlungen findet man für den Flächeninhalt eines Dreiecks ABC die Formel $\mathbf{A = \frac{1}{2} ab\sin(\gamma)}$.
a) Berechnen Sie im Dreieck ABC den Winkel γ und dann mithilfe dieser Formel den Flächeninhalt.
① $A(-1|2)$, $B(5|1)$, $C(3|3)$
② $A(3|1|4)$, $B(-1|5|-2)$, $C(0|3|7)$
b) Zeigen Sie, wie die obige Formel aus der üblichen Flächenformel $A = \frac{1}{2}gh$ entsteht. Verwenden Sie b als Grundseite.

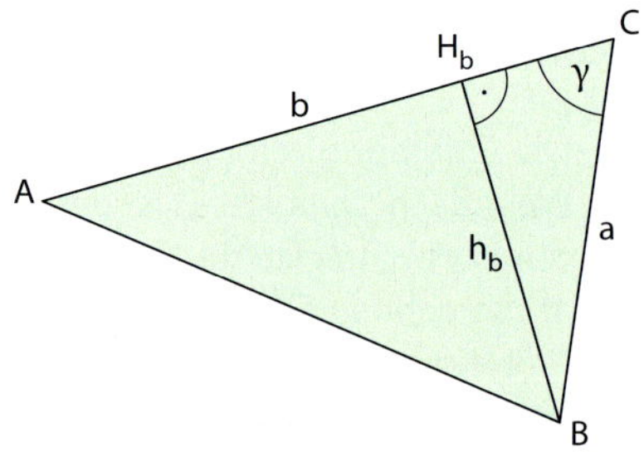

20. Gegeben ist die Ebene $E\colon \vec{x} = \begin{pmatrix} 5 \\ -4 \\ 3 \end{pmatrix} + r\begin{pmatrix} -5 \\ -4 \\ 6 \end{pmatrix} + s\begin{pmatrix} 10 \\ -12 \\ 3 \end{pmatrix}$.
a) Berechnen Sie die Spurpunkte der Ebene E und skizzieren Sie die Ebene anhand der Spurpunkte in ein Koordinatensystem.
b) Die drei Spurpunkte bilden zusammen mit dem Ursprung eine dreiseitige Pyramide. Berechnen Sie ihr Volumen. (Betrachten Sie einen der Spurpunkte als Pyramidenspitze.)
c) Beim Spurpunkt S_1 auf der x_1-Achse bilden die Pyramidenkanten drei Winkel. Berechnen Sie ihre Größe.

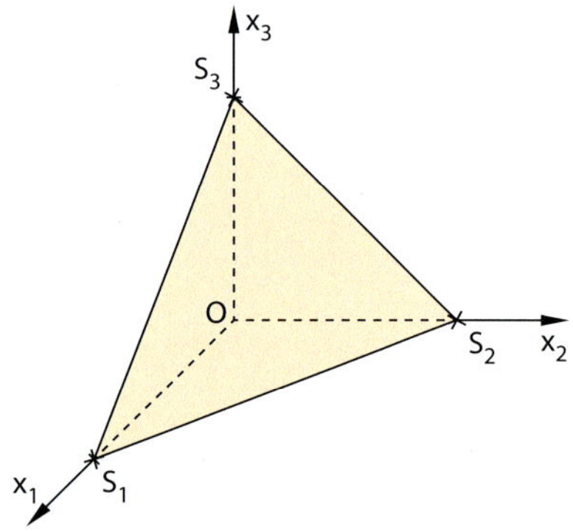

21. Geometrische Interpretation des Skalarprodukts:
Von der Spitze des Vektors $\vec{b}$ wurde das Lot auf den Vektor $\vec{a}$ gefällt, sodass ein rechtwinkliges Dreieck SB'B entsteht. Man nennt $\vec{b_P} = \overrightarrow{SB'}$ die **senkrechte Projektion von $\vec{b}$ auf $\vec{a}$.**
a) Begründen Sie, dass für $0° < \alpha < 90°$ gilt:
① $|\vec{b_P}| = |\vec{b}|\cos(\alpha)$ ② $\vec{a}\cdot\vec{b} = |\vec{a}|\cdot|\vec{b_P}|$
③ $\vec{a}\cdot\vec{b} = \vec{a}\cdot\vec{b_P}$
④ Das Skalarprodukt gibt die Fläche des Rechtecks SB"PA an.
b) Formulieren Sie ② und ③ aus a) in Worten.

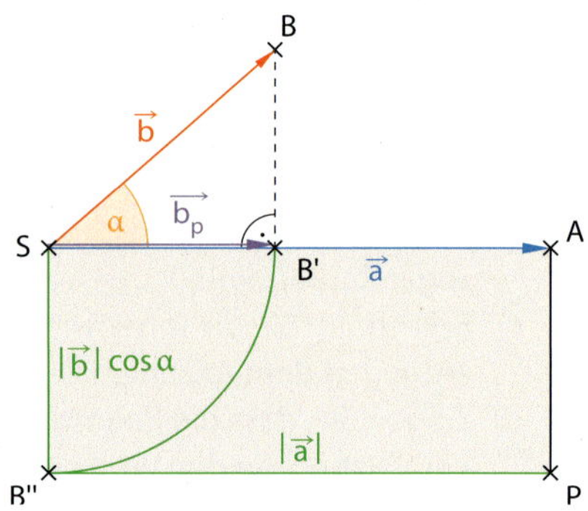

● **22.** a) Berechnen Sie die Skalarprodukte von $\vec{v} = \begin{pmatrix} 8 \\ 4 \end{pmatrix}$ mit den angegebenen Vektoren. Erklären Sie das Ergebnis anhand einer Skizze.

① $\vec{a} = \begin{pmatrix} 6 \\ -2 \end{pmatrix}, \vec{b} = \begin{pmatrix} 2 \\ 6 \end{pmatrix}, \vec{c} = \begin{pmatrix} 5 \\ 4 \end{pmatrix}, \vec{d} = \begin{pmatrix} 5 \\ 0 \end{pmatrix}, \vec{e} = \begin{pmatrix} 4 \\ 2 \end{pmatrix}$ ② $\vec{a} = \begin{pmatrix} -4 \\ 3 \end{pmatrix}, \vec{b} = \begin{pmatrix} -1 \\ -3 \end{pmatrix}, \vec{c} = \begin{pmatrix} 0 \\ -5 \end{pmatrix}, \vec{d} = \begin{pmatrix} -3 \\ 1 \end{pmatrix}$

b) Geben Sie an, in welchem Zusammenhang diese Aufgabe mit Aufgabe 21 steht.

● **23.** Früher wurden Schiffe auf Kanälen von Pferden gezogen, die auf Treidelpfaden am Ufer gingen. Für die physikalische Arbeit, die dabei verrichtet wird, gilt:
Arbeit = Kraft · Weg
Dabei wird aber nur der Teil der Kraft $\vec{F}$ berücksichtigt, der in Richtung des Weges wirkt. Dieser Teil der Kraft entspricht der senkrechten Projektion von $\vec{F}$ auf den Wegvektor $\vec{s}$.
Berechnen Sie, welche Arbeit ein Pferd verrichtet, wenn es mit der in der Abbildung angegebenen Kraft $\vec{F}$ (in N) ziehend den Weg $\vec{s}$ (in m) zurücklegt.

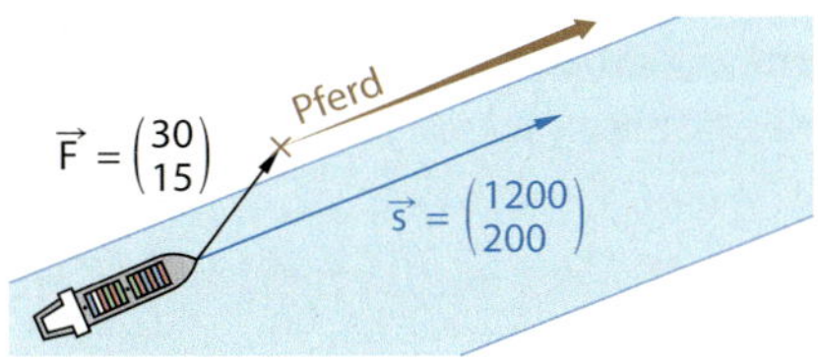

Hinweis zu 23:
Einheit der Kraft:
1 N (Newton)
Einheit der Arbeit:
1 Nm = 1 J (Joule)

● **24.** In einem Koordinatensystem, bei dem die ebene Erdoberfläche der x_1x_2-Ebene entspricht, beschreiben die Geraden g_1, g_2 und g_3 näherungsweise die Flugbahnen dreier Flugzeuge F_1, F_2 und F_3 für einen betrachteten Zeitraum. Dabei entspricht eine Längeneinheit 1 km und r, s, t geben die Zeit in Minuten seit 8:00 Uhr an.

$g_1: \vec{x} = \begin{pmatrix} 0 \\ -5 \\ 1 \end{pmatrix} + r \cdot \begin{pmatrix} 4 \\ 3 \\ 1 \end{pmatrix}$ mit $-1 \le r \le 12$

$g_2: \vec{x} = \begin{pmatrix} 26 \\ 18 \\ 6 \end{pmatrix} + s \cdot \begin{pmatrix} 3{,}5 \\ 3{,}5 \\ 0{,}5 \end{pmatrix}$ mit $-6 \le s \le 12$

$g_3: \vec{x} = \begin{pmatrix} -8 \\ -4 \\ 14 \end{pmatrix} + t \cdot \begin{pmatrix} 3 \\ 3 \\ -1 \end{pmatrix}$ mit $0 \le t \le 12$

a) Zeigen Sie, dass sich g_1 und g_2 schneiden, und berechnen Sie den Schnittwinkel.
b) Berechnen Sie den Abstand der Flugzeuge F_1 und F_2 für den Augenblick, in dem F_1 die Flugbahn von F_2 kreuzt.
c) Zeigen Sie, dass die Geraden g_1 und g_3 windschief zueinander sind.
Im Punkt P(10 | 14 | 8) kommt F_3 der Flugbahn von F_1 am nächsten.
Bestimmen Sie, zu welchem Zeitpunkt das der Fall ist.
d) h sei die Gerade durch P, welche zu g_1 und g_3 senkrecht verläuft. Geben Sie eine Gleichung von h an.
e) Zeigen Sie, dass h auch die Gerade g_1 schneidet, und bestimmen Sie den Abstand der beiden Flugbahnen g_1 und g_3.
f) Berechnen Sie, zu welchem Zeitpunkt die Flugzeuge F_1 und F_3 den kürzesten Abstand zueinander haben, und vergleichen Sie diesen Abstand mit dem ihrer Flugbahnen.

● **25. Ausblick:** Es soll gezeigt werden, dass $|\vec{a} \times \vec{b}| = |\vec{a}| \cdot |\vec{b}| \cdot \sin(\alpha)$ gilt und dass $|\vec{a} \times \vec{b}|$ gleich dem Flächeninhalt des von $\vec{a}$ und $\vec{b}$ aufgespannten Parallelogramms ist. Dabei ist α der Winkel zwischen $\vec{a}$ und $\vec{b}$.

a) Berechnen Sie $|\vec{a} \times \vec{b}|^2 = \left| \begin{pmatrix} a_2b_3 - a_3b_2 \\ a_3b_1 - a_1b_3 \\ a_1b_2 - a_2b_1 \end{pmatrix} \right|^2$.

b) Berechnen Sie $|\vec{a}|^2 \cdot |\vec{b}|^2 - |\vec{a} \cdot \vec{b}|^2$ und zeigen Sie so, dass gilt:
$|\vec{a} \times \vec{b}|^2 = |\vec{a}|^2 \cdot |\vec{b}|^2 - |\vec{a} \cdot \vec{b}|^2$

c) Zeigen Sie mithilfe von b) und den Formeln $\vec{a} \cdot \vec{b} = |\vec{a}| \cdot |\vec{b}| \cdot \cos(\alpha)$ und $(\cos(\alpha))^2 = 1 - (\sin(\alpha))^2$, dass gilt: $|\vec{a} \times \vec{b}| = |\vec{a}| \cdot |\vec{b}| \cdot \sin(\alpha)$

d) Zeigen Sie, dass $|\vec{a}| \cdot |\vec{b}| \cdot \sin(\alpha)$ gleich dem Flächeninhalt des von $\vec{a}$ und $\vec{b}$ aufgespannten Parallelogramms ist.

3.2 Winkel zwischen Ebenen und Geraden

■ Mit der Schreibfläche als Ebene und einem Stift als Gerade können Sie sich veranschaulichen, was man unter dem Winkel zwischen Ebene und Gerade versteht. Entwickeln Sie einen Plan, wie man diesen Winkel berechnen könnte. ■

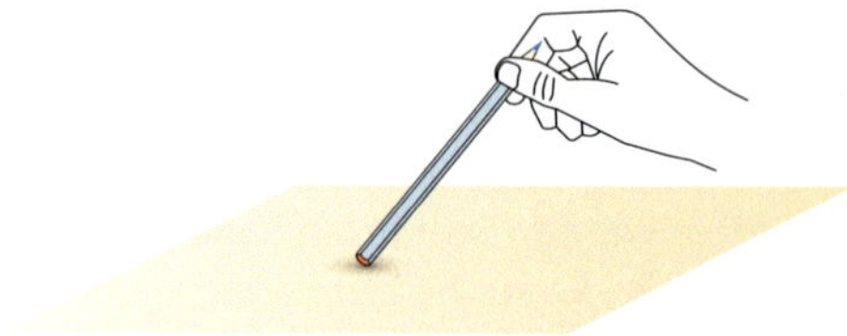

Der Winkel zwischen einer Ebene und einer Geraden

Als **Winkel zwischen einer Ebene und einer Geraden** bezeichnet man den Winkel zwischen der Geraden und ihrer senkrechten Projektion in die Ebene.

Der Normalenvektor $\vec{n}$ legt die Richtung der Ebene E fest. Die Richtung der Geraden g wird durch den Richtungsvektor $\vec{u}$ beschrieben. Der Winkel α zwischen E und g ergänzt sich mit dem Winkel zwischen $\vec{n}$ und der Geraden zu 90°.

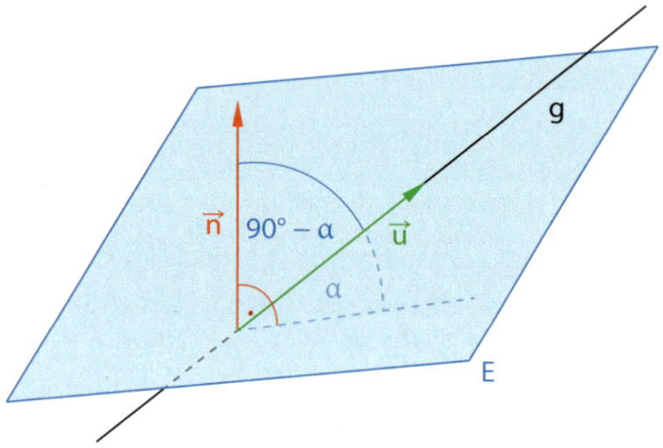

Es gilt: $\cos(90° - \alpha) = \frac{|\vec{n} \cdot \vec{u}|}{|\vec{n}| \cdot |\vec{u}|}$. Mit $\cos(90° - \alpha) = \sin(\alpha)$ ergibt sich eine Formel für α.

Hinweis:
Durch die Betragsstriche ist sichergestellt, dass man einen spitzen Winkel erhält.

Wissen: Winkel zwischen Ebene und Gerade
Für den Winkel α zwischen einer Ebene E mit dem Normalenvektor $\vec{n}$ und einer Geraden g mit dem Richtungsvektor $\vec{u}$ gilt: $\sin(\alpha) = \frac{|\vec{n} \cdot \vec{u}|}{|\vec{n}| \cdot |\vec{u}|}$ $(0° \leq \alpha \leq 90°)$

Beispiel 1: Berechnen Sie den Winkel zwischen der Ebene E und der Geraden g.

E: $x_1 - 2x_2 + x_3 = 5$ g: $\vec{x} = \begin{pmatrix} 2 \\ 1 \\ 5 \end{pmatrix} + t\begin{pmatrix} 0 \\ 1 \\ -1 \end{pmatrix}$

Lösung:
Lesen Sie aus der Koordinatengleichung der Ebene einen Normalenvektor $\vec{n}$ ab und berechnen Sie damit sin(α).

$\vec{n} = \begin{pmatrix} 1 \\ -2 \\ 1 \end{pmatrix}$ $\vec{u} = \begin{pmatrix} 0 \\ 1 \\ -1 \end{pmatrix}$

$\sin(\alpha) = \frac{|\vec{n} \cdot \vec{u}|}{|\vec{n}| \cdot |\vec{u}|} = \frac{|1 \cdot 0 - 2 \cdot 1 + 1 \cdot (-1)|}{\sqrt{6} \cdot \sqrt{2}} \approx 0{,}866$

Mit der Taste $\sin^{-1}$ auf dem Taschenrechner erhalten Sie einen Näherungswert für den Winkel α.

$\alpha \approx \sin^{-1}(0{,}866) \approx 30°$
Der Winkel zwischen E und g beträgt etwa 30°.

Basisaufgaben

1. Berechnen Sie den Winkel zwischen der Ebene E und der Geraden g.

a) E: $x_1 - 3x_2 + x_3 = 1$; g: $\vec{x} = \begin{pmatrix} 3 \\ 1 \\ 7 \end{pmatrix} + t\begin{pmatrix} 1 \\ 4 \\ 1 \end{pmatrix}$

b) E: $x_1 - 3x_3 = 2$; g: $\vec{x} = \begin{pmatrix} 1 \\ 5 \\ 9 \end{pmatrix} + t\begin{pmatrix} -2 \\ 3 \\ 1 \end{pmatrix}$

c) E: $\vec{x} \cdot \begin{pmatrix} 3 \\ -4 \\ 6 \end{pmatrix} = 8$; g: $\vec{x} = \begin{pmatrix} 0 \\ 1 \\ 0 \end{pmatrix} + t\begin{pmatrix} 3 \\ -1 \\ 1 \end{pmatrix}$

d) E: $\vec{x} \cdot \begin{pmatrix} -2 \\ -1 \\ 1 \end{pmatrix} = 11$; g: $\vec{x} = \begin{pmatrix} -7 \\ 4 \\ 1 \end{pmatrix} + t\begin{pmatrix} 2 \\ 1 \\ 5 \end{pmatrix}$

2. Berechnen Sie den Winkel zwischen der Ebene E und der Geraden g.

a) $E: x_1 - x_2 + 3x_3 = 9$ $\qquad g: \vec{x} = \begin{pmatrix} 5 \\ 1 \\ -4 \end{pmatrix} + t\begin{pmatrix} -1 \\ 0 \\ 1 \end{pmatrix}$

b) $E: \vec{x} = \begin{pmatrix} 7 \\ 1 \\ -4 \end{pmatrix} + r\begin{pmatrix} -1 \\ 8 \\ 2 \end{pmatrix} + s\begin{pmatrix} 2 \\ 2 \\ -2 \end{pmatrix}$ $\qquad g: \vec{x} = \begin{pmatrix} -3 \\ 0 \\ 2 \end{pmatrix} + t\begin{pmatrix} 2 \\ -1 \\ 0 \end{pmatrix}$

c) $E: \vec{x} = \begin{pmatrix} 5 \\ 5 \\ 1 \end{pmatrix} + r\begin{pmatrix} 2 \\ -2 \\ 1 \end{pmatrix} + s\begin{pmatrix} 6 \\ 8 \\ -1 \end{pmatrix}$ $\qquad g: \vec{x} = \begin{pmatrix} 1 \\ 5 \\ 9 \end{pmatrix} + t\begin{pmatrix} -2 \\ 3 \\ 1 \end{pmatrix}$

d) $E: \vec{x} = \begin{pmatrix} 3 \\ 1 \\ -5 \end{pmatrix} + r\begin{pmatrix} 1 \\ -1 \\ 2 \end{pmatrix} + s\begin{pmatrix} 3 \\ 2 \\ 1 \end{pmatrix}$ $\qquad g: \vec{x} = \begin{pmatrix} -6 \\ 7 \\ 9 \end{pmatrix} + t\begin{pmatrix} 1 \\ -1 \\ 2 \end{pmatrix}$

e) $E: \begin{pmatrix} 5 \\ -1 \\ 1 \end{pmatrix} \cdot \vec{x} = \begin{pmatrix} 5 \\ -1 \\ 1 \end{pmatrix} \cdot \begin{pmatrix} 2 \\ -1 \\ 0 \end{pmatrix}$ $\qquad g: \vec{x} = \begin{pmatrix} 7 \\ 1 \\ 1 \end{pmatrix} + t\begin{pmatrix} 1 \\ 2 \\ -3 \end{pmatrix}$

f) $E: 2x_1 - 3x_2 + 2x_3 = 7$ $\qquad$ g enthält die Punkte $A(3|-4|3)$ und $B(4|-2|5)$.

Hinweis:
Der Winkel zwischen E und g beträgt genau dann 0°, wenn E und g echt parallel zueinander sind oder wenn g in E liegt.

3. Die Gerade zu $g: \vec{x} = \begin{pmatrix} 1 \\ 5 \\ 9 \end{pmatrix} + t\begin{pmatrix} -2 \\ 3 \\ 1 \end{pmatrix}$ schließt mit jeder der drei Koordinatenebenen einen Winkel ein. Berechnen Sie diese Winkel.

Der Winkel zwischen zwei Ebenen

Zwei sich schneidende Ebenen E_1 und E_2 können im Querschnitt durch Geraden g_1 und g_2 dargestellt werden. Diese Geraden schneiden sich und verlaufen orthogonal zur Schnittgerade der Ebenen. Den Winkel α zwischen g_1 und g_2 bezeichnet man als **Winkel zwischen den Ebenen**. Dieser Winkel entspricht dem Winkel α' zwischen zwei Normalenvektoren.

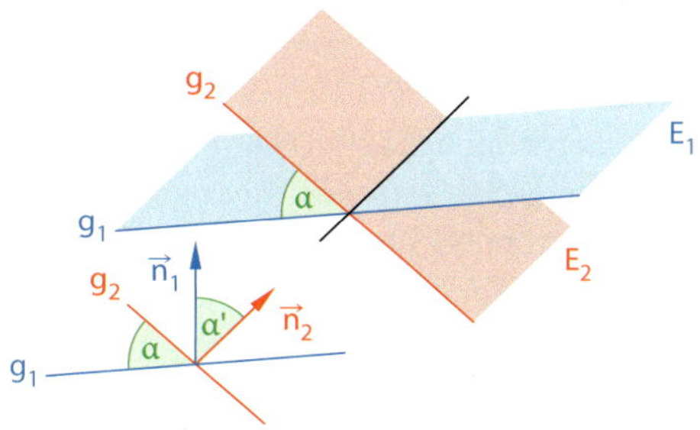

Wissen: Winkel zwischen zwei Ebenen
Für den Winkel α zwischen den Ebenen E_1 und E_2 mit den Normalenvektoren $\vec{n_1}$ und $\vec{n_2}$ gilt:
$\cos(\alpha) = \frac{|\vec{n_1} \cdot \vec{n_2}|}{|\vec{n_1}| \cdot |\vec{n_2}|}$ $\quad (0° \leq \alpha \leq 90°)$

Durch die Betragsstriche im Zähler spielt die Orientierung der Normalenvektoren keine Rolle, man erhält auf jeden Fall den Kosinus eines spitzen Winkels.

Beispiel 2: Berechnen Sie den Winkel zwischen den Ebenen E_1 und E_2.

$E_1: \vec{x} = \begin{pmatrix} 2 \\ -1 \\ 4 \end{pmatrix} + r\begin{pmatrix} 1 \\ 1 \\ -1 \end{pmatrix} + s\begin{pmatrix} -2 \\ 0 \\ 3 \end{pmatrix}$ $\qquad E_2: \vec{x} \cdot \begin{pmatrix} 3 \\ 4 \\ 2 \end{pmatrix} = \begin{pmatrix} 1 \\ 0 \\ 1 \end{pmatrix} \cdot \begin{pmatrix} 3 \\ 4 \\ 2 \end{pmatrix}$

Lösung:

Bestimmen Sie die Normalenvektoren beider Ebenen und berechnen Sie damit cos(α).

$\vec{n_1} = \begin{pmatrix} 1 \\ 1 \\ -1 \end{pmatrix} \times \begin{pmatrix} -2 \\ 0 \\ 3 \end{pmatrix} = \begin{pmatrix} 3 \\ -1 \\ 2 \end{pmatrix} \qquad \vec{n_2} = \begin{pmatrix} 3 \\ 4 \\ 2 \end{pmatrix}$

$\cos(\alpha) = \frac{|\vec{n_1} \cdot \vec{n_2}|}{|\vec{n_1}| \cdot |\vec{n_2}|} = \frac{|9 - 4 + 4|}{\sqrt{14} \cdot \sqrt{29}} \approx 0{,}4467$

Mit der Taste $\cos^{-1}$ auf dem Taschenrechner erhalten Sie einen Näherungswert für α.

$\alpha \approx \cos^{-1}(0{,}4467) \approx 63{,}5°$

Basisaufgaben

4. Berechnen Sie den Winkel zwischen den Ebenen E_1 und E_2.

a) $E_1: x_1 - 3x_2 + 4x_3 = 9$ $\quad E_2: 6x_1 - x_2 + 2x_3 = 4$

b) $E_1: 3x_1 - 4x_2 + x_3 = 10$ $\quad E_2: x_1 + x_2 + x_3 = 12$

5. Berechnen Sie den Winkel α zwischen den Ebenen E_1 und E_2. Erklären Sie, welche Lagebeziehungen zwischen E_1 und E_2 möglich sind, wenn $\alpha = 0°$ ist.

a) $E_1: \vec{x} = \begin{pmatrix} 1 \\ 3 \\ -6 \end{pmatrix} + r\begin{pmatrix} 2 \\ -1 \\ 4 \end{pmatrix} + s\begin{pmatrix} -2 \\ 5 \\ 0 \end{pmatrix}$ $\quad E_2: \vec{x} \cdot \begin{pmatrix} 1 \\ -2 \\ 1 \end{pmatrix} = 7$

b) $E_1: \vec{x} \cdot \begin{pmatrix} 2 \\ -1 \\ 1 \end{pmatrix} = 4$ $\quad E_2: \vec{x} = \begin{pmatrix} 0 \\ 2 \\ 1 \end{pmatrix} + r\begin{pmatrix} 4 \\ -1 \\ 3 \end{pmatrix} + s\begin{pmatrix} 1 \\ -2 \\ -1 \end{pmatrix}$

c) $E_1: \vec{x} \cdot \begin{pmatrix} 5 \\ -1 \\ 2 \end{pmatrix} = 5$ $\quad E_2: \vec{x} \cdot \begin{pmatrix} -1 \\ 3 \\ 1 \end{pmatrix} = \begin{pmatrix} 8 \\ -1 \\ 9 \end{pmatrix} \cdot \begin{pmatrix} -1 \\ 3 \\ 1 \end{pmatrix}$

d) $E_1: \vec{x} = \begin{pmatrix} 6 \\ 1 \\ 2 \end{pmatrix} + r\begin{pmatrix} -4 \\ 1 \\ 0 \end{pmatrix} + s\begin{pmatrix} 2 \\ -3 \\ 5 \end{pmatrix}$ $\quad E_2: \vec{x} = \begin{pmatrix} 4 \\ -1 \\ 7 \end{pmatrix} + k\begin{pmatrix} 2 \\ 1 \\ -3 \end{pmatrix} + l\begin{pmatrix} 2 \\ 0 \\ -1 \end{pmatrix}$

Weiterführende Aufgaben

6. Die abgebildete regelmäßige Pyramide hat ein Grundquadrat der Seitenlänge 8 LE und eine Höhe von 10 LE.

a) Berechnen Sie den Neigungswinkel einer Seitenfläche gegenüber der Grundfläche.

b) Berechnen Sie den Winkel zwischen zwei Seitenflächen.

c) Berechnen Sie den Winkel zwischen einer zur Spitze führenden Kante und der Grundfläche.

d) Berechnen Sie den Winkel zwischen der Kante $\overline{AS}$ und der x_1-Achse.

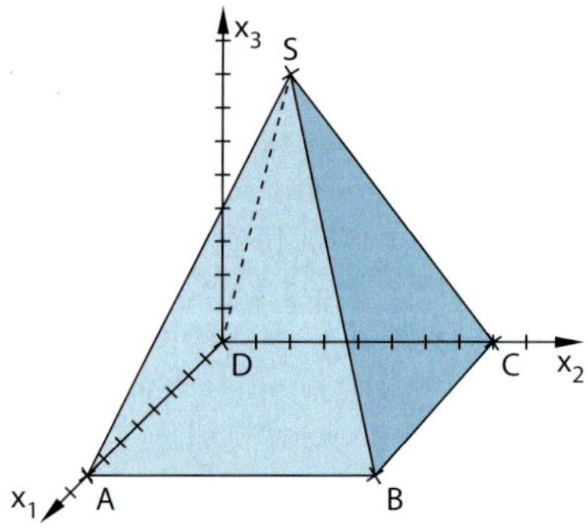

7. **Stolperstelle:** Milosz berechnet den Winkel α zwischen zwei Ebenen E_1 und E_2. Er wählt einen Normalenvektor $\vec{n_1}$ von E_1 und einen Richtungsvektor $\vec{v}$ von E_2. Dann verwendet er den Ansatz: $\cos(90° - \alpha) = \frac{|\vec{n_1} \cdot \vec{v}|}{|\vec{n_1}| \cdot |\vec{v}|}$

Beurteilen Sie diesen Ansatz. Prüfen Sie dazu mithilfe von Blättern und Stiften, ob $\vec{n_1}$ mit allen Vektoren, die in E_2 liegen, einen gleich großen Winkel einschließt.

8. Die Gerade $g: \vec{x} = \begin{pmatrix} -1 \\ -46 \\ 5 \end{pmatrix} + t\begin{pmatrix} 0 \\ 10 \\ -1 \end{pmatrix}$ beschreibt die Flugbahn eines Flugzeugs beim Landeanflug.

Die Landebahn liegt in der Ebene $E: -x_1 + 3x_2 + 15x_3 = 13$.

Berechnen Sie, in welchem Winkel das Flugzeug landet.

9. Gegeben sind die Punkte $P(2|-2|1)$, $Q(3|0|-1)$, $R(1|2|0)$ und $S(5|10|1)$.

a) Die Ebene E_1 enthält P, Q und R. Bestimmen Sie eine Normalengleichung von E_1.

b) Berechnen Sie die Schnittgerade g und den Winkel von E_1 und $E_2: x_1 + 2x_2 - 2x_3 = 5$.

c) Die Ebene E_3 enthält die Gerade g und den Punkt S. Zeigen Sie, dass E_3 den Winkel zwischen E_1 und E_2 halbiert.

10. Eine Weltraumstation habe die Form eines Prismas. Gegeben sind $A(2|2|-2)$, $B(-2|4|2)$, $C(0|0|6)$, $F(4|10|5)$ sowie die Gerade $g\colon \vec{x} = \begin{pmatrix} 8 \\ 14 \\ -2 \end{pmatrix} + t\begin{pmatrix} -2 \\ -3 \\ 1 \end{pmatrix}$.

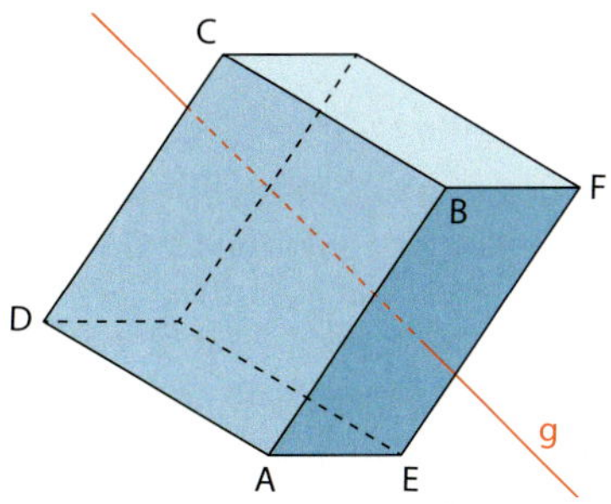

a) Berechnen Sie die Punkte D und E des Prismas und skizzieren Sie es in ein Koordinatensystem. Zeigen Sie, dass die Parallelogramme ABCD und AEFB Rechtecke sind.

b) Ein außerhalb der Station befindlicher Astronaut wirft einen Gegenstand Richtung Station, der sich entlang der Geraden g bewegt. Zeigen Sie, dass der Gegenstand das Rechteck AEFB trifft, und berechnen Sie den Auftreffwinkel.

● c) Der Gegenstand gleitet nach dem Auftreffen an der Wand entlang, also auf der Projektion von g auf E_{AEF}. Geben Sie eine Gleichung dieser Projektionsgeraden an.

11. Ein Haus mit Walmdach hat einen Anbau mit Flachdach. Auf dem Flachdach steht ein 7 m hoher Mast. Die untere Abbildung zeigt zwei der Dachflächen in einem Koordinatensystem (1 LE = 1 m).

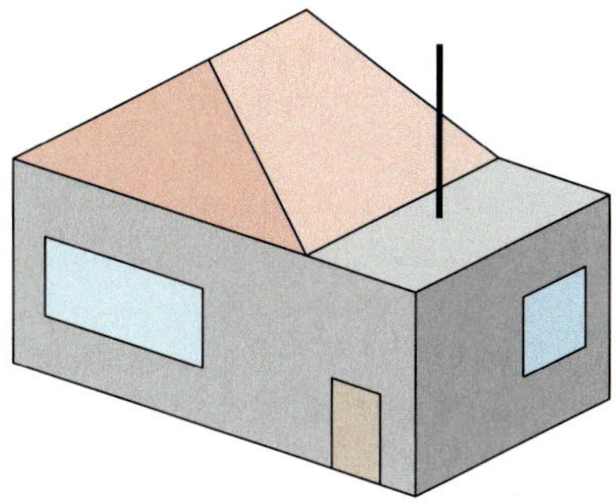

a) Zeigen Sie, dass das Viereck ABCD ein gleichschenkliges Trapez ist.

b) Ermitteln Sie eine Normalengleichung der Ebene E_{ABD} und eine Gleichung ihrer Spurgeraden g in der x_1x_2-Ebene, an welcher die beiden Dachflächen aneinanderstoßen.

c) Berechnen Sie den Winkel zwischen den beiden Dachflächen.

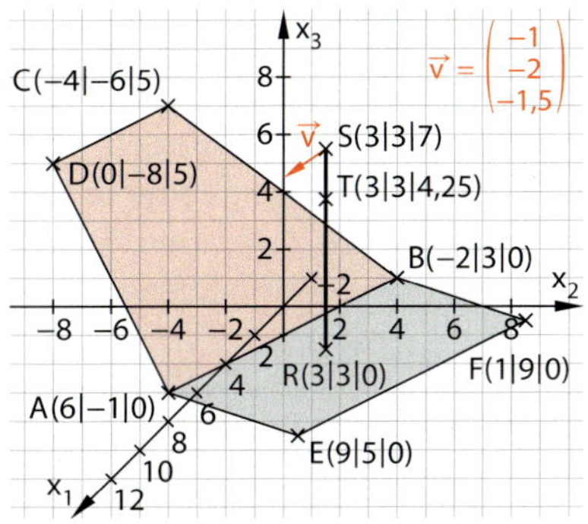

d) Berechnen Sie den Winkel, in dem die Sonnenstrahlen entlang des Vektors $\vec{v}$ auf das Trapez ABCD treffen.

e) Der an der Geraden g geknickte Schatten des Mastes $\overline{RS}$ auf der Dachfläche soll berechnet werden.

① Berechnen Sie die Punkte S′ und T′, die man durch Projektion von S und T entlang $\vec{v}$ auf die Ebene E_{ABD} erhält.

② Berechnen Sie den Schnittpunkt von $g_{S'T'}$ mit der Geraden g. Übertragen Sie die untere Abbildung in Ihr Heft und tragen Sie den „geknickten" Schatten in die Skizze ein.

f) Berechnen Sie den Winkel am Knick des Schattens und begründen Sie, weshalb er gleich dem Winkel zwischen den Flächen ist.

● **12. Ausblick: Richtungskosinus und Einheitsvektor**

Gegeben ist die Ebene $E\colon 3x_1 - 2x_2 + x_3 = 1$.

a) Berechnen Sie die Winkel $\alpha_1, \alpha_2, \alpha_3$ zwischen einem Normalenvektor $\vec{n}$ der Ebene und den Koordinatenachsen.

b) Zeigen Sie am Beispiel, dass für den Vektor $\vec{n_0} = \frac{1}{|\vec{n}|}\vec{n}$ gilt: $\vec{n_0} = \begin{pmatrix} \cos(\alpha_1) \\ \cos(\alpha_2) \\ \cos(\alpha_3) \end{pmatrix}$.

c) Zeigen Sie am Beispiel, dass die Beträge der Koordinaten von $\vec{n_0}$ gleich dem Sinus des Winkels zwischen E und der jeweiligen Koordinatenachse sind.

Hinweis:
Der Vektor $\vec{n_0} = \frac{1}{|\vec{n}|}\vec{n}$ hat die Länge 1 und heißt **Normaleneinheitsvektor** der Ebene.

3.3 Abstand eines Punktes von einer Ebene

■ Die Abbildung zeigt die Ebene E: $5x_1 + x_2 + 3x_3 = 6$.

a) Bestimmen Sie eine Ursprungsgerade g, die senkrecht zu E verläuft. Berechnen Sie den Schnittpunkt von E mit g.

b) Ermitteln Sie den Abstand der Ebene E zum Ursprung. ■

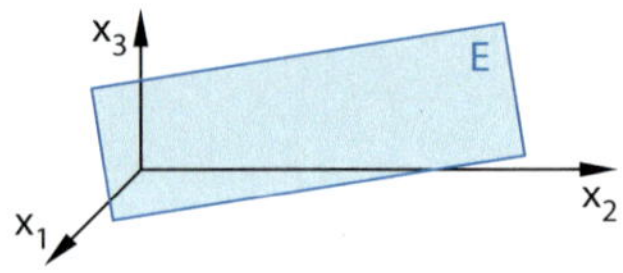

Ein Punkt A, der außerhalb einer Ebene E liegt, hat zu jedem Punkt der Ebene einen Abstand. Der kürzeste dieser Abstände wird als **Abstand des Punktes A von der Ebene E** definiert.
Eine Gerade, die orthogonal zu E verläuft, heißt **Lotgerade**. Der Schnittpunkt F der Lotgeraden durch den Punkt A mit der Ebene heißt **Lotfußpunkt von A auf E**.
Der Abstand von A zur Ebene entspricht dem Abstand von A zum Lotfußpunkt F.

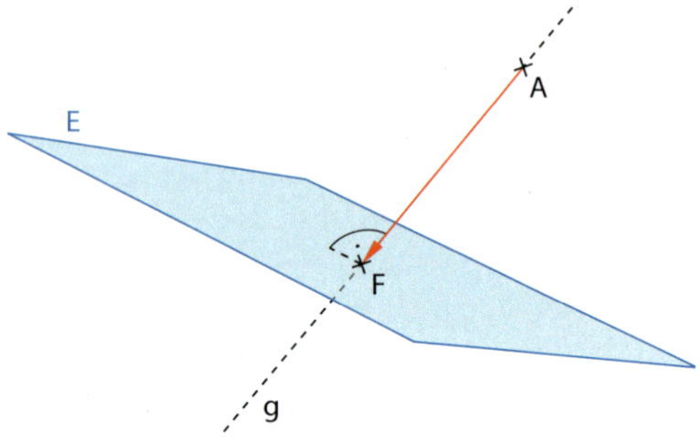

Wissen: Abstand Punkt – Ebene mit dem Lotfußpunktverfahren

Der Abstand d(A, E) eines Punktes A zu einer Ebene E mit dem Normalenvektor $\vec{n}$ lässt sich wie folgt berechnen.

① Parametergleichung der Lotgeraden g durch A mit Richtungsvektor $\vec{n}$ aufstellen.
② Die Schnittbedingung für E und g liefert den Lotfußpunkt F.
③ Der Abstand ist gleich der Länge des Vektors $\overrightarrow{AF}$, also $d(A, E) = |\overrightarrow{AF}|$.

Hinweis:
Der Abstandsbegriff macht nur dann Sinn, wenn die Gerade bzw. Ebene parallel zur Ebene E verläuft.

Mithilfe dieses Verfahrens kann auch der Abstand einer parallelen Geraden oder Ebene zur Ebene E bestimmt werden. Da dieser in jedem Punkt gleich ist, genügt es den Abstand d(A, E) zu einem beliebigen Punkt A auf der Geraden bzw. zweiten Ebene zu berechnen.

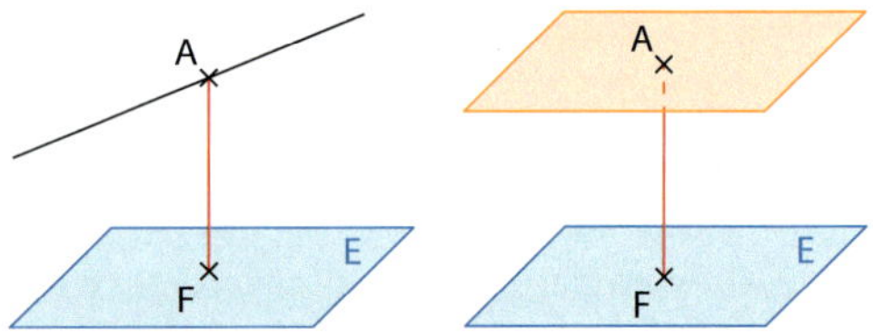

Beispiel 1: Berechnen Sie den Abstand des Punktes A(9 | −3 | 2) zur Ebene E: $3x_1 + x_2 - 2x_3 = -12$.

Lösung:

Stellen Sie mit $\overrightarrow{OA}$ als Stützvektor und einem Normalenvektor von E als Richtungsvektor eine Gleichung der Lotgeraden auf.

Lotgerade:

$$g: \vec{x} = \begin{pmatrix} 9 \\ -3 \\ 2 \end{pmatrix} + t\begin{pmatrix} 3 \\ 1 \\ -2 \end{pmatrix}$$

Das Einsetzen der Koordinaten von g in die Koordinatengleichung von E liefert die Schnittbedingung. Lösen Sie nach t auf. Berechnen Sie den Ortsvektor des Lotfußpunktes F, indem Sie t in die Geradengleichung von g einsetzen.

Lotfußpunkt:

$$3(9 + 3t) + (-3 + t) - 2(2 - 2t) = -12$$
$$20 + 14t = -12 \Leftrightarrow t = -\tfrac{16}{7}$$
$$\overrightarrow{OF} = \begin{pmatrix} 9 \\ -3 \\ 2 \end{pmatrix} - \tfrac{16}{7}\begin{pmatrix} 3 \\ 1 \\ -2 \end{pmatrix} = \tfrac{1}{7}\begin{pmatrix} 15 \\ -37 \\ 46 \end{pmatrix}$$

Berechnen Sie den Betrag von $\overrightarrow{AF}$ und damit den Abstand von A zur Ebene E.

Abstand:

$$d(A, E) = |\overrightarrow{AF}| = |\overrightarrow{OF} - \overrightarrow{OA}|$$
$$= \left|\begin{pmatrix} 9 \\ -3 \\ 2 \end{pmatrix} - \tfrac{16}{7}\begin{pmatrix} 3 \\ 1 \\ -2 \end{pmatrix} - \begin{pmatrix} 9 \\ -3 \\ 2 \end{pmatrix}\right| \approx 8{,}6$$

Hinweis:
Das Beispiel zeigt:
$|\overrightarrow{AF}| = |t \cdot \vec{n}|$
Die Koordinaten von F müssen für d(A, E) somit nicht explizit berechnet werden.

Basisaufgaben

1. Bestimmen Sie den Abstand der Ebene zum Ursprung.

a) $E: -0{,}5x_1 + 3x_2 - 4x_3 = 2$

b) $E: 2x_1 - 5x_3 = 1$

c) $E: \begin{pmatrix} -1 \\ 4 \\ 1 \end{pmatrix} \cdot \vec{x} = 5$

d) $E: \begin{pmatrix} 0 \\ -2 \\ 6 \end{pmatrix} \cdot \left(\vec{x} - \begin{pmatrix} 2 \\ 1 \\ 1 \end{pmatrix}\right) = 0$

2. Gegeben sind eine Ebene E und ein Punkt A. Geben Sie die Koordinaten des Lotfußpunktes von A auf E an. Berechnen Sie den Abstand von E und A.

a) $E: \begin{pmatrix} 3 \\ 4 \\ -1 \end{pmatrix} \cdot \vec{x} = 8$ $\quad A(-6|-11|8)$

b) $E: \begin{pmatrix} 2 \\ -1 \\ 2 \end{pmatrix} \cdot \vec{x} = \begin{pmatrix} 2 \\ -1 \\ 2 \end{pmatrix} \cdot \begin{pmatrix} 5 \\ 1 \\ 3 \end{pmatrix}$ $\quad A(8|-7|5)$

c) $E: \begin{pmatrix} 5 \\ -1 \\ 6 \end{pmatrix} \cdot \vec{x} + 9 = 0$ $\quad A(4|4|1)$

d) $E: 12x_1 - 5x_3 = 17$ $\quad A(-11|6|4)$

3. Berechnen Sie den Abstand des Punktes P zur Ebene E.

a) $E: \begin{pmatrix} 2 \\ -7 \\ 3 \end{pmatrix} \cdot \vec{x} = 4$ $\quad P(5|-6|2)$

b) $E: x_1 - 8x_2 + 4x_3 = 9$ $\quad P(-1|-8|0)$

4. Ermitteln Sie die Koordinaten des Lotfußpunktes von P auf die Ebene E.

a) $E: \vec{x} = \begin{pmatrix} 3 \\ 5 \\ -2 \end{pmatrix} + r\begin{pmatrix} 1 \\ -1 \\ 1 \end{pmatrix} + s\begin{pmatrix} 0 \\ 2 \\ 1 \end{pmatrix}$ $\quad P(5|2|-7)$

b) $E: \vec{x} = \begin{pmatrix} 1 \\ 0 \\ 1 \end{pmatrix} + r\begin{pmatrix} 1 \\ 4 \\ 3 \end{pmatrix} + s\begin{pmatrix} 0 \\ 0 \\ 1 \end{pmatrix}$ $\quad P(3{,}5|1{,}5|1)$

5. Das Dreieck $A(5|0|-2)$, $B(10|-5|-2)$, $C(2|-4|2)$ ist die Grundfläche eines dreiseitigen Prismas. Die Kante $\overline{AD}$ soll senkrecht zur Grundfläche verlaufen und 18 LE lang sein. Bestimmen Sie alle möglichen Koordinaten des Punktes D.

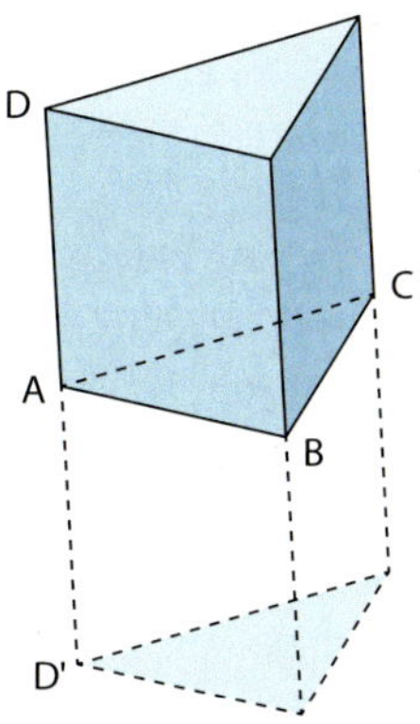

Weiterführende Aufgaben

6. **Abstand Gerade – Ebene:** Zeigen Sie, dass die Gerade g parallel zur Ebene E verläuft, und berechnen Sie den Abstand von g und E.

a) $g: \vec{x} = \begin{pmatrix} 2 \\ 1 \\ 4 \end{pmatrix} + t\begin{pmatrix} 4 \\ 3 \\ -6 \end{pmatrix}$

$E: 3x_1 - 2x_2 + x_3 = 9$

b) $g: \vec{x} = \begin{pmatrix} -2 \\ 1 \\ 1 \end{pmatrix} + t\begin{pmatrix} 1 \\ 1 \\ 1 \end{pmatrix}$

$E: \vec{x} = \begin{pmatrix} 4 \\ 1 \\ -1 \end{pmatrix} + r\begin{pmatrix} 2 \\ -1 \\ 1 \end{pmatrix} + s\begin{pmatrix} 3 \\ 0 \\ 2 \end{pmatrix}$

7. **Abstand Ebene – Ebene:** Begründen Sie, dass die Ebenen E_1 und E_2 parallel zueinander sind, und berechnen Sie ihren Abstand.

a) $E_1: 3x_1 - 5x_2 + 2x_3 = 5$
$E_2: 6x_1 - 10x_2 + 4x_3 = 8$

b) $E_1: -x_1 + 4x_2 - 2x_3 = 11$
$E_2: x_1 - 4x_2 + 2x_3 = 13$

8. Begründen Sie, warum der Abstand paralleler Geraden im Raum in der Regel nicht auf die Grundaufgabe Abstand Punkt – Ebene zurückgeführt werden kann.

9. Stolperstelle: Saida berechnet den Abstand einer Ebene zu einer parallelen Geraden: *„Da der Abstand überall gleich ist, kann ich einfach einen Punkt auf der Geraden und einen Punkt auf der Ebene wählen und deren Abstand berechnen.“*
Nehmen Sie Stellung zu Saidas Aussage.

10. Die Ebenen E_1 und E_2 sind parallel zueinander. Berechnen Sie den Abstand zwischen den Ebenen sowie deren Ursprungsabstände. Vergleichen Sie die Ursprungsabstände mit dem Abstand $d(E_1, E_2)$. Erklären Sie das Ergebnis anhand einer Skizze.

① $E_1: 2x_1 - 9x_2 - 6x_3 = 33$
$E_2: 2x_1 - 9x_2 - 6x_3 = 55$

② $E_1: x_1 - 3x_2 + 6x_3 = 6$
$E_2: 2x_1 - 6x_2 + 12x_3 = 0$

③ $E_1: 2x_1 - x_2 + 2x_3 = 12$
$E_2: -2x_1 + x_2 - 2x_3 = 6$

11. Spiegelung an einer Ebene:

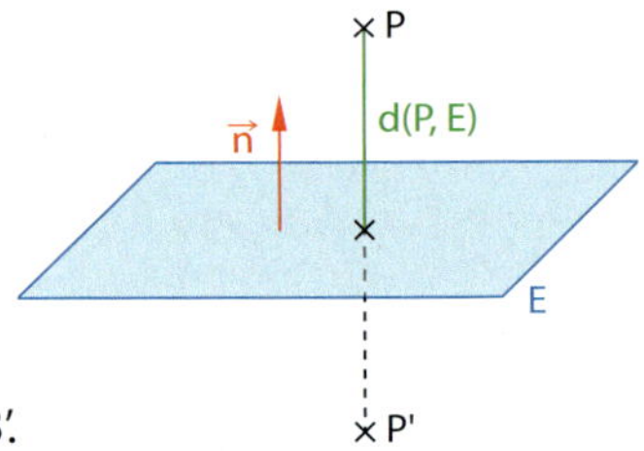

a) Der Punkt P wird an der Ebene E gespiegelt. Beschreiben Sie, wie sich mithilfe der Lotgeraden zu E durch P der Spiegelpunkt P' ergibt.

b) Die Punkte $A(8|25|-10)$ und $B(-5|-12|-4)$ werden an der Ebene $E_1: \vec{x} = \begin{pmatrix} 2 \\ 1 \\ -2 \end{pmatrix} + r\begin{pmatrix} 4 \\ -1 \\ 0 \end{pmatrix} + s\begin{pmatrix} 0 \\ 1 \\ 3 \end{pmatrix}$ gespiegelt.
Ermitteln Sie die Koordinaten der Spiegelpunkte A' und B'.

c) Der Punkt $P(2|-5|8)$ wird an einer Ebene E_2 auf den Punkt $P'(4|-1|2)$ gespiegelt. Ermitteln Sie eine Gleichung der Spiegelebene E_2.

12. Die Objekte werden an der Ebene $E_1: 3x_1 + 12x_2 - 4x_3 = 26$ gespiegelt.
Ermitteln Sie eine Gleichung der Geraden oder der Ebene, die sich dabei ergibt.

Gerade $g_1: \vec{x} = \begin{pmatrix} 9 \\ 12 \\ -6 \end{pmatrix} + t\begin{pmatrix} 8 \\ -1 \\ 3 \end{pmatrix}$ parallel zu E_1

Ebene $E_2: 3x_1 + 12x_2 - 4x_3 = 39$ parallel zu E_1

Ebene $E_3: 3x_1 - x_2 - 4x_3 = a$ durch $P(3|-13|-1)$

Gerade $g_2: \vec{x} = \begin{pmatrix} -7 \\ -37 \\ 4 \end{pmatrix} + t\begin{pmatrix} -1 \\ 14 \\ -1 \end{pmatrix}$

13. Gegeben sind die Punkte $A(10|-8|1)$, $B(-2|-2|-3)$ und $D(14|4|7)$.

a) Geben Sie die Koordinaten eines Punktes C an, sodass ABCD ein Parallelogramm ist. Weisen Sie nach, dass es sich um ein Quadrat handelt.

b) Das Quadrat ABCD ist die Grundfläche einer quadratischen Pyramide mit Spitze $S(3|-1|8)$. Berechnen Sie die Höhe dieser Pyramide und ihr Volumen.

c) g sei die Lotgerade zum Quadrat ABCD durch S. Bestimmen Sie zwei Punkte S_1 und S_1' auf g, sodass die Pyramide mit Grundfläche ABCD und Spitze S_1 bzw. S_1' ein Volumen von 1372 VE hat.

14. Ebenen mit vorgegebenem Abstand: Gesucht ist eine Ebene F, die in einem Abstand von $d = 1$ parallel zur Ebene $E: 2x_1 - 6x_2 + 3x_3 = 2$ verläuft.

a) Begründen Sie, dass F die Gestalt $F: 2x_1 - 6x_2 + 3x_3 = a$ hat ($a \in \mathbb{R}$).

b) Stellen Sie eine Gleichung der Lotgeraden g zu F durch einen beliebigen Punkt A von E und Richtungsvektor $\vec{n}$ auf. Ermitteln Sie aus der Schnittbedingung von g mit F den Geradenparameter t.

c) Ermitteln Sie alle a, sodass $d(E, F) = d(A, F) = 1$ gilt. Erläutern Sie anschaulich, warum Sie zwei Werte für a erhalten und geben Sie die zugehörigen Ebenengleichungen an.

d) Zeigen Sie, dass $a = 2 \pm d \cdot |\vec{n}|$ gilt. Geben Sie anschließend die Gleichungen der beiden Ebenen an, die im Abstand $d = 3$ parallel zu E verlaufen.

Erinnerung:
Der Lotfußpunkt S auf F muss nicht explizit berechnet werden, es gilt: $|\overrightarrow{AS}| = |t \cdot \vec{n}|$

15. Gegeben sind das Parallelogramm ABCD mit $A(2|1|3)$, $B(0|5|1)$, $C(-3|5|4)$, $D(-1|1|6)$ sowie die Punkte $N(-1{,}5|4|3{,}5)$ und $S(4|8|9)$.

a) Zeigen Sie, dass ABCD ein Rechteck ist und dass N im Inneren dieses Rechtecks liegt.

b) S sei die Spitze einer Pyramide, deren Grundfläche das Rechteck ABCD ist. Skizzieren Sie die Pyramide in ein Koordinatensystem und berechnen Sie ihr Volumen.

c) Die Pyramide wird vom Punkt N aus senkrecht zur Grundfläche durchbohrt. Untersuchen Sie, ob dabei das Dreieck ABS oder das Dreieck BCS durchstoßen wird.

Hinweis zu 15c:
Prüfen Sie, ob A und N auf der gleichen Seite derjenigen Ebene E liegen, welche B und S enthält und senkrecht auf der Grundfläche steht.

16. Es wird mit Bällen vom Punkt $P(5|-1|-2)$ auf eine ebene Wand geschossen, welche durch die Punkte $A(-2|-1|2)$, $B(0|6|-1)$ und $C(0|5|0)$ gegeben ist.

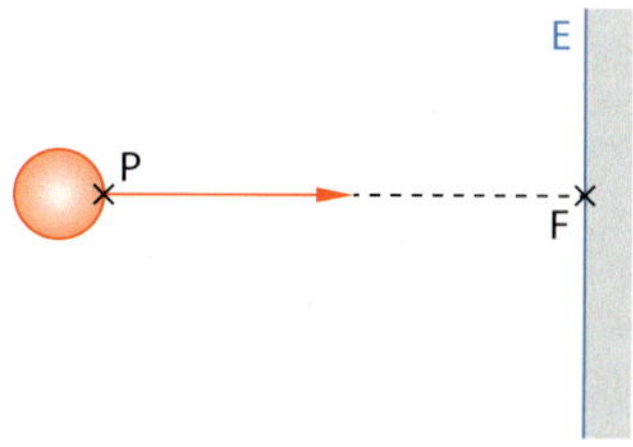

a) Bestimmen Sie die Koordinaten des Punktes F von E_{ABC}, in dem ein von P aus senkrecht gegen E_{ABC} geworfener Ball auftrifft.

b) Berechnen Sie den Abstand von P zu E_{ABC}.

c) Nun wird ein Ball von P aus entlang der Geraden $g: \vec{x} = \begin{pmatrix} 5 \\ -1 \\ -2 \end{pmatrix} + r\begin{pmatrix} -8 \\ 10 \\ 10 \end{pmatrix}$ gegen die Ebene E_{ABC} geworfen. Berechnen Sie den Punkt S und den Winkel α zur Wand, in dem der Ball auf E_{ABC} trifft.

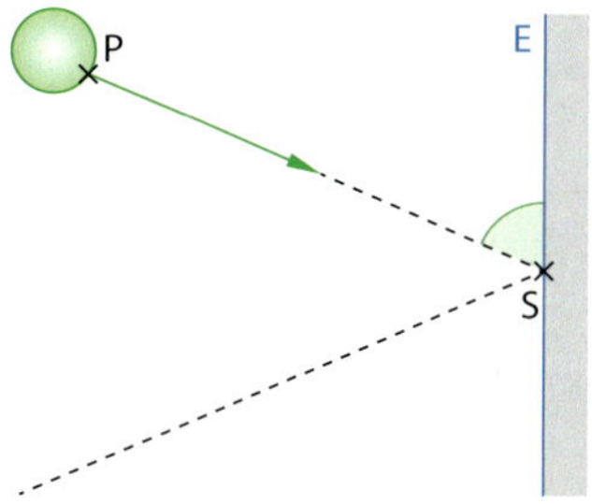

d) Geben Sie eine Gleichung der Geraden g_{FS} durch S und den Lotfußpunkt F von P auf E_{ABC} an. Erläutern Sie ihre Bedeutung in Bezug auf die Flugbahn g und die Ebene.

e) Geben Sie die Gleichung der Ebene E an, welche in S senkrecht auf g_{FS} steht.

f) Nach dem Abprall von der Wand fliegt der Ball längs einer Geraden g′ weiter. Geben Sie die Gleichung von g′ an.

17. Gegeben ist die Ebene $E: -3x_1 + 4x_2 + x_3 = 1$ sowie eine Kugel mit Mittelpunkt $M(1|7|2)$ und Radius $r = 5$. Untersuchen Sie rechnerisch, ob die Kugel die Ebene schneidet.

18. Ein Flugzeug fliegt auf einer geradlinigen Flugbahn g parallel an der Seite eines Bergs entlang. Die Bergseite wird vereinfacht durch die Ebene E dargestellt. (1 LE = 1 km).

$g: \vec{x} = \begin{pmatrix} 9 \\ -9 \\ 2 \end{pmatrix} + t\begin{pmatrix} 2 \\ 6 \\ 1 \end{pmatrix}$, $E: \vec{x} = \begin{pmatrix} 3 \\ 2 \\ 0 \end{pmatrix} + r\begin{pmatrix} 3 \\ 4 \\ -1 \end{pmatrix} + s\begin{pmatrix} 1 \\ 6 \\ 2 \end{pmatrix}$

Prüfen Sie, ob der Pilot den Sicherheitsabstand von 5 sm zur Bergseite einhält.

Hinweis zu 18:
sm (Seemeile) ist eine Maßeinheit im See- und Flugverkehr:
1 sm = 1852 m

19. Ausblick: Abstand von einer Geraden

Gegeben sind der Punkt $A(10|-18|11)$ und die Gerade g mit $g: \vec{x} = \begin{pmatrix} 8 \\ 0 \\ -8 \end{pmatrix} + t\begin{pmatrix} 2 \\ 6 \\ -1 \end{pmatrix}$.

a) E sei die Ebene, die durch A orthogonal zu g verläuft. Veranschaulichen Sie die Lage von g, E und A durch eine Skizze oder durch ein Blatt-Stift-Modell. Geben Sie an, welche Bedeutung der Schnittpunkt von g und E hat.

b) Berechnen Sie den Abstand von A zu g mithilfe der in a) beschriebenen Hilfsebene E.

c) Erläutern Sie, warum mit diesem Verfahren auch der Abstand paralleler Geraden, aber nicht der Abstand windschiefer Geraden im Raum bestimmt werden kann. Veranschaulichen Sie dies mithilfe einer Skizze.

Hesse'sche Normalenform

■ Gegeben ist die Ebene E: $-4x_1 + x_2 - x_3 = 2$.
a) Berechnen Sie mithilfe des Lotfußpunktverfahrens den Abstand der Ebene zum Ursprung O.
b) Wählen Sie einen Normalenvektor $\vec{n}$ sowie einen beliebigen Punkt P von E.
Zeigen Sie, dass gilt: $d(O, E) = \frac{1}{|\vec{n}|} \cdot |\vec{n} \cdot \overrightarrow{OP}|$ ■

Erinnerung:
Im rechtwinkligen Dreieck gilt:
$\cos(\alpha) = \frac{\text{Ankathete}}{\text{Hypotenuse}}$

Ist P ein Stützpunkt und $\vec{n}$ ein Normalenvektor einer Ebene E, so gilt für den Winkel α zwischen zwischen $\overrightarrow{PA}$ und $\vec{n}$:

$\cos(\alpha) = \frac{d(A, E)}{|\overrightarrow{PA}|}$, also $d(A, E) = \cos(\alpha) \cdot |\overrightarrow{PA}|$

$\cos(\alpha)$ lässt sich anhand der Winkelformel aus Abschnitt 3.1 ersetzen:

$$d(A, E) = \cos(\alpha) \cdot |\overrightarrow{PA}| = \frac{\vec{n} \cdot \overrightarrow{PA}}{|\vec{n}| \cdot |\overrightarrow{PA}|} \cdot |\overrightarrow{PA}| = \frac{1}{|\vec{n}|} \cdot \vec{n} \cdot \overrightarrow{PA}$$

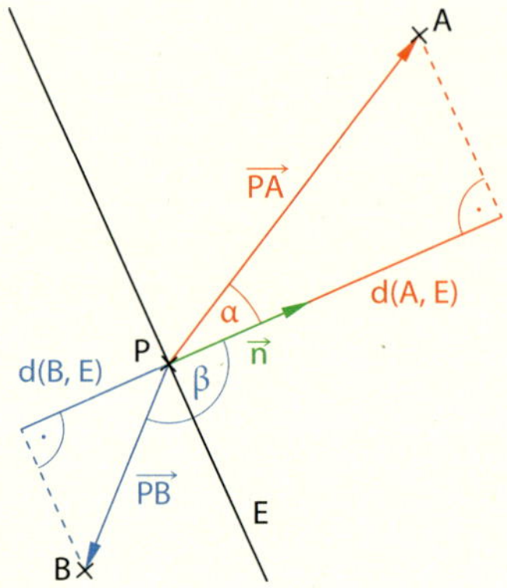

Hinweis:
Das Vorzeichen von $\vec{n} \cdot \vec{p} = |\vec{n}| \cdot |\vec{p}| \cdot \cos(\alpha)$ hängt nur von $\cos(\alpha)$ ab, da die Beträge positiv sind. Für $\alpha < 90°$ ist das Skalarprodukt positiv, für $\alpha > 90°$ negativ.

Dies ist gültig für $\alpha < 90°$. Die Punkte A und B in der Zeichnung liegen auf unterschiedlichen Seiten der Ebene E. Für B gilt $\vec{n} \cdot \overrightarrow{PB} < 0$, weil $\beta > 90°$ ist. Für den Abstand spielt dieser Vorzeichenunterschied keine Rolle, man setzt den Ausdruck für d(A, E) in Betragsstriche:

$$d(A, E) = \left|\frac{1}{|\vec{n}|} \cdot \vec{n} \cdot \overrightarrow{PA}\right| = \left|\frac{1}{|\vec{n}|} \cdot \vec{n} \cdot \left(\overrightarrow{OA} - \overrightarrow{OP}\right)\right| = \frac{1}{|\vec{n}|}\left|\vec{n} \cdot \overrightarrow{OA} - \vec{n} \cdot \overrightarrow{OP}\right|$$

Satz: Abstand Punkt – Ebene
Sei E eine Ebene durch den Punkt P und mit Normalenvektor $\vec{n}$. Für den Abstand eines Punktes A zur Ebene E gilt: $d(A, E) = \frac{1}{|\vec{n}|}\left|\vec{n} \cdot \overrightarrow{OA} - \vec{n} \cdot \overrightarrow{OP}\right|$

Merkregel:
Der Abstand von A zu E entspricht dem Betrag der linken Seite einer Hesse'schen Normalenform von E, wobei $\vec{x}$ durch $\overrightarrow{OA}$ ersetzt wird.

Definition: Hesse'sche Normalenform (HNF)
Ist $\vec{n} \cdot \vec{x} - \vec{n} \cdot \overrightarrow{OP} = 0$ eine Normalengleichung einer Ebene E, so heißt
$\frac{1}{|\vec{n}|}\left(\vec{n} \cdot \vec{x} - \vec{n} \cdot \overrightarrow{OP}\right) = 0$ **Hesse'sche Normalenform** (HNF) der Ebene E.

Beispiel 1: Abstand eines Punktes zu einer Ebene
Berechnen Sie den Abstand des Punktes $A(9|-3|2)$ zur Ebene E: $-3x_1 - x_2 + 2x_3 = 12$.

Lösung:
Stellen Sie eine Normalengleichung auf und formen Sie diese so um, dass die rechte Seite null ist. Dividieren Sie die Gleichung durch den Betrag des Normalenvektors.

$E: \begin{pmatrix} -3 \\ -1 \\ 2 \end{pmatrix} \cdot \vec{x} - 12 = 0$ $\qquad \left|\begin{pmatrix} -3 \\ -1 \\ 2 \end{pmatrix}\right| = \sqrt{14}$

Hesse'sche Normalenform:
$$\frac{1}{\sqrt{14}}\left[\begin{pmatrix} -3 \\ -1 \\ 2 \end{pmatrix} \cdot \vec{x} - 12\right] = 0$$

Den Abstand des Punktes A zur Ebene E erhalten Sie, indem Sie die Koordinaten von A in die Hesse'sche Normalenform einsetzen und Betragsstriche ergänzen.

Abstand berechnen:
$$d(A, E) = \frac{1}{\sqrt{14}}\left|\begin{pmatrix} -3 \\ -1 \\ 2 \end{pmatrix} \cdot \begin{pmatrix} 9 \\ -3 \\ 2 \end{pmatrix} - 12\right| = \frac{32}{\sqrt{14}} \approx 8{,}6$$
Der Abstand beträgt rund 8,6 LE.

Für den Abstand einer Ebene E durch den Punkt P zum Ursprung O gilt:

$$d(O, E) = \frac{1}{|\vec{n}|}\left|\vec{n} \cdot \begin{pmatrix} 0 \\ 0 \\ 0 \end{pmatrix} - \vec{n} \cdot \overrightarrow{OP}\right| = \frac{1}{|\vec{n}|}|\vec{n} \cdot \overrightarrow{OP}|$$

Die Hesse'sche Normalenform enthält also unmittelbar den Ursprungsabstand der Ebene.

Hinweis:
Die rechte Seite jeder Koordinatengleichung entspricht (betragsmäßig) dem Produkt von $|\vec{n}|$ und dem Ursprungsabstand.

Beispiel 2: Abstand zum Ursprung und zu parallelen Ebenen

a) Berechnen Sie den Ursprungsabstand der Ebene E: $-2x_1 + x_2 - 2x_3 = -12$.

b) Ermitteln Sie Gleichungen der beiden zu E parallelen Ebenen im Abstand 2.

Lösung:

a) Lesen Sie den Normalenvektor $\vec{n}$ ab und berechnen Sie $|\vec{n}|$. Die rechte Seite der Koordinatengleichung von E entspricht dem Skalarprodukt $\vec{n} \cdot \overrightarrow{OP}$.

$\vec{n} = \begin{pmatrix} -2 \\ 1 \\ -2 \end{pmatrix}$; $|\vec{n}| = 3$; $\vec{n} \cdot \overrightarrow{OP} = -12$

$d(O, E) = \frac{1}{|\vec{n}|}|\vec{n} \cdot \overrightarrow{OP}| = \frac{1}{3} \cdot 12 = 4$

b) Die Koordinatengleichungen der gesuchten Ebenen haben dieselbe linke Seite wie die von E.
Setzen Sie die Abstandsformel gleich 2 und bestimmen Sie die Werte für a.
Geben Sie die Ebenengleichungen an.

F: $-2x_1 + x_2 - 2x_3 = a$; $\vec{n} \cdot \overrightarrow{OA} = a$

$\frac{1}{|\vec{n}|}|\vec{n} \cdot \overrightarrow{OA} - \vec{n} \cdot \overrightarrow{OP}| = \frac{1}{3}|a - (-12)| = 2$

$\Leftrightarrow |a + 12| = 6$

also $a_1 = -6$ und $a_2 = -18$

F_1: $-2x_1 + x_2 - 2x_3 = -6$

F_2: $-2x_1 + x_2 - 2x_3 = -18$

Aufgaben

1. Geben Sie eine Hesse'sche Normalenform der Ebene E an.

a) E: $\begin{pmatrix} 5 \\ 1 \\ 2 \end{pmatrix} \cdot \vec{x} - \begin{pmatrix} 5 \\ 1 \\ 2 \end{pmatrix} \cdot \begin{pmatrix} 4 \\ 5 \\ 0 \end{pmatrix} = 0$ b) E: $\vec{x} = \begin{pmatrix} 2 \\ 1 \\ 0 \end{pmatrix} + r\begin{pmatrix} 3 \\ 4 \\ -4 \end{pmatrix} + s\begin{pmatrix} -1 \\ -2 \\ 1 \end{pmatrix}$

2. Bestimmen Sie den Abstand des Punktes A von der Ebene E.

a) E: $7x_1 - 4x_2 + 4x_3 = 13$ A(2|8|1) b) E: $x_1 + 2x_2 + 2x_3 = -6$ A(−3|1|−4)
c) E: $x_1 + x_2 - x_3 = -2$ A(−2|1|4) d) E: $5x_1 + 12x_2 - 6 = 0$ A(−6|3|7)

3. Bestimmen Sie den Abstand des Punktes A von der Ebene E.

a) E: $\vec{x} = \begin{pmatrix} 2 \\ 5 \\ 1 \end{pmatrix} + r\begin{pmatrix} 1 \\ 1 \\ 1 \end{pmatrix} + s\begin{pmatrix} -1 \\ 1 \\ 2 \end{pmatrix}$ A(5|0|6) b) E: $\vec{x} = \begin{pmatrix} -1 \\ 3 \\ 0 \end{pmatrix} + r\begin{pmatrix} 2 \\ 2 \\ -1 \end{pmatrix} + s\begin{pmatrix} -3 \\ 2 \\ 4 \end{pmatrix}$ A(−2|7|3)

4. Gegeben sind E: $-2x_1 + x_2 + 2x_3 = 5$ und der Punkt P(12|1|−4). Berechnen Sie den Abstand von P zu E einmal mithilfe der Hesse'schen Normalenform und einmal mithilfe der Lotgeraden. Vergleichen Sie den Aufwand und die Ergebnisse beider Verfahren.

5. Ermitteln Sie den Abstand d der Ebene E zum Ursprung.

a) E: $\vec{x} \cdot \begin{pmatrix} 2 \\ -1 \\ 3 \end{pmatrix} = 15$ b) E: $\begin{pmatrix} -1 \\ 5 \\ -2 \end{pmatrix} \cdot \vec{x} = \begin{pmatrix} -1 \\ 5 \\ -2 \end{pmatrix} \cdot \begin{pmatrix} 4 \\ 1 \\ 4 \end{pmatrix}$ c) E: $\vec{x} = \begin{pmatrix} 1 \\ 0 \\ 2 \end{pmatrix} + r\begin{pmatrix} 2 \\ -3 \\ 1 \end{pmatrix} + s\begin{pmatrix} 1 \\ 0 \\ 2 \end{pmatrix}$

6. Geben Sie zwei Ebenen an, die zu E parallel sind und von E den Abstand d haben.

a) E: $8x_1 - 4x_2 + x_3 = 18$ d = 5 b) E: $5x_1 - x_2 + 3x_3 = 6$ d = 3

7. Gegeben sind die Punkte R(3|1|7), S(6|−8|1) und die Ebene E: $x_1 - 2x_2 + 2x_3 = 6$.
Berechnen Sie die Punkte der Strecke $\overline{RS}$, die von E den Abstand 4 haben.

3.4 Klausur- und Abiturtraining

Aufgaben ohne Hilfsmittel

1. Berechnen Sie das Skalarprodukt der Vektoren $\vec{a}$ und $\vec{b}$. Entscheiden Sie damit, ob der Winkel zwischen den Vektoren ein spitzer, ein stumpfer oder ein rechter Winkel ist.
   a) $\vec{a} = \begin{pmatrix} 2 \\ 0 \\ -3 \end{pmatrix}$ $\vec{b} = \begin{pmatrix} 3 \\ 4 \\ 1 \end{pmatrix}$ b) $\vec{a} = \begin{pmatrix} 2 \\ 0 \\ -3 \end{pmatrix}$ $\vec{b} = \begin{pmatrix} -3 \\ 4 \\ 1 \end{pmatrix}$ c) $\vec{a} = \begin{pmatrix} 2 \\ 0 \\ -3 \end{pmatrix}$ $\vec{b} = \begin{pmatrix} 3 \\ 4 \\ 2 \end{pmatrix}$

2. In dieser Aufgabe wird der Flächeninhalt von Dreiecken im Raum berechnet.
   a) Zeigen Sie, dass das Dreieck mit den Eckpunkten $A(1|-2|4)$, $B(5|3|6)$, $C(3|-1|2)$ rechtwinklig ist. Nutzen Sie dies, um seinen Flächeninhalt zu berechnen.
   b) Zeigen Sie, dass das Dreieck mit den Eckpunkten $A(-2|3|6)$, $B(1|9|2)$, $C(4|3|-2)$ gleichschenklig ist. Geben Sie die Koordinaten des Mittelpunktes M der Basis dieses Dreiecks an. Nutzen Sie M, um den Flächeninhalt des Dreiecks zu berechnen.

3. Gegeben sind die Punkte $A(3|-2|2)$, $B(7|0|1)$ und $C(5|2|-3)$.
   a) Zeigen Sie, dass das Dreieck ABC rechtwinklig ist, und geben Sie einen Punkt D an, sodass das Viereck ABCD ein Rechteck ist.
   b) Ermitteln Sie einen Vektor $\vec{n}$ mit ganzzahligen Koordinaten, welcher auf $\overrightarrow{AB}$ und $\overrightarrow{AD}$ senkrecht steht und einen möglichst kleinen Betrag hat.
   c) Zeigen Sie, dass das Rechteck ABCD einen Flächeninhalt von $6 \cdot \sqrt{14}$ FE hat.
   Das Rechteck soll die Grundfläche eines Quaders mit der Höhe $h = r \cdot |\vec{n}|$ sein $(r > 0)$.
   Bestimmen Sie r so, dass der Quader ein Volumen von 168 Einheiten hat.
   Geben Sie die Koordinaten der vier weiteren Eckpunkte des Quaders an.
   d) Begründen Sie, dass es zu c) zwei Lösungen geben muss.

4. Gegeben sind der Punkt $P(5|-6|12)$ sowie die Geraden g_1 und g_2 mit den Gleichungen
   $g_1: \vec{x} = \begin{pmatrix} -1 \\ -3 \\ 3 \end{pmatrix} + r\begin{pmatrix} -2 \\ -4 \\ 5 \end{pmatrix}$ und $g_2: \vec{x} = \begin{pmatrix} -15 \\ -1 \\ 8 \end{pmatrix} + s\begin{pmatrix} 8 \\ 1 \\ -5 \end{pmatrix}$.
   a) Zeigen Sie, dass sich die Geraden schneiden, und geben Sie den Schnittpunkt an.
   b) E sei die Ebene, die die Geraden g_1 und g_2 enthält.
   Ermitteln Sie eine Parameter- und eine Normalengleichung von E.
   c) g_3 sei die Gerade, die g_1 und g_2 schneidet und senkrecht zu diesen Geraden verläuft. Geben Sie eine Gleichung von g_3 an.
   d) Berechnen Sie den Abstand des Punktes P zur Ebene E.

5. Gegeben ist die Ebene $E: \vec{x} \cdot \begin{pmatrix} 4 \\ 0 \\ -3 \end{pmatrix} = 0$ sowie die Gerade g mit $g: \vec{x} = \begin{pmatrix} -8 \\ 1 \\ 6 \end{pmatrix} + s\begin{pmatrix} 0 \\ -3 \\ 0 \end{pmatrix}$.
   a) Beschreiben Sie die Lage von E im Koordinatensystem.
   b) Begründen Sie, dass g parallel zur Ebene E verläuft.
   c) Der Abstand von g zu E beträgt $|a| \cdot \left|\begin{pmatrix} 4 \\ 0 \\ -3 \end{pmatrix}\right|$. Ermitteln Sie den Wert von a und geben Sie den Abstand d(g, E) an.
   d) Geben Sie die Gleichung einer weiteren Gerade h an, die parallel zur Ebene E verläuft und zu E denselben Abstand wie g hat. Spiegeln Sie hierzu einen Geradenpunkt von g an der Ebene E.
   e) Geben Sie die Gleichung einer Geraden k an, die parallel zur Geraden g verläuft und die zu g und zur Ebene E denselben Abstand hat.

Aufgaben mit Hilfsmitteln

6. Gegeben ist das gleichseitige Dreieck ABC mit den Eckpunkten A(−2 | −1 | −3), B(4 | 5 | −3) und C(4 | −1 | 3).

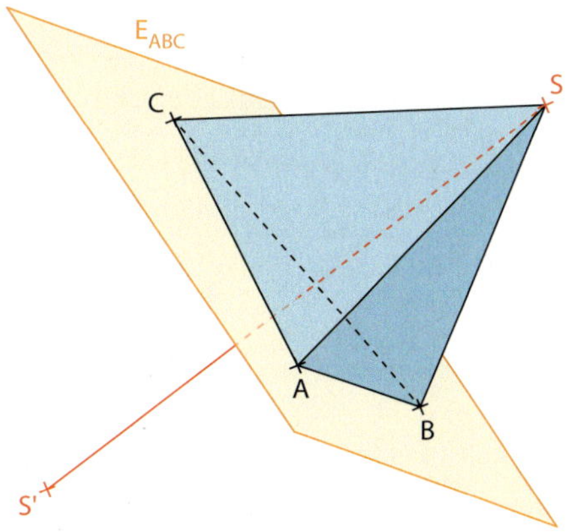

   a) Zeigen Sie, dass der Flächeninhalt des Dreiecks $18 \cdot \sqrt{3}$ FE beträgt.
   b) Bestimmen Sie einen Normalenvektor der Ebene E_{ABC}, in der das Dreieck ABC liegt. Geben Sie eine Koordinatengleichung von E_{ABC} an.
   c) Berechnen Sie das Volumen der Pyramide mit Grundfläche ABC und Spitze S(−2 | 5 | 3).
   d) Ermitteln Sie, ob es sich bei ABCS um eine gerade Pyramide handelt.
   Prüfen Sie hierzu, ob der Lotfußpunkt von S auf E_{ABC} zu allen Eckpunkten des Dreiecks ABC denselben Abstand hat.
   e) Der Punkt S wird an der Ebene E_{ABC} gespiegelt. Bestimmen Sie die Koordinaten des Spiegelpunktes S'.
   f) Berechnen Sie alle Innenwinkel des Dreiecks BCS.
   g) Geben Sie den Winkel zwischen E_{ABC} und der Geraden g_{CS} an, die durch die Punkte C und S verläuft.

7. Ein Forschungs-U-Boot befindet sich im Einsatz im Polarmeer. Die Meeresoberfläche wird dargestellt durch die x_1x_2-Ebene. (1 LE = 1 km)

   a) Das U-Boot passiert auf seinem geradlinigen Auftauchkurs die Koordinaten P(1 | 2 | −5) und Q(4 | 0,5 | −4). Geben Sie die Koordinaten des anvisierten Auftauchpunktes an.
   b) Das U-Boot darf aus Sicherheitsgründen einen Auftauchwinkel von 15° nicht überschreiten.
   Zeigen Sie, dass das U-Boot seinen Kurs korrigieren muss, wenn es auftauchen will.
   c) Am Punkt S(7 | −1 | −3) führt das U-Boot eine Kurskorrektur in Richtung $\vec{u} = \begin{pmatrix} 3,5 \\ -2 \\ 1 \end{pmatrix}$ durch. Bestimmen Sie den Winkel, in dem die Kursänderung erfolgt.
   Weisen Sie nach, dass das U-Boot auf dem neue Kurs gefahrlos auftauchen kann.
   d) Ermitteln Sie, wie weit der neue vom ursprünglichen Auftauchpunkt abweicht.
   e) Während der Kursänderung am Punkt S stößt das U-Boot eine Boje aus, die mit einer Geschwindigkeit von 5 km/h senkrecht zur Meeresoberfläche aufsteigt. Das U-Boot bewegt sich auf seinem neuen Kurs mit einer gleichmäßigen Geschwindigkeit von 18 km/h. Ermitteln Sie, ob das U-Boot oder die Boje zuerst aus dem Meer auftaucht.
   f) Das U-Boot ist mit einem Sonar ausgestattet, welches mithilfe von Schallimpulsen Objekte in einem Radius von bis zu 10 km rund um das U-Boot orten kann. In einiger Entfernung vom U-Boot befindet sich ein Eisberg, dessen zugewandte Seite durch die Ebene E: $x_1 + 2x_2 - 2x_3 = 40$ dargestellt wird.
   Prüfen Sie, ob der Eisberg während der Kursänderung im Punkt S auf dem Sonar auftaucht.

Prüfen Sie Ihr neues Fundament

Lösungen
↗ S. 225/226

1. Ermitteln Sie den Schnittpunkt und den Schnittwinkel der Geraden
$g: \vec{x} = \begin{pmatrix} -1 \\ 0 \\ -1 \end{pmatrix} + r\begin{pmatrix} 3 \\ 1 \\ -2 \end{pmatrix}$ und $h: \vec{x} = \begin{pmatrix} 2 \\ 1 \\ -3 \end{pmatrix} + t\begin{pmatrix} 1 \\ 1 \\ 1 \end{pmatrix}$.

2. Untersuchen Sie, ob das Dreieck ABC einen rechten Innenwinkel hat, und berechnen Sie die Größe aller Innenwinkel.
a) $A(3|4|1); B(7|4|3); C(1|5|15)$
b) $A(1|2|4); B(2|-3|1); C(5|6|4)$

3. Berechnen Sie den Winkel zwischen der Geraden g und der Ebene E.
a) $E: x_1 + x_2 + x_3 = 1$ $\quad g: \vec{x} = \begin{pmatrix} 1 \\ 0 \\ 0 \end{pmatrix} + t\begin{pmatrix} 1 \\ 1 \\ 1 \end{pmatrix}$
b) $E: \begin{pmatrix} 2 \\ 0 \\ 0 \end{pmatrix} \cdot \vec{x} = \begin{pmatrix} -1 \\ 2 \\ -1 \end{pmatrix} \cdot \begin{pmatrix} 2 \\ 2 \\ 2 \end{pmatrix}$ $\quad g: \vec{x} = \begin{pmatrix} 3 \\ -2 \\ 4 \end{pmatrix} + t\begin{pmatrix} 0 \\ 1 \\ 0 \end{pmatrix}$
c) $E: \vec{x} = \begin{pmatrix} 1 \\ 0 \\ 2 \end{pmatrix} + r\begin{pmatrix} 1 \\ 2 \\ 0 \end{pmatrix} + s\begin{pmatrix} 0 \\ 1 \\ 2 \end{pmatrix}$ $\quad g: \vec{x} = \begin{pmatrix} 1 \\ 3 \\ 1 \end{pmatrix} + t\begin{pmatrix} -2 \\ -2 \\ 2 \end{pmatrix}$

4. Berechnen Sie den Winkel zwischen den Ebenen E_1 und E_2.
a) $E_1: x_1 + 2x_2 + x_3 = 3$ $\quad E_2: x_1 + x_2 = 0$
b) $E_1: \vec{x} = \begin{pmatrix} 1 \\ 2 \\ 4 \end{pmatrix} + r\begin{pmatrix} 2 \\ 0 \\ 1 \end{pmatrix} + s\begin{pmatrix} 4 \\ -1 \\ 5 \end{pmatrix}$ $\quad E_2: \vec{x} \cdot \begin{pmatrix} 6 \\ -3 \\ 4 \end{pmatrix} = 5$
c) $E_1: \vec{x} \cdot \begin{pmatrix} 4 \\ 0 \\ 0 \end{pmatrix} = 3$ $\quad E_2: \vec{x} \cdot \begin{pmatrix} 5 \\ 1 \\ 3 \end{pmatrix} = \begin{pmatrix} 1 \\ 1 \\ -1 \end{pmatrix} \cdot \begin{pmatrix} 4 \\ 3 \\ 7 \end{pmatrix}$
d) $E_1: \vec{x} = \begin{pmatrix} 0 \\ 2 \\ -1 \end{pmatrix} + r\begin{pmatrix} 2 \\ 1 \\ 3 \end{pmatrix} + s\begin{pmatrix} 5 \\ 2 \\ 1 \end{pmatrix}$ $\quad E_2: \vec{x} = \begin{pmatrix} 1 \\ 0 \\ 0 \end{pmatrix} + k\begin{pmatrix} 3 \\ 3 \\ 1 \end{pmatrix} + l\begin{pmatrix} -2 \\ 1 \\ 2 \end{pmatrix}$

5. Bestimmen Sie den Abstand des Punktes A von der Ebene E.
a) $E: x_1 + x_2 = 1$ $\quad A(1|1|1)$
b) $E: \vec{x} \cdot \begin{pmatrix} 2 \\ 1 \\ -3 \end{pmatrix} = 5$ $\quad A(1|-1|2)$
c) $E: \vec{x} = \begin{pmatrix} -3 \\ 2 \\ -1 \end{pmatrix} + r\begin{pmatrix} 1 \\ 0 \\ 0 \end{pmatrix} + s\begin{pmatrix} 0 \\ -1 \\ 0 \end{pmatrix}$ $\quad A(2|1|-1)$

6. Für die Ebene E gilt die Gleichung $2x_1 + x_2 - 2x_3 = 12$.
a) Berechnen Sie den Abstand der Ebene E vom Ursprung.
b) Bestimmen Sie die beiden parallelen Ebenen, die zu E einen Abstand von 5 haben.

7. Die Abbildung zeigt eine Pyramide OABC.
a) Stellen Sie zu den vier Ebenen, in denen die vier Seitenflächen der Pyramide liegen, Parametergleichungen auf.
b) Ermitteln Sie die Koordinaten des Mittelpunktes M der Strecke $\overline{AB}$. Berechnen Sie den Winkel, den die Strecken $\overline{OM}$ und $\overline{MC}$ einschließen.
c) Ermitteln Sie die Koordinaten des Schnittpunktes S der Seitenhalbierenden des Dreiecks ABC.

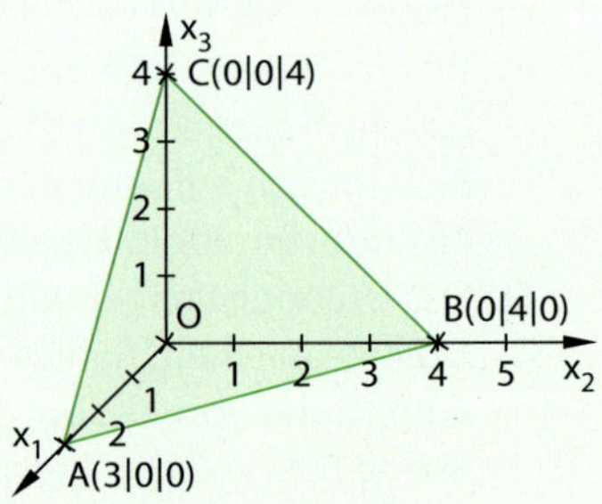

d) Geben Sie eine Parametergleichung einer Ebene E an, welche die Pyramide in zwei volumengleiche Teilkörper zerlegt.

Lösungen
↗ S. 226/227

8. Gegeben ist ein Würfel ABCDEFGH der Kantenlänge 6. Der Punkt I ist Mittelpunkt der Kante $\overline{FG}$. Der Punkt J ist Mittelpunkt der Kante $\overline{EH}$.

a) Berechnen Sie das Volumen der Pyramide ACDJ.
b) Ermitteln Sie die Innenwinkel des Dreiecks ACJ.
c) Bestimmen Sie eine Koordinatengleichung der Ebene E_{ACJ}, in welcher das Dreieck ACJ liegt. Berechnen Sie den Abstand des Punktes I zur Ebene E_{ACJ}.

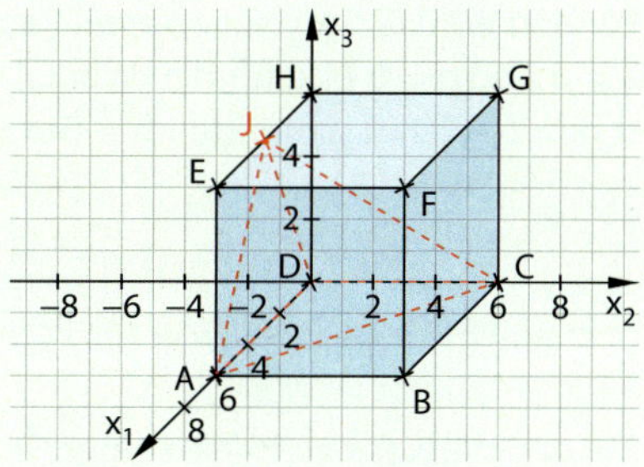

9. Prüfen Sie, ob ABC ein besonderes Dreieck ist. Berechnen Sie dann seinen Flächeninhalt.
$A(3|-5|0)$, $B(0|7|3)$.

a) $C(-2|-3|5)$ b) $C(8|1|8)$ c) $C(2|-3|9)$

10. Prüfen Sie, um welches besondere Viereck es sich bei ABCD handelt. Berechnen Sie seinen Flächeninhalt. Das Viereck hat die Eckpunkte $A(1|-8|-4)$, $B(5|0|4)$.

a) $C(13|-8|8)$; $D(9|-16|0)$ b) $C(9|-6|8)$; $D(5|-14|0)$ c) $C(5|0|16)$; $D(1|-8|8)$
d) $C(0|-4|6)$; $D(-2|-8|2)$ e) $C(4|-11|2)$; $D(1|-20|-4)$

11. Gegeben sind die Ebenen $E_1\colon x_1 + 2x_2 + 2x_3 = 23$ und $E_2\colon x_3 = 4$.

a) Bestimmen Sie $z > 0$ so, dass $P_z(0|0|z)$ von E_1 und E_2 den gleichen Abstand hat.
b) Zeigen Sie, dass $E_3\colon x_1 + 2x_2 + 5x_3 = 35$ den in a) errechneten Punkt P und die Schnittgerade von E_1 und E_2 enthält.
c) Geben Sie an, welche Eigenschaft E_3 demnach bezüglich E_1 und E_2 hat.
d) Berechnen Sie den Winkel zwischen E_1 und E_3 und den Winkel zwischen E_2 und E_3.

12. Zwei Flugzeuge bewegen sich geradlinig vom Flughafen weg bzw. zum Flughafen hin. Ihre Bahnen lassen sich durch die Geraden g und h beschreiben (Angaben in km). Die Parameter s und t beschreiben die Zeit. Die x_1x_2-Ebene beschreibt die Erdoberfläche.

Flugzeug ①	Flugzeug ②
$g\colon \vec{x} = \begin{pmatrix} 4 \\ 3 \\ 5 \end{pmatrix} + s\begin{pmatrix} 2 \\ 2 \\ -1 \end{pmatrix}$	$h\colon \vec{x} = \begin{pmatrix} 3 \\ 5 \\ 1 \end{pmatrix} + t\begin{pmatrix} 2 \\ 2 \\ 1 \end{pmatrix}$

a) Begründen Sie, welches Flugzeug startet und welches landet.
b) Ermitteln Sie für die Flugzeuge die Koordinaten des Start- bzw. Landepunktes.
c) Berechnen Sie für beide Flugzeuge den Winkel, in dem es startet bzw. landet.
d) Der Abstand der beiden Flugzeuge zum Zeitpunkt $t = s$ entspricht dem Abstand der Geradenpunkte von g und h. Bestimmen Sie den minimalen Abstand.

13. Auf eine Pyramide mit den Eckpunkten $A(6|1|1)$, $B(6|5|1)$, $C(2|5|1)$, $D(2|1|1)$ und $S(4|3|6)$ fällt parallel zum Vektor $\vec{v} = \begin{pmatrix} -3 \\ 2 \\ -1 \end{pmatrix}$ Sonnenlicht.
Das Schattenbild der Pyramide in der x_2x_3-Ebene soll bestimmt werden.

a) Berechnen Sie die Eckpunkte des Schattens in der x_2x_3-Ebene.
b) Zeigen Sie, dass der Schatten kein Drachenviereck ist.
c) Berechnen Sie den Winkel zwischen den Kanten $\overline{DS}$ und $\overline{BS}$.

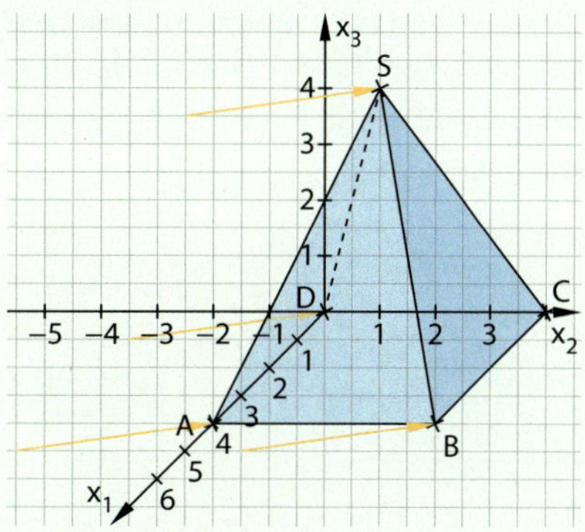

Winkel Vektor – Vektor und Gerade – Gerade

Für den **Winkel α zwischen zwei Vektoren** $\vec{a} \neq \vec{0}$ und $\vec{b} \neq \vec{0}$ und für den **Winkel γ zwischen zwei sich schneidenden Geraden** gilt:

$\cos(\alpha) = \frac{\vec{a} \cdot \vec{b}}{|\vec{a}| \cdot |\vec{b}|}$ $(0° \leq \alpha \leq 180°)$

$\cos(\gamma) = \frac{|\vec{u} \cdot \vec{v}|}{|\vec{u}| \cdot |\vec{v}|}$ $(0° \leq \gamma \leq 90°)$

$\vec{u}, \vec{v}$ sind Richtungsvektoren der Geraden.

$g\colon \vec{x} = \begin{pmatrix} -7 \\ 1 \\ 0 \end{pmatrix} + r\begin{pmatrix} 5 \\ -1 \\ 2 \end{pmatrix};\quad h\colon \vec{x} = \begin{pmatrix} 3 \\ -1 \\ 4 \end{pmatrix} + r\begin{pmatrix} -3 \\ -2 \\ 1 \end{pmatrix}$

$$\cos(\gamma) = \frac{\left|\begin{pmatrix} 5 \\ -1 \\ 2 \end{pmatrix} \cdot \begin{pmatrix} -3 \\ -2 \\ 1 \end{pmatrix}\right|}{\sqrt{30} \cdot \sqrt{14}} \approx 0{,}537$$

$\gamma \approx \cos^{-1}(0{,}537) \approx 57{,}5°$

Winkel Gerade – Ebene

Für den **Winkel α zwischen einer Geraden g und einer Ebene E** gilt:

$\sin(\alpha) = \frac{|\vec{n} \cdot \vec{u}|}{|\vec{n}| \cdot |\vec{u}|}$ $(0° \leq \alpha \leq 180°)$

$\vec{n}$ ist Normalenvektor von E.
$\vec{u}$ ist Richtungsvektor von g.

$E\colon x_1 - 2x_2 + x_3 = 5;\quad g\colon \vec{x} = \begin{pmatrix} 2 \\ 1 \\ 5 \end{pmatrix} + t\begin{pmatrix} 0 \\ 1 \\ -1 \end{pmatrix}$

$$\sin(\alpha) = \frac{\left|\begin{pmatrix} 1 \\ -2 \\ 1 \end{pmatrix} \cdot \begin{pmatrix} 0 \\ 1 \\ -1 \end{pmatrix}\right|}{\sqrt{6} \cdot \sqrt{2}} \approx 0{,}866$$

$\alpha \approx \sin^{-1}(0{,}866) \approx 30°$

Winkel Ebene – Ebene

Für den **Winkel α zwischen den Ebenen E_1 und E_2** gilt:

$\cos(\alpha) = \frac{|\vec{n_1} \cdot \vec{n_2}|}{|\vec{n_1}| \cdot |\vec{n_2}|}$ $(0° \leq \alpha \leq 90°)$

$\vec{n_1}$ ist Normalenvektor von E_1.
$\vec{n_2}$ ist Normalenvektor von E_2.

$E_1\colon x_1 - 2x_2 + x_3 = 5;\quad E_2\colon \vec{x} \cdot \begin{pmatrix} 3 \\ 4 \\ 2 \end{pmatrix} = 5$

$$\cos(\alpha) = \frac{\left|\begin{pmatrix} 1 \\ -2 \\ 1 \end{pmatrix} \cdot \begin{pmatrix} 3 \\ 4 \\ 2 \end{pmatrix}\right|}{\sqrt{6} \cdot \sqrt{29}} \approx 0{,}227$$

$\alpha \approx \cos^{-1}(0{,}227) \approx 76{,}9°$

Abstand Punkt – Ebene

Der **Abstand d(A, E) eines Punktes A zu einer Ebene E** mit dem Normalenvektor $\vec{n}$ kann mit dem **Lotfußpunktverfahren** berechnet werden:

① Parametergleichung der Lotgeraden h durch A mit Richtungsvektor $\vec{n}$ aufstellen.
② Die Schnittbedingung für E und h liefert den Lotfußpunkt F.
③ Der Abstand ist $d(A, E) = |\overrightarrow{AF}| = |t \cdot \vec{n}|$.

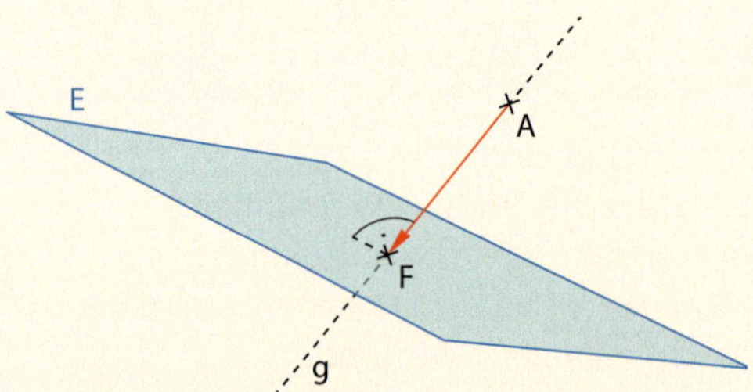

$A(0|-1|5);\quad E\colon 2x_1 - x_2 + x_3 = 3$

Lotgerade:

$h\colon \vec{x} = \begin{pmatrix} 0 \\ -1 \\ 5 \end{pmatrix} + t\begin{pmatrix} 2 \\ -1 \\ 1 \end{pmatrix}$

Lotfußpunkt:

$2(2t) - (-1 - t) + 5 + t = 3 \Leftrightarrow t = -\frac{1}{2}$

$\overrightarrow{OF} = \begin{pmatrix} 0 \\ -1 \\ 5 \end{pmatrix} + \left(-\frac{1}{2}\right) \cdot \begin{pmatrix} 2 \\ -1 \\ 1 \end{pmatrix} = \begin{pmatrix} -1 \\ -\frac{1}{2} \\ \frac{9}{2} \end{pmatrix}$

Abstand:

$d(A, E) = |\overrightarrow{AF}| = \left|-\frac{1}{2} \cdot \begin{pmatrix} 2 \\ -1 \\ 1 \end{pmatrix}\right| = \frac{\sqrt{6}}{2} \approx 1{,}22$

Abstand Gerade – Ebene und Ebene – Ebene

Der Abstand einer Ebene zu einer parallelen Gerade oder Ebene kann auf die Grundaufgabe Abstand Punkt – Ebene zurückgeführt werden.

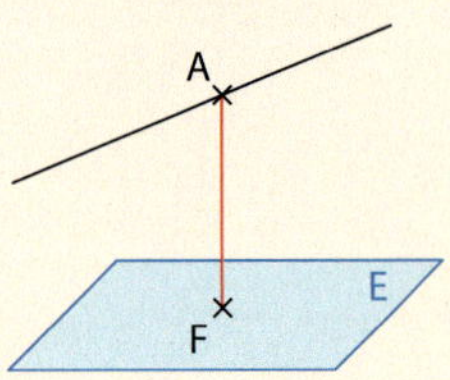

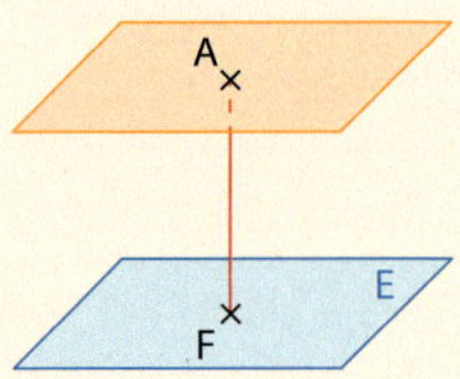

$g\colon \vec{x} = \begin{pmatrix} 0 \\ -1 \\ 5 \end{pmatrix} + s\begin{pmatrix} 3 \\ 7 \\ 1 \end{pmatrix};\quad E\colon 2x_1 - x_2 + x_3 = 3$

Der Abstand der Geraden g zu E entspricht dem Abstand eines beliebigen Geradenpunktes A zu E, hier $A(0|-1|5)$:

$d(g, E) = d(A, E) = \frac{\sqrt{6}}{2} \approx 1{,}22$

4. Binomialverteilung

Um eine Erfolg versprechende Spielstrategie zu finden, kann man bei vielen Spielen seine Chancen mit der Binomialverteilung berechnen.

Nach diesem Kapitel können Sie …
- Bernoulli-Experimente von anderen Zufallsversuchen unterscheiden,
- Situationen mit Bernoulli-Ketten beschreiben und Wahrscheinlichkeiten für die Anzahl von Treffern berechnen,
- Wahrscheinlichkeiten und Parameter bei binomialverteilten Zufallsgrößen bestimmen,
- Erwartungswert und Standardabweichung von binomialverteilten Zufallsgrößen berechnen und am Histogramm erläutern,
- mithilfe von Sigma-Regeln Prognosen erstellen.

Lösungen
↗ S. 228

Baumdiagramme und Wahrscheinlichkeit

1. Bei einem Glücksrad mit sechs gleich großen Sektoren ergibt die Farbe „Rot“ einen Hauptgewinn. Es wird dreimal gedreht.

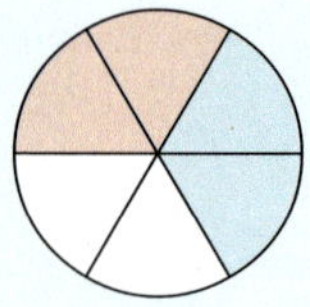

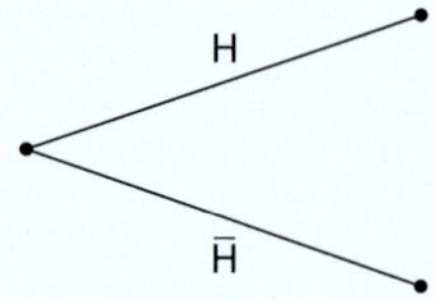

a) Vervollständigen Sie das Baumdiagramm und geben Sie alle zugehörigen Pfadwahrscheinlichkeiten an.

b) Berechnen Sie die Wahrscheinlichkeit, dass genau zweimal einen Hauptgewinn „erdreht“ wird.

2. In einer Urne befinden sich 3 weiße Kugeln und 9 rote Kugeln. Es werden nacheinander zwei Kugeln ohne Zurücklegen gezogen.

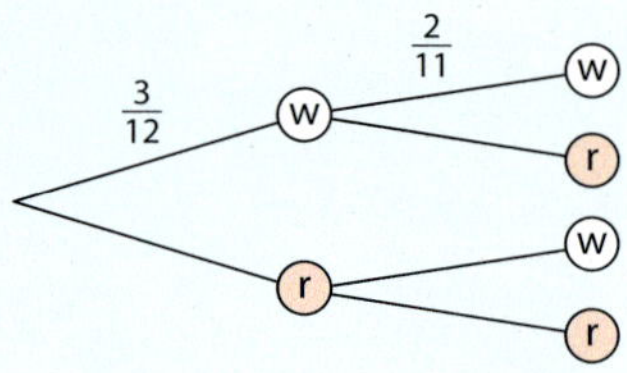

a) Vervollständigen Sie das Baumdiagramm durch Angabe aller Pfadwahrscheinlichkeiten.

b) Erläutern Sie eine Kontrollmöglichkeit.

3. Auf einem Flughafen werden für Reisen innerhalb der EU stichprobenartig Pass- und Zollkontrollen unabhängig voneinander durchgeführt.
Es wird angenommen, dass Passkontrollen mit einer Wahrscheinlichkeit von 0,1 und Zollkontrollen mit einer Wahrscheinlichkeit von 0,2 stattfinden.

a) Zeichnen Sie ein passendes Baumdiagramm mit allen Pfadwahrscheinlichkeiten.

b) Mit einem Flugzeug kommen 200 Fluggäste an. Berechnen Sie, wie viele dieser Fluggäste wahrscheinlich sowohl die Pass- als auch die Zollkontrolle durchlaufen werden.

Fakultäten und Binomialkoeffizienten

Erinnerung:
Fakultät:
$n! = n \cdot (n-1) \cdot \ldots \cdot 2 \cdot 1$
$1! = 1;\ 0! = 1$
Binomialkoeffizient:
$\binom{n}{k} = \frac{n!}{k! \cdot (n-k)!}$
$n, k \in \mathbb{N}\ n \geq k$

4. Berechnen Sie den Wert.

a) $3!$ b) $2!$ c) $5!$ d) $4!$ e) $\frac{10!}{9!}$ f) $\frac{n!}{(n-2)!}$

g) $\binom{4}{2}$ h) $\binom{5}{3}$ i) $\binom{10}{2}$ j) $\binom{100}{0}$ k) $\binom{n}{n-1}$ l) $\binom{3}{2} \cdot \left(\frac{1}{3}\right)^2 \cdot \frac{2}{3}$

5. Fakultäten und Binomialkoeffizienten können mit dem Taschenrechner direkt berechnet werden. Berechnen Sie den Wert.

a) $7!$ b) $10!$ c) $\binom{8}{3}$ d) $\binom{15}{10}$ e) $\binom{7}{0}$ f) $\binom{15}{14}$ g) $\binom{20}{18}$ h) $\binom{100}{99}$

6. In einer Klasse sind 27 Schülerinnen und Schüler. Bestimmen Sie die Anzahl der Möglichkeiten, zwei davon als Klassensprecher auszuwählen..

7. Bestimmen Sie die Anzahl der möglichen dreistelligen Zahlen, die sich aus den Ziffern 1, 2 und 3 bilden lassen, wenn

a) jede Ziffer genau einmal in jeder Zahl vorkommen soll,

b) die Ziffern mehrfach in jeder Zahl vorkommen können.

8. Nach einem 100-m-Lauf werden drei der ersten vier Läufer für eine Dopingkontrolle ausgewählt. Berechnen Sie die Anzahl der Möglichkeiten für die Auswahl.

Histogramme

Lösungen
↗ S. 228

9. In den beiden neunten Parallelklassen eines Gymnasiums wurde im Fach Mathematik dieselbe Klassenarbeit geschrieben.

a) Die Tabelle zeigt den Notenspiegel der Klasse 9a. Ermitteln Sie daraus die Verteilung der relativen Häufigkeiten.

Note	1	2	3	4	5	6
Anzahl	4	8	12	6	2	0

b) Stellen Sie die relativen Häufigkeiten aus a) in einem Histogramm dar.

c) Das abgebildete Histogramm zeigt die relativen Häufigkeiten der Noten der Klasse 9b. Erstellen Sie daraus den zugehörigen Notenspiegel, wenn es 30 Schüler in der Klasse 9b gibt.

d) Vergleichen Sie die Ergebnisse beider Klassen einmal mithilfe des arithmetischen Mittels und einmal mithilfe der Histogramme.

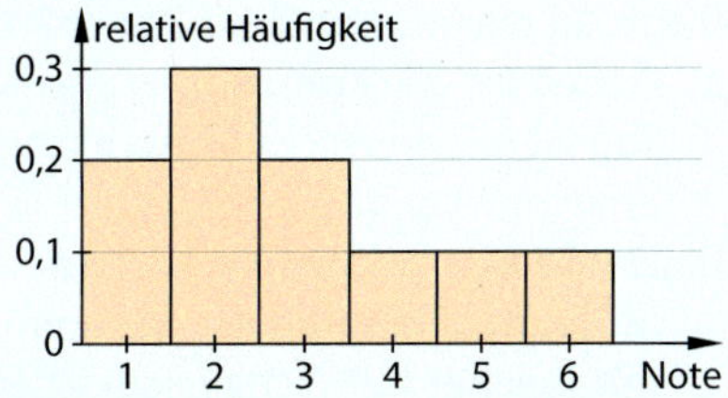

Erinnerung:
Ein Histogramm ist ein Säulendiagramm mit sich berührenden Säulen gleicher Breite.

10. Gegeben sind zwei Histogramme von absoluten Häufigkeitsverteilungen. Berechnen Sie jeweils das arithmetische Mittel und die Standardabweichung.

①
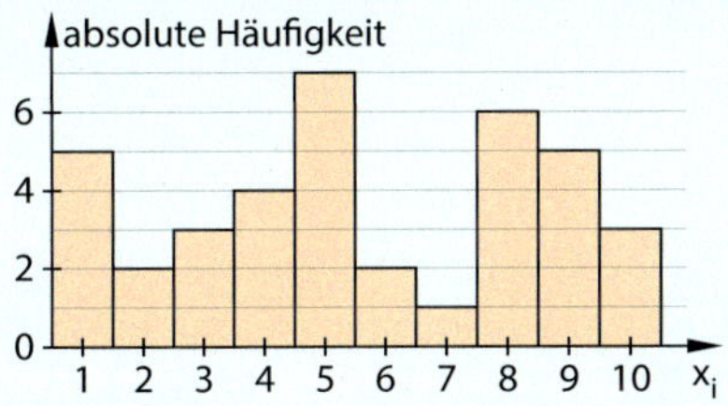

②
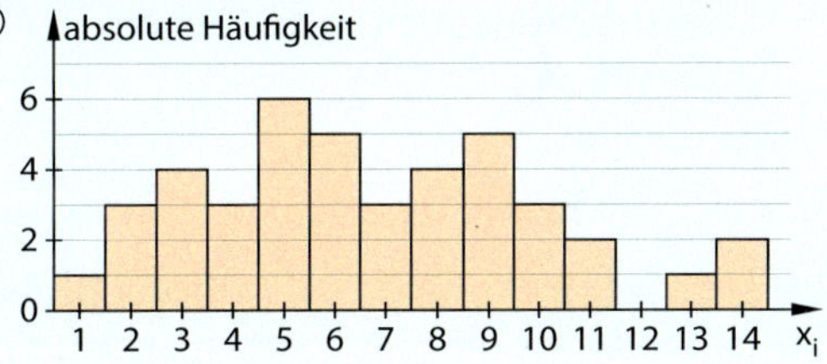

Erinnerung:
Standardabweichung $s = \sqrt{\frac{(x_1-\bar{x})^2\cdot H_1+\ldots+(x_k-\bar{x})^2\cdot H_k}{n}}$
n: Anzahl der Daten
x_i: Merkmal
H_i: abs. Häufigkeit von x_i
$\bar{x}$: arithmetisches Mittel

Vermischtes

11. Berechnen Sie ohne Taschenrechner möglichst vorteilhaft.

a) $\frac{7\cdot 6\cdot 5\cdot 4}{4\cdot 3\cdot 2\cdot 1}$ b) $\frac{10\cdot 9\cdot 8\cdot 7\cdot 6}{5\cdot 4\cdot 3\cdot 2\cdot 1}$ c) $\frac{6^2\cdot 4^2}{2^4}$ d) $\frac{(5\cdot 4\cdot 3)^2}{10\cdot 9\cdot 8}$

12. Berechnen Sie.

a) $\frac{2\cdot 1+5\cdot 2+8\cdot 3+6\cdot 4+3\cdot 5+1\cdot 6}{25}$ b) $2\cdot\frac{2}{5}+3\cdot\frac{1}{5}+4\cdot\frac{1}{10}+5\cdot\frac{3}{10}$

c) $\sqrt{0{,}4\cdot(2-2{,}6)^2+0{,}6\cdot(3-2{,}6)^2}$

d) $\frac{3}{25}(1-3{,}24)^2+\frac{5}{25}(2-3{,}24)^2+\frac{8}{25}(3-3{,}24)^2+\frac{6}{25}(4-3{,}24)^2+\frac{3}{25}(5-3{,}24)^2$

13. Ermitteln Sie den Termwert.

a) $\lg(2)\cdot\lg(0{,}2)$ b) $\lg(2^4)$ c) $\frac{\lg(10)}{\lg(0{,}5)}$ d) $\lg(10^{-1})\cdot\lg(10^{-2})$

Erinnerung:
Die Abkürzung lg steht für den Logarithmus zur Basis 10.
$\lg(x)=\log_{10}(x)$

14. Lösen Sie die Gleichung. Runden Sie gegebenenfalls auf 2 Nachkommastellen.

a) $12^x=324$ b) $0{,}4^x=0{,}01$ c) $0{,}6^x=0{,}07776$ d) $x^4=256$
e) $(-3)^x=81$ f) $4^x=50$ g) $0{,}8^x=0{,}1$ h) $(-1)^x=1$

15. Entscheiden Sie, ob die Aussage wahr oder falsch ist. Geben Sie ein Gegenbeispiel an, wenn die Aussage falsch ist.

a) Die Ungleichung $2^n \geq 10$ gilt für alle $n \in \mathbb{N}$ mit $n \geq 4$.
b) Für alle $n \in \mathbb{N}$ mit $n \geq 4$ gilt $0{,}5^n \geq 0{,}1$.
c) Die Ungleichung $0{,}9^n < 0{,}1$ ist für alle $n \in \mathbb{N}$ mit $n < 21{,}85$ erfüllt.
d) Ist $0 < b < 1$, so gilt die Ungleichung $b^n \geq a$ für alle $n \in \mathbb{N}$ mit $n \leq \log_b(a)$.

4.1 Bernoulli-Ketten

■ Ein Tourist steht in Manhattan an der Metro Ecke 50th Street/8th Avenue. Er ist ohne Stadtplan unterwegs und bewegt sich nur auf „Streets“ und „Avenues“ und dem „Broadway“. An jeder Ecke entscheidet er per Münzwurf, ob er in östliche oder in nördliche Richtung weitergeht. Das führt er 7-mal aus.

a) Geben Sie alle Kreuzungen an, die der Tourist mit drei Richtungsentscheidungen erreichen kann.
b) Der Tourist möchte zur Metro am Museum of Modern Art. Bestimmen Sie, mit welcher Wahrscheinlichkeit er genau den eingezeichneten Weg geht.
c) Bestimmen Sie, mit welcher Wahrscheinlichkeit der Tourist nach sieben Richtungsentscheidungen an der Metro ankommt. ■

Bernoulli-Experiment und Bernoulli-Kette

Bei Zufallsexperimenten wird häufig nur beobachtet, ob ein bestimmtes Ereignis eintritt oder nicht. Tritt das Ereignis ein, spricht man von einem **Treffer**. Insbesondere ist interessant, wie oft ein Treffer bei mehrmaligen Wiederholungen des gleichen Experiments erzielt wird.

Beim Würfeln mit einem Spielwürfel kann man sich nur für das Ereignis „6 gewürfelt“ interessieren und untersuchen, wie viele Sechsen bei 10 Würfen gewürfelt werden.

Definition: Bernoulli-Experiment und Bernoulli-Kette
Ein **Bernoulli-Experiment** ist ein Zufallsexperiment, bei dem nur zwei mögliche Ausgänge („Treffer“ und „kein Treffer“) unterschieden werden. Die Wahrscheinlichkeit für das Eintreten eines Treffers wird **Trefferwahrscheinlichkeit p** genannt.
Wird ein Bernoulli-Experiment n-mal mit konstanter Trefferwahrscheinlichkeit wiederholt, dann spricht man von einer **Bernoulli-Kette der Länge n**.

Für Treffer wird auch der Begriff „Erfolg“ verwendet. Tritt bei einem Bernoulli-Experiment kein Treffer ein, so spricht man auch von „Nichttreffer“, „Niete“ oder „Fehlversuch“. Die Wahrscheinlichkeit für das Eintreten eines Fehlversuchs ist die **Gegenwahrscheinlichkeit** zu p, sie beträgt $1 - p$.

Beispiel 1: Es wird mit einem Spielwürfel zehnmal gewürfelt. Das Würfeln einer „6“ wird als Treffer bezeichnet. Begründen Sie, dass eine Bernoulli-Kette vorliegt, und bestimmen Sie die Trefferwahrscheinlichkeit p, die Wahrscheinlichkeit für einen Fehlversuch bei einem Wurf sowie die Länge der Bernoulli-Kette.

Lösung:
Beim Würfeln wird hier nur unterschieden, ob eine „6“ gewürfelt wird (Treffer) oder nicht. Die Trefferwahrscheinlichkeit $p = \frac{1}{6}$ gilt für jeden Wurf, sie ist unabhängig vom Ausgang vorheriger Würfe. Die Wahrscheinlichkeit für einen Fehlversuch ist die Gegenwahrscheinlichkeit $1 - p = \frac{5}{6}$. Da zehnmal gewürfelt wird, hat die Bernoulli-Kette die Länge $n = 10$.

Basisaufgaben

1. Begründen Sie, ob ein Bernoulli-Experiment vorliegt. Geben Sie, wenn möglich, die Trefferwahrscheinlichkeit p an sowie die Wahrscheinlichkeit, dass es keinen Treffer gibt.
   a) Eine Münze wird geworfen. Es wird notiert, ob „Zahl" oben liegt.
   b) Es wird festgestellt, ob eine Person die Blutgruppe A, B, AB oder 0 hat.
   c) Es wird so lange gewürfelt, bis eine 6 kommt. Die Anzahl der Würfe wird notiert.
   d) Beim Werfen zweier Würfel wird notiert, ob die Augensumme 8 beträgt.
   e) Beim Werfen eines Würfels wird notiert, ob die Augenzahl größer als 2 ist.
   f) Beim Werfen dreier Münzen wird notiert, wie viele Münzen „Zahl" zeigen.

2. Begründen Sie, ob man das Zufallsexperiment als Bernoulli-Kette auffassen kann. Falls ja, beschreiben Sie, was ein Treffer ist, und geben Sie die Länge der Bernoulli-Kette an.
   a) Ein Würfel wird viermal geworfen. Bei jedem Wurf wird notiert, ob die Augenzahl gerade ist.
   b) Fünf Spieler einer Fußballmannschaft treten zum Elfmeterschießen an.
   c) Bei der Herstellung eines Bauteils ist ein Bauteil zu 2 % fehlerhaft. Zehn hergestellte Bauteile werden auf Fehler überprüft.
   d) Aus der abgebildeten Urne werden nacheinander drei Kugeln ohne Zurücklegen gezogen.
   e) Aus der abgebildeten Urne werden nacheinander drei Kugeln mit Zurücklegen gezogen.

3. Geben Sie an, unter welchen Bedingungen eine Bernoulli-Kette vorliegt. Legen Sie fest, was ein Treffer ist. Geben Sie die Länge n der Bernoulli-Kette und, wenn möglich, die Trefferwahrscheinlichkeit p an.
   a) Vier Münzen werden gleichzeitig geworfen.
   b) Aus einer Urne mit fünf blauen und drei roten Kugeln wird viermal nacheinander eine Kugel gezogen.
   c) In einem Land sind 21 % der Bevölkerung älter als 60 Jahre. 100 zufällig ausgewählte Personen werden nach ihrem Alter befragt.
   d) Ein Fußballer schießt dreimal auf das untere Loch einer Torwand.
   e) Es werden 100 Neugeborene betrachtet.

4. Die Größe X gibt die Anzahl der Treffer bei einer Bernoulli-Kette der Länge n an.
   a) Es sei n = 5. Geben Sie alle Werte k an, die X annehmen kann.
   b) Geben Sie an, wie viele verschiedene Werte X für beliebiges n annehmen kann.

5. Eine Basketballspielerin hat beim Freiwurf eine Trefferquote von 75 %. Zum Abschluss des Trainings wirft sie immer drei Freiwürfe und zählt die Anzahl ihrer Treffer.
   a) Stellen Sie das Werfen dieser drei Freiwürfe in einem Baumdiagramm dar und tragen Sie die Wahrscheinlichkeiten an den Zweigen und den Pfadenden ein.
   b) Berechnen Sie die Wahrscheinlichkeit für 0, 1, 2 und 3 Treffer.
   c) Beschreiben Sie, unter welchen Bedingungen das Werfen der Freiwürfe eine Bernoulli-Kette ist.

Wahrscheinlichkeiten bei Bernoulli-Ketten

Hinweis:
X gibt die Anzahl der Treffer bei einer Bernoulli-Kette an. $P(X = k)$ bezeichnet die Wahrscheinlichkeit dafür, dass es genau k Treffer gibt.

Der Baum zeigt alle Pfade einer Bernoulli-Kette der Länge $n = 3$. Alle Pfade mit 2 Treffern ($X = 2$) haben die gleiche Wahrscheinlichkeit $p^2 \cdot (1-p)$. Es gibt $\binom{3}{2}$ Möglichkeiten, 2 Treffer auf 3 Abschnitte zu verteilen.
Insgesamt ergibt sich daraus:

$$P(X=2) = \binom{3}{2} \cdot p^2 \cdot (1-p)$$

Anzahl der Pfade — Pfadwahrscheinlichkeit

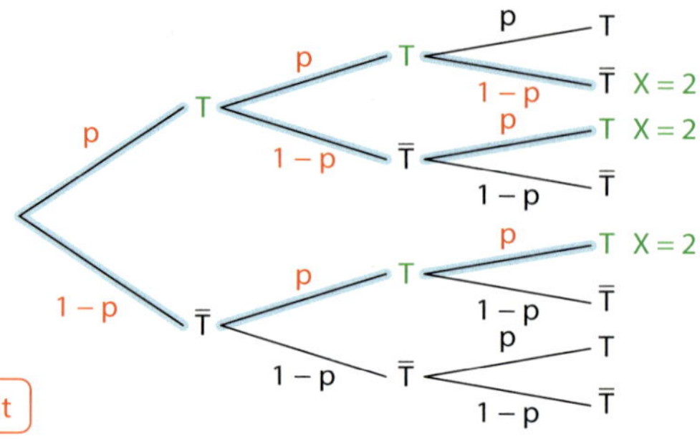

Trefferanzahl k	3	2	1	0
Wahrscheinlichkeit eines Pfads	p^3	$p^2 \cdot (1-p)$	$p \cdot (1-p)^2$	$(1-p)^3$
Anzahl der Pfade	$\binom{3}{3} = 1$	$\binom{3}{2} = 3$	$\binom{3}{1} = 3$	$\binom{3}{0} = 1$
P(X = k)	$1 \cdot p^3$	$3 \cdot p^2 \cdot (1-p)$	$3 \cdot p \cdot (1-p)^2$	$1 \cdot (1-p)^3$

Dies kann für Bernoulli-Ketten mit beliebiger Länge n verallgemeinert werden.

Erinnerung:
Der **Binomialkoeffizient** $\binom{n}{k} = \frac{n!}{k! \cdot (n-k)!}$ gibt die Anzahl der Möglichkeiten an, aus n Objekten ohne Zurücklegen und Berücksichtigung der Reihenfolge k Objekte auszuwählen.

Satz: Bernoulli-Formel
Gibt X die Anzahl der Treffer bei einer Bernoulli-Kette der Länge n mit der Trefferwahrscheinlichkeit p an, so gilt für die Wahrscheinlichkeit, dass es genau k Treffer gibt:

$$P(X=k) = \binom{n}{k} \cdot p^k (1-p)^{n-k} \qquad (k = 0, 1, \ldots, n)$$

Häufig werden Ereignisse mit mehreren Trefferzahlen betrachtet.

„höchstens k Treffer" $P(X \leq k)$ — „mehr als k Treffer" $P(X > k)$

0 — 1 — k – 1 — k — k + 1 — n – 1 — n

$P(X=0) + P(X=1) + \ldots + P(X=k-1) + P(X=k)$ — $P(X=k+1) + \ldots + P(X=n-1) + P(X=n)$

„weniger als k Treffer" $P(X < k)$ — „mindestens k Treffer" $P(X \geq k)$

0 — 1 — k – 1 — k — k + 1 — n – 1 — n

$P(X=0) + P(X=1) + \ldots + P(X=k-1)$ — $P(X=k) + P(X=k+1) + \ldots + P(X=n-1) + P(X=n)$

Beispiel 2: Ein Tetraeder-Würfel wird zehnmal geworfen. X zählt dabei die Anzahl der Einsen. Bestimmen Sie die Wahrscheinlichkeit, dass die „1" so oft gewürfelt wird:
a) genau 3-mal,
b) höchstens 2-mal,
c) mindestens 3-mal,
d) weniger als 6-mal, aber mehr als 2-mal.

Lösung:

a) Wenden Sie die Bernoulli-Formel mit $n = 10$, $k = 3$ und $p = \frac{1}{4} = 0{,}25$ an.
$P(X=3) = \binom{10}{3} \cdot 0{,}25^3 \cdot (1-0{,}25)^{10-3} = \binom{10}{3} \cdot 0{,}25^3 \cdot 0{,}75^7 \approx 0{,}250$

b) Addieren Sie die einzelnen Wahrscheinlichkeiten für 0-, 1- und 2-mal die „1".
$P(X \leq 2) = P(X=0) + P(X=1) + P(X=2) \approx 0{,}056 + 0{,}188 + 0{,}282 = 0{,}526$

c) „Mindestens 3 Einsen" ist das Gegenereignis zu „höchstens 2 Einsen".
$P(X \geq 3) = 1 - P(X \leq 2) \approx 1 - 0{,}526 = 0{,}474$

d) Addieren Sie die einzelnen Wahrscheinlichkeiten für 3-, 4- und 5-mal die „1".
$P(2 < X < 6) = P(X=3) + P(X=4) + P(X=5) \approx 0{,}250 + 0{,}146 + 0{,}058 = 0{,}454$

Basisaufgaben

6. Eine faire Münze wird sechsmal geworfen. X gibt an, wie oft die Zahl oben liegt. Bestimmen Sie die Wahrscheinlichkeit, dass die Zahl
a) genau 3-mal oben liegt, b) genau 4-mal oben liegt, c) keinmal oben liegt.

Hinweis:
Bei einer **fairen Münze** haben Kopf und Zahl jeweils die Wahrscheinlichkeit $\frac{1}{2}$.

7. Die Größe X gibt die Anzahl der Treffer bei einer Bernoulli-Kette mit $n = 5$ und $p = 0{,}5$ an. Berechnen Sie die Wahrscheinlichkeit.

a) $P(X = 2)$	b) $P(X = 5)$	c) $P(X = 3)$	d) $P(X = 0)$	e) $P(X > 0)$
f) $P(X \leq 1)$	g) $P(X > 1)$	h) $P(X \geq 4)$	i) $P(0 < X < 4)$	j) $P(2 \leq X \leq 4)$

Lösungen zu 7a-7e:
0,03 0,31 0,31 0,97 0,03 0,5

8. Die Größe X gibt die Anzahl der Treffer bei einer Bernoulli-Kette mit $n = 8$ und $p = 0{,}6$ an. Berechnen Sie die Wahrscheinlichkeit für die Anzahl der Treffer.

① höchstens 3 ② mehr als 5 ③ weniger als 3 ④ mindestens 4

9. In einer Schule kommen durchschnittlich 40 % aller Kinder mit dem Fahrrad zur Schule.
a) Erklären Sie die Bedeutung des Terms $\binom{10}{3} \cdot 0{,}4^3 \cdot 0{,}6^7$ in diesem Zusammenhang.
b) Es werden 5 Kinder der Schule befragt. Berechnen Sie die Wahrscheinlichkeit, dass davon genau 3 (mehr als 3; weniger als 2) mit dem Fahrrad zur Schule kommen.

10. In einem Multiple-Choice-Test werden insgesamt 25 Fragen gestellt. Bei jeder Frage gibt es 4 Antwortmöglichkeiten, von denen genau eine richtig ist.

a) Erklären Sie, unter welchen Umständen das Ausfüllen des Tests eine Bernoulli-Kette ist. Geben Sie die Werte von n und p an.
b) Beschreiben Sie in dieser Sachsituation die Bedeutung des Terms
$\binom{25}{3} \cdot 0{,}25^3 \cdot 0{,}75^{22} + \binom{25}{2} \cdot 0{,}25^2 \cdot 0{,}75^{23} + \binom{25}{1} \cdot 0{,}25^1 \cdot 0{,}75^{24} + \binom{25}{0} \cdot 0{,}25^0 \cdot 0{,}75^{25}$.
c) Bestimmen Sie die Wahrscheinlichkeit, dass der Prüfling mehr als 10, aber weniger als 15 Antworten richtig hat, wenn er bei jeder Frage rät.

11. Aus den Ziffern 0 bis 9 wird zufällig ein sechsstelliger Code gebildet. Es soll die Wahrscheinlichkeit berechnet werden, dass genau vier Ziffern des Codes nicht 0 sind.
Erläutern Sie die Vorgehensweise von Yannik und Fabian, überprüfen Sie ihre Richtigkeit und vergleichen Sie. Bestimmen Sie auch die gesuchte Wahrscheinlichkeit.

Yannik:
X: Anzahl der Ziffern ungleich 0.
$p = \frac{9}{10} = 0{,}9$ und $n = 6$
$P(X = 4) = \binom{6}{4} \cdot 0{,}9^4 \cdot 0{,}1^2$

Fabian:
Y: Anzahl der Ziffern gleich 0.
$p = \frac{1}{10} = 0{,}1$ und $n = 6$
$P(Y = 2) = \binom{6}{2} \cdot 0{,}1^2 \cdot 0{,}9^4$

12. Ein normaler Spielwürfel wird insgesamt 10-mal geworfen.
a) Berechnen Sie die Wahrscheinlichkeit, dass so oft die „6" gewürfelt wird:
① 3- oder 4-mal ② höchstens 4-mal ③ mindestens 2-mal ④ weniger als 5-mal
b) Beschreiben Sie das Ereignis E, dessen Wahrscheinlichkeit mit dem Term
$1 - \left(\binom{10}{10} \cdot \left(\frac{1}{6}\right)^{10} \cdot \left(\frac{5}{6}\right)^{0} + \binom{10}{9} \cdot \left(\frac{1}{6}\right)^{9} \cdot \left(\frac{5}{6}\right)^{1}\right)$ berechnet wird.
c) Bestimmen Sie die Wahrscheinlichkeit, dass genau 7-mal keine „6" gewürfelt wird.
d) Berechnen Sie die Wahrscheinlichkeit, dass erst 3-mal die „6" und dann 7-mal keine „6" gewürfelt wird.

Weiterführende Aufgaben

13. Ein Glücksrad wird gedreht.

a) Beschreiben Sie, unter welchen Bedingungen das Drehen des Glücksrads ein Bernoulli-Experiment ist.

b) Skizzieren Sie ein Glücksrad und geben Sie ein Ereignis dazu an, dessen Wahrscheinlichkeit durch den Term $\binom{5}{2} \cdot 0{,}2^2 \cdot 0{,}8^3$ berechnet wird.

c) Betrachten Sie den Term $\binom{10}{4} \cdot p^4 \cdot (1-p)^6$ für $p = \frac{1}{5}$, $p = \frac{2}{5}$, $p = \frac{3}{5}$ und $p = \frac{4}{5}$. Stellen Sie ohne Berechnung eine Vermutung auf, für welchen Wert von p der Term den größten Wert hat.

d) Überprüfen Sie Ihre Vermutung aus c) durch Berechnung des Terms.

14. Stolperstelle: Lina, Kai und Anna haben in einer Studie gelesen, dass etwa 63,5 % der Deutschen eine Brille tragen. Unter dieser Annahme berechnen sie im Vorfeld einer Befragung die Wahrscheinlichkeiten unterschiedlicher Ereignisse.

Lina:
„Unter 10 Befragten sind genau 8 Brillenträger."
$P(X=8) = \binom{10}{8} \cdot 0{,}635^8 \approx 1{,}19$

Kai:
„Unter 5 Befragten sind mehr als 3 Brillenträger."
$P(X \geq 3) = P(X=3) + P(X=4) + P(X=5) \approx 0{,}341 + 0{,}297 + 0{,}103 = 0{,}741$

Anna:
„Unter 6 Befragten ist mehr als ein Brillenträger."
$P(X > 1) = 1 - P(X < 1) = 1 - P(X = 0) = 1 - 0{,}0024 = 0{,}9976$

a) Beschreiben Sie die Fehler in den Rechnungen der Schüler.

b) Berechnen Sie die korrekten Wahrscheinlichkeiten.

15. Bei einem Glücksspiel sind in einer Box 40 rote und 60 gelbe Kugeln. Es wird dreimal eine Kugel gezogen. Die Höhe des Preisgelds richtet sich nach der Anzahl der gezogenen roten Kugeln. Der Einsatz beträgt 2 €.

rote Kugeln	Preisgeld
0	2,00 €
1	1,00 €
2	1,50 €
3	10,00 €

a) Erklären Sie, warum es sich nur dann um eine Bernoulli-Kette handelt, wenn das Spiel mit Zurücklegen der gezogenen Kugel gespielt wird.

b) Das Spiel wird mit Zurücklegen der gezogenen Kugel gespielt. Bestimmen Sie die Wahrscheinlichkeiten für alle Preisgelder.

c) Diskutieren Sie, ob das Spiel langfristig für den Anbieter oder für den Spieler lukrativer ist.

● **16. Ausblick:** Betrachten Sie eine Urne mit 40 roten und 60 gelben Kugeln. Es wird dreimal ohne Zurücklegen gezogen und die Anzahl der gezogenen roten Kugeln gezählt.

a) Erklären Sie, warum der Term $\binom{3}{2} \cdot \frac{40 \cdot 39 \cdot 60}{100 \cdot 99 \cdot 98}$ die Wahrscheinlichkeit dafür angibt, dass zwei rote Kugeln gezogen werden.

b) Bestimmen Sie die Wahrscheinlichkeit für keine, eine und drei gezogenen rote Kugeln.

c) Vergleichen Sie die Wahrscheinlichkeiten aus a) und b) mit den Wahrscheinlichkeiten, die in Aufgabe 15 b) mit der Bernoulli-Formel berechnet wurden. Erläutern Sie, warum die Abweichungen gering sind, obwohl das Ziehen ohne Zurücklegen keine Bernoulli-Kette darstellt.

4.2 Binomialverteilung

■ Bei einem Würfelexperiment ist es unerheblich, ob ein Würfel fünfmal hintereinander geworfen wird oder fünf Würfel einmal gleichzeitig geworfen werden. Bei diesem Würfelspiel gilt eine geworfene 6 als Treffer.

a) Schätzen Sie, welche Trefferzahl am wahrscheinlichsten ist.
Berechnen Sie anschließend die Wahrscheinlichkeiten für alle möglichen Trefferzahlen.

b) Stellen Sie die in a) berechneten Wahrscheinlichkeiten als Histogramm dar. Wählen Sie als Säulenbreite 1 und als Säulenhöhe die Wahrscheinlichkeit der jeweiligen Trefferzahl. ■

Binomialverteilte Zufallsgrößen

Ein Galtonbrett ist ein mechanisches Modell zur Veranschaulichung von Bernoulli-Ketten. Es besteht aus regelmäßig angeordneten Hindernissen, an denen von oben eingeworfene Kugeln jeweils nach links oder rechts abprallen. Unten angekommen werden die Kugeln, wie nach dem Durchlaufen der gesamten Bernoulli-Kette, in Fächern aufgefangen und können gezählt werden.

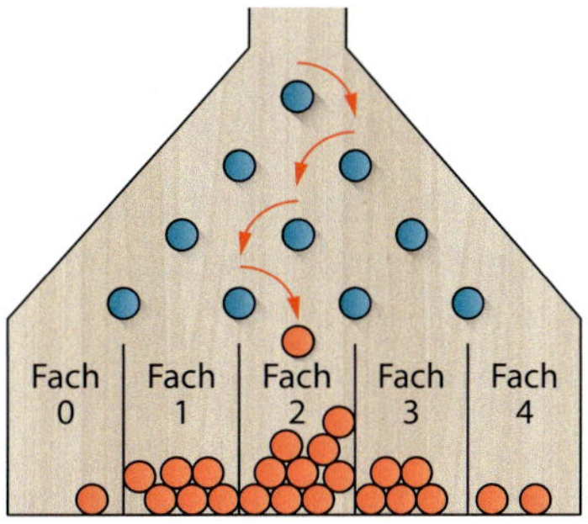

Ablenkung k nach rechts	0	1	2	3	4
P(X = k)	$\frac{1}{16}$	$\frac{1}{4}$	$\frac{3}{8}$	$\frac{1}{4}$	$\frac{1}{16}$

Bezeichnet man die Ablenkung einer Kugel nach rechts als „Treffer“, so ist jedes Aufprallen einer Kugel auf ein Hindernis ein Bernoulli-Experiment mit der Trefferwahrscheinlichkeit $p = 0{,}5$. Bei einem Galtonbrett mit 4 Stufen von Hindernissen, erhält man also eine Bernoulli-Kette der Länge $n = 4$.

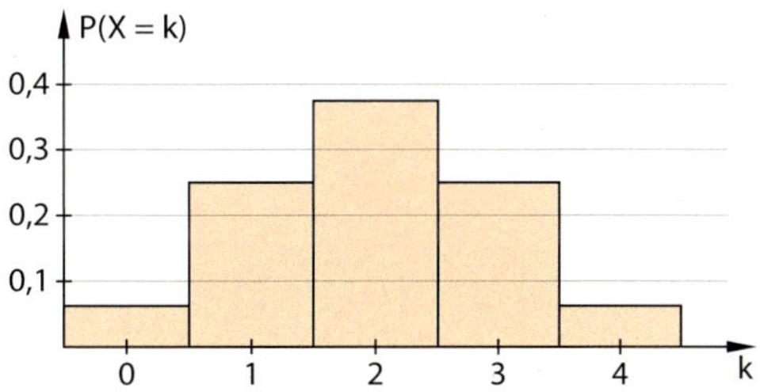

X zählt dabei die Anzahl an Ablenkungen nach rechts und entspricht somit der Fachnummer. Die Wahrscheinlichkeiten, dass eine Kugel in den entsprechenden Fächern landet, lassen sich mit der Bernoulli-Formel berechnen und tabellarisch oder als Histogramm darstellen.

Definition: Binomialverteilung, binomialverteilte Zufallsgrößen
X heißt **binomialverteilte Zufallsgröße** mit den Parametern n und p (kurz $X \sim B_{n;\,p}$), wenn sie die Werte $k = 0, 1, 2, \ldots, n$ mit den Wahrscheinlichkeiten

$$B_{n;\,p}(k) = P(X = k) = \binom{n}{k} \cdot p^k \cdot (1-p)^{n-k} \qquad (0 < p < 1)$$

annimmt. Die Zuordnung, die jedem k die Wahrscheinlichkeit $P(X = k)$ zuordnet, heißt **Binomialverteilung**. Sie wird mithilfe einer Tabelle oder eines Histogramms dargestellt.

Hinweis:
Die Wahrscheinlichkeiten einer Binomialverteilung addieren sich stets zu 1.
Im zugehörigen Histogramm ist daher die Summe der Flächeninhalte aller Säulen 1.

Im **Histogramm** einer Binomialverteilung hat jede Säule zur Trefferzahl k die Breite 1 und die Höhe $P(X = k)$. Der Flächeninhalt einer Säule entspricht der zugehörigen Wahrscheinlichkeit.

Häufig interessiert man sich nicht für Einzelwahrscheinlichkeiten, sondern für die Wahrscheinlichkeit höchstens k Treffer zu erzielen. Diese nennt man **kumulierte Wahrscheinlichkeit**.

Hinweis:
Eine Summe mit vielen Summanden gleicher Art kann kurz mit dem Summenzeichen geschrieben werden.
$\sum_{i=0}^{k} P(X = i)$
$= P(X = 0) + P(X = 1) + \ldots + P(X = k)$

Definition: Kumulierte Wahrscheinlichkeit
Bei einer binomialverteilten Zufallsgröße X nennt man die Wahrscheinlichkeit, dass die Anzahl der Treffer höchstens k ist, **kumulierte Wahrscheinlichkeit**:
$F_{n;\,p}(k) = P(X \leq k) = P(X = 0) + P(X = 1) + \ldots + P(X = k)$

Auch die kumulierte Binomialverteilung lässt sich als Histogramm darstellen. Die Höhe einer Säule zum Wert k ergibt sich durch Aufstapeln der ersten k + 1 Säulen der Binomialverteilung.
Somit steigen die Werte mit größer werdendem k und es gilt
$\mathbf{F_{n;\,p}(k) = P(X \leq k) \leq P(X \leq n) = 1}$.

Im Beispiel gilt n = 4 und p = 0,5.

k	0	1	2	3	4
$B_{4;\,0,5}(k)$	0,06	0,25	0,38	0,25	0,6
$F_{4;\,0,5}(k)$	0,06	0,31	0,69	0,94	1

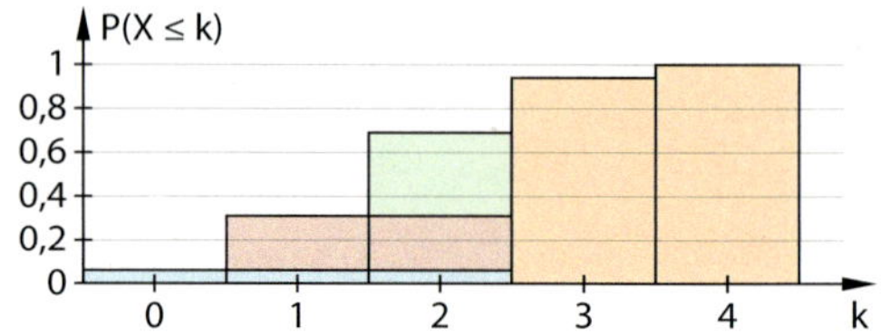

Beispiel 1: Ein Tetraeder-Würfel wird 50-mal geworfen. Die Zufallsgröße X zählt dabei die Anzahl der Einsen. Bestimmen Sie die Wahrscheinlichkeit, dass die „1" so oft gewürfelt wird:
a) genau 15-mal,
b) höchstens 10-mal,
c) mindestens 15-mal,
d) höchstens 20-mal, aber mindestens 15-mal.

Lösung:
a) Berechnen Sie die Einzelwahrscheinlichkeit $P(X = 15)$.
$P(X = 15) \approx 0{,}089$

b) Berechnen Sie die kumulierte Wahrscheinlichkeit $P(X \leq 10)$.
$P(X \leq 10) = P(X = 0) + P(X = 1) + \ldots + P(X = 10) \approx 0{,}262$

c) Das Ereignis „mindestens 15 Treffer" ist das Gegenereignis zu „höchstens 14 Treffer".
$P(X \geq 15) = P(X = 15) + P(X = 16) + \ldots + P(X = 50) = 1 - P(X \leq 14) \approx 0{,}252$

d) Das Ereignis „höchstens 20-mal, aber mindestens 15-mal" bedeutet $X \leq 20$ und $X \geq 15$. Berechnen Sie $P(X \leq 20) - P(X \leq 14)$.
$P(15 \leq X \leq 20)$
$= P(X = 15) + P(X = 16) + \ldots + P(X = 20)$
$= P(X \leq 20) - P(X \leq 14) \approx 0{,}246$

Basisaufgaben

1. Erstellen Sie eine Tabelle zur Binomialverteilung mit den gegebenen Werten n und p. Stellen Sie diese in einem Histogramm dar.
   a) n = 8; p = 0,6 b) n = 12; p = 0,8 c) n = 10; p = 0,5 d) n = 15; p = 0,4

2. Die Abbildungen zeigen Histogramme unterschiedlicher Binomialverteilungen.
   a) Entscheiden Sie, welches der Histogramme ① bis ③ zu einer Bernoulli-Kette mit n = 5 und p = 0,25 passt.
   b) Das Histogramm ④ gehört auch zu einer Bernoulli-Kette. Begründen Sie, ob die Trefferwahrscheinlichkeit p größer, kleiner oder gleich 0,5 ist.

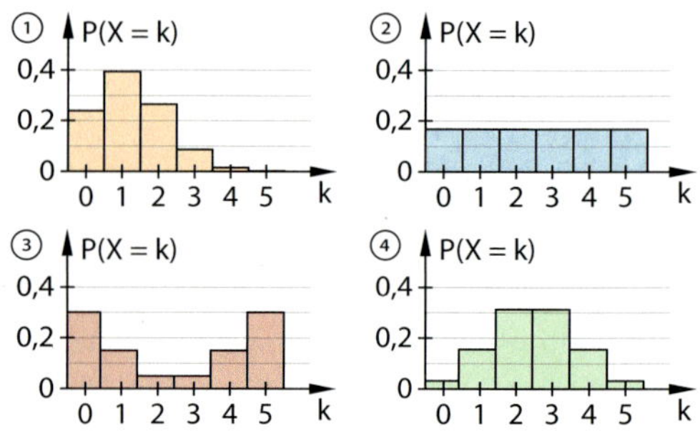

3. Das Histogramm zeigt eine Binomialverteilung mit $n = 10$ und $p = 0{,}6$.

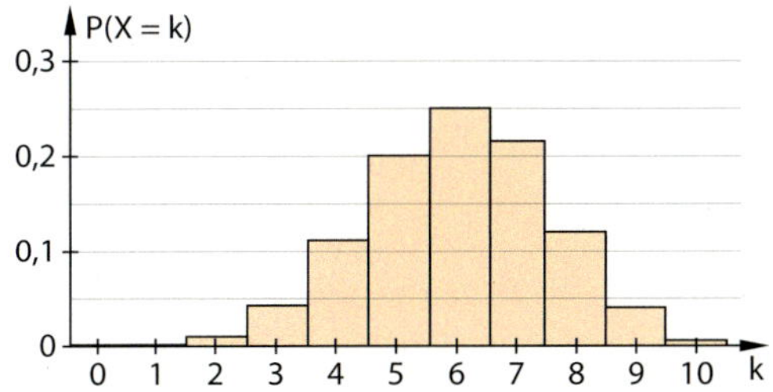

a) Bestimmen Sie aus dem Histogramm näherungsweise die Werte für die Wahrscheinlichkeiten $P(X \leq 3)$, $P(X = 6)$, $P(X \geq 8)$, $P(X < 8)$, $P(5 \leq X \leq 8)$ und $P(X > 3)$.

b) Berechnen Sie die Werte aus a) und vergleichen Sie.

c) Fertigen Sie das Histogramm der kumulierten Verteilung an.

d) Erläutern Sie die Werte und ordnen Sie sie aufsteigend nach der Größe:
① $P(X \leq 5)$ ② $P(X > 6)$ ③ $P(4 < X < 8)$ ④ $1 - P(X = 6)$

e) Erstellen Sie ein Histogramm mit $n = 10$ und $p = 0{,}455$.

Hinweis:
Informieren Sie sich, wie Sie bei Ihrem Taschenrechner-Modell die Wahrscheinlichkeiten $B_{n;\,p}(k)$ und $F_{n;\,p}(k)$ berechnen können.

4. Die Abbildung zeigt das Histogramm einer kumulierten Binomialverteilung mit $n = 6$. Bestimmen Sie damit näherungsweise die Wahrscheinlichkeit.

a) $P(X \leq 4)$ b) $P(X > 3)$
c) $P(X \geq 5)$ d) $P(X = 3)$

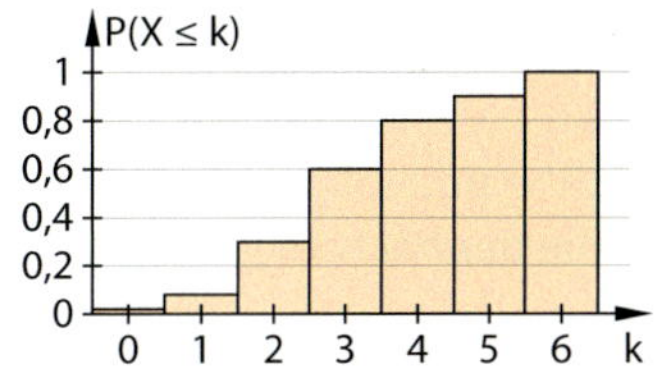

5. Gegeben ist eine Binomialverteilung mit $n = 40$ und $p = 0{,}4$. Schreiben Sie die Wahrscheinlichkeit für die Trefferzahl als kumulierte Wahrscheinlichkeit und berechnen Sie diese.

a) höchstens 25 Treffer b) mindestens 10 Treffer c) zwischen 15 und 30 Treffer

Hinweis:
Eine Zahl „zwischen x und y" soll hier als „mindestens x, höchstens y" verstanden werden.

6. Jeder Term berechnet eine Wahrscheinlichkeit zu einer binomialverteilten Zufallsgröße X.

① $\binom{25}{3} \cdot 0{,}25^3 \cdot 0{,}75^{25-3}$ ② $\binom{10}{0} \cdot 0{,}3^0 \cdot 0{,}7^{10} + \binom{10}{1} \cdot 0{,}3^1 \cdot 0{,}7^9$

③ $1 - \left(\binom{15}{13} \cdot 0{,}8^{13} \cdot 0{,}2^2 + \binom{15}{14} \cdot 0{,}8^{14} \cdot 0{,}2 + 0{,}8^{15}\right)$

④ $\binom{60}{20} \cdot 0{,}6^{20} \cdot 0{,}4^{40} + \binom{60}{21} \cdot 0{,}6^{21} \cdot 0{,}4^{39} + \ldots + \binom{60}{39} \cdot 0{,}6^{39} \cdot 0{,}4^{21} + \binom{60}{40} \cdot 0{,}6^{40} \cdot 0{,}4^{20}$

a) Geben Sie jeweils n und p an und formulieren Sie das betrachtete Ereignis in Worten.

b) Berechnen Sie die Wahrscheinlichkeiten möglichst einfach mit dem Taschenrechner.

7. Die Produktionsabteilung einer Elektronikfirma gibt an, dass ein Bauteil nur mit einer Wahrscheinlichkeit von 0,1 % einen Fehler aufweist.

a) Erklären Sie in diesem Zusammenhang die Bedeutung des folgenden Terms.

① $0{,}999^{10} + \binom{10}{1} \cdot 0{,}001 \cdot 0{,}999^9 + \binom{10}{2} \cdot 0{,}001^2 \cdot 0{,}999^8$

② $\binom{50}{48} \cdot 0{,}999^{48} \cdot 0{,}001^2 + \binom{50}{49} \cdot 0{,}999^{49} \cdot 0{,}001 + 0{,}999^{50}$

b) In einer Woche produziert die Firma am Montag 500 und am Dienstag 750 Bauteile. Berechnen Sie die Wahrscheinlichkeit, dass
① am Montag höchstens 10 Bauteile fehlerhaft sind,
② am Dienstag mindestens 745 Bauteile in Ordnung sind,
③ an beiden Tagen zusammen mindestens 1245 Bauteile in Ordnung sind,
④ am Montag höchstens 5 und am Dienstag höchstens 10 Bauteile fehlerhaft sind.

TK **8.** Gegeben ist eine Trefferwahrscheinlichkeit p zu einer Binomialverteilung mit $n = 20$. Schätzen Sie, welche Trefferanzahl k die größte Wahrscheinlichkeit hat. Erstellen Sie mit mit einer Tabellenkalkulation ein Histogramm und überprüfen Sie Ihre Schätzung.

a) $p = 0{,}5$ b) $p = 0{,}3$ c) $p = 0{,}8$ d) $p = 0{,}1$

Hinweis zu 8:
Statt einer Tabellenkalkulation kann auch ein CAS verwendet werden

Erwartungswert und Standardabweichung

Bei einer Binomialverteilung stellt sich häufig die Frage, mit welcher Trefferzahl man im Mittel rechnen kann und wie stark die Trefferzahl um dieses Mittel streut. Hierfür werden zwei Kenngrößen definiert.

Hinweis:
Ist klar, welche Größe X gemeint ist, bezeichnet man den Erwartungswert E(X) auch mit μ („mü") und die Standardabweichung $\sigma(X)$ mit σ („sigma").

Definition: Erwartungswert und Standardabweichung einer Binomialverteilung
Für eine binomialverteilte Zufallsgröße X mit den Parametern n und p sei:
Erwartungswert $\mu = E(X) = n \cdot p$
Standardabweichung $\sigma = \sigma(X) = \sqrt{n \cdot p \cdot (1-p)}$

Der Erwartungswert gibt die im Mittel zu erwartende Trefferanzahl an, die Standardabweichung ist ein Maß für die Streuung der Verteilung. Beide Kenngrößen lassen sich an der Gestalt des zugehörigen Histogramms verdeutlichen:

Ist der **Erwartungswert** μ ganzzahlig, so liegt er an der Stelle mit der höchsten Säule. Ist μ nicht ganzzahlig, so liegt er in unmittelbarer Nähe der höchsten Säule.

Die **Standardabweichung** σ bestimmt als Streuungsmaß die Breite des Histogramms. Mit deutlich mehr als 50 % Wahrscheinlichkeit liegt die Trefferzahl innerhalb eines Intervalls der Breite 2σ um den Erwartungswert μ.

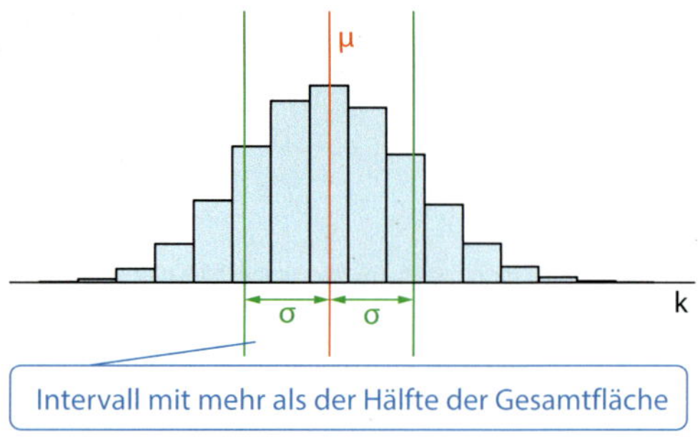

Beispiel 2: Ein normaler Spielwürfel wird zehnmal geworfen. Die Größe X gibt an, wie oft eine Eins oder eine Sechs fällt.
a) Berechnen Sie den Erwartungswert und die Standardabweichung von X.
b) Erläutern Sie die Bedeutung des Erwartungswerts im Sachzusammenhang.
c) Entscheiden Sie begründet, welches der Histogramme zur Binomialverteilung passt.

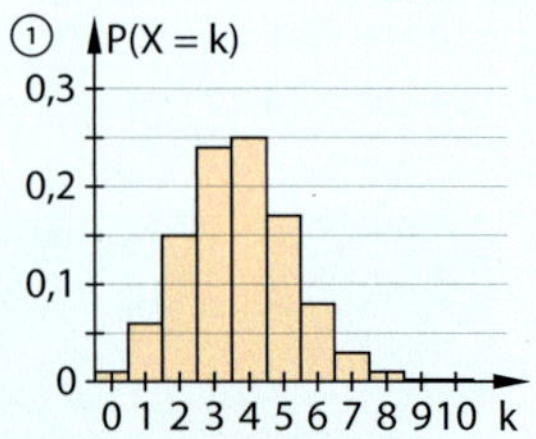

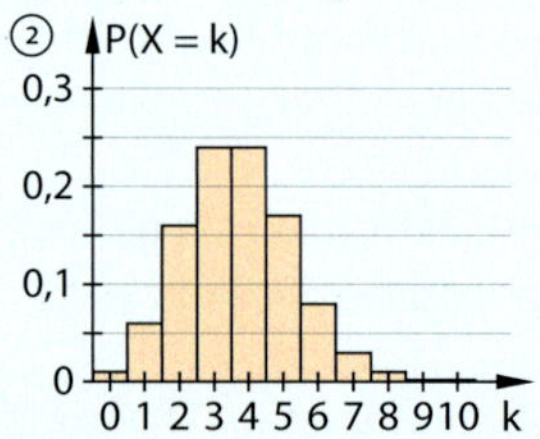

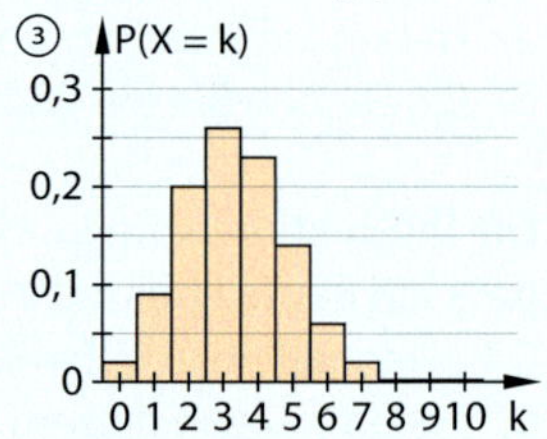

Lösung:

a) Modellieren Sie die Situation als Bernoulli-Kette. Setzen Sie n und p in die Formeln für μ und σ ein.

X ist binomialverteilt mit $n = 10$; $p = \frac{1}{3}$.
$\mu = 10 \cdot \frac{1}{3} \approx 3{,}3$; $\sigma = \sqrt{10 \cdot \frac{1}{3} \cdot \frac{2}{3}} \approx 1{,}49$

b) Der Erwartungswert ist eine Prognose für die durchschnittliche Trefferanzahl.

Es ist zu erwarten, dass bei 10 Würfen im Schnitt 3,3-mal eine Eins oder Sechs fällt.

c) Überprüfen Sie, bei welchem Histogramm die höchste Säule in der Nähe von μ liegt. Prüfen Sie anschließend, ob sich im Bereich $[\mu - \sigma; \mu + \sigma]$ mehr als die Hälfte der Gesamtfläche aller Säulen befindet.

Nur bei ① und ③ liegt die höchste Säule bei $k = 3$, also in der Nähe von $\mu \approx 3{,}3$.
Nur bei ③ liegen die meisten Treffer im Bereich $[3{,}3 - 1{,}49; 3{,}3 + 1{,}49] = [1{,}81; 4{,}79]$.
Also passt ③ zur Binomialverteilung.

Basisaufgaben

9. Berechnen Sie den Erwartungswert μ und die Standardabweichung σ einer binomialverteilen Zufallsgröße X mit den angegebenen Parametern n und p.

a) $n = 100;\ p = 0{,}2$ b) $n = 400;\ p = 0{,}5$ c) $n = 100;\ p = 0{,}8$ d) $n = 10\,000;\ p = 0{,}1$

10. Abgebildet sind die Histogramme von drei verschiedenen Binomialverteilungen.
Ordnen Sie den Histogrammen ① bis ③ die zugehörigen Parameter μ und σ zu.

(A) $\mu = 9$, $\sigma = 1{,}9$ (B) $\mu = 5{,}8$, $\sigma = 0{,}9$ (C) $\mu = 2$, $\sigma = 1{,}22$ (D) $\mu = 4$, $\sigma = 0{,}85$ (E) $\mu = 4$, $\sigma = 1{,}55$ (F) $\mu = 6$, $\sigma = 1{,}9$

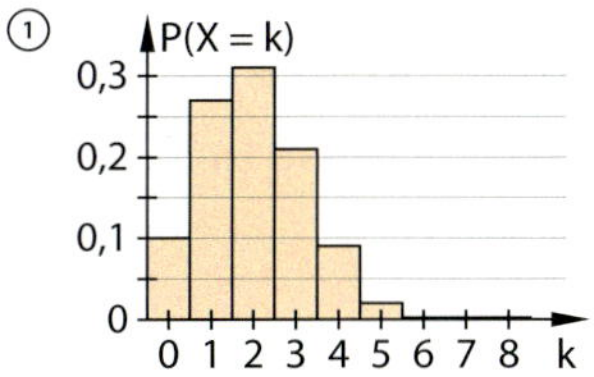

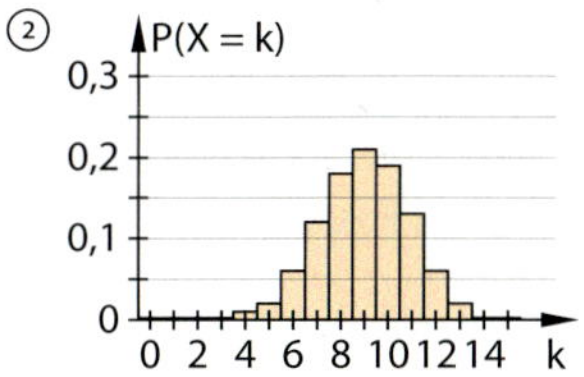

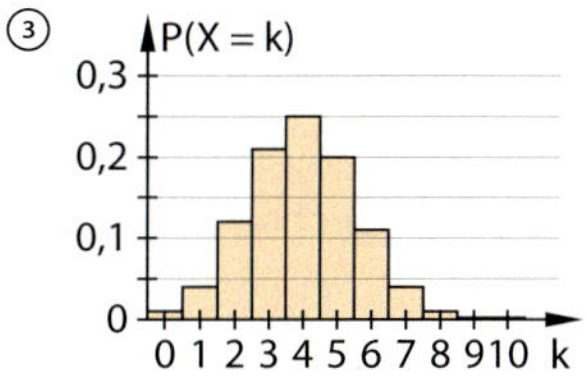

11. Die Histogramme gehören zu Binomialverteilungen mit $n = 10$.

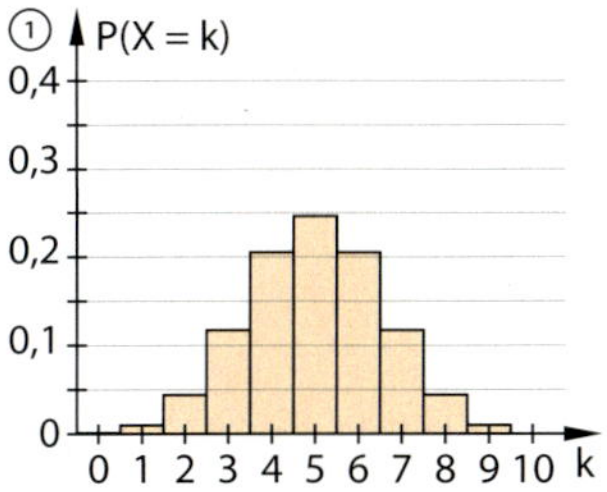

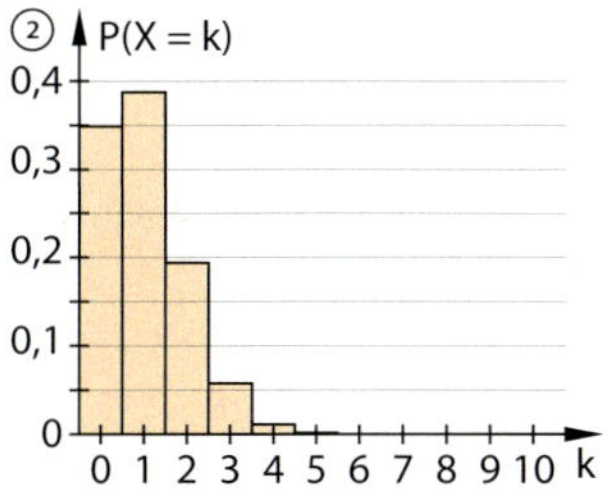

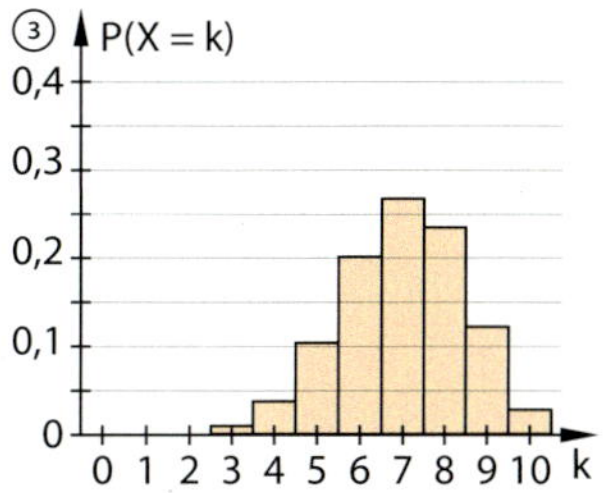

a) Ordnen Sie die Trefferwahrscheinlichkeiten $p = 0{,}5$ und $p = 0{,}7$ den Histogrammen zu.
b) Schätzen Sie begründet eine Trefferwahrscheinlichkeit für das übrige Histogramm.
c) Beschreiben Sie, wie sich die Gestalt der Verteilung in Abhängigkeit von p verändert.

Weiterführende Aufgaben

12. Im 11. Jahrgang eines Gymnasiums kommen im Schnitt 55 % der 80 Schüler mit dem Bus zur Schule, 30 % kommen mit dem Fahrrad und 15 % kommen auf anderen Wegen zur Schule.

a) Die Größe X zählt die Anzahl derjenigen Schüler, die an einem zufälligen Tag mit dem Bus zur Schule kommen. Erläutern Sie, unter welchen Annahmen X als binomialverteilt angenommen werden kann. Geben Sie die Parameter n und p an.
b) In der 11a sind 25 Schüler. Berechnen Sie die Wahrscheinlichkeit, dass
① höchstens 15 von ihnen mit dem Bus zur Schule kommen,
② zwischen 15 und 20 Schülern mit dem Fahrrad zur Schule kommen,
③ mindestens 10 mit dem Fahrrad zur Schule kommen.
c) Berechnen Sie den Erwartungswert und die Standardabweichung von X und interpretieren Sie die beiden Werte im Sachzusammenhang.

Hinweis:
Eine Zahl „zwischen x und y" soll hier als „mindestens x, höchstens y" verstanden werden.

13. Stolperstelle: Bei einer Wahl bekam eine Partei 32 % der Stimmen. Nach der Wahl werden 200 zufällig ausgesuchte Wähler befragt. Erklären Sie, welche Fehler Tim und Sabrina beim Berechnen der Wahrscheinlichkeiten machen, und korrigieren Sie diese.

a) Tim: *„Die Wahrscheinlichkeit, dass unter den Befragten weniger als 70 Wähler der Partei sind, ist $P(X \le 70) = P(X = 0) + P(X = 1) + \ldots + P(X = 70) \approx 0{,}838$."*

b) Sabrina: *„Die Wahrscheinlichkeit, dass zwischen 60 und 80 Wähler der Partei befragt wurden, ist $P(60 \le X \le 80) = P(X \le 80) - P(X \le 60) \approx 0{,}693$."*

14. In der Schulmensa können alle Personen der Schule ein warmes Mittagessen bestellen. Die Bestellungen müssen bis zum Vortag abgegeben werden. Die Erfahrung zeigt, dass durchschnittlich nur 90 % der bestellten Essen auch tatsächlich gekauft werden.

a) Es gehen 550 Vorbestellungen ein. Untersuchen Sie, mit welcher Wahrscheinlichkeit die Zubereitung von 500 Mittagessen ausreichen würde.

b) Prüfen Sie, ob die Wahrscheinlichkeit, dass bei 450 Vorbestellungen 410 zubereitete Essen nicht ausreichen, unter 20 % liegt.

15. Zehn Reißzwecken werden gleichzeitig geworfen. Eine Reißzwecke landet beim Werfen mit einer Wahrscheinlichkeit von $p = 0{,}4$ mit der Spitze nach oben. Die Größe X beschreibt bei diesem Bernoulli-Experiment die Anzahl der Reißzwecken, die mit der Spitze nach oben landen.

a) Berechnen Sie die Verteilung von X und erstellen Sie ein Histogramm.

b) Berechnen Sie $P(X < 2)$ und $P(X \ge 2)$ und markieren Sie diese Wahrscheinlichkeiten als Flächen im Histogramm.

c) Erstellen Sie ein Histogramm der kumulierten Verteilung.

d) Bestimmen Sie, welchem Wert sich die durchschnittliche Zahl der Reißzwecken, die mit der Spitze nach oben landen, bei häufiger Wiederholung des Experiments nähert.

16. Eine binomialverteilte Zufallsgröße X hat den Erwartungswert 12 und die Standardabweichung $\sqrt{4{,}8}$. Bestimmen Sie die Werte von n und p.

17. Bestimmen Sie die Trefferwahrscheinlichkeit p.

a) Für eine binomialverteilte Zufallsgröße X mit $n = 6$ gilt: $P(X = 5) = 3 \cdot P(X = 6)$

b) Für eine binomialverteilte Zufallsgröße X mit $n = 4$ gilt: $P(X = 2) = 4 \cdot P(X = 4)$

18. X ist eine binomialverteilte Zufallsgröße mit den Parametern n und p.
Begründen Sie, ob die Aussage richtig oder falsch ist. Korrigieren Sie, wenn nötig.

a) $P(X \le n) = 1$ b) $P(X \le 0) = 0$ c) $P(X \le k) + P(X \ge k) = 1$

d) Für $k = 0, 1, \ldots, n$ gilt: Je größer k ist, desto größer ist $P(X \le k)$.

e) Für $k = 1, 2, \ldots, n$ gilt: Je größer n ist, desto größer ist $P(X \ge k)$.

19. Eine Zufallsgröße X ist binomialverteilt mit $p = 0{,}5$.

a) Berechnen Sie die Wahrscheinlichkeiten der Binomialverteilung für $n = 7$ ($n = 8$) und stellen Sie die Verteilung in einem Histogramm dar.

b) Erläutern Sie, welche Symmetrieeigenschaft die Verteilungen in a) haben.

c) Zeigen Sie mithilfe der Bernoulli-Formel, dass für beliebiges n und für $k = 0, 1, \ldots, n$ gilt: $P(X = k) = P(X = n - k)$

d) Untersuchen Sie, ob die Symmetrieeigenschaft auch für $p \ne 0{,}5$ gilt.

20. Faires Spiel: Ein Spiel heißt **fair**, wenn die langfristig zu erwartende mittlere Auszahlung dem Einsatz entspricht. Hierzu wird das folgende Glücksspiel betrachtet:

> Ein normaler Spielwürfel wird zehnmal geworfen.
> Für jede gewürfelte „6" erhält der Spieler 2 €. Der Einsatz beträgt 4 €.

Hinweis:
Bei einem fairen Spiel können weder Spieler noch Anbieter im Mittel einen Gewinn erwarten.

a) Die Tabelle zeigt die Ergebnisse einer Simulation des Glückspiels für 50 Durchgänge. Es wurde jeweils die Anzahl der gewürfelten Sechsen notiert. Ermitteln Sie daraus die durchschnittliche Anzahl an Sechsen pro Durchgang sowie den durchschnittlichen Auszahlungsbetrag.

3	2	2	1	0	1	1	2	1	2
2	1	2	3	1	0	1	2	3	2
2	4	2	2	1	2	2	3	1	0
2	1	3	2	0	1	3	0	3	2
2	0	1	2	2	1	1	2	3	2

b) Modellieren Sie das Glücksspiel als Bernoulli-Kette und berechnen Sie den Erwartungswert μ. Begründen Sie mithilfe von a), dass der Term $\mu \cdot 2$ € der langfristig zu erwartenden mittleren Auszahlung entspricht.

c) Untersuchen Sie, ob das angebotene Glücksspiel fair ist. Geben Sie gegebenenfalls an, wie hoch der Einsatz sein müsste, damit das Spiel fair ist.

21. Ein Glücksspiel wird in zwei Varianten angeboten.
Variante A: Ein Spielwürfel wird 20-mal geworfen. Jedes Mal, wenn der Würfel eine 5 oder eine 6 zeigt, bekommt der Spieler 1,50 €. Der Einsatz beträgt 10 €.
Variante B: Ein Spielwürfel wird 40-mal geworfen. Jedes Mal, wenn der Würfel eine 6 zeigt, bekommt der Spieler 1,50 €. Der Einsatz beträgt 10 €.

a) Erklären Sie, warum beide Varianten auf eine Bernoulli-Kette zurückzuführen sind. Geben Sie jeweils n und p an.

b) Weisen Sie durch geeignete Rechnungen nach, dass beide Spielvarianten fair sind.

c) Bestimmen Sie die Standardabweichungen beider Binomialverteilungen, vergleichen Sie die Werte und erklären Sie ihre Bedeutung im Sachzusammenhang.

d) Bei einer Variante C werden zwei Würfel 20-mal geworfen und man bekommt 3 €, wenn die Augensumme 8 oder größer ist. Bestimmen Sie einen fairen Einsatz für dieses Spiel.

22. Ein Bio-Bauer beliefert einen Großmarkt mit Bio-Eiern. Dabei garantiert er, dass 95 % der Eier unbeschädigt sind. Der Großhändler überprüft bei Eintreffen der Lieferung eine Stichprobe von 50 Eiern. Wenn er mehr als 5 beschädigte Eier findet, dann braucht er nur 50 % des Preises zu bezahlen.

a) Berechnen Sie die Wahrscheinlichkeit, dass der Großhändler
① eine Lieferung mit 95 % unbeschädigten Eiern zum halben Preis bekommt,
② für eine Lieferung mit nur 85 % unbeschädigten Eiern den vollen Preis bezahlt.

b) Der Großhändler entnimmt einer Lieferung nun eine Stichprobe von 200 Eiern und akzeptiert dabei höchstens 20 beschädigte Eier. Untersuchen Sie, wie sich die Wahrscheinlichkeiten aus a) verändern.

23. Ausblick: Manchmal interessiert man sich nicht für die Anzahl an Treffern, sondern für die Anzahl der Versuche bis zum ersten Treffer. Beim Würfeln kann man sich zum Beispiel fragen, wie oft gewürfelt werden muss, bis zum ersten Mal eine „6" auftritt.
Zu einer Bernoulli-Kette mit Trefferwahrscheinlichkeit $p = 0{,}25$ zählt die Größe X die Anzahl der notwendigen Bernoulli-Versuche, bis der erste Treffer erzielt wird.

a) Berechnen Sie die Wahrscheinlichkeiten $P(X = 2)$ und $P(X = 10)$.

b) Erläutern Sie, dass gilt: $P(X = k) = p \cdot (1 - p)^{k-1}$.

c) Richtig oder falsch? Begründen Sie: $P(X = k) > 0$ für alle Werte $k \in \mathbb{N}$ mit $k \geq 1$.

d) Erklären Sie am Beispiel eines Spielwürfels, dass für den Erwartungswert gilt: $E(X) = \frac{1}{p}$.

4.3 Parameter der Binomialverteilung

■ An einer Schule kommen durchschnittlich 30 % der Schüler mit dem Fahrrad zum Unterricht. Ein Kurs mit 20 Schülern wird hierzu als Stichprobe befragt.

a) Zeigen Sie, dass bei einer Anzahl von 9 Radfahrenden in dieser Stichprobe zum ersten Mal die kumulierte Wahrscheinlichkeit von 90 % überschritten wird.

b) Beschreiben Sie, welchen Einfluss eine Vergrößerung der Stichprobe (n) oder eine Veränderung des Anteils der Radfahrenden (p) auf die kumulierte Wahrscheinlichkeit hat, wenn höchstens 9 Radfahrende in der Stichprobe sein sollen. ■

Häufig ergeben sich Fragestellungen nach den Parametern n und k einer binomialverteilten Zufallsgröße. Diese lassen sich oft nicht mit einer Rechnung beantworten. Die Parameter können aber durch Anlegen einer Tabelle oder systematisches Probieren bestimmt werden.

Der Parameter k ist gesucht

Wird eine Problemstellung mit einer binomialverteilten Zufallsgröße X modelliert, so ergeben sich die Parameter n und p häufig aus dem Kontext. Dann kann man nach einer Mindesttrefferzahl k suchen, die mit einer gegebenen **Mindestwahrscheinlichkeit** eintritt. In den Abbildungen und in der Tabelle ist zu sehen, dass bei einer Stichprobe der Länge $n = 20$ bei einer Trefferzahl $k = 10$ erstmals $P(X \leq k) > 0{,}8$ gilt.

k	…	8	9	10	11	12	…
$P(X \leq k)$	…	0,59	0,75	0,87	0,94	0,97	…

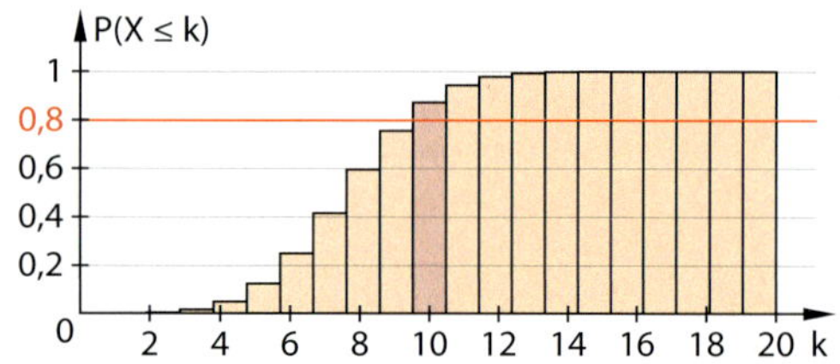

Beispiel 1: Eine Firma hat 200 Mitarbeiter. Jeder Mitarbeiter kommt unabhängig von den anderen mit einer Wahrscheinlichkeit von 70 % mit dem Auto zur Arbeit. An einem zufällig gewählten Tag kann die Anzahl der Autofahrer als binomialverteilte Zufallsgröße X aufgefasst werden.

a) Bestimmen Sie die Wahrscheinlichkeit, dass an einem beliebigen Tag 145 Parkplätze ausreichend sind.

b) Bestimmen Sie, wie viele Parkplätze mindestens nötig sind, damit diese mit einer Wahrscheinlichkeit von mindestens 90 % ausreichen.

Lösung:

a) Gesucht ist die kumulierte Wahrscheinlichkeit $P(X \leq 145)$. Berechnen Sie diese.

$P(X \leq 145) \approx 0{,}801$
Die Parkplätze reichen mit einer Wahrscheinlichkeit von ca. 80 % aus.

b) Das Ergebnis in a) zeigt, dass die Wahrscheinlichkeit dafür, dass 145 Parkplätze ausreichen, nur 80 % beträgt. Berechnen Sie die Wahrscheinlichkeiten $P(X \leq k)$ für $k > 145$, bis der Wert über 0,9 liegt.

$P(X \leq 146) \approx 0{,}842$
$P(X \leq 147) \approx 0{,}877$
$P(X \leq 148) \approx 0{,}907 > 0{,}9$
Es sind mindestens 148 Parkplätze nötig.

Basisaufgaben

1. Betrachten Sie eine binomialverteilte Zufallsgröße X mit $n = 70$ und $p = 0{,}35$.
a) Erstellen Sie eine Wertetabelle zu $P(X \leq k)$ für $20 \leq k \leq 30$.
b) Bestimmen Sie mithilfe der Wertetabelle aus a) den kleinsten Wert von k, sodass gilt:
① $P(X \leq k) \geq 0{,}7$ ② $P(X \leq k) > 0{,}9$ ③ $P(X > k) < 0{,}5$
c) Bestimmen Sie den größten Wert von k, sodass gilt:
① $P(X > k) \geq 0{,}4$ ② $P(X > k) > 0{,}75$ ③ $P(X \leq k) < 0{,}5$

Lösungen zu 1b und 1c:

21 27 24 24 23 30

2. In einer Kiste mit Schrauben ist jede Schraube mit 10 % Wahrscheinlichkeit defekt.
a) Berechnen Sie die Wahrscheinlichkeit, dass in einer Stichprobe von 40 Schrauben höchstens 3 defekte Schrauben sind.
b) Bestimmen Sie den kleinsten Wert k, sodass in einer Stichprobe von 40 Schrauben mit einer Wahrscheinlichkeit von mindestens 99 % höchstens k Schrauben defekt sind.

3. Im Stehplatzblock L eines Handballvereins sind alle 350 Plätze an Dauerkarteninhaber vergeben. Erfahrungsgemäß ist Block L während eines Spiels nur zu 85 % gefüllt. Daher überlegt der Verein, für diesen Block zusätzlich Tageskarten anzubieten.
a) Bestimmen Sie, mit welcher Wahrscheinlichkeit mehr als 300 Dauerkarteninhaber an einem Spieltag in Block L sind.
b) Untersuchen Sie, wie viele Plätze der Verein in Block L für Dauerkarteninhaber freihalten sollte, damit sie mit einer Wahrscheinlichkeit von mindestens 95 % (90 %) ausreichen.
c) Erläutern Sie die Bedeutung des folgenden Terms in diesem Sachzusammenhang:
$$\binom{350}{k} \cdot 0{,}85^k \cdot 0{,}15^{350-k} + \binom{350}{k+1} \cdot 0{,}85^{k+1} \cdot 0{,}15^{350-(k+1)} + \ldots + \binom{350}{350} \cdot 0{,}85^{350} \cdot 0{,}15^0$$

4. Eine Firma hat 3 Telefonleitungen, die von 10 Angestellten in einem Großraumbüro genutzt werden. Jeder Angestellte belegt eine Leitung durchschnittlich für 15 Minuten pro Stunde.

a) Die Anzahl der benötigten Leitungen kann man als binomialverteilt mit $n = 10$ und $p = \frac{1}{4}$ betrachten. Erläutern Sie dies.
b) Bestimmen Sie die Wahrscheinlichkeit, dass die vorhandenen Leitungen zu einem bestimmten Zeitpunkt ausreichen.
c) Die Firma plant den Zukauf einer vierten Leitung. Entscheiden Sie, ob dies die Erreichbarkeit der Firma deutlich verbessert.
d) Untersuchen Sie, wie viele Leitungen die Firma mindestens benötigt, damit sie mit einer Wahrscheinlichkeit von mindestens 98 % ausreichen.
e) Die Firma stellt fünf neue Mitarbeiter ein. Bestimmen Sie die Anzahl der notwendigen Leitungen, damit diese mit einer Wahrscheinlichkeit von mindestens 98 % ausreichen.

5. Ein Basketballspieler hat bei 3-Punkt-Würfen eine Trefferquote von 40 %. Der blaue Graph im abgebildeten Screenshot stellt die Funktion f mit $f(x) = P(X \leq x)$ für $n = 50$ und $p = 0{,}4$ dar.

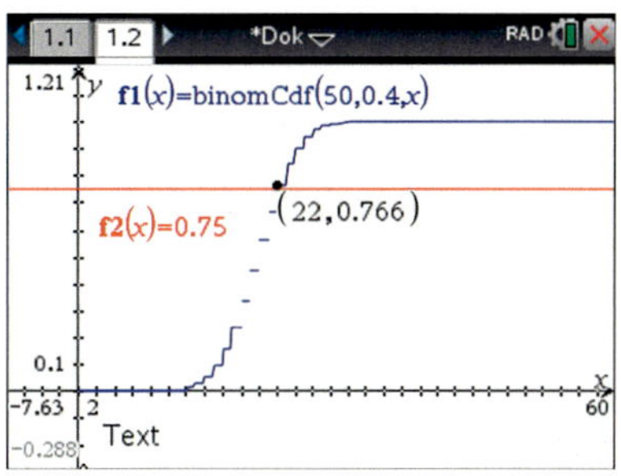

a) Erklären Sie, warum der Graph einen treppenartigen und keinen stetigen Verlauf nimmt.
b) Erläutern Sie im Sachzusammenhang die Bedeutung der roten Geraden und des schwarzen Punktes.

Der Parameter n ist gesucht

Wenn sowohl die Erfolgswahrscheinlichkeit p als auch die Trefferzahl k vorgegeben ist, so führt eine Vergrößerung der Stichprobe (n) auch zu einer Vergrößerung der Wahrscheinlichkeit, dass mindestens k Treffer in der Stichprobe enthalten sind. Mit größer werdendem n vergrößern sich auch der Erwartungswert μ und die Standardabweichung σ.

Hinweis:
Bei sehr großem n ist die größte Einzelwahrscheinlichkeit zwar sehr klein, aber in der Nähe des Erwartungswerts immer noch am größten.

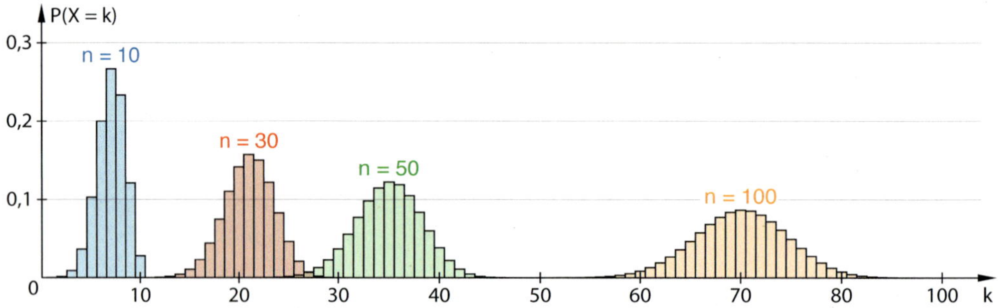

Eine rechnerische Bestimmung eines Mindeststichprobenumfangs n ist nur möglich, wenn nach mindestens einem Treffer gefragt wird. In allen anderen Fällen ist wieder das Anlegen einer Tabelle, eine grafische Untersuchung oder systematisches Probieren notwendig.

Beispiel 2: Von den Mitarbeitern einer Firma kommen durchschnittlich 70 % mit dem Auto zur Arbeit. An einem Tag wird eine Umfrage unter den Mitarbeitern durchgeführt.
Die Befragung wird als Bernoulli-Kette modelliert.

a) Bestimmen Sie, wie viele Mitarbeiter mindestens befragt werden müssen, damit mit einer Wahrscheinlichkeit von mindestens 95 % mindestens einer der Befragten mit dem Auto zur Arbeit gekommen ist.
b) Bestimmen Sie, wie viele Mitarbeiter mindestens befragt werden müssen, damit mit einer Wahrscheinlichkeit von mindestens 80 % mindestens 5 der Befragten mit dem Auto zur Arbeit gekommen sind.

Lösung:

a) Gesucht ist das kleinste n, für das gilt: $P(X \geq 1) \geq 0{,}95$
Drücken Sie $P(X \geq 1)$ mit der Gegenwahrscheinlichkeit aus und stellen Sie nach $P(X = 0)$ um.
Ersetzen Sie $P(X = 0) = 0{,}3^n$ und lösen Sie nach n auf. Beim Logarithmieren dreht sich das Ungleichheitszeichen um, da die Basis zwischen 0 und 1 liegt.
Runden Sie das Ergebnis auf, damit $P(X \geq 1) \geq 0{,}95$ gilt.

X: Anzahl der Befragten, die mit dem Auto kommen; X ist binomialverteilt mit p = 0,7

$P(X \geq 1) \geq 0{,}95$ (Gegenwahrscheinlichkeit)
$1 - P(X = 0) \geq 0{,}95 \quad | -0{,}95 \,|\, +P(X = 0)$
$P(X = 0) \leq 0{,}05$ (Seiten wurden getauscht)
$\binom{n}{0} \cdot 0{,}7^0 \cdot 0{,}3^n \leq 0{,}05$
$0{,}3^n \leq 0{,}05$
$n \geq \log_{0{,}3}(0{,}05) \approx 2{,}49$

Es müssen mindestens 3 Mitarbeiter befragt werden.

Hinweis:
Ist die Wahrscheinlichkeit für den Testwert kleiner als gefordert, muss n verringert werden.

b) Gesucht ist das kleinste n, für das gilt: $P(X \geq 5) \geq 0{,}8$
Verwenden Sie die Gegenwahrscheinlichkeit und stellen Sie um.
Berechnen Sie $P(X \leq 4)$ für einen Testwert (hier n = 6). Erhöhen Sie n und berechnen Sie $P(X \leq 4)$ so lange, bis das Ergebnis erstmals kleiner als 0,2 ist.

$P(X \geq 5) \geq 0{,}8$
$1 - P(X \leq 4) \geq 0{,}8$
$P(X \leq 4) \leq 0{,}2$
$n = 6{:}\ P(X \leq 4) \approx 0{,}580$
$n = 7{:}\ P(X \leq 4) \approx 0{,}353$ (Wert größer 0,2, also n erhöhen)
$n = 8{:}\ P(X \leq 4) \approx 0{,}194$

Mindestens 8 Mitarbeiter müssen befragt werden.

Basisaufgaben

6. Die Histogramme zeigen Binomialverteilungen mit $p = 0{,}4$ für unterschiedliche n.

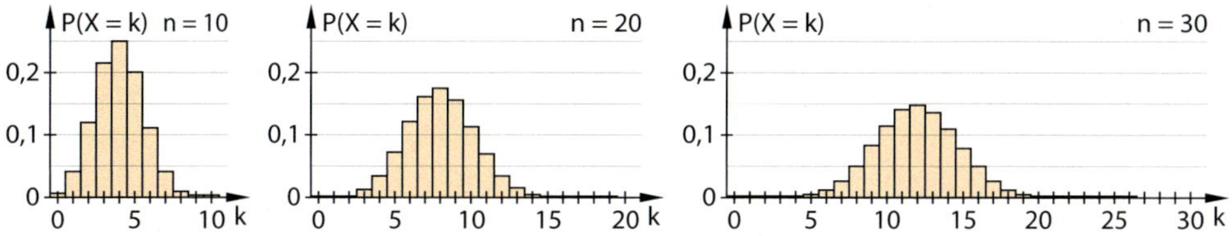

a) Beschreiben Sie, wie sich die Gestalt der Verteilung in Abhängigkeit von n verändert.
b) Erstellen Sie Histogramme für $p = 0{,}3$ ($p = 0{,}9$) für verschiedene n. Prüfen Sie, ob die Beobachtungen aus a) auch hier gelten.
c) Erläutern Sie, welche Beobachtungen man mit den Formeln für μ und σ erklären kann.

7. Ermitteln Sie, für welche n die Ungleichung erfüllt ist.
a) $0{,}1^n \le 0{,}001$ b) $0{,}85^n \le 0{,}3$ c) $1 - 0{,}7^n \ge 0{,}9$

Lösungen zu 7:
8 3 7 5

8. Berechnen Sie, wie oft man mit einem fairen Spielwürfel mindestens würfeln muss, um mit einer Wahrscheinlichkeit von mindestens 99 % mindestens einmal eine Sechs zu würfeln.

9. Linda nimmt jede Woche an einem Gewinnspiel teil. Da es etwa 1000 Teilnehmer gibt, kann man annehmen, dass sie jede Woche mit einer Wahrscheinlichkeit von 0,1 % den Preis gewinnt. Berechnen Sie, wie lange Linda mindestens teilnehmen muss, um mit einer Wahrscheinlichkeit von 90 % oder mehr den Preis wenigstens einmal zu gewinnen.

10. Betrachtet wird eine binomialverteilte Zufallsgröße X mit $p = 0{,}25$.
a) Erstellen Sie eine Wertetabelle für $P(X \le 6)$ für $10 < n < 30$.
b) Bestimmen Sie das größte n, sodass $P(X \le 6) \ge 0{,}9$.
c) Bestimmen Sie das kleinste n, sodass $P(X \le 6) \le 0{,}75$.
d) Bestimmen Sie das kleinste n, sodass $P(X \ge 7) \ge 0{,}6$.

11. Malte hat beim Torwandschießen eine Trefferquote von 30 %.
a) Berechnen Sie, wie oft Malte mindestens schießen muss, um mit einer Wahrscheinlichkeit von mindestens 99 % mindestens einmal zu treffen.
b) Ermitteln Sie, wie viele Versuche Malte mindestens benötigt, um mit einer Wahrscheinlichkeit von mindestens 90 % mindestens 4 Treffer zu landen.
c) Lösen Sie die Fragestellung in b) mit einer Mindestwahrscheinlichkeit von 80 %.

12. Betrachtet wird eine binomialverteilte Zufallsgröße X mit $p = 0{,}2$. Die Abbildung zeigt die Wahrscheinlichkeiten $1 - P(X \le 1)$ in Abhängigkeit von n. Lesen Sie die „Schnittpunkte" mit den Geraden $y = 0{,}4$, $y = 0{,}6$ und $y = 0{,}8$ ab und geben Sie ihre Bedeutung in einem möglichen Sachzusammenhang an.

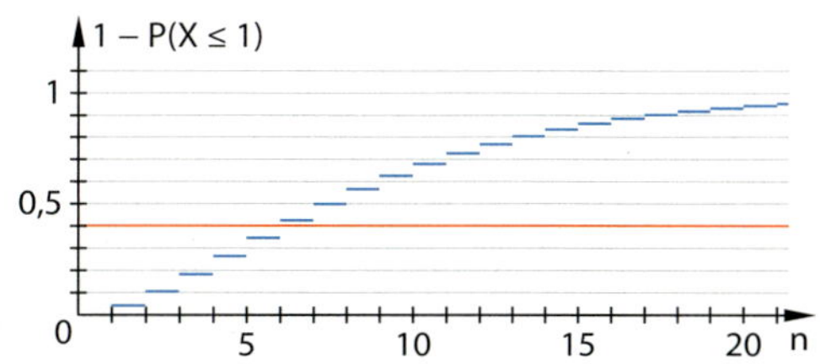

Weiterführende Aufgaben

13. Die Abbildungen zeigen je einen Abschnitt eines Histogramms einer Binomialverteilung mit p = 0,15 und unterschiedlichem n.

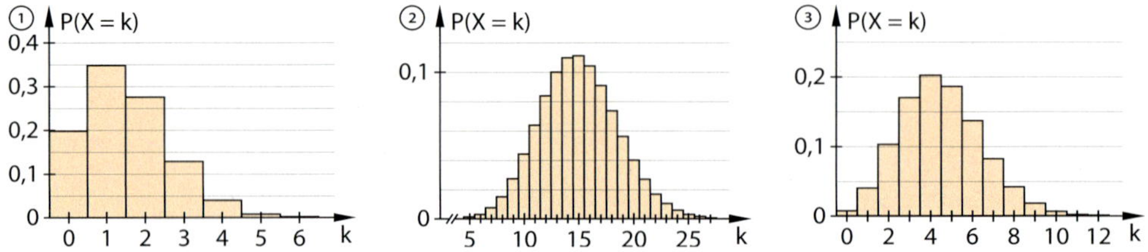

a) Ordnen Sie begründet die Histogramme aufsteigend nach dem Wert von n.

b) Beschreiben Sie, wie sich die Form der Histogramme mit steigendem n verändert.

14. Stolperstelle: Ein Kurs für Sozialwissenschaften möchte eine Wahlprognose machen. Dazu befragen die Kursteilnehmer an einem Dienstagvormittag 186 Passanten. 94 Befragte geben dabei an, dass sie am kommenden Wahlsonntag die Partei A wählen.

a) Beurteilen Sie die Vorgehensweise allgemein.

b) Beurteilen Sie die folgende Aussage, die der Kurs aufgrund der Befragung in einem Thesenpapier vertritt: „Die Partei A wird die absolute Mehrheit bekommen."

15. Beim Bogenschießen trifft ein Schütze mit einer Wahrscheinlichkeit von 85 % ins Ziel. In einer Trainingseinheit schießt er so lange, bis er mindestens 10 Treffer erzielt hat.

a) Beschreiben Sie in diesem Zusammenhang die Gleichung $P(X \geq 10) = 1 - P(X \leq 9)$.

b) Untersuchen Sie, wie viele Versuche der Schütze ausführen muss, damit er mit einer Wahrscheinlichkeit von mindestens 95 % mindestens 10 Treffer erzielt.

16. In Deutschland werden 42 % aller Haushalte von einem Single bewohnt. Für eine Umfrage unter Singles werden Haushalte zufällig ausgesucht.

a) Berechnen Sie die Wahrscheinlichkeit dafür, dass von 100 zufällig ausgewählten Haushalten mindestens 50 Single-Haushalte sind.

b) Berechnen Sie, wie viele Haushalte ausgesucht werden müssen, um mit einer Wahrscheinlichkeit von mindestens 90 % mindestens einen Single-Haushalt vorzufinden.

c) Ermitteln Sie, wie viele Haushalte ausgesucht werden müssen, um mit einer Wahrscheinlichkeit von mindestens 90 % mindestens 40 Single-Haushalte vorzufinden.

TK **17.** In der Abbildung sind zu n = 250, p = 0,4 in der Spalte A die Zahlen k von 0 bis 250 notiert. In Spalte B werden die Werte $P(X \leq k)$ für eine binomialverteilte Zufallsgröße X berechnet.

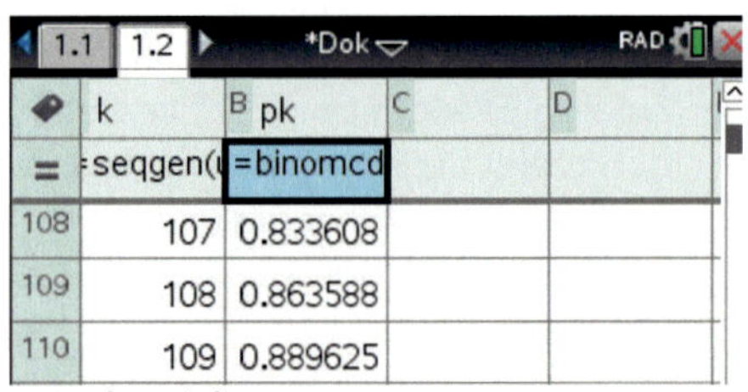

a) Legen Sie die Tabelle an $(80 \leq k \leq 120)$.

b) Bestimmen Sie den Erwartungswert μ und die Standardabweichung σ.
Geben Sie alle Werte k an, die maximal um σ von μ abweichen.
Bestimmen Sie die Wahrscheinlichkeit, dass X einen dieser Werte annimmt.

c) Bestimmen Sie den kleinsten Wert von k mit $P(X \leq k) > 0{,}5$ bzw. $P(X > k) < 0{,}1$.

18. Parameter p gesucht: In einer Firma ist der Anteil p der Mitarbeiter, die mit dem Auto zur Arbeit kommen, unbekannt. Es werden 20 Mitarbeiter dazu befragt. X gibt die Anzahl der Befragten an, die mit dem Auto kommen.

a) In der nebenstehenden Rechnung wird ermittelt, wie groß der Anteil p mindestens sein muss, damit mit einer Wahrscheinlichkeit von mindestens 80 % mindestens ein Befragter mit dem Auto kommt. Erläutern Sie den Ansatz sowie die einzelnen Rechenschritte. Formulieren Sie auch einen Antwortsatz zur Rechnung.

$$
\begin{aligned}
P(X \geq 1) &\geq 0{,}8 \quad \text{(Ansatz)}\\
1 - P(X = 0) &\geq 0{,}8\\
P(X = 0) &\leq 0{,}2\\
\binom{20}{0} \cdot p^0 \cdot (1-p)^{20} &\leq 0{,}2\\
1 - p &\leq \sqrt[20]{0{,}2}\\
p &\geq 1 - \sqrt[20]{0{,}2} \approx 0{,}077
\end{aligned}
$$

b) Bestimmen Sie, wie groß der Anteil p sein muss, damit mit einer Wahrscheinlichkeit von mindestens 90 % mindestens ein Befragter mit dem Auto kommt.

c) Ermitteln Sie, wie groß der gesuchte Anteil p aus a) sein muss, wenn 50 Mitarbeiter befragt werden.

19. Ein Süßwarenhersteller wirbt damit, dass ein bestimmter Prozentsatz seiner Überraschungseier eine Spielfigur enthält. Berechnen Sie, wie groß der Prozentsatz mindestens sein muss, um in 7 Eiern mit einer Wahrscheinlichkeit von mindestens 90 % mindestens eine Figur zu finden.

20. Mira ist Mittelfeldspielerin. Sie hat eine durchschnittliche Passquote von 85 %.

a) In einem Spiel spielt sie insgesamt 75 Pässe. Berechnen Sie die Wahrscheinlichkeit dafür, dass davon höchstens 70 Pässe, mindestens 60 Pässe bzw. zwischen 55 und 65 Pässe ankommen.

b) Die Zufallsgröße Y zählt die Anzahl der Fehlpässe, die Mira in einem Spiel mit 80 eigenen Pässen spielt. Berechnen Sie $P(Y \leq 10)$ und erklären Sie die Bedeutung der Wahrscheinlichkeit.

c) Bestimmen Sie den kleinsten Wert von k mit $P(Y \leq k) > 0{,}9$. Erklären Sie das Ergebnis.

d) Berechnen Sie, wie viele Pässe Mira mindestens spielen muss, damit mit einer Wahrscheinlichkeit von mindestens 90 % mindestens ein Pass ankommt.

e) Miras Freundin Sina spielt im Sturm. Ermitteln Sie, wie hoch Sinas Trefferquote mindestens sein müsste, damit sie bei 10 Torschüssen mit einer Wahrscheinlichkeit von mindestens 95 % mindestens einmal trifft.

Hinweis:
Eine Zahl „zwischen x und y" soll hier als „mindestens x, höchstens y" verstanden werden.

21. Ausblick: Das abgebildete Glücksrad besteht aus blauen, roten und grünen Sektoren. Bei 10 Drehungen soll insgesamt r-mal ein roter, b-mal ein blauer und g-mal ein grüner Sektor gedreht werden.

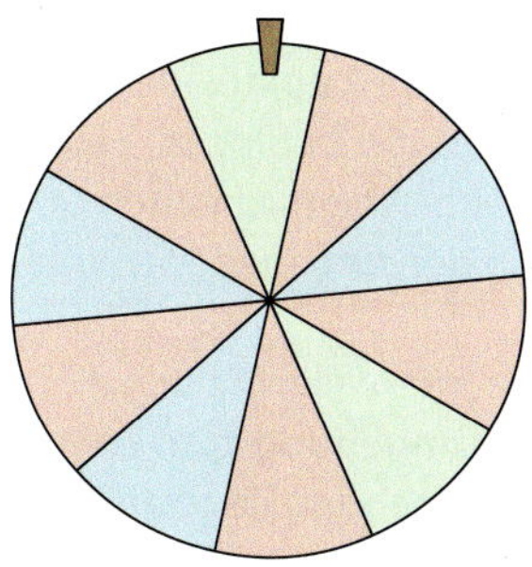

a) Beschreiben Sie, welche Eigenschaften einer Bernoulli-Kette das beschriebene Zufallsexperiment erfüllt und welche nicht.

b) Begründen Sie, dass es für dieses Ereignis $\binom{10}{r} \cdot \binom{10-r}{b} \cdot \binom{10-r-b}{g}$ Möglichkeiten gibt.

c) Zeigen Sie: $\binom{10}{r} \cdot \binom{10-r}{b} \cdot \binom{10-r-b}{g} = \frac{10!}{r! \cdot b! \cdot g!}$

d) Berechnen Sie mithilfe der Ergebnisse aus b) und c) die Wahrscheinlichkeit für das Ereignis, dass 5-mal rot, 3-mal blau und 2-mal grün gedreht wird.

4.4 Prognosen mithilfe der Sigma-Regeln

■ Die Abbildung zeigt die Ergebnisse der Bundestagswahl 2021. Im Wahlkreis Berlin-Mitte wurden 152 513 Stimmen abgegeben.

a) Berechnen Sie die Wahrscheinlichkeit dafür, dass Union und SPD jeweils zwischen $\mu - 2\sigma$ und $\mu + 2\sigma$ Stimmen erhielten.

b) In Berlin-Mitte bekam die Union 16 856 und die SPD 32133 Stimmen. Beurteilen Sie diese Ergebnisse mithilfe von a). ■

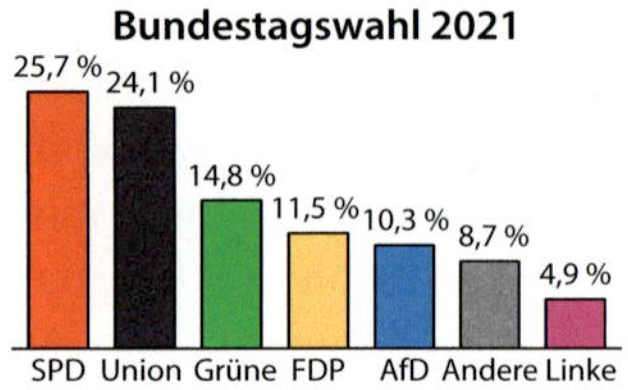

Sigma-Regeln

Ein Bereich der beurteilenden Statistik beschäftigt sich mit dem **Schluss von der Gesamtheit auf die Stichprobe**. Der Anteil p der Objekte mit einer bestimmten Eigenschaft innerhalb einer Gesamtheit ist bekannt. Es werden Prognosen über den Anteil innerhalb einer Stichprobe abgegeben. Dazu wird die Situation mit einer Bernoulli-Kette beschrieben.

Gesamtheit	Eigenschaft	Anteil	Stichprobe
Bevölkerung Deutschlands	weiblich	51%	1000 Personen

Eine plausible Prognose für den zu erwartenden Wert von X liefert der Erwartungswert μ. Die Wahrscheinlichkeit für einzelne Werte wie μ ist jedoch sehr gering. Aussagekräftiger sind Intervalle um den Erwartungswert, in denen der Wert von X mit einer vorgegebenen Mindestwahrscheinlichkeit liegt (hier 80 %).
Mit einer Wahrscheinlichkeit von mindestens 80 % liegt die Zahl der Frauen also zwischen 490 und 530.
Mithilfe der Standardabweichung σ lassen sich diese Intervalle zu den Mindestwahrscheinlichkeit von 68 %, 95,5 % und 99,7 % direkt angeben.

X: Anzahl der Frauen innerhalb der Stichprobe $(X \sim B_{1000;\,0,51})$

Prognosewert:
$\mu = 1000 \cdot 0{,}51 = 510 \quad P(X = \mu) \approx 0{,}025$

Intervall als Prognose:

k	$[\mu - k; \mu + k]$	$P(\mu - k \le X \le \mu + k)$
1	[509; 511]	0,0756
2	[508; 512]	0,1256
3	[507; 513]	0,1752
…	…	…
19	[491; 529]	0,7826
20	[490; 530]	0,8053

Satz: σ-Regeln
X sei eine binomialverteilte Zufallsgröße mit den Parametern n und p, dem Erwartungswert $\mu = n \cdot p$ und der Standardabweichung $\sigma = \sqrt{n \cdot p \cdot (1 - p)}$.
Falls die **Laplace-Bedingung** $\sigma > 3$ erfüllt ist, liegt die Trefferzahl näherungsweise mit den Wahrscheinlichkeiten 68 %, 95,5 % und 99,7 % in den angegebenen Intervallen.

σ-Umgebung	Wahrscheinlichkeit
$[\mu - \sigma; \mu + \sigma]$	68 %
$[\mu - 2\sigma; \mu + 2\sigma]$	95,5 %
$[\mu - 3\sigma; \mu + 3\sigma]$	99,7 %

Die Intervalle, die sich aus den σ-Regeln ergeben, heißen **1σ-Umgebung**, **2σ-Umgebung** bzw. **3σ-Umgebung** zum Erwartungswert μ. Die Wahrscheinlichkeit, dass die Trefferanzahl X in einer σ-Umgebung liegt, ändert sich nicht, wenn man die Intervallgrenzen „nach innen" auf ganze Zahlen rundet, denn X ist immer ganzzahlig.

Hinweis:
Beim „Runden nach innen" wird die untere Grenze auf- und die obere Grenze abgerundet. Das Intervall wird kleiner.

Beispielsweise gilt für $n = 100$, $p = 0{,}3$, $\mu = 30$ und $\sigma \approx 4{,}58$:
1σ-Umgebung: $P(\mu - \sigma \le X \le \mu + \sigma) = P(25{,}4 \le X \le 34{,}6) = P(26 \le X \le 34)$
2σ-Umgebung: $P(\mu - 2\sigma \le X \le \mu + 2\sigma) = P(20{,}8 \le X \le 39{,}2) = P(21 \le X \le 39)$
3σ-Umgebung: $P(\mu - 3\sigma \le X \le \mu + 3\sigma) = P(16{,}3 \le X \le 43{,}7) = P(17 \le X \le 43)$

Beispiel 1: Laut Umfrage fahren durchschnittlich 40 % der 1100 Schüler eines Gymnasiums mit dem Bus zur Schule. Die Zufallsgröße X zählt an einem ausgewählten Tag, wie viele Schüler mit dem Bus kommen. Stellen Sie mit einer Wahrscheinlichkeit von 95,5% eine Prognose dafür auf, wie viele Schüler an diesem Tag mit dem Bus kommen.

Lösung:

Berechnen Sie μ und σ. Prüfen Sie, ob die Laplace-Bedingung erfüllt ist.

$\mu = 1100 \cdot 0{,}4 = 440$

$\sigma = \sqrt{1100 \cdot 0{,}4 \cdot 0{,}6} \approx 16{,}25 > 3$

Die Trefferanzahl liegt nach der 2σ-Regel mit etwa 95,5% Wahrscheinlichkeit im Intervall $[\mu - 2\sigma; \mu + 2\sigma]$.

$\mu - 2\sigma \approx 407{,}5$; $\quad \mu + 2\sigma \approx 472{,}5$

2σ-Umgebung: $[407{,}5; 472{,}5]$

Runden Sie $\mu - 2\sigma$ auf die nächste ganze Zahl auf und $\mu + 2\sigma$ ab.

Mit etwa 95,5% Wahrscheinlichkeit kommen zwischen 408 und 472 Schüler mit dem Bus.

Basisaufgaben

1. Die Zufallsgröße X ist binomialverteilt mit:

① $n = 250$; $p = 0{,}8$ ② $n = 300$; $p = 0{,}5$ ③ $n = 1000$; $p = 0{,}05$ ④ $n = 2500$; $p = 0{,}75$

a) Bestimmen Sie jeweils die 1σ-, die 2σ- und die 3σ-Umgebung.
b) Berechnen Sie die Wahrscheinlichkeiten dafür, dass X in diesen Umgebungen liegt.
c) Zeigen Sie jeweils, dass die Laplace-Bedingung erfüllt ist. Vergleichen Sie die Ergebnisse aus b) mit den σ-Regeln.

2. Eine 1-Cent-Münze wird 300-mal (400-mal; 500-mal) geworfen.
a) Bestimmen Sie ein um den Erwartungswert symmetrisches Intervall, sodass die Anzahl der Würfe mit „Zahl" mit einer Wahrscheinlichkeit von etwa 68 % (99,7 %) in diesem Intervall liegt.
b) Bestimmen Sie die 2σ-Umgebung um den Erwartungswert sowie die Wahrscheinlichkeit dafür, dass die Anzahl der Würfe mit „Zahl" in dieser Umgebung liegt.

Hinweis:
In Sachzusammenhängen rundet man σ-Umgebungen meist nach innen auf ganzzahlige Grenzen, da die Zufallsgröße nur ganzzahlige Werte annehmen kann.

3. Bei einer Lotterie auf einem Jahrmarkt sind 10 % aller Lose Gewinne.

a) An einem normalen Tag werden etwa 1000 Lose verkauft. Bestimmen Sie die 1σ- und die 3σ-Umgebung und erklären Sie die Bedeutung dieser Intervalle.
b) Ein Los kostet 0,50 €. 2 % aller Lose sind Hauptgewinne im Wert von 15 € und 8 % aller Lose sind normale Gewinne im Wert von 2 €. Der Veranstalter rechnet in einer Woche mit etwa 5000 verkauften Losen.
Bestimmen Sie die 2σ-Umgebungen mit ganzzahligen Grenzen für die Anzahl der Hauptgewinne und die Anzahl der normalen Gewinne in dieser Woche.
c) Berechnen Sie mithilfe von b), wie hoch die Ausgaben für Gewinne für den Betreiber im besten Fall und im schlechtesten Fall zu etwa 95,5 % sind.

4. Die Zufallsgröße X ist binomialverteilt mit $p = 0{,}5$.
a) Berechnen Sie die Wahrscheinlichkeit $P(\mu - 2\sigma \le X \le \mu + 2\sigma)$ der 2σ-Umgebung für
① $n = 10$, ② $n = 40$, ③ $n = 400$, ④ $n = 4000$.
b) Prüfen Sie, ob der Wert 95,5 % der 2σ-Regel die Ergebnisse aus a) mit steigendem n besser annähert. Prüfen Sie für jedes n auch, ob die Laplace-Bedingung erfüllt ist.

Schluss von der Stichprobe auf die Gesamtheit

Der genaue Wert der Trefferwahrscheinlichkeit p ist häufig nicht bekannt. Oft aber gibt es für p eine Angabe aus früheren Untersuchungen oder Umfragen. Dieser Wert von p kann mithilfe einer Stichprobe beurteilt werden.

Wissen: Signifikante und hochsignifikante Abweichungen
Liegt ein Stichprobenergebnis außerhalb eines um μ symmetrischen Intervalls, in dem die Trefferzahlen mit einer Wahrscheinlichkeit von etwa 95 % bzw. 99 % liegen, so spricht man von einer **signifikanten** bzw. **hochsignifikanten Abweichung** vom Erwartungswert.

Hinweis:
Der Umkehrschluss gilt nicht. Liegt ein Stichprobenergebnis innerhalb der 2σ-Umgebung, kann es sich dennoch um eine signifikante Abweichung handeln (siehe Aufgabe 11).

In diesen Fällen kann der Wert von p angezweifelt werden. Mit den σ-Regeln lässt sich dies schnell überprüfen: liegt ein Stichprobenergebnis außerhalb der 2σ- bzw. 3σ-Umgebung, so handelt es sich um eine signifikante bzw. hochsignifikanten Abweichung.

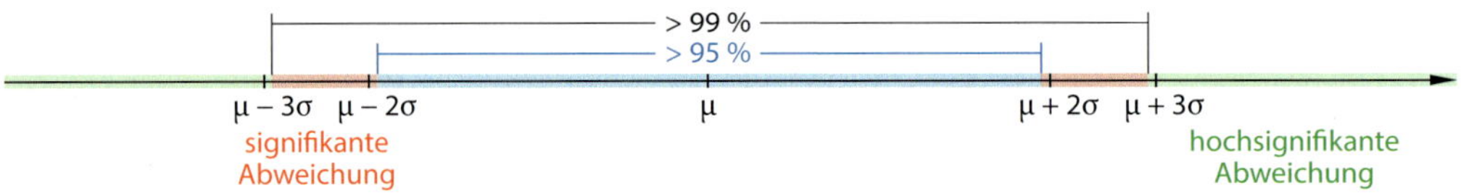

Beispiel 2: Bei der letzten Erhebung lag der Anteil an Vegetariern bei p = 0,06. In einer aktuellen Umfrage von 300 Personen geben 28 Personen an, Vegetarier zu sein.
Beurteilen Sie die Angabe für p anhand des aktuellen Umfrageergebnisses.

Lösung:

Berechnen Sie μ und σ. Prüfen Sie, ob die Laplace-Bedingung erfüllt ist.	$\mu = 300 \cdot 0{,}06 = 18$ $\sigma = \sqrt{16{,}92} \approx 4{,}11 > 3$
Bestimmen Sie die 2σ-Umgebung.	$[\mu - 2\sigma; \mu + 2\sigma] = [9{,}78; 26{,}22]$
Prüfen Sie, ob das Stichprobenergebnis außerhalb der 2σ-Umgebung liegt.	X = 28 liegt nicht im Intervall [9,78; 26,22] und weicht somit signifikant von μ ab. Der Wert für p kann angezweifelt werden.

Basisaufgaben

5. Gegeben sind ein Stichprobenumfang n und eine Trefferwahrscheinlichkeit p.

① n = 250; p = 0,4 ② n = 1000; p = 0,25 ③ n = 100; p = 0,8

a) Zeigen Sie, dass die Laplace-Bedingung für ①, ② und ③ erfüllt ist.
b) Bestimmen Sie für ①, ② und ③ jeweils die 2σ- und die 3σ-Umgebung.
c) Geben Sie jeweils eine Trefferanzahl an, welche vom Erwartungswert signifikant bzw. hochsignifikant abweicht.

6. Auf einem Jahrmarkt wirbt eine Losbude damit, dass 20 % aller Lose Gewinne seien. Eine Schülergruppe beobachtet den Stand eine Stunde lang. In dieser Zeit werden 255 Lose verkauft und dabei 34 Gewinne ausgegeben.
a) Bestimmen Sie unter der Annahme von p = 0,2 und n = 255 die 2σ-Umgebung.
b) Beurteilen Sie p = 0,2 anhand des konkreten Stichprobenergebnisses.
c) Weisen Sie nach, dass die Beobachtungen in den folgenden drei Stunden signifikant vom Erwartungswert für p = 0,2 abweichen.

① 205 Lose, 26 Gewinne ② 310 Lose, 42 Gewinne ③ 280 Lose, 71 Gewinne

7. Eine Süßigkeitenfirma produziert Bonbons in unterschiedlichen Geschmacksrichtungen. Zum Firmenjubiläum gibt es eine Sondermischung mit 50 % Erdbeerbonbons. Thomas kauft zwei Packungen mit je 40 Bonbons und zählt die Anzahl der Erdbeerbonbons.

a) Berechnen Sie $P(X = 40)$ sowie $P(X \geq 40)$ für eine geeignete binomialverteilte Zufallsvariable X und deuten Sie die Ergebnisse im Sachzusammenhang.

b) In beiden Familienpackungen zusammen findet Thomas 54 Erdbeerbonbons. Begründen Sie, dass er mithilfe dieser Stichprobe den Anteil von 50 % Erdbeerbonbons aufgrund einer signifikanten Abweichung anzweifeln sollte.

c) Untersuchen Sie, ob Thomas den Anteil von 50 % Erdbeerbonbons auch aufgrund einer hochsignifikanten Abweichung anzweifeln sollte.

8. Es wird angenommen, dass 30 % der Bevölkerung Deutschlands an einer Allergie leiden. In einer aktuellen Umfrage werden in verschiedenen Bundesländern jeweils 1000 Personen befragt.

a) Begründen Sie, dass die Anzahl der Allergiker in einer Stichprobe als binomialverteilt angenommen werden kann.

b) Ermitteln Sie, welche Umfrageergebnisse außerhalb der 3σ-Umgebung um den Erwartungswert zum vermuteten Anteil an Allergikern liegen.

Bundesland	Allergiker in der Umfrage
Bayern	321
Berlin	617
Hamburg	235
Hessen	262
Niedersachsen	317
Saarland	285
Thüringen	305

Weiterführende Aufgaben

9. Der Anteil an Rechtshändern beträgt in Deutschland etwa 88 %. Ein Handballverein hat insgesamt 250 Mitglieder. Gesucht sind Prognosen über die zu erwartende Anzahl der Rechtshänder im Verein.

a) Berechnen Sie den Erwartungswert für die Anzahl der Rechtshänder unter den Mitgliedern und erläutern Sie seine Bedeutung für eine Prognose über die Stichprobe.

b) Geben Sie als Prognose ein möglichst kleines Intervall um den Erwartungswert an, in dem die Anzahl der Rechtshänder im Verein mit einer Wahrscheinlichkeit von mindestens 95,5 % bzw. 99,7 % liegt.

c) Im Verein gibt es 205 Rechtshänder. Beurteilen Sie diesen Wert mithilfe von b).

10. Stolperstelle: Mark berechnet für Binomialverteilungen mit $n = 20$ in der Tabelle Wahrscheinlichkeiten für 1σ-Umgebungen und behauptet: *„Die Werte liegen nicht in der Nähe von 0,68. Die Sigma-Regeln gelten nicht für p nahe 0 oder 1."*

a) Erklären Sie, warum diese Behauptung nicht stimmt. Was hat Mark nicht beachtet?

b) Zeigen Sie mit geeigneten Werten, dass die Sigma-Regeln auch für $p = 0{,}05$ gelten.

1.1 *Dok RAD

	A p	B μ	C σ	D wkeit
=				
1	0.05	1.	0.974679	0.377354
2	0.1	2.	1.34164	0.74547
3	0.9	18.	1.34164	0.74547
4	0.95	19.	0.974679	0.377354
5				

11. Ein Würfel wird 800-mal geworfen. Dabei fallen insgesamt 154 Sechsen.

a) Prüfen Sie, ob das Ergebnis in der 2σ-Umgebung für die Anzahl an Sechsen liegt.

b) Weisen Sie nach, dass es sich bei dem Ergebnis um eine signifikante Abweichung vom Erwartungswert handelt. Zeigen Sie hierzu, dass die Anzahl an Sechsen mit einer Wahrscheinlichkeit von etwa 95 % im Intervall $[\mu - 1{,}96\sigma; \mu + 1{,}96\sigma]$ liegt.

12. Ein LED-Lampen-Hersteller produziert und verkauft Lampen für 3 € pro Stück. Etwa 5 % seiner Lampen sind fehlerhaft. Die Lieferungen an Großhändler erfolgen immer in 5000er-Paketen. Die Händler überprüfen die Qualität der Lampen stichprobenartig.

a) Großhändler und Lieferant vereinbaren: „Wenn mehr als 4 % der LEDs in einer Stichprobe defekt sind, dann verringert sich der Preis auf 2,50 € pro Stück."
Bestimmen Sie die Wahrscheinlichkeit einer Preisreduzierung für einen Stichprobenumfang von ① $n = 250$ und ② $n = 400$.

b) Bestimmen Sie den Erwartungswert für die Kosten einer Lieferung bei einer Stichprobe von ① $n = 250$ und ② $n = 400$.

c) Der Großhändler nimmt Stichproben von $n = 300$ Stück und prüft die Lampen. Bestimmen Sie eine 2σ-Umgebung für die Anzahl der defekten LEDs in dieser Stichprobe. Erläutern Sie die Bedeutung dieses Intervalls.

d) Begründen Sie, dass eine Stichprobe mindestens den Umfang $n = 190$ haben sollte.

13. Der Zeitungsartikel beschreibt die Situation um Schwarzfahrer in Deutschland. Kontrolleure können im Tagesdurchschnitt etwa 750 Personen in einer Schicht kontrollieren.

> **Erhöhtes Bußgeld ohne Effekt**
> Nach einer Umfrage liegt der Anteil der Personen, die den öffentlichen Personennahverkehr ohne gültiges Ticket nutzen, in den größten deutschen Städten bei etwa 2,5 %. Diese „Schwarzfahrerquote" hat sich in den letzten Jahren nicht verändert und auch die letzte Erhöhung des Bußgeldes von 40 auf 60 Euro hat die Zahlungsmoral der Schwarzfahrer scheinbar nicht erhöht.

a) Bestimmen Sie ein Intervall für die Anzahl der Schwarzfahrer, mit denen die Kontrolleure in einer Schicht zu etwa 95,5 % rechnen können.

b) Bestimmen Sie zu a) die Einnahmen, mit denen ein Kontrolleur in einer Schicht zu etwa 95,5 % rechnen kann.

c) Ein Kontrolleur sagt in einem Interview: „An einem normalen Tag nehmen wir zwischen 900 € und 1380 € durch Bußgelder ein". Untersuchen Sie, auf welche Sigma-Umgebung sich der Kontrolleur bezieht.

14. Jeder von der Firma Untec in Massenproduktion hergestellte Mikrochip ist mit einer Wahrscheinlichkeit von 7,5 % fehlerhaft. In Stichproben von jeweils 300 Chips wird geprüft, ob sich der Anteil fehlerhafter Chips verändert.

a) Geben Sie eine Prognose für den Mittelwert der Anzahl der fehlerhaften Chips innerhalb von Stichproben von 300 Exemplaren.

b) Simon sagt: *„Wenn in einer Stichprobe nicht genau 7,5 % der Chips fehlerhaft sind, dann deutet das auf eine Veränderung des Anteils hin."* Beurteilen Sie diese Aussage.

c) Bestimmen Sie das kleinstmögliche Intervall mit dem Mittelpunkt 22,5, in dem bei einer Stichprobe von 300 Chips die Anzahl der fehlerhaften Chips mit einer Wahrscheinlichkeit von mindestens 95,5 % liegt.

d) Beschreiben Sie, wie Sie das Intervall aus c) nutzen können, um Stichproben von 300 Chips zu beurteilen. Nutzen Sie dabei auch den Begriff „Streuung".

15. Nehmen Sie begründet Stellung zur Aussage.
a) Die 2σ-Umgebung ist immer in der 3σ-Umgebung enthalten.
b) Wenn ein Ergebnis signifikant vom Erwartungswert abweicht, dann gilt dies auch für alle Ergebnisse, die noch weiter vom Erwartungswert entfernt liegen.
c) Wenn ein Stichprobenergebnis signifikant vom Erwartungswert eines vermuteten Werts für p abweicht, dann bedeutet das, dass der Wert von p falsch ist.
d) Wird ein Wert von p anhand einer Stichprobe verworfen, so entspricht der Anteil der Treffer beim Stichprobenergebnis dem richtigen Wert von p.

16. Kritische Bewertung von Stichprobenergebnissen: In einer Gemeinde sind laut einer Umfrage 32 % aller Schüler aktiv in einem Sportverein. Schülerin Sarah ist in einem Schwimmverein und sagt: *„Das Ergebnis der Umfrage kann nicht stimmen, in meinem Freundeskreis sind sogar 27 von 42 Schülern in einem Sportverein."*
a) Begründen Sie mithilfe einer geeigneten Rechnung, warum Sarah das Umfrageergebnis anzweifelt.
b) Erläutern Sie, warum Sarahs Freundeskreis als Stichprobe ungeeignet ist.

17. Laut der Statistik des Robert-Koch-Instituts vom September 2021 mussten insgesamt 285 019 der 4 046 112 bestätigten Covid-Fälle hospitalisiert werden.

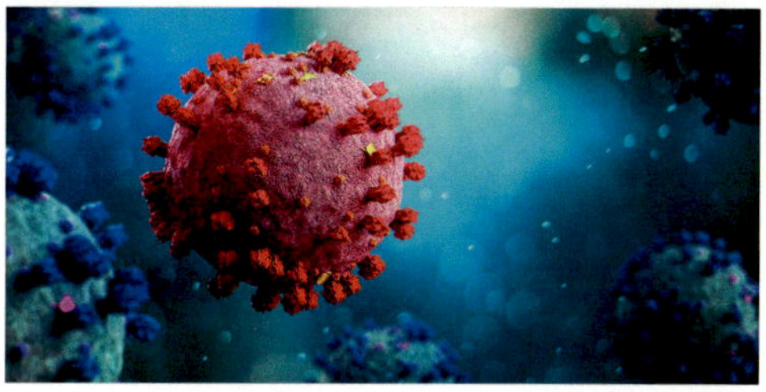

Berkan: *„An meiner Schule und der Schule eines Freundes gab es insgesamt 367 Fälle. Aber keiner von denen ist deshalb im Krankenhaus gelandet."*
Katrin: *„In meiner großen Familie gab es 14 Covid-Fälle und 5 davon mussten deswegen im Krankenhaus behandelt werden."*
a) Begründen Sie mithilfe einer geeigneten Rechnung, dass beide Stichprobenergebnisse sehr unwahrscheinlich sind.
b) Diskutieren Sie mögliche Gründe für diese Ergebnisse unter der Annahme, dass die statistischen Daten korrekt sind.

18. In einem Supermarkt kann jeder Kunde, der für mindestens 20 € einkauft, ein Los ziehen und mit etwas Glück ein Getränk oder einen 10-€-Gutschein gewinnen. Der Supermarkt behauptet, dass die Chancen für ein Getränk und einen Gutschein gleich sind. An einem Tag gibt es insgesamt 48 Gewinne, darunter sind nur 15 Gutscheine. Prüfen Sie, ob man die Behauptung des Supermarkts aufgrund dieses Ergebnisses anzweifeln kann.

● **19. Ausblick: Testen von p**
Es wird vermutet, dass eine Reißzwecke mit einer Wahrscheinlichkeit von $p = 0{,}4$ mit der Spitze nach oben landet. Dieser Wert soll anhand einer Stichprobe mit 200 Würfen überprüft werden. Es wird eine **Entscheidungsregel** formuliert, die den Wert von p verwirft, wenn das Stichprobenergebnis außerhalb der 2σ-Umgebung des Erwartungswerts liegt.
a) Vervollständigen Sie die folgende Entscheidungsregel: „Der angenommene Wert $p = 0{,}4$ wird genau dann verworfen, wenn in der Stichprobe ..."
b) Bei den 200 Würfen landet die Reißzwecke 74-mal (94-mal) mit der Spitze nach oben. Entscheiden Sie mit der Regel aus a), ob $p = 0{,}4$ verworfen werden sollte.
c) Erläutern Sie, welche Fehler auftreten können, wenn man sich nach der Regel in a) anhand einer konkreten Stichprobe für bzw. gegen den Wert von p entscheidet.
d) Beim Testen von p liefert eine Stichprobe ein Ergebnis, das außerhalb der 2σ-Umgebung liegt. Geben Sie zwei mögliche Gründe für solch ein Ergebnis an.

Geometrische Verteilung

■ Bei einem Gesellschaftsspiel muss zu Beginn eine „6“ gewürfelt werden, um eine der eigenen Figuren auf das Spielbrett zu setzen. Jeder Spieler hat dafür pro Runde drei Versuche. Ermitteln Sie die Wahrscheinlichkeit dafür, dass ein Spieler in einer Runde eine Figur setzen kann. ■

Ein Würfel wird so lange geworfen, bis zum ersten Mal eine „6“ auftritt. Die Größe X zählt dabei die Anzahl der Versuche. Das Ereignis „erster Erfolg nach n Versuchen“ bedeutet, dass zuerst n − 1 Misserfolge auftreten und dann ein Erfolg.

$P(X = 1) = \frac{1}{6}$ (kein Misserfolg)

$P(X = 2) = \frac{5}{6} \cdot \frac{1}{6}$ (1 Misserfolg)

$P(X = n) = \left(\frac{5}{6}\right)^{n-1} \cdot \frac{1}{6}$ (n − 1 Misserfolge)

Hinweis:
Die Bezeichnung geometrisch kommt von der Eigenschaft, dass $\frac{P(X = n+1)}{P(X = n)}$ gleich 1 − p und damit konstant ist. Folgen (a_n) mit konstanten Quotienten $\frac{a_{n+1}}{a_n}$ heißen geometrische Folgen.

Definition: Geometrische Verteilung, geometrisch verteilte Zufallsgrößen
Eine Größe X heißt **geometrisch verteilte Zufallsgröße** mit dem Parameter p (kurz $X \sim G_p$), wenn sie die Werte n = 1, 2, 3, … mit den Wahrscheinlichkeiten
$G_p(n) = P(X = n) = p \cdot (1 - p)^{n-1}$ $(0 < p < 1)$
annimmt. Die zugehörige Wahrscheinlichkeitsverteilung heißt **geometrische Verteilung**.

Um die kumulierte Wahrscheinlichkeit $P(X \le 3)$ zu bestimmen, wird $q = 1 - p$ gesetzt.
Dann wird mit $\frac{1-q}{1-q}$ erweitert.
Anschließend wird der Zähler 1 − q in die Klammer multipliziert.

$$P(X \le 3) = p + pq + pq^2$$
$$= p \cdot (1 + q + q^2) \cdot \frac{1-q}{1-q}$$
$$= p \cdot (1 - q + q - q^2 + q^2 - q^3) \cdot \frac{1}{1-q}$$
$$= p \cdot \frac{1-q^3}{1-q} = p \cdot \frac{1-(1-p)^3}{1-(1-p)} = 1 - (1-p)^3$$

Dieses Vorgehen lässt sich verallgemeinern.

Hinweis:
Zur Berechnung des Erwartungswerts wird die Summe $\sum_{k=1}^{n} k \cdot P(X = k)$ umgeformt und der Grenzwert für $n \to \infty$ gebildet.

Satz: Eigenschaften geometrisch verteilter Zufallsgrößen
Ist X eine geometrisch verteilte Zufallsgröße mit dem Parameter p, dann gilt für die **kumulierte Wahrscheinlichkeit**:

$$F_p(n) = P(X \le n) = \sum_{k=1}^{n} P(X = k) = 1 - (1-p)^n$$

Für den **Erwartungswert** von X gilt:

$$E(X) = \frac{1}{p}$$

Beispiel: Ein Würfel mit sechs Flächen wird so lange geworfen, bis die Augenzahl größer als zwei ist. Die Größe X zählt die Anzahl der Versuche.
Bestimmen Sie die Wahrscheinlichkeit dafür, dass
① genau 3-mal, ② höchstens 4-mal, ③ mindestens 5-mal geworfen wird.

Lösung:
Die Wahrscheinlichkeit für „Augenzahl größer 2“ ist $\frac{4}{6}$. Das Ereignis ② bedeutet $X \le 4$. Verwenden Sie dafür die kumulierte Wahrscheinlichkeit. ③ bedeutet $X \ge 5$, also das Gegenereignis von Ereignis ②.

Mit $p = \frac{4}{6} = \frac{2}{3}$ und $q = 1 - \frac{2}{3} = \frac{1}{3}$ folgt:
① $P(X = 3) = \frac{2}{3} \cdot \left(\frac{1}{3}\right)^2 = \frac{2}{27} \approx 0{,}074$
② $P(X \le 4) = 1 - \left(\frac{1}{3}\right)^4 = \frac{80}{81} \approx 0{,}988$
③ $P(X \ge 5) = 1 - P(X \le 4) = \frac{1}{81} \approx 0{,}012$

Aufgaben

1. X ist eine geometrisch verteilte Zufallsgröße mit Parameter $p = \frac{7}{10}$ $\left(p = \frac{1}{4}\right)$.

a) Berechnen Sie die Wahrscheinlichkeiten $P(X = 4)$ und $P(X \leq 3)$.

b) Bestimmen Sie den Erwartungswert von X.

c) Vergleichen Sie die Ergebnisse aus b) für die verschiedenen Werte von p.

2. Ein Würfel wird so lange gewürfelt, bis das Ergebnis kleiner als 3 ist. Die Größe X zählt die Anzahl der Versuche.

a) Bestimmen Sie die Wahrscheinlichkeit dafür, dass … geworfen wird.
① genau 4-mal ② genau 5-mal ③ höchstens 3-mal ④ höchstens 4-mal

b) Berechnen Sie den Erwartungswert von X und geben Sie an, wie stark die Streuung der Zufallsgröße ist.

3. Die Abbildung zeigt Ausschnitte aus Diagrammen zu geometrischen Verteilungen mit verschiedenen Parametern.

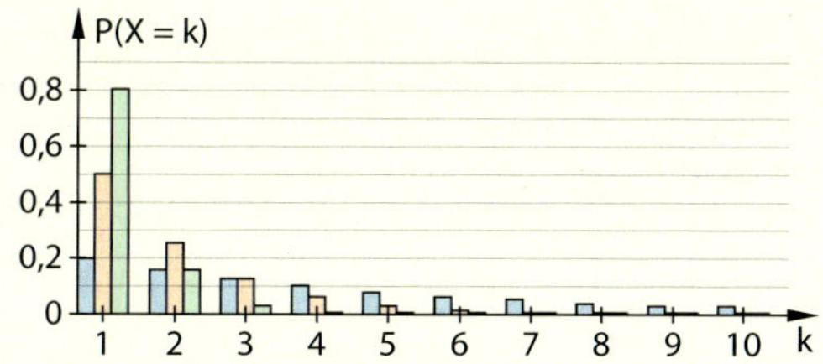

a) Beschreiben Sie den allgemeinen Verlauf unabhängig von der Wahl des Parameters.

b) Geben Sie an, welcher der Parameter zu welchem der Diagramme passt.
① $p = 0{,}5$ ② $p = 0{,}1$ ③ $p = 0{,}75$ ④ $p = 0{,}2$ ⑤ $p = 0{,}8$

c) Skizzieren Sie die Diagramme zu den übrigen Parametern aus b). Beschreiben Sie, wie sich das Diagramm in Abhängigkeit von der Wahl des Parameters verändert.

4. Gedächtnislosigkeit der geometrischen Verteilung:
Eine faire Münze mit einer grünen und einer roten Seite wird so lange geworfen, bis zum ersten Mal „grün" erscheint. Die Größe X zählt die Anzahl der Versuche.

a) Berechnen Sie die Wahrscheinlichkeiten $P(X = 2)$ und $P(X = 4)$.

b) Lina hat bisher dreimal geworfen und immer kam „rot". Bestimmen Sie die bedingten Wahrscheinlichkeiten $P_E(X = 5)$ und $P_E(X = 7)$ mit dem Ereignis E: „$X > 3$". Vergleichen Sie die Ergebnisse mit denen aus a).

c) Zeigen Sie, dass bei einer geometrisch verteilten Zufallsgröße X mit Parameter p gilt: $P_E(X = n + k) = P(X = n)$, mit E: „$X > k$" für natürliche Zahlen $k < n$. Erklären Sie, warum die geometrische Verteilung als gedächtnislose Verteilung bezeichnet wird.

5. Micha war im Casino und berichtet stolz: „Ich habe immer gewartet, bis an einem Tisch mindestens 6-mal nacheinander keine rote Zahl kam. Dann habe ich an diesem Tisch immer auf Rot gesetzt. Am ganzen Abend habe ich das sechsmal probiert und davon viermal gewonnen. Das ist eine erfolgreiche Strategie."

Hinweis zu 5:
Zur Vereinfachung können Sie die „Null" ignorieren und annehmen, dass eine Roulettescheibe nur 18 rote und 18 schwarze Felder hat.

a) Bestimmen Sie die Gewinnwahrscheinlichkeiten bei Michas Strategie und erklären Sie, warum diese keinen Vorteil bietet.

b) Micha glaubt der Wahrscheinlichkeitsrechnung nicht und sagt: „Es passiert ganz selten, dass siebenmal nacheinander keine rote Zahl kommt. Also ist meine Strategie doch gut." Erklären Sie seinen Denkfehler und überlegen Sie mit Ihrem Nachbarn, wie man Micha überzeugen könnte.

4.5 Klausur- und Abiturtraining

Aufgaben ohne Hilfsmittel

1. Nach 120 Minuten steht es bei einem Fußballspiel unentschieden und es kommt zu einem Elfmeterschießen. Dabei treten zunächst 5 Spieler aus jedem Team als Schützen an. Die Versuche der Spieler aus Mannschaft A können modellhaft durch eine Bernoulli-Kette mit der Länge 5 und der Trefferwahrscheinlichkeit p modelliert werden. Die Zufallsgröße X zählt die Anzahl der Treffer.
   a) Beschreiben Sie die Ereignisse, deren Wahrscheinlichkeiten mit $P(X \leq 4)$ und $P(X > 2)$ bestimmt werden können.
   b) Entscheiden Sie, mit welchem der Terme die Wahrscheinlichkeit für genau 3 Treffer bestimmt werden kann.
   ① $\binom{5}{3} \cdot p^2 \cdot (1-p)$ ② $\binom{5}{3} \cdot p^3 \cdot (1-p)^2$ ③ $\binom{5}{2} \cdot p^2 \cdot (1-p)^3$
   c) Erläutern Sie beispielhaft, warum diese Modellierung eines Elfmeterschießens mit einer Bernoulli-Kette nicht der Realität entspricht.

2. An einem Gymnasium ist bekannt, dass 30 % der Schüler mit dem Fahrrad zur Schule kommen. An einem ausgewählten Tag werden alle 20 Schüler eines Mathematikkurses dieser Schule befragt, wie sie zur Schule gekommen sind. Die Größe X beschreibt die Anzahl der Schüler, die mit dem Fahrrad gefahren sind.
   a) Beschreiben Sie, unter welchen Annahmen X als binomialverteilte Zufallsgröße angenommen werden kann.
   b) X wird als binomialverteilt angenommen. Geben Sie Ereignisse an, die mit den folgenden Termen berechnet werden können.
   ① $\binom{20}{3} \cdot 0{,}3^3 \cdot 0{,}7^{17}$ ② $1 - \binom{20}{0} \cdot 0{,}3^0 \cdot 0{,}7^{20}$ ③ $\sum_{k=3}^{10} \binom{20}{k} \cdot 0{,}3^k \cdot 0{,}7^{20-k}$
   c) Beschreiben Sie in diesem Sachzusammenhang ein Zufallsexperiment, bei dem die Wahrscheinlichkeit eines Ereignisses mit dem Term $1 - \left(\binom{15}{14} \cdot 0{,}3^{14} \cdot 0{,}7^1 + \binom{15}{15} \cdot 0{,}3^{15}\right)$ berechnet werden kann, und geben Sie das Ereignis an.

3. Eine binomialverteilte Zufallsgröße X beschreibt bei 6 Versuchen die Anzahl der Treffer. Die Trefferwahrscheinlichkeit liegt bei $p = 0{,}6$.
   a) Geben Sie einen Term an, mit dem die Wahrscheinlichkeit für das Ereignis „genau fünf Treffer" berechnet werden kann.
   b) Geben Sie das Gegenereignis zum Ereignis „höchstens ein Treffer" an. Entscheiden Sie, welcher der Terme die Wahrscheinlichkeit dieses Ereignisses angibt.
   ① $1 - \left(\binom{6}{1} \cdot 0{,}6^1 \cdot 0{,}4^5 + \binom{6}{0} \cdot 0{,}6^0 \cdot 0{,}4^6\right)$ ② $1 - \left(\binom{6}{1} \cdot 0{,}6^5 \cdot 0{,}4^1 + \binom{6}{0} \cdot 0{,}6^6 \cdot 0{,}4^0\right)$
   c) Geben Sie ein Ereignis an, dessen Wahrscheinlichkeit mit dem Term $\binom{6}{3} \cdot 0{,}6^3 \cdot 0{,}4^3 + \binom{6}{4} \cdot 0{,}6^4 \cdot 0{,}4^2 + \binom{6}{5} \cdot 0{,}6^5 \cdot 0{,}4^1$ berechnet werden kann.
   d) Entscheiden Sie, welches Histogramm die Binomialverteilung von X darstellt.

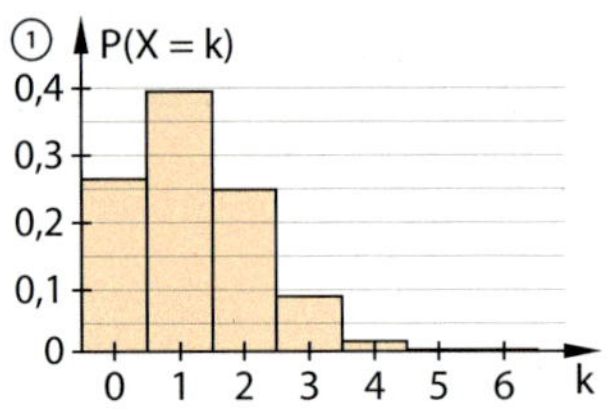

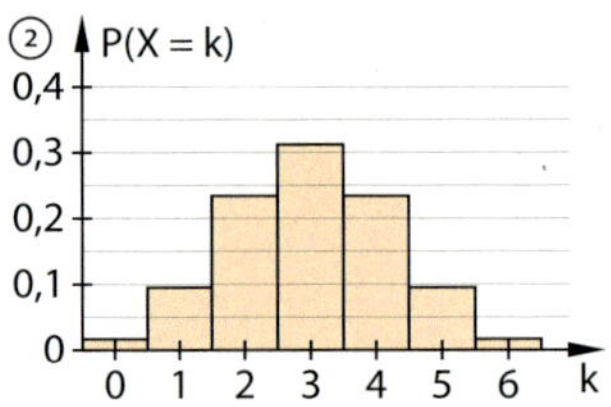

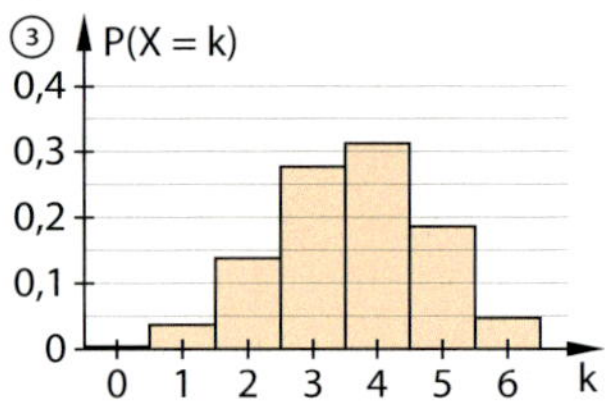

Aufgaben mit Hilfsmitteln

4. Die Abbildungen zeigen Ausschnitte aus Histogrammen zu Binomialverteilungen, bei denen der Erwartungswert und die Standardabweichung ganzzahlig sind.

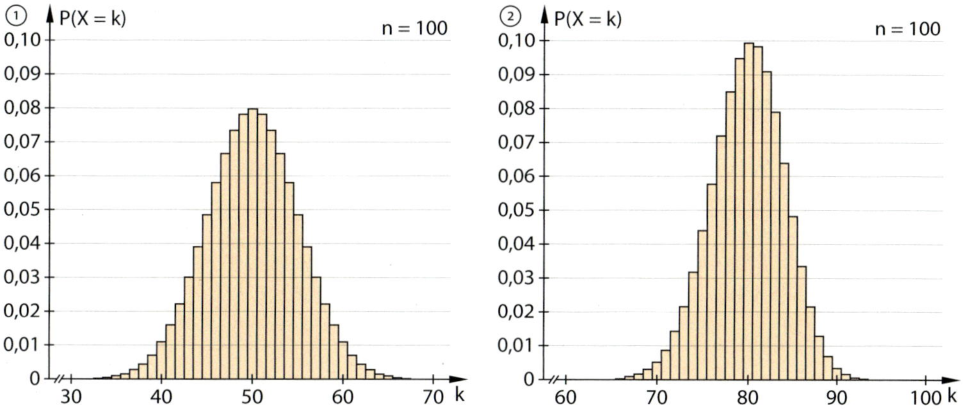

a) Geben Sie für beide Histogramme die Trefferwahrscheinlichkeit, den Erwartungswert und die Standardabweichung der dargestellten Zufallsgröße an.

b) Ermitteln Sie für beide dargestellten Zufallsgrößen ein Intervall, in dem die Werte etwa mit einer Wahrscheinlichkeit von 95,5 % (99,7 %) liegen.

5. Anlässlich der anstehenden Europameisterschaft produziert ein Hersteller von Überraschungseiern eine Sonderserie. Jedes zehnte Ei soll ein sogenanntes EM-Ei sein und eine witzige EM-Figur enthalten. Äußerlich unterscheiden sich die EM-Eier nicht von den normalen Überraschungseiern. Zum Versand werden Paletten zufällig mit Eiern bestückt.

a) Vor der Auslieferung wird die Verteilung der EM-Eier in Stichproben geprüft.
   ① 50 Eier werden zufällig ausgewählt. Bestimmen Sie die Wahrscheinlichkeit dafür, dass sich darunter mindestens 5 EM-Eier befinden.
   ② 400 Eier werden zufällig ausgewählt. Bestimmen Sie die Wahrscheinlichkeit dafür, dass die Anzahl der EM-Eier vom Erwartungswert der Anzahl der EM-Eier um höchstens 20 % abweicht.

b) Wer 10 EM-Figuren gesammelt hat, kann an einem Gewinnspiel teilnehmen. Mia hat bereits neun Figuren. Bestimmen Sie, wie viele der Überraschungseier Mia mindestens noch kaufen muss, um mit einer Wahrscheinlichkeit von mindestens 99 % eine weitere EM-Figur zu bekommen.

c) An einer Palette mit 25 Überraschungseiern hatte ein Supermarkt bisher 5 € Gewinn gemacht. In einer Werbeaktion werden jedem Kunden 50 € versprochen, der eine ganze 25er Palette kauft und keine einzige EM-Figur findet. Der Marktleiter geht vom ungünstigsten Fall aus, dass alle Kunden, die keine EM-Figur finden, sich auch melden und die Prämie einfordern.
   Bestimmen Sie den mittleren Gewinn pro Palette, den der Supermarkt während der Werbeaktion erwarten kann.

d) Ein Hobby-Sammler kauft 50 Überraschungseier und stellt jede EM-Figur, die er darin findet, auf einen freien Platz in seinem Setzkasten.
   Bestimmen Sie, wie viele freie Plätze mindestens nötig sind, damit diese mit einer Wahrscheinlichkeit von mindestens 90 % ausreichen.

e) Max kauft für die Geburtstagsfeier seines Sohnes 50 Überraschungseier. Bestimmen Sie das kleinste um den Erwartungswert symmetrische Intervall, in dem die Anzahl der enthaltenen EM-Eier mit einer Wahrscheinlichkeit von mindestens 95,5 % liegt.

Prüfen Sie Ihr neues Fundament

Lösungen ↗ S. 229

1. Zweitausendeinhundert zufällig ausgewählte Bundesbürger wurden befragt, ob sie Probleme mit dem Schlaf haben. Etwa jeder Dritte der Befragten bejahte diese Frage.

a) Erläutern Sie, unter welchen Voraussetzungen bei diesem Sachverhalt eine Bernoulli-Kette vorliegt. Geben Sie an, was man dann als Treffer zählen kann und wie groß die Länge der Bernoulli-Kette ist.

b) Geben Sie einen plausiblen Wert für die Trefferwahrscheinlichkeit an.

2. Der Urne werden mit Zurücklegen zufällig drei Kugeln entnommen und deren Farben notiert.

a) X zählt die Anzahl der schwarzen Kugeln. Begründen Sie, dass X eine binomialverteilte Zufallsgröße ist.

b) Zeichnen Sie ein Baumdiagramm, mit dem man die Berechnung der Wahrscheinlichkeiten für die Größe X nachvollziehen kann. Stellen Sie die Wahrscheinlichkeiten von X tabellarisch und mit einem Histogramm dar.

3. Gegeben ist eine binomialverteilte Zufallsgröße X mit $n = 4$ und $p = 0{,}1$. Berechnen Sie die Wahrscheinlichkeit.

a) $P(X = 0)$ b) $P(X > 0)$ c) $P(X < 2)$ d) $P(1 \leq X \leq 3)$

4. Beschreiben Sie den angegebenen Zufallsversuch so, dass es sich um eine Bernoulli-Kette der Länge 5 handelt, und geben Sie die Trefferwahrscheinlichkeit an. Stellen Sie zur Größe X Terme für die Wahrscheinlichkeiten $P(X = 2)$, $P(X \leq 3)$ und $P(X > 3)$ auf.

a) Werfen eines regelmäßigen Tetraeders. X: Anzahl der „3en"

b) Werfen von drei 1-Euro-Münzen. X: Anzahl „alle drei gleichzeitig Kopf"

c) An einer Losbude gewinnt jedes fünfte Los. X: Anzahl der Gewinne

5. Bei einem Aufnahmetest werden 10 Fragen mit jeweils drei Antworten gestellt, von denen genau eine richtig ist. Ein Prüfling kreuzt bei jeder Frage zufällig eine Antwort an. Berechnen Sie, mit welcher Wahrscheinlichkeit er

a) genau 3 richtige Antworten hat,
b) mindestens fünf richtige Antworten hat,
c) mehr als drei richtige Antworten hat,
d) höchstens 5 richtige Antworten hat,
e) keine richtige Antwort hat,
f) nur die letzten beiden Fragen richtig hat.

6. Die Abbildungen zeigen Histogramme zu einer binomialverteilten Zufallsgröße X mit $n = 10$ und $p = 0{,}2$, $p = 0{,}5$ sowie $p = 0{,}8$.

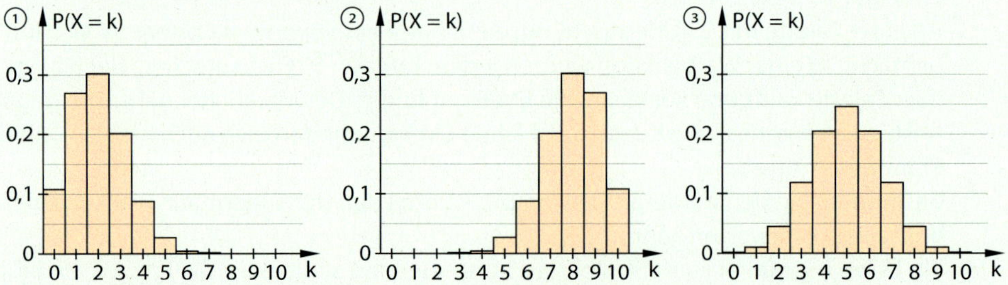

a) Ordnen Sie jedem Histogramm die passende Trefferwahrscheinlichkeit p zu und geben Sie den Erwartungswert und die Standardabweichung an.

b) Beschreiben Sie zu jedem Histogramm einen passenden Zufallsversuch und geben Sie die Größe X an.

7. Gegeben ist eine binomialverteilte Zufallsgröße X mit dem Erwartungswert $\mu = 4$ und der Standardabweichung $\sigma = \sqrt{3}$. Berechnen Sie n und p.

Lösungen
↗ S. 229/230

8. Ein Hersteller von Teegläsern rechnet bei der Produktion mit einem Ausschuss von 5 %.

a) Berechnen Sie, mit welcher Wahrscheinlichkeit eine Stichprobe von 60 Gläsern weniger als fünf fehlerhafte Gläser enthält.
b) Ermitteln Sie, wie viele Gläser man mindestens entnehmen müsste, um mit einer Wahrscheinlichkeit von mindestens 95 % mindestens zwei fehlerhafte Gläser zu erhalten.

9. Ein Baumarkt erhält eine Sendung von 500 Blumenzwiebeln. Der Lieferant garantiert eine Keimfähigkeit von 90 %.
a) Ermitteln Sie mit einer Wahrscheinlichkeit von 95,5 % eine Prognose für Anzahl der keimenden Zwiebeln innerhalb der Lieferung.
b) 65 der gelieferten Zwiebeln keimen nicht. Untersuchen Sie, ob die Angabe des Lieferanten angezweifelt werden kann.

10. Eine Jugendstudie ergab, dass 41 % aller Jugendlichen an Politik interessiert sind.
a) Es werden 300 Jugendliche für eine Befragung ausgewählt. Berechnen Sie die Wahrscheinlichkeit, dass davon 130 an Politik interessiert sind.
b) Berechnen Sie, wie viele Jugendliche mindestens befragt werden müssen, damit mit einer Wahrscheinlichkeit von mindestens 95 % mindestens einer der Befragten an Politik interessiert ist.
c) Bestimmen Sie, wie viele Jugendliche mindestens befragt werden müssen, damit mit einer Wahrscheinlichkeit von mindestens 80 % mindestens 12 der Befragten an Politik interessiert sind.

11. Ein Bauer verkauft seine Äpfel für 50 Cent pro Stück an einen Obsthändler. 5 % seiner Äpfel haben Druckstellen. Der Händler überprüft die Äpfel stichprobenartig und vereinbart mit dem Bauer: „Wenn mehr als 10 % der Äpfel einer Stichprobe Druckstellen haben, verringert sich der Preis für die gesamte Lieferung auf 30 Cent pro Stück.“
a) Bestimmen Sie die Wahrscheinlichkeit einer Preisreduzierung bei einen Stichprobenumfang von ① $n = 20$ und ② $n = 50$.
b) Berechnen Sie den Erwartungswert für die Kosten einer Lieferung von 1000 Äpfeln bei einem Stichprobenumfang von ① $n = 20$ und ② $n = 50$.
c) Geben Sie mit einer Wahrscheinlichkeit von 99,7 % eine Prognose dafür ab, wie viele Äpfel bei einer Lieferung von 2000 Stück eine Druckstelle haben.

12. Timo hat beim Torwandschießen eine Trefferquote von 45 % auf das untere Loch und 30 % auf das obere Loch. Die Größe X zählt die Treffer in das untere Loch, die Größe Y zählt die Treffer in das obere Loch.

a) Timo schießt 50-mal auf das untere Loch und 50-mal auf das obere Loch. Berechnen Sie den Erwartungswert und die Standardabweichung von X und Y.
b) Timo trainiert weiter und schießt 60-mal auf das obere Loch. Berechnen Sie, wie oft er auf das untere Loch schießen muss, damit $E(X) = E(Y)$ gilt.
c) Vergleichen Sie die Standardabweichungen von X und Y für die Anzahl der Schüsse aus Aufgabenteil b).

Zusammenfassung

Bernoulli-Ketten

Ein **Bernoulli-Experiment** ist ein Zufallsexperiment, bei dem nur die Ausgänge „Treffer" und „kein Treffer" unterschieden werden. Das Ereignis „Treffer" tritt mit gleichbleibender **Trefferwahrscheinlichkeit p** ein.

Eine **Bernoulli-Kette** der **Länge n** stellt eine n-fache Wiederholung eines Bernoulli-Experiments dar.
Zählt die Größe X dabei die Anzahl der Treffer, so gilt die **Bernoulli-Formel:**
$P(X = k) = \binom{n}{k} \cdot p^k \cdot (1-p)^{n-k}\ (k = 0, 1, \ldots, n)$

Ein Würfel wird fünfmal gewürfelt und das Ergebnis „6" wird als Treffer gewertet.

Die Ergebnisse der einzelnen Würfe sind unabhängig voneinander, bei jedem Wurf ist die Wahrscheinlichkeit für eine Sechs $\frac{1}{6}$. Also liegt eine Bernoulli-Kette der Länge $n = 5$ mit Trefferwahrscheinlichkeit $p = \frac{1}{6}$ vor.

Wahrscheinlichkeit für 3 Treffer:
$P(X = 3) = \binom{5}{3} \cdot \left(\frac{1}{6}\right)^3 \cdot \left(\frac{5}{6}\right)^2$
$= 10 \cdot \frac{5^2}{6^5} = \frac{250}{7776} \approx 0{,}032$

Binomialverteilte Zufallsgrößen

Eine Größe X, die die Anzahl der Treffer in einer Bernoulli-Kette der Länge n beschreibt, heißt **binomialverteilte Zufallsgröße** mit den Parametern n und p.
Die Zuordnung, die jedem Treffer k die Wahrscheinlichkeit $P(X = k)$ zuordnet, heißt **Binomialverteilung**.

Die Wahrscheinlichkeit, dass die Anzahl der Treffer höchstens k ist, heißt **kumulierte Wahrscheinlichkeit**. Es gilt:
$P(X \le k) = P(X = 0) + P(X = 1) + \ldots + P(X = k)$

Der **Erwartungswert** μ und die **Standardabweichung** σ sind gegeben durch:
$\mu = E(X) = n \cdot p \qquad \sigma = \sigma(X) = \sqrt{n \cdot p \cdot (1-p)}$

Es wird eine binomialverteilte Zufallsgröße X mit $n = 10$ und $p = 0{,}5$ betrachtet.
$P(X = 0) = \binom{10}{0} \cdot 0{,}5^0 \cdot 0{,}5^{10} \approx 0{,}001$
$P(X = 1) = \binom{10}{1} \cdot 0{,}5^1 \cdot 0{,}5^9 \approx 0{,}010$
$P(X \le 1) = P(X = 0) + P(X = 1) \approx 0{,}011$

Kenngrößen:
$\mu = 10 \cdot 0{,}5 = 5$
$\sigma = \sqrt{5 \cdot 0{,}5}$
$= \sqrt{2{,}5} \approx 1{,}58$

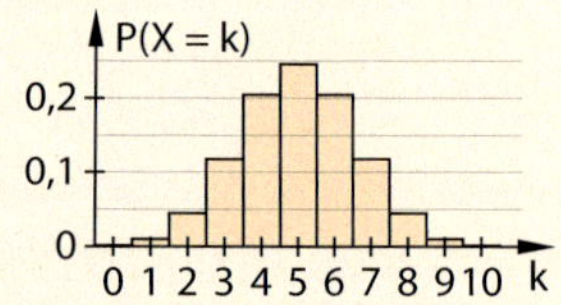

Der Erwartungswert liegt in der Nähe des Maximums, die Standardabweichung ist ein Maß für die Breite der Verteilung.

Parameter einer binomialverteilten Zufallsgröße

Eine binomialverteilte Zufallsgröße ist gekennzeichnet durch die Parameter n (Länge der Bernoulli-Kette), p (Trefferwahrscheinlichkeit) und k (Trefferanzahl).

Sind zwei dieser drei Parameter gegeben, so kann man den dritten Parameter bestimmen (durch Logarithmieren, systematisches Probieren oder Wurzelziehen).

$p = 0{,}7$; $k = 1$; n mit $P(X \ge 1) \ge 0{,}95$ bzw.
$\binom{n}{0} \cdot 0{,}7^0 \cdot 0{,}3^n \le 0{,}05$
$n \ge \log_{0{,}3}(0{,}05) \approx 2{,}49$: ab **n = 3**

$n = 5$; $p = 0{,}25$; k mit $P(X = k) > 0{,}3$ bzw.
$\binom{5}{k} \cdot 0{,}25^k \cdot 0{,}75^{(5-k)} > 0{,}3$
$P(X = k) < 0{,}3$ für $k = 0; 2; 3; 4; 5$
$P(X = 1) \approx 0{,}3955 > 0{,}3$: **k = 1**

σ-Regeln

Falls die **Laplace-Bedingung** $\sigma > 3$ erfüllt ist, liegt die Trefferanzahl einer binomialverteilten Zufallsgröße näherungsweise mit den folgenden Wahrscheinlichkeiten in den angegebenen Intervallen.

Intervall	Wahrscheinlichkeit
$[\mu - \sigma; \mu + \sigma]$	68 %
$[\mu - 2\sigma; \mu + 2\sigma]$	95,5 %
$[\mu - 3\sigma; \mu + 3\sigma]$	99,7 %

Liegt ein Stichprobenergebnis außerhalb der 2σ- bzw. 3σ-Umgebung, so spricht man von einer **signifikanten** bzw. **hochsignifikanten** Abweichung vom Erwartungswert.

Durchschnittlich 40 % der 1100 Schüler fahren mit dem Bus zur Schule. Die Zufallsgröße X zählt die Busfahrenden an einem Tag.
$X \sim B_{1100;\,0{,}4} \qquad \mu = 440$
$\sigma \approx 16{,}25 > 3$ (Laplace-Bedingung erfüllt)
$\mu - 2\sigma \approx 407{,}5; \quad \mu + 2\sigma \approx 472{,}5$
2σ-Umgebung: [408; 472]
(Hier wurde das Intervall nach innen gerundet.)
Mit etwa 95,5 % Wahrscheinlichkeit kommen zwischen 408 und 472 Schüler mit dem Bus.

An einem bestimmten Tag kommen nur 405 Schüler mit dem Bus zur Schule. $X = 405$ liegt außerhalb der 2σ-Umgebung und weicht somit signifikant vom Erwartungswert ab.

5. Zusammengesetzte Funktionen

Die Pharmakokinetik ist die Beschreibung der Konzentration eines Medikaments im Körper. Um den gesamten Verlauf von der Einnahme, über die Verteilung im Körper, bis hin zum Abbau zu beschreiben, werden zusammengesetzte Funktionen benötigt.

Nach diesem Kapitel können Sie …

- Produkte von Funktionen ableiten,
- Eigenschaften zusammengesetzter Funktionen untersuchen,
- mithilfe von zusammengesetzten Funktionen Sachsituationen beschreiben und modellieren,
- aus Änderungsraten zusammengesetzter Funktionen Informationen über die Bestandsfunktion gewinnen.

Lösungen ↗ S. 230/231

Nullstellen, Symmetrie und Globalverhalten

1. Geben Sie das Verhalten der Funktion für $x \to \pm\infty$ an.
a) $f(x) = 2x^2 + 5x$ b) $f(x) = 2x^3 - 9x + 1$ c) $f(x) = -x^4 + \frac{4}{3}x$
d) $f(x) = -6x^2 + 5x$ e) $g(x) = -3 + 5x^4$ f) $f(x) = 2x(-x + x^2)$

2. Entscheiden Sie, ob der Graph von f achsensymmetrisch zur y-Achse, punktsymmetrisch zum Ursprung oder keines von beidem ist. Formen Sie zunächst den Funktionsterm um.
a) $f(x) = 2x(3 + x^2)$ b) $f(x) = -2(x^2 + x)$ c) $f(x) = \left(x^3 + \frac{1}{2}x^{-1}\right) \cdot x$
d) $f(x) = (x^2)^3$ e) $f(t) = 4t + 11t^9$ f) $f(x) = r^3x^2 - r(x^4 + x^6)$

3. Berechnen Sie die Nullstellen der Funktion.
a) $f(x) = 2x^3(5x - 1)^2$ b) $f(x) = x^7 - x^4$ c) $f(x) = -2x^4 - 9x^3 + 5x^2$
d) $f(t) = (-t^4 + 16)(3t^2 + 14)$ e) $f(x) = 3x^4 + \frac{4}{15}x^2 - \frac{1}{15}$ f) $f(t) = t^6 - 13t^4 + 36t^2$

4. Ermitteln Sie die Koordinaten aller Schnittpunkte der Funktionen f und g.
a) $f(x) = 4x^4 + x^3 + 2x^2$, $g(x) = x^3 - x^2 + 1$
b) $f(x) = x^2(4x - 10)$, $g(x) = 2x^4 + 20x^2$
c) $f(x) = x^4 + x^3 - 4x^2 + 4$, $g(x) = (x^2 - 3)^2 - 5$

5. Gegeben ist die ganzrationale Funktion f mit der Gleichung $f(x) = x^3 - 3x^2 + 3x$. Ermitteln Sie die Koordinaten der Schnittpunkte des Graphen von f mit den Koordinatenachsen und geben Sie das Globalverhalten und das Symmetrieverhalten von f an.

Ableitung und Steigung

Erinnerung: Wichtige Ableitungen

$f(x)$	$f'(x)$
x	1
x^2	$2x$
x^3	$3x^2$
$\frac{1}{x}$	$-\frac{1}{x^2}$
$\sqrt{x}$	$\frac{1}{2\sqrt{x}}$
x^r	$r \cdot x^{r-1}$

$r \in \mathbb{Q}, r \neq 0$

6. Bestimmen Sie die Ableitung der Funktion f.
a) $f(x) = x^{-3}$ b) $f(x) = \frac{-2}{x^2}$ c) $f(t) = \frac{2}{t}$ d) $f(v) = \frac{3}{4v^2}$
e) $f(x) = 3x^3 + 2x^2$ f) $f(x) = \sqrt{x}$ g) $f(t) = t^4 - t + 1$ h) $f(x) = 4x - 2\sqrt{x}$
i) $f(x) = \frac{x^4 - x^{-4}}{4}$ j) $f(x) = \frac{1}{x} + \frac{1}{5x^5}$ k) $f(x) = (3 + x)(3 - x)$ l) $f(x) = -(x - 2)(x + 2)$

7. Bestimmen Sie – falls möglich – die Steigung der Funktion f an der Stelle x_0.
a) $f(x) = x^2;\quad x_0 = 5$ b) $f(x) = x^3;\quad x_0 = \sqrt{2}$ c) $f(x) = \frac{1}{x^2};\quad x_0 = -2$ d) $f(x) = 2\sqrt{x};\quad x_0 = 0$

8. Ermitteln Sie, an welchen Stellen die Tangente an den Graphen der Funktion f mit $f(x) = 0{,}2x^3 - 0{,}3x^2 - 3{,}6x + 2$ parallel zur x-Achse verläuft.

9. Bestimmen Sie alle Stellen, an denen die Funktion f die angegebene Steigung m hat. Ermitteln Sie weiterhin alle Stellen, an denen die Graphen von f und g parallel verlaufen.
a) $f(x) = 3x^2 - 4x;\quad m = -1$, $g(x) = -\frac{1}{3}x^3 + 2x^2 - x$
b) $f(x) = x - \frac{4}{x};\quad m = 2$, $g(x) = \frac{2}{x} + 7x$
c) $f(x) = 1 - 2\sqrt{x};\quad m = -\frac{1}{2}$, $g(x) = -\frac{1}{3}x + 4$

10. Der zurückgelegte Weg eines Turmspringers vom 10-m-Brett (freier Fall) lässt sich mit der Funktion s mit $s(t) = 5t^2$ berechnen. Dabei gibt t die Zeit in Sekunden und s den Weg in Metern an.
a) Ermitteln Sie die Momentangeschwindigkeit des Turmspringers nach einer halben Sekunde und nach einer Sekunde.
b) Berechnen Sie die Geschwindigkeit, mit der ein Turmspringer in das Wasser eintaucht.
c) Bestimmen Sie die durchschnittliche Geschwindigkeit eines Turmspringers vom Absprung bis zum Eintauchen ins Wasser.

Tangente, Steigungs- und Schnittwinkel

Lösungen ↗ S. 231

11. Bestimmen Sie die Gleichung der Tangente an den Graphen von f im Punkt $P(x_0 \mid f(x_0))$.

a) $f(x) = 2x^3 - 1;\quad x_0 = -1$ b) $f(x) = -x^4 + x^2 + 2;\quad x_0 = 1$

c) $f(x) = -\frac{1}{3}x^2 + x;\quad x_0 = -3$ d) $f(x) = \frac{2}{x^2};\quad x_0 = 2$

12. Bestimmen Sie die Steigung und den Steigungswinkel der Funktion f an der Stelle x_0.

a) $f(x) = 2x^3;\quad x_0 = -1$ b) $f(x) = -2\sqrt{x};\quad x_0 = 3$ c) $f(x) = -x^2 - 5x;\quad x_0 = 0$

d) $f(x) = -\frac{4}{x};\quad x_0 = -2$ e) $f(x) = (2x+1)^2;\quad x_0 = -\frac{1}{2}$ f) $f(x) = \frac{1}{2x^2};\quad x_0 = -3$

13. Bestimmen Sie alle Schnittstellen und Schnittwinkel der Graphen von f und g.

a) $f(x) = x^3 + 2x + 2$, $g(x) = 2 - x^3$ b) $f(x) = -\frac{1}{2}x^2 - 3x + 1$, $g(x) = 2x + 1$ c) $f(x) = \frac{3}{x}$, $g(x) = -1{,}5x + 4{,}5$

14. Gegeben sei die Funktion f mit $f(x) = x^2 + 2x - 3$.

a) Bestimmen Sie die Winkel, unter denen der Graph von f die x-Achse schneidet.

b) Bestimmen Sie den Winkel, unter dem der Graph von f die y-Achse schneidet.

c) Ermitteln Sie die Stelle x_0, an der der Graph von f einen Steigungswinkel von 45° hat.

Erinnerung:
Steigungswinkel von f an der Stelle x_0:
$\alpha = \tan^{-1}(f'(x_0))$
Schnittwinkel von f und g an der Stelle x_0:
der kleinere der Winkel $|\alpha - \beta|$ oder $180° - |\alpha - \beta|$
mit $\beta = \tan^{-1}(g'(x_0))$.

15. Gegeben ist die Funktion f mit $f(x) = \frac{1}{x}$.

a) Berechnen Sie die Steigung der Sekante durch die Punkte $A(0{,}25 \mid f(0{,}25))$ und $B(4 \mid f(4))$.

b) Ermitteln Sie die Punkte des Graphen von f, in denen die Steigung der Tangente mit der berechneten Sekantensteigung übereinstimmt, und bestimmen Sie jeweils die Gleichung der Tangente.

Stammfunktion und bestimmtes Integral

16. Einer der beiden Graphen A und B gehört zu einer Funktion f, der andere zu einer ihrer Stammfunktionen. Beurteilen Sie, welcher der zwei Graphen die Stammfunktion darstellt.

a)

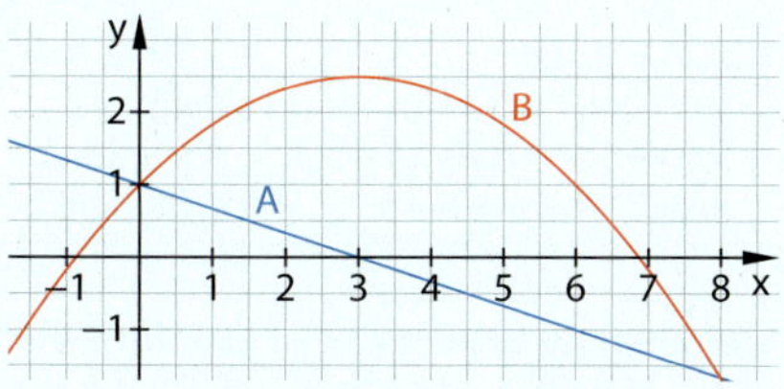

b)

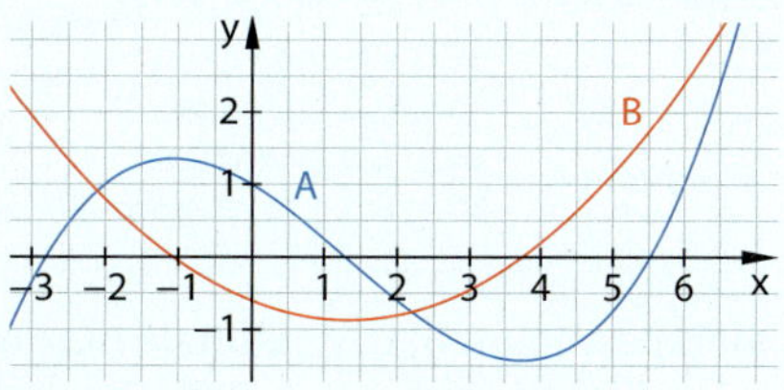

17. Ermitteln Sie eine Stammfunktion von f. Überprüfen Sie durch Ableiten.

a) $f(x) = 2x + 1$ b) $f(x) = \frac{1}{4}x^3 - 2$ c) $f(x) = e^{\frac{x}{2}}$

d) $f(x) = 2\sqrt{x}$ e) $f_a(t) = a \cdot t^2$ f) $f(x) = (3x - 5)^{50}$

g) $f(x) = \sqrt{2x - 1}$ h) $f(x) = -\frac{1}{4x^3}$ i) $f(x) = \frac{1}{(2x+3)^2}$

18. Berechnen Sie diejenige Stammfunktion von f, deren Graph durch den angegebenen Punkt P verläuft.

a) $f(x) = 2 - 2x \quad P(1 \mid 0)$ b) $f(x) = 2x^3 - 7x \quad P(2 \mid -2)$

c) $f(x) = e^{-3x+1} \quad P(0 \mid e)$ d) $f(x) = \frac{-1}{(x+2)^2} \quad P(-1 \mid -2)$

19. Berechnen Sie das Integral.

a) $\int_1^2 2x \cdot (x^2 - 1)\,dx$ b) $\int_0^{\ln(2)} (e^{2x} + e^{-x})\,dx$ c) $\int_5^6 \frac{1}{(3-x)^2}\,dx$ d) $\int_{\frac{5}{4}}^{\frac{5}{2}} \frac{6}{\sqrt{4x - 1}}\,dx$

Erinnerung:
Wichtige Stammfunktionen

f(x)	F(x)
1	x
x	$\frac{1}{2}x^2$
$-\frac{1}{x^2}$	$\frac{1}{x}$
$\frac{1}{\sqrt{x}}$	$2\sqrt{x}$
x^r	$\frac{1}{r+1} \cdot x^{r+1}$
e^x	e^x
e^{ax+b}	$\frac{1}{a} \cdot e^{ax+b}$
$g(ax+b)$	$\frac{1}{a} \cdot G(ax+b)$

$r \in \mathbb{Q}, r \neq -1$
$a, b \in \mathbb{R}, a \neq 0$
G Stammfunktion von g

5.1 Wiederholung: Differenzialrechnung

■ Beschreiben Sie die charakteristischen Eigenschaften des abgebildeten Graphen der Funktion f.
Skizzieren Sie in Ihrem Heft den Graphen der Ableitungsfunktion f'. ■

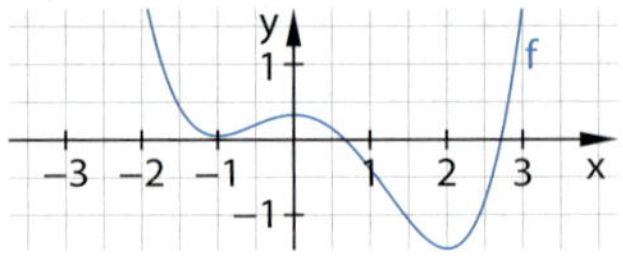

Funktionen mithilfe der Ableitung untersuchen

Das Steigungsverhalten des Graphen einer Funktion f wird durch f' beschrieben. Die Krümmung des Graphen, also die Änderung seiner Steigung, wird durch f'' dargestellt.

Wissen: Monotonie- und Krümmungsverhalten

Für den Graphen einer Funktion f und ein Intervall I gilt:

$x \in I$	Graph von f
$f'(x) > 0$	streng monoton steigend auf I
$f'(x) < 0$	streng monoton fallend auf I

$x \in I$	Graph von f
$f''(x) > 0$	linksgekrümmt auf I
$f''(x) < 0$	rechtsgekrümmt auf I

Erinnerung:
Ist $(a \mid f(a))$ ein Hochpunkt bzw. Tiefpunkt des Graphen von f, so heißt f(a) **lokales Maximum** bzw. **lokales Minimum** von f.

An einem **lokalen Extrempunkt** ändert der Graph einer Funktion sein Monotonieverhalten. Somit er muss dort eine waagerechte Tangente haben.
Hat der Graph eine waagerechte Tangente, ohne dass sich an dieser Stelle sein Monotonieverhalten ändert, so liegt dort ein **Sattelpunkt** vor.

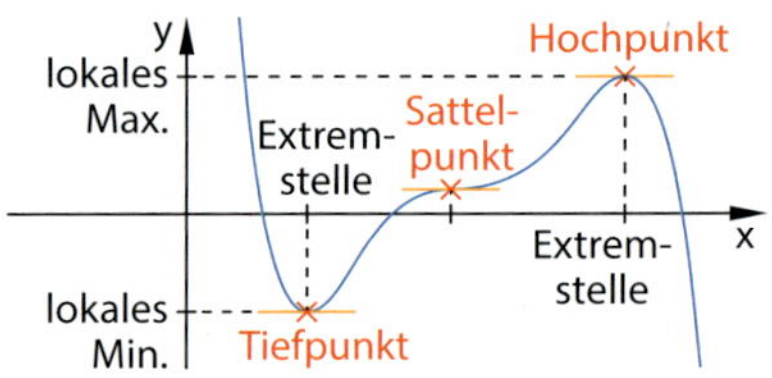

Wissen: Lokale Extrempunkte und Sattelpunkte

Für einen **lokalen Extrempunkt** oder **Sattelpunkt** $(a \mid f(a))$ des Graphen von f gilt:

Notwendige Bedingung	Hinreichende Bedingung mit der 2. Ableitung	Hinreichende Bedingung mit dem VZW-Kriterium
$f'(a) = 0$	$f'(a) = 0$ und $f''(a) > 0$: Tiefpunkt $f''(a) < 0$: Hochpunkt $f''(a) = 0$; $f'''(a) \neq 0$: Sattelpunkt	$f'(a) = 0$ und VZW von f' bei a von – auf +: Tiefpunkt VZW von f' bei a von + auf –: Hochpunkt Kein VZW von f' bei a: Sattelpunkt

Erinnerung:
Globale Extrema auf einem Intervall [a; b] sind lokale Extrema oder Randextrema.

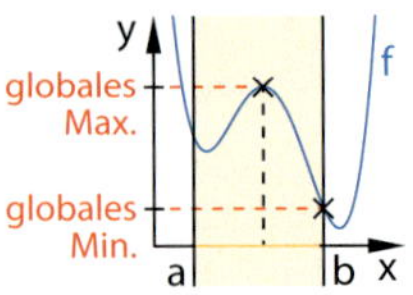

Das **globale Minimum** bzw. **globale Maximum** ist der kleinste bzw. größte Funktionswert von f. Gilt an einer Stelle $f(x) \to \infty$ oder $f(x) \to -\infty$, so hat f kein globales Maximum bzw. Minimum. Auf einem Intervall [a; b] hat eine differenzierbare Funktion stets beide globale Extrema.

An einem **Wendepunkt** ändert der Graph sein Krümmungsverhalten. Ein Wendepunkt mit waagerechter Tangente ist ein Sattelpunkt.
Hat der Graph der Funktion einen größten Anstieg bzw. ein größtes Gefälle, so wird dieses an den Wendestellen angenommen.

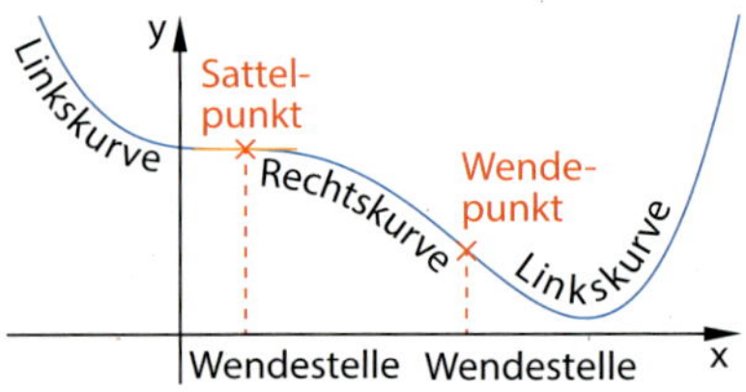

Wissen: Wendepunkte

Für einen **Wendepunkt** $(a \mid f(a))$ des Graphen von f gilt:

Notwendige Bedingung	Hinreichende Bedingung mit der 3. Ableitung	Hinreichende Bedingung mit dem VZW-Kriterium
$f''(a) = 0$	$f''(a) = 0$ und $f'''(a) \neq 0$	$f''(a) = 0$ und VZW von f'' bei a

Beispiel 1: Gegeben ist die Funktion f mit $f(x) = -x^3 - 3x^2 + 1$.

a) Ermitteln Sie die Art und Lage der lokalen Extrempunkte.
b) Geben Sie die Monotonieintervalle von f an.
c) Bestimmen Sie die globalen Extrema von f auf ① ganz $\mathbb{R}$ ② dem Intervall [-3,5; 0,5].
d) Berechnen Sie die Koordinaten des Wendepunktes. Bestimmen Sie die Gleichung der zugehörigen Wendetangente.
e) Ermitteln Sie maximale Steigung des Graphen von f.
f) Skizzieren Sie den Graphen von f.

Lösung:

a) Bestimmen Sie f′ und f″. Ermitteln Sie die Nullstellen von f′ und wenden Sie die hinreichende Bedingung an. Berechnen Sie die Funktionswerte.

$f'(x) = -3x^2 - 6x$ $\quad f''(x) = -6x - 6$
Nullstellen von f′: $x_1 = -2$, $x_2 = 0$
$f''(-2) = 6 > 0$; $f(-2) = -3$ $\quad T(-2|-3)$
$f''(0) = -6 < 0$; $f(0) = 1$ $\quad H(0|1)$

b) Geben Sie das Verhalten des Graphen von f zwischen den Extremstellen an.

$x < -2$ und $x > 0$: streng monoton fallend
$-2 < x < 0$: streng monoton steigend

c) ① Ermitteln Sie das Globalverhalten des Graphen von f. Er verhält sich wie der Graph von g mit $g(x) = -x^3$.
② Vergleichen Sie die Funktionswerte an den Intervallrändern mit den lokalen Extrema.

① Für $x \to \infty$ gilt: $f(x) \to -\infty$
Für $x \to -\infty$ gilt: $f(x) \to \infty$
f hat keine globalen Extrema.
② $-3 < 0{,}13 = f(0{,}5) < 1 < 7{,}13 = f(-3{,}5)$
Globales Minimum: −3
Globales Maximum: 7,13

d) Bestimmen Sie f‴. Ermitteln Sie die Nullstelle von f″ und setzen Sie diese in f‴ ein. Berechnen Sie den Funktionswert.

$f'''(x) = -6$
Nullstelle von f″: $x_3 = -1$
$f'''(-1) = -6 \neq 0$; $f(-1) = -1$ $\quad W(-1|-1)$

Stellen Sie die Bedingungen für die Tangente an der Wendestelle auf. Berechnen Sie die Steigung m und ermitteln Sie b.

$t(x) = mx + b$ $\quad m = f'(-1) = 3$
$t(-1) = f(-1) \Rightarrow -3 + b = -1$, also $b = 2$
Wendetangente: $t(x) = 3x + 2$

e) Die maximale Steigung ist das globale Maximum von f′. Wegen $f'''(-1) < 0$ hat f′ bei $x = -1$ sein lokales Maximum. Bestimmen Sie das globale Maximum von f′.

Lokales Maximum von f′: $f'(-1) = 3$
Für $x \to \pm\infty$ gilt: $f'(x) \to -\infty$
Globales Maximum von f′: 3
Die maximale Steigung beträgt 3.

f) Zeichnen Sie die charakteristischen Punkte des Graphen ein und vervollständigen Sie ihn mithilfe der Informationen über seinen Globalverlauf. (Für eine genauere Skizze müssen die Nullstellen von f berechnet werden.)

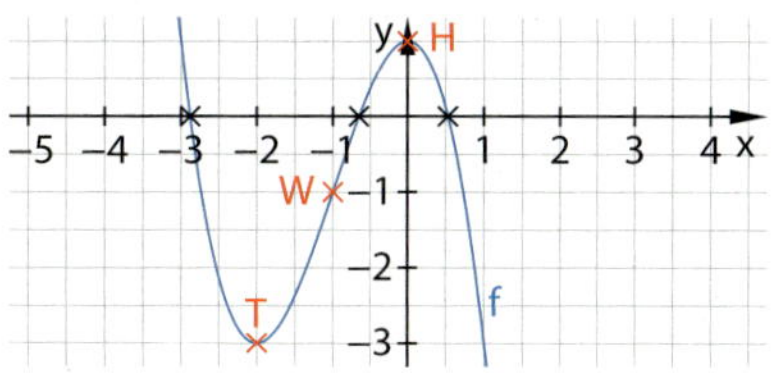

Basisaufgaben

1. Bestimmen Sie die Koordinaten der lokalen Extrempunkte sowie der Wende- und Sattelpunkte. Ermitteln Sie außerdem die Gleichungen aller Wendetangenten. Skizzieren Sie den Verlauf des Graphen von f.
a) $f(x) = \frac{1}{5}x^5 - x^3 - 6$ b) $f(x) = \frac{1}{8}x^3 + \frac{3}{2}x^2 + 6x + 8$ c) $f(x) = x^6 - \frac{1}{2}x + 7$

2. Untersuchen Sie den Graphen der Funktion f auf sein Monotonie- und Krümmungsverhalten.
a) $f(x) = -x^4 + 6x^2$ b) $f(x) = x^4 - 8x^3 + 24x^2 + 12$ c) $f(x) = -x^6 + x + 3$

3. Gegeben ist die Funktion f mit $f(x) = -x^3 + 9x^2 - 24x + 22$.

a) Bestimmen Sie alle lokalen Maxima und Minima von f.

b) Begründen Sie, dass f kein globales Maximum oder Minimum auf $\mathbb{R}$ hat.

c) Ermitteln Sie die globalen Maxima und Minima von f auf den Intervallen.

① $[0; 6]$ ② $[1; 6]$ ③ $[1{,}5; 4{,}5]$ ④ $[2{,}5; 3{,}5]$

4. Ermitteln Sie die maximale bzw. minimale Steigung des Graphen von f, falls sie existiert.

a) $f(x) = \frac{1}{2}x^3 - x^2 + x$ b) $f(x) = x^4 - 3x^2 - 1$ c) $f(x) = -x^5 + 10x^2$

5. Untersuchen Sie mithilfe der Differenzfunktion d mit $d(x) = f(x) - g(x)$, ob es eine Stelle gibt, an der der vertikale Abstand der Graphen von f und g minimal ist.

a) $f(x) = x^2 + 2$; $g(x) = -x^2 + 6x - 9$ b) $f(x) = \frac{1}{x}$; $g(x) = -x^2$ für $x > 0$

Extremalprobleme

Bei einem Extremalproblem wird der kleinst- oder größtmögliche Wert einer Größe in einem bestimmten Bereich gesucht. Für die Größe wird eine Funktion (**Zielfunktion**) aufgestellt und ihr globales Minimum oder Maximum in einem bestimmten Intervall ermittelt.

Wissen: Lösungsstrategie für Extremalprobleme

1. Gleichung für die gesuchte Größe aufstellen
2. Nebenbedingungen finden
3. Zielfunktion aufstellen und Definitionsbereich angeben
4. Lokale Extrema der Zielfunktion im Definitionsbereich bestimmen
5. Globale Extrema der Zielfunktion ermitteln
6. Lösung im Sachzusammenhang interpretieren

Beispiel 2: Ein rechteckiges Spielfeld mit Länge x und Breite y soll von einer 400 m langen, an den kurzen Rechteckseiten halbkreisförmigen Laufbahn umgeben sein. Bestimmen Sie die Abmessungen, für die das Spielfeld einen maximalen Flächeninhalt hat.

Lösung:

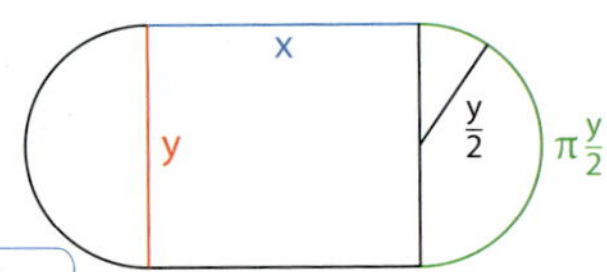

1. Gleichung: (Flächeninhalt des Spielfelds)
$A = x \cdot y$ (x und y in m)

2. Aufstellen der Nebenbedingung:
Nebenbedingung (NB):
$u = 2x + \pi y = 400$ (Umfang der Laufbahn)
$y = \frac{400}{\pi} - \frac{2}{\pi}x$

3. Zielfunktion und Definitionsbereich: (NB in Formel einsetzen)
$A(x) = x \cdot \left(\frac{400}{\pi} - \frac{2}{\pi}x\right) = \frac{400}{\pi}x - \frac{2}{\pi}x^2$ mit $0 \le x \le 200$

4. Bestimmung des lokalen Maximums:
Ableitungen bestimmen: $A'(x) = \frac{400}{\pi} - \frac{4}{\pi}x$ und $A''(x) = -\frac{4}{\pi}$
Nullstelle von A' bestimmen: $\frac{400}{\pi} - \frac{4}{\pi}x = 0$ liefert $x = 100$.
Wegen $A''(100) = -\frac{4}{\pi} < 0$ liegt ein lokales Maximum vor.
$A(100) = \frac{400}{\pi} \cdot 100^2 - \frac{2}{\pi} \cdot 100^2 \approx 6366{,}2$

5. Randwerte prüfen, globales Maximum:
$A(0) = A(200) = 0 < 6366{,}2$, also kein Randmaximum
Das lokale Maximum bei $x = 100$ ist auch globales Maximum.

6. Interpretation:
$x = 100$ in die Nebenbedingung einsetzen:
$y = \frac{400}{\pi} - \frac{2}{\pi} \cdot 100 \approx 63{,}7$
Für eine Länge von 100 m und einer Breite von 63,7 m wird der Flächeninhalt des Spielfelds mit $A \approx 6366{,}2\,m^2$ maximal.

Basisaufgaben

6. Für ein öffentliches Kunstwerk soll aus 36 m Stahlrohr das Kantenmodell eines Quaders mit quadratischer Grundfläche hergestellt werden.

a) Bestimmen Sie die Abmessungen des Quaders so, dass sein Volumen maximal wird.

b) Bestimmen Sie das maximale Volumen, wenn die Kantenlänge der Grundfläche nicht größer als 2,5 m sein darf.

c) Bestimmen Sie das maximale Volumen, wenn die Höhe auf maximal 2 m beschränkt ist.

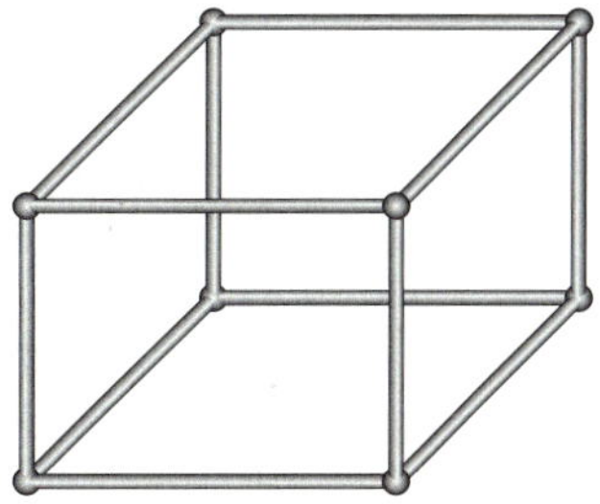

7. Gegeben ist der Graph der Funktion f mit $f(x) = -0{,}5x^3 + 2x$.
Die Punkte A, B und C mit den Koordinaten $A(0\,|\,0)$, $B(a\,|\,0)$ und $C(a\,|\,f(a))$ bilden im ersten Quadranten des Koordinatensystems ein rechtwinkliges Dreieck.

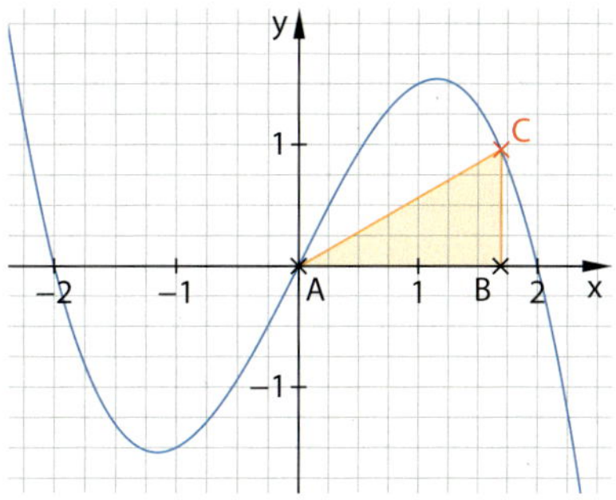

a) Stellen Sie eine Zielfunktion für den Flächeninhalt des Dreiecks auf und geben Sie einen sinnvollen Definitionsbereich an.

b) Ermitteln Sie, für welchen Wert von a der Flächeninhalt des Dreiecks maximal wird, und geben Sie den maximalen Flächeninhalt an.

8. Gegeben ist der Graph der Funktion f mit $f(x) = -0{,}1(x+1)^2 + 5$. Die Punkte $A(4\,|\,0), B(4\,|\,2{,}5), C(a\,|\,f(a))$ und $D(a\,|\,0)$ für $a \leq 4$ bilden oberhalb der x-Achse ein Trapez.
Ermitteln Sie, für welchen Wert von a der Flächeninhalt des Trapezes maximal wird.

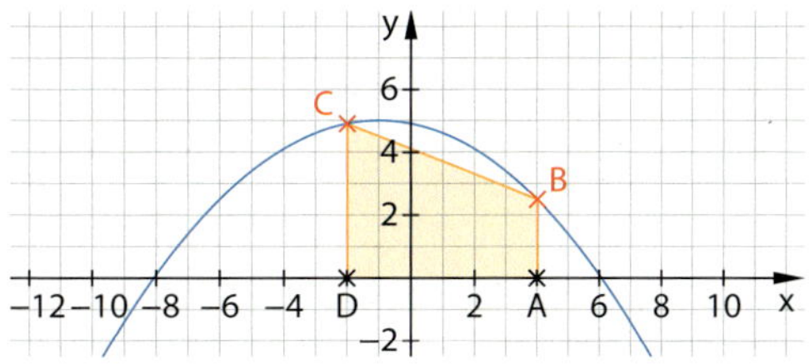

Erinnerung:
Flächeninhalt eines Trapezes

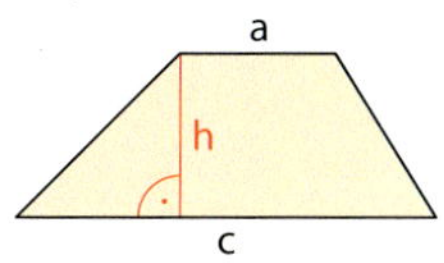

$A_{Trapez} = \frac{a+c}{2} \cdot h$

Rekonstruktion von Funktionstermen

Die Gleichung einer ganzrationalen Funktion f kann anhand von Informationen über ihren Graphen rekonstruiert werden. Aus den charakteristischen Punkten des Graphen von f lassen sich Bedingungen an die Funktionsgleichung von f und deren Ableitungen formulieren.

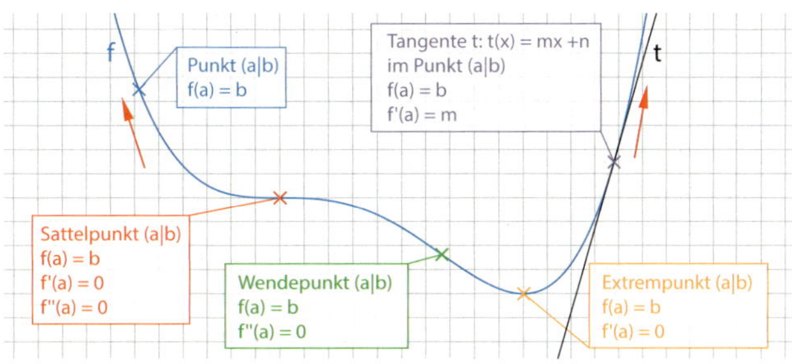

Wissen: Schritte beim Bestimmen von ganzrationalen Funktionen

① Eigenschaften des Graphen in Bedingungen an die Funktion/Ableitungen übersetzen.
② In die allgemeine Form einsetzen und ein lineares Gleichungssystem aufstellen.
③ Das lineare Gleichungssystem lösen und den ermittelten Funktionsterm angeben.
④ Überprüfen, ob der Funktionsterm die geforderten Eigenschaften erfüllt.

Beispiel 3: Der Graph einer ganzrationalen Funktion vierten Grades ist achsensymmetrisch und hat einen Wendepunkt bei $x = 1$. Die Gleichung der zugehörigen Wendetangente lautet $y = -4x + 3{,}5$. Bestimmen Sie die Funktionsgleichung.

Lösung:

① Setzen Sie die Wendestelle in die Tangentengleichung ein und ermitteln Sie die y-Koordinate des Wendepunktes W. Der Graph verläuft durch W (A). Lesen Sie die Steigung im Wendepunkt an der Tangentengleichung ab (B). Für W gilt die notwendige Bedingung (C).

Eigenschaften übersetzen:
Wendepunkt $W(1\,|\,y_W)$:
$y_W = -4 \cdot 1 + 3{,}5 = -0{,}5$
(A) Punkt $W(1\,|\,-0{,}5)$: $f(1) = -0{,}5$
(B) Steigung bei $x = 1$: $f'(1) = -4$
(C) Wendestelle $x = 1$: $f''(1) = 0$

Erinnerung:
Bei Symmetrie werden nur Summanden mit geraden bzw. ungeraden Exponenten betrachtet.
Grad 4 und Achsensymmetrie:
$f(x) = ax^4 + bx^2 + c$
Grad 5 und Punktsymmetrie:
$f(x) = ax^5 + bx^3 + cx$

② Stellen Sie die allgemeine Form der Funktionsgleichung von f auf. Aufgrund der Symmetrie fallen hier alle ungeraden Exponenten weg. Bilden Sie $f'(x)$ und $f''(x)$.

In allgemeine Form einsetzen:
$f(x) = ax^4 + bx^2 + c$
$f'(x) = 4ax^3 + 2bx$
$f''(x) = 12ax^2 + 2b$

Setzen Sie die Bedingungen aus ① ein und stellen Sie das lineare Gleichungssystem auf.

(A) $f(1) = -0{,}5$
(B) $f'(1) = -4$
(C) $f''(1) = 0$

$$\Rightarrow \left|\begin{array}{rcl} a + b + c & = & -0{,}5 \\ 4a + 2b & = & -4 \\ 12a + 2b & = & 0 \end{array}\right|$$

③ Lösen Sie das lineare Gleichungssystem. Setzen Sie die Lösung in die allgemeine Form der Funktionsgleichung ein.

Gleichungssystem lösen:
Einsetzungsverfahren: $a = 0{,}5$; $b = -3$; $c = 2$
$f(x) = 0{,}5x^4 - 3x^2 + 2$

④ Untersuchen Sie mithilfe von f''', ob auch die hinreichende Bedingung für die Wendestelle erfüllt ist.

Eigenschaften überprüfen
$f'''(x) = 12x$, $f'''(1) = 12 \neq 0$, also Wendepunkt
f erfüllt alle geforderten Eigenschaften.

Basisaufgaben

9. Der Steckbrief beschreibt den Graphen einer ganzrationalen Funktion vierten Grades.
   a) Bestimmen Sie die passende Funktionsgleichung.
   b) Berechnen Sie die Wendepunkte des Graphen dieser Funktion.

10. Der Graph einer ganzrationalen Funktion f fünften Grades ist punktsymmetrisch zum Ursprung. Der Graph hat an der Stelle $x = -2$ eine Nullstelle und verläuft durch den Punkt $P(1\,|\,24)$. Die Steigung des Graphen an der Stelle $x = 0$ beträgt 36.
Bestimmen Sie die Funktionsgleichung von f.

11. Ergänzen Sie die inhaltlichen Beschreibungen der jeweiligen Sachsituation in Ihrem Heft.

Zugeordnete Größen	f(t)	f′(t)	Hochpunkt/Tiefpunkt	Wendepunkt
Minute → Zurückgelegter Weg				
Minute → Geschwindigkeit				
Jahr → Bevölkerung einer Stadt				
Tag → Anzahl Grippeerkrankter				
Uhrzeit → Pegelstand eines Flusses				

Weiterführende Aufgaben

12. **Stolperstelle:** Tina und Joe untersuchen, ob es eine ganzrationale Funktion dritten Grades gibt, deren Graph die y-Achse bei 6 schneidet, einen Wendepunkt $W(2\,|\,4)$ und einen Tiefpunkt bei $x = 3$ hat. Überprüfen Sie ihre Ergebnisse.
   a) Tina: *„Drei Punkte reichen nicht aus, um eine Funktion zu bestimmen."*
   b) Joe stellt vier Bedingungen auf und erhält f mit $f(x) = -x^3 + 6x^2 - 9x + 6$.

13. Bei einem Indoor-Leichtathletikwettkampf wird eine Kugel aus einer Höhe von 2,20 m unter einem Winkel von 45° abgeworfen und landet 20,52 m entfernt. Modellieren Sie die Flugbahn mit einer quadratischen Funktion. Bestimmen Sie die minimale Höhe der Halle.

14. Die AOV-AG hat ein neues Logo entwerfen lassen. Ein Kreis mit dem Radius 2, der den Buchstaben O bildet, wird von den Graphen der Funktionen f und g umschlossen. Die Funktion f, deren Graph den Buchstaben V bildet, ist gegeben durch $f(x) = \frac{2}{9}x^2 - 2$.
   a) Ermitteln Sie die ganzrationale Funktion vierten Grades g, deren Graph den Buchstaben A bildet.
   b) Durch die Wendepunkte von g soll eine waagerechte Strecke verlaufen. Berechnen Sie die Länge der Strecke.

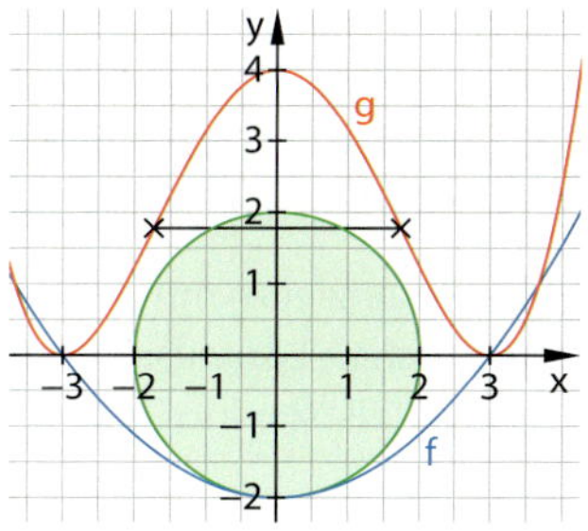

15. Ein Unternehmen verkauft neue Modelle seiner beliebten Bluetooth-Kopfhörer. Bei den letzten Modellen wurde beobachtet, dass die Anzahl der Bestellungen im Online-Shop stark vom Verkaufspreis abhängt. Bei einem Verkaufspreis von 20 € war die Anzahl der Bestellungen minimal. Bei einem Preis von 65 € war die Zunahme der Bestellungen am höchsten.
   a) Ermitteln Sie b und c, damit f mit $f(x) = -\frac{1}{60}x^3 + bx^2 + cx + \frac{3601}{3}$ die Anzahl der Bestellungen in Abhängigkeit vom Verkaufspreis im Intervall [15; 150] modelliert.
   b) Berechnen Sie, bei welchem Preis x die Anzahl der Bestellungen am größten ist. Geben Sie die maximale Anzahl an Bestellungen an.

● 16. Abgebildet ist der Graph der Funktion f mit $f(x) = -x^2 + 3$. Der Punkt B liegt auf dem Graphen der Funktion f im 1. Quadranten.
Berechnen Sie die Koordinaten des Punktes B, sodass der Abstand d(A, B) zwischen den Punkten $A(0\,|\,1)$ und B minimal wird.
Geben Sie den minimalen Abstand an.

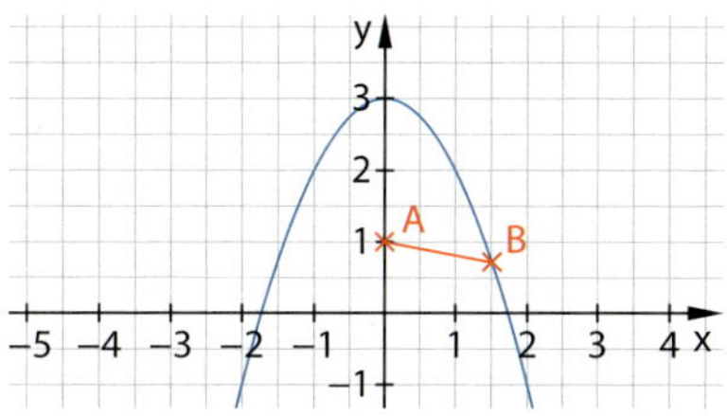

Erinnerung:
Für den Abstand zwischen zwei Punkten $P(x_1\,|\,y_2)$ und $Q(x_2\,|\,y_2)$ gilt:
$d = \sqrt{(x_2 - x_1)^2 + (y_2 - y_1)^2}$

17. Das Foto zeigt den seitlichen Blick auf die Hamburger Elbphilharmonie. Die Punkte A und B liegen auf einer Höhe von 81,22 m. Der Punkt C befindet sich 17 m vom linken Gebäuderand auf einer Höhe von 70 m.
   a) Ermitteln Sie die Funktionsgleichung der linken Parabel, durch A, C und D.
   ● b) Der tiefste Punkt der rechten Dachlinie befindet sich einer Höhe von 77 m. Ermitteln Sie die Funktionsgleichung der rechten Parabel.

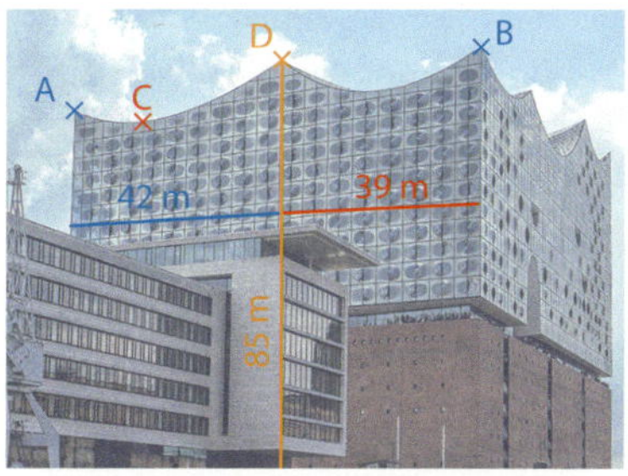

● 18. **Ausblick:** Bestimmen Sie die Extrem- und Wendepunkte der Graphen der Funktionenschar f_t mit $f_t(x) = -\frac{1}{t^2}x^3 + \frac{3}{t}x^2$ $(t > 0)$. Beschreiben Sie deren Lage in Abhängigkeit von t.

5.2 Wiederholung: Exponentialfunktionen

■ Abgebildet ist der Graph von f mit $f(x) = 2^x$. Die Steigung an der Stelle $x = 1$ kann durch die Steigung der Sekante im Intervall $[0{,}9; 1{,}1]$ angenähert werden.

a) Bestimmen Sie näherungsweise die Steigung des Graphen an der Stelle $x = 1$. Verfahren Sie ebenso für $x = -2, -1, 0, 2$.

b) Zeigen Sie mithilfe der Werte aus a), dass die Steigung des Graphen der Formel $f'(x) = a \cdot f(x)$ entspricht. Ermitteln Sie den Wert von a. ■

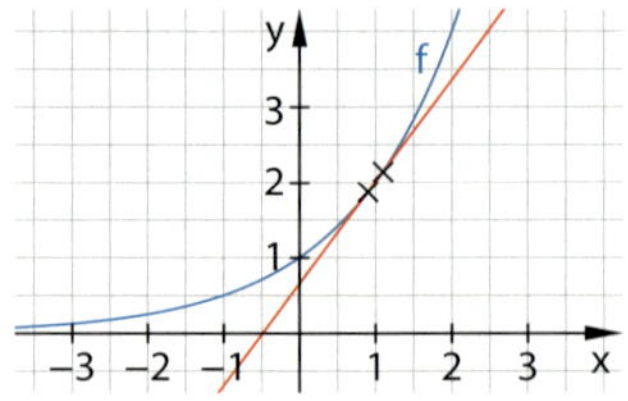

Exponentialfunktion und Exponentialgleichungen

Erinnerung:
Lineare Kettenregel
Für $g(x) = f(ax + b)$
gilt: $g'(x) = a \cdot f'(ax + b)$

Wissen: Natürliche Exponentialfunktion und Logarithmus
Für die natürliche Exponentialfunktion $f(x) = e^x$ gilt: $f'(x) = e^x$
Für Funktionen der Form $f(x) = e^{ax+b}$ gilt: $f'(x) = a \cdot e^{ax+b}$

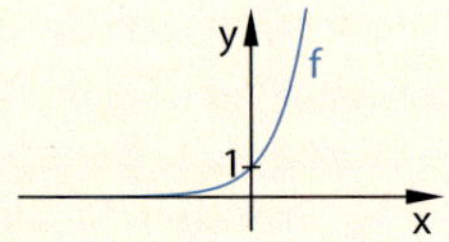

Das Potenzieren mit der Basis e wird durch das Anwenden des natürlichen Logarithmus umgekehrt.
Für $a > 0$ ist $x = \ln(a)$ Lösung der Gleichung $e^x = a$. Es gilt: $e^{\ln(a)} = a$ und $\ln(e^a) = a$

Mithilfe des natürlichen Logarithmus kann jede Exponentialfunktion zu einer beliebigen Basis $b > 0$ zur Basis e umgeschrieben und abgeleitet werden: $(b^x)' = \left(e^{\ln(b) \cdot x}\right)' = \ln(b) \cdot b^x$

Beispiel 1: Bestimmen Sie alle Stellen, an denen der Graph der Funktion f mit $f(x) = e^{3x-1}$ die Steigung 6 hat.

Lösung:

Bestimmen Sie f'.	$f'(x) = 3e^{3x-1}$
Setzen Sie f'(x) mit 6 gleich und lösen Sie	$3e^{3x-1} = 6 \quad \mid :3$
die Exponentialgleichung.	$e^{3x-1} = 2 \quad \mid \ln$
Wenden Sie hierzu den natürlichen	$3x - 1 = \ln(2) \quad \mid +1 : 3$
Logarithmus auf den Term e^{3x-1} an.	$x = \frac{\ln(2) + 1}{3} \approx 0{,}56$

Basisaufgaben

1. Lösen Sie die Gleichung. Geben Sie die Lösung mithilfe des ln an.

a) $e^x = 7$ b) $4e^x = 8$ c) $2e^x - 6 = 0$ d) $3e^t - 8 = 4$
e) $4e^{-x} - 2 = 2$ f) $e^{2x-4} = 5$ g) $3e^{2x-7} = 6$ h) $3e^{4x-5} - 3 = 6$
i) $5e^{3x+2} - 5 = 10$ j) $11e^{-8x+4} = 22$ k) $e^8 + e^x = 142$ l) $e^4 \cdot e^x = e^8$

2. Bestimmen Sie die Lösungsmenge der Gleichung.

a) $e^{x-4} = e^{2x}$ b) $e^{2x} + 3e^{2x} = 12$ c) $5e^{-3x} = 3e^{-3x} + 8$ d) $(e^{2x} - 1)(x^4 - 1) = 0$
e) $-e^{-x-1} + 2 = 0$ f) $4e^{-x} + 2 = -2$ g) $3e^{2x-7} = -3e^{2x-7}$ h) $2e^{5x-3} = e^{5x-3} + 4$

3. Bestimmen Sie die x-Werte zum gegebenen Funktionswert y.

a) $f(x) = 3e^{2x} - 7 \qquad y = 2$ b) $f(x) = -2 \cdot \left(3 - e^{x^2-8}\right) + 5 \qquad y = 2e - 1$

4. Gegeben ist die Funktion f mit $f(x) = 2e^{-x+3}$.

a) Bestimmen Sie die Gleichung der Tangente an den Graphen von f im Punkt $P(3 \mid f(3))$.
b) Berechnen Sie den Flächeninhalt des Dreiecks, das von der Tangente aus a) und den Koordinatenachsen eingeschlossen wird.

Exponentielles Wachstum

Wissen: Exponentielles Wachstum
Die Funktion f mit $f(t) = a \cdot e^{k \cdot t}$ beschreibt einen exponentiellen Wachstumsprozess eines Bestandes mit **Anfangsbestand** $a = f(0)$ und **Wachstumskonstante** $k \neq 0$.

exponentielle Zunahme: k > 0	**exponentielle Abnahme: k < 0**
Verdopplungszeit: $T_V = \frac{\ln(2)}{k}$	**Halbwertszeit:** $T_H = \frac{\ln\left(\frac{1}{2}\right)}{k}$

Die **Wachstumsgeschwindigkeit** ist gegeben durch $f'(t) = a \cdot k \cdot e^{kt} = k \cdot f(t)$.

Beispiel 2: Bestände und Wachstumsgeschwindigkeit ermitteln
Auf einer Insel leben 1000 Tiere, die sich exponentiell vermehren. Die Anzahl der Tiere zur Zeit t in Jahren kann durch die Funktion f mit $f(t) = 1000 \cdot e^{0{,}14t}$ beschrieben werden.
a) Bestimmen Sie den Zeitpunkt t, zu dem der Bestand von 5000 Tieren erreicht wird.
b) Berechnen Sie die Verdopplungszeit und erklären Sie die Bedeutung im Sachkontext.
c) Bestimmen Sie die Wachstumsgeschwindigkeit nach 4 Jahren.
d) Bestimmen Sie die durchschnittliche Wachstumsgeschwindigkeit in den ersten 4 Jahren.

Lösung:
a) Setzen Sie in der Funktionsgleichung 5000 für f(t) ein und lösen Sie die Gleichung nach t auf.

$$5000 = 1000 \cdot e^{0{,}14t} \quad | : 1000$$
$$5 = e^{0{,}14t} \quad | \ln$$
$$\ln(5) = 0{,}14t \quad | : 0{,}14$$
$$t = \frac{\ln(5)}{0{,}14} \approx 11{,}5$$

Nach etwa 11,5 Jahren sind es 5000 Tiere.

b) Setzen Sie in die Formel für die Verdopplungszeit den Wachstumsfaktor $k = 0{,}14$ ein.

$$T_V = \frac{\ln(2)}{k} = \frac{\ln(2)}{0{,}14} \approx 4{,}95$$

Alle 4,95 Jahre verdoppelt sich die Anzahl der Tiere auf der Insel.

c) Bestimmen Sie die erste Ableitung f′ und setzen Sie t = 4 ein.

$f'(t) = 140e^{0{,}14t}$, $f'(4) = 140e^{0{,}56} \approx 245{,}09$
Nach 4 Jahren wächst die Population um etwa 245 Tiere pro Jahr.

d) Teilen Sie die Änderung der Anzahl der Tiere durch den zugehörigen Zeitraum.

$$\frac{f(4) - f(0)}{4 - 0} = \frac{1750{,}67 - 1000}{4} \approx 187{,}67$$

Innerhalb der ersten 4 Jahre kommen durchschnittlich etwa 188 Tiere pro Jahr hinzu.

Beispiel 3: Wachstumsfunktion aufstellen
Bestimmen Sie eine Funktion, die zur Zeit t die Menge eines Medikaments im Körper eines Patienten beschreibt, welches exponentiell abgebaut wird. Der Patient erhält zu Beginn 5 mg des Medikaments, nach 2 Stunden sind noch 3,2 mg im Körper vorhanden.

Lösung:
Stellen Sie den allgemeinen Ansatz für eine exponentielle Wachstumsfunktion mit Anfangsbestand $a = f(0) = 5$ auf.

$f(t) = 5 \cdot e^{k \cdot t}$ (t: Zeit in h; f(t): Menge in mg)

Ermitteln Sie die Wachstumskonstante k aus der Gleichung $f(2) = 3{,}2$.

$$3{,}2 = 5 \cdot e^{k \cdot 2} \quad | : 5$$
$$0{,}64 = e^{k \cdot 2} \quad | \ln$$
$$\ln(0{,}64) = k \cdot 2 \quad | : 2$$
$$k = \frac{\ln(0{,}64)}{2} \approx -0{,}223$$

Stellen Sie die Funktionsgleichung auf.

$f(t) = 5e^{-0{,}223t}$

Hinweis:
Mit der Formel für T_H kann k auch aus einer gegebenen Halbwertszeit berechnet werden. Zur Berechnung von k aus der prozentualen Wachstumsrate siehe Aufgabe 7.

Basisaufgaben

5. Ein Patient erhält 7,5 mg eines Narkosemittels, von dem stündlich 14 % abgebaut werden.
a) Bestimmen Sie eine Funktion f mit $f(t) = a \cdot e^{k \cdot t}$, welche die Menge des Narkosemittels im Blut nach t Stunden beschreibt.
b) Bestimmen Sie die Menge des Mittels im Blut nach 5 Stunden und nach 40 Minuten.
c) Bestimmen Sie den Zeitpunkt t, zu dem die Menge an Narkosemittel unter 1 mg fällt.
d) Berechnen Sie die Halbwertszeit und deuten Sie diese im Sachzusammenhang.

6. In einem großen Garten sind $1{,}5\,m^2$ Unkraut. Der Gärtner geht von einer exponentiellen Ausbreitung aus. 10 Tage später sind es bereits $2\,m^2$.

a) Stellen Sie die Ausbreitung des Unkrauts mit einer Funktionsgleichung der Form $f(t) = a \cdot e^{k \cdot t}$ dar.
b) Bestimmen Sie die Größe der von Unkraut bewachsenen Fläche nach 14 Tagen.
c) Berechnen Sie, nach wie vielen Tagen $3\,m^2$ von Unkraut bewachsen sein werden.
d) Bestimmen Sie die Verdopplungszeit und deuten Sie diese im Sachzusammenhang.

7. Exponentielles Wachstum lässt sich durch die prozentuale Änderung, den Wachstumsfaktor oder die Wachstumskonstante beschreiben. Vervollständigen Sie die Tabelle.

Hinweis:
$r > 0$: exponentielle Zunahme
$r < 0$: exponentielle Abnahme

prozentuale Wachstumsrate r %	25 %	10 %	−3 %		
Wachstumsfaktor $b = 1 + \frac{r}{100}$	1,25			1,02	
Wachstumskonstante $k = \ln(b)$	0,223				−0,693

8. Der Bestand einer Pilzkultur in Millionen lässt sich durch die Funktion f mit $f(t) = 7{,}5e^{0{,}3t}$ beschreiben. Dabei gibt t die Zeit in Wochen an.
a) Bestimmen Sie die Wachstumsgeschwindigkeit nach fünf Wochen und nach drei Tagen.
b) Bestimmen Sie den Zeitpunkt, zu dem sich die Pilzkultur mit einer Geschwindigkeit von 10 Millionen Pilzen pro Woche ausbreitet.
c) Ermitteln Sie die durchschnittliche Wachstumsgeschwindigkeit in der ersten Woche.

Weiterführende Aufgaben

9. **Stolperstelle:** Eine Pflanze ist zu Beginn 21 cm hoch. Sie wächst nach Zugabe eines besonderen Düngers um 10 % pro Tag. Hakim bestimmt die Verdopplungszeit und meint: *„In 5 Tagen beträgt die Zunahme 5 · 10 % = 50 %, also sind 5 Tage die Verdopplungszeit".* Erläutern Sie, welchen Fehler Hakim macht.

10. In lebenden Organismen ist der Anteil am radioaktiven Isotop C14 nahezu konstant. In toten Organismen wird der C14-Anteil mit einer Halbwertszeit von 5730 Jahren abgebaut.
a) Beim Fund der berühmten Alpen-Mumie Ötzi 1991 betrug der C14-Anteil 53,35 %. Bestimmen Sie näherungsweise das Jahr, in dem Ötzi starb.
b) Ermitteln Sie den Anteil an C14 in einem 1 Mio. Jahre alten Dinosaurierknochen.

11. Gegeben ist die Funktion f mit $f(x) = 4e^{3x} - 5x$.
a) Untersuchen Sie die Funktion f auf Extrem- und Wendepunkte.
b) Begründen Sie, dass der Graph einer Funktion der Form $f(x) = a \cdot e^{b \cdot x} + c \cdot x$ mit $a, b \neq 0$ keine Wendepunkte besitzt.

12. Die Tabelle zeigt die Vermehrung einer Bakterienkultur in Tagen.

Tage	0	1	2	3	4	5
Bakterien in Tausend	10	13,5	18,2	24,6	33,2	44,8

a) Weisen Sie nach, dass näherungsweise exponentielles Wachstum vorliegt.
b) Stellen Sie eine passende Wachstumsfunktion f mit $f(t) = a \cdot e^{k \cdot t}$ auf, die die Vermehrung der Bakterien beschreibt (t in Tagen; f(t) Anzahl der Bakterien in Tausend).
c) Untersuchen Sie, wie viele Bakterien es nach 2 Wochen gibt.
d) Bestimmen Sie, wie lange es dauert, bis sich die Anzahl der Bakterien verdoppelt hat.
e) Ermitteln Sie den Zeitpunkt, an dem es 100 000 Bakterien gibt.

● **13.** Der Landeanflug eines Flugzeugs wird annähernd durch den Graphen der Funktion f mit $f(x) = 10 \cdot e^{-0{,}02x} - a$ beschrieben (x und f(x) in 100 m).

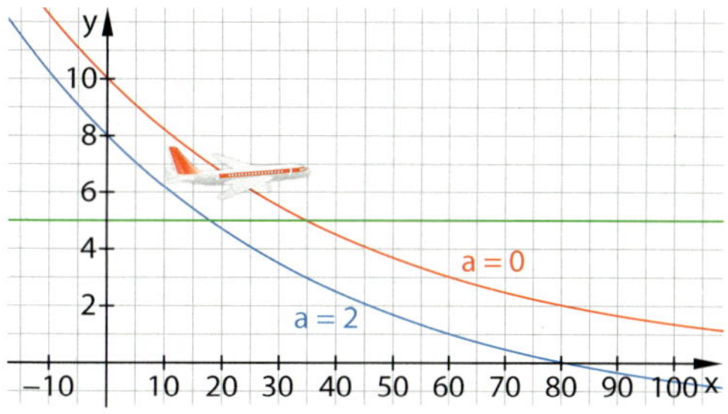

a) Spätestens beim Erreichen der Höhe von 500 m muss das Fahrwerk ausgefahren werden. Geben Sie für a = 0 die Koordinaten des Punktes an, an dem dies geschehen muss.
b) Der ideale Landewinkel eines Flugzeugs beträgt 3° zum Boden. Bestimmen Sie die Stelle, an der das Flugzeug demnach den Boden berühren sollte.
c) Bestimmen Sie a so, dass das Flugzeug an der in b) ermittelten Stelle landet.

● **14.** Gegeben ist die Funktion f mit $f(x) = e^{2x} - 5e^{x} + 6$.
a) Berechnen Sie die Nullstellen von f mithilfe einer geeigneten Substitution.
b) Bestimmen Sie die Koordinaten des Extrempunktes der Funktion.
c) Skizzieren Sie den Graphen der Funktion f.

● **15.** In Smartphones sind oft Lithium-Ionen-Akkus verbaut. Die Akkus verlieren im Durchschnitt nach 2 Jahren die Hälfte ihrer Kapazität, wenn sie stets zu 100 % aufgeladen werden.
a) Ermitteln Sie eine Funktionsgleichung, die die zeitliche Veränderung der Kapazität eines Akkus beschreibt, wenn dieser stets voll aufgeladen wird.
b) Händler empfehlen, den Akku zu wechseln, wenn das Smartphone nur noch zu 30 % geladen werden kann. Bestimmen Sie, wann der Akku ausgetauscht werden sollte.
c) Um die Lebensdauer von Akkus zu verlängern, empfehlen einige Hersteller ein sogenanntes optimiertes Laden. Dabei wird das Handy bei jedem Ladevorgang nur teilweise aufgeladen. Dafür soll der Akku erst nach 3 Jahren die Hälfte seiner Kapazität eingebüßt haben. Der Akku eines gebrauchten Handys weist nur noch 80 % seiner ursprünglichen Kapazität auf und soll von nun an nur noch optimiert geladen werden. Entscheiden Sie begründet, welche der Funktionsgleichungen den Sachverhalt beschreibt.

① $g(t) = 80 \cdot e^{\frac{\ln(0{,}5)}{1095} \cdot t}$ ② $g(t) = 100 \cdot e^{\frac{\ln(0{,}5)}{1095} \cdot t}$ ③ $g(t) = 80 \cdot e^{-0{,}000633 \cdot t}$

d) Berechnen Sie, wann ein Akku, der immer vollständig aufgeladen wird, und der gebrauchte Akku aus c), der stets optimiert geladen wird, die gleiche Kapazität haben.

● **16. Ausblick:** Gegeben ist die Funktionenschar f_a mit $f_a(x) = e^{a^2 x} - e^{a}$ $(a \neq 0)$.
a) Geben Sie den Schnittpunkt der Graphen von f_a mit der y-Achse an.
b) Zeigen Sie, dass $x = \frac{1}{a}$ Nullstelle von f_a ist.
c) Geben Sie die ersten beiden Ableitungen f_a' und f_a'' an.
d) Begründen Sie, dass kein Graph von f_a einen Extrem- oder Wendepunkt hat.
e) Bestimmen Sie die Gleichung der Tangente an den Graphen von f_a an der Stelle $x = \frac{1}{a^2}$.

5.3 Wiederholung: Integralrechnung

■ In einem Öltank befinden sich 800 Liter Öl. Die Abbildung zeigt die Änderungsrate der Ölmenge in den nächsten 10 Minuten. Bestimmen Sie, wie viel Öl sich nach diesen 10 Minuten im Tank befindet. ■

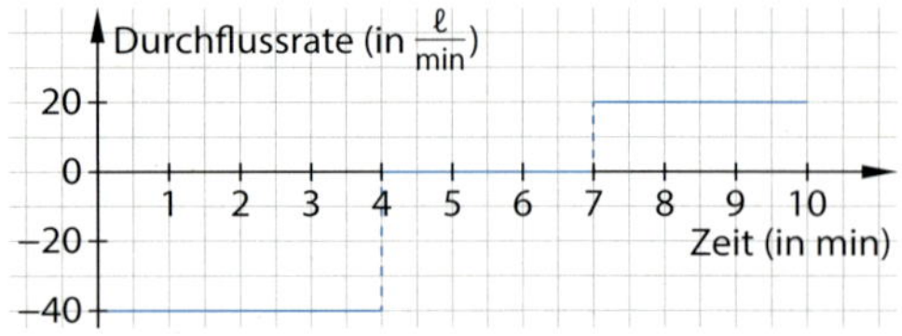

Die Regeln zum Bilden von Stammfunktionen leiten sich aus den Ableitungsregeln ab.

Satz: Regeln für Stammfunktionen

Sind G und H Stammfunktionen von g bzw. h, so gilt:

	Funktion	**Stammfunktion**
Faktorregel ($k \in \mathbb{R}$)	$f(x) = k \cdot g(x)$	$F(x) = k \cdot G(x)$
Summenregel	$f(x) = g(x) + h(x)$	$F(x) = G(x) + H(x)$
lineare Kettenregel ($a, b \in \mathbb{R}, a \neq 0$)	$f(x) = g(ax + b)$	$F(x) = \frac{1}{a} \cdot G(ax + b)$
für $g(x) = e^x$:	$f(x) = e^{ax+b}$	$F(x) = \frac{1}{a} \cdot e^{ax+b}$
Potenzregel ($r \in \mathbb{Q}, r \neq -1$)	$f(x) = x^r$	$F(x) = \frac{1}{r+1} \cdot x^{r+1}$

Der Hauptsatz ermöglicht das Berechnen bestimmter Integrale mithilfe von Stammfunktionen.

Satz: Hauptsatz der Differenzial- und Integralrechnung

Ist F eine beliebige Stammfunktion einer stetigen Funktion f, so gilt: $\int_a^b f(x)\,dx = F(b) - F(a)$

Flächenberechnungen

Das bestimmte Integral gibt die Flächenbilanz zwischen dem Graphen von f und der x-Achse auf einem Intervall an. Um den tatsächlichen Flächeninhalt zu bestimmen, muss man berücksichtigen, ob die Flächenanteile oberhalb oder unterhalb der x-Achse liegen.

Wissen: Fläche zwischen Graph und x-Achse

Sind $x_1 < x_2$ die Nullstellen der Funktion f auf einem Intervall [a; b], so gilt für den Inhalt der Fläche zwischen Graph und x-Achse über dem Intervall [a; b]:

$$A = \left|\int_a^{x_1} f(x)\,dx\right| + \left|\int_{x_1}^{x_2} f(x)\,dx\right| + \left|\int_{x_2}^{b} f(x)\,dx\right|$$

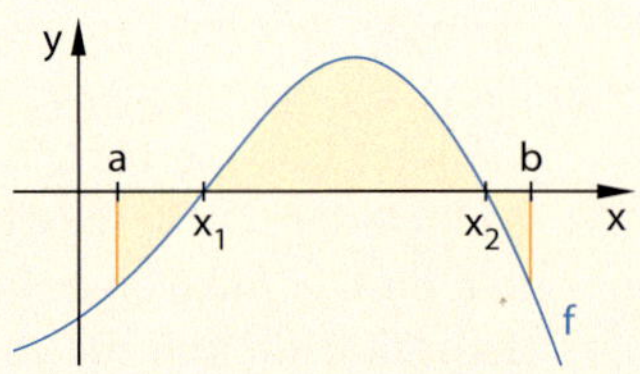

Der Inhalt der Fläche zwischen den Graphen zweier Funktionen f und g entspricht dem Inhalt der Fläche unter dem Graphen der Differenzfunktion h mit $h(x) = f(x) - g(x)$. Die Nullstellen von h sind die Schnittstellen von f und g.

Wissen: Fläche zwischen Funktionsgraphen

Sind $x_1 < x_2$ die Schnittstellen der Funktionen f und g auf einem Intervall [a; b], so gilt für den Inhalt der Fläche zwischen den Graphen über dem Intervall [a; b]:

$$A = \left|\int_a^{x_1} (f(x) - g(x))\,dx\right| + \left|\int_{x_1}^{x_2} (f(x) - g(x))\,dx\right| + \left|\int_{x_2}^{b} (f(x) - g(x))\,dx\right|$$

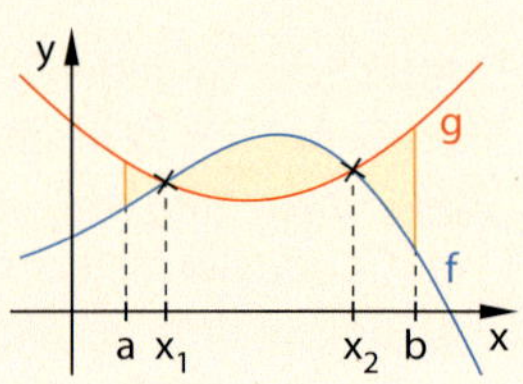

Beispiel 1: Gegeben sind f und g mit $f(x) = \frac{1}{2}x^3 - 2x^2 + \frac{3}{2}x$ und $g(x) = x^3 - 2x^2 + \frac{1}{2}x$.

a) Berechnen Sie den Inhalt der Fläche zwischen dem Graphen von f und der x-Achse im Intervall [-1; 2].

b) Berechnen Sie den Inhalt der Fläche, die von den Graphen von f und g eingeschlossen wird.

Lösung:

a) Bestimmen Sie die Nullstellen von f. Im Intervall [-1; 2] liegen die Nullstellen x_1 und x_2, es entstehen 3 Teilflächen.

Nullstellen: $x_1 = 0, x_2 = 1$ und $x_3 = 3$
Stammfunktion: $F(x) = \frac{1}{8}x^4 - \frac{2}{3}x^3 + \frac{3}{4}x^2$

Ermitteln Sie die Stammfunktion F von f und berechnen Sie die drei Teilintegrale.

$\int_{-1}^{0} f(x)\,dx \approx -1{,}54$; $\int_{0}^{1} f(x)\,dx \approx 0{,}21$; $\int_{1}^{2} f(x)\,dx \approx -0{,}54$

Der Inhalt der Gesamtfläche ist die Summe der Beträge der Teilintegrale.

Flächeninhalt:
$A \approx |-1{,}54| + |0{,}21| + |-0{,}54| = 2{,}29$ FE

b) Bilden Sie die Differenzfunktion h und berechnen Sie ihre Nullstellen.

$h(x) = f(x) - g(x) = -\frac{1}{2}x^3 + x$
Nullstellen: $x_1 = -\sqrt{2}, x_2 = 0, x_3 = \sqrt{2}$
Stammfunktion: $H(x) = -\frac{1}{8}x^4 + \frac{1}{2}x^2$

Ermitteln Sie die Stammfunktion H von h. Berechnen Sie die Integrale von h zwischen den Nullstellen.

$\int_{-\sqrt{2}}^{0} h(x)\,dx = -\frac{1}{2}$; $\int_{0}^{\sqrt{2}} h(x)\,dx = \frac{1}{2}$;

Der Inhalt der Gesamtfläche ist die Summe der Beträge der Integrale.

Flächeninhalt:
$A = \left|-\frac{1}{2}\right| + \left|\frac{1}{2}\right| = 1$ FE

Hinweis:
Die von den Graphen von f und g eingeschlossene Fläche besteht aus den Teilflächen, die durch die Schnittstellen von f und g begrenzt werden:

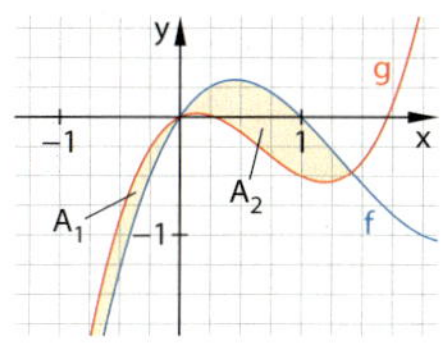

Basisaufgaben

1. Berechnen Sie die Nullstellen der Funktion. Berechnen Sie anschließend den Inhalt der Fläche, die der Graph mit der x-Achse einschließt.

a) $f(x) = x^3 - 4x^2 + 4x$ b) $f(x) = 1{,}5x^3 - 4{,}5x^2$ c) $f(x) = \frac{5}{9}x^4 - 5x^2$
d) $f(x) = -\frac{1}{6}x^4 + \frac{1}{2}x^2 + \frac{2}{3}$ e) $f(x) = 6x^3(x^2 - 1)$ f) $f(x) = 6x(x^2 - 1)^2$

2. Berechnen Sie den Inhalt der Fläche zwischen dem Graphen von f und der x-Achse im Intervall I.

a) $f(x) = x^3 - 6x^2 + 8x$ $I = [0; 4]$ b) $f(x) = 0{,}5(x - 4)(x^3 - 2x^2)$ $I = [0; 4]$
c) $f(x) = \sqrt{x} - 1$ $I = [0; 4]$ d) $f(x) = e^x - e$ $I = [0; 2]$

3. Berechnen Sie den Inhalt der Fläche, die von den Graphen der Funktionen f und g eingeschlossen wird.

a) $f(x) = -\frac{1}{4}x^2 + 2$ $g(x) = \frac{1}{2}x$ b) $f(x) = -0{,}5x^2 + x + 1{,}5$ $g(x) = x - 3$
c) $f(x) = \frac{1}{5}x^2 + 4$ $g(x) = x + 4$ d) $f(x) = -\frac{1}{2}x^2 + x + 3$ $g(x) = -x + 3$

4. Berechnen Sie den Inhalt der Fläche zwischen den Graphen der Funktionen f und g auf dem Intervall I.

a) $f(x) = x^3 - x^2 - 2$ $g(x) = x^3 - 2x^2 + x$ $I = [-2; 3]$
b) $f(x) = x^3 - 5x^2 + 7x - 3$ $g(x) = x - 3$ $I = [0; 3]$

5. Berechnen Sie den Inhalt der Fläche, die vom Graphen von f mit $f(x) = -2{,}3e^{-0{,}1x+2} + 1$, der Tangente an den Graphen von f im Punkt $P(0\,|\,f(0))$ und der x-Achse eingeschlossen wird.

Bestandsänderungen

Ist die Änderungsrate f einer Bestandsfunktion bekannt, lassen sich Zu- oder Abnahmen des Bestands mit Integralen berechnen. Die Bestandsfunktion ist eine Stammfunktion von f.

Beispiel 2: Die Geschwindigkeit, mit der die Anzahl der Nutzer einer App wächst, lässt sich in der Anfangszeit durch $f(t) = 8e^{0{,}8t}$ beschreiben (t in Wochen, f(t) in Nutzer pro Woche).
a) Bestimmen Sie die Zunahme der Anzahl der Nutzer von der 3. bis zur 5. Woche.
b) Bestimmen Sie die Bestandsfunktion F für die Anzahl der Nutzer, wenn zu Beginn 100 Personen die App nutzen.

Lösung:

a) Die Wachstumsgeschwindigkeit gibt die Änderungsrate des Bestandes an. Die Bestandsänderung ergibt sich mit dem Integral von f in den Grenzen 3 bis 5.

$$\int_3^5 f(t)\,dt = \int_3^5 8e^{0{,}8t}\,dt = \left[10e^{0{,}8t}\right]_3^5 \approx 436$$

Die Nutzerzahl nimmt um etwa 436 zu.

b) Bestimmen Sie alle Stammfunktionen von f. Ermitteln Sie die Konstante C mithilfe des Anfangsbestands.

$F(t) = 10e^{0{,}8t} + C$
$F(0) = 10 + C = 100$ also $C = 90$
$F(t) = 10e^{0{,}8t} + 90$

Basisaufgaben

6. Gegeben ist die Änderungsrate f eines Bestandes. Bestimmen Sie die Zu- bzw. Abnahme des Bestandes im angegebenen Zeitraum.
   a) $f(t) = 10t$ (t in s, f(t) in m/s) Zeitraum: 2.–4. Sekunde
   b) $f(t) = e^{-0{,}5t}$ (t in h, f(t) in m^3/h) Zeitraum: 3.–10. Stunde
   c) $f(t) = e^{0{,}2t} - 1$ (t in d, f(t) in 1/d) Zeitraum: 6.–12. Tag

7. Während einer Grippewelle lässt sich die Geschwindigkeit, mit der sich die Anzahl der infizierten Personen verändert, durch $f(t) = -e^{-0{,}1t}$ beschreiben (t in Wochen, f(t) in 1000 Infizierte pro Woche).

   a) Bestimmen Sie die Abnahme der Anzahl der Infizierten von der 10. bis zur 16. Woche.
   b) Bestimmen Sie, wie lange es dauert, bis die Anzahl der Infizierten um 4000 abgenommen hat.
   c) Bestimmen Sie die Bestandsfunktion F für die Anzahl der Infizierten, wenn nach 2 Wochen genau 10 000 Personen infiziert waren.

Hinweis zu 7b:
Setzen Sie die gesuchte Zeit t als Integralgrenze.

Weiterführende Aufgaben

8. Die nördliche und südliche Uferlinie eines Sees können näherungsweise durch die Funktionen f mit $f(x) = -0{,}25x^2 + 0{,}55$ und g mit $g(x) = -0{,}1x^4$ modelliert werden (LE: 1 km). Berechnen Sie näherungsweise den Flächeninhalt der Wasseroberfläche des Sees im Bereich $-1{,}5 \le x \le 1{,}65$.

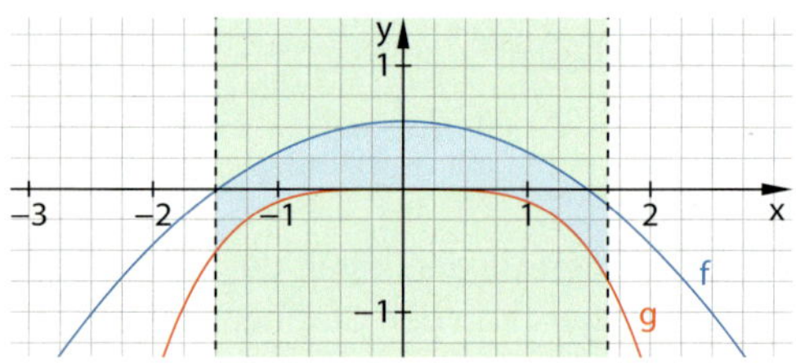

9. Stolperstelle: Es soll der Inhalt der gefärbten Fläche zwischen den Parabeln f und g mit $f(x) = -x^2 + 3x$ und $g(x) = -x^2 + x + 2$ berechnet werden. Kaya rechnet:

$$\int_1^3 (f(x) - g(x))\,dx = \int_1^3 (2x - 2)\,dx = [x^2 - 2x]_1^3 = 4$$

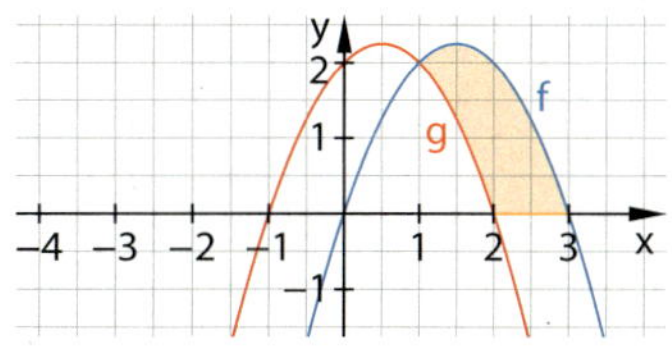

Beschreiben Sie, welchen Fehler Kaya gemacht hat und korrigieren Sie ihn.

10. Schaut man von oben auf den kleinen Teich in Nachbars Garten, so kann man den nebenstehenden Umriss sehen. Die Uferbegrenzungen können durch die Funktionen f und g modelliert werden:
$f(x) = -0{,}2 \cdot (x^3 - 5x^2)$ für $0 \le x \le 5$ und
$g(x) = 0{,}6 \cdot x \cdot (x - 5)$ für $0 \le x \le 5$. Eine LE entspricht 1 m.
Der Teich ist künstlich angelegt und hat eine Tiefe von durchgängig 0,80 m.
Berechnen Sie, wie viel Wasser der Teich enthält.

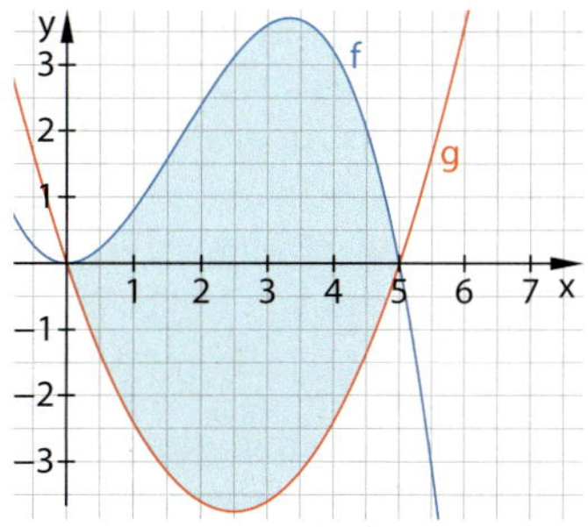

11. Ein Wasserbehälter mit einem Fassungsvermögen von 3000 Litern ist randvoll gefüllt. Durch ein Leck auf der Höhe der 1000-Liter-Markierung nimmt das Volumen im Behälter ab. Die Abnahmegeschwindigkeit in Abhängigkeit von der Zeit t in Minuten kann dabei durch die Funktion f mit $f(t) = -60e^{-0{,}03t}$ beschrieben werden ($f(t)$ in Liter/min).

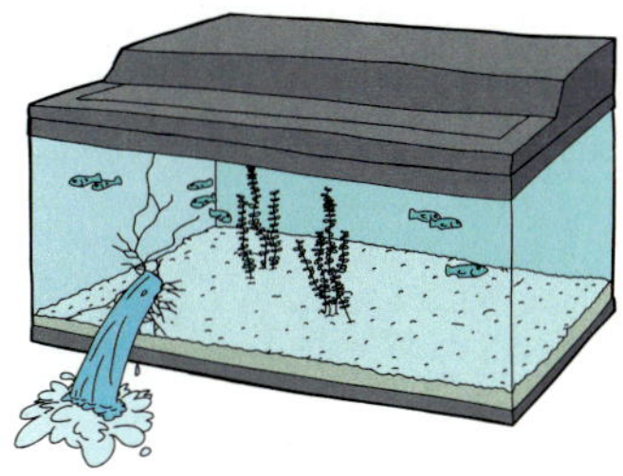

a) Deuten Sie den Ausdruck $\int_0^5 f(t)\,dt = -278{,}6$ im Sachzusammenhang.
b) Berechnen Sie die Wassermenge, die zwischen der 2. und 10. Minute ausläuft.
c) Ermitteln Sie eine Funktion, die das Wasservolumen zur Zeit t beschreibt.
d) Bestimmen Sie den Zeitpunkt, zu dem sich das Volumen halbiert hat.

12. Beim Bau von Fußgängertunneln werden oft Fertigbetonteile verwendet. Hier ist ein solches Segment mit parabelförmigem Querschnitt und 2 Meter Tiefe abgebildet. Der Querschnitt des Segments kann mithilfe zweier quadratischer Funktionen f und g modelliert werden.

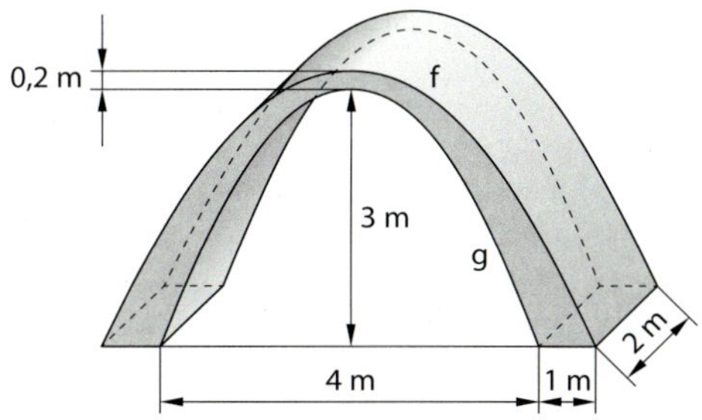

a) Bestimmen Sie eine Funktionsvorschrift für den inneren Parabelbogen.
b) Berechnen Sie das Luftvolumen eines Tunnels, der aus 12 Segmenten besteht.
c) Bestimmen Sie die Masse eines Segments, wenn der Beton eine Dichte von $2{,}2\,\frac{g}{cm^3}$ hat.

13. Ausblick: Die Graphen der Funktionen f, g und h mit $f(x) = -x^2 + 4x$, $g(x) = x^2 - 4x + 8$ und $h(x) = 5x$ schließen auf dem Intervall $I = [0; 2]$ eine Fläche ein.

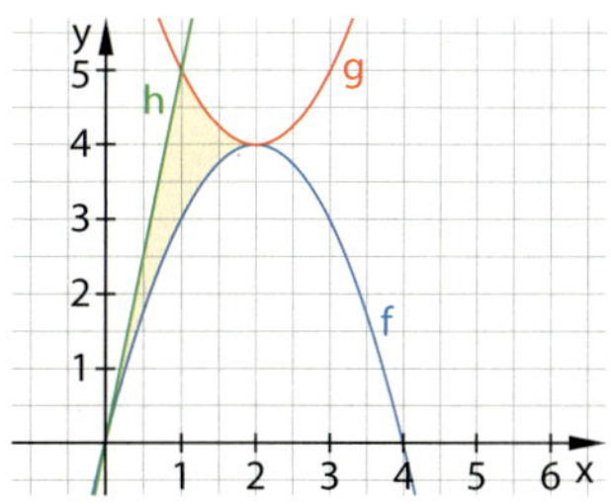

a) Geben Sie alle Schnittstellen der Funktionen im Intervall I an.
b) Zerlegen Sie die Fläche in geeignete Teilflächen und geben Sie die entsprechenden Intervalle an.
c) Berechnen Sie die Flächeninhalte der Teilflächen sowie den Gesamtflächeninhalt.

5.4 Produktregel

■ Die Funktion f mit $f(x) = x^2$ lässt sich auch als Produkt darstellen: $f(x) = x \cdot x$

a) Leiten Sie die Faktoren einzeln ab und bilden Sie das Produkt. Überprüfen Sie, ob das Ergebnis mit der Ableitung von f übereinstimmt.

b) Prüfen Sie – wie oben – auch die Funktion g mit $g(x) = 12x^3$. ■

Um die Ableitung der Summe zweier Funktionen zu bilden, leitet man summandenweise ab. Die Ableitung zu $g(x) = u(x) + v(x)$ ist also $g'(x) = u'(x) + v'(x)$.
Gilt dies auch für Produkte von Funktionen?

Bei zwei ganzrationalen Funktionen lässt sich das Produkt ausmultiplizieren und man kann die Ableitung bestimmen.

$f(x) = u(x) \cdot v(x) \qquad u(x) = x^2 \qquad v(x) = 3x + 5$
$f(x) = x^2 \cdot (3x + 5) = 3x^3 + 5x^2$
$f'(x) = 9x^2 + 10x$

Das Beispiel rechts zeigt, dass man nicht einfach faktorweise ableiten kann.

dagegen Ableitung faktorweise:
$u'(x) \cdot v'(x) = 2x \cdot 3 = 6x \neq f'(x)$

Mit dem Grenzwert des Differenzenquotienten lässt sich eine allgemeine Regel für die Ableitung von Produkten von Funktionen finden. Für eine Funktion f mit $f(x) = u(x) \cdot v(x)$ gilt:

$$
\begin{aligned}
f'(x) &= \lim_{h \to 0} \frac{f(x+h) - f(x)}{h} \\
&= \lim_{h \to 0} \frac{u(x+h) \cdot v(x+h) - u(x) \cdot v(x)}{h} \\
&= \lim_{h \to 0} \frac{u(x+h) \cdot v(x+h) - u(x) \cdot v(x+h) + u(x) \cdot v(x+h) - u(x) \cdot v(x)}{h} \\
&= \lim_{h \to 0} \left(\frac{u(x+h) - u(x)}{h} \cdot v(x+h) + u(x) \cdot \frac{v(x+h) - v(x)}{h} \right)
\end{aligned}
$$

$$f'(x) = u'(x) \cdot v(x) + u(x) \cdot v'(x)$$

Diese Ergänzung ermöglicht es, die Differenzenquotienten von u und v zu bilden, ohne den Wert des Differenzenquotienten von f zu ändern.

Merke:
$(u \cdot v)' = u' \cdot v + u \cdot v'$

Satz: Produktregel
Haben die Funktionen u und v die Ableitungen u′ und v′, so hat die Funktion f mit $f(x) = u(x) \cdot v(x)$ die Ableitung $f'(x) = u'(x) \cdot v(x) + u(x) \cdot v'(x)$.

Beispiel 1: Berechnen Sie die Ableitung der Funktion f.

a) $f(x) = x^2 \cdot (3x + 5)$ b) $f(x) = x^2 \cdot e^{4x-3}$

Lösung:

a) Der Term $x^2 \cdot (3x + 5)$ ist ein Produkt. Schreiben Sie die Faktoren u(x) und v(x) auf und bestimmen Sie ihre Ableitungen. Wenden Sie die Formel der Produktregel an. Vereinfachen Sie den Term so weit wie möglich.

$u(x) = x^2 \qquad v(x) = (3x + 5)$
$u'(x) = 2x \qquad v'(x) = 3$

$$
\begin{aligned}
f'(x) &= u'(x) \cdot v(x) + u(x) \cdot v'(x) \\
&= 2x \cdot (3x + 5) + x^2 \cdot 3 \\
&= 6x^2 + 10x + 3x^2 \\
&= 9x^2 + 10x
\end{aligned}
$$

b) Leiten Sie beide Faktoren ab. Beim Ableiten des zweiten Faktors muss die Kettenregel angewendet werden. Wenden Sie die Produktregel an und vereinfachen Sie so weit wie möglich.

$u(x) = x^2 \qquad v(x) = e^{4x-3}$
$u'(x) = 2x \qquad v'(x) = 4e^{4x-3}$

$$
\begin{aligned}
f'(x) &= 2x \cdot e^{4x-3} + x^2 \cdot 4e^{4x-3} \\
&= (2x + 4x^2) \cdot e^{4x-3}
\end{aligned}
$$

Basisaufgaben

1. Vervollständigen Sie die Ableitung der Funktion f im Heft.

a) $f(x) = x^3 \cdot (4x+3)$
$f'(x) = \square \cdot (4x+3) + x^3 \cdot \square$

b) $f(x) = 2x \cdot e^x$
$f'(x) = \square \cdot e^x + 2x \cdot \square$

c) $f(x) = (x^2+1) \cdot \sqrt{x}$
$f'(x) = \square \cdot \sqrt{x} + (x^2+1) \cdot \square$

d) $f(x) = \frac{1}{x} \cdot e^x$
$f'(x) = \square \cdot e^x + \frac{1}{x} \cdot \square$

e) $f(x) = \frac{1}{x^2} \cdot (x^2 - 2x)$
$f'(x) = \square \cdot (x^2 - 2x) + \frac{1}{x^2} \cdot \square$

f) $f(x) = (2x^3 - 4x^2) \cdot x^{-1}$
$f'(x) = \square \cdot x^{-1} + (2x^3 - 4x^2) \cdot \square$

2. Bestimmen Sie die erste Ableitung der Funktion mit der Produktregel.

a) $f(x) = (2x^3+5) \cdot x^2$
b) $f(x) = (x^2-5) \cdot (2x+1)$
c) $f(x) = (x^2-1) \cdot (x^2+1)$
d) $f(x) = (2x^3 - 3x^2 + x) \cdot (3x+5)$
e) $f(x) = (x^2+3) \cdot \sqrt{x}$
f) $f(x) = 3x^5 \cdot e^x$
g) $f(x) = \frac{1}{x} \cdot e^x$
h) $f(x) = x \cdot e^x - e^x$
i) $f(x) = \frac{1}{x^2} \cdot \sqrt{x}$
j) $f(x) = e^x \cdot \sqrt{x}$
k) $f(t) = (3t^3 + t^2) \cdot e^t$
l) $f(t) = e^t \cdot (2t+1) + e^t$

3. Bestimmen Sie die Ableitung der Funktion mit der Produktregel. Bei der Ableitung einzelner Faktoren muss die Kettenregel angewendet werden.

a) $f(x) = 4x \cdot e^{7x}$
b) $f(x) = x \cdot \sqrt{1-5x}$
c) $f(x) = (x^2-3)^3 \cdot (x^2+1)^2$
d) $f(x) = \frac{1}{2x+1} \cdot e^{1-x}$
e) $f(x) = \sqrt{x^2+2} \cdot e^{3+7x}$
f) $f(x) = (x^2-2x) \cdot (1-3x^2)^2$
g) $f(x) = (1-x^2)^3 \cdot (x^2-1)^2$
h) $f(x) = (x^2-2)^2 \cdot e^{x^2+1}$

4. In einigen Fällen können Produkte auch ohne die Produktregel abgeleitet werden.

a) Bestimmen Sie die erste Ableitung zuerst mit der Produktregel und anschließend ohne die Produktregel. Fassen Sie für den zweiten Weg den Funktionsterm zusammen. Entscheiden Sie jeweils, welcher Weg günstiger ist.

① $f(x) = x \cdot (x+2)$
② $f(x) = x^2 \cdot x^8$
③ $f(x) = (1-x^4) \cdot (x - 3x^4)$
④ $f(x) = (\sqrt{x}+1) \cdot (\sqrt{x}-1)$
⑤ $f(x) = (x^3-4) \cdot \frac{1}{x}$
⑥ $f(x) = \left(\frac{1}{x} + \sqrt{x}\right) \cdot \left(\sqrt{x} - \frac{1}{x}\right)$

b) Geben Sie drei möglichst vielfältige Funktionsterme mit Produkten an, bei denen eine Vereinfachung des Terms die Anwendung der Produktregel umgeht.

c) Entwerfen Sie drei Funktionsterme, bei denen die Produktregel zur Bestimmung der Ableitungsfunktion notwendig ist.

5. Die Abbildung zeigt die Graphen der Funktionen f und g sowie zwei ihrer Tangenten.

a) Maria behauptet, dass sie mithilfe der Zeichnung die Steigung von $f \cdot g$ an der Stelle $x_0 = 2$ angeben kann.
Sie berechnet:
$(f \cdot g)'(2) = 0 \cdot (-3{,}5) + 2 \cdot (-3) = -6$
Erklären Sie Marias Rechnung.

b) Ermitteln Sie auf dieselbe Weise die Steigung von $f \cdot g$ an der Stelle $x_0 = -1$.

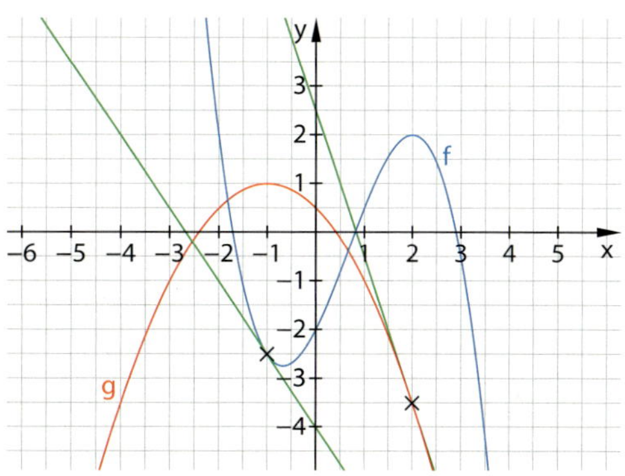

Hinweis zu 5:
Für die Produktfunktion $f \cdot g$ gilt die Definition:
$(f \cdot g)(x) = f(x) \cdot g(x)$

Weiterführende Aufgaben

6. Gegeben sei eine Funktion f und $a \in \mathbb{R}$. Zeigen Sie, dass die Faktorregel $(a \cdot f(x))' = a \cdot f'(x)$ ein Spezialfall der Produktregel ist.

7. Stolperstelle: Die Funktion f mit $f(x) = x^2 \cdot \sqrt{x}$ wurde mithilfe der Produktregel abgeleitet. Finden Sie die Fehler und korrigieren Sie diese.

① $f'(x) = 2x \cdot \frac{1}{2\sqrt{x}}$

② $f'(x) = 2x \cdot \sqrt{x} - x^2 \cdot \frac{1}{2\sqrt{x}}$

③ $f'(x) = 2x \cdot x^2 + \sqrt{x} \cdot \frac{1}{2\sqrt{x}}$

8. Leiten Sie die Funktion f ab ($a, b, c \in \mathbb{R}$).

a) $f(x) = x^3 \cdot (ax + b)$
b) $f(x) = \frac{a}{x^2} \cdot (bx + c)$
c) $f(x) = (ax + b) \cdot e^{cx}$
d) $f(x) = (ax + b) \cdot \sqrt{cx}$

9. Bestimmen Sie die Gleichung der Tangente an den Graphen der Funktion f an der Stelle x_0.

a) $f(x) = 3xe^{-x}$; $x_0 = 0$
b) $f(x) = \sqrt{x} \cdot (2x - 2)$; $x_0 = 1$
c) $f(x) = (1 - x) \cdot e^{2x^2 - 1}$; $x_0 = 1$
d) $f(x) = \frac{1}{x} \cdot (x^2 + 1) + x$; $x_0 = -1$

10. Beurteilen Sie folgende Aussage:
„Haben die Graphen der Funktionen g und h an der Stelle x_0 eine waagerechte Tangente, dann gilt dies auch für die Funktion f mit $f(x) = g(x) \cdot h(x)$."
Formulieren Sie die Umkehrung dieser Aussage und entscheiden Sie, ob diese gilt.

11. Gegeben ist die Funktion f mit $f(x) = (x - 1) \cdot \sqrt{x}$.

a) Bestimmen Sie den maximalen Definitionsbereich von f sowie alle Nullstellen.
b) Untersuchen Sie das Verhalten der Funktionswerte von f an den Rändern des Definitionsbereichs.
c) Ermitteln Sie die Koordinaten und die Art des Extrempunkts des Graphen von f. Verwenden Sie hierzu das Vorzeichenwechselkriterium.
d) Die zweite Ableitung von f ist gegeben durch $f''(x) = \frac{3x + 1}{\sqrt{x}}$. Weisen Sie nach, dass der Graph von f keine Wendepunkte hat.
e) Skizzieren Sie den Graphen von f.

12. Schreiben Sie den Funktionsterm zunächst als Produkt und leiten Sie f anschließend ab.

a) $f(x) = \frac{x}{e^x}$
b) $f(x) = \frac{x + 1}{2\sqrt{x}}$
c) $f(x) = (\sqrt{x} + 1)^2$
d) $f(x) = \frac{x^2 - 9}{x(x - 3)}$
e) $f(x) = \frac{x^3 - \sqrt{x}}{x}$
f) $f(x) = \frac{x^2 - 4}{x + 2}$
g) $f(x) = \frac{e^x}{x}$
h) $f(x) = \frac{e^{2x + 1}}{\sqrt{2x}}$

13. Quotientenregel: Gegeben seien die Funktionen u und v mit den Ableitungen u' und v'. Weisen Sie mithilfe der Produkt- und Kettenregel nach, dass die Regeln ① und ② für eine lineare oder quadratische Funktion v gelten.

① Für eine Funktion f mit $f(x) = \frac{1}{v(x)}$ gilt: $f'(x) = -\frac{v'(x)}{(v(x))^2}$

② Für eine Funktion f mit $f(x) = \frac{u(x)}{v(x)}$ gilt: $f'(x) = \frac{u'(x) \cdot v(x) - u(x) \cdot v'(x)}{(v(x))^2}$

14. Bestimmen Sie die Ableitung der Funktion mit den Regeln aus Aufgabe 13.

a) $f(x) = \frac{3x}{2x - 5}$
b) $f(x) = \frac{e^x}{x - 1}$
c) $f(x) = \frac{1}{5x - x^2}$
d) $f(x) = \frac{e^{4x}}{x^2 + 1}$
e) $f(x) = \frac{8(4 + 3x)^2}{3(2x - 1)}$
f) $f(x) = \frac{x^2 + 1}{x^2 - 1}$
g) $f(x) = \frac{e^x + x}{x^2}$
h) $f(x) = \frac{\sqrt{x}}{1 - 2x^2}$

15. Gegeben ist die Funktion f mit $f(x) = \frac{4x}{x^2+1}$.

a) Bestimmen Sie den maximalen Definitionsbereich sowie alle Nullstelle der Funktion.
b) Untersuchen Sie das Verhalten der Funktionswerte von f an den Rändern des Definitionsbereichs.
c) Untersuchen Sie das Symmetrie- und Monotonieverhalten des Graphen von f.
d) Bestimmen Sie die Hoch-, Tief- und Wendepunkte des Graphen von f.
e) Geben Sie die Gleichungen der Wendetangente und der Normalen bei der mittleren der drei Wendestellen an.

Hinweis zu 15b:
Für $x \neq 0$ gilt: $\frac{4x}{x^2+1} = \frac{4}{x+\frac{1}{x}}$

16. Gegeben ist die Funktion f mit $f(x) = (4x - 3)^2$.

a) Bestimmen Sie die Ableitungsfunktion von f
① mit der Kettenregel, ② mit der Produktregel,
③ durch Ausmultiplizieren und Ableiten der Summanden.
b) Vergleichen Sie die Ergebnisse und die drei Vorgehensweisen aus a).

● **17.** Gegeben ist die Funktion f mit $f(x) = (x^2 - 4x + 3) \cdot \sqrt{x}$.

a) Bestimmen Sie die Nullstellen und Extrempunkte des Graphen von f.
b) Für die zweite Ableitung von f gilt $f''(x) = (15x^2 - 12x - 3) \cdot \frac{1}{4}x^{-\frac{3}{2}}$. Bestimmen Sie den Wendepunkt sowie die Gleichung der zugehörigen Wendetangente.

18. Mit einer Baggerschaufel entsteht auf einer horizontalen Fläche ein Loch, dessen Querschnittsfläche durch den Graphen der Funktion f mit $f(x) = \sqrt{x} \cdot \left(\frac{1}{2}x - 1\right)$ beschrieben wird.

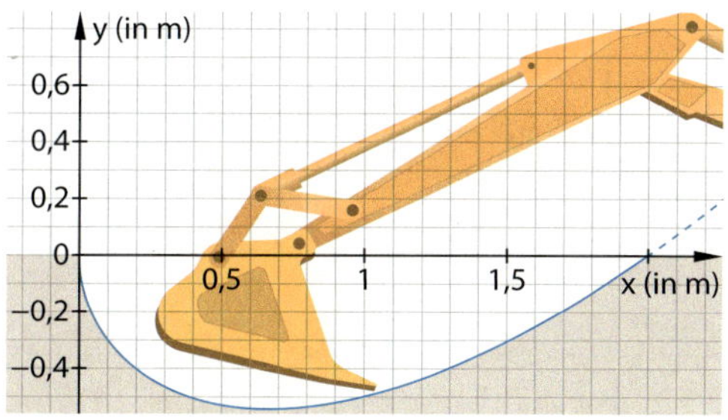

a) Bestimmen Sie die maximale Tiefe des Lochs.
b) An der Stelle x = 0 sticht die Baggerschaufel lotrecht in die Erde.
Berechnen Sie den Winkel, unter dem die Baggerschaufel das Loch wieder verlässt.

Erinnerung:
$\alpha = \tan^{-1}(f'(x_0))$

● **19.** Gegeben ist eine differenzierbare Funktion f.

a) Zeigen Sie, dass der Graph der Funktion g mit $g(x) = x^2 \cdot f(x)$ im Ursprung eine waagerechte Tangente hat.
b) Bestimmen Sie ohne ausführliche Rechnung eine Stelle x_0, an der der Graph der Funktion g mit $g(x) = x^2 \cdot e^x \cdot f(x)$ eine waagerechte Tangente hat.

● **20.** Gegeben ist die Funktion f mit $f(x) = x \cdot 2^x$. Die n-te Ableitung von f ist gegeben durch $f^{(n)}(x) = 2^x \cdot (\ln(2))^{n-1} \cdot (n + \ln(2) \cdot x)$ für $n \in \mathbb{N}, n \geq 1$.

Erinnerung:
$(b^x)' = \ln(b) \cdot b^x$

a) Weisen Sie die Richtigkeit der Formel für n = 1, 2 und 3 nach.
b) Die „nullte Ableitung" entspricht der Ursprungsfunktion. Zeigen Sie, dass die oben angegebene Formel auch für n = 0 gilt.
c) Bestimmen Sie die Extrem- und Wendestellen des Graphen von f.

● **21.** **Ausblick:** Durch zweifaches Anwenden der Produktregel lässt sich auch eine Ableitungsregel für Produkte mit drei Faktoren finden.

a) Bestimmen Sie die erste Ableitung der Funktion f.
① $f(x) = x^2 \cdot (3x - 4) \cdot \sqrt{x}$ ② $f(x) = e^{3x} \cdot x^5 \cdot (2x - x^2)$
b) Formulieren Sie eine Ableitungsregel für die Funktion f mit $f(x) = u(x) \cdot v(x) \cdot w(x)$.

5.5 Untersuchung zusammengesetzter Funktionen

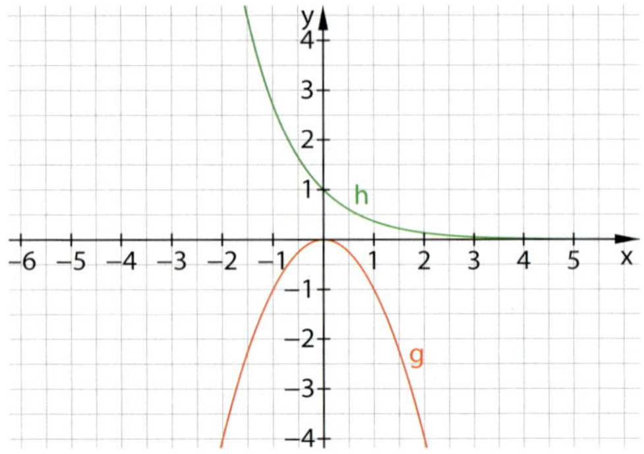

■ g und h seien zwei beliebige Funktionen und f das Produkt, also $f(x) = g(x) \cdot h(x)$.

a) Skizzieren Sie im Heft zu den abgebildeten Graphen von g und h den Graphen von f im Intervall $-1,5 \leq x \leq 1,5$.

b) Geben Sie an, was man für f folgern kann,
① wenn x eine Nullstelle von h ist,
② wenn $g(x) = 1$ gilt,
③ wenn $g(x)$ positiv und $h(x)$ negativ ist,
④ wenn für $x \to -\infty$ gilt: $g(x) \to \infty$ und $h(x) \to -\infty$.

c) Bilden Sie die Ableitungsfunktion f' und zeigen Sie: Haben g und h an der Stelle $x = a$ eine waagerechte Tangente, so auch f. ■

Die Graphen von Exponentialfunktionen mit Gleichungen der Form $f(x) = a \cdot e^{bx+c} - d$ haben weder Extrem- noch Wendepunkte. Die Graphen von ganzrationalen Funktionen haben wiederum keine Asymptoten. Verknüpft man diese Funktionstypen, so ergeben sich Funktionen, bei denen beide Eigenschaften vorkommen können.

f mit $f(x) = x^2$

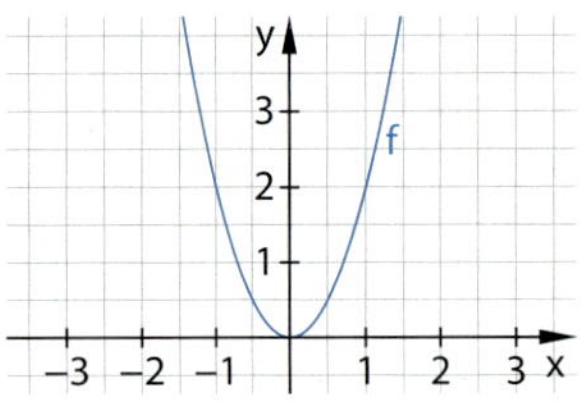

g mit $g(x) = e^x$

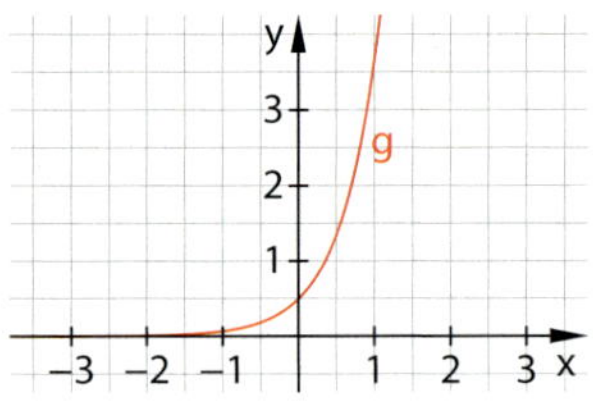

h mit $h(x) = x^2 \cdot e^x$

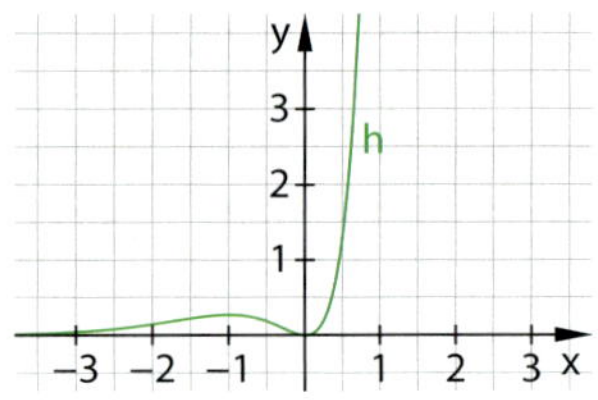

Ist eine Funktion das Produkt einer ganzrationalen Funktion und einer Exponentialfunktion, so sind auch alle ihre Ableitungen von dieser Form. Somit muss beim Bestimmen von charakteristischen Punkten stets eine Gleichung der Form $g(x) \cdot e^{■} = 0$ gelöst werden.
Es gilt: $g(x) \cdot e^{■} = 0 \Leftrightarrow g(x) = 0$, da stets $e^{■} \neq 0$.
Daher ist es oft hilfreich, Exponentialterme auszuklammern, wenn man die Nullstellen von Funktionen oder ihren Ableitungen bestimmt.

Beispiel:
Berechnen Sie die Nullstellen, Extrempunkte und Wendepunkte der Funktion f mit $f(x) = 3xe^{-2x}$.

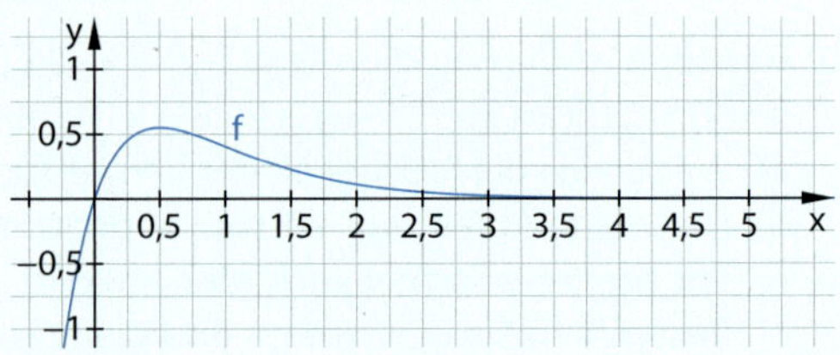

Lösung:

Erinnerung:
Regel vom Nullprodukt: Ein Produkt ist genau dann 0, wenn einer der beiden Faktoren 0 ist.

<u>Nullstellen:</u> Setzen Sie $f(x) = 0$.
Prüfen Sie, für welche x die einzelnen Faktoren 0 werden. Da die e-Funktion keine Nullstelle hat, gilt $e^{-2x} \neq 0$.

$3xe^{-2x} = 0 \quad | \; e^{-2x} \neq 0$
$3x = 0 \quad | :3$
$x = 0$
Nullstelle: $x = 0$

Extrempunkte: Leiten Sie die Funktion zweimal ab.	$f(x) = 3x \cdot e^{-2x}$ $f'(x) = 3 \cdot e^{-2x} + 3x \cdot (-2e^{-2x}) = e^{-2x}(3 - 6x)$ $f''(x) = -2e^{-2x} \cdot (3 - 6x) + e^{-2x} \cdot (-6)$ $= e^{-2x}(-2 \cdot (3 - 6x) - 6) = e^{-2x}(12x - 12)$
Setzen Sie $f'(x) = 0$.	$e^{-2x}(3 - 6x) = 0 \quad \mid e^{-2x} \neq 0$ $3 - 6x = 0 \quad \mid -3 \ \mid :(-6)$ $x = 0{,}5$
Bestimmen Sie den y-Wert durch Einsetzen in f(x) und die Art des Extrempunkts durch Einsetzen in f″(x).	$f(0{,}5) \approx 0{,}55$ $f''(0{,}5) \approx -2{,}21 < 0$, also Hochpunkt bei $H(0{,}5 \mid 0{,}55)$
Wendepunkte: Setzen Sie $f''(x) = 0$.	$e^{-2x}(12x - 12) = 0 \quad \mid e^{-2x} \neq 0$ $12x - 12 = 0 \quad \mid +12 \ \mid :12$ $x = 1$
Bestimmen Sie den y-Wert durch Einsetzen in f(x).	$f(1) \approx 0{,}41$
Bestimmen Sie die dritte Ableitung von f und setzen Sie zur Kontrolle den x-Wert in f‴(x) ein.	$f'''(x) = -2e^{-2x} \cdot (12x - 12) + e^{-2x} \cdot 12$ $= e^{-2x}(-2 \cdot (12x - 12) + 12)$ $= e^{-2x}(-24x + 36)$ $f'''(1) \approx 1{,}62 \neq 0$, also Wendepunkt bei $W(1 \mid 0{,}41)$

Basisaufgaben

1. Bestimmen Sie die erste und zweite Ableitung.
a) $f(x) = e^x + x$ b) $f(x) = 8x^4 - e^x$ c) $f(x) = -e^{-6x} + 10x$
d) $f(x) = 3e^{3x} - e^x$ e) $f(x) = e^{2x} - 2e^{-x}$ f) $f(x) = 3e^{\left(\frac{8}{3} - \frac{2}{3}x\right)} - \frac{3}{5}e^{\left(\frac{5}{3}x - \frac{2}{3}\right)}$

2. Bestimmen Sie die erste und zweite Ableitung. Klammern Sie im Ergebnis jeweils den Exponentialterm aus.
a) $f(x) = x \cdot e^x$ b) $f(x) = e^x \cdot (1 - x)$ c) $f(x) = (4x + 5) \cdot e^x$
d) $f(t) = -t^2 \cdot e^{-t}$ e) $f(x) = (x^3 + 1) \cdot e^{2 + 10x}$ f) $f(x) = 3(x^2 - 1) \cdot e^{-\frac{1}{2}x + 7}$
g) $f(x) = e^{2x^2 + 3}$ h) $f(x) = 5e^{4x^2 + 2x - 1}$ i) $f(x) = 2x \cdot e^{-x^2}$

3. Bestimmen Sie die Nullstellen der Funktion f.
a) $f(x) = 2xe^{11x - 22}$ b) $f(x) = (x + 2)e^{-\frac{1}{3}x}$ c) $f(x) = -\frac{1}{2}(3x + 7)e^{8x - 8}$
d) $f(x) = xe^x - 4e^x$ e) $f(x) = 2xe^{8x} + e^{8x}$ f) $f(t) = (t^3 - 27)e^{-t - 1}$
g) $f(x) = x^2e^{2x + 1} - 9e^{2x + 1}$ h) $f(x) = (2x^2 + 10x + 8)e^{-2x}$ i) $f(x) = x^2e^x - 8xe^x + 12e^x$

Erinnerung:
p-q-Formel:
Die Gleichung
$x^2 + px + q = 0$
hat die Lösungen
$x_{1,2} = -\frac{p}{2} \pm \sqrt{\left(\frac{p}{2}\right)^2 - q}$.

4. Berechnen Sie die Extremstellen der Funktion f.
a) $f(x) = xe^x$ b) $f(x) = -xe^{2x}$ c) $f(x) = 2x^2e^x$
d) $f(x) = x^2e^{-x} - 2$ e) $f(x) = 2e^{-x^2 + 4x}$ f) $f(x) = -3e^{x^2 - 12x}$

Lösungen zu 4:
−1 2 0 −2 0 −0,5 2 6 1

5. Bestimmen Sie die Wendestellen der Funktion f.
a) $f(x) = xe^x$ b) $f(x) = e^x - 8x^2 + 11x - 9$ c) $f(x) = xe^{-x} - e^{-x}$

6. Bestimmen Sie eine Stammfunktion zur Funktion f.
a) $f(x) = 4x^2 - x - 2e^{3x - 4}$ b) $f(t) = \frac{1}{3}t^3 - 5 + e^{\frac{2}{5}t - 3}$ c) $f(x) = 2x^3 - 4e^{\frac{2}{3} - \frac{4}{5}x}$

Erinnerung:
Zu f mit $f(x) = e^{ax+b}$ ist F mit $F(x) = \frac{1}{a}e^{ax+b}$ eine Stammfunktion.

7. Bestimmen Sie den Inhalt der Fläche, die der rechts abgebildete Graph von f mit $f(x) = 2e^{0,5x} - 6$ mit den Koordinatenachsen einschließt.

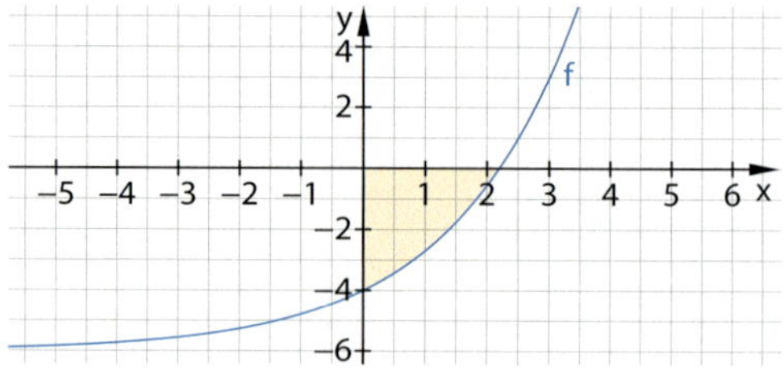

8. Zeigen Sie, dass die Funktion F mit $F(x) = x^2 e^{5x} - 9$ eine Stammfunktion zur Funktion f mit $f(x) = (5x^2 + 2x)e^{5x}$ ist. Bestimmen Sie anschließend den Inhalt der Fläche, die der Graph von f im Intervall [0; 1] mit der x-Achse einschließt.

9. Die Graphen der Funktionen f und g mit $f(x) = x^2 - 6x - e^{0,5x}$ und $g(x) = 6 - e^{0,5x} - x$ schließen ein Flächenstück ein. Berechnen Sie seinen Inhalt.

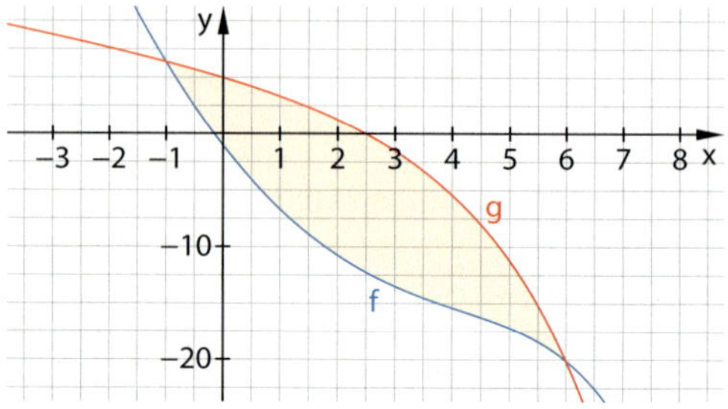

CAS **10.** Bestimmen Sie mit dem CAS die Nullstellen sowie die Koordinaten der Extrem- und Wendepunkte des Graphen von f.

a) $f(x) = -15x^2e^{x-3}$ b) $f(x) = 0{,}1x^3 - e^{-0,1x}$ c) $f(x) = 0{,}3xe^{-x} + 5x^2$

CAS **11.** Ermitteln Sie mit dem CAS das Integral $\int_{-1}^{3}(-5xe^{0,5x} + 20x)\,dx$.

CAS **12.** Bilden Sie mit dem CAS zu f die erste und zweite Ableitung sowie eine Stammfunktion.

a) $f(x) = -xe^{3x-1}$ b) $f(x) = 2(x-3)e^{1-x}$ c) $f(x) = e^{0,2x}(x^2 + 8x - 2)$

Weiterführende Aufgaben

13. Untersuchen Sie den Graphen der Funktion f auf Symmetrie, Nullstellen, Extrema und Wendepunkte.

a) $f(x) = e^{-x^2}$ b) $f(x) = x \cdot e^{-x^2}$ c) $f(x) = x^2 \cdot e^{-x^2}$

14. **Stolperstelle:** Sven untersucht die Funktion f mit $f(x) = -5x \cdot e^{-2x}$ und findet eine Wendestelle bei $x = 1$. Er folgert, dass der Graph an dieser Stelle am stärksten abfällt Prüfen Sie, ob Sven recht hat.

15. Gegeben ist die Funktion f mit $f(x) = (x-1)e^x$.
a) Gegeben Sie die Nullstellen von f an.
b) Gegeben Sie das Monotonieverhalten von f durch Ermitteln der Extrempunkte an.
c) Ermitteln Sie die Gleichung der Wendetangente von f.
d) Untersuchen Sie das Symmetrieverhalten des Graphen von f.
e) Zeigen Sie, dass durch $F(x) = (x-2)e^x$ eine Stammfunktion zu f gegeben ist, und bestimmen Sie den Inhalt der Fläche, die vom Graphen von f und den Koordinatenachsen eingeschlossen wird.

16. **Funktionenschar:** Gegeben ist f_a mit $f_a(x) = (x-a) \cdot e^x$ und $a \in \mathbb{R}$.
a) Bestimmen Sie die Ableitungen f'_a, f''_a und f'''_a.
b) Ermitteln Sie den Wert des Parameters a so, dass f_a an der Stelle $x = 3$
① eine Nullstelle, ② einen Tiefpunkt, ③ einen Wendepunkt hat.

17. Gegeben ist die Funktion f mit $f(x) = (x+2)e^{-x}$.

a) Bestimmen Sie die Nullstelle von f.
Begründen Sie, für welche x der Funktionswert f(x) positiv bzw. negativ ist.

b) Untersuchen Sie f auf Extrem- und Wendestellen. Geben Sie auch die zugehörigen Punkte des Graphen an.

c) Zeigen Sie, dass F mit $F(x) = (-x-3) \cdot e^{-x}$ eine Stammfunktion zu f ist.

d) Der Graph von f schließt mit den Koordinatenachsen ein abgeschlossenes Flächenstück ein. Berechnen Sie den Flächeninhalt.

e) Der Graph von f und die Wendetangente schließen mit der x-Achse ein abgeschlossenes Flächenstück ein. Berechnen Sie den Flächeninhalt.

18. Durch den Graphen der Funktion f mit der Gleichung $f(x) = -0{,}5xe^{0{,}1x+2} + 2$ kann eine Sprungschanze für Motorräder dargestellt werden. Dabei gibt x die horizontale Länge und f(x) die Höhe der Schanze an (beide Angaben in Meter).

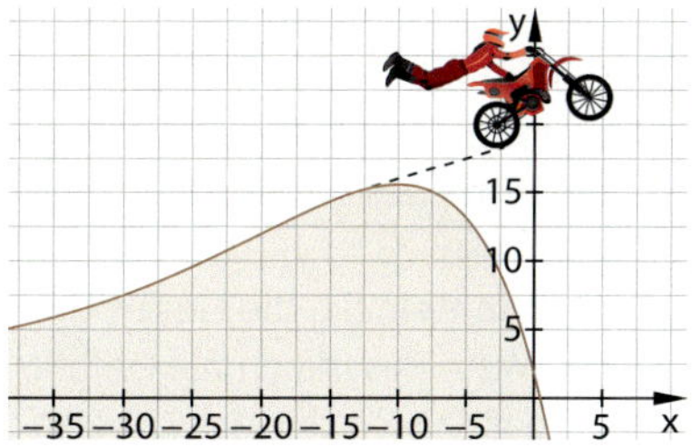

a) Berechnen Sie die maximale Höhe der Schanze.

b) Berechnen Sie die Koordinaten des Punkts, an dem die Steigung der Schanze am größten ist.

c) An der Stelle $x = -13$ springt der Motorradfahrer ab und bewegt sich für eine Weile näherungsweise auf einer Bahn, die durch die Tangente an der Absprungstelle beschrieben werden kann. Geben Sie die Gleichung dieser Tangente an.

19. Gegeben ist die Funktion f durch $f(x) = x^2e^{-x+2}$.

a) Untersuchen Sie f in Bezug auf Nullstellen und Extrempunkte. Zeigen Sie, dass der Graph von f zwei Wendepunkte hat. Skizzieren Sie den Graphen von f.

b) Weisen Sie nach, dass $F(x) = (-x^2 - 2x - 2)\,e^{-x+2}$ eine Stammfunktion von f ist.

c) Die Gerade g verläuft durch den Hochpunkt des Graphen von f und hat die Steigung $m = -2$. Der Graph von f und die Gerade g schließen mit der x-Achse zwischen ihren Nullstellen eine Fläche ein. Berechnen Sie den Inhalt dieser Fläche.

d) Untersuchen Sie ohne erneute Rechnung die Funktion F auf Monotonie, Extrem- und Wendestellen.

20. Globalverhalten zusammengesetzter Funktionen: Gegeben sind die Funktionen f mit $f(x) = x^2 \cdot e^{-x}$ und g mit $g(x) = x^2 \cdot e^{x}$.

a) Erläutern Sie, warum sich das Verhalten der Funktionswerte von f für $x \to \infty$ und der Funktionswerte von g für $x \to -\infty$ nicht direkt bestimmen lässt.

b) Untersuchen Sie mithilfe einer Näherungstabelle das Verhalten von f(x) für $x \to \infty$ und g(x) für $x \to -\infty$.

c) Begründen Sie die folgende Aussage für $n \in \mathbb{N}$:
Für $x \to \infty$ gilt $x^n \cdot e^{-x} \to 0$ und für $x \to -\infty$ gilt $x^n \cdot e^{x} \to 0$.

21. Waagerechte Asymptote: Streben die Funktionswerte einer Funktion für $x \to \infty$ oder $x \to -\infty$ gegen eine reelle Zahl a, so hat der Graph der Funktion dort eine waagerechte Asymptote mit der Gleichung $y = a$.

a) Bestimmen Sie die Gleichung der waagerechten Asymptote von f mit $f(x) = x \cdot e^{-x^2}$.

b) Untersuchen Sie f auf Nullstellen, Extrem- und Wendepunkte.

c) Skizzieren Sie den Verlauf des Graphen von f sowie die waagerechte Asymptote.

d) Erläutern Sie, durch welche Eigenschaft sich die Asymptote der Funktion auszeichnet.

22. Das Querschnittsprofil eines Geländes kann im Intervall $0 \leq x \leq 6000$ durch die Funktion f mit $f(x) = 300 + 4xe^{-0,001x}$ dargestellt werden. Dabei gibt x die horizontale Länge und f(x) die Höhe des Querschnittsprofils jeweils in Meter an.

a) Bestimmen Sie die maximale Höhe des Geländes.

b) Ermitteln Sie die Stelle mit der größten Steigung sowie die Stelle mit dem maximalen Gefälle. Untersuchen Sie auch die Randbereiche des Graphen.

c) Zeigen Sie, dass F mit $F(x) = 300x + (-4000x - 4 \cdot 10^6)\,e^{-0,001x}$ eine Stammfunktion zu f ist, und geben Sie die Querschnittsfläche des Geländes im Intervall [0; 6000] an.

23. In einem Freizeitpark soll eine Achterbahn gebaut werden. Der Verlauf des Endabschnitts der Achterbahn kann im Intervall [0; 40] durch den Graphen der Funktion f mit $f(x) = (4x + 8)\,e^{-0,125x}$ dargestellt werden. Dabei gibt x die horizontale Länge und f(x) die Höhe des Endabschnittes der Achterbahn jeweils in m an.

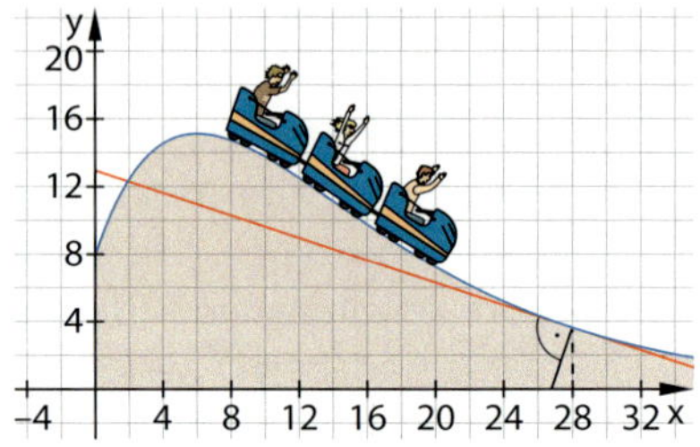

a) Ermitteln Sie die Gesamthöhe des Endabschnitts.

b) Wenn das maximale Gefälle größer als 40° ist, wird Kindern, die kleiner als 100 cm sind, das Fahren der Achterbahn ohne Eltern nicht gestattet. Prüfen Sie, ob diese Bedingung im Endabschnitt erfüllt ist.

c) Die Seitenfläche des Endabschnitts wird beidseitig gestrichen. Berechnen Sie die Gesamtfläche, die gestrichen werden muss.
Hinweis: $F(x) = (-32x - 320)\,e^{-0,125x}$ ist eine Stammfunktion von f.

d) Aufgrund der Statik der Bahn muss eine Stütze aufgestellt werden, die an der Stelle x = 28 senkrecht zur Bahnkurve steht und am Boden verankert wird. Bestimmen Sie die Koordinaten des Punktes, an dem sich der Bodenpunkt der Stütze befindet, und geben Sie die Länge der Stütze an.

Erinnerung:
Für den Abstand zwischen zwei Punkten $P(x_1|y_1)$ und $Q(x_2|y_2)$ gilt:
$d = \sqrt{(x_2 - x_1)^2 + (y_2 - y_1)^2}$

● **24.** Der Vogelschutzverein VoSchu möchte als Vereinslogo das stilisierte Seitenbild eines Wiedehopfs benutzen. Dabei soll im Intervall [−6; −0,2] der Graph von f mit $f(x) = (-15x - 10)\,e^{3x}$ die obere und der Graph von g mit $g(x) = -10e^x$ die untere Kurve des Bildes darstellen (Längeneinheit cm). Die Federhaube soll bei Berechnungen nicht berücksichtigt werden.

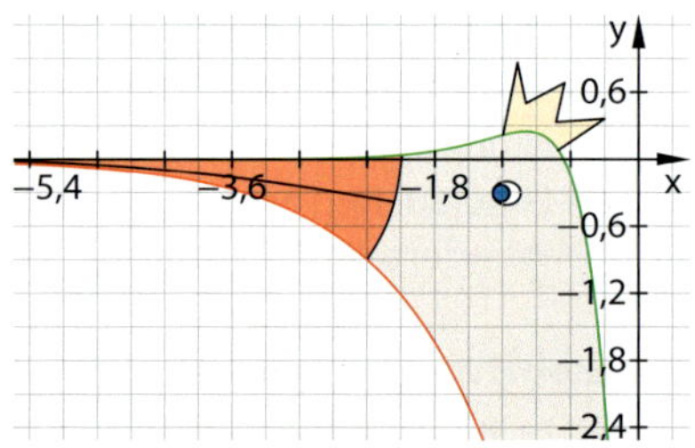

a) Berechnen Sie die waagerechte Länge auf der Höhe y = 0 von der Schnabelspitze bis zum Hinterkopf des Wiedehopfs.

b) Das Auge des Wiedehopfs soll genau 0,3 cm senkrecht unterhalb der Stelle angesetzt werden, an der die Steigung der oberen Kurve am höchsten ist. Berechnen Sie die Koordinaten dieses Punktes.

c) Zeigen Sie, dass F mit $F(x) = -\frac{5}{3}(3x + 1)\,e^{3x}$ eine Stammfunktion von f ist.

d) Bestimmen Sie den Flächeninhalt des Vereinslogos, wenn das Logo unten durch die Gerade y = f(−0,2) begrenzt wird.

● **25. Ausblick:** Gegeben ist die Funktion f mit $f(x) = \frac{e^x}{x}$.

a) Bestimmen Sie den Definitionsbereich von f.

b) Untersuchen Sie das Grenzwertverhalten von f(x) für $x \to \pm\infty$ und in der Umgebung von x = 0 mithilfe einer Näherungstabelle.

c) Berechnen Sie die Nullstellen, Extrempunkte und Wendepunkte.

d) Skizzieren Sie den Graphen von f.

5.6 Bestände und Änderungsraten bei zusammengesetzten Funktionen

■ Der abgebildete Graph von f mit $f(t) = 2{,}64te^{-0{,}091t}$ gibt für eine Dauer von 60 Sekunden den Geschwindigkeitsverlauf eines Läufers in m/s an; Zeit t in s. Erläutern Sie den Geschwindigkeitsverlauf. Berechnen Sie, nach wie vielen Sekunden der Läufer seine maximale Geschwindigkeit erreicht, und geben Sie diese an. ■

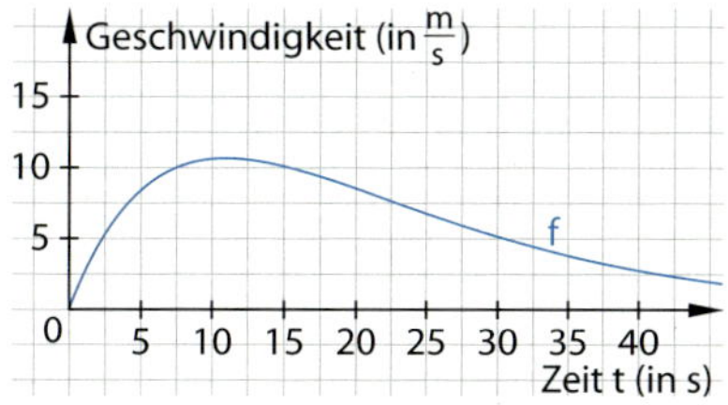

Bestandsfunktionen

Die zeitliche Entwicklung einer Größe lässt sich häufig durch eine Bestandsfunktion beschreiben, deren Funktionsterm eine Exponentialfunktion enthält. Dies ist beispielsweise bei vielen Wachstumsvorgängen der Fall.
Durch die Darstellung des Graphen einer Bestandsfunktion kann man wie im folgenden Beispiel den Sachverhalt veranschaulichen und den mathematischen Eigenschaften der Funktion die Bedeutung im konkreten Sachverhalt gegenüberstellen.

Hinweis:
Bei einem Rechts-Links-Wendepunkt (Übergang von Rechts- zu Linkskurve) ist die Änderungsrate lokal minimal ($f'' = 0$; $f''' > 0$).
Bei einem Links-Rechts-Wendepunkt (Übergang von Links- zu Rechtskurve) ist die Änderungsrate lokal maximal ($f'' = 0$; $f''' < 0$).

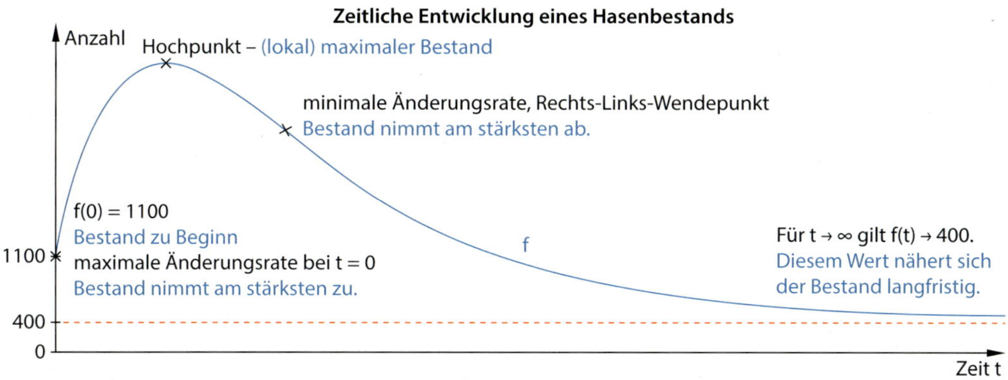

Hinweis:
Ist Y die Einheit einer Bestandsfunktion f(t) und X die Einheit der Zeit t, so gilt:
Einheit der Änderungsrate f′: Y/X
Einheit von f″: Y/X^2

Allgemein gilt:

Eigenschaft Funktion/Graph	Bedeutung für den Bestand
y-Achsenabschnitt	Anfangsbestand zum Zeitpunkt $t = 0$
$f(t)$	Bestand zum Zeitpunkt t
Nullstelle	Bestand gleich null
$f'(t)$ positiv/negativ	Zunahme/Abnahme des Bestands
$f''(t)$ positiv/negativ	Zunahme/Abnahme der Änderungsrate
$f(t)$ maximal, z. B. Hochpunkt	maximaler Bestand
$f(t)$ minimal, z. B. Tiefpunkt	minimaler Bestand
$f'(t)$ maximal, z. B. Links-Rechts-Wendepunkt	maximale Änderungsrate, Bestand nimmt am stärksten zu (falls $f'(t) > 0$) oder am geringsten ab (falls $f'(t) < 0$)
$f'(t)$ minimal, z. B. Rechts-Links-Wendepunkt	minimale Änderungsrate, Bestand nimmt am geringsten zu (falls $f'(t) > 0$) oder am stärksten ab (falls $f'(t) < 0$)
Grenzwert von $f(t)$ für $t \to \infty$	Langfristige Entwicklung des Bestands

Mathematische Funktionen können Sachverhalte nur in einem bestimmten Intervall realistisch beschreiben. Deshalb sollten die Ergebnisse stets auf den Sachzusammenhang übertragen und interpretiert werden.

Beispiel 1: Die Funktion f mit $f(t) = 0{,}5te^{-0{,}05t+2} - 1$ beschreibt den Temperaturverlauf eines Getränks im Zeitraum $0 \le t \le 300$, das sich in einer Umgebung mit einer Temperatur von −1 °C befindet, kurz erwärmt wird und danach wieder abkühlt. t gibt die Zeit in Minuten und f(t) die Temperatur in °C an.

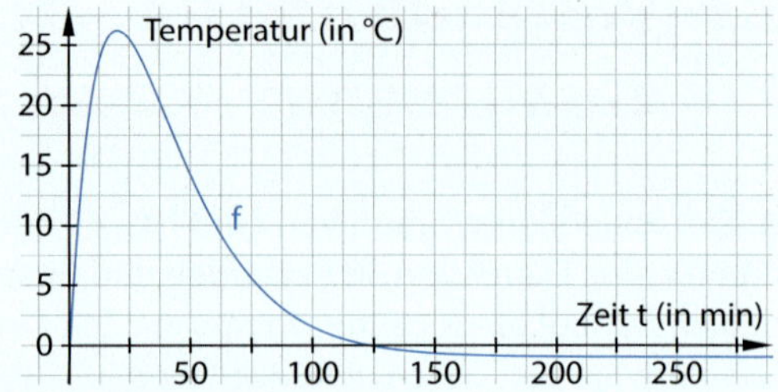

a) Geben Sie die Temperatur des Getränks nach einer Stunde an.
b) Bestimmen Sie den Zeitraum, in dem die Temperatur über 20 °C liegt.
c) Berechnen Sie die maximale Temperatur des Getränks.
d) Ermitteln Sie die Zeitpunkte, an denen die Temperatur am stärksten zu- bzw. abnimmt.

Lösung:

a) Wandeln Sie die Stunden in Minuten um. Berechnen Sie den Funktionswert.

$f(60) = 30 \cdot e^{-1} - 1 \approx 10{,}04$
Das Getränk hat nach einer Stunde eine Temperatur von 10,04 °C.

b) Setzen Sie $f(t) = 20$. Bestimmen Sie die Lösungen der Gleichung.

$20 = 0{,}5te^{-0{,}05t+2} - 1$
$t_1 \approx 8{,}85; \quad t_2 \approx 38$

Berechnen Sie den Funktionswert an einer Teststelle im Intervall [8,85; 38], um zu zeigen, dass die Temperatur über 20 °C liegt.

$f(10) \approx 21{,}4 > 20$
Zwischen 8,85 und 38 Minuten liegt die Temperatur über 20 °C.

c) Leiten Sie die Funktion f zweimal ab.

$f'(t) = \frac{1}{40} e^{-0{,}05t+2}(-t+20)$
$f''(t) = \frac{1}{800} e^{-0{,}05t+2}(t-40)$

Setzen Sie $f'(t) = 0$, um die Extremstellen zu bestimmen.
Bestimmen Sie die Art des Extrempunkts durch Einsetzen in $f''(t)$ und den y-Wert durch Einsetzen in $f(t)$.

$\frac{1}{40} e^{-0{,}05t+2}(-t+20) = 0 \mid : e^{-0{,}05t+2} \neq 0$
$-t + 20 = 0$ also $t = 20$
$f''(20) < 0$, also Hochpunkt bei $t = 20$
$f(20) \approx 26{,}2$

Untersuchen Sie, ob es an den Rändern des Definitionsbereichs größere Funktionswerte gibt.

Randwerte: $f(0) = -1 \quad f(300) \approx -1$
Die größte Temperatur beträgt etwa 26,2 °C.

d) Setzen Sie $f''(t) = 0$, um die Wendestellen zu bestimmen.
Ermitteln Sie f''' und damit die Art des Wendepunkts.
Die Temperatur nimmt am stärksten ab, wenn die Änderungsrate f' minimal und negativ ist.

$\frac{1}{800} e^{-0{,}05t+2}(t-40) = 0 \mid : e^{-0{,}05t+2} \neq 0$
$t - 40 = 0$ also $t = 40$
$f'''(t) = \frac{1}{16000} e^{-0{,}05t+2}(-t+60) \quad f'''(40) > 0$
Bei $t = 40$ liegt ein Rechts-Links-Wendepunkt, dort ist die Änderungsrate lokal minimal und wegen $f'(40) = -0{,}5$ negativ.

Bestimmen Sie zum Vergleich auch die Änderungsrate an den Rändern des Definitionsbereichs. Da es keinen Links-Rechts-Wendepunkt gibt, ist die Änderungsrate an einem der Ränder maximal.

Randwerte: $f'(0) \approx 3{,}7 \quad f'(300) \approx 0$
Zu Beginn bei $t = 0$ ist die Änderungsrate maximal und positiv, d. h. die Temperatur nimmt am stärksten zu, nach 40 Minuten nimmt sie am stärksten ab.

Basisaufgaben

1. Eine Blume wird 24 Stunden lang von einer Lichtquelle bestrahlt. Der Graph von f gibt im Intervall [0; 24] die Beleuchtungsstärke in Lux in Abhängigkeit von der Uhrzeit t an.

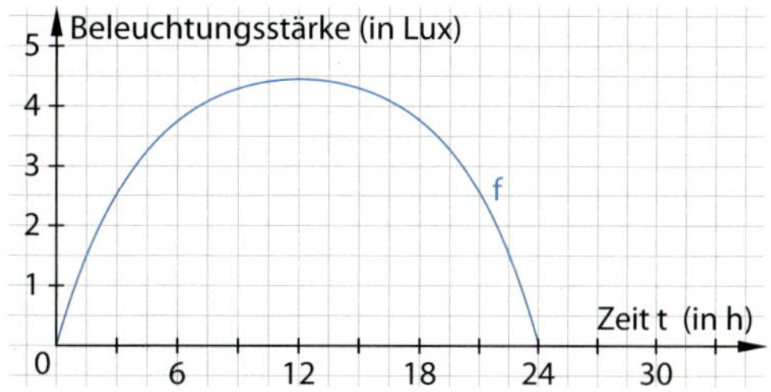

a) Erklären Sie, welche Bedeutung die Nullstellen vom Graphen von f im Sachzusammenhang haben.

b) Geben Sie an, wie viele Stunden nach Beobachtungsbeginn die Beleuchtungsstärke maximal wird.

c) Ermitteln Sie mithilfe des Graphen, zu welchem Zeitpunkt die Zunahme der Beleuchtungsstärke am höchsten ist und wann sie am stärksten abnimmt.

2. Die Funktion f mit $f(t) = -2te^{-0,5t} + 5$ beschreibt vereinfacht den Höhenverlauf einer Drohne. $t \geq 0$ gibt die Zeit in s nach Beobachtungsbeginn und $f(t)$ die Höhe in m an.

a) Bestimmen Sie die Anfangshöhe der Drohne.

b) Die Drohne verliert nach einer kurzzeitigen Störung an Höhe und steigt anschließend wieder. Berechnen Sie den Zeitpunkt der minimalen Höhe.

c) Die Funktion f hat eine Wendestelle. Bestimmen Sie diese. Entscheiden Sie, ob es sich um einen Rechts-Links-Wendepunkt oder um einen Links-Rechts-Wendepunkt handelt. Beschreiben Sie die Bedeutung der Wendestelle im Sachzusammenhang.

CAS **3.** Die Funktion f mit $f(t) = -0{,}025\,(t-4)^3 \cdot e^{-0,3t+1,2} + 20$ beschreibt für $0 \leq t \leq 60$ den Temperaturverlauf eines Zimmers innerhalb einer Stunde (t Zeit in min, $f(t)$ Temperatur in °C).

a) Ermitteln Sie die Zimmertemperatur für $t = 0$.

b) Geben Sie die maximale und die minimale Temperatur des Zimmers an.

c) Bestimmen Sie den Zeitpunkt, an dem die Temperatur am schnellsten steigt.

d) Ermitteln Sie mithilfe einer Näherungstabelle den Wert, dem sich die Temperatur langfristig nähert, wenn die Funktion f die Temperatur für alle $t \geq 0$ beschreibt.

4. Die normale Körpertemperatur eines gesunden Menschen liegt bei 36,5 °C. Die Funktion f mit $f(t) = te^{-0,1t} + 36{,}5$ beschreibt modellhaft den Verlauf einer Fieberkurve bei einem Erkrankten. Dabei ist t die Zeit in Stunden nach Ausbruch der Krankheit und $f(t)$ die Körpertemperatur in Grad Celsius. Der Graph von f ist in der Abbildung dargestellt.

a) Beschreiben Sie die Entwicklung der Körpertemperatur innerhalb der ersten 48 Stunden nach Ausbruch der Krankheit.

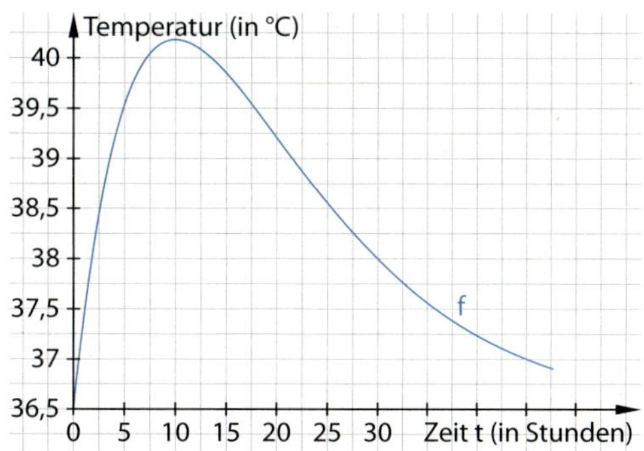

b) Berechnen Sie den Zeitpunkt innerhalb der ersten 48 Stunden, an dem die Temperatur am höchsten ist. Geben Sie diese Temperatur an.

c) Bestimmen Sie den Zeitpunkt innerhalb der ersten 48 Stunden, an dem die Körpertemperatur am stärksten abnimmt, und berechnen Sie, um wie viel Grad pro Stunde die Temperatur zu diesem Zeitpunkt abnimmt.

d) Ermitteln Sie, wann die Körpertemperatur in den ersten 48 Stunden am stärksten zunimmt.

Rekonstruktion aus Änderungsraten

Hinweis:
Änderungsraten erkennt man daran, dass zu ihnen Einheiten pro Zeitraum gehören (z. B. Liter pro Minute, Anzahl pro Tag, km/h).

Durch die Funktion der Änderungsrate einer Bestandsfunktion kann man Informationen über das Verhalten der Funktionswerte und den Verlauf der Bestandsfunktion gewinnen. Auch im Sachkontext können Rückschlüsse von der Änderungsrate auf den Bestand nützlich sein.

Mithilfe des Graphen einer Änderungsrate f kann man wie im folgenden Beispiel den mathematischen Eigenschaften der Änderungsrate die Bedeutung für den Bestand im konkreten Sachkontext gegenüberstellen.

Änderungsrate eines Hasenbestands

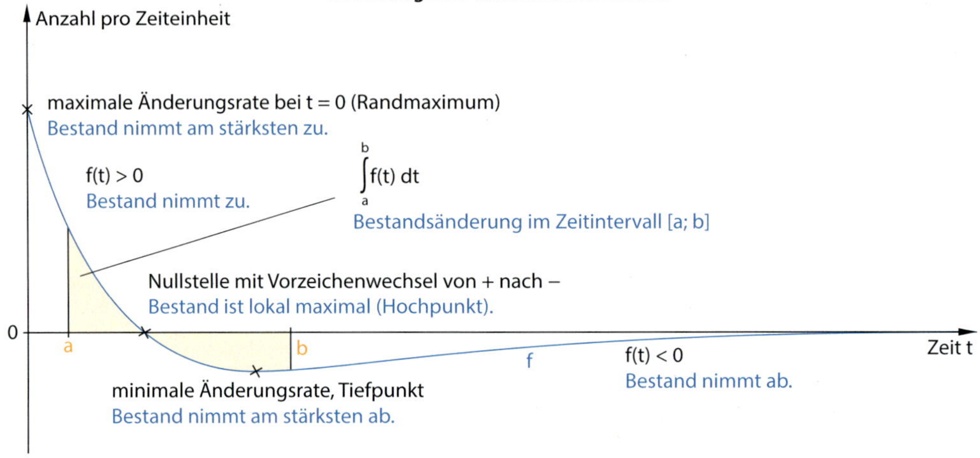

Hinweis:
Bei einer Nullstelle der Änderungsrate mit VZW von + nach – hat der Bestand einen Hochpunkt, bei einer Nullstelle mit VZW von – nach + hat der Bestand einen Tiefpunkt.

Beispiel 2: Aus einem Schwimmbecken wird Wasser abgelassen, bevor es wieder gefüllt wird. Die Zuflussrate des Wassers wird in den ersten 60 Minuten durch $f(t) = (t-5)\,e^{-0,1t}$ mit der Zeit t in min und f(t) in m^3/min beschrieben.

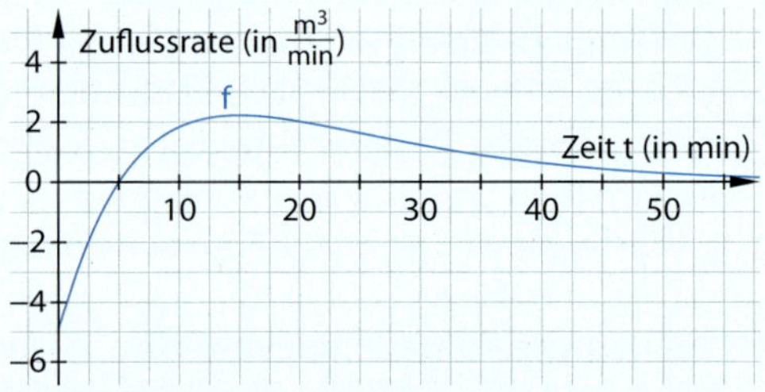

a) Bestimmen Sie den Zeitpunkt, an dem die Wassermenge im Becken minimal ist.
b) Berechnen Sie, nach wie vielen Minuten die Wassermenge am stärksten zunimmt.
c) Erläutern Sie, welche Bedeutung $\int_0^5 f(t)dt \approx -10,65$ im Sachkontext hat, und geben Sie die Einheit von –10,65 an.
d) Zu Beginn befinden sich 11 m^3 Wasser im Becken. Bestimmen Sie eine Funktionsgleichung für die Wassermenge V(t) im Becken.
Hinweis: $F(t) = (-10t - 50)\,e^{-0,1t}$ beschreibt eine Stammfunktion von f.

Lösung:

a) Berechnen Sie die Nullstelle von f.

$(t-5) \cdot e^{-0,1t} = 0 \mid : e^{-0,1t} \neq 0$
$t - 5 = 0$ also $t = 5$

Zeigen Sie, dass die Wassermenge bei der Nullstelle t = 5 minimal ist, indem Sie das Vorzeichen der Änderungsrate f(t) für t < 5 und t > 5 untersuchen.

Für t < 5 nimmt die Wassermenge wegen f(t) < 0 ab, für t > 5 nimmt sie wegen f(t) > 0 zu.
Nach 5 min ist die Wassermenge minimal.

b) Leiten Sie die Funktion f zweimal ab.

$f'(t) = e^{-0,1t}(-0,1t + 1,5)$
$f''(t) = e^{-0,1t}(0,01t - 0,25)$

Setzen Sie $f'(t) = 0$, um die Extremstellen der Änderungsrate zu bestimmen. Bestimmen Sie die Art der Extremstelle durch Einsetzen in $f''(t)$.

$$e^{-0,1t}(-0,1t + 1,5) = 0 \quad | \; e^{-0,1t} \neq 0$$
$$-0,1t + 1,5 = 0 \quad | -1,5 \quad | :(-0,1)$$
$$t = 15$$

$f''(15) < 0$, also Hochpunkt bei $t = 15$

Die Wassermenge nimmt am stärksten zu, wenn die Änderungsrate f maximal und positiv ist. Untersuchen Sie, ob es an den Rändern des Definitionsbereichs größere Funktionswerte gibt.

$f(15) \approx 2,23$

Randwerte: $f(0) = -5$; $f(60) \approx 0,14$

Nach 15 min nimmt die Wassermenge im Becken am stärksten zu.

c) Da f die Änderungsrate des Bestands ist, gibt das Integral die Bestandsänderung innerhalb der Integrationsgrenzen an. Die Einheit ergibt sich aus denen von f und der Zeit: $m^3/min \cdot min = m^3$

Der Term $\int_0^5 f(t)\,dt \approx -10,65$ gibt an, dass die Wassermenge im Becken in den ersten 5 min um $10,65\,m^3$ abnimmt.

d) Die Funktion $V(t)$ der Wassermenge in m^3 ist eine Stammfunktion von f. Alle Stammfunktionen sind durch $F(t) + C$ gegeben. Bestimmen Sie C so, dass die Anfangsmenge $11\,m^3$ berücksichtigt wird, also $V(0) = 11$ gilt.

$$V(t) = F(t) + C = (-10t - 50)\,e^{-0,1t} + C$$
$$V(0) = 11$$
$$(-10 \cdot 0 - 50)\,e^{-0,1 \cdot 0} + C = 11$$
$$-50 \cdot 1 + C = 11 \quad | +50$$
$$C = 61$$
$$V(t) = (-10t - 50)\,e^{-0,1t} + 61$$

Basisaufgaben

5. Der abgebildete Graph zeigt die Wachstumsgeschwindigkeit der Fuchspopulation in einem Naturpark im Intervall [0; 24]. t gibt die Zeit in Jahren nach Beobachtungsbeginn an und $f(t)$ die Anzahl der Füchse pro Jahr.

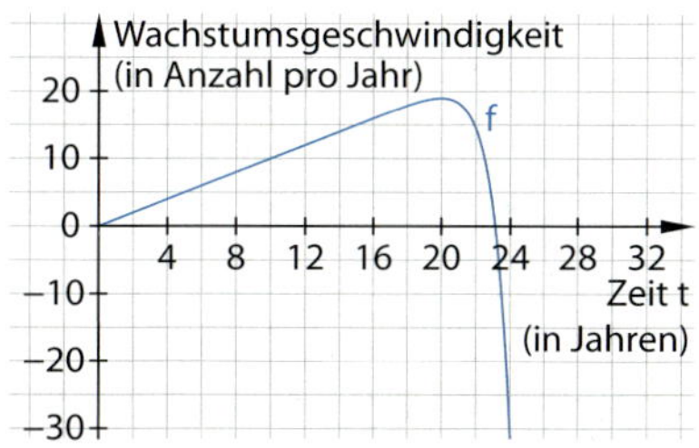

a) Geben Sie anhand des Graphen an, wie viele Jahre nach Beobachtungsbeginn die Fuchspopulation am stärksten zunimmt.

b) Lesen Sie aus dem Graphen den Zeitraum ab, in dem die Anzahl der Füchse abnimmt.

c) Geben Sie die Bedeutung der Nullstelle bei $t \approx 23$ für den Sachkontext an.

d) Es gilt $\int_0^{24} f(t)\,dt \approx 233$. Erläutern Sie, welche Bedeutung dies für die Fuchspopulation hat.

6. Die Funktion k mit $k(t) = (t^2 - 7t)\,e^{-0,25t}$ beschreibt die Änderungsrate des Kontostands eines Unternehmens in 1000 Euro/Monat in Abhängigkeit von der Zeit in Monaten in einem Zeitraum von vier Jahren. Zu Beginn beträgt der Kontostand −11 000 Euro.

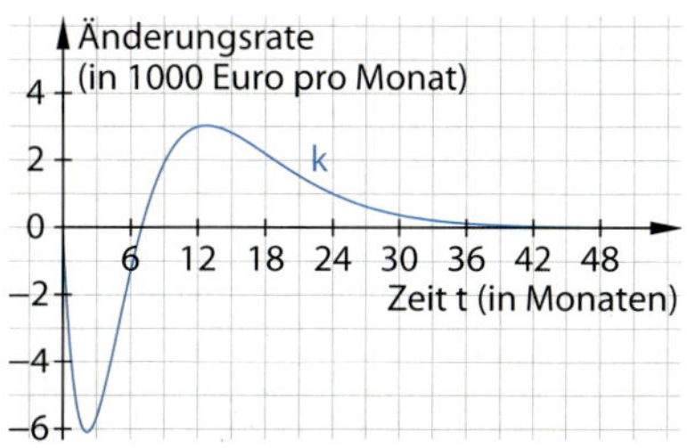

a) Berechnen Sie, in welchem Zeitraum der Kontostand niedriger wird und zu welchem Zeitpunkt er am niedrigsten ist.

b) Lesen Sie am Graphen näherungsweise ab, zu welchen Zeitpunkten der Kontostand am stärksten abnimmt bzw. zunimmt und wie hoch die Änderungsraten zu diesen Zeitpunkten sind.

c) Bestimmen Sie eine Funktionsgleichung für den Kontostand $K(t)$ des Unternehmens. Zeigen Sie hierzu, dass $F(t) = (-4t^2 - 4t - 16)\,e^{-0,25t}$ eine Stammfunktion von k beschreibt.

7. Die Wasserzuflussrate in einem See wird in den ersten 13 Monaten nach Beobachtungsbeginn annähernd durch die Funktion f mit $f(t) = (t^2 - 1) \cdot e^{-t}$ dargestellt (t in Monaten nach Beobachtungsbeginn, f(t) in 1000 m^3/Monat).
   a) Berechnen Sie die Wasserzuflussrate 4 Monate nach Beobachtungsbeginn.
   b) Ermitteln Sie die Zeiträume, in denen die Wassermenge im See geringer wird. Geben Sie die Zeitpunkte an, an denen die Wassermenge lokal minimal bzw. maximal ist.
   c) Bestimmen Sie, nach wie vielen Monaten die Wassermenge im See am stärksten zunimmt bzw. abnimmt.
   d) Berechnen Sie $\int_0^{13} f(t)\,dt$ und geben Sie in Worten die Bedeutung dieser Zahl im Sachzusammenhang wieder. (Hinweis: $F(t) = -(t+1)^2e^{-t}$ ist eine Stammfunktion von f.)

Weiterführende Aufgaben

8. Eine unerwünschte Gewichtszunahme direkt nach einer Diät bezeichnet man als Jojo-Effekt. Die Funktion f mit $f(t) = -0{,}125\,t^2\,e^{-0{,}1t} + 60$ beschreibt für t in Tagen und f(t) in kg den Gewichtsverlauf einer Person nach Diätbeginn bei t = 0.

   a) Ermitteln Sie das Anfangsgewicht der Person.
   b) Bestimmen, wie viel Gewicht die Person nach 23 Tagen verloren hat.
   c) Berechnen Sie den Zeitpunkt, an dem die Person das niedrigste Gewicht erreicht, und geben Sie dieses Gewicht an.
   d) Beurteilen Sie die Aussage: *„Das Integral $\int_0^{10} f(t)dt$ gibt die gesamte Gewichtsabnahme in den ersten 10 Tagen an."*

9. Ein Medikament, das in Tablettenform verabreicht wird, wird in unterschiedlichen Wirkstoffdosierungen produziert. In den ersten 24 Stunden nach Einnahme einer Tablette kann die Wirkstoffkonzentration des Medikaments im Blut eines Patienten näherungsweise durch $f(t) = 2{,}5te^{-0{,}2t}$ beschrieben werden. Dabei gibt t die Zeit seit der Einnahme in Stunden und f(t) die Wirkstoffkonzentration im Blut in Milligramm pro Liter an.

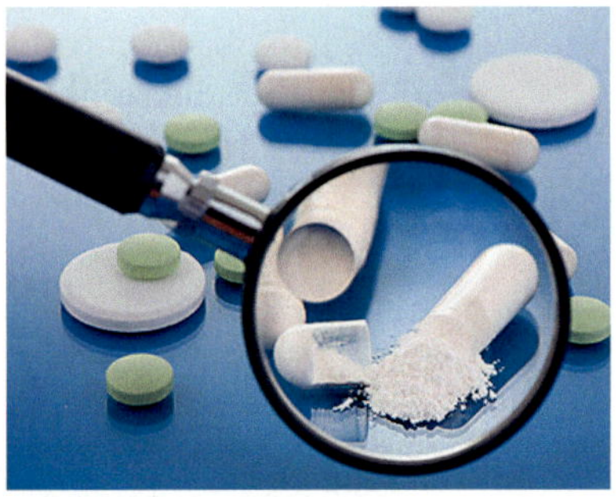

   a) Berechnen Sie die Wirkstoffkonzentration im Blut des Patienten nach 3 Stunden.
   b) Bestimmen Sie die maximale Wirkstoffkonzentration im Blut des Patienten.
   c) Das Medikament ist nur wirksam, wenn die Konzentration im Blut mindestens 1,5 mg pro Liter beträgt. Zeigen Sie, dass für eine durchgehende Wirksamkeit spätestens nach 16 Stunden und 36 Minuten eine neue Verabreichung erfolgen muss.
   d) Berechnen Sie den Zeitpunkt, an dem die Konzentration am stärksten abnimmt.
   e) Eine neuere Untersuchung hat gezeigt, dass im Gegensatz zum oben angegebenen Modell die Konzentration ab dem in d) berechneten Zeitpunkt weiter konstant abnimmt. Berechnen Sie den Zeitpunkt, zu dem nach diesem neuen Modell kein Wirkstoff mehr im Blut vorhanden ist.

10. Stolperstelle: Die Funktion f beschreibt die momentane Änderungsrate einer Menge in kg/Tag in Abhängigkeit von der Zeit t in Tagen. F ist eine Stammfunktion von f und F(0) gibt die Anfangsmenge an. Ordnen Sie jeder Beschreibung A bis C einen passenden Term der Terme ① bis ⑤ zu.

A: Gewicht nach 2 Tagen

B: momentane Änderungsrate nach 2 Tagen

C: Differenz zwischen dem Gewicht nach 2 Tagen und dem Anfangsgewicht

① $f(2)$

② $\int_0^2 F(t)dt$

③ $f(2) - f(0)$

④ $\int_0^2 f(t)dt$

⑤ $F(2)$

11. Die Funktion f mit $f(t) = 1{,}25e^{0{,}5t} + 1{,}25t^2 - 10t + 20$ beschreibt die Datenübertragungsrate in MB/s (Megabyte pro Sekunde) in Abhängigkeit von der Zeit t in Sekunden, die beim Herunterladen einer Datei gemessen wird. Die Übertragung dauert 14 Sekunden.

a) Geben Sie die Übertragungsrate am Anfang sowie nach 4 Sekunden an.

b) Zeigen Sie, dass die Datenübertragungsrate in den ersten 2,92 Sekunden ab- und danach wieder zunimmt. Geben Sie die minimale Datenübertragungsrate an.

c) Überprüfen Sie, ob ein USB-Stick mit einem freien Speicherplatz von 4 GB (Gigabyte) ausreicht, um die gesamte Datei zu speichern.

d) Ermitteln Sie die durchschnittliche Übertragungsrate in den ersten 10 Sekunden.

● **12.** Die Änderungsrate einer Bakterienpopulation kann mittels einer Funktion vom Typ $f(t) = at^2e^{bt}$ mit $a, b \in \mathbb{R}$ modelliert werden (t: Zeit in Tagen nach Beobachtungsbeginn, f(t): Anzahl der Bakterien pro Tag). Dabei wurde nach 8 Tagen eine Änderungsrate von 16 Bakterien pro Tag und nach 12 Tagen eine Änderungsrate von 6 Bakterien pro Tag festgestellt.

a) Stellen Sie ein Gleichungssystem auf und ermitteln Sie damit die Parameter a und b.

b) Zeigen Sie, dass F mit $F(t) = 9e^{-\frac{\ln(6)}{4}t} \cdot \left(-\frac{4}{\ln(6)}t^2 - \frac{32}{\ln(6)^2}t - \frac{128}{\ln(6)^3}\right)$ eine Stammfunktion von f ist.

c) Bestimmen Sie die Funktion, die die Bakterienpopulation in Abhängigkeit von t beschreibt, wenn zu Beginn der Beobachtung 11 Bakterien zu sehen waren.

Erinnerung:
$\ln\left(\frac{u}{v}\right) = \ln(u) - \ln(v)$.

● **13. Ausblick:** Die Große Hungersnot in Irland war die Folge mehrerer Missernten von Kartoffeln, dem damaligen Hauptnahrungsmittel der Iren. Die Bevölkerung, die 1845 etwa 8 Millionen Einwohner betrug, sank in Folge der Hungersnöte so stark, dass sich das Land bis heute nicht davon erholen konnte.

Die Bevölkerungsentwicklung Irlands seit 1845 kann annähernd durch die Funktion f mit $f(t) = 8 - \frac{1}{10000}t^2 e^{-0{,}02t + 3{,}5}$ modelliert werden. t gibt die Zeit in Jahren nach 1845 und f(t) die Bevölkerungszahl in Millionen an.

a) Bestimmen Sie die Bevölkerungszahl Irlands im Jahr 2019. Geben Sie das Ergebnis auch als Anteil an der ursprünglichen Bevölkerungszahl im Jahr 1845 an.

b) Ermitteln Sie die niedrigste Bevölkerungszahl Irlands seit 1845.

c) Ermitteln Sie die mittlere Bevölkerungsänderung in der Abnahmephase von 1845 bis 1945 sowie in der Anstiegsphase von 1945 bis 2019.

d) Aufgrund des Bevölkerungsschubs der letzten Jahre ist anzunehmen, dass sich ab 2019 die Einwohnerzahl so entwickelt, dass schon im Jahr 2020 die 5-Millionen-Marke erreicht wird. Bestimmen Sie eine Funktion vom Typ $g(t) = ae^{kt}$, die den weiteren Verlauf ab 2019 beschreibt.

5.7 Klausur- und Abiturtraining

Aufgaben ohne Hilfsmittel

1. Gegeben sind die Funktion f und ihre Ableitungsfunktion f':
$f(x) = x^2 \cdot e^{-x}$ und $f'(x) = (2x - x^2) \cdot e^{-x}$

a) Bestimmen Sie die zweite Ableitung von f und leiten Sie die Koordinaten der Extrempunkte des Graphen von f her.

b) Zeigen Sie, dass F mit $F(x) = -(x^2 + 2x + 2) \cdot e^{-x}$ eine Stammfunktion von f ist.

c) Begründen Sie mithilfe der bisherigen Ergebnisse, dass der Graph jeder Stammfunktion F zu f den Sattelpunkt $S(0\,|\,F(0))$ hat.

d) Die Ableitungsfunktion f' schließt zwischen ihren Nullstellen ein Flächenstück mit der x-Achse ein. Berechnen Sie den Inhalt dieser Fläche.

2. Gegeben ist eine Funktion f mit $f(x) = (x + 3) \cdot e^{-x}$, $x \in \mathbb{R}$.

a) Entscheiden Sie, welcher der Terme ①–④ zur Ableitung f' passt.

① $(x - 2) \cdot e^{-x}$ ② $2(x - 2) \cdot e^{-x}$ ③ $-(x + 2) \cdot e^{-x}$ ④ $-(x + 2) \cdot e^{x}$

b) Die zweite Ableitung von f ist gegeben durch $f''(x) = (x + 1) \cdot e^{-x}$, $x \in \mathbb{R}$. Argumentieren Sie damit und mit dem Resultat aus a), dass $x = -2$ eine mögliche Extremstelle und $x = -1$ eine mögliche Wendestelle von f sind.

c) Die Abbildung zeigt die Graphen der Ableitungsfunktionen f' und f''. Entscheiden Sie begründet, welcher Graph zur f' gehört. Begründen Sie anhand der Verläufe der Graphen von f' und f'', dass der Graph von f den Hochpunkt $H(-2\,|\,f(2))$ und den Wendepunkt $W(-1\,|\,f(-1))$ hat.

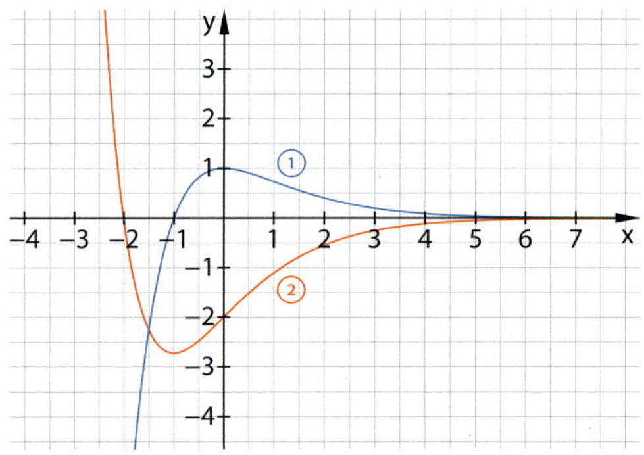

3. Gegeben ist eine Funktion f mit $f(x) = \frac{1}{2}(x - 2) \cdot e^{-2x}$, $x \in \mathbb{R}$.

a) Bestimmen Sie die erste Ableitung f' und geben Sie alle Nullstellen von f und f' an.

b) Zeigen Sie, dass $F(x) = -\frac{1}{4}\left(x - \frac{3}{2}\right) \cdot e^{-2x}$, $x \in \mathbb{R}$ eine Stammfunktion von f ist. Geben Sie eine weitere Stammfunktion G an, für die $G(1{,}5) = 3$ gilt.

c) Bestimmen Sie die Stelle sowie die Art des Extrempunkts des Graphen von F.

4. Die Funktion n mit $n(t) = 3te^{-\frac{1}{5}t}$ beschreibt für $t \geq 0$ die Rate der Neuerkrankungen während einer Läuseepidemie an einer Schule. (t in Wochen, n(t) in Neuerkrankte/Woche)

a) Weisen Sie nach, dass die Anzahl an Neuerkrankungen in der 5. Woche nach Beobachtungsbeginn am stärksten gestiegen ist.

b) Beschreiben Sie die Bedeutung des Terms $\int_2^8 n(t)\,dt$ im Sachzusammenhang.

c) Entscheiden Sie, welcher Funktionsterm zu einer Stammfunktion von n gehört. Begründen Sie Ihre Wahl.

① $-15te^{-\frac{1}{5}t}$ ② $(-5t - 25)e^{-\frac{1}{5}t}$ ③ $-15(t + 5)e^{-\frac{1}{5}t}$

d) Zu Beobachtungsbeginn sind drei Schüler von Läusen befallen. Ermitteln Sie die Gleichung einer Funktion, die die Anzahl der Neuerkrankten an der Schule beschreibt.

Aufgaben mit Hilfsmitteln

5. Die Funktion f mit $f(t) = 15t \cdot e^{-0,2t}$ beschreibt die Entwicklung des Wirkstoffgehalts im Blut eines Patienten nach der Einnahme eines Medikaments. Dabei ist t die Zeit in Stunden und f(t) die Wirkstoffmenge in mg pro Liter Blut.

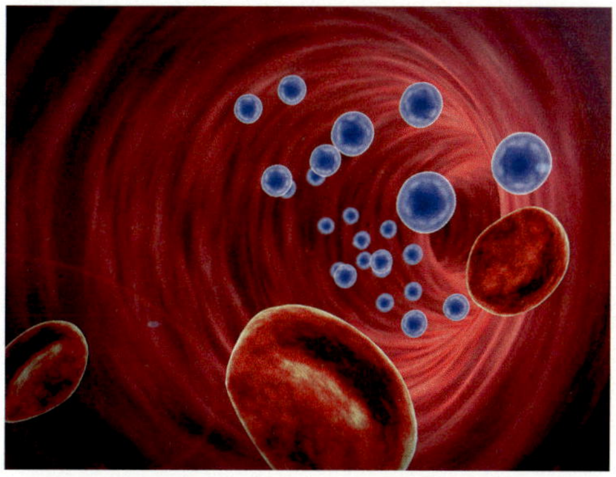

a) Das Medikament beginnt ab einer Konzentration von 7,5 mg pro Liter Blut zu wirken.
   ① Berechnen Sie die Menge des Wirkstoffs, die sich nach 150 Minuten im Blut befindet.
   ② Weisen Sie nach, dass das Medikament etwa 33,6 Minuten nach Einnahme des Medikaments Wirkung zeigt.
   ③ Bestimmen Sie den Zeitpunkt, zu dem der Wirkstoffgehalt maximal ist, und geben Sie den maximalen Wirkstoffgehalt an.

b) Die mittlere Wirkstoffmenge in einem Zeitintervall [a; b] lässt sich berechnen als $\frac{1}{b-a} \cdot \int_a^b f(t)\,dt$.
   ① Zeigen Sie, dass F mit $F(t) = -75(t+5) \cdot e^{-0,2t}$ eine Stammfunktion von f ist.
   ② Berechnen Sie die mittlere Wirkstoffmenge in den ersten 20 Stunden.

c) Bestimmen Sie den Zeitpunkt, zu dem die Wirkstoffmenge am stärksten abnimmt, und geben Sie an, mit welcher Geschwindigkeit die Wirkstoffmenge zu diesem Zeitpunkt abnimmt.

d) In einem abgewandelten Modell wird angenommen, dass ab der Wendestelle die Wendetangente den linearen Abbau der Wirkstoffmenge beschreibt. Berechnen Sie, wann nach diesem Modell der Wirkstoff vollständig abgebaut ist.

6. Herr Lebhaft unternimmt während einer Klassenfahrt mit seinen Schülern einen Ausflug. Sein Schüler Hamza verletzt sich während des Ausflugs am Bein und muss zurück zur Jugendherberge gebracht werden, die sich auf dem Gipfel eines Hügels befindet. Dazu wird er von Herrn Lebhaft in einem Einkaufswagen den Hügel hochgeschoben, dessen Querschnitt für $0 \leq x \leq 160$ durch die Funktion f mit $f(x) = 0,001(-x + 160)e^{0,05x}$ beschrieben wird. Dabei gibt x die horizontale Länge des Profils in Meter und f(x) die Höhe in Meter über NN an.

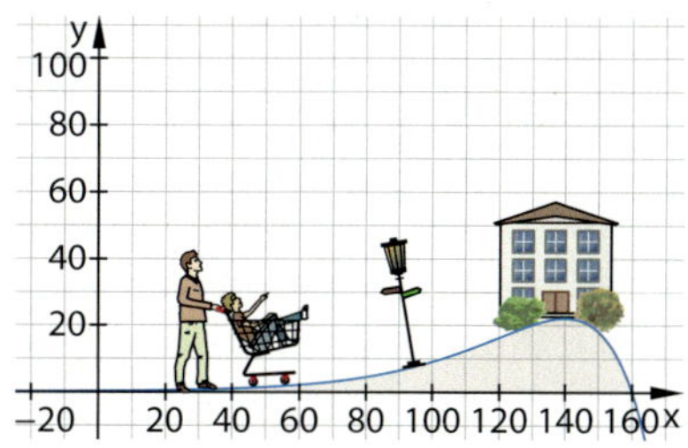

a) Bestimmen Sie die Koordinaten der Jugendherberge.
   [Kontrollergebnis: H(140 | 21,93)]

b) Berechnen Sie die durchschnittliche Steigung des Hügels bis zur Herberge.

c) Herr Lebhaft kann mit dem Einkaufswagen einen Anstieg von bis zu 20° überwinden. Prüfen Sie, ob er es schafft den Einkaufswagen bis zur Herberge hochzuschieben. Geben Sie die Stelle an, an der der Hügel den steilsten Anstieg hat.

d) An der Stelle mit der maximalen Steigung steht eine Straßenlaterne senkrecht zur Straße. Geben Sie die Gleichung der Geraden an, in der die Straßenlaterne enthalten ist.

Lösungen
↗ S. 231/232

1. Bestimmen Sie erste und zweite Ableitung.

a) $f(x) = 2x \cdot e^x$ b) $f(x) = (1 - x^2) \cdot e^{2x}$ c) $f(t) = (t^2 - t) \cdot e^{-0,5t}$

d) $f(x) = \frac{x}{e^x}$ e) $f_a(x) = ax^2 \cdot e^{-2ax}$ f) $g(x) = \sqrt{x+1} \cdot e^x$

2. Ermitteln Sie die Nullstellen sowie die Extrem- und Wendepunkte der Funktion f.

a) $f(x) = (x^2 - 1) \cdot e^{x-1}$ b) $f(x) = (x - 1)^2 \cdot e^x$

c) $f(t) = (t + 1) \cdot (t - 2) \cdot e^{2t}$ d) $f(t) = 4t \cdot e^{-2t}$

e) $f(x) = x^3 \cdot e^{-x}$ f) $f(x) = 8x^2 \cdot \sqrt{1 - 2x}$

3. Bestimmen Sie eine Stammfunktion von f.

a) $f(x) = 2x + e^{3x+1}$ b) $f(x) = e^{-x-1} - 1$ c) $f(t) = t^{\frac{1}{2}} - 2e^{5t+2} - t$

4. Gegeben ist die Funktion f mit $f(x) = 4(x - 1) \cdot e^{-(x-1)}$

a) Geben Sie die Nullstellen von f und den Schnittpunkt des Graphen mit der y-Achse an.
b) Geben Sie das Monotonieverhalten von f durch Ermitteln der Extrempunkte an.
c) Bestimmen Sie die Gleichung der Wendetangente von f.
d) Prüfen Sie den Graphen von f auf Achsensymmetrie zur y-Achse und Punktsymmetrie zum Ursprung.
e) Skizzieren Sie den Graphen von f.
f) Zeigen Sie, dass durch F mit $F(x) = -4 \cdot x \cdot e^{1-x}$ eine Stammfunktion zu f gegeben ist Bestimmen Sie den Inhalt der Fläche, die vom Graphen von f und der x-Achse im Intervall $[1;5]$ eingeschlossen wird.

5. Die Funktion f mit $f(t) = (t - 3)^2 \cdot e^{-\frac{t}{4}}$ sei für $0 \leq t \leq 15$ ein Modell für die Wachstumsgeschwindigkeit einer Bakterienkultur. Dabei beschreibt t die Zeit in Stunden. Die Wachstumsgeschwindigkeit wird in Tausend pro Stunde angegeben. Zum Beobachtungsbeginn (Zeitpunkt $t = 0$) waren 2000 Bakterien vorhanden.

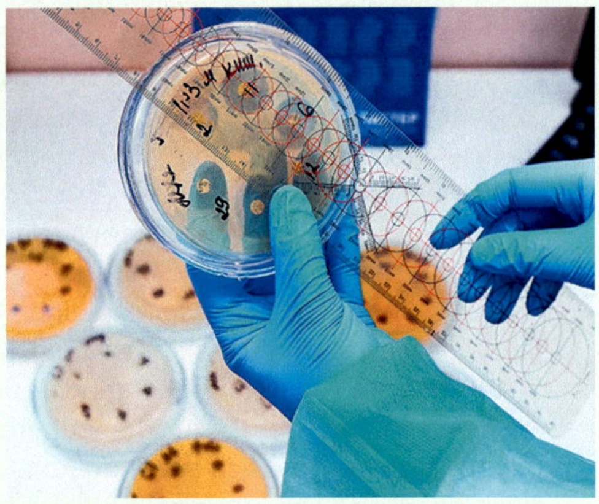

a) Ermitteln Sie die Extrem- und Wendepunkte von f im Intervall $0 \leq t \leq 15$.
b) Zeichnen Sie den Graphen von f im angegebenen Intervall.
c) Untersuchen Sie den Wahrheitsgehalt folgender Aussagen.
A: Im Zeitraum $0 \leq t \leq 3$ nimmt die Anzahl der Bakterien ab.
B: Für $t = 3$ ist die Bakterienanzahl gleich null.
C: Zum Zeitpunkt $t = 11$ ist die Bakterienanzahl am größten.
d) Weisen Sie nach, dass F mit $F(t) = (-4t^2 - 8t - 68)e^{-\frac{t}{4}}$ eine Stammfunktion von f ist.
e) Ermitteln Sie näherungsweise die Bakterienanzahl fünf Stunden nach Beobachtungsbeginn.

6. Gegeben ist die Funktionenschar f_a mit $f_a(x) = x \cdot e^{ax}$ und $a \neq 0$.

a) Bestimmen Sie die Ableitungen f_a', f_a'' und f_a'''.
b) Ermitteln Sie die Extrem- und die Wendestelle von f_a. Unterscheiden Sie die Fälle $a > 0$ und $a < 0$ und geben Sie die Koordinaten und Art des Extrem- und Wendepunkts des Graphen von f in Abhängigkeit von a an.
c) Zeigen Sie, dass F_a mit $F_a(x) = \frac{1}{a^2}(ax - 1) \cdot e^{ax}$ eine Stammfunktion von f_a ist.

Lösungen
↗ S. 232/233

7. Das Laden eines Smartphoneakkus lässt sich durch die Funktionenschar mit der Gleichung $L(t) = 100 - 80e^{-k \cdot t}$ mit $k > 0$ beschreiben. Hierbei ist $L(t)$ der Ladezustand in Prozent zum Zeitpunkt t in Stunden.

a) Begründen Sie anhand des Funktionsterms, dass sich der Ladestand mit wachsendem t 100 % nähert.

b) Beschreiben Sie, wie sich die Ladegeschwindigkeit mit wachsendem t ändert.

c) Bestimmen Sie, für welche Werte von k der Ladestand 1,5 Stunden nach Beginn des Ladevorgangs größer als 60 % ist.

d) Der voll aufgeladene Akku ist ohne Benutzung nach 12 Stunden auf 75 % gesunken. Stellen Sie für den exponentiellen Entladevorgang eine Funktionsgleichung auf.

8. Bei einem Test wird die Geschwindigkeit v eines Autos (v in Meter pro Sekunde) in Abhängigkeit von der Zeit t (t in Sekunden) durch die Funktion $v(t) = 10t \cdot e^{-0,2t}$ für den Zeitraum $0 \le t \le 30$ beschrieben.

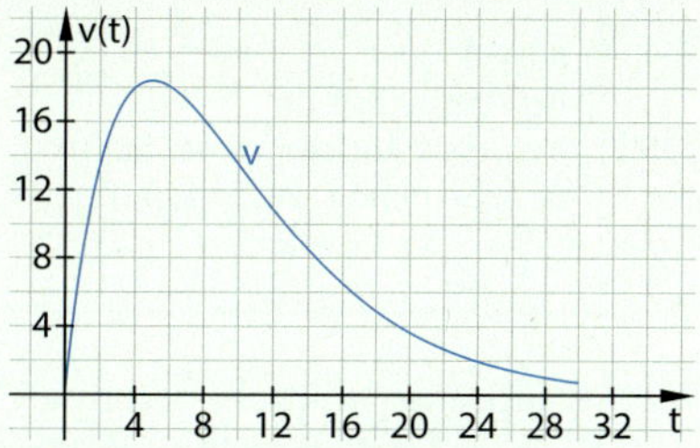

a) Berechnen Sie die maximale Geschwindigkeit des Autos (in km/h) im Zeitraum $0 \le t \le 30$.

b) Begründen Sie, dass die Funktion a mit $a(t) = (10 - 2t) \cdot e^{-0,2t}$ die Beschleunigung des Autos für $0 \le t \le 30$ beschreibt.

c) Ermitteln Sie den Zeitpunkt, an dem das Auto am wenigsten beschleunigt. Geben Sie die Geschwindigkeit des Autos (in km/h) zu diesem Zeitpunkt an.

d) Begründen Sie, weshalb die Funktion s mit $s(t) = -50 \cdot (t + 5) \cdot e^{-0,2t} + 250$ den Zusammenhang zwischen zurückgelegtem Weg s (s in Meter) und der Zeit t (t in Sekunden) beschreibt.

e) Berechnen Sie den Weg, den das Auto in den ersten fünf Sekunden zurücklegt. entfernen

9. Nach Betriebsunfällen in einer Chemiefabrik kommt es immer wieder zu einer erhöhten Schadstoffkonzentration in einem nahegelegenen See. Diese kann in den ersten Wochen nach einem Unfall durch die Funktion $f(t) = 5te^{-0,5t}$ modelliert werden, (t: Anzahl der Wochen nach dem Unfall, f(t): Schadstoffkonzentration in $\frac{mg}{\ell}$)

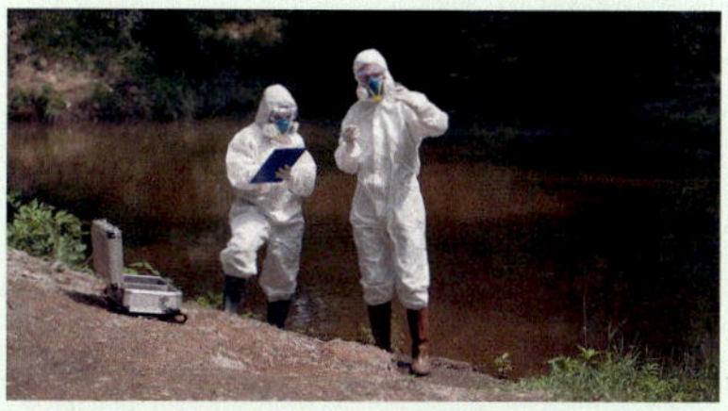

a) Ermitteln Sie die Schadstoffkonzentration im See 10 Tage nach einem Unfall.

b) Bestimmen Sie, wann die höchste Schadstoffkonzentration erreicht wird, und geben Sie diese an.

c) Zeigen Sie, dass F mit $F(t) = (-10t - 20) \cdot e^{-0,5t}$ eine Stammfunktion von f ist.

d) Die mittlere Schadstoffkonzentration über einem Zeitintervall [c; d] lässt sich mit $\frac{1}{d-c} \cdot \int_c^d f(t)dt$ ermitteln. Berechnen Sie die mittlere Schadstoffkonzentration für die ersten 5 Wochen nach einem Unfall.

e) Berechnen Sie den Zeitpunkt, zu dem die Schadstoffkonzentration am stärksten abnimmt.

f) Es wird angenommen, dass ab dem Zeitpunkt der stärksten Abnahme die Schadstoffkonzentration mit gleicher Geschwindigkeit linear abnimmt. Berechnen Sie, wann die Schadstoffkonzentration nach diesem Modell auf null zurückgegangen ist.

Zusammenfassung

Produktregel

Haben die Funktionen u und v die Ableitungen u' und v', so hat die Funktion f mit $f(x) = u(x) \cdot v(x)$ die Ableitung $f'(x) = u'(x) \cdot v(x) + u(x) \cdot v'(x)$.

$f(x) = x^2 \cdot (3x + 5)$

$u(x) = x^2$ $\quad v(x) = 3x + 5$

$u'(x) = 2x$ $\quad v'(x) = 3$

$f'(x) = 2x \cdot (3x + 5) + x^2 \cdot 3 = 9x^2 + 10x$

Bestandsfunktionen

Durch die Darstellung des Graphen einer Bestandsfunktion kann man wie im folgenden Beispiel den Sachverhalt veranschaulichen und den mathematischen Eigenschaften der Funktion die Bedeutung im konkreten Sachverhalt gegenüberstellen.

Zeitliche Entwicklung eines Hasenbestands

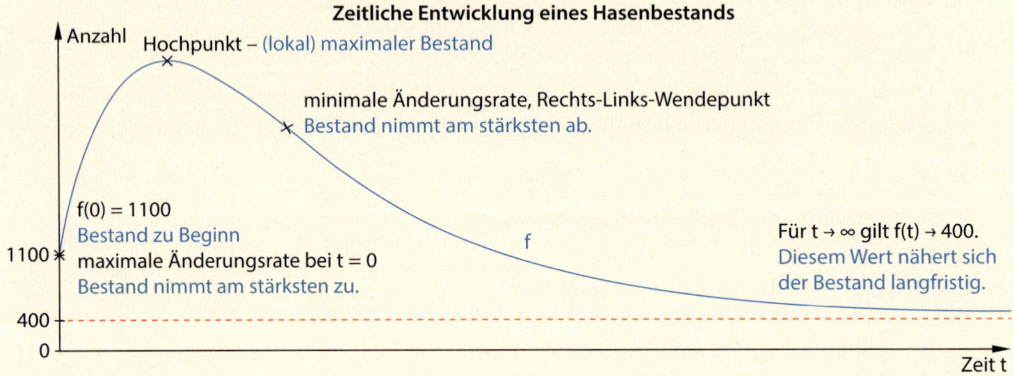

Mathematische Funktionen können Sachverhalte nur in einem bestimmten Intervall realistisch beschreiben. Deshalb sollten die Ergebnisse stets auf den Sachzusammenhang übertragen und interpretiert werden.

Änderungsraten

Durch die Funktion der Änderungsrate einer Bestandsfunktion kann man Informationen über das Verhalten der Funktionswerte und den Verlauf der Bestandsfunktion gewinnen. Auch im Sachkontext können Rückschlüsse von der Änderungsrate auf den Bestand nützlich sein.

Mithilfe des Graphen einer Änderungsrate f kann man wie im folgenden Beispiel den mathematischen Eigenschaften der Änderungsrate die Bedeutung für den Bestand im konkreten Sachkontext gegenüberstellen.

Änderungsrate eines Hasenbestands

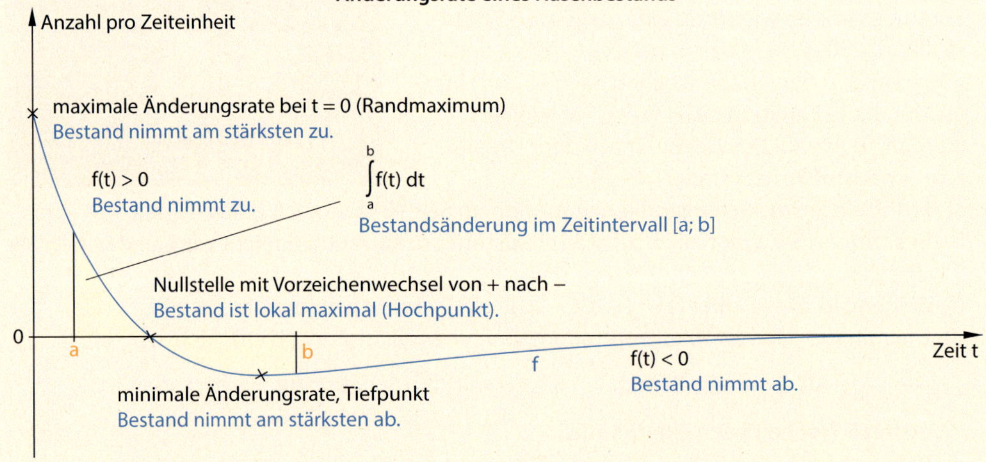

6. Abiturvorbereitung

Hier finden Sie abiturähnliche Aufgaben zur Vorbereitung auf die schriftlichen Prüfungen. Die Aufgaben sind nach den Themengebieten Analysis, Analytische Geometrie und Stochastik sortiert. Es gibt jeweils Aufgaben mit und ohne Hilfsmittel.

6.1 Hinweise zur Abiturprüfung

Eine Abiturprüfung beinhaltet einen Pflichtteil (ohne Hilfsmittel) und einen Wahlteil (mit zugelassenen Hilfsmitteln). Jeder Teil enthält Aufgaben aus den drei Sachgebieten Analysis, Analytische Geometrie und Stochastik.
Neben den Ergebnissen fließt auch die Dokumentation der Lösungswege in die Bewertung ein. Der Umfang der erwarteten Dokumentation ergibt sich aus der Aufgabenstellung und den verwendeten Operatoren. Die Definitionen zu den Operatoren finden Sie im Buchdeckel.

Zur Orientierung finden Sie im Folgenden eine Liste mit den erwarteten inhaltlichen Kompetenzen aus allen drei Sachgebieten.

Inhaltliche Anforderungen der Analysis

Kompetenz	Nachschlagen im Buch
Sekantensteigungen berechnen und als mittlere Änderungsraten deuten	Band Q1-Q2: S. 8
Ableitung als lokale Änderungsrate deuten und mithilfe des Grenzwerts ermitteln	Band Q1-Q2: S. 10; S. 12
Graph der Ableitungsfunktion aus dem Funktionsgraph herleiten	Band Q1-Q2: S. 14
Potenz-, Summen- und Faktorregel anwenden	Band Q1-Q2: S. 19–20; S. 22–23
Tangentengleichungen aufstellen	Band Q1-Q2: S. 27 Band Q3-Q4: S. 157
Steigungs- und Schnittwinkel berechnen	Band Q1-Q2: S. 28–29
Funktionen auf Globalverhalten, Symmetrie und Nullstellen untersuchen	Band Q1-Q2: S. 43–46; S. 49–50
Funktionen mithilfe der Ableitung auf Monotonie untersuchen	Band Q1-Q2: S. 56 Band Q3-Q4: S. 158–159
Extrem- und Wendepunkte bestimmen	Band Q1-Q2: S. 59–60; S. 62; S. 72; S. 75–76 Band Q3-Q4: S. 158–159
Globale Extrema ermitteln	Band Q1-Q2: S. 66–67 Band Q3-Q4: S. 158–159
Extremalprobleme lösen	Band Q1-Q2: S. 88; S. 90 Band Q3-Q4: S. 160
Funktionsterme rekonstruieren	Band Q1-Q2: S. 94; S. 96; S. 99; S. 101 Band Q3-Q4: S. 161-162
Lineare Kettenregel anwenden	Band Q1-Q2: S. 121 Band Q3-Q4: S. 164
Exponentialgleichungen mithilfe des Logarithmus lösen	Band Q1-Q2: S. 129 Band Q3-Q4: S. 164
Wachstumsprozesse mit Exponentialfunktionen beschreiben und untersuchen	Band Q1-Q2: S. 132–133; S. 135 Band Q3-Q4: S. 165
Bestände aus Änderungsraten rekonstruieren	Band Q1-Q2: S. 150–151; S. 170; S. 202–203 Band Q3-Q4: S. 170; S. 181–182
Bestimmtes Integral als Grenzwert von Ober- und Untersummen ermitteln	Band Q1-Q2: S. 154; S. 156

Graph einer Stammfunktion aus dem Funktionsgraph herleiten	Band Q1-Q2: S. 160
Stammfunktionen von ganzrationalen Funktionen und Exponentialfunktionen bestimmen	Band Q1-Q2: S. 162–163 Band Q3-Q4: S. 168
Den Hauptsatz der Differenzial- und Integralrechnung anschaulich begründen und anwenden	Band Q1-Q2: S. 166; S. 167 Band Q3-Q4: S. 168
Flächeninhalte mithilfe bestimmter Integrale berechnen	Band Q1-Q2: S. 174; S. 176 Band Q3-Q4: S. 168–169
Produktregel anwenden	Band Q1-Q2: S. 190 Band Q3-Q4: S. 172
Zusammengesetzte Funktionen untersuchen	Band Q1-Q2: S. 194–195; S. 199–200 Band Q3-Q4: S. 176–177; S. 181–182

Inhaltliche Anforderungen der Analytischen Geometrie

Kompetenz	Nachschlagen im Buch
Geometrische Sachverhalte in Ebene und Raum im Koordinatensystem darstellen	Band Q3-Q4: S. 8–9
Elementare Operationen mit Vektoren ausführen und Vektoren auf Kollinearität untersuchen	Band Q3-Q4: S. 17–18; S. 22–23
Vektoren beim Arbeiten mit geradlinig bzw. ebenflächig begrenzten geometrischen Objekten anwenden	Band Q3-Q4: S. 12–13; S. 17–18
Streckenlängen und Abstände von Punkten im Raum berechnen	Band Q3-Q4: S. 14–15
Algorithmisches Lösungsverfahren (Gauß) für lineare Gleichungssysteme erläutern und anwenden	Band Q3-Q4: S. 36–37; S. 38–39
Geraden in Parameterform darstellen	Band Q3-Q4: S. 44
Lagebeziehungen von Geraden untersuchen	Band Q3-Q4: S. 52–53; S. 68
Ebenen in Parameter-, Koordinaten- und Normalenform darstellen	Band Q3-Q4: S. 60; S. 74–75
Lagebeziehungen zwischen Geraden und Ebenen untersuchen	Band Q3-Q4: S. 68; S. 80–81
Lagebeziehungen von Ebenen untersuchen	Band Q3-Q4: S. 86–88
Skalarprodukt geometrisch deuten und berechnen	Band Q3-Q4: S. 66–67
Winkelgrößen im Raum mithilfe des Skalarprodukts bestimmen	Band Q3-Q4: S. 100–102; S. 106–107
Abstände (Punkt-Ebene, Gerade-Ebene, Ebene-Ebene) bestimmen	Band Q3-Q4: S. 110

Inhaltliche Anforderungen der Stochastik

Kompetenz	Nachschlagen im Buch
Anwendungssituationen mithilfe des Urnenmodells (mit und ohne Zurücklegen) untersuchen	Band Q1-Q2: S. 220–224; S. 227
Sachverhalte mithilfe von Baumdiagrammen oder Vierfeldertafeln untersuchen	Band Q1-Q2: S. 230–232
Problemstellungen im Kontext bedingter Wahrscheinlichkeiten lösen	Band Q1-Q2: S. 235–236
Teilvorgänge mehrstufiger Zufallsexperimente auf stochastische Unabhängigkeit untersuchen	Band Q1-Q2: S. 242–243
Simulationen zur Untersuchung stochastischer Situationen verwenden	Band Q1-Q2: S. 246–247
Bernoulli-Ketten zur Beschreibung stochastischer Situationen nutzen und die Bernoulli-Formel anwenden	Band Q1-Q2: S. 264; S. 266 Band Q3-Q4: S. 124; S. 126
Binomialverteilung und ihre Kenngrößen nutzen	Band Q1-Q2: S. 269–270; S. 272 Band Q3-Q4: S. 129–130; S. 132
Parameter der Binomialverteilung ermitteln	Band Q1-Q2: S. 276; S. 278 Band Q3-Q4: S. 136; S. 138
Prognosen mithilfe der Sigma-Regeln aufstellen	Band Q3-Q4: S. 142–143
Aufgrund von Stichproben auf die Gesamtheit schließen	Band Q3-Q4: S. 144

6.2 Aufgaben ohne Hilfsmittel

Die folgenden Aufgaben sollen ohne Taschenrechner sowie ohne Formelsammlung gelöst werden. Der hilfsmittelfreie Teil einer Abiturprüfung enthält Aufgaben aus den drei Bereichen Analysis, Analytische Geometrie und Stochastik.

Aufgaben zur Analysis

1. Gegeben ist die **Ableitungs**funktion f′ mit $f'(x) = -x^2 + 12x - 32,\ x \in \mathbb{R}$.
   a) Berechnen Sie die Nullstellen der Funktion f′.
   b) Die Abbildung zeigt den Graphen von f′. Skizzieren Sie in Ihrem Heft den Graphen einer möglichen **Ausgangs**funktion f.
   c) Gegeben ist die Ableitungsfunktion g′ mit $g'(x) = f'(x) - 5$. Entscheiden Sie begründet, ob der Graph einer möglichen Ausgangsfunktion mindestens einen lokalen Extrempunkt besitzt.

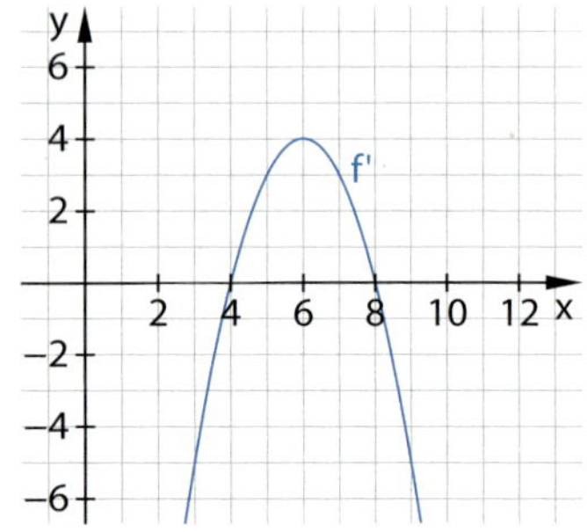

2. Gegeben ist die Funktion f mit $f(x) = -2 \cdot e^x,\ x \in \mathbb{R}$.
   a) Bestimmen Sie die Ableitungsfunktion f′ und treffen Sie mit ihrer Hilfe eine Aussage über das Monotonieverhalten von f.
   b) Die Tangente an den Graphen von f im Schnittpunkt mit der y-Achse begrenzt mit den Koordinatenachsen ein Dreieck.
   Weisen Sie nach, dass dieses Dreieck einen Flächeninhalt von 1 FE hat.

3. Gegeben ist die Funktion f mit $f(x) = (x^2 - 17) \cdot e^x$.
   a) Zeigen Sie, dass die Funktion F mit $F(x) = (x^2 - 2x - 15) \cdot e^x$ eine Stammfunktion der Funktion f ist.
   b) Bestimmen Sie einen Wert für u, sodass gilt: $\int_0^u f(x)\,dx = 15$

4. Die Abbildung zeigt den Graphen der Funktion f mit $f(x) = \frac{1}{6}x^3 + \frac{1}{2}x^2 - \frac{3}{2}x$.
   a) Weisen Sie rechnerisch nach, dass der Graph von f in $H\left(-3\,\middle|\,\frac{9}{2}\right)$ einen Hochpunkt und in $T\left(1\,\middle|\,-\frac{5}{6}\right)$ einen Tiefpunkt hat.
   b) Begründen Sie, dass der Graph einer ganzrationalen Funktion dritten Grades stets genau einen Wendepunkt hat.

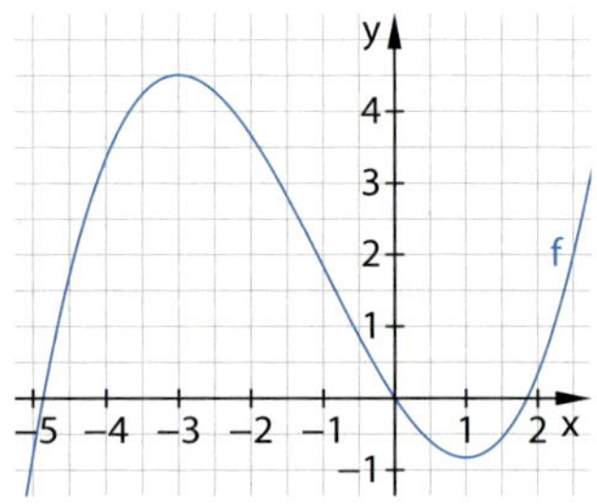

   c) Entscheiden Sie begründet, bei welchem der abgebildeten Graphen es sich nicht um den Graphen einer Stammfunktion von f handeln kann.

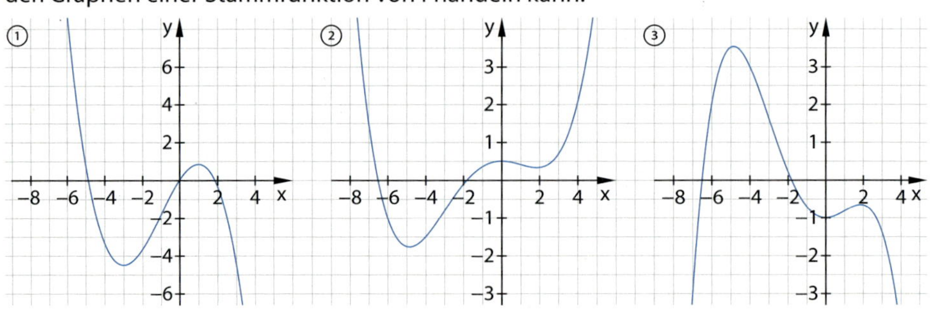

5. Ein Tank enthält zu Beginn der Beobachtung $20\,m^3$ Wasser. Für die anschließenden 6 Stunden gibt die Funktion f mit $f(t) = -(t-2)(t-4)$ die Zu-/Abflussrate in m^3/h an.

a) Begründen Sie anhand des Funktionsterms von f, dass im Zeitraum $[2; 4]$ ein Zufluss von Wasser stattfindet.

b) Begründen Sie anhand der Abbildung des Graphen von f, dass in den ersten 2 Stunden weniger als $8\,m^3$ abfließen.

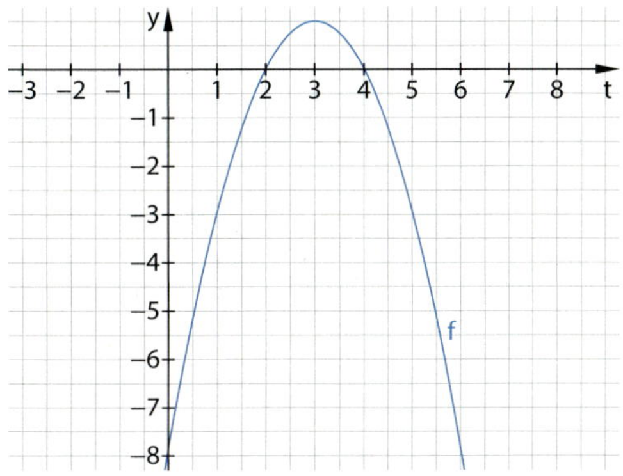

c) Geben Sie an, welche der Aussagen wahr ist:

① Bei $t = 3$ hat der Wasserstand im Tank ein Maximum.

② Bei $t = 2$ hat der Wasserstand im Tank ein lokales Minimum.

d) Geben Sie einen Term an, mit dem das Wasservolumen im Tank nach 3 Stunden berechnet werden kann.

6. Die ganzrationale Funktion f dritten Grades ist punktsymmetrisch zum Ursprung. Die Tangente t an den Graphen von f im Punkt $B(1\,|\,0)$ hat die Gleichung $t(x) = 2x - 2$.

a) Bestimmen Sie eine Funktionsgleichung von f.

b) Bestimmen Sie die Gleichung der Wendetangente des Graphen von f.

7. Die Abbildung zeigt den Graphen der Funktion f mit $f(x) = 3x - x^3$.

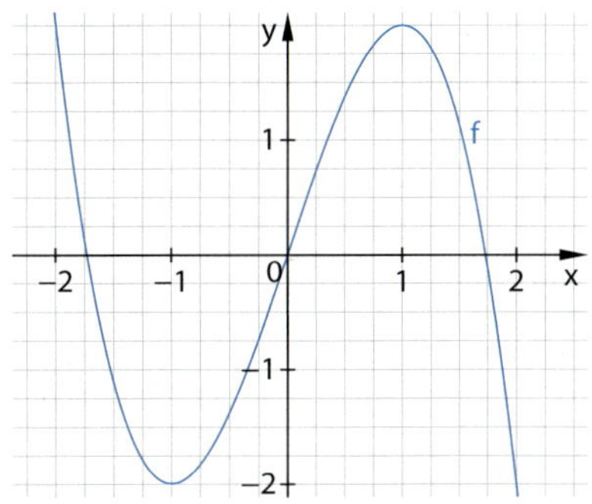

a) Leiten Sie her, dass die Funktion f die Nullstellen $x_1 = -\sqrt{3}$, $x_2 = 0$ und $x_3 = \sqrt{3}$ hat.

b) Berechnen Sie $A = \int_0^{\sqrt{3}} f(x)\,dx$ und erläutern Sie die geometrische Bedeutung der Zahl A.

c) Erläutern Sie, dass der Inhalt der Fläche, die vom Graphen von f mit der x-Achse eingeschlossen wird, $2 \cdot A$ beträgt.

8. Gegeben ist die Funktion f mit $f(x) = (x - x^2) \cdot e^{-x}$. Die Abbildung zeigt den Graphen von f.

a) Zeigen Sie, dass die Funktion F mit $F(x) = (x^2 + x + 1) \cdot e^{-x}$ eine Stammfunktion zu f ist.

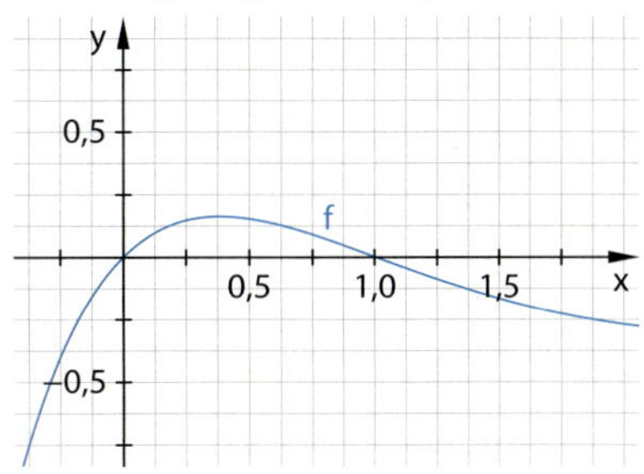

b) Berechnen Sie den Inhalt der Fläche, die der Graph von f zwischen seinen Nullstellen mit der x-Achse einschließt.

c) Geben Sie die Extremstellen von F an und erläutern Sie ohne weitere Berechnungen, um was für eine Art von Extremum es sich handelt.

9. Gegeben ist die Funktion f mit $f(x) = 5 \cdot e^{\frac{x}{5}} - 2$.

a) Berechnen Sie die Nullstelle der Funktion f.
Ermitteln Sie die Steigung der Tangente an den Graphen von f im Punkt $P(0\,|\,3)$.

b) Zeigen Sie, dass diese Tangente mit den Koordinatenachsen ein gleichschenkliges Dreieck einschließt.

c) Zeigen Sie, dass der Graph von f weder Extrempunkte noch Wendepunkte hat.

Aufgaben zur Analytischen Geometrie

10. Gegeben ist ein lineares Gleichungssystem mit Parameter a.

$$\left| \begin{array}{rl} x_1 - 2x_2 - 3x_3 = & -3 \\ x_2 + 5x_3 = & 4 \\ 2x_2 + ax_3 = & 4 \end{array} \right|$$

a) Lösen Sie das Gleichungssystem für $a = 6$.

b) Begründen Sie, dass das Gleichungssystem für $a = 10$ keine Lösung hat.

11. Das Haus hat die Eckpunkte $A(0|0|0)$, $B(0|4|0)$, $D(-3|0|0)$ und $E(0|0|2)$.

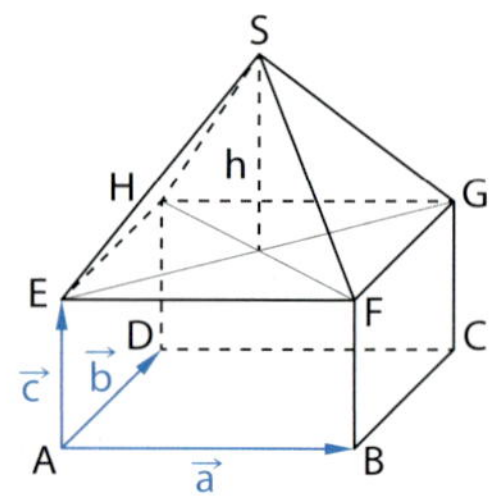

a) In der Skizze sind die Vektoren $\vec{a}$, $\vec{b}$ und $\vec{c}$ eingezeichnet. Bestimmen Sie die Koordinaten der folgenden Vektoren.
$\vec{v_1} = \vec{a} + \vec{b}$; $\quad \vec{v_2} = \vec{a} - \vec{c}$;
$\vec{v_3} = \vec{a} - \vec{b} + \vec{c}$; $\quad \vec{v_4} = \vec{a} - (\vec{b} + \vec{c})$

b) Zeigen Sie, dass die Strecke $\overline{BD}$ eine Länge von 5 LE hat.

c) Die Spitze S des Dachs befindet sich 2,5 LE oberhalb des Mittelpunktes des Rechtecks EFGH. Geben Sie die Koordinaten von S an.

d) Berechnen Sie das Volumen des abgebildeten Körpers.

12. In einem kartesischen Koordinatensystem sind die Gerade $g: \vec{x} = \begin{pmatrix} 4 \\ 4 \\ -1 \end{pmatrix} + r \cdot \begin{pmatrix} 1 \\ 2 \\ 2 \end{pmatrix}$ und die Punkte $A(3|2|-3)$ und $B(1|2|-5)$ gegeben.

a) Die Gerade h verläuft durch die Punkte A und B. Ermitteln Sie die Parameterdarstellung von h.

b) Weisen Sie nach, dass sich die Geraden g und h in genau einem Punkt schneiden.

c) Weisen Sie nach, dass die Geraden einen Winkel von 45° einschließen.
$\left(\text{Hilfe: } \cos(45°) = \frac{1}{\sqrt{2}}\right)$

13. Ein Flugzeug befindet sich zum Zeitpunkt $t = 0$ im Punkt $P(4|-1|5)$. Die Bewegung des Flugzeugs innerhalb einer Minute wird durch den Vektor $\vec{v} = \begin{pmatrix} 3 \\ 4 \\ 0 \end{pmatrix}$ beschrieben. 1 LE = 1 km

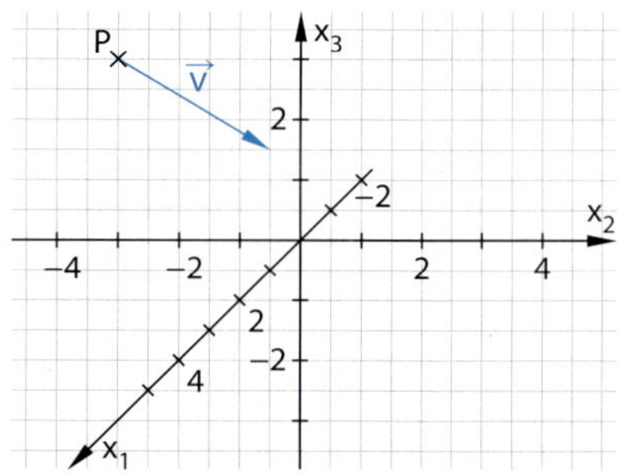

a) Ermitteln Sie die Position des Flugzeugs nach 2 Minuten und nach 10 Minuten.

b) Überprüfen Sie, welche der Punkte $Q(1|5|0)$ und $R(-0{,}5|-7|0)$ senkrecht unter der Flugbahn liegen.

c) Begründen Sie, dass das Flugzeug auf diesem Kurs niemals den Erdboden in der x_1x_2-Ebene berührt.

d) Zeigen Sie, dass sich das Flugzeug mit einer Geschwindigkeit von 300 km/h bewegt.

14. Gegeben sind die Punkte $A(1|-1|6)$, $B(10|8|6)$, $C(4|5|0)$ und $P(2|y|4)$ mit $y \in \mathbb{R}$.

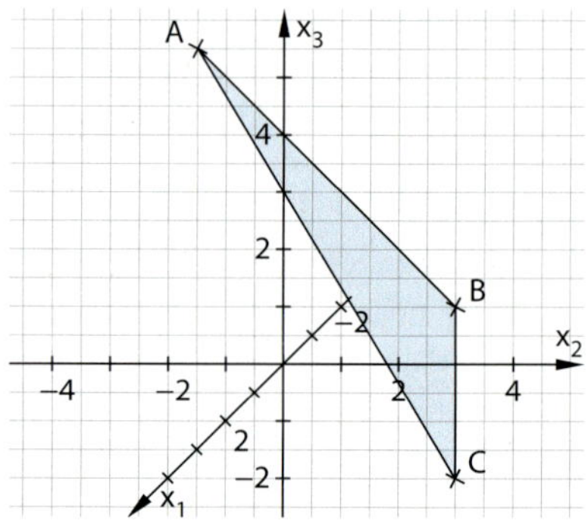

a) Bestimmen Sie y so, dass P auf der Geraden g durch A und C liegt.

b) Zeigen Sie, dass das Dreieck ABC im Punkt C einen rechten Winkel besitzt und gleichschenklig ist.

c) Berechnen Sie mithilfe des Ergebnisses aus b) den Flächeninhalt des Dreiecks ABC.

d) Bestimmen Sie den Punkt D so, dass das Dreieck ABC zum Quadrat ergänzt wird.

15. Gegeben ist die Ebene $E: \vec{x} = \begin{pmatrix} 3 \\ 2 \\ 2 \end{pmatrix} + r \cdot \begin{pmatrix} 0 \\ 2 \\ 1 \end{pmatrix} + s \cdot \begin{pmatrix} 3 \\ 0 \\ 1 \end{pmatrix}$, $r, s \in \mathbb{R}$ und die Gerade $g: \vec{x} = u \cdot \begin{pmatrix} 0 \\ 2 \\ 1 \end{pmatrix}$.

a) Zeigen Sie, dass der Punkt $P(0|0|0)$ in der Ebene E liegt.

b) Begründen Sie ohne weitere Berechnungen, dass alle Punkte der Geraden g in der Ebene E enthalten sind.

c) Bestimmen Sie a so, dass der Ortsvektor von $Q_a(2|3|a)$ senkrecht auf E steht.

d) Begründen Sie, dass die Gerade $h: \vec{x} = \begin{pmatrix} 2 \\ 3 \\ -6 \end{pmatrix} + t \begin{pmatrix} 0 \\ 2 \\ 1 \end{pmatrix}$ parallel zu E im Abstand $d = 7$ verläuft.

e) Ermitteln Sie eine Koordinatengleichung von E.

16. In einem kartesischen Koordinatensystem modelliert die x_1x_2-Ebene eine Dachfläche. Eine Längeneinheit entspricht 1 m. Im Punkt $P(9|2|0)$ ist eine 5 m lange Antenne senkrecht zur Dachfläche angebracht. Der Vektor $\vec{v} = \begin{pmatrix} -1 \\ 1 \\ -1 \end{pmatrix}$ gibt die Richtung der Sonnenstrahlen an.

a) Geben Sie die Koordinaten des Punktes S, der die Spitze des Mastes darstellt, an, und berechnen Sie die Koordinaten seines Schattens S' in der x_1x_2-Ebene.

b) Zeigen Sie, dass die Länge des Schattens, den die Antenne auf die Dachfläche wirft, $\sqrt{50}\,\text{m} \approx 7{,}07\,\text{m}$ beträgt.

c) Die Gerade $g: \vec{x} = \begin{pmatrix} 5 \\ 3 \\ 5 \end{pmatrix} + t \cdot \begin{pmatrix} 4 \\ -1 \\ -3 \end{pmatrix}$, $t \in \mathbb{R}$, schneidet die Gerade g_{PS} durch P und S, in der die Antenne liegt. Weisen Sie nach, dass der Schnittpunkt auf der Strecke $\overline{PS}$ und somit auf der Antenne liegt.

17. Gegeben ist der Punkt $P(-1|1|-1)$ und für $t \in \mathbb{R}$ der Punkt $Q_t(3|1+t|2)$.

a) Geben Sie eine Parameterform der Geraden g an, welche durch $S(3|1|2)$ parallel zur x_2-Achse verläuft.

b) Zeigen Sie, dass alle Punkte Q_t auf g liegen.

c) Zeigen Sie rechnerisch, dass für den Abstand d von P zu Q_t gilt: $d \geq 5$

d) Der Vektor $\overrightarrow{PQ_0}$ für $t = 0$ steht senkrecht auf g. Geben Sie einen Punkt A auf g an, sodass das Dreieck AQ_0P einen Flächeninhalt von 10 FE hat.

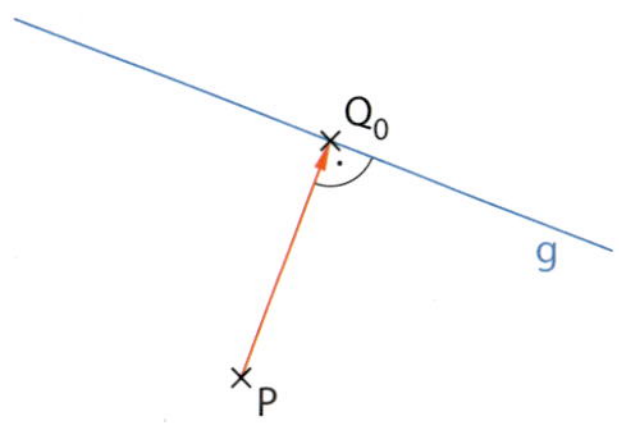

18. Gegeben sind die Punkte $A(0|0|0)$, $B(4|0|0)$ und $C(0|6|0)$.

a) Der Punkt S liegt auf der positiven x_3-Achse so, dass die Pyramide mit Grundfläche ABC und Spitze S ein Volumen von 32 VE hat. Bestimmen Sie die Koordinaten von S.

b) Geben Sie eine Parametergleichung der Ebene E durch die Punkte B, C und S an.

c) Zeigen Sie, dass $P(0|3|4)$ auf E liegt.

d) Geben Sie eine Gleichung der Geraden g an, die durch P senkrecht zu E verläuft.

19. Gegeben ist die Ebene E laut Abbildung.

a) Geben Sie für E eine Koordinatengleichung an.

b) Geben Sie eine Koordinatengleichung der zu E parallelen Ebene F an, die den Punkt $P(4|5|7)$ enthält.

c) Die Gerade g, die P enthält und senkrecht auf E steht, durchstößt E im Punkt Q. Bestimmen Sie die Koordinaten von Q.

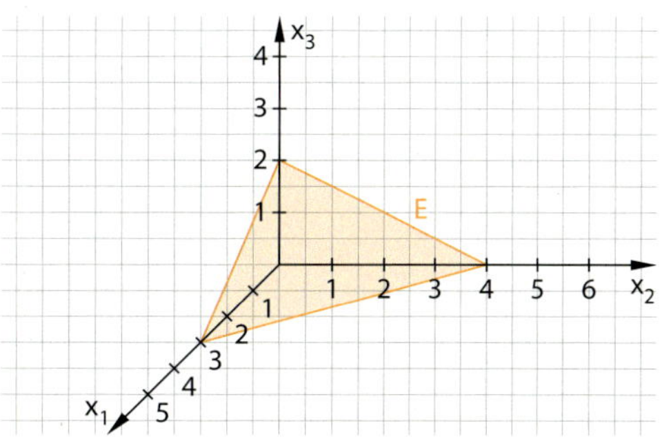

Aufgaben zur Stochastik

20. In einem Kartendeck befinden sich 12 Karten, darunter sechs Joker, vier Asse und zwei Buben. Es wird nacheinander je eine Karte ohne Zurücklegen gezogen. Es werden die folgenden Ereignisse betrachtet.
A: Nach zweimaligem Ziehen wurde mindestens ein Joker gezogen.
B: Unter drei gezogenen Karten befindet sich höchstens ein Bube.

a) Formulieren Sie die Gegenereignisse $\overline{A}$ und $\overline{B}$.
b) Berechnen Sie die Wahrscheinlichkeiten von A und $\overline{B}$.
c) Geben Sie einen Term an, mit dem die Wahrscheinlichkeit berechnet werden kann, dass nach sechsmaligem Ziehen alle Asse gezogen wurden.

21. Von zwei Ereignissen A und B ist die Wahrscheinlichkeit dafür, dass beide eintreffen, gegeben durch $P(A \cap B) = \frac{1}{20}$.

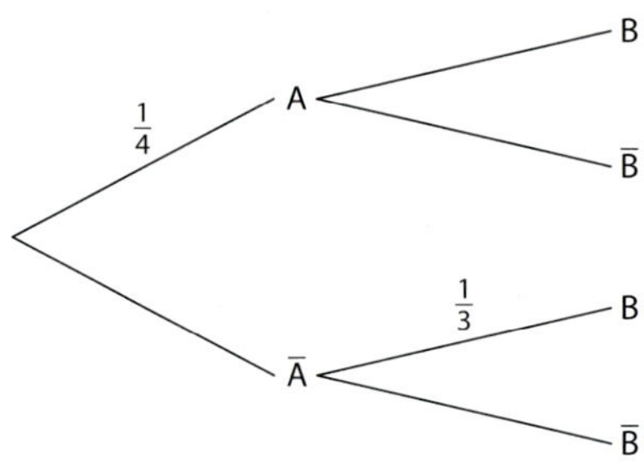

a) Übertragen Sie das Baumdiagramm und ergänzen Sie die fehlenden Wahrscheinlichkeiten.
b) Bestimmen Sie die Wahrscheinlichkeiten dafür, dass
① B eintrifft und A nicht eintrifft
② B eintrifft, nachdem $\overline{A}$ eingetroffen ist
③ B eintrifft
④ A eintrifft, nachdem B eingetroffen ist
c) Ermitteln Sie, ob die Ereignisse A und B stochastisch unabhängig sind.

22. Die 20 Angestellten eines Unternehmens wenden etwa 20 % ihrer Arbeitszeit für Kundentelefonate auf. Dafür stehen 10 Leitungen bereit.

a) Erläutern Sie in diesem Zusammenhang die Bedeutung des Terms $0{,}8^{20} \approx 0{,}01$.
b) Der Arbeitstag ist 480 Minuten lang. Geben Sie an, wie viele Minuten keine Leitung benötigt wird.
c) Geben Sie an, wie viele Leitungen im Durchschnitt gleichzeitig benötigt werden.
d) Die Anzahl der Leitungen soll auf 3 reduziert werden. Erläutern Sie in diesem Zusammenhang die Bedeutung des Terms
$0{,}8^{20} + 20 \cdot 0{,}2^1 \cdot 0{,}8^{19} + \binom{20}{2} \cdot 0{,}2^2 \cdot 0{,}8^{18} + \binom{20}{3} \cdot 0{,}2^3 \cdot 0{,}8^{17}$

23. Es sei X eine binomialverteilte Zufallsgröße mit den Parametern n und p.

a) Erklären Sie in diesem Zusammenhang die Bedeutung der Terme ①, ② und ③.
① $(1-p)^3$ ② $\binom{n}{5} \cdot p^5 \cdot (1-p)^{n-5}$ ③ $1 - ((1-p)^n + n \cdot p \cdot (1-p)^{n-1})$
b) Gegeben sind $\mu = 20$ und $\sigma = 2$. Bestimmen Sie n und p.

24. Durch die Menschenmenge eines Volksfestes bewegen sich zehn Losverkäufer. Vier von ihnen haben rote Lostrommeln, in denen der Anteil der Gewinne 0,1 beträgt. In den blauen Lostrommeln der restlichen sechs Verkäufer befinden sich 20 % Gewinne.

a) Berechnen Sie die Wahrscheinlichkeit dafür, dass jemand bei einem zufällig angetroffenen Losverkäufer einen Gewinn zieht.
b) Eine Festbesucherin hat einen Gewinn gezogen. Berechnen Sie, mit welcher Wahrscheinlichkeit sie diesen aus einer blauen Trommel gezogen hat.
c) Es werden zwei weitere Verkäufer mit grünen Lostrommeln losgeschickt, in denen der Anteil der Gewinne p beträgt. Bestimmen Sie p so, dass die Wahrscheinlichkeit dafür, bei einem zufällig ausgewählten Losverkäufer ein Gewinnlos zu ziehen $\frac{1}{6}$ ist.

25. Zum Karneval produziert ein Konditor Pfannkuchen. 5 % der Pfannkuchen enthalten Senf anstatt Marmelade. Nacheinander kaufen zehn Kunden je einen Pfannkuchen.

a) Die Größe X zählt die Anzahl der Kunden, die einen Pfannkuchen mit Senf bekommen. Begründen Sie, dass X eine binomialverteilte Zufallsgröße ist, und geben Sie n und p an.

b) Geben Sie je einen Term an, mit dem die Wahrscheinlichkeit der Ereignisse A, B und C berechnet werden kann.

A: Die ersten zwei Kunden bekommen einen Pfannkuchen mit Marmelade.

B: Genau zwei der zehn Kunden erwischen einen Pfannkuchen mit Senf.

C: Mindestens zwei Kunden bekommen einen Pfannkuchen mit Senf.

c) Entscheiden Sie, welche der Abbildung zur binomialverteilten Zufallsgröße X gehört.

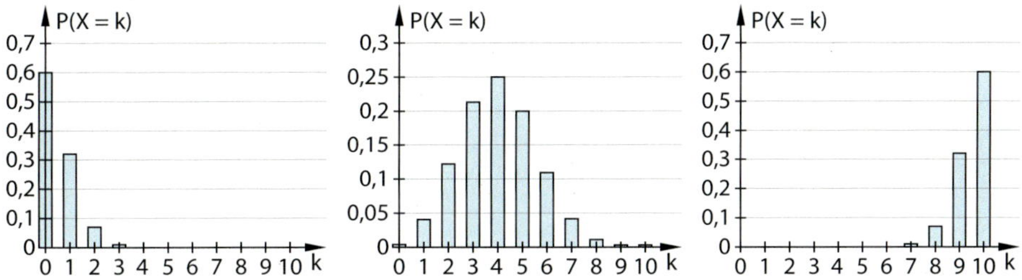

Begründen Sie, dass eine der anderen Abbildungen die Verteilung der Anzahl der Kunden mit einem Marmeladen-Pfannkuchen beschreibt.

26. In einer Urne befinden sich sieben Kugeln, die mit den Ziffern 1 bis 7 beschriftet sind. Es werden nacheinander zufällig vier Kugeln ohne Zurücklegen gezogen.

a) Berechnen Sie die Anzahl möglicher Ergebnisse, wenn die Reihenfolge der gezogenen Kugeln keine Rolle spielt.

b) Zeigen Sie, dass die Wahrscheinlichkeit dafür, dass sich unter den gezogenen Kugeln höchstens eine Kugel mit einer geraden Ziffer befindet, mehr als ein Drittel beträgt.

c) Formulieren Sie ein Ereignis im Sachzusammenhang, dessen Wahrscheinlichkeit mit dem Term $1 - \frac{\binom{3}{2} \cdot \binom{4}{2}}{\binom{7}{4}}$ berechnet werden kann.

27. Die Vierfeldertafel zeigt die Ergebnisse einer Umfrage von 200 Personen, die nach den Merkmalen (A) und (B) befragt wurden.

	B	$\overline{B}$	gesamt
A	16		
$\overline{A}$			
gesamt	64		200

a) Bestimmen Sie die Wahrscheinlichkeit dafür, dass auf eine zufällig ausgewählte Person
① Merkmal (B) zutrifft. ② beide Merkmale zutreffen.

b) Übertragen Sie die Vierfeldertafel in Ihr Heft und vervollständigen Sie sie so, dass die Merkmale (A) und (B) stochastisch unabhängig sind.

c) Ermitteln Sie, mit welcher Wahrscheinlichkeit auf eine zufällig ausgewählte Person, auf die das Merkmal (A) nicht zutrifft, auch das Merkmal (B) nicht zutrifft.

28. Bei einem Glücksspiel wird 100-mal eine Münze geworfen. Für jeden Wurf mit „Zahl“ erhält der Spieler 1 €. Bei „Kopf“ erhält er nichts. Es wird angenommen, dass die Münze fair ist.

a) Bestimmen Sie einen Einsatz, bei dem das Spiel fair ist.

b) Entscheiden Sie, in welchen Intervallen die Auszahlung nach 100 Würfen mit einer Wahrscheinlichkeit von mindestens 95,5 % liegt. Begründen Sie Ihre Entscheidung.
① [45; 55] ② [47; 53] ③ [40; 60] ④ [42; 58] ⑤ [38; 62]

c) Bei einer Beobachtung von 10 000 Würfen mit der Münze tritt „Kopf“ 5200-mal auf. Beurteilen Sie, ob die Fairness der Münze aufgrund dieser Beobachtung angezweifelt werden sollte.

6.3 Aufgaben mit Hilfsmitteln

Bei der Bearbeitung der folgenden Aufgaben können Taschenrechner sowie Formelsammlungen verwendet werden. Der Lösungsweg sollte vollständig nachvollziehbar dokumentiert werden. Die Dokumentation geht in die Bewertung ein.

Aufgaben zur Analysis

1. **Download**

Der Graph der Funktion f mit $f(t) = -\frac{1}{8}t^3 + \frac{3}{4}t^2$ beschreibt zwischen seinen Nullstellen die Übertragungsrate während eines Downloads einer App. Dabei gibt t die Zeit in Sekunden an und f(t) die Downloadgeschwindigkeit in Megabyte pro Sekunde $\left(\frac{\text{MB}}{\text{s}}\right)$.

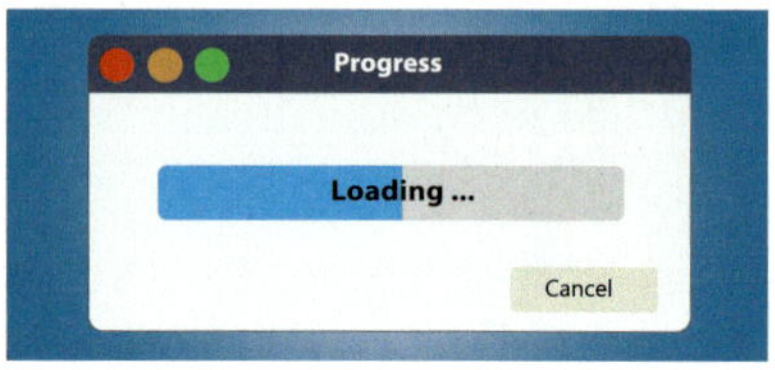

a) Bestimmen Sie die Gesamtdauer des Downloads und die Downloadgeschwindigkeit nach 2 Sekunden.
Berechnen Sie den Zeitpunkt mit der höchsten Übertragungsrate.
Zeigen Sie, dass f bei $t = 2$ eine Wendestelle hat, und erklären Sie ihre Bedeutung im Sachzusammenhang.

b) Berechnen Sie, wie viele Megabyte insgesamt heruntergeladen werden.
Zeigen Sie, dass nach 2 Sekunden erst weniger als 12,5 % und nach 5 Sekunden bereits über 85 % der Daten heruntergeladen sind.
Bestimmen Sie den Zeitpunkt, zu dem 50 % der Daten heruntergeladen sind.

c) Aufgrund eines technischen Fehlers wird die Übertragungsrate ab $t = 2$ angegeben durch die Gerade g_1 durch den Wendepunkt von f und $P(6\,|\,0)$. Berechnen Sie, um wie viel Prozent der Gesamtdownload durch diesen Fehler verringert wird.

Unabhängig vom Sachzusammenhang werden nun die auf ganz $\mathbb{R}$ definierten Funktionen f und h mit $f(x) = -\frac{1}{8}x^3 + \frac{3}{4}x^2$ und $h(x) = -\frac{1}{8}x^3 + \frac{3}{2}x$ betrachtet.

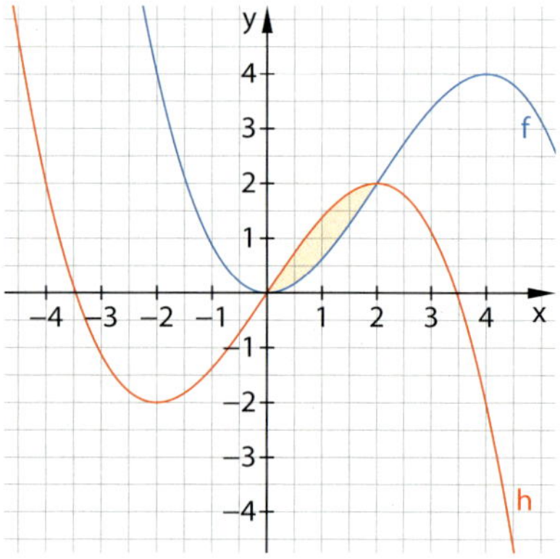

d) Die Graphen von f und h schließen wie abgebildet eine Fläche ein. Berechnen Sie ihren Inhalt.
Bestimmen Sie mithilfe einer geeigneten Differenzfunktion die Stelle, an der die eingeschlossene Fläche die größtmögliche vertikale Ausdehnung hat. Geben Sie die maximale vertikale Ausdehnung an.

e) Es sei t die Tangente an den Graphen der Funktion f im Punkt $P(6\,|\,0)$.
Bestimmen Sie den Inhalt der Fläche, die von dem Graphen von f, der Tangente t und der y-Achse eingeschlossen wird.
Die Tangente t begrenzt mit den Koordinatenachsen ein Dreieck. Die Gerade g durch die Schnittpunkte der Graphen von f und h zerlegt das Dreieck in zwei Teile.
Geben Sie die Gleichung der Geraden g an. Bestimmen Sie das Verhältnis, in dem das Dreieck durch die Gerade g zerlegt wird.

2. Containerkran

Beim Be- und Entladen eines Containerschiffs bewegt sich ein Kran entlang einer Schiene hin und her. Zum Zeitpunkt $t = 0$ steht der Kran still im Ausgangspunkt und startet einen Ladevorgang. Nach 6 Sekunden hat der Kran 9 Meter zurückgelegt und entfernt sich weiter mit einer Geschwindigkeit von $1{,}5\frac{\text{m}}{\text{s}}$. Die Entfernung zum Startpunkt soll während eines Ladevorgangs mit einer ganzrationalen Funktion f dritten Grades beschrieben werden (t in s; f (t) in m).

a) Erklären Sie die Bedeutung der folgenden Terme im Sachzusammenhang:

① $\frac{f(5)-f(3)}{5-3}$, ② $\frac{f(t)-f(3)}{t-3}$, $t \geq 3$ ③ $\lim\limits_{h \to 0} \frac{f(3+h)-f(3)}{h}$

Ermitteln Sie eine geeignete Funktionsgleichung von f.

[Kontrollergebnis : $f(t) = -\frac{1}{24}t^3 + \frac{1}{2}t^2$]

b) Berechnen Sie den Zeitpunkt, an dem der Abstand zum Ausgangspunkt am größten ist. Bestimmen Sie den Zeitpunkt der Rückkehr zum Ausgangspunkt.
Zeigen Sie, dass $t = 4$ eine Wendestelle von f ist, und geben Sie die Geschwindigkeit zu diesem Zeitpunkt an. Deuten Sie das Ergebnis im Sachzusammenhang.
Bestimmen Sie den Zeitpunkt t für $0 \leq t \leq 12$, an dem sich der Kran am schnellsten bewegt.

c) Im Hafen steht ein weiterer Containerkran. Die Geschwindigkeit seiner Bewegung beim Ladevorgang wird durch die Funktion g mit $g(t) = -\frac{1}{16}t^2 + \frac{1}{2}t$ (t in s; g(t) in m/s) beschrieben. Zur Zeit $t = 0$ steht der Kran im Ausgangspunkt.
Weisen Sie nach, dass beide Kräne dieselbe Zeit für einen Ladevorgang benötigen.
Begründen Sie ohne zu rechnen, dass die Containerschiffe, die dieser zweite Kran entladen kann, nur halb so breit sein dürfen wie beim ersten Kran.

Unabhängig vom Sachzusammenhang wird die Funktion h mit $h(x) = -\frac{1}{6}x^3 + x^2$ betrachtet. Die Abbildung zeigt den Graphen von h.

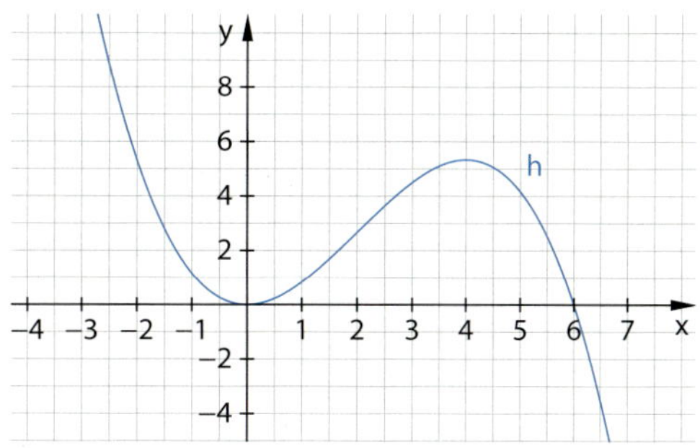

d) Die Punkte $A(-1\,|\,0)$, $B(u\,|\,0)$ und $C(u\,|\,h(u))$ mit $0 \leq u \leq 6$ bilden die Eckpunkte eines Dreiecks ABC.
Übertragen Sie die Abbildung in Ihr Heft und zeichnen Sie ein Dreieck ein, das diese Bedingungen erfüllt.
Berechnen Sie u so, dass der Flächeninhalt dieses Dreiecks maximal wird.
Geben Sie diesen maximalen Flächeninhalt an.

[Kontrollergebnis: $A(u) = -\frac{1}{12}u^4 + \frac{5}{12}u^3 + \frac{1}{2}u^2$]

3. Firmenlogo

Die Grafikabteilung einer Firma entwirft ein neues Logo, das an die Hauswand der Firmenzentrale gemalt werden soll. Die gefärbte symmetrische Fläche in der Abbildung stellt einen ersten Entwurf dar. Das Budget, das für die Farbe zum Auftragen an die Hauswand benötigt wird, beträgt 1200 €.
Eine Längeneinheit entspricht 1 m.

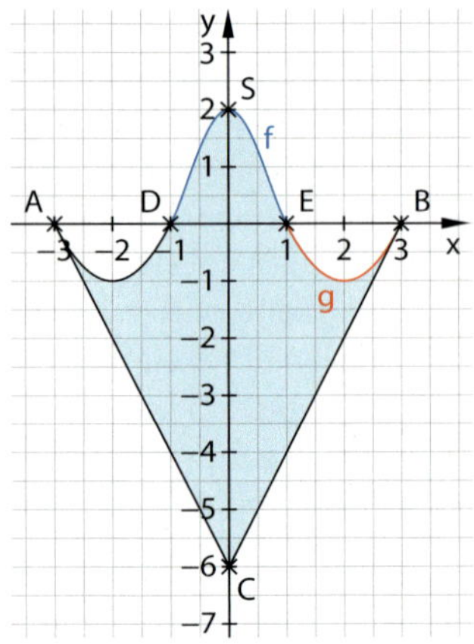

a) Geben Sie die Gleichung der Geraden an, die durch die Punkte $B(3\,|\,0)$ und $C\,(0\,|\,-6)$ verläuft.
Ermitteln Sie eine Funktionsgleichung des Parabelbogens g, welcher durch die Punkte $E(1\,|\,0)$ und B verläuft und in B dieselbe Steigung hat wie die Gerade durch B und C.
Begründen Sie, dass der Graph von g im Punkt E die Steigung −2 hat.
[Kontrollergebnis: $g(x) = x^2 - 4x + 3$]

b) Die in der Abbildung dargestellte blaue Randkurve ist der Graph einer ganzrationalen Funktion f vierten Grades, die am Punkt E dieselbe Steigung hat wie der Graph von g. Entnehmen Sie der Abbildung drei weitere Bedingungen an den Graphen von f und ermitteln Sie mithilfe derer die Funktionsgleichung von f.
[Kontrollergebnis: $f(x) = x^4 - 3x^2 + 2$]

c) Die für das Auftragen des Logos benötigte Spezialfarbe kostet pro Liter 199 € und reicht für eine Fläche von 3 m². Untersuchen Sie, ob das Budget ausreicht, um genug Farbe für das Logo zu kaufen.

In einem zweiten Entwurf der Grafikabteilung wird der obere Teil der blauen Randkurve durch das abgebildete Dreieck ersetzt. Die beiden Wendetangenten t_1 und t_2 an den Graphen von f stellen die Seiten des gleichschenkligen Dreiecks dar.

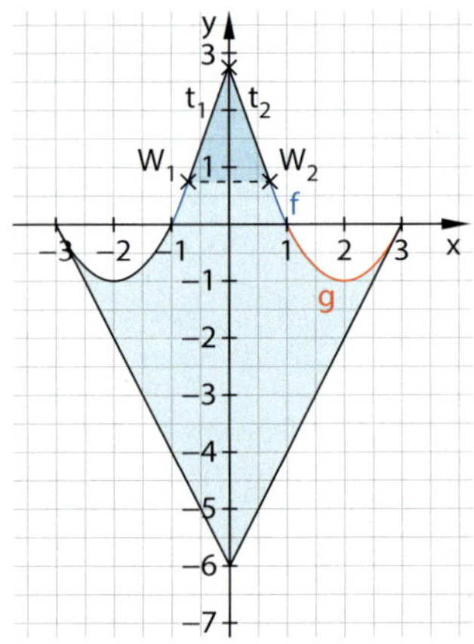

d) Ermitteln Sie die Koordinaten der Wendepunkte des Graphen von f.
Weisen Sie nach, dass die linke Wendetangente t_1 durch die Gleichung $t_1(x) = -2\sqrt{2}x + \frac{11}{4}$ gegeben ist.
Geben Sie ohne zu rechnen die Gleichung der rechten Wendetangente t_2 an den Graphen von f an.

e) Berechnen Sie den Flächeninhalt des Logos im zweiten Entwurf unter Verwendung der Symmetrieeigenschaften des Graphen von f.
Geben Sie an, um wie viel Prozent der Flächeninhalt des Logos im zweiten Entwurf vom dem im ersten Entwurf abweicht.
Ermitteln Sie, ob das Budget auch für die Realisierung des zweiten Entwurfs ausreicht, wenn dieselbe Spezialfarbe wie in c) verwendet wird.

4. Abkühlung

Der Abkühlungsprozess von Flüssigkeiten kann mithilfe exponentieller Funktionen modelliert werden.
In einem Versuch wird heißes Wasser mit einer Temperatur von 85 °C in eine Umgebung mit 30 °C gebracht. Nach 30 Minuten wird im Wasser eine Temperatur von 48 °C gemessen.

a) Sie können davon ausgehen, dass die Temperaturdifferenz mit der Zeit exponentiell abnimmt. Ermitteln Sie mithilfe des Messwerts eine Funktion f, die den Verlauf der Wassertemperatur in Abhängigkeit von der Zeit t (in Minuten) modellhaft beschreibt.
[Kontrollergebnis: $f(t) = 30 + 55e^{-0{,}037t}$]
Bestimmen Sie damit die Wassertemperatur nach einer Stunde und den Zeitpunkt, an dem eine Temperatur von 40 °C erreicht wird.
Im Versuch wird nach einer Stunde eine Temperatur von 36 °C gemessen. Geben Sie die prozentuale Abweichung dieses Messwerts vom mit f errechneten Wert an.

b) Bestimmen Sie die Geschwindigkeit, mit der die Temperatur nach 45 Minuten abnimmt. Ermitteln Sie den Zeitpunkt, an dem die Temperatur mit einer Geschwindigkeit von einem Grad pro Minute abnimmt.

Unabhängig vom Sachzusammenhang wird nun die Funktion g mit $g(x) = (x^2 - 1) \cdot e^{-x}$ betrachtet.

c) Zeigen Sie, dass durch $G(x) = -(x + 1)^2 \cdot e^{-x}$ eine Stammfunktion von g gegeben ist. Geben Sie eine weitere Stammfunktion von g an.
Berechnen Sie den Inhalt der Fläche, die der Graph von g und die x-Achse einschließen.

d) Ermitteln Sie die Funktionsgleichung der ganzrationalen Funktion h zweiten Grades, also $h(x) = ax^2 + bx + c$, welche die gleichen Nullstellen wie g hat und in der positiven Nullstelle die Steigung 2 hat.
[Kontrollergebnis: $h(x) = x^2 - 1$]
Berechnen Sie den Inhalt der Fläche, die von den Graphen von g und h sowie der x-Achse eingeschlossen wird (siehe Abbildung).

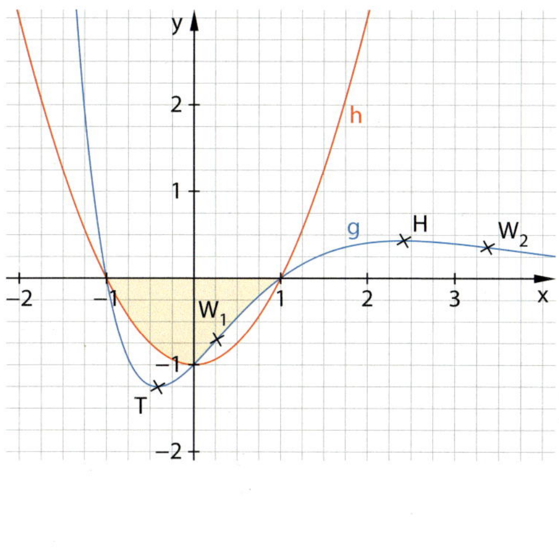

5. Sprengung

Bei Abbrucharbeiten durch Sprengung entstehen in der Umgebung hohe Feinstaubkonzentrationen. Bei einer solchen Sprengung konnten die entsprechenden Messwerte in den ersten zwei Stunden sehr gut durch die Funktion f mit $f(t) = 10t \cdot e^{-0{,}05t}$ und $0 \leq t \leq 120$ modelliert werden. Dabei gibt t die Zeit in Minuten seit der Zündung an und f(t) die Feinstaubkonzentration in Mikrogramm pro Kubikmeter Luft $(\mu g/m^3)$.

Die Tatsache, dass sich unabhängig von der Sprengung immer eine verschwindend geringe Menge Feinstaub in der Luft befindet, wird in dieser Aufgabe vernachlässigt.

a) Berechnen Sie die Feinstaubkonzentration 10 Minuten nach der Sprengung.
Von der Europäischen Union wird ein Grenzwert von $50\,\frac{\mu g}{m^3}$ vorgeschrieben, der nicht überschritten werden soll. Untersuchen Sie rechnerisch, ob die Feinstaubkonzentration eine halbe Stunde nach der Sprengung über diesem Grenzwert liegt.
Berechnen Sie f'(10) und interpretieren Sie das Ergebnis im Sachzusammenhang.
[Kontrollergebnis: $f'(t) = e^{-0{,}05t} \cdot (-0{,}5t + 10)$]

b) Berechnen Sie, um wie viel $\frac{\mu g}{m^3}$ die Feinstaubkonzentration in den ersten 10 Minuten nach der Sprengung durchschnittlich pro Minute ansteigt.
Berechnen Sie den Zeitpunkt, zu dem die Feinstaubkonzentration am höchsten ist, und geben Sie diesen maximalen Wert an.
Berechnen Sie den Zeitpunkt, zu dem der Feinstaub am stärksten reduziert wird. Geben Sie auch die zugehörige Abbaugeschwindigkeit an.
Berechnen Sie, zu welchem Zeitpunkt die Feinstaubkonzentration am stärksten zunimmt.

c) Zeigen Sie, dass die Funktion F mit $F(t) = (-200t - 4000) \cdot e^{-0{,}05t}$ eine Stammfunktion zu f ist.
Berechnen Sie $\int_0^{120} f(t)\,dt$ und deuten Sie die Bedeutung des Terms $\frac{1}{120} \cdot \int_0^{120} f(t)\,dt$ im Sachzusammenhang.

d) In einem anderen Modell wird von einem linearen Abbau ab 40 Minuten nach der Sprengung ausgegangen. Zur Modellierung wird die Tangente g an den Graphen von f im Punkt $P(40\,|\,f(40))$ verwendet.
Bestimmen Sie die Gleichung dieser Tangente g und berechnen Sie den Zeitpunkt t_0, zu dem gemäß dieser Tangente der Feinstaub wieder vollständig abgebaut ist.
[Kontrollergebnis: $g(t) = -10e^{-2}t + 800e^{-2}$]
Eine Umweltschutzorganisation geht auch von einem linearen Abbau ab einem bestimmten Zeitpunkt aus, legt aber aufgrund eigener Messungen den Zeitpunkt für die Nullbelastung auf 125 Minuten nach der Explosion fest.
Berechnen Sie den Zeitpunkt, ab dem eine lineare Fortsetzung des Abbaus so erfolgen kann, dass nach 125 Minuten keine Belastung mehr vorliegt.

Aufgaben zur analytischen Geometrie

6. Haus mit Anbau

Ein Haus mit Walmdach hat einen Anbau mit einem Flachdach. Auf dem Flachdach steht ein 7 m hoher Mast. Die Abbildung unten zeigt zwei der Dachflächen in einem Koordinatensystem (1 LE = 1 m).

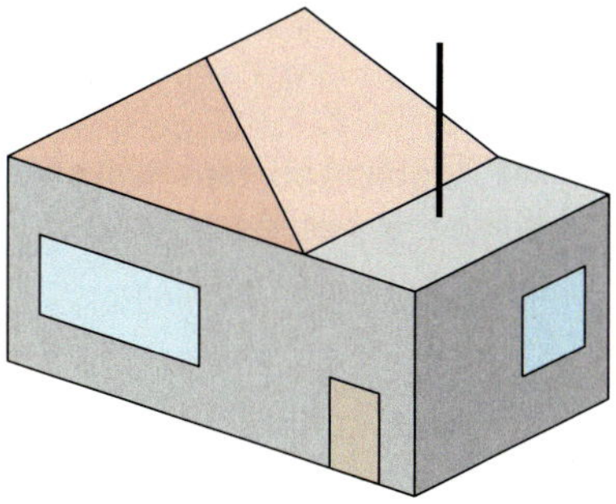

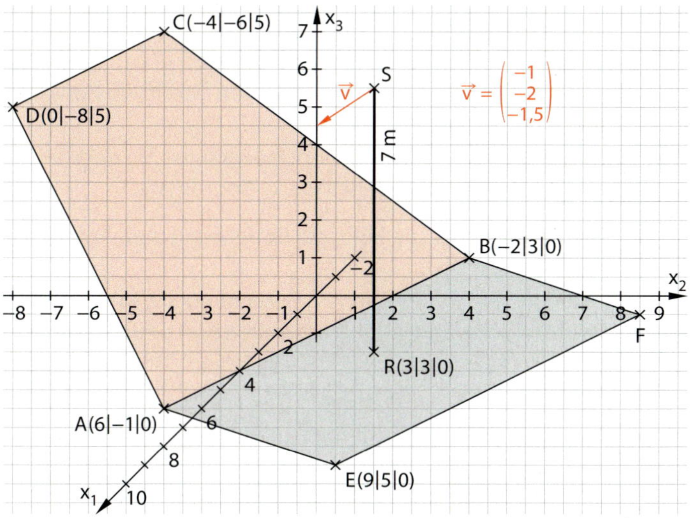

a) Berechnen Sie die Koordinaten des Punktes F so, dass AEFB ein Parallelogramm ist. Zeigen Sie, dass AEFB dann auch ein Rechteck ist.
Zeigen Sie, dass das Viereck ABCD ein gleichschenkliges Trapez ist. Begründen Sie dabei insbesondere, dass es kein Parallelogramm ist.

b) Ermitteln Sie eine Gleichung der Ebene E_{ABD}.
Bestimmen Sie die Spurgerade g in der x_1x_2-Ebene, an welcher die beiden Dachflächen aneinanderstoßen.
Ermitteln Sie einen Normalenvektor der Ebene E_{ABD}.
Berechnen Sie den Winkel, unter dem die beiden Dachflächen sich schneiden.

c) Die Sonnenstrahlen fallen in Richtung des Vektors $\vec{v}$ ein. Der an der Geraden g geknickte Schatten des Mastes $\overline{RS}$ soll berechnet werden.
Zeigen Sie, dass $S'(0|-3|2{,}5)$ der Schatten der Mastspitze S ist und dass S′ im Trapez ABCD liegt.
Ein Punkt T des Mastes wird durch die Sonnenstrahlen auf den Punkt $T'(2|1|0)$ projiziert. Zeigen Sie, dass T′ auf g liegt, und berechnen Sie die Koordinaten von T.
Ermitteln Sie nun die Länge des an der Geraden g geknickten Schattens des Mastes $\overline{RS}$.

d) Zeigen Sie, dass die Geraden $g_{RT'}$ und $g_{T'S'}$ senkrecht auf g stehen. Nutzen Sie dies, um den Winkel zwischen beiden Dachflächen zu berechnen.
Bestimmen Sie so den Flächeninhalt des Trapezes ABCD.

7. Meteorit

Ein faustgroßer Meteorit wurde zuerst zum Zeitpunkt $t = 0$ (t in Sekunden) im Punkt $M(-33 \mid -18 \mid 118)$ geortet und eine Sekunde später im Punkt $N(-15 \mid -9 \mid 82)$ (1 LE entspricht 1 km). Die Flugbahn ab dem Punkt M kann durch eine Gerade modelliert werden.

a) Geben Sie eine Gleichung der Geraden g an, durch die die Flugbahn modelliert werden kann, und berechnen Sie die Geschwindigkeit des Meteorits in km/h.

b) Der Meteorit schlägt auf der Erde auf einer ebenen Fläche F mit den Punkten $A(1 \mid 2 \mid 1)$, $B(5 \mid 2 \mid 2)$ und $C(10 \mid 6 \mid 3)$ auf. Bestimmen Sie eine Parametergleichung der Ebene F. Zeigen Sie, dass der Meteorit im Punkt $S(23 \mid 10 \mid 6)$ aufschlägt, und geben Sie den Zeitpunkt des Aufschlags an.

c) Zwei Hobby-Astronomen behaupten, sie hätten den Meteoriten bereits im Punkt $Q(-93 \mid -48 \mid z_1)$ bzw. im Punkt $R(-51 \mid -9 \mid z_2)$ gesichtet.
Prüfen Sie, ob diese Behauptungen stimmen können, und berechnen Sie gegebenenfalls den Zeitpunkt dieser Beobachtung und die fehlende x_3-Koordinate.

d) Ermitteln Sie, welcher der Punkte A, B und C die kürzeste Entfernung zum Aufschlagpunkt S hat.
Bestimmen Sie eine Koordinatengleichung der Ebene F. Berechnen Sie, in welcher Entfernung sich der Meteorit zur Ebene F befand, als er zum ersten Mal gesichtet wurde.

e) Zum Zeitpunkt $t = 0$ befindet sich ein Flugzeug im Punkt $T(1 \mid 3 \mid 9)$. Der Vektor $\vec{w} = \begin{pmatrix} 16 \\ 4{,}8 \\ 0{,}8 \end{pmatrix}$ beschreibt die Bewegung des Flugzeugs innerhalb einer Minute.
Zeigen Sie, dass sich die Flugbahnen des Flugzeugs und des Meteorits schneiden. Geben Sie an, nach wie vielen Sekunden jeweils der Meteorit und das Flugzeug diesen Schnittpunkt der Flugbahnen erreichen. Berechnen Sie den Winkel zwischen beiden Flugbahnen.

f) Sämtliche Vektoren, die von T zu einem Punkt der Geraden g führen, sind gegeben durch $\vec{u}_t = \left[\begin{pmatrix} -33 \\ -18 \\ 118 \end{pmatrix} + t\begin{pmatrix} 18 \\ 9 \\ -36 \end{pmatrix} - \begin{pmatrix} 1 \\ 3 \\ 9 \end{pmatrix}\right]$.
Berechnen Sie das t, für welches $\vec{u}_t$ senkrecht auf g steht. Berechnen Sie für dieses t die Länge von $\vec{u}_t$ und interpretieren Sie diese Länge im Sachzusammenhang.

g) Urteilen Sie anhand der bisherigen Ergebnisse, ob der Meteorit eine Gefahr für das Flugzeug darstellt.

8. Spielgerät

Die Abbildung gibt vereinfacht ein Gerät auf einem Spielplatz wieder. In einem Koordinatensystem mit 1 LE = 0,3 m, bei dem die x_1x_2-Ebene dem ebenen Erdboden entspricht, sind die Koordinaten $A(-2|-4|3)$, $B(0|0|3)$, $C(-6|3|6)$ und $S(1|-3|8)$ gegeben.

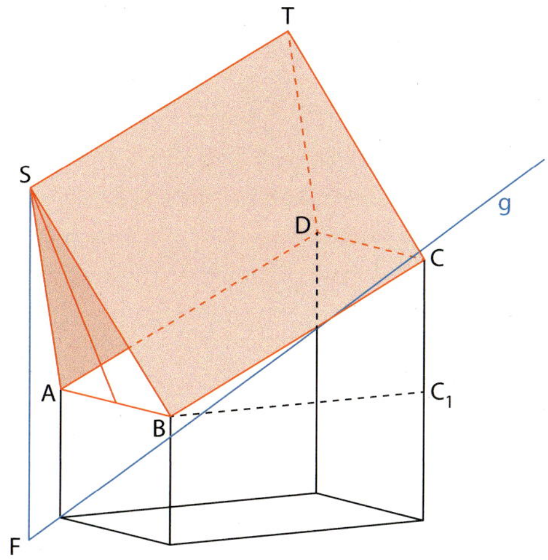

a) Bestimmen Sie den Punkt D so, dass ABCD ein Parallelogramm ist, und zeigen Sie, dass es sogar ein Rechteck ist. Die Punkte A', B', C', D' und F liegen senkrecht unter A, B, C, D und S in der x_1x_2-Ebene. Geben Sie ihre Koordinaten an und die Länge der Stange (in m), welche im Modell der Strecke $\overline{FS}$ entspricht.

b) Zeigen Sie, dass die Ebene E mit E: $\vec{x} = \begin{pmatrix} 0 \\ 0 \\ 3 \end{pmatrix} + r\begin{pmatrix} -2 \\ -4 \\ 0 \end{pmatrix} + s\begin{pmatrix} 0 \\ -1 \\ 1 \end{pmatrix}$ die Punkte A, B und S enthält.
Geben Sie eine Gleichung der zu E parallelen Ebene E' durch C an.

c) Ermitteln Sie eine Koordinatengleichung der Ebene E_1, in der das Rechteck ABCD liegt. Weisen Sie nach, dass sich die Ebenen E und E_1 schneiden. Zeigen Sie, dass die Schnittgerade der Ebenen die Gerade durch die Punkte A und B ist.

d) Bestimmen Sie die Koordinaten des Mittelpunktes M der Strecke $\overline{AB}$. Zeigen Sie, dass $\overline{MS}$ orthogonal zu $\overline{AB}$ und $\overline{BC}$ ist.
Berechnen Sie den Flächeninhalt des Dreiecks ABS.

e) Der Körper ABSDCT ist ein Prisma (alle Seitenflächen sind Parallelogramme).
Zeigen Sie, dass seine Seitenfläche BCTS rechteckig ist, und berechnen Sie das Volumen des Prismas. Geben Sie das Volumen in m^3 an.

f) Berechnen Sie den Winkel zwischen $\overline{BC}$ und der horizontalen Strecke $\overline{BC_1}$.

g) Vom Punkt F aus wird ein Seil gespannt, welches durch die Gerade g mit
g: $\vec{x} = \begin{pmatrix} 1 \\ -3 \\ 0 \end{pmatrix} + t\begin{pmatrix} -1 \\ 1 \\ 1 \end{pmatrix}$ modelliert werden kann.
Zeigen Sie, dass das Seil in einem Punkt P der Strecke $\overline{BC}$ befestigt werden kann.
Berechnen Sie die Koordinaten von P und geben Sie an, in welchem Verhältnis P die Strecke $\overline{BC}$ teilt.

h) Ein Punkt des Seils, also der Geraden g, befindet sich senkrecht unterhalb der Strecke $\overline{AB}$. Von dieser aus möchte ein Kind, senkrecht nach unten greifend, das Seil an diesem Punkt fassen. Berechnen Sie, wie lang es dazu seinen Arm ausstrecken muss.

i) Berechnen Sie, wie weit die Stange $\overline{SF}$ von der Strecke $\overline{AB}$ entfernt ist. Geben Sie diese Entfernung auch in Meter an.

9. Tetraeder

In einem kartesischen Koordinatensystem sind die Punkte A(20|−4|−10), C(−22|2|−10), F(2|20|20) und P(−3|−15|15) gegeben.

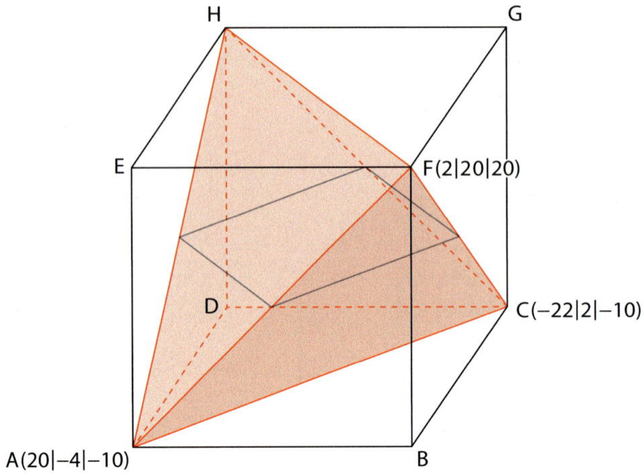

a) Zeigen Sie rechnerisch, dass das Dreieck ACF gleichseitig ist.
Bestimmen Sie eine Gleichung der Ebene E_{ACF} durch die Punkte A, C und F.

b) Die Gerade g wird durch den Punkt P und den Vektor $\vec{v} = \begin{pmatrix} 1 \\ 7 \\ -5 \end{pmatrix}$ festgelegt.

Zeigen Sie, dass g die Ebene E_{ACF} rechtwinklig schneidet, und ermitteln Sie die Koordinaten des Schnittpunktes S.

c) Zeigen Sie, dass jeder Punkt $P_k(-3 + k\,|\,-15 + 7k\,|\,15 - 5k)$ auf g gleich weit von A und C entfernt ist.
Ab hier können Sie benutzen, dass jeder Punkt von g von allen Eckpunkten des Dreiecks ACF gleich weit entfernt ist.

d) Das Dreieck ACF soll Seitenfläche eines regelmäßigen Tetraeders ACFH sein.
Bestimmen Sie die beiden Punkte der Geraden g aus Teilaufgabe b), die als vierter Eckpunkt H des Tetraeders ACFH in Frage kommen.

e) Der Punkt H(−4|−22|20) spannt zusammen mit den Punkten A, C und F ein regelmäßiges Tetraeder auf. Berechnen Sie das Volumen des Tetraeders ACFH.

f) Zeigen Sie, dass sich die Mittelpunkte M_{AF}, M_{FC}, M_{CH} und M_{HA} der Strecken $\overline{AF}$, $\overline{FC}$, $\overline{CH}$ und $\overline{HA}$ zu einem Quadrat verbinden lassen.

g) Das Tetraeder ACFH ist einem Würfel einbeschrieben (siehe Abbildung).
Berechnen Sie die Koordinaten des Punktes B dieses Würfels.

Aufgaben zur Stochastik

10. Lotto „3 aus 5"

Das Lottospiel „3 aus 5" wird mit fünf Kugeln gespielt, die mit den Zahlen 1 bis 5 beschriftet sind. Die Spieler geben einen Wettschein ab, auf dem sie zuvor drei dieser fünf Zahlen angekreuzt haben. Bei der Ziehung werden zufällig drei der fünf Kugeln ohne Zurücklegen und ohne Beachtung der Reihenfolge aus einer Urne gezogen. Gewonnen hat, wer auf dem Wettschein diese Zahlen angekreuzt hat.

a) Berechnen Sie, wie hoch die Gewinnwahrscheinlichkeit beim Lotto „3 aus 5" ist. Bestimmen Sie die Wahrscheinlichkeit der folgenden Ereignisse.
A: Ein zufällig ausgesuchter Spieler hat mindestens zwei Zahlen richtig getippt.
B: Ein zufällig ausgesuchter Spieler hat höchstens zwei Zahlen richtig getippt.

b) Ein Wettanbieter bietet dieses Spiel zu einem Preis von 3,60 € pro Wettschein an. Tippt man alle drei Zahlen richtig, so erhält man 9 €. Hat man zwei Zahlen richtig getippt, erhält man seinen vollen Einsatz, bei einer richtigen Zahl ein Drittel seines Einsatzes zurück.
Zeigen Sie mithilfe einer geeigneten Rechnung, dass sich das Spiel langfristig für den Spieler nicht lohnt. Ermitteln Sie den Betrag für den Einsatz, für den das Spiel fair wäre.

Auf einem Jahrmarkt wird das Spiel von zwei verschiedenen Anbietern angeboten. Anbieter A bietet das Spiel stündlich mit jeweils 100 Spielern an. Ein anderer Anbieter B spielt nur einmal am letzten Tag mit 10 000 Spielern.
Die Größe Y zählt dabei die Anzahl an Spielern mit drei Richtigen bei Anbieter A, die Größe Z dieselbe Anzahl bei Anbieter B.

c) Erklären Sie, welche Voraussetzungen erfüllt sein müssen, damit Y und Z als binomialverteilte Zufallsgrößen angenommen werden können. Gehen Sie im Folgenden davon aus, dass diese Voraussetzungen erfüllt sind.
Erläutern Sie die Bedeutung des Terms $\binom{100}{8} \cdot 0{,}1^8 \cdot 0{,}9^{92}$ im Sachzusammenhang.

d) Berechnen Sie die Wahrscheinlichkeit, dass
① bei Anbieter A in einer Stunde mehr als 10 Spieler drei Richtige haben.
② bei Anbieter B mindestens 950, aber höchstens 1050 Spieler drei Richtige haben.
③ bei Anbieter B weniger als 1000 Spieler drei Richtige haben.
④ bei Anbieter A in einer Stunde genau 10 Spieler und in der nächsten Stunde weniger als 10 Spieler drei Richtige haben.
E(Z) bezeichnet den Erwartungswert der binomialverteilten Zufallsgröße Z. Bestimmen Sie den kleinsten Wert für c, sodass $P(E(Z) - c \leq Z \leq E(Z) + c) \geq 0{,}75$ ist.

e) Geben Sie im Kontext ein Ereignis an, dessen Wahrscheinlichkeit durch $1 - B_{100;\,0,1}\,(5 \leq Y \leq 15)$ gegeben ist.

f) Stellen Sie mit einer Wahrscheinlichkeit von mindestens 99,7 % eine Prognose dafür auf, wie viele Spieler bei Anbieter B drei Richtige haben werden.

11. Busunternehmen

Der Bus eines Reiseunternehmens bietet Platz für 58 Reisende. Erfahrungsgemäß treten nur p = 90 % der Personen, die eine Reise gebucht haben, diese auch wirklich an. Der Anbieter verkauft deshalb mehr als 58 Reiseplätze (Überbuchung).
Die Größe X gibt an, wie viele Personen ihre gebuchte Reise tatsächlich antreten. Es kann davon ausgegangen werden, dass X eine binomialverteilte Zufallsgröße ist.

a) Es wurden 60 Buchungen für eine Reise angenommen.
Berechnen Sie die Wahrscheinlichkeit dafür, dass
① genau 58 Personen die Reise tatsächlich antreten.
② mehr als 58 Personen die Reise tatsächlich antreten wollen.
③ mehr als 55, aber höchstens 58 Personen die Reise tatsächlich antreten.

b) Die Reise kostet pro Person 350 Euro. Dem Unternehmen entstehen für die Reise Kosten von 19 000 Euro. Zusätzlich zahlt es jeder Person, die wegen Überbuchung die Fahrt nicht antreten kann, eine Entschädigung in Höhe von 500 Euro inklusive Erstattung der Reisekosten.
Begründen Sie, dass der zu erwartende Gewinn bei 60 verkauften Reisen mit dem folgenden Term berechnet werden kann:
$60 \cdot 350 - 19000 - 1 \cdot 500 \cdot \binom{60}{59} \cdot 0{,}9^{59} \cdot 0{,}1^{1} - 2 \cdot 500 \cdot 0{,}9^{60}$
Berechnen und vergleichen Sie den zu erwartenden Gewinn für den Fall, dass 58, 60 oder sogar 61 Buchungen angenommen werden.

c) Das Unternehmen erwägt, künftig 61 Reiseplätze zu verkaufen. Allerdings leidet der Ruf des Unternehmens, wenn zu viele Kunden bei Reiseantritt abgewiesen werden.
① Berechnen Sie die Wahrscheinlichkeit dafür, dass bei 61 verkauften Plätzen Kunden bei Reiseantritt abgewiesen werden müssen.
② Das Überbuchen bis auf 61 Tickets wäre nur dann für das Unternehmen vertretbar, wenn bei 61 verkauften Tickets die Wahrscheinlichkeit für Abweisungen bei höchstens 1,4 % läge. Der blaue Graph im Screenshot gibt die Wahrscheinlichkeit $P(X \geq 59)$ von $X \sim B_{61;p}$ in Abhängigkeit von p an.
Erläutern Sie mithilfe des Screenshots, für welchen Anteil p derer, die ihre Buchungen tatsächlich antreten, das Überbuchen bis auf 61 Tickets vertretbar wäre.

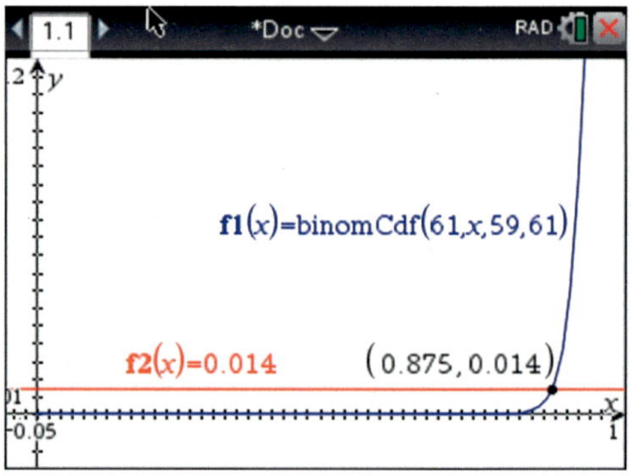

d) Laut einem internen Qualitätsbericht des Unternehmens kommt es bei 12 % der Reisen zu einer verspäteten Abfahrt des Reisebusses.
Ermitteln Sie, wie viele Reisen eine Person mindestens durchführen muss, damit sie mit einer Wahrscheinlichkeit von mindestens 96 % mindestens eine Verspätung erlebt.

12. Diabetes

Diabetes wird umgangssprachlich auch Zuckerkrankheit genannt. Es handelt sich um eine chronische Stoffwechselkrankheit, die auf einem Mangel des in der Bauchspeicheldrüse produzierten Insulin beruht. In Deutschland sind etwa 10 von 100 Erwachsenen erkrankt (Prävalenz). Beim medizinischen Test auf Diabetes wird ein Glukosetoleranztest durchgeführt. Dieser erkennt Diabetes in 72 % aller Fälle korrekt (Sensitivität). Gesunde Personen werden in 73 % aller Fälle korrekt erkannt (Spezifität).

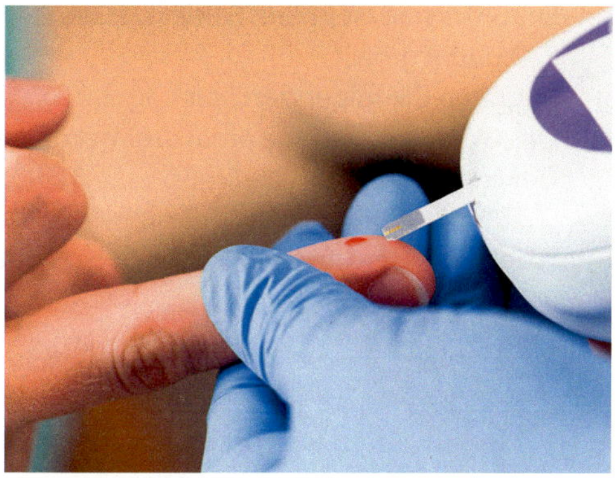

a) Bestimmen Sie anhand eines Baumdiagramms die Wahrscheinlichkeit dafür, dass eine zufällig ausgewählte Person
① an Diabetes erkrankt ist und einen positiven Test bekommt.
② gesund ist und einen negativen Test bekommt.
③ krank ist, wenn der Test positiv ausfällt.
④ gesund ist, wenn der Test negativ ausfällt.

b) In Teil a) ergibt sich eine erstaunlich geringe Wahrscheinlichkeit dafür, dass man bei einem positiven Testergebnis tatsächlich krank ist. Deshalb wird bei positiv getesteten Personen der Glukosetoleranztest wiederholt. Ergänzen Sie das Baumdiagramm aus a) und prüfen Sie mit seiner Hilfe, ob sich die Aussagekraft positiver Tests verbessern lässt, wenn alle positiv getesteten Personen ein zweites Mal getestet werden. Berechnen Sie dazu die Wahrscheinlichkeit dafür, dass eine zweimal positiv getestete Person tatsächlich an Diabetes erkrankt ist.
Berechnen Sie auch die Wahrscheinlichkeit dafür, dass eine beliebige Person gesund ist, wenn sie erst einen positiven und dann einen negativen Test bekommt.

c) Die Größe X zähle die Anzahl der an Diabetes Erkrankten in einer Stichprobe von 5000 Erwachsenen.
① Begründen Sie, dass X als binomialverteilt angenommen werden kann.
② Bestimmen Sie das kleinste um den Erwartungswert symmetrische Intervall, in dem die Werte von X mit einer Wahrscheinlichkeit von mindestens 95,5 % liegen.
③ Als Länge L einer 2σ-Umgebung des Erwartungswertes wird die Differenz zwischen der oberen und der unteren Grenze der Umgebung bezeichnet. Bei unbekanntem Umfang n einer Stichprobe hat die 2σ-Umgebung eine Länge von $L = 84$. Bestimmen Sie den Umfang n der Stichprobe.

d) Es soll untersucht werden, ob Diabetes bei gesunder („mediterraner") Ernährung seltener auftritt. Wenn von 5000 Erwachsenen, die angeben, sich gesund zu ernähren, weniger als 465 Diabetes haben, sollen Empfehlungen zur Ernährung herausgegeben werden.
Es gilt $F_{5000;\,0,1}(464) = 0{,}046$. Erläutern Sie die Bedeutung dieser Wahrscheinlichkeit in Bezug auf die mögliche Herausgabe von Ernährungsempfehlungen.

13. Glücksspiel „Tor" oder „Rot"

Ein Glücksrad ist in drei Felder mit den Bezeichnungen T, O und R geteilt.
Es gelten die folgenden Spielregeln:
Das Glücksrad darf maximal dreimal gedreht werden.
Gewinne gibt es für die Ergebnisse „TOR", „ROT" sowie für „TTT", „OOO" und „RRR".
Wenn kein Gewinn mehr möglich ist, endet das Spiel vorzeitig.

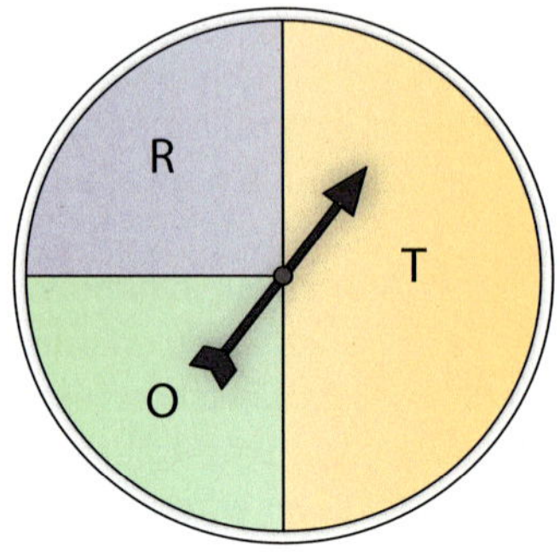

a) Erläutern Sie, dass man aus der Beschreibung des Glückspiels entnehmen kann, dass die Reihenfolge der erdrehten Buchstaben beachtet wird.
Geben Sie die Anzahl der möglichen Ergebnisse an.
Begründen Sie, dass mit $2 \cdot 0{,}5 \cdot 0{,}25^2 + 0{,}5^3 + 2 \cdot 0{,}25^3$ die Wahrscheinlichkeit bestimmt wird, dass ein Gewinn erzielt wird.
Geben Sie die beiden fehlenden Wahrscheinlichkeiten in der Tabelle an.

Ergebnis	TOR	ROT	TTT	OOO	RRR	sonstige
Wahrscheinlichkeit	$\frac{1}{32}$		$\frac{1}{8}$	$\frac{1}{64}$		$\frac{50}{64}$

b) Das Spiel wird mit einem Einsatz von 3,50 € gespielt.
Die Tabelle enthält die Auszahlungsbeträge im Fall eines Gewinns.

Ergebnis	TOR	ROT	TTT	OOO	RRR	sonstige
Auszahlung	20 €	20 €	5 €	50 €	50 €	0 €

Weisen Sie rechnerisch nach, dass ein Spieler langfristig einen Verlust von 6,25 Cent pro Spiel macht.
Bestimmen Sie eine veränderte Auszahlung für den Fall „TTT", sodass das Spiel fair ist.

c) Die Wahrscheinlichkeit p steht für die Wahrscheinlichkeit, dass ein Spiel vorzeitig nach dem zweiten Dreh endet.
Bestimmen Sie die Wahrscheinlichkeit p.
[Kontrollergebnis: $p = \frac{7}{16}$]
Es werden 2000 Spiele betrachtet. Die Zufallsgröße X zählt die Anzahl an Spielen, die vorzeitig nach dem zweiten Drehen enden.
Begründen Sie, dass die Zufallsgröße X binomialverteilt ist.
Bestimmen Sie das kleinste um den Erwartungswert symmetrische Intervall, in dem die Werte von X mit einer Wahrscheinlichkeit von mindestens 95,5 % liegen.
Ermitteln Sie, wie viele Durchgänge des Spiels ein Spieler spielen müsste, damit er mit einer Wahrscheinlichkeit von mindestens 95 % das Spiel mindestens einmal vorzeitig nach der zweiten Drehung beenden muss.

d) Betrachten Sie nun die folgenden Ereignisse.
T: Bei der ersten Drehung zeigt der Zeiger auf den Buchstaben T.
G: Der Spieler gewinnt das Spiel.
Beschreiben Sie die unten angegebenen Wahrscheinlichkeiten in Worten, und berechnen Sie sie anschließend.
① $P(\overline{T} \cap G)$ ② $P_T(\overline{G})$ ③ $P_G(\overline{T})$
Weisen Sie rechnerisch nach, dass die Ereignisse T und G stochastisch abhängig sind.

7. Anhang

Lösungen zu
- Ihr Fundament
- Prüfen Sie Ihr neues Fundament

Stichwortverzeichnis
Bildquellenverzeichnis
Impressum

Lösungen zu Kapitel 1: Punkte und Vektoren im Raum

Ihr Fundament (S. 6/7)

S. 6, 1.

a) 4,4 cm b) 3,3 cm
c) 4,9 cm d) 6,0 cm

S. 6, 2.

a) rechtwinklig mit $\alpha = 90°$ bei A
b) rechtwinklig mit $\gamma = 90°$ bei C
c) nicht rechtwinklig, da $a^2 + c^2 \neq b^2$
d) rechtwinklig mit $\beta = 90°$ bei B

S. 6, 3.

a) gleichschenklig: 2 gleich lange Seiten, die dritte Seite heißt Basis, Basiswinkel sind gleich groß, Höhe auf der Basis ist auch Seitenhalbierende. gleichseitiges Dreieck: 3 gleich lange Seiten, alle Winkel 60°, Höhen sind Seitenhalbierende.
b) $a^2 = h^2 + \left(\frac{a}{2}\right)^2$ (Pythagoras)
$h^2 = 5^2 - 2{,}5^2 = 18{,}75$ und damit $h = \sqrt{18{,}75} \approx 4{,}33$
c) Ein regelmäßiges Sechseck kann mit 6 kongruenten Dreiecken ausgelegt werden. Diese Teildreiecke sind gleichschenklig (Radius des Umkreises) und stoßen am Mittelpunkt zusammen. Für den Winkel an der Spitze gilt dann $\gamma = 360° : 6 = 60°$. Dann sind die Basiswinkel auch 60° groß, und die Dreiecke gleichseitig.

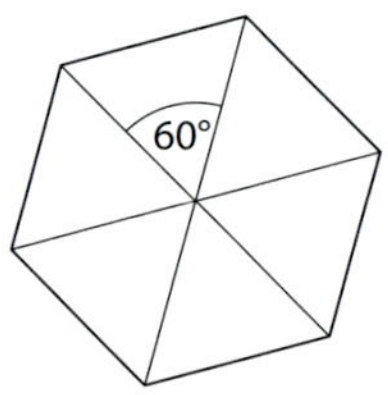

S. 6, 4.

a) ① Quadrat; ② Rechteck; ③ Raute;
④ Parallelogramm; ⑤ Trapez;
⑥ Drachenviereck;
⑦ gleichschenkliges Trapez; ⑧ allgemeines Viereck.
b) ④ Parallelogramm: gegenüberliegende Seiten parallel
③ Raute: vier gleich lange Seiten
② Rechteck: Parallelogramm mit mindestens einem Paar zueinander senkrechter Seiten
① Quadrat: Raute mit mindestens einem Paar zueinander senkrechter Seiten
⑤ Trapez: Ein Paar gegenüberliegender paralleler Seiten
c) Zeichenübung
④ Parallelogramm: Diagonalen halbieren sich
③ Raute: halbieren sich, zueinander orthogonal
② Rechteck: halbieren sich, gleich lang
① Quadrat: halbieren sich, orthogonal, gleich lang
⑤ Trapez: keine besondere Eigenschaft
⑥ Drachenviereck: eine Diagonale wird halbiert, orthogonal zueinander
⑦ gleichschenkliges Trapez: gleich lang
d) ①, ②, ③ und ④

S. 6, 5.

a) wahr: Ein Parallelogramm hat zwei Paar parallele Gegenseiten.
b) wahr: Ein Quadrat ist ein derartiges Rechteck.
c) wahr: Im gleichseitigen Dreieck stimmen die Höhen und zugehörigen Mittelsenkrechten, Winkel- und Seitenhalbierenden überein.

S. 6, 6.

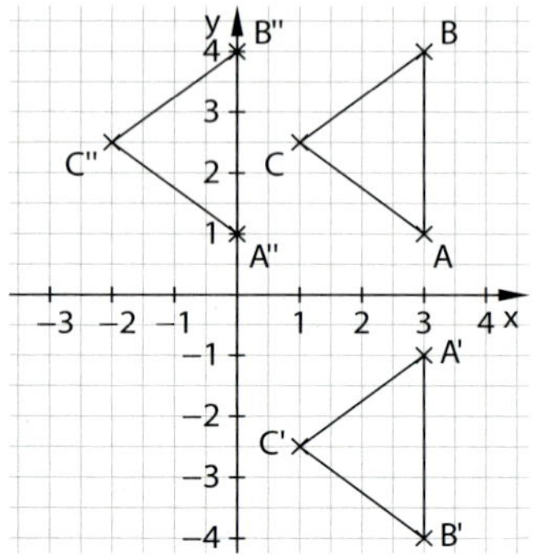

$A'(3|-1)$; $B'(3|-4)$; $C'(1|-2{,}5)$
$A''(0|1)$; $B''(0|4)$; $C''(-2|2{,}5)$

S. 6, 7.

a) $\overline{AB} = 3$ LE $\overline{BC} = 2{,}5$ LE $\overline{AC} = 2{,}5$ LE
b) $M_{\overline{AB}} = (3|2{,}5)$ $M_{\overline{BC}} = (2|3{,}25)$ $M_{\overline{AC}} = (2|1{,}75)$

S. 7, 8.

a) $A(2|0)$; $B(1{,}5|1)$; $C(1|0)$; $D(0{,}5|1)$; $E(0|0)$; $F(-0{,}5|1)$; $G(-1|0)$; $H(-1{,}5|1)$; $I(-2|0)$; $J(0|-2)$
b) $A = \frac{1}{2} \cdot \pi \cdot 2^2 + 4 \cdot \frac{1}{2} \cdot 1 \cdot 1 = 2\pi + 2 \approx 8{,}28$
$u = 2\pi + 8 \cdot \sqrt{1^2 + 0{,}5^2} \approx 15{,}23$

S. 7, 9.

a)

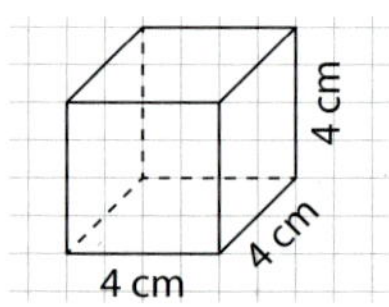

b)

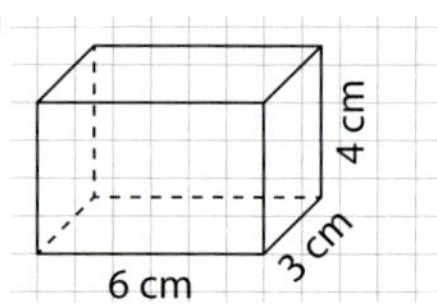

c)

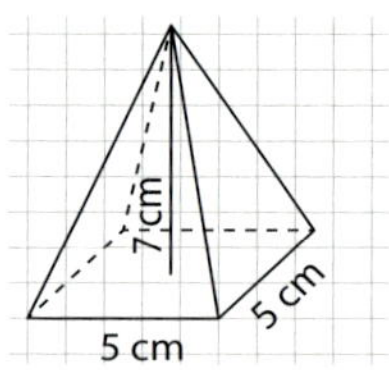

S. 7, 10.

a) $V = 2{,}4\,cm^3$; $A_O = 14{,}4\,cm^2$
b) $V = 2{,}6\,cm^3$; $A_O = 8{,}68\,cm^2$
c) $V = 9{,}45\,cm^3$; $A_O = 22{,}9\,cm^2$

S. 7, 11.

① Quader ② Pyramide ③ Zylinder
④ Würfel ⑤ Kugel ⑥ Kegel

S. 7, 12.

a) Diagonale der Grundfläche:

$\overline{BD} = \sqrt{a^2 + b^2} = \sqrt{16 + 4} = \sqrt{20}$

$\overline{BH} = \sqrt{\overline{BD}^2 + c^2} = \sqrt{20 + 9} = \sqrt{29} \approx 5{,}34$

b) Diagonale der Grundfläche:

$d = \sqrt{a^2 + a^2} = \sqrt{16 + 16} = \sqrt{32}$

$\overline{AS} = \sqrt{\left(\frac{d}{2}\right)^2 + a^2} = \sqrt{\frac{32}{4} + 16} = \sqrt{24} \approx 4{,}9$

S. 7, 13.

a) $\frac{9}{10} = 0{,}9$ b) $\frac{1}{10} = 0{,}1$

c) $\frac{6}{5} = 1{,}2$ d) $\frac{3}{2} = 1{,}5$

e) $\frac{3}{5} = 0{,}6$ f) 2

g) $\frac{3}{5} = 0{,}6$ h) $\frac{9}{4} = 2{,}25$

S. 7, 14.

a) $\sqrt{(3 \cdot 12)^2 + (3 \cdot 5)^2} = \sqrt{36^2 + 15^2} = 39$

$3\sqrt{12^2 + 5^2} = 3\sqrt{169} = 39$

b) $\sqrt{(3a)^2 + (3b)^2} = \sqrt{3^2a^2 + 3^2b^2} = \sqrt{3^2(a^2 + b^2)}$

$= 3\sqrt{a^2 + b^2}$

Prüfen Sie Ihr neues Fundament (S. 30/31)

S. 30, 1.

A(2|−1|0); C(−4|3|0); D(−4|−1|0); E(2|−1|2);
F(2|3|2); G(−4|3|3); H(−4|−1|3)

S. 30, 2.

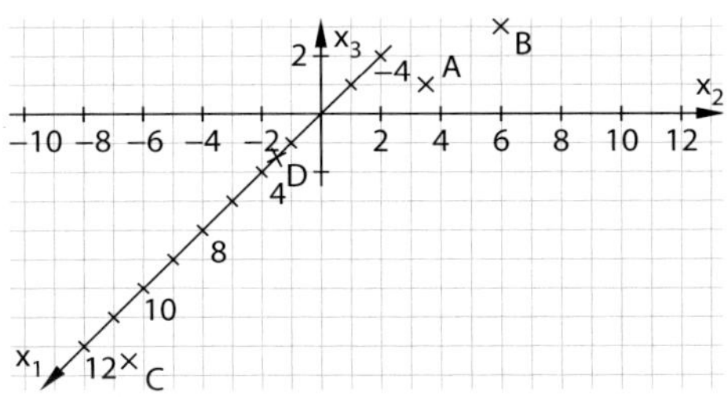

S. 30, 3.

Punkt A liegt in der x_1x_2- und der x_1x_3-Ebene und auf der x_1-Achse. Punkt B liegt in der x_1x_2- und der x_2x_3-Ebene und auf der x_2-Achse. Punkt C liegt in der x_1x_3- und der x_2x_3-Ebene und auf der x_3-Achse. Punkt D liegt in der x_1x_2-, x_1x_3- und der x_2x_3-Ebene und auf der x_1-, x_2- und x_3-Achse. Punkt E liegt in der x_1x_3- und der x_2x_3-Ebene und auf der x_3-Achse. Punkt F liegt in der x_1x_2- und der x_1x_3-Ebene und auf der x_1-Achse.

S. 30, 4.

a) Die Punkte liegen in der x_1x_3-Ebene.

b) Die Punkte liegen auf der x_2-Achse und in der x_1x_2- und der x_2x_3-Ebene.

c) Die Punkte liegen auf der x_1-Achse.

d) Die Punkte liegen in der Ebene, die durch (−4|0|0) parallel zur x_2x_3-Ebene verläuft.

S. 30, 5.

a) $\begin{pmatrix} -1 \\ -2 \end{pmatrix}$ b) $\begin{pmatrix} 2 \\ 2 \\ 7 \end{pmatrix}$ c) $\begin{pmatrix} 5 \\ -2 \end{pmatrix}$ d) $\begin{pmatrix} k-1 \\ 2-k \\ -2k \end{pmatrix}$

S. 30, 6.

a) $\overrightarrow{AE} = \overrightarrow{CG}$ b) $\overrightarrow{DH} = \overrightarrow{BF}$

c) $\overrightarrow{BG} = \overrightarrow{AH}$ d) $\overrightarrow{AC} = \overrightarrow{EG}$

S. 30, 7.

a) $\sqrt{3}$ b) 4 c) 2,5

d) 10 e) 5 f) 1,3

S. 30, 8.

a) $|\overrightarrow{PQ}| = \sqrt{34}$ b) $|\overrightarrow{PQ}| = \sqrt{27}$ c) $|\overrightarrow{PQ}| = \sqrt{17}$

S. 30, 9.

a) $\overrightarrow{AB} + \overrightarrow{BC} = \begin{pmatrix} -1 \\ 7 \\ 7 \end{pmatrix} + \begin{pmatrix} 3 \\ -9 \\ -2 \end{pmatrix} = \begin{pmatrix} 2 \\ -2 \\ 5 \end{pmatrix} = \overrightarrow{AC}$

b) $u = |\overrightarrow{AB}| + |\overrightarrow{BC}| + |\overrightarrow{AC}| = \sqrt{99} + \sqrt{94} + \sqrt{33} \approx 25{,}4$

S. 30, 10.

a) $\begin{pmatrix} -1 \\ 3 \\ 4 \end{pmatrix}$ b) $\begin{pmatrix} 1{,}57 \\ -2 \\ -1{,}97 \end{pmatrix}$ c) $\begin{pmatrix} 1 \\ 0 \\ 5 \end{pmatrix}$

d) $\begin{pmatrix} -3 \\ 17 \\ 4 \end{pmatrix}$ e) $\begin{pmatrix} -10 \\ -7 \\ -4 \end{pmatrix}$ f) $\begin{pmatrix} -1{,}4 \\ 4{,}4 \\ 9{,}7 \end{pmatrix}$

S. 31, 11.

a) $\vec{a} - 9\vec{b} + 13\vec{c}$ b) $(2 - t)\vec{a} + (3 - 2t)\vec{b} + (1 - 2t)\vec{c}$

S. 31, 12.

a) $\left|\begin{pmatrix} 49 \\ -42 \\ 42 \end{pmatrix}\right| = 7 \cdot \left|\begin{pmatrix} 7 \\ -6 \\ 6 \end{pmatrix}\right| = 7\sqrt{49 + 36 + 36} = 77$

b) $\left|\begin{pmatrix} -0{,}2 \\ 0{,}2 \\ 0{,}1 \end{pmatrix}\right| = 0{,}1 \cdot \left|\begin{pmatrix} -2 \\ 2 \\ 1 \end{pmatrix}\right| = 0{,}1\sqrt{4 + 4 + 1} = 0{,}3$

c) $\left|\begin{pmatrix} 24 \\ -36 \\ 72 \end{pmatrix}\right| = 12 \cdot \left|\begin{pmatrix} 2 \\ -3 \\ 6 \end{pmatrix}\right| = 12\sqrt{4 + 9 + 36} = 84$

d) $\left|\begin{pmatrix} \frac{1}{18} \\ \frac{2}{9} \\ \frac{4}{9} \end{pmatrix}\right| = \frac{1}{18} \cdot \left|\begin{pmatrix} 1 \\ 4 \\ 8 \end{pmatrix}\right| = \frac{1}{18}\sqrt{1 + 16 + 64} = \frac{9}{18} = \frac{1}{2}$

S. 31, 13.

Die Vektoren $\vec{b}$ und $\vec{c}$ sind kollinear zum Vektor $\vec{v}$.

S. 31, 14.

① $\overrightarrow{EF}$ ② $\overrightarrow{AC}$ ③ $\overrightarrow{AE}$ oder $\overrightarrow{FC}$

④ $\overrightarrow{EA}$ oder $\overrightarrow{CF}$ ⑤ $\overrightarrow{AF}$ oder $\overrightarrow{EC}$ ⑥ $\overrightarrow{DB}$

S. 31, 15.

a) $\overrightarrow{AB} = \overrightarrow{OB} - \overrightarrow{OA}$; $\overrightarrow{BC} = \overrightarrow{OC} - \overrightarrow{OB}$; $\overrightarrow{AC} = \overrightarrow{OC} - \overrightarrow{OA}$

b) $\overrightarrow{OE} = \overrightarrow{OA} + \frac{1}{2}\overrightarrow{AB}$; $\overrightarrow{OF} = \overrightarrow{OB} + \frac{1}{2}\overrightarrow{BC}$; $\overrightarrow{OG} = \overrightarrow{OA} + \frac{1}{2}\overrightarrow{AC}$

S. 31, 16.

a) $\overrightarrow{OD} = \overrightarrow{OA} + \overrightarrow{BC} = \begin{pmatrix} -1 \\ -2 \\ 1 \end{pmatrix} + \begin{pmatrix} 4 \\ 7 \\ 4 \end{pmatrix} = \begin{pmatrix} 3 \\ 5 \\ 5 \end{pmatrix}$, also D(3|5|5)

b) $|\overrightarrow{BC}| = \sqrt{4^2 + 7^2 + 4^2} = \sqrt{81} = 9$

$|\overrightarrow{AB}| = \left|\begin{pmatrix} 8 \\ 4 \\ 1 \end{pmatrix}\right| = \sqrt{64 + 16 + 1} = \sqrt{81} = 9$

Ein Parallelogramm mit zwei benachbarten gleich langen Seiten ist eine Raute.

S. 31, 17.

a) Zwei Seiten müssen parallel sein, also die Seitenvektoren kollinear. Dies ist nur bei $\overrightarrow{AB}$ und $\overrightarrow{DC}$ möglich: $\overrightarrow{AB} = 2 \cdot \overrightarrow{DC}$ also $a = -1$

b) $\overrightarrow{OB} = \overrightarrow{OA} + \overrightarrow{AB} = \begin{pmatrix} -1 \\ -2 \\ 1 \end{pmatrix} + \begin{pmatrix} 4 \\ 6 \\ -2 \end{pmatrix} = \begin{pmatrix} 3 \\ 4 \\ -1 \end{pmatrix}$; $B(3|4|-1)$

$\overrightarrow{OD} = \overrightarrow{OA} + \overrightarrow{AD} = \begin{pmatrix} -1 \\ -2 \\ 1 \end{pmatrix} + \begin{pmatrix} -2 \\ 2 \\ 1 \end{pmatrix} = \begin{pmatrix} -3 \\ 0 \\ 2 \end{pmatrix}$; $D(-3|0|2)$

$\overrightarrow{OC} = \overrightarrow{OD} + \overrightarrow{DC} = \begin{pmatrix} -3 \\ 0 \\ 2 \end{pmatrix} + \begin{pmatrix} 2 \\ 3 \\ -1 \end{pmatrix} = \begin{pmatrix} -1 \\ 3 \\ 1 \end{pmatrix}$; $C(-1|3|1)$

S. 31, 18.

a) $\vec{b} = \vec{v} + \vec{w} = \begin{pmatrix} 150 \\ -100 \end{pmatrix} + \begin{pmatrix} -100 \\ -50 \end{pmatrix} = \begin{pmatrix} 50 \\ -150 \end{pmatrix}$

b) $|\vec{b}| = \sqrt{50^2 + 150^2} = \sqrt{25\,000} \approx 158{,}1$

Die Fähre fährt mit 158,1 m/min = 9,486 km/h.

c) Wie oft muss man $\vec{b}$ zu $\overrightarrow{OA}$ addieren, um $\overrightarrow{OB}$ zu erhalten?

$\overrightarrow{OB} = \overrightarrow{OA} + n \cdot \vec{b} \Leftrightarrow \begin{pmatrix} 100 \\ -100 \end{pmatrix} = \begin{pmatrix} -100 \\ 500 \end{pmatrix} + n \cdot \begin{pmatrix} 50 \\ -150 \end{pmatrix}$

Man erhält $n = 4$, also erreicht die Fähre nach 4 Minuten den Punkt B.

Lösungen zu Kapitel 2: Geraden und Ebenen

Ihr Fundament (S. 34/35)

S. 34, 1.

a) $\overrightarrow{AB} = \overrightarrow{OB} - \overrightarrow{OA} = \begin{pmatrix} 6-3 \\ 7-2 \\ 9-1 \end{pmatrix} = \begin{pmatrix} 3 \\ 5 \\ 8 \end{pmatrix}$

b) $\overrightarrow{AB} = \overrightarrow{OB} - \overrightarrow{OA} = \begin{pmatrix} 7-2 \\ 6-1 \\ 8-1 \end{pmatrix} = \begin{pmatrix} 5 \\ 5 \\ 7 \end{pmatrix}$

c) $\overrightarrow{AB} = \overrightarrow{OB} - \overrightarrow{OA} = \begin{pmatrix} 7-(-2) \\ 8-(-4) \\ 5-(-2) \end{pmatrix} = \begin{pmatrix} 9 \\ 12 \\ 7 \end{pmatrix}$

S. 34, 2.

a) $d(A; B) = 5$ b) $d(A; B) = \sqrt{10}$ c) $d(A; B) = \sqrt{77}$

S. 34, 3.

a) $\begin{pmatrix} 3 \\ 2 \\ -1 \end{pmatrix} + \begin{pmatrix} -5 \\ 0 \\ 2 \end{pmatrix} = \begin{pmatrix} -2 \\ 2 \\ 1 \end{pmatrix}$

b) $\frac{1}{4} \cdot \begin{pmatrix} 4 \\ -16 \\ 0 \end{pmatrix} = \begin{pmatrix} 1 \\ -4 \\ 0 \end{pmatrix}$

c) $(-7) \cdot \begin{pmatrix} -11 \\ -3 \\ 5 \end{pmatrix} + (-7) \cdot \begin{pmatrix} 9 \\ 3 \\ -4 \end{pmatrix} = \begin{pmatrix} 14 \\ 0 \\ -7 \end{pmatrix}$

S. 34, 4.

a) $\vec{v}$ und $\vec{w}$ sind kollinear, $\begin{pmatrix} 2 \\ 4 \\ 5 \end{pmatrix} \cdot 2 = \begin{pmatrix} 4 \\ 8 \\ 10 \end{pmatrix}$

b) $\vec{v}$ und $\vec{w}$ sind nicht kollinear.

c) $\vec{v}$ und $\vec{w}$ sind kollinear, $\begin{pmatrix} 3 \\ 2 \\ 4 \end{pmatrix} \cdot (-3) = \begin{pmatrix} -9 \\ -6 \\ -12 \end{pmatrix}$

S. 34, 5.

a) $A(2|0|0)$; $B(2|5|0)$; $C(0|5|0)$; $D(0|0|0)$ $E(2|0|2)$; $F(2|5|2)$; $G(0|5|2)$; $H(0|0|2)$

b) $\overrightarrow{AB} = \overrightarrow{OB} - \overrightarrow{OA} = \begin{pmatrix} 2-2 \\ 5-0 \\ 0-0 \end{pmatrix} = \begin{pmatrix} 0 \\ 5 \\ 0 \end{pmatrix}$

$\overrightarrow{FG} = \overrightarrow{OG} - \overrightarrow{OF} = \begin{pmatrix} 0-2 \\ 5-5 \\ 2-2 \end{pmatrix} = \begin{pmatrix} -2 \\ 0 \\ 0 \end{pmatrix}$

c) $\overrightarrow{EF} = \overrightarrow{OF} - \overrightarrow{OE} = \begin{pmatrix} 2-2 \\ 5-0 \\ 2-2 \end{pmatrix} = \begin{pmatrix} 0 \\ 5 \\ 0 \end{pmatrix}$

$\overrightarrow{AB}$ und $\overrightarrow{EF}$ sind kollinear (Faktor 1), somit verlaufen die zugehörigen Kanten parallel zueinander.

S. 34, 6.

a) $\begin{pmatrix} 5 \\ -6 \\ 0 \end{pmatrix} = 2 \cdot \begin{pmatrix} 1 \\ -2 \\ 2 \end{pmatrix} - \frac{1}{2} \cdot \begin{pmatrix} -6 \\ 4 \\ 8 \end{pmatrix}$

$\vec{v}$ ist eine Linearkombination von $\vec{a}$ und $\vec{b}$.

b) $\vec{v}$ ist keine Linearkombination von $\vec{a}$ und $\vec{b}$.

S. 34, 7.

a) $\begin{pmatrix} -2 \\ 6 \\ 10 \end{pmatrix}$ b) $\begin{pmatrix} 10{,}5 \\ 7 \\ 0 \end{pmatrix}$ c) $\begin{pmatrix} -2 \\ 6 \\ -4 \end{pmatrix}$

d) $\begin{pmatrix} 9 \\ -16 \\ 12 \end{pmatrix}$ e) $\begin{pmatrix} -\frac{1}{2} \\ \frac{3}{2} \\ \frac{5}{2} \end{pmatrix}$ f) $\begin{pmatrix} 0 \\ \frac{11}{4} \\ \frac{1}{4} \end{pmatrix}$

S. 34, 8.

a) $\overrightarrow{AB} = \begin{pmatrix} 2 \\ 6 \\ -2 \end{pmatrix}$ $\overrightarrow{BC} = \begin{pmatrix} -6 \\ -1 \\ 1 \end{pmatrix}$ $\overrightarrow{AC} = \begin{pmatrix} -4 \\ 5 \\ -1 \end{pmatrix}$

b) $|\overrightarrow{AB}| = \left|\begin{pmatrix} 2 \\ 6 \\ -2 \end{pmatrix}\right| = \sqrt{2^2 + 6^2 + 2^2} = \sqrt{44} \approx 6{,}6$

$|\overrightarrow{BC}| = \left|\begin{pmatrix} -6 \\ -1 \\ 1 \end{pmatrix}\right| = \sqrt{6^2 + 1^2 + 1^2} = \sqrt{38} \approx 6{,}2$

$|\overrightarrow{AC}| = \left|\begin{pmatrix} -4 \\ 5 \\ -1 \end{pmatrix}\right| = \sqrt{4^2 + 5^2 + 1^2} = \sqrt{42} \approx 6{,}5$

c) $\overrightarrow{EF} = \begin{pmatrix} -6 \\ -1 \\ 1 \end{pmatrix} = \overrightarrow{BC}$

d) $\overrightarrow{OD} = \overrightarrow{OA} + \overrightarrow{AD} = \overrightarrow{OA} + \overrightarrow{BE} = \begin{pmatrix} 2 \\ -1 \\ 1 \end{pmatrix} + \begin{pmatrix} 0 \\ -2 \\ 6 \end{pmatrix} = \begin{pmatrix} 2 \\ -3 \\ 7 \end{pmatrix}$

S. 34, 9.

a)

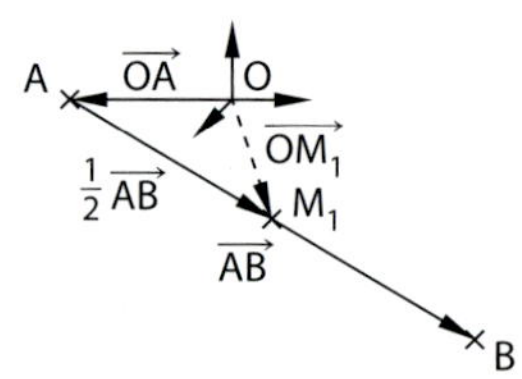

b) $\overrightarrow{OM_1} = \overrightarrow{OA} + \frac{1}{2}\overrightarrow{AB} = \overrightarrow{OA} + \frac{1}{2}(-\overrightarrow{OA} + \overrightarrow{OB})$
$= \overrightarrow{OA} - \frac{1}{2}\overrightarrow{OA} + \frac{1}{2}\overrightarrow{OB} = \frac{1}{2}\overrightarrow{OA} + \frac{1}{2}\overrightarrow{OB} = \frac{1}{2}(\overrightarrow{OA} + \overrightarrow{OB})$

c) $\overrightarrow{OM_1} = \frac{1}{2}(\overrightarrow{OA} + \overrightarrow{OB}) = \frac{1}{2}\left[\begin{pmatrix} 2 \\ -1 \\ 1 \end{pmatrix} + \begin{pmatrix} 4 \\ 5 \\ -1 \end{pmatrix}\right] = \begin{pmatrix} 3 \\ 2 \\ 0 \end{pmatrix}$

$\overrightarrow{OM_2} = \frac{1}{2}\left[\begin{pmatrix} -2 \\ 4 \\ 0 \end{pmatrix} + \begin{pmatrix} -2 \\ 2 \\ 6 \end{pmatrix}\right] = \begin{pmatrix} -2 \\ 3 \\ 3 \end{pmatrix}$

d) $\overrightarrow{AF} = \begin{pmatrix} -4 \\ 3 \\ 5 \end{pmatrix}$, $\overrightarrow{M_1M_2} = \begin{pmatrix} -5 \\ 1 \\ 3 \end{pmatrix}$

Prüfen, ob $\overrightarrow{AF}$ kollinear ist zu $\overrightarrow{M_1M_2}$:

$$r \cdot \begin{pmatrix} -4 \\ 3 \\ 5 \end{pmatrix} = \begin{pmatrix} -5 \\ 1 \\ 3 \end{pmatrix} \Rightarrow \begin{cases} -4r = -5 & r = \frac{5}{4} \\ 3r = 1 & r = \frac{1}{3} \\ 5r = 3 & r = \frac{3}{5} \end{cases}$$

$\overline{AF}$ ist nicht parallel zu $\overline{M_1M_2}$

S. 35, 10.

$\vec{v} = \vec{s} + \vec{w} = \begin{pmatrix} -20 \\ 30 \end{pmatrix} + \begin{pmatrix} 50 \\ 40 \end{pmatrix} = \begin{pmatrix} 30 \\ 70 \end{pmatrix}$

Geschwindigkeit in m/min: $v = |\vec{v}| = \sqrt{5300} \approx 72{,}8$

$72{,}8\,\frac{\text{m}}{\text{min}} \approx 4368{,}7\,\frac{\text{m}}{\text{h}} \approx 4{,}4\,\frac{\text{km}}{\text{h}}$

S. 35, 11.

a) $\overrightarrow{AB} = \begin{pmatrix} -7 \\ 6 \\ 3 \end{pmatrix}, \overrightarrow{BC} = \begin{pmatrix} 9 \\ -2 \\ 3 \end{pmatrix}, \overrightarrow{CA} = \begin{pmatrix} -2 \\ -4 \\ -6 \end{pmatrix}$

Da $|\overrightarrow{AB}| = |\overrightarrow{BC}| = \sqrt{94}$, ist ABC gleichschenklig,

Das Dreieck ist nicht gleichseitig, wegen

$|\overrightarrow{CA}| = 2\sqrt{14} \neq |\overrightarrow{AB}| = |\overrightarrow{BC}|$

b) Nach a) ist die Seite $\overline{CA}$ die Basis des Dreiecks.

Seitenmittelpunkt: $S(-1|-2|-3)$

Höhe: $h_B = |\overrightarrow{SB}| = \left|\begin{pmatrix} -4 \\ 4 \\ 6 \end{pmatrix}\right| = 2\sqrt{17}$

Flächeninhalt: $A = h_B \cdot \frac{1}{2}|\overrightarrow{CA}| = 2\sqrt{238} \approx 30{,}85$

S. 35, 12.

① $\{(s|t|0); s \in \mathbb{R}; t \in \mathbb{R}\}$, x_1x_2-Ebene

② $\{(0|0|t); t \in \mathbb{R}\}$, y-Achse

③ $\{(s|3|t); s \in \mathbb{R}; t \in \mathbb{R}\}$, Ebene parallel zur x_1x_3-Ebene durch $(0|3|0)$

④ $\{(s|s|t); s \in \mathbb{R}; t \in \mathbb{R}\}$, Ebene, die die x_3-Achse und $g: \vec{x} = r \cdot \begin{pmatrix} 1 \\ 1 \\ 0 \end{pmatrix}$ enthält

S. 35, 13.

a) Gleichsetzungsverfahren

$$\left|\begin{array}{l} y = -2x + 19 \\ y = x - 2 \end{array}\right| \Leftrightarrow \left|\begin{array}{l} -2x + 19 = x - 2 \\ y = x - 2 \end{array}\right|$$

$$\Leftrightarrow \left|\begin{array}{l} 21 = 3x \\ y = x - 2 \end{array}\right| \Leftrightarrow \left|\begin{array}{l} x = 7 \\ y = 5 \end{array}\right|$$

b) Einsetzungsverfahren

$$\left|\begin{array}{l} y = 3x - 7 \\ 4x + 2y = 16 \end{array}\right| \Leftrightarrow \left|\begin{array}{l} y = 3x - 7 \\ 4x + 2(3x - 7) = 16 \end{array}\right|$$

$$\Leftrightarrow \left|\begin{array}{l} y = 3x - 7 \\ x = 3 \end{array}\right| \Leftrightarrow \left|\begin{array}{l} y = 2 \\ x = 3 \end{array}\right|$$

c) Additionsverfahren

$$\left|\begin{array}{l} 2x + 5y = 2 \\ 6x - 2y = 40 \end{array}\right| \cdot (-3) \Leftrightarrow \left|\begin{array}{l} 2x + 5y = 2 \\ -17y = 34 \end{array}\right|$$

$$\Leftrightarrow \left|\begin{array}{l} 2x - 10 = 2 \\ y = -2 \end{array}\right| \Leftrightarrow \left|\begin{array}{l} x = 6 \\ y = -2 \end{array}\right|$$

d) Additionsverfahren

$$\left|\begin{array}{l} 2x + 5y = 16 \\ 5x + 7y = 18 \end{array}\right| \begin{array}{l} \cdot(-5) \\ \cdot 2 \end{array} \Leftrightarrow \left|\begin{array}{l} 2x + 5y = 16 \\ -11y = -44 \end{array}\right|$$

$$\Leftrightarrow \left|\begin{array}{l} 2x + 20 = 16 \\ y = 4 \end{array}\right| \Leftrightarrow \left|\begin{array}{l} x = -2 \\ y = 4 \end{array}\right|$$

S. 35, 14.

a)
$$\begin{array}{lll} 2x & -3y & = 14 \\ 4x & +3y & = 10 \quad \leftarrow + \\ \hline 2x & -3y & = 14 \\ 6x & & = 24 \\ \hline 8 & -3y & = 14 \\ x & & = 4 \\ \hline & y & = -2 \\ & x & = 4 \end{array}$$

b)
$$\begin{array}{lll} -x & +6y & = 3 \quad |\cdot 3 \\ 3x & -2y & = 7 \quad \leftarrow + \\ \hline -x & +6y & = 3 \\ & 16y & = 16 \\ \hline -x & +6 & = 3 \\ & y & = 1 \\ \hline & x & = 3 \\ & y & = 1 \end{array}$$

c)
$$\begin{array}{lll} \frac{1}{2}x & +\frac{3}{4}y & = 5 \quad |\cdot 4 \leftarrow + \\ -2x & +y & = 12 \\ \hline -2x & +y & = 12 \\ & 4y & = 32 \\ \hline -2x & +8 & = 12 \\ & y & = 8 \\ \hline & x & = -2 \\ & y & = 8 \end{array}$$

d)
$$\begin{array}{lll} 27x & -2y & = 1 \quad \leftarrow + \\ -12x & +y & = 0 \quad |\cdot 2 \\ \hline -12x & +y & = 0 \\ 3x & & = 1 \\ \hline -4 & +y & = 0 \\ & x & = \frac{1}{3} \\ \hline & y & = 4 \\ & x & = \frac{1}{3} \end{array}$$

e)
$$\begin{array}{lll} 4x & -2y & = 3 \quad |\cdot(-2) \\ 8x & -4y & = 4 \quad \leftarrow + \\ \hline 4x & -2y & = 3 \\ & 0 & = -2 \end{array}$$

$L = \{\,\}$

f)
$$\begin{array}{lll} -3x & -2y & = -6 \quad |\cdot 5 \\ 5x & +3y & = 8 \quad |\cdot 3 \leftarrow + \\ \hline 3x & +2y & = 6 \\ & -y & = -6 \\ \hline 3x & +2y & = 6 \\ & y & = 6 \\ \hline 3x & +12 & = 6 \\ & y & = 6 \\ \hline & x & = -2 \\ & y & = 6 \end{array}$$

g)
$$\begin{array}{lll} \frac{1}{2}x & -\frac{3}{4}y & = -6 \quad |\cdot(-4) \leftarrow + \\ \frac{1}{3}x & -\frac{1}{2}y & = -4 \quad |\cdot 6 \\ \hline -2x & +3y & = 24 \\ 2x & -3y & = -24 \\ \hline 2x & -3y & = -24 \\ & 0 & = 0 \end{array}$$

$L = \{(-12 + 1{,}5y \,|\, y)\}$

h)
$$\begin{array}{lll} 19x & -3y & = -23 \quad |\cdot(-2) \\ -7x & -2y & = 24 \quad |\cdot 3 \leftarrow + \\ \hline 19x & -3y & = -23 \\ -59x & & = 118 \\ \hline -38 & -3y & = -23 \\ x & & = -2 \\ \hline & y & = -5 \\ & x & = -2 \end{array}$$

S. 35, 15.

a) genau eine Lösung $(x = 2; y = -4)$

b) unendlich viele Lösungen

c) keine Lösung

S. 35, 16.

a) $a = -1$; $b \neq 10$

b) $a = -5$; $b = 6$

c) $a = -1$; $b = 10$

S. 35, 17.

a) Zahlenpaar einsetzen:

$f(-6) = m \cdot (-6) + 1 = 4$

$-6m + 1 = 4$; $\quad m = -\frac{1}{2}$; $\quad f(x) = -\frac{1}{2}x + 1$

b) Da f und g parallel verlaufen, haben sie dieselbe Steigung: $g(x) = -\frac{1}{2}x + n$

Punkt P einsetzen:

$g(1) = -\frac{1}{2} \cdot 1 + n = 1{,}5$

$-\frac{1}{2} + n = 1{,}5$; $\quad n = 2$; $\quad g(x) = -\frac{1}{2}x + 2$

S. 35, 18.

Der Schwerpunkt des Dreiecks ist der Schnittpunkt der drei Seitenhalbierenden. Setzt man den Bleistift an diesem Punkt an, kann man das Dreieck balancieren.

S. 35, 19.

Oberflächeninhalt:

$O = a^2 + 2 \cdot a \cdot \sqrt{h^2 + a^2} = 25 + 10 \cdot \sqrt{50} \approx 95{,}7\,\text{cm}^2$

Volumen:

$V = \frac{1}{3} \cdot h \cdot a^2 = \frac{1}{3} \cdot 5 \cdot 5^2 = \frac{1}{3} \cdot 125 \approx 41{,}67\,\text{cm}^3$

Prüfen Sie Ihr neues Fundament (S. 94/95)

S. 94, 1.

a)

$$\begin{array}{rrr|rl} x_1 & x_2 & x_3 & & \\ 1 & -2 & 1 & 4 & |\cdot(-2)\ \ |\cdot 3 \\ 2 & 1 & -1 & 7 & \leftarrow + \\ -3 & -1 & 4 & -5 & \leftarrow + \\ \hline 1 & -2 & 1 & 4 & \\ 0 & 5 & -3 & -1 & \\ 0 & -7 & 7 & 7 & |:7 \\ \hline 1 & -2 & 1 & 4 & \\ 0 & -1 & 1 & 1 & |\cdot 5 \\ 0 & 5 & -3 & -1 & \leftarrow + \\ \hline 1 & -2 & 1 & 4 & \\ 0 & -1 & 1 & 1 & \\ 0 & 0 & 2 & 4 & \end{array}$$

$x_3 = 2 \quad x_2 = 1 \quad x_1 = 4$

b)

$$\begin{array}{rrrr|rl} x_1 & x_2 & x_3 & x_4 & & \\ 2 & -4 & 1 & -6 & 1 & |\cdot(-3) \\ 6 & -4 & -5 & 2 & -1 & \leftarrow + \\ -2 & 2 & 1 & 1 & 2 & \leftarrow + \\ \hline 2 & -4 & 1 & -6 & 1 & \\ 0 & 8 & -8 & 20 & -4 & |:4 \\ 0 & -2 & 2 & -5 & 3 & \\ \hline 2 & -4 & 1 & -6 & 1 & \\ 0 & 2 & -2 & 5 & -1 & \\ 0 & -2 & 2 & -5 & 3 & + \\ \hline 2 & -4 & 1 & -6 & 1 & \\ 0 & 2 & -2 & 5 & -1 & \\ 0 & 0 & 0 & 0 & 2 & \end{array}$$

$L = \{\ \}$

c)

$$\begin{array}{rrr|rl} x_1 & x_2 & x_3 & & \\ 2 & 4 & 6 & 2 & |\cdot(-1)\ \ |\cdot(-2) \\ 2 & 2 & 9 & 3 & \leftarrow + \\ 4 & 10 & 9 & 3 & \leftarrow + \\ 4 & 6 & 15 & 5 & \leftarrow + \\ \hline 2 & 4 & 6 & 2 & \\ 0 & -2 & 3 & 1 & \\ 0 & 2 & -3 & -1 & \\ 0 & -2 & 3 & 1 & \\ \hline 2 & 4 & 6 & 2 & \\ 0 & -2 & 3 & 1 & \\ 0 & 0 & 0 & 0 & \\ 0 & 0 & 0 & 0 & \end{array}$$

$x_2 = -\frac{1}{2} + \frac{3}{2}x_3$

$x_1 - 1 + 3x_3 + 3x_3 = 1 \Leftrightarrow x_1 = 2 - 6x_3$

$L = \left\{ \left(2 - 6t \,\middle|\, -\frac{1}{2} + \frac{3}{2}t \,\middle|\, t\right) \right\}$

S. 94, 2.

a) Lösen des Gleichungssystems

$$\left|\begin{array}{r} 40M_1 + 30M_2 + 26M_3 = 39 \\ 60M_1 + 20M_2 + 4M_3 = 56 \\ 50M_2 + 70M_3 = 5 \end{array}\right|$$

liefert $L = \{(0{,}9 + 0{,}4t \,|\, 0{,}1 - 1{,}4t \,|\, t)\}$.

Damit erhält man die benötigten Mengen M_1 und M_2 in Abhängigkeit von der Menge t von M_3.

b) Auf M_3 verzichten: $t = 0$, dann $x_1 = 0{,}9$, $x_2 = 0{,}1$ ist möglich.

Auf M_2 verzichten: $0{,}1 - 1{,}4t = 0 \Leftrightarrow t = \frac{1}{14} = x_3 > 0$.

Für x_1 gilt dann: $x_1 = \frac{9}{10} + \frac{4}{10} \cdot \frac{1}{14} = \frac{13}{14}$

Wegen $0 \leq x_1, x_3 \leq 1$ kann auch auf M_2 verzichtet werden.

S. 94, 3.

a) z. B. $A(3\,|\,2\,|\,1)$ (für $r = 1$) und $B(2\,|\,1\,|\,1)$ (für $r = 0$)

b) $\begin{pmatrix} 0 \\ -1 \\ 1 \end{pmatrix} = \begin{pmatrix} 2 \\ 1 \\ 1 \end{pmatrix} + r \cdot \begin{pmatrix} 1 \\ 1 \\ 0 \end{pmatrix} = \begin{pmatrix} 2+r \\ 1+r \\ 1 \end{pmatrix}$ $\quad \begin{array}{ll} 0 = 2 + r & r = -2 \\ -1 = 1 + r & r = -2 \\ 1 = 1 & \end{array}$

Der Punkt P liegt auf h.

$\begin{pmatrix} 3 \\ 3 \\ -1 \end{pmatrix} = \begin{pmatrix} 2 \\ 1 \\ 1 \end{pmatrix} + r \cdot \begin{pmatrix} 1 \\ 1 \\ 0 \end{pmatrix} = \begin{pmatrix} 2+r \\ 1+r \\ 1 \end{pmatrix}$ führt zu $r = 1$ und $r = 2$ und $-1 = 1$ (Widerspruch in 3. Gleichung)

Der Punkt Q liegt nicht auf h.

c) $x_3 = 0$, also $1 = 0$: die Gerade h hat keinen Schnittpunkt mit der x_1x_2-Ebene (keinen Spurpunkt S_{12}).

$x_2 = 0$, also $1 + r = 0$; $r = -1$: $S_{13}(1\,|\,0\,|\,1)$

$x_1 = 0$, also $2 + r = 0$; $r = -2$: $S_{23}(0\,|\,-1\,|\,1)$

d) Da für den Richtungsvektor $x_3 = 0$ gilt, verläuft die Gerade parallel zur x_1x_2-Ebene.

S. 94, 4.

a) $\vec{x} = \begin{pmatrix} -2 \\ 1 \\ 0 \end{pmatrix} + r \cdot \begin{pmatrix} 5 \\ 3 \\ 5 \end{pmatrix}$ mit $r \in \mathbb{R}$ und $0 \leq r \leq 1$

b) $|\overline{AB}| = \left|\begin{pmatrix} 5 \\ 3 \\ 5 \end{pmatrix}\right| = \sqrt{5^2 + 3^2 + 5^2} = \sqrt{59} \approx 7{,}68$

c) $\overrightarrow{OM} = \begin{pmatrix} -2 \\ 1 \\ 0 \end{pmatrix} + 0{,}5 \cdot \begin{pmatrix} 5 \\ 3 \\ 5 \end{pmatrix} = \begin{pmatrix} 0{,}5 \\ 2{,}5 \\ 2{,}5 \end{pmatrix}$, $M\left(\frac{1}{2} \,\middle|\, \frac{5}{2} \,\middle|\, \frac{5}{2}\right)$

S. 94, 5.

a) g und h haben einen Schnittpunkt: S(7 | 0 | 4) (r = 2, s = −1)

b) g und h sind windschief (kein Schnittpunkt, nicht parallel).

c) g und h sind echt parallel (Richtungsvektoren sind kollinear, es gibt keinen Schnittpunkt).

S. 94, 6.

a) $0 = \vec{a} \cdot \vec{b} = \begin{pmatrix} 4 \\ 2 \\ 1 \end{pmatrix} \cdot \begin{pmatrix} b_1 \\ b_2 \\ b_3 \end{pmatrix} = 4b_1 + 2b_2 + b_3$

Diese Gleichung hat unendlich viele Lösungen, es gibt also unendlich viele Vektoren, die senkrecht auf $\vec{a}$ stehen, z. B. $\vec{b} = \begin{pmatrix} -1 \\ 1 \\ 2 \end{pmatrix}$.

b) $\vec{c} = \vec{a} \times \vec{b} = \begin{pmatrix} 2 \cdot 2 - 1 \cdot 1 \\ 1 \cdot (-1) - 4 \cdot 2 \\ 4 \cdot 1 - 2 \cdot (-1) \end{pmatrix} = \begin{pmatrix} 3 \\ -9 \\ 6 \end{pmatrix}$

Die Vektoren $\vec{a}$, $\vec{b}$ und $\vec{c}$ sind orthogonal zueinander. Es gibt unendlich viele Vektoren, die orthogonal zu $\vec{a}$ und $\vec{b}$ sind, nämlich $t \cdot \vec{c}$; $t \in \mathbb{R}$.

S. 94, 7.

a) $\overrightarrow{OP_t} = \begin{pmatrix} -t \\ 3-t \\ 3 \end{pmatrix} = \begin{pmatrix} 0 \\ 3 \\ 3 \end{pmatrix} + t \cdot \begin{pmatrix} -1 \\ -1 \\ 0 \end{pmatrix}$

Die Gerade verläuft parallel zur x_1x_2-Ebene.

b) z. B.:

① $\vec{x} = \begin{pmatrix} 1 \\ 3 \\ 3 \end{pmatrix} + t \cdot \begin{pmatrix} -1 \\ -1 \\ 0 \end{pmatrix}$ ② $\vec{x} = \begin{pmatrix} 0 \\ 3 \\ 3 \end{pmatrix} + t \cdot \begin{pmatrix} 0 \\ 0 \\ 1 \end{pmatrix}$

③ $\vec{x} = \begin{pmatrix} 1 \\ 3 \\ 3 \end{pmatrix} + t \cdot \begin{pmatrix} 0 \\ 0 \\ 1 \end{pmatrix}$

S. 94, 8.

a) Da die Punkte P, Q und R jeweils nur eine von null verschiedene Koordinate haben, liegen sie auf den Koordinatenachsen (Spurpunkte). Die von null verschiedene Koordinate zeigt die Achse: P auf der x_1-Achse, Q auf der x_2-Achse, R auf der x_3-Achse. Drei Punkte, die nicht auf einer Geraden liegen, spannen eine Ebene auf.

b) ① beschreibt eine Parametergleichung von E. Der Ortsvektor zu P ist Stützvektor und $\overrightarrow{PQ}$ und $\overrightarrow{PR}$ sind die beiden Richtungsvektoren.

② beschreibt keine Parametergleichung von E, da z. B. Q nicht in der von ② beschriebenen Ebene liegt.

c) z. B.

$\vec{x} = \overrightarrow{OQ} + s \cdot \overrightarrow{QP} + t \cdot \overrightarrow{QR} = \begin{pmatrix} 0 \\ 3 \\ 0 \end{pmatrix} + s \cdot \begin{pmatrix} -1 \\ -3 \\ 0 \end{pmatrix} + t \cdot \begin{pmatrix} 0 \\ -3 \\ 2 \end{pmatrix}$

d) Normalengleichung:

z. B. $\left[\begin{pmatrix} x_1 \\ x_2 \\ x_3 \end{pmatrix} - \begin{pmatrix} -1 \\ 0 \\ 0 \end{pmatrix}\right] \cdot \begin{pmatrix} 6 \\ -2 \\ -3 \end{pmatrix} = 0$

Koordinatengleichung:

z. B. $6x_1 - 2x_2 - 3x_3 = -6$

S. 95, 9.

a) E und g schneiden sich im Punkt P(−1 | 2 | 1).

b) E und g sind echt parallel zueinander.

c) g liegt in E.

S. 95, 10.

a) E und g schneiden sich im Punkt P(1 | 2 | 3).

b) g liegt in E.

c) E und g schneiden sich im Punkt P(2 | 0 | 0).

d) E und g sind echt parallel zueinander.

S. 95, 11.

a) E_1 und E_2 sind echt parallel zueinander.

b) E_1 und E_2 schneiden sich in der Geraden $g: \vec{x} = t \cdot \begin{pmatrix} 0 \\ 1 \\ 1 \end{pmatrix}$.

c) E_1 und E_2 sind identisch.

d) E_1 und E_2 schneiden sich in der Geraden $g: \vec{x} = \begin{pmatrix} 1 \\ 0 \\ 1 \end{pmatrix} + t \cdot \begin{pmatrix} 0 \\ 1 \\ 1 \end{pmatrix}$.

e) E_1 und E_2 sind echt parallel zueinander.

f) E_1 und E_2 schneiden sich in der Geraden $g: \vec{x} = t \cdot \begin{pmatrix} 0 \\ 1 \\ 1 \end{pmatrix}$.

g) $E_1: \vec{x} = k\begin{pmatrix} 1 \\ 0 \\ 1 \end{pmatrix} + l\begin{pmatrix} 1 \\ -1 \\ 0 \end{pmatrix}$

Für e): $\begin{pmatrix} 1 \\ -1 \\ -1 \end{pmatrix} + r\begin{pmatrix} 2 \\ -1 \\ 1 \end{pmatrix} + s\begin{pmatrix} 1 \\ 3 \\ 4 \end{pmatrix} = k\begin{pmatrix} 1 \\ 0 \\ 1 \end{pmatrix} + l\begin{pmatrix} 1 \\ -1 \\ 0 \end{pmatrix}$

E_1 und E_2 sind echt parallel zueinander.

Für f): $\begin{pmatrix} -4 \\ -1 \\ 7 \end{pmatrix} + r\begin{pmatrix} 2 \\ 1 \\ -3 \end{pmatrix} + s\begin{pmatrix} -3 \\ -1 \\ 5 \end{pmatrix} = k\begin{pmatrix} 1 \\ 0 \\ 1 \end{pmatrix} + l\begin{pmatrix} 1 \\ -1 \\ 0 \end{pmatrix}$

$k = 1 + \frac{1}{2}s \quad l = -1 - \frac{1}{2}s$

$g: \vec{x} = \begin{pmatrix} 0 \\ 1 \\ 1 \end{pmatrix} + s\begin{pmatrix} 0 \\ 0{,}5 \\ 0{,}5 \end{pmatrix}$ also $g: \vec{x} = s\begin{pmatrix} 0 \\ 1 \\ 1 \end{pmatrix}$

S. 95, 12.

a) E_1 und E_2 schneiden sich in der Geraden $g: \vec{x} = \begin{pmatrix} 0 \\ 1 \\ 2 \end{pmatrix} + t \cdot \begin{pmatrix} 1 \\ 0 \\ -1 \end{pmatrix}$.

b) E_1 und E_2 sind echt parallel zueinander.

c) E_1 und E_2: $-4x_1 + x_2 + 2x_3 = -7$ schneiden sich in der Geraden $g: \vec{x} = \begin{pmatrix} 0 \\ 1 \\ -4 \end{pmatrix} + t \cdot \begin{pmatrix} 1 \\ 0 \\ 2 \end{pmatrix}$.

S. 95, 13.

a) Die Eckpunkte des Schattens sind die Schnittpunkte der x_1x_2-Ebene mit der Geraden durch die Ecken des Sonnensegels entlang der Sonnenstrahlen. Ein Punkt liegt in der x_1x_2-Ebene, wenn seine dritte Koordinate null ist.

$\overrightarrow{OA'} = \begin{pmatrix} -6 \\ 2 \\ 0 \end{pmatrix}$ $\overrightarrow{OB'} = \begin{pmatrix} -4 \\ 2 \\ 0 \end{pmatrix}$

$\overrightarrow{OC'} = \begin{pmatrix} -4 \\ 4 \\ 0 \end{pmatrix}$ $\overrightarrow{OD'} = \begin{pmatrix} -6 \\ 4 \\ 0 \end{pmatrix}$

b) Der Schatten ist quadratisch.

c) $|\overrightarrow{A'B'}| = \left|\begin{pmatrix} 2 \\ 0 \\ 0 \end{pmatrix}\right| = \sqrt{2^2} = 2\,m, \qquad A = (2\,m)^2 = 4\,m^2$

Lösungen zu Kapitel 3: Winkel und Abstände

Ihr Fundament (S. 98/99)

S. 98, 1.

a) $\sin(\alpha) = \frac{a}{c}$; $\sin(\beta) = \frac{b}{c}$; $\cos(\alpha) = \frac{b}{c}$; $\cos(\beta) = \frac{a}{c}$

b) $a = \sin(\alpha) \cdot c = \sin(35°) \cdot 5\text{ cm} \approx 2{,}868\text{ cm}$
$b = \sin(\beta) \cdot c = \sin(180° - (35° + 90°)) \cdot 5\text{cm}$
$= \sin(55°) \cdot 5\text{ cm} \approx 4{,}096\text{ cm}$

c) $c = \frac{b}{\cos(\alpha)} = \frac{3\text{ cm}}{\cos(60°)} = 6\text{ cm}$
$a = \cos(\beta) \cdot c = \cos(180° - (60° + 90°)) \cdot 6\text{ cm}$
$= \cos(30°) \cdot 6\text{ cm} \approx 5{,}196\text{ cm}$

S. 98, 2.

a) Der x-Wert des Punktes, der durch Abtragen von α am Einheitskreis entsteht, entspricht $\cos(\alpha)$. Der y-Wert des Punktes entspricht $\sin(\alpha)$. In diesem Fall ist $\cos(\alpha) = -0{,}6$ und $\sin(\alpha) = 0{,}8$. Damit ist $\alpha \approx 126{,}9°$.

b) Für die Werte in den vier Quadranten gilt:

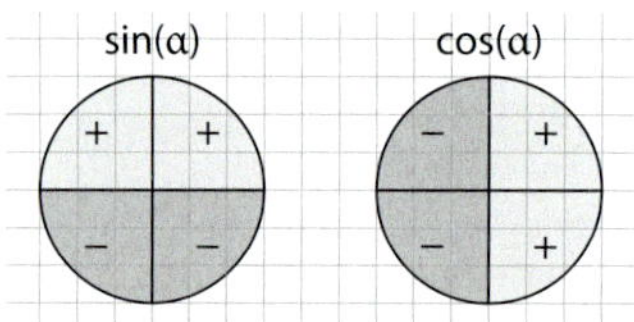

S. 98, 3.

	a)	b)	c)	d)
sin(α)	negativ	positiv	negativ	positiv
cos(α)	negativ	positiv	positiv	negativ

S. 98, 4

a) Nullstellen:
$f(x) = 0$: $x_1 = 0$; $x_2 = \pi$; $x_3 = 2\pi$
$g(x) = 0$: $x_1 = \frac{1}{2}\pi$; $x_2 = \frac{3}{2}\pi$
Extrempunkte:
$f'(x) = \cos(x) = 0$: $x_1 = \frac{1}{2}\pi$; $x_2 = \frac{3}{2}\pi$
$F_1(\frac{1}{2}\pi \mid 1)$; $F_2(\frac{3}{2}\pi \mid -1)$
$g'(x) = -\sin(x) = 0$: $x_1 = 0$; $x_2 = \pi$; $x_3 = 2\pi$
$G_1(0 \mid 1)$; $G_2(\pi \mid -1)$; $G_3(2\pi \mid 1)$

b) Die Funktion f ist monoton steigend auf den Intervallen $\left[0; \frac{1}{2}\pi\right]$ und $\left[\frac{3}{2}\pi; 2\pi\right]$ und monoton fallend auf dem Intervall $\left[\frac{1}{2}\pi; \frac{3}{2}\pi\right]$.
Die Funktion g ist monoton steigend auf dem Intervall $[\pi; 2\pi]$ und monoton fallend auf dem Intervall $[0; \pi]$.

c)

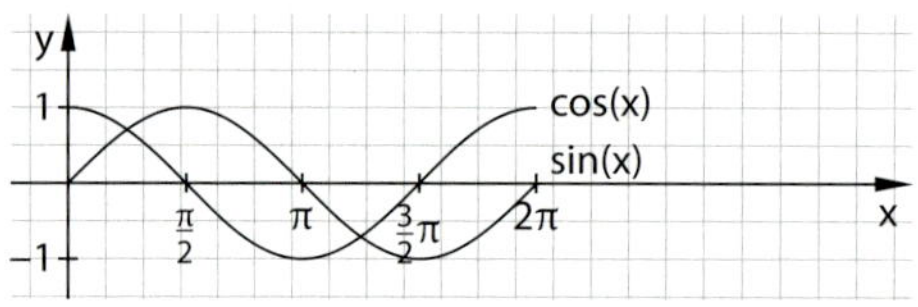

S. 98, 5.

a) $c = 17\text{ cm}$

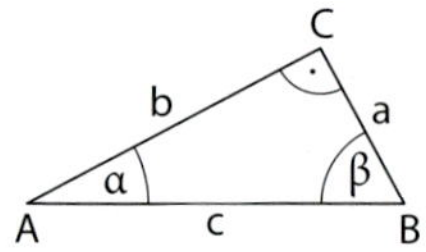

b) $c = 0{,}5\text{ m}$

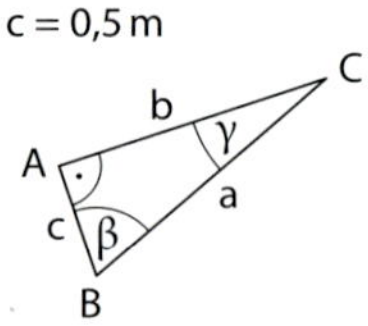

c) $a = 3{,}6\text{ cm}$

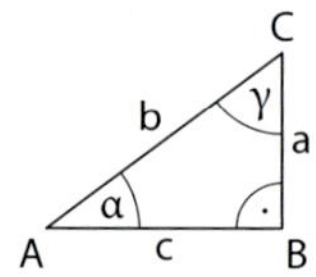

S. 98, 6.

a) Das Dreieck ist rechtwinklig mit Hypotenuse a und rechtem Winkel α, da $2{,}9^2 = 2{,}1^2 + 2{,}0^2$.

b) Das Dreieck ist nicht rechtwinklig, da $2^2 + 1{,}5^2 \neq 4{,}8^2$.

c) Das Dreieck ist rechtwinklig mit Hypotenuse b und rechtem Winkel β, da 80 dm = 8 m und $(10\text{ m})^2 = (6\text{ m})^2 + (8\text{ m})^2$.

S. 98, 7.

a) $x = \sqrt{61} \approx 7{,}81$; $y = \sqrt{34} \approx 5{,}83$

b) $x = \sqrt{41} \approx 6{,}40$; $y = \sqrt{29} \approx 5{,}39$

c) $x = \sqrt{41} \approx 6{,}40$; $y = \sqrt{45} \approx 6{,}71$; $z = \sqrt{24} \approx 4{,}90$

S. 99, 8.

a) $A = 1{,}5\text{ cm}^2$ b) $A = 3\text{ cm}^2$ c) $A = 3\text{ cm}^2$

S. 99, 9.

a) $V = \frac{1}{3}a \cdot b \cdot h = \frac{1}{3} \cdot 35\text{ mm} \cdot 45\text{ mm} \cdot 70\text{ mm}$
$= 36\,750\text{ mm}^3 = 36{,}75\text{ cm}^3$
$O = ab + a\sqrt{\left(\frac{b}{2}\right)^2 + h^2} + b\sqrt{\left(\frac{a}{2}\right)^2 + h^2}$
$\approx 7395{,}40\text{ mm}^2 \approx 73{,}9\text{ cm}^2$

b) $V = \frac{a^3}{12}\sqrt{2} = \frac{(10\text{ m})^3}{12}\sqrt{2} \approx 117{,}85\text{ m}^3$
$O = \sqrt{3}a^2 \approx 173{,}21\text{ m}^2$

c) $V = 5\text{ cm} \cdot \left(2\text{ cm} \cdot \frac{1}{2}(3\text{ cm} + 5\text{ cm})\right) = 40\text{ cm}^3$
$O = 2\left(2\text{ cm} \cdot \frac{1}{2}(3\text{ cm} + 5\text{ cm})\right)$
$+ (3\text{ cm} + 5\text{ cm} + 2\text{ cm} + \sqrt{8}\text{ cm}) \cdot 5\text{ cm} \approx 80{,}14\text{ cm}^2$

S. 99, 10.

a) $V = \pi \cdot r^2 \cdot h \approx 147\,026{,}54\text{ mm}^3 \approx 147\text{ cm}^3$
$O = 2\pi \cdot r \cdot h + 2 \cdot \pi \cdot r^2 \approx 15\,456{,}64\text{ mm}^2 \approx 154{,}6\text{ cm}^2$

b) $V = \frac{1}{3}\pi \cdot r^2 \cdot h \approx 153{,}56\text{ mm}^3$
$O = \pi \cdot r\left(r + \sqrt{r^2 + h^2}\right) \approx 175{,}93\text{ mm}^2$

c) $V = \frac{4}{3}\pi \cdot r^3 \approx 33\,510{,}32\text{ mm}^3 \approx 33{,}5\text{ cm}^3$
$O = 4\pi \cdot r^3 \approx 5026{,}54\text{ mm}^2 \approx 50{,}3\text{ cm}^2$

S. 99, 11.

a) $V = \frac{1}{3}\pi \cdot 70^2 \cdot (345 - 122) + \pi \cdot 70^2 \cdot 122$
$\approx 3{,}022 \cdot 10^6\text{ mm}^3 = 3022\text{ cm}^3$
$O = 2\pi \cdot 70 \cdot 122 + \pi \cdot 70^2 + \pi \cdot 70 \cdot \sqrt{223^2 + 70^2}$
$\approx 120\,451{,}78\text{ mm}^2 \approx 1204{,}5\text{ cm}^2$

b) $V = 1200\text{ mm}^2 \cdot 20\text{ mm} = 24\,000\text{ mm}^3$
$O = 2 \cdot 1200 + 20 \cdot (40 \cdot 10 + 3 \cdot 20 + 3 \cdot 40)$
$= 6800\text{ mm}^2$

c) $V = \frac{1}{3} \cdot 120^2 \cdot 140 - \frac{1}{3}\pi \cdot 20^2 \cdot 60$
$\approx 646\,867{,}26\,\text{mm}^3$
$O = 120^2 + 2 \cdot 120 \cdot \sqrt{60^2 + 140^2} - \pi \cdot 20^2$
$+ \pi \cdot 20 \cdot \sqrt{20^2 + 60^2} \approx 53\,672{,}91\,\text{mm}^2$

S. 99, 12.
a) $V = 1{,}8\,\text{m} \cdot 1{,}8\,\text{m} \cdot 2{,}2\,\text{m} + \frac{1}{3} \cdot 1{,}8\,\text{m} \cdot 1{,}8\,\text{m} \cdot 1{,}6\,\text{m}$
$= 8{,}856\,\text{m}^3 = 8{,}856 \cdot 10^6\,\text{cm}^3$
$8{,}856 \cdot 10^6\,\text{cm}^3 \cdot 1{,}9\,\frac{\text{g}}{\text{cm}^3} = 1{,}68 \cdot 10^7\,\text{g} = 16{,}8\,\text{t}$
Das Silo fasst maximal 16,8 Tonnen des Zements.
b) $O = (1{,}8\,\text{m}^2) + 4 \cdot 1{,}8\,\text{m} \cdot 2{,}2\,\text{m}$
$+ 4 \cdot \frac{1{,}8\,\text{m}}{2}\sqrt{\left(\frac{1{,}8\,\text{m}}{2}\right)^2 + (1{,}6\,\text{m})^2} \approx 25{,}69\,\text{m}^2$
$25{,}69 : 4 \approx 6{,}42$
Es werden etwa 6,42 Liter Farbe benötigt.

S. 99, 13.
$\overrightarrow{AB} = \begin{pmatrix} 2 \\ 6 \\ 0 \end{pmatrix}, \overrightarrow{BC} = \begin{pmatrix} -6 \\ 2 \\ 3 \end{pmatrix}, \overrightarrow{CD} = \begin{pmatrix} -2 \\ -6 \\ 0 \end{pmatrix}, \overrightarrow{DA} = \begin{pmatrix} 6 \\ -2 \\ -3 \end{pmatrix}$
Es gilt $\overrightarrow{AB} = -\overrightarrow{CD}$ und $\overrightarrow{BC} = -\overrightarrow{DA}$. Somit sind die gegenüberliegenden Seiten des Vierecks ABCD parallel und gleich lang. Es handelt sich also um ein Rechteck.

S. 99, 14.
a) $\overrightarrow{AB} = \begin{pmatrix} -4 \\ 2 \\ 0 \end{pmatrix}, \overrightarrow{BC} = \begin{pmatrix} 0 \\ -5 \\ 5 \end{pmatrix}, \overrightarrow{CA} = \begin{pmatrix} 4 \\ 3 \\ -5 \end{pmatrix}$
$|\overrightarrow{AB}| = \sqrt{20}, |\overrightarrow{BC}| = |\overrightarrow{CA}| = \sqrt{50}$
Das Dreieck ist gleichschenklig mit Basis $\overline{AB}$, aber nicht gleichseitig.
b) Pythagoras: $h_C^2 + \left(\frac{1}{2}|\overrightarrow{AB}|\right)^2 = |\overrightarrow{CA}|^2 \Rightarrow h_C = \sqrt{45}$
Flächeninhalt: $A = \frac{1}{2}|\overrightarrow{AB}| \cdot h_C = 15$

Prüfen Sie Ihr neues Fundament (S. 118/119)

S. 118, 1.
$\begin{pmatrix} -1 \\ 0 \\ -1 \end{pmatrix} + r \cdot \begin{pmatrix} 3 \\ 1 \\ -2 \end{pmatrix} = \begin{pmatrix} 2 \\ 1 \\ -3 \end{pmatrix} + t \cdot \begin{pmatrix} 1 \\ 1 \\ 1 \end{pmatrix}$
$\left(\begin{array}{cc|c} 3 & -1 & 3 \\ 1 & -1 & 1 \\ -2 & -1 & -2 \end{array}\right) \xrightarrow{\text{ZSF}} \left(\begin{array}{cc|c} 3 & -1 & 3 \\ 0 & -\frac{2}{3} & 0 \\ 0 & 0 & 0 \end{array}\right) \to r = 1 \text{ und } t = 0$
$\alpha = \cos^{-1}\left(\frac{\left(\begin{pmatrix} 3 \\ 1 \\ -2 \end{pmatrix} \cdot \begin{pmatrix} 1 \\ 1 \\ 1 \end{pmatrix}\right)}{\sqrt{3^2 + 1^2 + (-2)^2} \cdot \sqrt{1^2 + 1^2 + 1^2}}\right) \approx 72°$
Die Geraden schneiden sich im Punkt $S(2\,|\,1\,|-3)$ in einem Winkel von 72°.

S. 118, 2.
a) $\cos(\alpha) = \frac{\overrightarrow{AB} \cdot \overrightarrow{AC}}{|\overrightarrow{AB}| \cdot |\overrightarrow{AC}|} = \frac{\begin{pmatrix} 4 \\ 0 \\ 2 \end{pmatrix} \cdot \begin{pmatrix} -2 \\ 1 \\ 14 \end{pmatrix}}{\sqrt{20} \cdot \sqrt{201}} \approx 0{,}315$
$\alpha \approx 71{,}6°$
$\cos(\beta) = 0$, also $\beta = 90°$;
$\cos(\gamma) \approx 0{,}949$, also $\gamma \approx 18{,}4°$
Das Dreieck ist rechtwinklig mit $\beta = 90°$.
b) $\cos(\alpha) \approx -0{,}478, \alpha \approx 118{,}6°$
$\cos(\beta) \approx 0{,}866, \beta \approx 30°$
$\cos(\gamma) \approx 0{,}853, \gamma \approx 31{,}5°$
Das Dreieck hat keinen rechten Innenwinkel, es ist stumpfwinklig.

S. 118, 3.
a) $\alpha = \sin^{-1}\left(\frac{\begin{pmatrix} 1 \\ 1 \\ 1 \end{pmatrix} \cdot \begin{pmatrix} 1 \\ 1 \\ 1 \end{pmatrix}}{\sqrt{1^2 + 1^2 + 1^2} \cdot \sqrt{1^2 + 1^2 + 1^2}}\right) = 90°$
b) E und g sind echt parallel zueinander, es gibt keinen Schnittpunkt zwischen ihnen.
c) $\alpha = \sin^{-1}\left(\frac{\begin{pmatrix} 4 \\ -2 \\ 1 \end{pmatrix} \cdot \begin{pmatrix} -2 \\ -2 \\ 2 \end{pmatrix}}{\sqrt{4^2 + (-2)^2 + 1^2} \cdot \sqrt{(-2)^2 + (-2)^2 + 2^2}}\right) \approx 7{,}24°$

S. 118, 4.
a) $\alpha = \cos^{-1}\left(\frac{\begin{pmatrix} 1 \\ 2 \\ 1 \end{pmatrix} \cdot \begin{pmatrix} 1 \\ 1 \\ 0 \end{pmatrix}}{\sqrt{1^2 + 2^2 + 1^2} \cdot \sqrt{1^2 + 1^2 + 0^2}}\right) = 30°$
b) $\alpha = \cos^{-1}\left(\frac{\begin{pmatrix} 1 \\ -6 \\ -2 \end{pmatrix} \cdot \begin{pmatrix} 6 \\ -3 \\ 4 \end{pmatrix}}{\sqrt{1^2 + (-6)^2 + (-2)^2} \cdot \sqrt{6^2 + (-3)^2 + 4^2}}\right) \approx 71{,}34°$
c) $\alpha = \cos^{-1}\left(\frac{\begin{pmatrix} 4 \\ 0 \\ 0 \end{pmatrix} \cdot \begin{pmatrix} 5 \\ 1 \\ 3 \end{pmatrix}}{\sqrt{4^2 + 0^2 + 0^2} \cdot \sqrt{5^2 + 1^2 + 3^2}}\right) \approx 32{,}31°$
d) $\alpha = \cos^{-1}\left(\frac{\begin{pmatrix} -5 \\ 13 \\ -1 \end{pmatrix} \cdot \begin{pmatrix} 5 \\ -8 \\ 9 \end{pmatrix}}{\sqrt{(-5)^2 + 13^2 + (-1)^2} \cdot \sqrt{5^2 + (-8)^2 + 9^2}}\right)$
$\approx 40{,}72°$

S. 118, 5.
a) Lotgerade: $g: \vec{x} = \begin{pmatrix} 1 \\ 1 \\ 1 \end{pmatrix} + t\begin{pmatrix} 1 \\ 1 \\ 0 \end{pmatrix}$
Lotfußpunkt (Schnittpunkt von g und E): $F(0{,}5\,|\,0{,}5\,|\,1)$
$d(A; E) = |\overrightarrow{AF}| = \sqrt{(-0{,}5)^2 + (-0{,}5)^2 + 0^2} \approx 0{,}71$
b) Lotgerade: $g: \vec{x} = \begin{pmatrix} 1 \\ -1 \\ 2 \end{pmatrix} + t\begin{pmatrix} 2 \\ 1 \\ -3 \end{pmatrix}$
Lotfußpunkt (Schnittpunkt von g und E): $F(2{,}43\,|-0{,}29\,|-0{,}14)$
$d(A; E) = |\overrightarrow{AF}| = \sqrt{1{,}43^2 + 0{,}71^2 + (-2{,}14)^2} \approx 2{,}67$
c) Lotgerade: $g: \vec{x} = \begin{pmatrix} 2 \\ 1 \\ -1 \end{pmatrix} + t\begin{pmatrix} 0 \\ 0 \\ 1 \end{pmatrix}$
Lotfußpunkt (Schnittpunkt von g und E): $F(2\,|\,1\,|-1)$
Der Punkt A liegt in der Ebene E, also $d(A; E) = 0$.

S. 118, 6.
a) Lotgerade: $g: \vec{x} = t\begin{pmatrix} 2 \\ 1 \\ -2 \end{pmatrix}$
Lotfußpunkt (Schnittpunkt von g und E): $F\left(\frac{8}{3}\,\middle|\,\frac{4}{3}\,\middle|-\frac{8}{3}\right)$
$d(O; E) = |\overrightarrow{OF}| = \sqrt{\left(\frac{8}{3}\right)^2 + \left(\frac{4}{3}\right)^2 + \left(-\frac{8}{3}\right)^2} = 4$
Die Ebene hat zum Ursprung einen Abstand von 4.
b) Da der Stützvektor der Gerade g eine Länge von 3 hat und g die Ebene E für $t = \frac{4}{3}$ schneidet, haben die Punkte auf g für $t = -\frac{1}{3}$ und $t = \frac{9}{3}$ einen Abstand von 5 LE zu E.
Diese Punkte sind die Stützpunkte der zu E parallelen Ebenen. Da die Ebenen parallel sind, sind ihre Normalenvektoren gleich.
E_1: $2x_1 + x_2 - 2x_3 = -3 = -\frac{1}{3}\begin{pmatrix} 2 \\ 1 \\ -2 \end{pmatrix}\begin{pmatrix} 2 \\ 1 \\ -2 \end{pmatrix}$
E_2: $2x_1 + x_2 - 2x_3 = 27 = \frac{9}{3}\begin{pmatrix} 2 \\ 1 \\ -2 \end{pmatrix}\begin{pmatrix} 2 \\ 1 \\ -2 \end{pmatrix}$
E_1 und E_2 sind parallel zu E und haben jeweils zu E einen Abstand von 5.

S. 118, 7.

a) $E_1: \vec{x} = \begin{pmatrix} 0 \\ 0 \\ 0 \end{pmatrix} + s \cdot \begin{pmatrix} 3 \\ 0 \\ 0 \end{pmatrix} + t \cdot \begin{pmatrix} 0 \\ 4 \\ 0 \end{pmatrix}$

$E_2: \vec{x} = \begin{pmatrix} 0 \\ 0 \\ 0 \end{pmatrix} + s \cdot \begin{pmatrix} 0 \\ 4 \\ 0 \end{pmatrix} + t \cdot \begin{pmatrix} 0 \\ 0 \\ 4 \end{pmatrix}$

$E_3: \vec{x} = \begin{pmatrix} 0 \\ 0 \\ 0 \end{pmatrix} + s \cdot \begin{pmatrix} 3 \\ 0 \\ 0 \end{pmatrix} + t \cdot \begin{pmatrix} 0 \\ 0 \\ 4 \end{pmatrix}$

$E_4: \vec{x} = \begin{pmatrix} 3 \\ 0 \\ 0 \end{pmatrix} + s \cdot \begin{pmatrix} -3 \\ 4 \\ 0 \end{pmatrix} + t \cdot \begin{pmatrix} -3 \\ 0 \\ 4 \end{pmatrix}$

b) $\overline{AB}: \vec{x} = \begin{pmatrix} 3 \\ 0 \\ 0 \end{pmatrix} + r \cdot \begin{pmatrix} -3 \\ 4 \\ 0 \end{pmatrix}$ mit $r \in \mathbb{R}$ und $0 \leq r \leq 1$

$\overrightarrow{OM} = \begin{pmatrix} 3 \\ 0 \\ 0 \end{pmatrix} + 0{,}5 \cdot \begin{pmatrix} -3 \\ 4 \\ 0 \end{pmatrix} = \begin{pmatrix} 1{,}5 \\ 2 \\ 0 \end{pmatrix}$

$\overrightarrow{MC} = \begin{pmatrix} -1{,}5 \\ -2 \\ 4 \end{pmatrix}$

$\cos(\alpha) = \frac{\overrightarrow{MO} \cdot \overrightarrow{MC}}{|\overrightarrow{MO}| \cdot |\overrightarrow{MC}|} \approx 0{,}53, \alpha \approx 58°$

c) $\overline{MC}: x = \begin{pmatrix} 1{,}5 \\ 2 \\ 0 \end{pmatrix} + r \cdot \begin{pmatrix} -1{,}5 \\ -2 \\ 4 \end{pmatrix}$ mit $r \in \mathbb{R}$ und $0 \leq r \leq 1$

Der Schnittpunkt der Seitenhalbierenden teilt jede Seitenhalbierende im Verhältnis 2 : 1, wobei die Strecke zwischen Schnittpunkt und Ecke doppelt so lang ist wie die Strecke zwischen Schnittpunkt und Seitenmittelpunkt. Daher kann man die Koordinaten des Schnittpunktes S berechnen, indem man auf einer Seitenhalbierenden vom Seitenmittelpunkt aus $(\overline{MC})$ ein Drittel der Strecke abträgt.

$\overrightarrow{OS} = \begin{pmatrix} 1{,}5 \\ 2 \\ 0 \end{pmatrix} + \frac{1}{3} \cdot \begin{pmatrix} -1{,}5 \\ -2 \\ 4 \end{pmatrix} = \begin{pmatrix} 1 \\ \frac{4}{3} \\ \frac{4}{3} \end{pmatrix} \qquad S\left(1 \,\middle|\, \frac{4}{3} \,\middle|\, \frac{4}{3}\right).$

d) Man kann eine Pyramide in volumengleiche Teilkörper (Pyramiden) zerlegen, indem man die Grundfläche zerlegt und mit der Spitze der Pyramide zu einer Ebene ergänzt – mit derselben Höhe. Die dreieckige Grundfläche ABC wird durch eine Seitenhalbierende in zwei Dreiecke gleicher Fläche zerlegt. Die Pyramide wird durch die Ebene durch O, M und C in zwei volumengleiche Teilkörper zerlegt.

$\vec{x} = \begin{pmatrix} 0 \\ 0 \\ 0 \end{pmatrix} + s \cdot \begin{pmatrix} 1{,}5 \\ 2 \\ 0 \end{pmatrix} + t \cdot \begin{pmatrix} 0 \\ 0 \\ 4 \end{pmatrix}$

S. 119, 8.

a) $V = \frac{1}{3} \cdot G \cdot h = \frac{1}{3} \cdot \left(\frac{1}{2} \cdot 6 \cdot 6\right) \cdot 6 = 36$

b) $A(6|0|0); C(0|6|0); J(3|0|6)$

$\sphericalangle CAJ = \cos^{-1}\left(\frac{\overrightarrow{AC} \cdot \overrightarrow{AJ}}{|\overrightarrow{AC}| \cdot |\overrightarrow{AJ}|}\right)$

$= \cos^{-1}\left(\frac{\begin{pmatrix} -6 \\ 6 \\ 0 \end{pmatrix} \cdot \begin{pmatrix} -3 \\ 0 \\ 6 \end{pmatrix}}{\sqrt{72} \cdot \sqrt{45}}\right) \approx 71{,}57°$

$\sphericalangle JCA = \cos^{-1}\left(\frac{\overrightarrow{CA} \cdot \overrightarrow{CJ}}{|\overrightarrow{CA}| \cdot |\overrightarrow{CJ}|}\right)$

$= \cos^{-1}\left(\frac{\begin{pmatrix} 6 \\ -6 \\ 0 \end{pmatrix} \cdot \begin{pmatrix} 3 \\ -6 \\ 6 \end{pmatrix}}{\sqrt{72} \cdot \sqrt{81}}\right) = 45°$

$\sphericalangle AJC = 180° - (45° + 71{,}57°) = 63{,}43°$

c) $E_{ACJ}: 2x_1 + 2x_2 + x_3 = 12; I(3|6|6)$

Lotgerade: $g: \vec{x} = \begin{pmatrix} 3 \\ 6 \\ 6 \end{pmatrix} + t\begin{pmatrix} 2 \\ 2 \\ 1 \end{pmatrix}$

Lotfußpunkt (Schnittpunkt von g mit E_{ACJ}):

$F\left(\frac{1}{3} \,\middle|\, \frac{10}{3} \,\middle|\, \frac{14}{3}\right)$

$d(I; E_{ACJ}) = |\overrightarrow{IF}| = \sqrt{\left(-\frac{8}{3}\right)^2 + \left(-\frac{8}{3}\right)^2 + \left(-\frac{4}{3}\right)^2} = 4$

S. 119, 9.

$\overrightarrow{AB} = \begin{pmatrix} -3 \\ 12 \\ 3 \end{pmatrix} = 3\begin{pmatrix} -1 \\ 4 \\ 1 \end{pmatrix}$ mit $|\overrightarrow{AB}| = 9\sqrt{2} \approx 12{,}78$

a) $\overrightarrow{AC} = \begin{pmatrix} -5 \\ 2 \\ 5 \end{pmatrix} \qquad \overrightarrow{BC} = \begin{pmatrix} -2 \\ -10 \\ 2 \end{pmatrix}$

Wegen $\overrightarrow{AC} \cdot \overrightarrow{BC} = 0$ ist das Dreieck rechtwinklig mit Kathetenlängen $|\overrightarrow{AC}| = \sqrt{54}$ und $|\overrightarrow{BC}| = \sqrt{108}$.

Flächeninhalt: $A = \frac{1}{2}|\overrightarrow{AC}| \cdot |\overrightarrow{BC}| = \frac{1}{2} \cdot 54\sqrt{2} \approx 38{,}18$

b) $\overrightarrow{AC} = \begin{pmatrix} 5 \\ 6 \\ 8 \end{pmatrix}, \quad \overrightarrow{BC} = \begin{pmatrix} 8 \\ -6 \\ 5 \end{pmatrix}, \quad |\overrightarrow{AC}| = |\overrightarrow{BC}| = \sqrt{125}$

Das Dreieck ist gleichschenklig mit Basis $\overline{AB}$ und Höhe $h = \sqrt{84{,}5}$ (Pythagoras).

Flächeninhalt: $A = \frac{1}{2}|\overrightarrow{AB}| \cdot h = \frac{1}{2} \cdot 9\sqrt{2 \cdot 84{,}5} = \frac{117}{2}$

c) $|\overrightarrow{AC}| = \left|\begin{pmatrix} -1 \\ 2 \\ 9 \end{pmatrix}\right| = \sqrt{86} \approx 9{,}27$

$|\overrightarrow{BC}| = \left|\begin{pmatrix} 2 \\ -10 \\ 6 \end{pmatrix}\right| = \sqrt{140} \approx 11{,}83$

$\overrightarrow{AC} \cdot \overrightarrow{BC} = \begin{pmatrix} -1 \\ 2 \\ 9 \end{pmatrix} \cdot \begin{pmatrix} 2 \\ -10 \\ 6 \end{pmatrix} \neq 0$

Das Dreieck ist nicht gleichschenklig und nicht rechtwinklig.

Die Höhe ist gleich dem Abstand von C zu

$g_{AB}: \vec{x} = \begin{pmatrix} 3 \\ -5 \\ 0 \end{pmatrix} + s\begin{pmatrix} -1 \\ 4 \\ 1 \end{pmatrix}: h_c = 2\sqrt{17}$

Flächeninhalt: $A = \frac{1}{2}|\overrightarrow{AB}| \cdot h_c = \frac{1}{2} \cdot 9\sqrt{2} \cdot 2\sqrt{17}$
$= 9\sqrt{34} \approx 52{,}48$

S. 119, 10.

$\overrightarrow{AB} = \begin{pmatrix} 4 \\ 8 \\ 8 \end{pmatrix} = 4\begin{pmatrix} 1 \\ 2 \\ 2 \end{pmatrix} \qquad |\overrightarrow{AB}| = 12$

a) $\overrightarrow{CD} = \begin{pmatrix} -4 \\ -8 \\ -8 \end{pmatrix} = -\overrightarrow{AB}$, ABCD ist ein Parallelogramm.

$|\overrightarrow{AD}| = \left|\begin{pmatrix} 8 \\ -8 \\ 4 \end{pmatrix}\right| = |\overrightarrow{AB}|$, ABCD ist eine Raute.

$\overrightarrow{AB} \cdot \overrightarrow{AD} = 0$, ABCD ist ein Quadrat.

$A = |\overrightarrow{AB}|^2 = 144$

b) $\overrightarrow{CD} = \begin{pmatrix} -4 \\ -8 \\ -8 \end{pmatrix} = -\overrightarrow{AB}$, ABCD ist ein Parallelogramm.

$|\overrightarrow{AD}| = \left|\begin{pmatrix} 4 \\ -6 \\ 4 \end{pmatrix}\right| \neq |\overrightarrow{AB}|$, ABCD ist keine Raute.

$\overrightarrow{AB} \cdot \overrightarrow{AD} = 0$, ABCD ist ein Rechteck.

$A = |\overrightarrow{AB}| \cdot |\overrightarrow{AD}| = 12 \cdot \sqrt{68} \approx 98{,}95$

c) $\overrightarrow{CD} = \begin{pmatrix}-4\\-8\\-8\end{pmatrix} = -\overrightarrow{AB}$, ABCD ist ein Parallelogramm.

$|\overrightarrow{AD}| = \left|\begin{pmatrix}0\\0\\12\end{pmatrix}\right| = 12 = |\overrightarrow{AB}|$, ABCD ist eine Raute.

$\overrightarrow{AB} \cdot \overrightarrow{AD} \neq 0$, ABCD ist kein Quadrat.
Flächenberechnung mithilfe der Diagonalen:

$|\overrightarrow{AC}| = \left|\begin{pmatrix}4\\8\\20\end{pmatrix}\right| = 4\left|\begin{pmatrix}1\\2\\5\end{pmatrix}\right| = 4\sqrt{30}$

$|\overrightarrow{BD}| = \left|\begin{pmatrix}-4\\-8\\4\end{pmatrix}\right| = 4\left|\begin{pmatrix}-1\\-2\\1\end{pmatrix}\right| = 4\sqrt{6}$

$A = \frac{1}{2}|\overrightarrow{AC}| \cdot |\overrightarrow{BD}| = \frac{1}{2} \cdot 4\sqrt{6} \cdot 4\sqrt{30} = 48\sqrt{5} \approx 107{,}33$

d) $\overrightarrow{CD} = \begin{pmatrix}-2\\-4\\-4\end{pmatrix} = -\frac{1}{2}\overrightarrow{AB}$, ABCD ist ein Trapez.

Die Höhe ist gleich dem Abstand von D zu

$g_{AB}: \vec{x} = \begin{pmatrix}1\\-8\\-4\end{pmatrix} + s\begin{pmatrix}1\\2\\2\end{pmatrix}$: also h = 6.

Flächeninhalt: $A = \frac{1}{2}\left(|\overrightarrow{AB}| + |\overrightarrow{CD}|\right) \cdot h = \frac{1}{2}(12 + 6) \cdot 6$
$= 54$

e) $\overrightarrow{CD} = \begin{pmatrix}-3\\9\\-6\end{pmatrix} = 3\begin{pmatrix}-1\\3\\-2\end{pmatrix} \nparallel \overrightarrow{AB}$, ABCD ist kein Parallelogramm.

Da auch $\overrightarrow{BC} = \begin{pmatrix}-1\\-11\\-2\end{pmatrix} \nparallel \overrightarrow{AD} = \begin{pmatrix}0\\-12\\0\end{pmatrix}$, ist ABCD auch kein Trapez.

$|\overrightarrow{AD}| = |\overrightarrow{AB}| = 12$ und $|\overrightarrow{BC}| = |\overrightarrow{DC}| = \sqrt{126}$, ABCD ist ein Drachenviereck.
Flächenberechnung mithilfe der Diagonalen:

$|\overrightarrow{AC}| = \left|\begin{pmatrix}3\\-3\\6\end{pmatrix}\right| = 3\sqrt{6}$ und $|\overrightarrow{BD}| = \left|\begin{pmatrix}-4\\-20\\-8\end{pmatrix}\right| = 4\sqrt{30}$

$A = \frac{1}{2}|\overrightarrow{AC}| \cdot |\overrightarrow{BD}| = \frac{1}{2} \cdot 3\sqrt{6} \cdot 4\sqrt{30} = 36\sqrt{5} \approx 80{,}50$

S. 119, 11.

a) $d(P_z, E_2) = |z - 4|$

$d(P_z, E_1) = \frac{1}{3}\left[\begin{pmatrix}0\\0\\z\end{pmatrix} \cdot \begin{pmatrix}1\\2\\2\end{pmatrix} - 23\right] = \frac{1}{3}(2z - 23)$

$\frac{1}{3}(2z - 23) = z - 4 \Leftrightarrow z = -11$

$\frac{1}{3}(2z - 23) = 4 - z \Leftrightarrow z = 7 > 0$, also $P(0|0|7)$

b) P liegt in E_3: $5 \cdot 7 = 35$
Einsetzen von x_3 in die Gleichung von
E_1: $x_1 + 2x_2 + 8 = 23$
Lösung: $(15 - 2t|t|4)$

Schnittgerade: $g: \vec{x} = \begin{pmatrix}15\\0\\4\end{pmatrix} + t\begin{pmatrix}-2\\1\\0\end{pmatrix}$

c) E_3 ist dann die Winkelhalbierende zu E_1 und E_2.

d) $\cos(\alpha_1) = \dfrac{\begin{pmatrix}1\\2\\2\end{pmatrix} \cdot \begin{pmatrix}1\\2\\5\end{pmatrix}}{\sqrt{1^2+2^2+2^2} \cdot \sqrt{1^2+2^2+5^2}} = \dfrac{15}{\sqrt{9} \cdot \sqrt{30}} = \dfrac{5}{\sqrt{30}}$

$\cos(\alpha_2) = \dfrac{\begin{pmatrix}0\\0\\1\end{pmatrix} \cdot \begin{pmatrix}1\\2\\5\end{pmatrix}}{\sqrt{0^2+0^2+1^2} \cdot \sqrt{1^2+2^2+5^2}} = \dfrac{5}{\sqrt{1} \cdot \sqrt{30}}$

E_3 schließt mit E_1 und mit E_2 je einen Winkel von rund 24,1° ein.

S. 119, 12.

a) Die dritte Koordinate des Richtungsvektors von Flugzeug ① ist negativ, die von Flugzeug ② positiv. Das heißt, Flugzeug ① landet und Flugzeug ② startet.

b) Schnittpunkte von g und h mit der x_1x_2-Ebene:
① Landepunkt: L(14|13|0)
② Startpunkt: S(1|3|0)

c) Normalenvektor der x_1x_2-Ebene: $\begin{pmatrix}0\\0\\1\end{pmatrix}$

① $\alpha = \sin^{-1}\left(\dfrac{\left|\begin{pmatrix}2\\2\\-1\end{pmatrix} \cdot \begin{pmatrix}0\\0\\1\end{pmatrix}\right|}{\sqrt{9} \cdot \sqrt{1}}\right) = \sin^{-1}\left(\frac{1}{3}\right) \approx 19{,}47°$

② $\beta = \sin^{-1}\left(\dfrac{\left|\begin{pmatrix}2\\2\\1\end{pmatrix} \cdot \begin{pmatrix}0\\0\\1\end{pmatrix}\right|}{\sqrt{9} \cdot \sqrt{1}}\right) = \sin^{-1}\left(\frac{1}{3}\right) \approx 19{,}47°$

d) Abstandsvektor zum Zeitpunk t:

$\vec{d}(t) = \begin{pmatrix}4-3\\3-5\\5-1\end{pmatrix} + t\begin{pmatrix}2-2\\2-2\\-1-1\end{pmatrix} = \begin{pmatrix}1\\-2\\4-2t\end{pmatrix}$

Abstand zum Zeitpunkt t:
$d(t) = \sqrt{1 + 4 + 16 - 16t + 4t^2} = \sqrt{21 - 16t + 4t^2}$

Notwendige Bed. für eine Minimalstelle:
$d'(t) = \dfrac{-16 + 8t}{2\sqrt{21 - 16t + 4t^2}} = 0 \Leftrightarrow t = 2$

Der Term unter der Wurzel bei d(t) hat als Graph eine nach oben geöffnete Parabel, diese hat an der Stelle mit waagerechter Tangente ein Minimum Dann hat die Wurzel, also d(t), auch an der Stelle t = 2 ein Minimum.

Minimaler Abstand: $|\vec{d}(2)| = \left|\begin{pmatrix}1\\-2\\0\end{pmatrix}\right| = \sqrt{5} \approx 2{,}24$

S. 119, 13.

a) $\overrightarrow{OA'} = \begin{pmatrix}6\\1\\1\end{pmatrix} + \begin{pmatrix}-3\\2\\-1\end{pmatrix} = \begin{pmatrix}3\\3\\0\end{pmatrix}$

$\overrightarrow{OB'} = \begin{pmatrix}6\\5\\1\end{pmatrix} + \begin{pmatrix}-3\\2\\-1\end{pmatrix} = \begin{pmatrix}3\\7\\0\end{pmatrix}$

$\overrightarrow{OC'} = \begin{pmatrix}2\\5\\1\end{pmatrix} + \begin{pmatrix}-3\\2\\-1\end{pmatrix} = \begin{pmatrix}-1\\7\\0\end{pmatrix}$

$\overrightarrow{OD'} = \begin{pmatrix}2\\1\\1\end{pmatrix} + \begin{pmatrix}-3\\2\\-1\end{pmatrix} = \begin{pmatrix}-1\\3\\0\end{pmatrix}$

$\overrightarrow{OS'} = \begin{pmatrix}4\\3\\6\end{pmatrix} + 6\begin{pmatrix}-3\\2\\-1\end{pmatrix} = \begin{pmatrix}-14\\15\\0\end{pmatrix}$

b) C′ liegt im Inneren des Schattens.

$\overrightarrow{A'B'} = \begin{pmatrix}0\\4\\0\end{pmatrix}$ und $\overrightarrow{A'D'} = \begin{pmatrix}-4\\0\\0\end{pmatrix}$ sind gleich lang.

$\overrightarrow{S'B'} = \begin{pmatrix}17\\-8\\0\end{pmatrix}$ und $\overrightarrow{S'D'} = \begin{pmatrix}13\\-12\\0\end{pmatrix}$ sind nicht gleich lang, denn

$|\overrightarrow{S'B'}| = \sqrt{353} \approx 18{,}79$ und $|\overrightarrow{S'D'}| = \sqrt{313} \approx 17{,}69$.

A′B′S′D′ ist kein Drachenviereck.

c) $\cos(\alpha) = \dfrac{\begin{pmatrix}17\\-8\\0\end{pmatrix} \cdot \begin{pmatrix}13\\-12\\0\end{pmatrix}}{\sqrt{17^2+8^2+0^2} \cdot \sqrt{13^2+12^2+0^2}} = \dfrac{317}{\sqrt{353} \cdot \sqrt{313}}$

$\approx 0{,}9537$

$\alpha \approx 17{,}5°$

Lösungen zu Kapitel 4: Binomialverteilung

Ihr Fundament (S. 122/123)

S. 122, 1.

a)

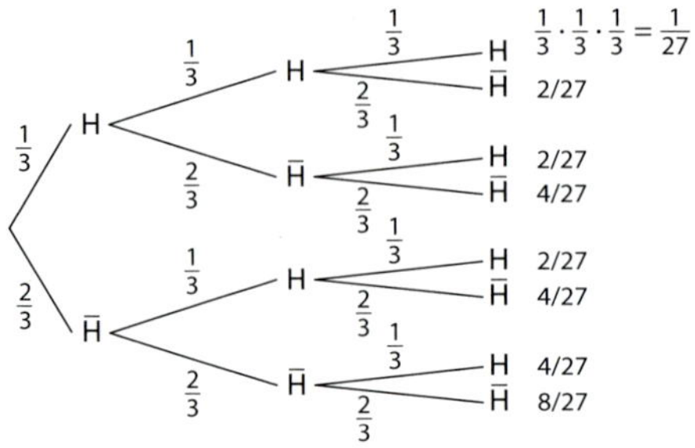

b) $3 \cdot \frac{2}{27} = \frac{6}{27} = \frac{2}{9} \approx 0{,}222$

S. 122, 2.

a)

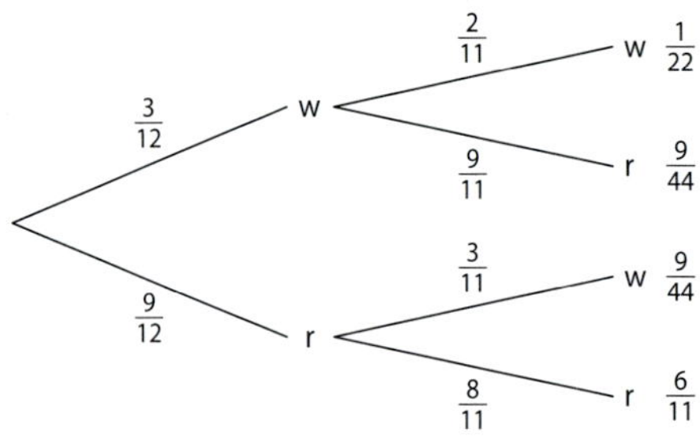

b) Die Summe der Pfadwahrscheinlichkeiten aller Pfade ergibt 1.

$\frac{1}{22} + \frac{9}{44} + \frac{9}{44} + \frac{6}{11} = \frac{2}{44} + \frac{9}{44} + \frac{9}{44} + \frac{24}{44} = \frac{44}{44} = 1$

S. 122, 3.

a)

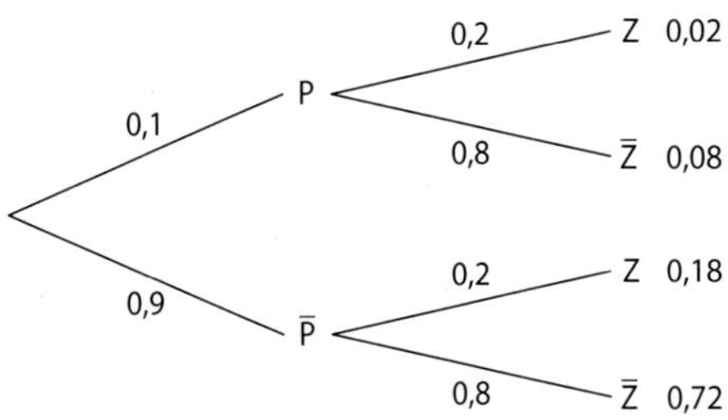

b) Die Wahrscheinlichkeit, dass ein Fluggast die Pass- und Zollkontrolle durchläuft, ist 0,02. Demzufolge sind bei 200 Fluggästen durchschnittlich $200 \cdot 0{,}02 = 4$ Fluggäste mit Pass- und Zollkontrolle zu erwarten.

S. 122, 4.

a) 6 b) 2 c) 120 d) 24
e) 10 f) $n \cdot (n-1)$ g) 6 h) 10
i) 45 j) 1 k) n l) $\frac{2}{9}$

S. 122, 5.

a) 5040 b) 3628800 c) 56 d) 3003
e) 1 f) 15 g) 190 h) 100

S. 122, 6.

$\binom{27}{2} = 351$ Möglichkeiten

S. 122, 7.

a) $3! = 6$ b) $3^3 = 27$

S. 122, 8.

$\binom{4}{3} = 4$ Möglichkeiten

S. 123, 9.

a)

Note	1	2	3	4	5	6
h_i	$\frac{1}{8}$	$\frac{1}{4}$	$\frac{1}{3}$	$\frac{3}{16}$	$\frac{1}{16}$	0

b)

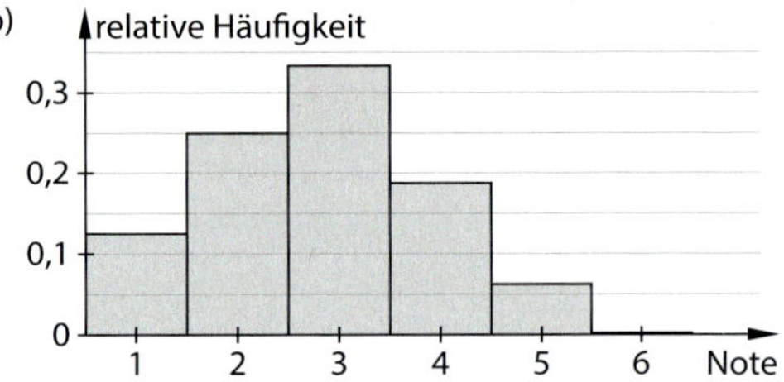

c)

Note	1	2	3	4	5	6
Anzahl	6	9	6	3	3	3

d) 9a: $\bar{x} = 2{,}8125$ 9b: $\bar{x} = 2{,}9$
Die 9a hat den besseren Notendurchschnitt, die Noten der 9b sind jedoch breiter gestreut.

S. 123, 10.

① $\bar{x} = 5{,}5;\ s = 2{,}89$ ② $\bar{x} = 6{,}71;\ s = 3{,}25$

S. 123, 11.

a) $7 \cdot 5 = 35$ b) $2 \cdot 9 \cdot 2 \cdot 7 = 4 \cdot 63 = 252$
c) $6^2 = 36$ d) $\frac{5 \cdot 2}{2} = 5$

S. 123, 12.

a) $\frac{81}{25}$ b) $\frac{33}{10}$
c) $\sqrt{0{,}24} \approx 0{,}49$ d) $\frac{899}{625} \approx 1{,}44$

S. 123, 13.

a) −0,21 b) 1,2
c) ≈ −3,32 d) 2

S. 123, 14.

a) $x \approx 2{,}33$ b) $x \approx 5{,}03$
c) $x = 5$ d) $x = 4$
e) $x = 4$ f) $x = 2{,}82$
g) $x = 10{,}32$ h) $x = 2z,\ z \in \mathbb{Z}$

S. 123, 15.

a) wahr b) falsch: $0{,}5^4 = 0{,}0625$
c) falsch: $0{,}9^{21} = 0{,}11$ d) wahr

Prüfen Sie Ihr neues Fundament (S. 152/153)

S. 152, 1.

a) Es liegt eine Bernoulli-Kette vor, wenn die Befragten zufällig ausgewählt wurden (nicht zum Beispiel in einer auf Schlafprobleme spezialisierten Praxis) und unabhängig voneinander antworten.
Treffer: Antwort „Ja, ich habe Schlafprobleme".
Länge: Anzahl der Befragten ($n = 2100$)

b) Die Trefferwahrscheinlichkeit ist $\frac{1}{3}$.

S. 152, 2.

a) Es wird nur zwischen zwei Ergebnissen unterschieden (schwarz oder nicht schwarz). Durch das Zurücklegen der gezogenen Kugeln sind die Ergebnisse der einzelnen Ziehungen unabhängig voneinander. Die Wahrscheinlichkeit, eine schwarze Kugel zu ziehen, ist konstant $p = 0{,}6$.

b) Baumdiagramm:

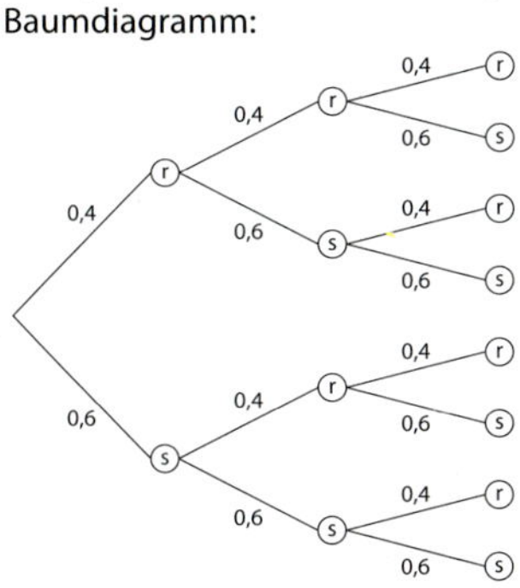

Verteilung:

k	P(X = k)
0	$\binom{3}{0} \cdot 0{,}6^0 \cdot 0{,}4^3 = 0{,}064$
1	$\binom{3}{1} \cdot 0{,}6^1 \cdot 0{,}4^2 = 0{,}288$
2	$\binom{3}{2} \cdot 0{,}6^2 \cdot 0{,}4^1 = 0{,}432$
3	$\binom{3}{3} \cdot 0{,}6^3 \cdot 0{,}4^0 = 0{,}216$

Histogramm:

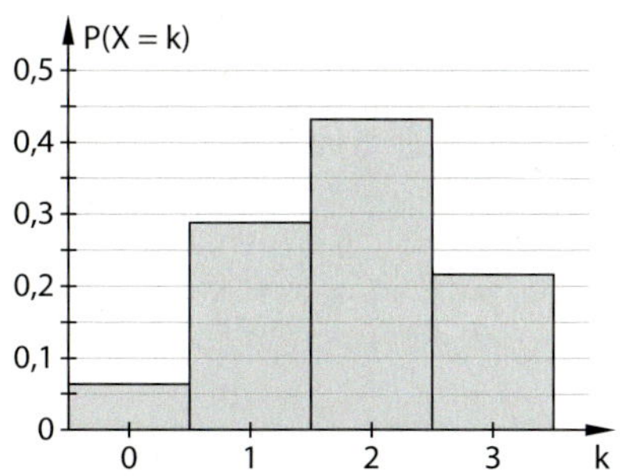

S. 152, 3.

a) $P(X = 0) \approx 0{,}66$

b) $P(X > 0) = 1 - P(X = 0) \approx 0{,}34$

c) $P(X < 2) = P(X \leq 1) \approx 0{,}95$

d) $P(1 \leq X \leq 3) = P(X \leq 3) - P(X = 0) \approx 0{,}34$

S. 152, 4.

a) z. B.: Der Tetraeder wird fünfmal geworfen.
Treffer: Es wird eine 3 geworfen.
Trefferwahrscheinlichkeit $p = \frac{1}{4}$

$P(X = 2) = \binom{5}{2} \cdot \left(\frac{1}{4}\right)^2 \cdot \left(\frac{3}{4}\right)^3$; $P(X \leq 3) = 1 - P(X > 3)$;

$P(X > 3) = \binom{5}{4} \cdot \left(\frac{1}{4}\right)^4 \cdot \left(\frac{3}{4}\right)^1 + \left(\frac{1}{4}\right)^5$

b) z. B.: Die drei Münzen werden fünfmal gleichzeitig geworfen. Treffer: Es fällt dreimal Kopf.
Trefferwahrscheinlichkeit $p = \frac{1}{8}$

$P(X = 2) = \binom{5}{2} \cdot \left(\frac{1}{8}\right)^2 \cdot \left(\frac{7}{8}\right)^3$; $P(X \leq 3) = 1 - P(X > 3)$;

$P(X > 3) = \binom{5}{4} \cdot \left(\frac{1}{8}\right)^4 \cdot \left(\frac{7}{8}\right)^1 + \left(\frac{1}{8}\right)^5$

c) z. B.: Es werden genau fünf Lose gezogen.
Treffer: Gewinnlos wird gezogen.
Trefferwahrscheinlichkeit $p = \frac{1}{5}$

$P(X = 2) = \binom{5}{2} \cdot \left(\frac{1}{5}\right)^2 \cdot \left(\frac{4}{5}\right)^3$; $P(X \leq 3) = 1 - P(X > 3)$;

$P(X > 3) = \binom{5}{4} \cdot \left(\frac{1}{5}\right)^4 \cdot \left(\frac{4}{5}\right)^1 + \left(\frac{1}{5}\right)^5$

S. 152, 5.

a) $P(X = 3) \approx 0{,}26$

b) $P(X \geq 5) = 1 - P(X \leq 4) \approx 0{,}21$

c) $P(X > 3) = 1 - P(X \leq 3) \approx 0{,}44$

d) $P(X \leq 5) \approx 0{,}92$

e) $P(X = 0) \approx 0{,}02$

f) $\left(\frac{2}{3}\right)^8 \cdot \left(\frac{1}{3}\right)^2 \approx 0{,}004$ (keine Binomialverteilung)

S. 152, 6.

a) ① $p = 0{,}2, \mu = 2, \sigma \approx 1{,}26$
② $p = 0{,}8, \mu = 8, \sigma \approx 1{,}26$
③ $p = 0{,}5, \mu = 5, \sigma \approx 1{,}58$

b) Beispiele:
① Aus einer Urne mit 1 roten und 4 blauen Kugeln werden 10 Kugeln mit Zurücklegen gezogen; X: Anzahl der roten Kugeln
② Jeder 5. Schüler einer Schule ist Einzelkind, es werden zufällig 10 Schüler befragt; X: Anzahl der Schüler mit Geschwistern
③ Eine Münze wird zehnmal geworfen; X: Anzahl der Würfe, bei denen die Zahl oben liegt

S. 152, 7.

Aus $\mu = n \cdot p = 4$; $\sigma = \sqrt{n \cdot p \cdot (1 - p)} = \sqrt{3}$ folgt als Lösung $n = 16$ und $p = \frac{1}{4}$.

S. 153, 8.

a) X: Anzahl der fehlerhaften Gläser
$P(X < 5) = P(X \leq 4) = F_{60;\,0{,}05}(4) \approx 0{,}820$

b) Gesucht ist das kleinste n mit
$P(X \geq 2) = 1 - P(X \leq 1) \geq 0{,}95$, also mit
$P(X \leq 1) \leq 0{,}05$.
Probieren: $F_{92;\,0{,}05}(1) \approx 0{,}052 > 0{,}05$;
$F_{93;\,0{,}05}(1) \approx 0{,}04998 < 0{,}05$
Es folgt $n = 93$. Man müsste mindestens 93 Gläser entnehmen.

S. 153, 9.
Binomialverteilung mit $n = 500$, $p = 0{,}9$
a) Erwartungswert: 450 keimende Zwiebeln
Mit 95,5 % Wahrscheinlichkeit keimen zwischen 437 und 463 Zwiebeln.
b) Wenn 435 (500 – 65) Zwiebeln keimen, liegt der Wert außerhalb der 2σ-Umgebung. Die Angabe kann daher angezweifelt werden.

S. 153, 10.
a) X: Anzahl der an Politik interessierten Jugendlichen
$P(X = 130) = B_{300;\,0,41}(130) \approx 0{,}033$
b) Gesucht ist das kleinste n mit
$P(X \geq 1) = 1 - P(X = 0) \geq 0{,}95$, also mit
$P(X = 0) \leq 0{,}05$.
Es folgt $0{,}59^n \leq 0{,}05$ und $n \geq \frac{\ln(0{,}05)}{\ln(0{,}59)} \approx 5{,}7$.
Es müssen mindestens 6 Jugendliche befragt werden.
c) Gesucht ist das kleinste n mit
$P(X \geq 12) = 1 - P(X \leq 11) \geq 0{,}8$, also mit
$P(X \leq 11) \leq 0{,}2$.
Probieren: $F_{33;\,0,41}(11) \approx 0{,}24 > 0{,}2$,
$F_{34;\,0,41}(11) \approx 0{,}198 < 0{,}2$
Es folgt $n = 34$. Es müssen mindestens 34 Jugendliche befragt werden.

S. 153, 11.
a) ① 10 % von $n = 20$: 2 $P(X > 2) = 1 - P(X \leq 1) \approx 0{,}26$
② 10 % von $n = 50$: 5 $P(X > 5) = 1 - P(X \leq 4) \approx 0{,}1$
b) ① $\mu = 0{,}26 \cdot 1000 \cdot 0{,}3\,€ + 0{,}74 \cdot 1000 \cdot 0{,}5\,€ = 448\,€$
② $\mu = 0{,}1 \cdot 1000 \cdot 0{,}3\,€ + 0{,}9 \cdot 1000 \cdot 0{,}5\,€ = 480\,€$
c) $n = 2000$, $p = 0{,}05$
Erwartungswert: 100 Äpfel mit Druckstellen
Mit 97,7 % Wahrscheinlichkeit haben zwischen 70 und 129 Äpfel eine Druckstelle.

S. 153, 12.
a) X ist binomialverteilt mit $p = 0{,}45$ und $n = 50$.
Y ist binomialverteilt mit $p = 0{,}3$ und $n = 50$.
$E(X) = 22{,}5$; $\sigma(X) \approx 3{,}52$; $E(Y) = 15$; $\sigma(Y) \approx 3{,}24$
b) Für $n = 60$ gilt $E(Y) = 18$.
$E(X) = E(Y) \Rightarrow n \cdot 0{,}45 = 18$, also $n = 40$
Timo muss 40-mal auf das untere Loch schießen, damit $E(X) = E(Y)$ gilt.
c) Für $n = 40$ gilt $\sigma(X) \approx 3{,}15$, für $n = 60$ gilt $\sigma(Y) \approx 3{,}55$.
Das Schießen auf das obere Loch mit 60 Schüssen streut etwas stärker als das Schießen auf das untere Loch mit 40 Schüssen.

Lösungen zu Kapitel 5: Zusammengesetzte Funktionen

Ihr Fundament (S. 156/157)

S. 156, 1.
a) $f(x) \to \infty$ für $x \to \pm\infty$
b) $f(x) \to -\infty$ für $x \to -\infty$ und $f(x) \to \infty$ für $x \to \infty$
c) $f(x) \to -\infty$ für $x \to \pm\infty$
d) $f(x) \to -\infty$ für $x \to \pm\infty$
e) $f(x) \to \infty$ für $x \to \pm\infty$
f) $f(x) \to -\infty$ für $x \to -\infty$ und $f(x) \to \infty$ für $x \to \infty$

S. 156, 2.
a) $f(x) = 2x^3 + 6x$, punktsymmetrisch zum Ursprung
b) $f(x) = -2x^2 - 2x$, nicht symmetrisch
c) $f(x) = x^4 + 0{,}5$, achsensymmetrisch zur y-Achse
d) $f(x) = x^6$, achsensymmetrisch zur y-Achse
e) $f(t) = 11t^9 + 4t$, punktsymmetrisch zum Ursprung
f) $f(x) = -rx^6 - rx^4 + r^3x^2$, achsensymmetrisch zur y-Achse

S. 156, 3.
a) $x_1 = 0$; $x_2 = \frac{1}{5}$
b) $x_1 = 0$; $x_2 = 1$
c) $x_1 = 0$; $x_2 = \frac{1}{2}$; $x_3 = -5$
d) $t_{1/2} = \pm 2$
e) $x_1 = -\frac{1}{3}$; $x_2 = \frac{1}{3}$
f) $t_1 = -3$; $t_2 = -2$; $t_3 = 0$; $t_4 = 2$; $t_5 = 3$

S. 156, 4.
a) $S_1\left(\frac{1}{2}\middle|\frac{7}{8}\right)$; $S_2\left(-\frac{1}{2}\middle|\frac{5}{8}\right)$
b) $S(0|0)$
c) $S_1(0|4)$; $S_2(-2|-4)$

S. 156, 5.
Wegen $f(0) = 0$ ist $S(0|0)$ sowohl ein Schnittpunkt mit der y-Achse, als auch mit der x-Achse.
$x^3 - 3x^2 + 3x = x(x^2 - 3x + 3)$
Da $x^2 - 3x + 3 = 0$ keine Lösung hat, gibt es keine weiteren Schnittpunkte mit der x-Achse.
Für $x \to -\infty$ gilt $f(x) \to -\infty$. Für $x \to +\infty$ gilt $f(x) \to +\infty$.
Der Graph von f ist weder punktsymmetrisch, noch achsensymmetrisch.

S. 156, 6.
a) $f'(x) = -3x^{-4}$ b) $f'(x) = \frac{4}{x^3}$
c) $f'(t) = -\frac{2}{t^2}$ d) $f'(v) = -\frac{3}{2v^3}$
e) $f'(x) = 9x^2 + 4x$ f) $f'(x) = \frac{1}{2\sqrt{x}}$
g) $f'(t) = 4t^3 - 1$ h) $f'(x) = 4 - \frac{1}{\sqrt{x}}$
i) $f'(x) = x^3 + x^{-5}$ j) $f'(x) = -\frac{1}{x^2} - \frac{1}{x^6}$
k) $f'(x) = -2x$ l) $f'(x) = -2x$

S. 156, 7.
a) $f'(x) = 2x$ $f'(5) = 10$
b) $f'(x) = 3x^2$ $f'(\sqrt{2}) = 6$
c) $f'(x) = -\frac{2}{x^3}$ $f'(-2) = \frac{1}{4}$
d) $f'(x) = \frac{1}{\sqrt{x}}$ $f'(0)$ existiert nicht.

S. 156, 8.

Zur x-Achse parallele Tangenten haben die Steigung null und es gilt an diesen Stellen $f'(x) = 0$.

$f'(x) = 0{,}6x^2 - 0{,}6x - 3{,}6 = 0{,}6(x^2 - x - 6)$

$= 0{,}6(x + 2)(x - 3)$

Die Tangenten an den Graphen der Funktion f verlaufen an den Stellen $x = -2$ und $x = 3$ parallel zur x-Achse.

S. 156, 9.

a) $f'(x) = -1$ für $x = \frac{1}{2}$; $f'(x) = g'(x)$ für $x_1 = 1, x_2 = -3$

b) $f'(x) = 2$ für $x_{1/2} = \pm 2$; $f'(x) = g'(x)$ für $x_{1/2} = \pm 1$

c) $f'(x) = -\frac{1}{2}$ für $x = 4$; $f'(x) = g'(x)$ für $x = 9$

S. 156, 10.

a) Momentangeschwindigkeit $v\left(\text{in } \frac{m}{s}\right)$ nach t Sekunden: $v = s'(t) = 10t$

Die Momentangeschwindigkeit des Turmspringers beträgt nach einer halben Sekunde $s'(0{,}5) = 5\,\frac{m}{s}$ und nach einer Sekunde $s'(1) = 10\,\frac{m}{s}$.

b) $10 = s(t) = 5t^2 \Rightarrow t_0 = \sqrt{2} \Rightarrow v(t_0) = s'(t_0) = 10 \cdot \sqrt{2}$

Der Turmspringer taucht mit einer Geschwindigkeit von ca. $14{,}1\,\frac{m}{s}$ in das Wasser ein.

c) $\frac{s(\sqrt{2}) - s(0)}{\sqrt{2} - 0} = \frac{10}{\sqrt{2}} \approx 7{,}07$

Die Durchschnittsgeschwindigkeit vom Absprung bis zum Eintauchen beträgt ca. $7{,}07\,\frac{m}{s}$.

S. 157, 11.

a) $t(x) = 6x + 3$

b) $t(x) = -2x + 4$

c) $t(x) = 3x + 3$

d) $t(x) = -\frac{1}{2}x + \frac{3}{2}$

S. 157, 12.

a) $f'(-1) = 6$; $\alpha \approx 80{,}54°$

b) $f'(3) = -\frac{1}{\sqrt{3}}$; $\alpha = -30°$

c) $f'(0) = -5$; $\alpha \approx -78{,}69°$

d) $f'(-2) = 1$; $\alpha = 45°$

e) $f'\left(-\frac{1}{2}\right) = 0$; $\alpha = 0°$

f) $f'(-3) = \frac{1}{27}$; $\alpha \approx 2{,}12°$

S. 157, 13.

a) Schnittstelle $x = 0$: $\gamma \approx 63{,}43°$

b) Schnittstelle $x_1 = -10$: $\gamma_1 \approx 18{,}43°$

Schnittstelle $x_2 = 0$: $\gamma_2 = 45°$

c) Schnittstelle $x_1 = 1$: $\gamma_1 \approx 15{,}26°$

Schnittstelle $x_2 = 2$: $\gamma_2 \approx 19{,}44°$

S. 157, 14.

a) Nullstellen: $x_1 = 1$; $x_2 = -3$

Steigungswinkel: $\alpha_1 \approx 76{,}0°$, $\alpha_2 \approx -76{,}0°$

Schnittwinkel mit der x-Achse: $\gamma_1 = \gamma_2 \approx 76°$

b) Schnittwinkel mit der y-Achse: $\gamma \approx 26{,}6°$

c) $f'(x_0) = \tan(45°) = 1 \Rightarrow x_0 = -0{,}5$

S. 157, 15.

a) $m_s = \frac{f(4) - f(0{,}25)}{4 - 0{,}25} = \frac{0{,}25 - 4}{4 - 0{,}25} = -1$

b) $f'(x) = -\frac{1}{x^2}$

$f'(x) = -1$ für $x_1 = 1$ und für $x_2 = -1$

Im Punkt $P_1(1\,|\,1)$ lautet die Gleichung der Tangente t_1: $t_1(x) = -x + 2$

Im Punkt $P_2(-1\,|\,-1)$ lautet die Gleichung der Tangente t_2: $t_2(x) = -x - 2$

S. 157, 16.

a) Der Graph B gehört zur Stammfunktion F und der Graph A zur Funktion f, da A eine lineare und B eine quadratische Funktion darstellt.

b) Der Graph A gehört zur Stammfunktion F und der Graph B zur Funktion f, da die Extremstellen von A Nullstellen von B sind.

S. 157, 17.

a) $F(x) = x^2 + x$

b) $F(x) = \frac{1}{16}x^4 - 2x$

c) $F(x) = 2e^{\frac{x}{2}}$

d) $F(x) = -2\sqrt{x}$

e) $F_a(t) = \frac{a}{3}t^3$

f) $F(x) = \frac{1}{153}(3x - 5)^{51}$

g) $F(x) = \frac{1}{3}\sqrt{(2x - 1)^3}$

h) $F(x) = \frac{1}{8x^2}$

i) $F(x) = -\frac{1}{4x + 6}$

S. 157, 18.

a) $F(x) = 2x - x^2 - 1$

b) $F(x) = \frac{1}{2}x^4 - \frac{7}{2}x^2 + 4$

c) $F(x) = -\frac{1}{3}e^{-3x + 1} + \frac{4}{3}e$

d) $F(x) = \frac{1}{(x + 2)} - 3$

S. 157, 19.

a) $\left[\frac{1}{2}x^4 - x^2\right]_1^2 = \frac{9}{2}$

b) $\left[\frac{1}{2}e^{2x} - e^{-x}\right]_0^{\ln(2)} = 2$

c) $\left[\frac{1}{3 - x}\right]_5^6 = \frac{1}{6}$

d) $\left[3\sqrt{4x - 1}\right]_{\frac{5}{4}}^{\frac{5}{2}} = 3$

Prüfen Sie Ihr neues Fundament (S. 190/191)

S. 190, 1.

a) $f'(x) = (2x + 2)e^x$; $f''(x) = (2x + 4)e^x$

b) $f'(x) = (-2x^2 - 2x + 2)e^{2x}$; $f''(x) = (-4x^2 - 8x + 2)e^{2x}$

c) $f'(x) = \left(-\frac{1}{2}t^2 + \frac{5}{2}t - 1\right)e^{-0{,}5t}$; $f''(t) = \left(\frac{1}{4}t^2 - \frac{9}{4}t + 3\right)e^{-0{,}5t}$

d) $f'(x) = \frac{1 - x}{e^x}$; $f''(x) = \frac{x - 2}{e^x}$; $F(x) = \frac{-x - 1}{e^x}$

e) $f_a'(x) = (x - ax^2) \cdot 2ae^{-2ax}$

$f_a''(x) = (2a^2x^2 - 4ax + 1) \cdot 2ae^{-2ax}$

f) $g'(x) = \frac{2x + 3}{2\sqrt{x + 1}} \cdot e^x$; $g''(x) = \frac{4x^2 + 12x + 7}{2(x + 1)^{\frac{3}{2}}} \cdot e^x$

S. 190, 2.

a) Nullstellen: $x_1 = 1$ und $x_2 = -1$

$f'(x) = e^{x - 1}(x^2 + 2x - 1)$

$T\left(-1 - \sqrt{2}\,\middle|\,(2 + 2\sqrt{2}) \cdot e^{-2 - \sqrt{2}}\right)$

$H\left(-1 + \sqrt{2}\,\middle|\,(2 - 2\sqrt{2}) \cdot e^{-2 + \sqrt{2}}\right)$

$f''(x) = e^{x - 1}(x^2 + 4x + 1)$

$W_1\left(-2 - \sqrt{3}\,\middle|\,(4\sqrt{3} + 6) \cdot e^{-3 - \sqrt{3}}\right)$

$W_2\left(-2 + \sqrt{3}\,\middle|\,(-4\sqrt{3} + 6) \cdot e^{-3 + \sqrt{3}}\right)$

b) Nullstelle: $x = 1$

$f'(x) = e^x(x^2 - 1)$, $H(-1\,|\,4e^{-1})$, $T(1\,|\,0)$

$f''(x) = e^{x - 1}(x^2 + 2x - 1)$

$W_1\left(-1 - \sqrt{2}\,\middle|\,(6 + 4\sqrt{2}) \cdot e^{-1 - \sqrt{2}}\right)$

$W_2\left(-1 + \sqrt{2}\,\middle|\,(6 - 4\sqrt{2}) \cdot e^{-1 + \sqrt{2}}\right)$

c) Nullstellen: $t_1 = -1$ und $t_2 = 2$

$f'(t) = e^{2t}(2t^2 - 5)$

$H\left(-\frac{\sqrt{10}}{2}\,\middle|\,\left(\frac{\sqrt{10}}{2} + \frac{1}{2}\right) \cdot e^{-\sqrt{10}}\right)$

$T\left(\frac{\sqrt{10}}{2}\,\middle|\,\left(-\frac{\sqrt{10}}{2} + \frac{1}{2}\right) \cdot e^{\sqrt{10}}\right)$

$f''(t) = e^{2t}(4t^2 + 4t - 10)$

$W_1\left(-\frac{1}{2} + \frac{\sqrt{11}}{2}\,\middle|\,-18{,}42\right)$, $W_2\left(-\frac{1}{2} - \frac{\sqrt{11}}{2}\,\middle|\,0{,}06\right)$

d) Nullstelle: $t = 0$

$f'(t) = e^{-2t}(-8t + 4), H\left(\frac{1}{2} \middle| 2e^{-1}\right)$

$f''(t) = e^{-2t}(16t - 16), W(1 \mid 4e^{-2})$

e) Nullstelle: $x = 0$

$f'(x) = e^{-x}(3x^2 - x^3), H(3 \mid 27e^{-3})$

$f''(x) = e^{-x}(x^3 - 6x^2 + 6x), S(0 \mid 0),$

$W_1(3 + \sqrt{3} \mid 0{,}93), W_2(3 - \sqrt{3} \mid 0{,}57)$

f) Nullstellen: $x_1 = 0; x_2 = 0{,}5$

$f'(x) = \frac{-40x^2 + 16x}{\sqrt{1 - 2x}}, T(0 \mid 0); H(0{,}4 \mid 0{,}57)$

$f''(x) = \frac{120x^2 - 96x + 16}{(\sqrt{1 - 2x})^3}, W(0{,}24 \mid 0{,}33)$

S. 190, 3.

a) $F(x) = x^2 + \frac{1}{3}e^{3x + 1}$

b) $F(x) = -e^{-x - 1} - x$

c) $F(t) = \frac{2}{3}t^{\frac{3}{2}} - \frac{2}{5}e^{5t + 2} - \frac{1}{2}t^2$

S. 190, 4.

a) $f(x) = 0$, wenn $x - 1 = 0$, also $x = 1$

$f(0) = -4e$, also $S_y(0 \mid -4e)$

b) $f'(x) = -4(x - 2)e^{1-x}$, also $f'(x) = 0$ für $x = 2$

$f''(x) = 4(x - 3)e^{1-x}$, also $f''(2) = -4e^{-1} < 0$

$H\left(2 \middle| \frac{4}{e}\right)$ ist ein Hochpunkt, also steigt der Graph für $x < 2$ und fällt für $x > 2$.

c) $f'''(x) = -4(x - 4)e^{1-x}$

$f''(3) = 0$ und $f'''(3) \neq 0$, also Wendepunkt $W\left(3 \middle| \frac{8}{e^2}\right)$

Tangente $t(x) = mx + b$; $m = f'(3) = \frac{-4}{e^2}$

$t(3) = \frac{8}{e^2} = \frac{-12}{e^2} + b$, also $b = \frac{20}{e^2}$

$t(x) = -\frac{4}{e^2}x + \frac{20}{e^2}$

d) $f(-x) = 4(-x - 1)e^{-(-x - 1)} = -4(x + 1)e^{(x + 1)} \neq f(x),$

$-f(x) = -4(x - 1)e^{-(x - 1)} \neq f(x)$

Also liegt weder Achsensymmetrie zur y-Achse noch Punktsymmetrie zum Ursprung vor.

e)

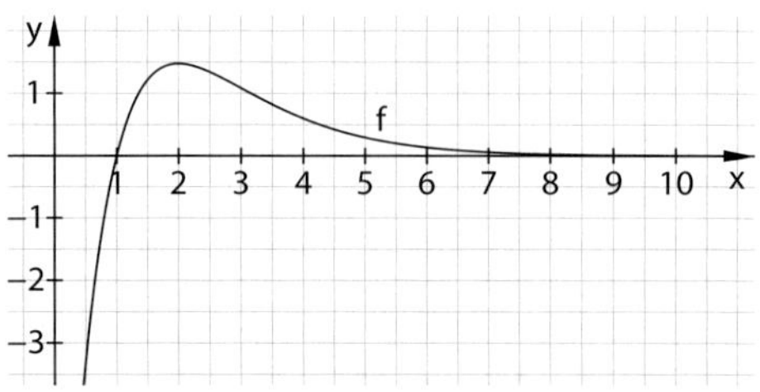

f) $F'(x) = -4e^{1 - x} + 4x \cdot e^{1 - x} = (-4 + 4x) \cdot e^{1 - x} = f(x)$

$\int_1^5 f(x)\,dx = F(5) - F(1) = -20e^{-4} + 4 \approx 3{,}63$ FE

S. 190, 5.

a) $f'(t) = \left(-\frac{1}{4}t^2 + \frac{7}{2}t - \frac{33}{4}\right)e^{-\frac{t}{4}};$

$f''(t) = \left(\frac{1}{16}t^2 - \frac{11}{8}t + \frac{89}{16}\right)e^{-\frac{t}{4}}$

Tiefpunkt $T(3 \mid 0)$; Hochpunkt $H(11 \mid 4{,}09)$;

Wendepunkt im Intervall [0; 15]: $W(5{,}34 \mid 1{,}44)$

b)

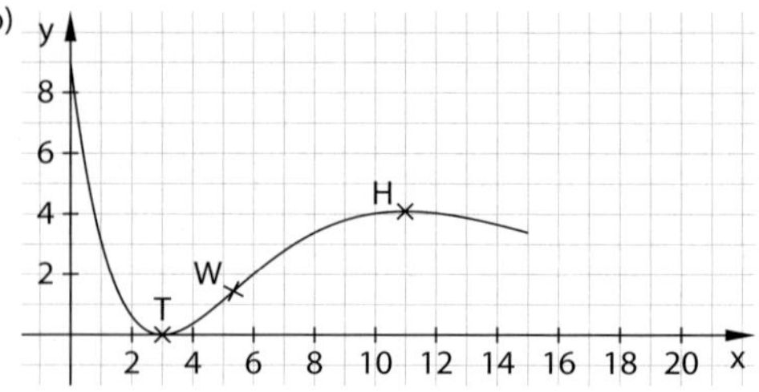

c) f beschreibt die Wachstumsgeschwindigkeit und nicht den Bestand. Alle Aussagen sind falsch.

A: Für $0 \leq t \leq 3$ ist $f(t) \geq 0$, und damit nimmt die Bakterienzahl nicht ab.

B: Für $t = 3$ ist die Wachstumsgeschwindigkeit gleich null, aber nicht die Bakterienzahl. Die Bakterienanzahl ist größer als zu Beginn.

C: Die Wachstumsgeschwindigkeit ist für $t > 3$ immer größer als null. Damit nimmt die Zahl der Bakterien stets zu.

d) $F'(t) = e^{-\frac{t}{4}}(t^2 - 6t + 9) = f(t)$

e) Zunahme der Bakterienanzahl in den ersten 5 Stunden in 1000:

$\int_0^5 f(t)\,dt = F(5) - F(0) \approx 8{,}407$

Fünf Stunden nach Beobachtungsbeginn sind es etwa $2000 + 8400 = 10400$ Bakterien.

S. 190, 6.

a) $f_a'(x) = (1 + ax)e^{ax}$ $\quad f_a''(x) = (a^2x + 2a)e^{ax}$

$f_a'''(x) = (a^3x + 3a^2)e^{ax}$

b) $\left(-\frac{1}{a} \middle| -\frac{1}{ae}\right)$ ist für $a > 0$ ein Tiefpunkt und für $a < 0$ ein Hochpunkt. Für alle $a \neq 0$ ist $\left(-\frac{2}{a} \middle| -\frac{2}{ae^2}\right)$ ein Wendepunkt.

c) $F_a'(x) = \frac{1}{a^2}e^{ax}(a + a^2x - a) = f_a(x)$

S. 191, 7.

a) $\lim\limits_{t \to \infty} 100 - \underbrace{80e^{\overbrace{-k \cdot t}^{\to -\infty\ (k > 0)}}}_{\to 0} = 100$

b) $L'(t) = 80ke^{-kt}$

Die Ladegeschwindigkeit wird mit wachsendem t immer kleiner, bleibt aber immer positiv.

c) $100 - 80e^{-1{,}5 \cdot k} \geq 60$

$0{,}5 \geq e^{-1{,}5 \cdot k} \Rightarrow \ln(0{,}5) \geq -1{,}5 \cdot k \Rightarrow -\frac{\ln(0{,}5)}{1{,}5} \leq k$

$k \geq 0{,}462$

d) $g(t) = a \cdot e^{k \cdot t}$ mit $g(0) = 100$; $g(12) = 75$

$a = 100$; $k = \frac{\ln(0{,}75)}{12} \approx -0{,}024$

$g(t) = 100 \cdot e^{-0{,}024 \cdot t}$

S. 191, 8.

a) $v'(t) = (10 - 2t)e^{0{,}2t}$ $\quad v''(t) = \frac{2}{5}(t - 10)e^{-0{,}2t}$

Hochpunkt $H(5 \mid 18{,}39)$

Höchstgeschwindigkeit: 66,2 km/h

b) Wegen $a(t) = v'(t)$ ist a die lokale Änderungsrate der Geschwindigkeit v, also die Beschleunigung.

c) $a'(t) = v''(t)$ $\quad a''(t) = \frac{2}{25}(15 - t)e^{-0{,}2t}$

Tiefpunkt bei $t = 10$ mit $v(10) = 100e^{-2} \approx 13{,}53$

Geringste Beschleunigung nach 10 Sekunden bei einer Geschwindigkeit von 13,53 m/s ≈ 48,72 km/h.

d) Es gilt $s'(t) = v(t)$. Als Stammfunktion von v beschreibt s den zurückgelegten Weg des Autos.
e) $s(0) = 0; s(5) = -500e^{-1} + 250 \approx 66{,}06$ Meter.

S. 191, 9.
a) $f\left(\frac{10}{7}\right) \approx 3{,}5$ mg/l
b) $f'(t) = \left(5 - \frac{5}{2}t\right) \cdot e^{-0{,}5t}$; $f''(t) = \left(-5 + \frac{5}{4}t\right) \cdot e^{-0{,}5t}$
Hochpunkt $(2 | 3{,}68)$
Die höchste Schadstoffkonzentration ist nach 2 Wochen mit 3,68 mg/l erreicht.
c) $F'(t) = (-10 + 10t + 10) \cdot e^{-0{,}5t} = f(t)$
d) $\frac{1}{5-0} \cdot \int_0^5 f(t)dt = \frac{1}{5}(F(5) - F(0))$
$= \frac{1}{5}(-70e^{-25} + 20) \approx 4$ mg/l
e) $f''(t) = 0$ für $t = 4$
$f'''(t) = \left(\frac{15}{4} - \frac{5}{8}t\right) \cdot e^{-0{,}5t}$; $f'''(4) > 0$
Nach 4 Wochen nimmt die Konzentration am stärksten ab.
f) $t(x) = -\frac{5}{e^2}t + \frac{40}{e^2} = 0$ für $x = 8$.
Nach 8 Wochen liegt die Konzentration bei null.

Stichwortverzeichnis

Bildquellenverzeichnis

Abbildungen

Cover: Shutterstock.com/Patrick Poendl; **5** Shutterstock.com/UfaBizPhoto; **8** Shutterstock.com/wavebreakmedia; **11** Shutterstock.com/Repina Valeriya; **12** Cornelsen/Christian Böhning, Berlin/shutterstock/Cartarium; **22** Shutterstock.com/muratart; **27** Shutterstock.com/ViChizh; **28** Shutterstock.com/Alvov; **29** Shutterstock.com/Ursatii; **33** stock.adobe.com/ablokhin; **38** Cornelsen/Christian Böhning, Berlin/shutterstock/pim pic; **41** Shutterstock.com/Canicula; **42 Getränke** Shutterstock.com/Barbara Dudzinska; **42 Spinat** Shutterstock.com/Volosina; **42 Rotkohl** Shutterstock.com/NIPAPORN PANYACHAROEN; **42 Paprika** Shutterstock.com/Olga Danylenko; **42 Pastinake** Shutterstock.com/Lepas; **56** Shutterstock.com/BMJ; **93** Shutterstock.com/motive56; **95** Shutterstock.com/Richard Peterson; **97** Shutterstock.com/fortovik; **113** stock.adobe.com/aapsky; **117** stock.adobe.com/Robert Kneschke; **121** Shutterstock.com/Standret; **122/3** stock.adobe.com/markus_marb; **125** stock.adobe.com/Dan Race; **126** Shutterstock.com/MilanB; **127** Shutterstock.com/Have a nice day Photo; **128** stock.adobe.com/Mariusz Blach; **129** Shutterstock.com/Studio Light and Shade; **131** Shutterstock.com/Unkas Photo; **133** Shutterstock.com/connel; **134** stock.adobe.com/Daniel Lee; **135** Shutterstock.com/virtu studio; **136** stock.adobe.com/Kara; **137** Shutterstock.com/Monkey Business Images; **139** stock.adobe.com/Nordreisender; **140** Shutterstock.com/Ivan Smuk; **141** Shutterstock.com/Fotokostic; **143** Shutterstock.com/Rudmer Zwerver; **146 o.** Shutterstock.com/DK samco; **146 u.** stock.adobe.com/chatri; **147** stock.adobe.com/Production Perig; **148** stock.adobe.com/Stockfotos-MG; **149** Shutterstock.com/Nejron Photo; **153 o.** stock.adobe.com/karepa; **153 u.** stock.adobe.com/©klaus rein/artfocus; **155** Shutterstock.com/Satit Sorahong; **163** Cornelsen/Christian Böhning/Shutterstock.com/Thorben Ecke; **166** Shutterstock.com/effective stock photos; **170** Shutterstock.com/New Africa; **171** Shutterstock.com/TheBlackRhino; **186 Mi.** stock.adobe.com/Petra Steinkuehler-Nitschke/dispicture; **186 u.** Shutterstock.com/unpict; **187** stock.adobe.com/tauav, Rowan Gillespie: Famine Monument, Dublin; **189** Shutterstock.com/UGREEN 3S; **190** Shutterstock.com/Salov Evgeniy; **191 o.** Shutterstock.com/Dean Drobot; **191 u.** Shutterstock.com/FrameStockFootages; **193** Shutterstock.com/Rawpixel.com; **204** Shutterstock.com/I000s_pixels; **205** Shutterstock.com/s_oleg; **207** Shutterstock.com/showcake; **208** stock.adobe.com/Frank Wagner; **210** Shutterstock.com/Oliver Denker; **213** ClipDealer GmbH/Stuart Miles; **214** stock.adobe.com/fototheobald; **215** Shutterstock.com/Kzenon; **217** Shutterstock.com/Kleber Cordeiro; **240** PEFC Deutschland e.V.

Screenshots

Cornelsen/Felix Arndt/© Texas Instruments. Nutzung mit Genehmigung von Texas Instruments: **36, 41, 55, 82 li., 82 Mi., 137, 140, 145**;
Cornelsen/Inhouse/© Texas Instruments. Nutzung mit Genehmigung von Texas Instruments: **214**;
Cornelsen/Renatus Lütticken/© Texas Instruments. Nutzung mit Genehmigung von Texas Instruments: **82 re., 83, 87, 89**

Fundamente
der Mathematik

Autoren: Dr. Lothar Flade, Roman Knost, Markus Krysmalski, Dr. Hubert Langlotz, Renatus Lütticken, Arne Mentzendorff, Thorsten Niemann, Reinhard Oselies, Dr. habil. Manfred Pruzina, Udo Wennekers, Ugur Yasar, Dr. Wilfried Zappe

Berater: Robert Teichert
Redaktion: Martha Hubski
Illustration: Claudia Lieb
Grafik: Christian Böhning
Umschlaggestaltung: hawemannundmosch GbR
Layoutkonzept: klein & halm GbR
Bildrecherche: Kai Mehnert
Technische Umsetzung: Straive

Begleitmaterialien zum Lehrwerk

für Schülerinnen und Schüler

Schulbuch als E-Book	978-3-06-040687-6
Arbeitsheft	978-3-06-040853-5

für Lehrerinnen und Lehrer

Lösungen zum Schulbuch	978-3-06-040677-7
Unterrichtsmanager Plus online	978-3-06-040602-9

www.cornelsen.de

1. Auflage, 2. Druck 2023

Alle Drucke dieser Auflage sind inhaltlich unverändert und können im Unterricht verwendet werden.

Druck und Bindung: Livonia Print, Riga

ISBN 978-3-06-040675-3 (Schulbuch)
ISBN 978-3-06-040687-6 (E-Book)

PEFC
PEFC/12-31-006

PEFC zertifiziert
Dieses Produkt stammt aus nachhaltig bewirtschafteten Wäldern und kontrollierten Quellen.

www.pefc.de